Grundkurs Mathematik für Ingenieure

Von Dr. rer. nat. Karl Graf Finck v. Finckenstein
Professor an der Technischen Hochschule Darmstadt

3., durchgesehene und erweiterte Auflage
Mit zahlreichen Figuren und Beispielen

B. G. Teubner Stuttgart 1991

Prof. Dr. rer. nat. Karl Graf Finck von Finckenstein

Geboren 1933 in Semlow/Vorpommern. Von 1952 bis 1959 Tätigkeit in der landwirtschaftlichen Praxis. Von 1959 bis 1965 Studium der Mathematik und Physik an der Universität Göttingen. 1965 Diplom in Mathematik, 1966 Promotion. Von 1967 bis 1974 wissenschaftlicher Mitarbeiter am Max-Planck-Institut für Plasmaphysik in Garching bei München. Seit 1974 Professor für Mathematik an der Technischen Hochschule Darmstadt.

Die Deutsche Bibliothek – CIP-Einheitsaufnahme

Finck von Finckenstein, Karl Graf:
Grundkurs Mathematik für Ingenieure / von Karl Graf Finck v.
Finckenstein. – 3., durchges. und erw. Aufl. – Stuttgart:
Teubner, 1991
  ISBN-13:978-3-519-22961-2   e-ISBN-13:978-3-322-80158-6
  DOI: 10.1007/978-3-322-80158-6

Gesamtherstellung: Zechnersche Buchdruckerei GmbH, Speyer
Umschlaggestaltung: M. Koch, Reutlingen

Vorwort

Das vorliegende einführende Lehrbuch ist aus einer 4-semestrigen Grundvorlesung entstanden, die in den letzten Jahren wiederholt für Studierende des Faches Maschinenbau an der Technischen Hochschule Darmstadt gehalten wurde. Die Darstellung wendet sich vorwiegend an Studierende der Ingenieurwissenschaften, dürfte aber auch für Studenten anderer Fächer (etwa Natur- oder Wirtschaftswissenschaften) von Nutzen sein.

Da in der letzten Zeit eine Reihe von zum Teil ausgezeichneten Lehrbüchern über Ingenieurmathematik erschienen ist, ist die Frage nach dem Bedarf eines weiteren Lehrbuches natürlich berechtigt. Ich habe aber das Gefühl, daß es nützlich ist, den Ingenieur-Studenten ein Buch in die Hand zu geben, das nach dem Motto

$$\text{„so knapp wie möglich, so ausführlich wie nötig“}$$

einerseits wirklich noch ein Lehrbuch ist, andererseits aber auf möglichst kleinem Raum in übersichtlicher Weise etwa den mathematischen Stoff darbietet, der von einem Absolventen des Diplomvorexamens beherrscht werden sollte. Natürlich ist dies nur umrißhaft zu verstehen, denn das vorliegende Buch kann nicht den Anspruch auf Vollständigkeit erheben, da die Schwankungen der Stoffauswahl im Grundstudium bei den einzelnen ingenieurwissenschaftlichen Fächern zu groß sind. Um dennoch möglichst viel Stoff unterzubringen, ist eine ganze Reihe von Beweisen nur skizziert bzw. ganz weggelassen worden. Dagegen war es mein Bestreben, auf Beispiele im Text keinesfalls zu verzichten. Zur Vertiefung des Stoffes sei z. B. auf das ausgezeichnete 4-bändige Werk von Burg/Haf/Wille: „Höhere Mathematik für Ingenieure“ sowie Schwarz: „Numerische Mathematik“ verwiesen und dem Leser hiermit wärmstens empfohlen.

Maßgebend mitgewirkt an der Verbesserung des Manuskriptes und am Lesen der Korrekturen hat mein Kollege, Herr Prof. Dr. H. Wegmann. Von ihm stammt eine Reihe von Verbesserungsvorschlägen. Für seine Hilfe und für das Interesse, das er dem Vorlesungsskriptum schon seit Jahren entgegengebracht hat, möchte ich ihm auch an dieser Stelle herzlich danken. Mein Dank gilt weiterhin meinem Kollegen, Herrn Prof. Dr. E. Meister, der dem Verlag B. G. Teubner die Publikation des Manuskriptes empfohlen hat.

Frau H. Kollar hat den größten Teil des Manuskriptes sehr sorgfältig reproduktionsreif geschrieben, wobei sie aus terminlichen Gründen von Frau U. Sauter und Frau M. Tabbert unterstützt worden ist. Allen drei Damen sei sehr gedankt für ihre große Mühe und Geduld. Schließlich danke ich dem Verlag B. G. Teubner für die angenehme Zusammenarbeit.

In der vorliegenden dritten Auflage wurden bekanntgewordene Druckfehler beseitigt sowie eine Reihe von Umformulierungen bzw. Ergänzungen vorgenommen. Ferner ist ein kurzer Anhang über einige wichtige numerische Methoden hinzugefügt worden.

Allen, die an diesen Verbesserungen mitgewirkt haben, sei an dieser Stelle sehr gedankt.

Darmstadt, Sommer 1991   K. v. Finckenstein

Inhalt

Kapitel 7: Reihen

Kapitel 8: Taylor'sche Formel und Potenzreihenentwicklungen

Kapitel 9: Integration von Funktionen

Kapitel 10: Lineare Algebra

Kapitel 11: Differentialgeometrie auf Kurven

Kapitel 12: Differentiation von Funktionen mehrerer Variabler

VIII

Kapitel 19: Partielle Differentialgleichungen

Kapitel 20: Funktionen einer komplexen Veränderlichen

Kapitel 21: Grundbegriffe der Variationsrechnung

Anhang über numerische Methoden

Kapitel 1: Grundbegriffe

1.1 Die reellen Zahlen

Ausgangspunkt aller Mathematik bilden die natürlichen Zahlen:

$$\mathbb{N} = \{1,2,3,\dots\} \ .$$

Damit jedoch eine Gleichung der Form:

(1) $a+x = b$, $a,b \in \mathbb{N}$

stets lösbar ist, wird $\mathbb{N}$ erweitert zum Bereich der ganzen Zahlen:

$$\mathbb{Z} = \{0, \pm 1, \pm 2,\dots\} \ .$$

Für die nichtnegativen Zahlen aus $\mathbb{Z}$ schreiben wir:

$$\mathbb{N}_0 = \{0,1,2,3,\dots\} \ .$$

(1) ist in $\mathbb{Z}$ für $a,b \in \mathbb{Z}$ stets eindeutig lösbar. Damit jedoch eine Gleichung
der Form:

(2) $a \cdot x = b$, $a \neq 0$

stets lösbar ist, muß $\mathbb{Z}$ wiederum erweitert werden zum Bereich der rationalen
Zahlen:

$$\mathbb{Q} := \left\{ \frac{p}{q} : \ p \in \mathbb{Z} \ , \quad q \in \mathbb{N} \right\} \ .$$

Dabei sind zwei rationale Zahlen $\frac{p}{q}$, $\frac{p'}{q'}$ genau dann gleich, wenn $pq' = p'q$
gilt. Zu einer eindeutigen Darstellung der rationalen Zahlen gelangt man, wenn
man die Teilerfremdheit von Zähler und Nenner fordert:

$$\mathbb{Q} = \left\{ \frac{p}{q} : \ p \in \mathbb{Z} \ , \quad q \in \mathbb{N} \ , \quad (p,q) = 1 \right\} \ .$$

(2) ist in $\mathbb{Q}$ für $a,b \in \mathbb{Q}$, $a \neq 0$, stets eindeutig lösbar. Ferner sind die
Grundrechenarten $(+,-,\cdot,:)$ in $\mathbb{Q}$ uneingeschränkt ausführbar, führen also nicht
aus $\mathbb{Q}$ hinaus. $\mathbb{Q}$ umfaßt aber noch nicht alle reellen Zahlen, wie aus folgendem

Beispiel zu ersehen ist.

Nach dem Satz des Pythagoras gilt für
die Länge x der Hypothenuse in nebenstehender Figur: $x^2 = 1^2+1^2$, also
(3): $\qquad x^2 = 2$.

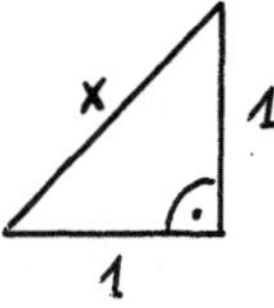

Offensichtlich repräsentiert x eine reelle Zahl. Wir zeigen, <u>daß x nicht rational ist.</u>

<u>Annahme:</u>

$x = \dfrac{p}{q}$, $p \in \mathbb{Z}$, $q \in \mathbb{N}$, $(p,q) = 1$ sei doch rational. Es folgt aus (3):
$p^2 = 2q^2$. Also wäre p^2 gerade, und somit wäre auch p gerade (Beweis!): p = 2n.
Es würde folgen: $4n^2 = 2q^2$, also $q^2 = 2n^2$. Also wäre q^2 gerade, mithin müßte
auch q eine gerade Zahl sein: q = 2m. Also hätten p,q den gemeinsamen Teiler
2 - Widerspruch. Also muß die Annahme falsch sein.
Die Lösung von (3) heißt $x = \sqrt{2}$. Sie ist nicht rational.
Alle reellen Zahlen, die nicht rational sind, heißen irrational. Beispiele
irrationaler Zahlen sind: $\sqrt{3}$, $\sqrt[3]{5}$, $-\pi$.
Die Gesamtheit der reellen Zahlen wird mit $\mathbb{R}$ bezeichnet. Geometrisch repräsentiert man sie durch die Zahlengerade

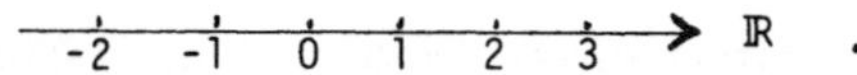

In $\mathbb{R}$ sind die Gleichungen

$$(4) \quad \begin{cases} a+x = b \quad , \quad a,b \in \mathbb{R} \\[2ex] a \cdot x = b \quad , \quad a,b \in \mathbb{R} \; , \; a \neq C \end{cases}$$

stets eindeutig lösbar. Ferner gelten die bekannten Rechenregeln:

$$\left. \begin{aligned} a+(b+c) &= (a+b)+c \\ a \cdot (b \cdot c) &= (a \cdot b) \cdot c \end{aligned} \right\} \quad \text{Assoziativ-gesetze}$$

$$\left. \begin{aligned} a+b &= b+a \\ a \cdot b &= b \cdot a \end{aligned} \right\} \quad \text{Kommutativ-gesetze}$$

$$a \cdot (b+c) = a \cdot b + a \cdot c \qquad \text{Distributivgesetz.}$$

Die 4 Grundrechenarten $(+,-,\cdot,:)$ sind in $\mathbb{R}$ uneingeschränkt durchführbar, führen
also nicht aus $\mathbb{R}$ hinaus (natürlich Division durch Null ausgeschlossen).

Man nennt $\mathbb{R}$ auch <u>Körper der reellen Zahlen.</u>

Wir werden später noch eine weitere Erweiterung des Zahlenbereiches vornehmen.

Jede Zahl $a\in\mathbb{R}$ läßt sich schreiben als (i.a. unendlicher) Dezimalbruch:

$$(5) \qquad a = \pm\left(q+\sum_{\nu=1}^{\infty} q_\nu\cdot 10^{-\nu}\right) \ , \quad q\in\mathbb{Z} \ , \quad q_\nu\in\{0,1,\ldots,9\} \ , \quad \nu = 1,2,\ldots \ .$$

Dabei besteht $\mathbb{Q}$ genau aus den endlichen und den periodischen Dezimalbrüchen
der Gestalt (5).

<u>Beispiele:</u>

$$\frac{5}{4} = 1,25 \ , \qquad \frac{1}{7} = 0,\overline{142857}\ldots \qquad \pi = 3,14159\ldots \text{ nicht periodisch.}$$

<u>Potenzen:</u>

Für $a\in\mathbb{R}$, $n\in\mathbb{N}$ setzen wir:

$$a^0 = 1 \ ;$$
$$a^n = \underbrace{a\cdot a \ldots \cdot a}_{n \text{ Faktoren.}} \qquad ; \qquad a^{-n} = \frac{1}{a^n} \text{ für } a \neq 0 \ .$$

Es folgt unmittelbar für $a,b,c\in\mathbb{R}\setminus\{0\}$, $m,n\in\mathbb{Z}$:

$$a^m\cdot a^n = a^{m+n}$$
$$a^m\cdot b^m = (a\cdot b)^m$$
$$(a^m)^n = a^{m\cdot n}$$

Ferner sei für $n\in\mathbb{N}$ folgende Schreibweise eingeführt:

$$a^{\frac{1}{n}} = \sqrt[n]{a} \ ,$$
$$a^{-\frac{1}{n}} = \sqrt[n]{a^{-1}} = \frac{1}{\sqrt[n]{a}} \ , \text{ falls } a \neq 0 \text{ ist.}$$

<u>Anmerkung:</u> Diese Größen brauchen i.a. in $\mathbb{R}$ nicht definiert zu sein. Beispiel:
$\sqrt[2]{-1}$. Ferner sind diese Definitionen auch i.a. nicht eindeutig. Für $a \geq 0$ ver-
einbaren wir: $\sqrt[n]{a} \geq 0$. Andernfalls setzen wir etwa: $-\sqrt[2]{a} = -\sqrt{a}$.

Für $r = \frac{p}{q} \in \mathbb{Q}$, $a \in \mathbb{R}$, $a > 0$, ist jetzt $a^r = \sqrt[q]{a^p}$. Man rechnet leicht aus für $r_1, r_2 \in \mathbb{Q}$:

$$(6) \qquad a^{r_1 + r_2} = a^{r_1} \cdot a^{r_2} \ , \quad (a \cdot b)^r = a^r \cdot b^r \ , \quad (a^{r_1})^{r_2} = a^{r_1 \cdot r_2} \ .$$

1.2 Beträge und Ungleichungen

Wir werden folgende Schreibweise verwenden:

a) $A \Rightarrow B$ heißt: Aus der Aussage A folgt die Aussage B (analog: $A \Leftarrow B$),

b) $A \Leftrightarrow B$ heißt: Die Aussage A ist gleichbedeutend mit der Aussage B .

Sind $a, b \in \mathbb{R}$, dann heißt:

$a < b$: a ist kleiner als b

$a > b$: a ist größer als b

$a \leqq b$: a ist kleiner oder gleich b

$a \geqq b$: a ist größer oder gleich b.

Beispiele:

$2 \leqq 2$, $-3 < 1$, $5 \geqq -1$, $3 > 0$.

Für $a, b \in \mathbb{R}$ ist genau eine der folgenden Aussagen richtig:

$$a < b \ , \quad a = b \ , \quad a > b \ .$$

Es gilt ferner beispielsweise

$$a \leqq b \Leftrightarrow -a \geqq -b$$
$$a < b \text{ und } b < c \ \Rightarrow \ a < c$$
$$a < b \Rightarrow a+c < b+c$$
$$a < b \ , \ c > 0 \ \Rightarrow \ a \cdot c < b \cdot c$$
$$a \leqq b \text{ und } a, b > 0 \ \Rightarrow \ a^{-1} \geqq b^{-1}$$
$$a \leqq b \text{ und } a, b \geqq 0 \ \Rightarrow \ \sqrt{a} \leqq \sqrt{b} \ .$$

Den Betrag einer Zahl $a \in \mathbb{R}$ definieren wir folgendermaßen:

$$(1) \qquad |a| := \begin{cases} a & \text{für } a \geqq 0 \\ -a & \text{für } a < 0 \end{cases}$$

Es folgt unmittelbar:

$$|a| = |-a| \geqq 0 \ , \ \pm a \leqq |a| \ , \quad |a \cdot b| = |a| \cdot |b| \ .$$

Hieraus ergibt sich die wichtige <u>Dreiecksungleichung</u>:

$$(2) \qquad |a+b| \overset{<}{=} |a|+|b| \qquad \text{für alle } a,b \in \mathbb{R} \ .$$

<u>Beweis:</u>
1. Sei $a+b \overset{>}{=} 0 \Rightarrow |a+b| = a+b \overset{<}{=} |a|+|b|$.
2. Sei $a+b < 0 \Rightarrow |a+b| = -(a+b) = -a-b \overset{<}{=} |a|+|b|$.

Aus (2) leitet man her:

$$(3a) \qquad |a| = |b+(a-b)| \overset{<}{=} |b|+|a-b| \Rightarrow |a-b| \overset{>}{=} |a|-|b| \ ,$$

Durch Vertauschen von a und b erhält man:

$$(3b) \qquad |a-b| = |b-a| \overset{>}{=} |b|-|a| \ .$$

Dies zusammen ergibt:

$$(3) \qquad |a-b| \overset{>}{=} \big||a|-|b|\big| \ .$$

Für $a,b \in \mathbb{R}$ nennt man:

$$\frac{1}{2}(a+b) \qquad \text{das arithmetische Mittel von a und b,}$$

$$\sqrt{ab} \qquad \text{das geometrische Mittel von a und b, } a,b \overset{>}{=} 0 \ .$$

Es gilt stets für $a,b \overset{>}{=} 0$

$$(4) \qquad \frac{1}{2}(a+b) \overset{>}{=} \sqrt{ab} \ .$$

<u>Beweis:</u> $(a-b)^2 \overset{>}{=} 0 \Rightarrow a^2-2ab+b^2+4ab \overset{>}{=} 4ab$
$\Rightarrow (a+b)^2 \overset{>}{=} 4ab \Rightarrow a+b \overset{>}{=} 2 \cdot \sqrt{ab} \ .$

Für $a,b,c,d \in \mathbb{R}$, $b,d > 0$ gelte: $\frac{a}{b} < \frac{c}{d}$. Dann folgt:

$$(5) \qquad \frac{a}{b} < \frac{a+c}{b+d} < \frac{c}{d} \ .$$

Beweis:
$$\frac{a}{b} < \frac{c}{d} \Rightarrow ad < bc \Rightarrow ab+ad < ab+bc \Rightarrow a\cdot(b+d) < b(a+c) \Rightarrow \frac{a}{b} < \frac{a+c}{b+d} \ .$$

Analog wird die andere Ungleichung in (5) gezeigt.

$\blacksquare$

1.3 Grundbegriffe aus der Mengenlehre

Definition 3.1:

Eine Menge M ist eine Zusammenfassung von Objekten a,b,c,... . Die Objekte heißen Elemente der Menge:

$$M = \{a,b,c,\dots\} \ .$$

$a \in M$ heißt: a ist in M enthalten oder a ist Element von M .
$a \notin M$ heißt: a ist nicht Element von M.
Mengen kann man auch durch charakteristische Eigenschaften angeben:

$$M = \{a : a \text{ hat die Eigenschaft } E\} \ .$$

Seien M_1, M_2 zwei Mengen.
$M_1 \subset M_2$ bedeutet: Jedes Element von M_1 ist auch Element von M_2 oder:
M_1 ist in M_2 enthalten oder: $a \in M_1 \Rightarrow a \in M_2$.

Gilt $M_1 \subset M_2$ und $M_2 \subset M_1$, dann sind M_1 und M_2 identisch: $M_1 = M_2$.
$M_1 \not\subset M_2$ bedeutet: M_1 ist nicht in M_2 enthalten.

Aus formalen Gründen führt man noch die leere Menge $\emptyset$ ein, d.h. die Menge, die kein Element enthält.

Definition 3.2:

M_1, M_2 seien zwei Mengen. Es bedeutet:
1. $M_1 \cup M_2 := \{x : x \in M_1 \text{ oder } x \in M_2\}$
   $= $ Vereinigung von M_1 und M_2
2. $M_1 \cap M_2 := \{x : x \in M_1 \text{ und } x \in M_2\}$
   $= $ Durchschnitt von M_1 und M_2
3. $M_1 \setminus M_2 := \{x : x \in M_1 \text{ und } x \notin M_2\}$
   $= $ Differenz von M_1 und M_2

Beispiel

$M_1 := \{x : x = 2n,\ n\in\mathbb{Z}\} = \{0, \pm2, \pm4, \ldots\}$

$M_2 := \{x : x = 3n,\ n\in\mathbb{Z}\} = \{0, \pm3, +6, \ldots\}$.

$M_1 \cup M_2 = \{x : x = 2n \text{ oder } x = 3n,\ n\in\mathbb{Z}\}$
$\qquad\quad = \{0, \pm2, \pm3, \pm4, \pm6, \pm8, \pm9,\ \ldots\}$

$M_1 \cap M_2 = \{x : x = 6n,\ n\in\mathbb{Z}\}$
$\qquad\quad = \{0, \pm6, \pm12, \pm18\ldots\}$

$M_1 \smallsetminus M_2 = \{x : x = 2n,\ x \neq 3m\ ;\ n,m\in\mathbb{Z}\}$
$\qquad\quad = \{\pm2, \pm4, \pm8, \pm10, \pm14, \pm16, \pm20, \ldots\}$

Ferner gilt:

$M_1 \subset \mathbb{Z}$, $M_2 \subset \mathbb{Z}$, $M_1 \cup M_2 \subset \mathbb{Z}$, $M_1 \cap M_2 \subset \mathbb{Z}$, $M_1 \smallsetminus M_2 \subset \mathbb{Z}$, $M_1 \not\subset M_2$, $M_2 \not\subset M_1$,

usw.

1.4 Mathematische Beweismethoden

Man unterscheidet in der Mathematik im wesentlichen 3 Beweismethoden, um, ausgehend von einer gegebenen Voraussetzung V, eine Behauptung B herzuleiten.

a) Direkter Beweis:

Man beginnt mit der Aussage V und überführt diese durch mathematische Schlüsse in die Aussage B.

Beispiel:

Sei $x\in\mathbb{R}$, $x \neq 1$, $s_n(x) = 1+x+x^2+\ldots+x^n =: \sum\limits_{\nu=0}^{n} x^\nu$, dann folgt:

$$(1) \qquad s_n(x) = \frac{1-x^{n+1}}{1-x}$$

Beweis:

$$s_n(x) = 1+x+x^2+\ldots+x^n$$
$$\Longrightarrow\quad x\cdot s_n(x) = x+x^2+\ldots+x^n+x^{n+1}$$
$$\Longrightarrow\quad (1-x)\cdot s_n(x) = 1-x^{n+1}$$
$$\Longrightarrow\quad (1) \text{ durch Division, da } x \neq 1.$$

b) Indirekter Beweis:

Man nimmt an, B sei falsch und leitet aus dieser Annahme und aus V einen Widerspruch her. Dieser besteht entweder im Nicht-Zutreffen von V oder in einer generell falschen Aussage oder auch in der Richtigkeit von B.

Beispiele

1. In Abschnitt 1.1 wurde die Behauptung: "$\sqrt{2}$ ist irrational" indirekt bewiesen.

2. Satz von Euklid:
Es gibt unendlich viele Primzahlen.
Beweis:
Annahme: Es gibt nur endlich viele Primzahlen $p_1, p_2, \ldots, p_N$. Sei
$a := p_1 \cdot p_2 \cdot \ldots \cdot p_N + 1$. Die Zahl $a \in \mathbb{N}$, $a > 1$, ist durch keine der Primzahlen
$p_1, \ldots, p_N$ teilbar. Andererseits aber ist jede Zahl $x \in \mathbb{N}$, $x > 1$ durch mindestens eine Primzahl teilbar. $\Rightarrow$ es existiert eine Primzahl p mit p teilt a:
$p \mid a$. $\Rightarrow$ $p \nmid p_\nu$, $\nu = 1, \ldots, N$. $\Rightarrow$ Annahme, B sei falsch, ist falsch $\Rightarrow$ B ist
richtig, d.h. es gibt unendlich viele Primzahlen. ■

c) Induktions-Beweis:
Sei $B(n)$ eine Aussage, die von natürlichen Zahlen $n = 1, 2, 3, \ldots$ abhängt.
Man kann dann so vorgehen:
1. Induktionsanfang:
Man zeigt, daß $B(1)$ richtig ist.
2. Induktionsannahme:
Man nimmt an, daß $B(k)$ für ein beliebiges $k \in \mathbb{N}$ richtig ist.
3. Induktionsschritt:
Man zeigt, daß aus der Richtigkeit von $B(k)$ die Richtigkeit von $B(k+1)$ folgt.
Es ergibt sich, daß $B(n)$ für alle $n \in \mathbb{N}$ richtig ist.

Beispiele
1. Satz (Bernoulli'sche Ungleichung):
Für $a \in \mathbb{R}$, $a \geq -1$ und alle $n \in \mathbb{N}$ gilt

$$(2) \qquad (1+a)^n \geq 1 + n \cdot a$$

Beweis:
Für $n = 1$ ist (2) richtig: $(1+a)^1 \geq 1+a$. Gelte für ein $k \geq 1$: $(1+a)^k \geq 1 + k \cdot a$.
$\Rightarrow (1+a)^{k+1} = (1+a)^k \cdot (1+a) \geq (1 + k \cdot a) \cdot (1+a) =$

$$= 1 + ka + a + ka^2 \geq 1 + ka + a = 1 + (k+1) \cdot a \; .$$

$\Rightarrow$ (2) ist richtig für alle $n \in \mathbb{N}$. ■

2. Für alle $n \in \mathbb{N}$ gilt:

$$(3) \qquad \sum_{\nu=1}^{n} \nu = \frac{1}{2} n \cdot (n+1) \; .$$

Beweis: $n = 1$: $\displaystyle\sum_{\nu=1}^{1} \nu = 1 = \frac{1}{2} \cdot 1 \cdot (1+1) = 1$ richtig.

Gelte (3) für $n = k, k \geq 1$: $\displaystyle\sum_{\nu=1}^{k} \nu = \frac{1}{2} k \cdot (k+1)$. $\Longrightarrow$

$$\sum_{\nu=1}^{k+1} \nu = \sum_{\nu=1}^{k} \nu + (k+1) = \frac{1}{2} k \cdot (k+1) + k+1 = \frac{k(k+1)+2(k+1)}{2} =$$

$$= \frac{1}{2}(k+1) \cdot (k+2). \Longrightarrow (3) \text{ ist richtig für alle } n \in \mathbb{N} \; .$$

3. Für alle $n \in \mathbb{N}$ gilt:

$$(4) \qquad \sum_{\nu=1}^{n} \nu^2 = \frac{1}{6} n \cdot (n+1) \cdot (2n+1) \; .$$

Beweis:

Für $n = 1$ ist (4) richtig. Gelte (4) für $n = k$ $\Longrightarrow$

$$\sum_{\nu=1}^{k+1} \nu^2 = \sum_{\nu=1}^{k} \nu^2 + (k+1)^2 = \frac{1}{6}(k+1) \cdot ((k+1)+1) \cdot (2(k+1)+1) \; .$$

Also ist (4) richtig für alle $n \in \mathbb{N}$.

1.5 Elementare Kombinatorik

Definition 5.1:

Für $n \in \mathbb{N}_0$ definieren wir:

$$(1) \qquad n! := \begin{cases} 1 & \text{für } n = 0 \\[2mm] \displaystyle\prod_{\nu=1}^{n} \nu = 1 \cdot 2 \cdot \ldots \cdot n & \text{für } n > 0 \end{cases}$$

und lesen "n-Fakultät".

Es gilt: $n! = n \cdot (n-1)!$.

Definition 5.2:

Es sei $\alpha \in \mathbb{R}$, $\nu \in \mathbb{N}_0$. Wir definieren:

$$(2) \qquad \binom{\alpha}{\nu} := \begin{cases} 1 & \text{für } \nu = 0 \\[2mm] \dfrac{\alpha\cdot(\alpha-1)\cdot\ldots\cdot(\alpha-\nu+1)}{\nu!} & \text{für } \nu > 0 \end{cases}$$

und lesen "α über ν". $\binom{\alpha}{\nu}$ heißt <u>Binomialkoeffizient</u>.
Ist insbesondere $\alpha \in \mathbb{N}_0$ und $\alpha \geqq \nu$, dann kann man auch schreiben:

$$(2*) \qquad \binom{\alpha}{\nu} = \frac{\alpha!}{\nu!\cdot(\alpha-\nu)!} \quad .$$

Aus (2*) ergibt sich leicht

<u>Lemma 5.1</u>:
Es seien $n,\nu \in \mathbb{N}_0$. Dann gilt:

$$(3) \quad \begin{cases} \text{a)} \ \binom{n}{\nu} = \binom{n}{n-\nu} & \text{für } \nu \leqq n \\[4mm] \text{b)} \ \binom{n}{\nu} = 0 & \text{für } \nu > n \quad . \end{cases}$$

<u>Beweis</u>:
folgt unmittelbar aus (2), (2*).

<u>Satz 5.2</u>:
Es seien $n,\nu \in \mathbb{N}$ mit $\nu \leqq n$. Dann gilt:

$$(4) \qquad \binom{n}{\nu-1}+\binom{n}{\nu} = \binom{n+1}{\nu} \quad .$$

<u>Beweis</u>:
Es ist

$$\binom{n}{\nu-1}+\binom{n}{\nu} = \frac{n!}{(\nu-1)!(n-\nu+1)!} + \frac{n!}{\nu!(n-\nu)!} = \frac{\nu\cdot n!+(n-\nu+1)\cdot n!}{\nu!\cdot(n-\nu+1)!} =$$

$$= \frac{n!\cdot(n+1)}{\nu!\cdot(n+1-\nu)!} = \frac{(n+1)!}{\nu!((n+1)-\nu)!} = \binom{n+1}{\nu} \quad .$$

Die Binomialkoeffizienten $\binom{n}{\nu}$ mit $n,\nu \in \mathbb{N}$ und $\nu \leqq n$ können in dem sogenannten Pascal'schen Dreieck folgendermaßen angeordnet werden:

$$
\begin{array}{c|ccccccccc}
n \\\hline
0 & & & & & 1 \\
1 & & & & 1 & & 1 \\
2 & & & 1 & & 2 & & 1 \\
3 & & 1 & & 3 & & 3 & & 1 \\
4 & 1 & & 4 & & 6 & & 4 & & 1 \\
5 & 1 & & 5 & & 10 & & 10 & & 5 & & 1 \\
6 & 1 & & 6 & & 15 & & 20 & & 15 & & 6 & & 1 \\
7 & 1 & & 7 & & 21 & & 35 & & 35 & & 21 & & 7 & & 1 \\
\vdots
\end{array}
$$

An der ν. Stelle der n. Zeile steht der Binomialkoeffizient $\binom{n}{\nu}$ ($\nu = 0,1,\ldots,n$). Wegen (3) ist das Schema symmetrisch, und wegen (4) läßt sich die (n+1). Zeile leicht aus der n. Zeile berechnen.

<u>Satz 5.3 (Binomischer Satz)</u>:

Für $x\in\mathbb{R}$ und $n\in\mathbb{N}$ gilt:

$$(5) \qquad (1+x)^n = \sum_{\nu=0}^{n} \binom{n}{\nu}\cdot x^\nu = \binom{n}{0}\cdot x^0 + \binom{n}{1}\cdot x^1 + \ldots + \binom{n}{n}\cdot x^n\ .$$

<u>Beweis</u>:

Vollständige Induktion über n.

1. Für n = 1 gilt: $(1+x)^1 = \sum_{\nu=0}^{1} \binom{n}{\nu}\cdot x^\nu = 1+x$. Also ist (5) für n = 1 richtig.

2. Für $k \overset{\geq}{=} 1$ gelte .: $(1+x)^k = \sum_{\nu=0}^{k} \binom{k}{\nu}\cdot x^\nu$. Mit (3) und (4) folgt hieraus:

$$(1+x)^{k+1} = (1+x)\cdot(1+x)^k = (1+x)\cdot \sum_{\nu=0}^{k} \binom{k}{\nu}\cdot x^\nu =$$

$$= \binom{k}{0}\cdot x^0 + \binom{k}{1}\cdot x^1 + \ldots + \binom{k}{\nu}\cdot x^\nu + \ldots + \binom{k}{k-1}x^{k-1} + \binom{k}{k}x^k +$$

$$+ \binom{k}{0}x^1 + \ldots + \binom{k}{\nu-1}\cdot x^\nu + \ldots + \binom{k}{k-2}\cdot x^{k-1} + \binom{k}{k-1}\cdot x^k + x^{k+1} =$$

$$= \binom{k}{0}\cdot x^0 + \binom{k+1}{1}\cdot x^1 + \ldots + \binom{k+1}{\nu}\cdot x^\nu + \ldots + \binom{k+1}{k}\cdot x^k + x^{k+1} =$$

$$= \sum_{\nu=0}^{k+1} \binom{k+1}{\nu}\cdot x^\nu\ . \ \Rightarrow (5) \text{ für alle } n\in\mathbb{N}\ .$$

Beispiel: $(1+x)^5 = 1+5x+10x^2+10x^3+5x^4+x^5$.

<u>Satz 5.4:</u>

Für $a, b \in \mathbb{R}$ und $n \in \mathbb{N}$ gilt:

$$(6) \qquad (a+b)^n = \sum_{\nu=0}^{n} \binom{n}{\nu} a^\nu \cdot b^{n-\nu} .$$

<u>Beweis:</u>

1. Für $b = 0$ gilt wegen $0^0 = 1$ und $0^\nu = 0$ für $\nu > 0$:

$(a+b)^n = a^n = \binom{n}{n} \cdot a^n \cdot b^0 = a^n$; also ist (6) richtig.

2. Für $b \neq 0$ setze man $\frac{a}{b} =: x$. Dann ist: $(a+b)^n = b^n \cdot (1+x)^n$. Mit (5) folgt hieraus:

$$(a+b)^n = b^n \cdot \sum_{\nu=0}^{n} \binom{n}{\nu} \cdot \left(\frac{a}{b}\right)^\nu = \sum_{\nu=0}^{n} \binom{n}{\nu} a^\nu \cdot b^{n-\nu} .$$

<u>Beispiel:</u> $(a+b)^3 = a^3 + 3a^2 b + 3ab^2 + b^3$.

<u>Folgerungen aus (5):</u>

Für $x = 1$ gilt

$$(7a) \qquad \sum_{\nu=0}^{n} \binom{n}{\nu} = \binom{n}{0} + \binom{n}{1} + \ldots + \binom{n}{n} = 2^n .$$

Für $x = -1$ gilt im Fall $n > 0$

$$(7b) \qquad \sum_{\nu=0}^{n} (-1)^\nu \cdot \binom{n}{\nu} = \binom{n}{0} - \binom{n}{1} + \ldots \div (-1)^n \cdot \binom{n}{n} = 0 .$$

Addition von (7a), (7b) und Division durch 2 ergibt:

$$(7c) \qquad \binom{n}{0} + \binom{n}{2} + \binom{n}{4} + \ldots\ldots = 2^{n-1} \qquad (n > 0) .$$

Subtraktion von (7a), (7b) und Division durch 2 ergibt:

$$(7d) \qquad \binom{n}{1} + \binom{n}{3} + \binom{n}{5} + \ldots\ldots = 2^{n-1} \qquad (n > 0) .$$

Wir betrachten nun sogenannte <u>Permutationen</u>. Gegeben seien n Elemente $A_1, A_2, \ldots, A_n$ (etwa Personen oder Zahlen o.ä.), und wir fragen nach allen möglichen verschiedenen Anordnungen (d.h. Reihenfolgen) dieser n Elemente. Diese Anordnungen nennt man Permutationen. Es gilt:

<u>Satz 5.5:</u>

Die Anzahl der verschiedenen Permutationen von n Elementen $A_1, \ldots, A_n$ ist gleich $n!$.

Beweis:

Für n = 1 ist die Aussage richtig. Sie sei nun für n = k als richtig vorausgesetzt, und es seien k+1 Elemente $A_1,...,A_k,A_{k+1}$ vorgelegt. Die Anzahl der verschiedenen Permutationen, in denen A_{k+1} als letztes steht, ist nach Voraussetzung k! . Entsprechendes aber gilt für jedes der k+1 Elemente $A_1,...,A_{k+1}$. Also ist die Gesamtzahl der verschiedenen Permutationen (k+1)·k! = (k+1)!

Wir fragen nun nach allen Möglichkeiten, ν Elemente ($0 \leq \nu \leq n$) aus den vorgelegten $A_1,...,A_n$ herauszugreifen, <u>wobei es auf die Reihenfolge nicht ankommen</u> soll. Jede solche Möglichkeit nennt man eine <u>Kombination von n Elementen zu je ν</u>. Es gilt:

Satz 5.6:

Die Anzahl der Kombinationen von n Elementen zu je ν ($0 \leq \nu \leq n$) ist

$$(8) \qquad \binom{n}{\nu} = \frac{n \cdot (n-1)...(n-\nu+1)}{\nu !} = \frac{n!}{\nu ! \cdot (n-\nu)!} \; .$$

Beweis:

Für die Auswahl des 1. Elementes gibt es n Möglichkeiten, danach für die Auswahl des 2. Elementes n-1 Möglichkeiten, ... schließlich für die Auswahl des ν. Elementes noch $n-\nu+1$ Möglichkeiten, woraus sich das Produkt $n \cdot (n-1) \cdot ... \cdot (n-\nu+1)$ ergibt. Da es auf die Reihenfolge in der Auswahl nicht ankommen soll, muß dieses Produkt noch durch ν! dividiert werden (vgl. Satz 5.5). Damit folgt sogleich die Behauptung.

Beispiel

<u>Zahlenlotto</u>: Aus 1,...,49 sind 6 Zahlen zu tippen. Es gibt genau 6 Trefferzahlen. Die Anzahl der möglichen Fälle ist:

$$m = \binom{49}{6} = 13\ 983\ 816 \; .$$

Sei g_i (i = 0,1,...,6) die Anzahl der Möglichkeiten, genau i richtige Zahlen zu tippen (i Treffer). Man erhält g_i, indem man i der 6 richtigen und 6-i der falschen Zahlen unabhängig voneinander kombiniert. Also gilt:

$$g_i = \binom{6}{i} \cdot \binom{43}{6-i} \; , \qquad i = 0,...,6 \; .$$

$p_i := \frac{g_i}{m}$ ist die <u>Wahrscheinlichkeit</u> dafür, daß man genau i richtige Zahlen getippt hat. Ausrechnen ergibt: $p_0 \approx 44\ \%$, $p_2 \approx 13\ \%$, $p_4 \approx 0,1\ \%$, $p_6 \approx 7 \cdot 10^{-6}\ \%$.

Kapitel 2: Polynome

2.1 Definition und Horner-Schema

Die Polynome bilden eine einfache und wichtige Klasse von Funktionen, die auch in den Anwendungen sehr viel benutzt wird.

Polynome haben folgende Gestalt:

$$(1) \qquad P_n(x) = \sum_{\nu=0}^{n} a_\nu \cdot x^\nu = a_n \cdot x^n + a_{n-1} \cdot x^{n-1} + \ldots + a_1 x + a_0 \qquad \text{mit } a_\nu \in \mathbb{R} .$$

Ist $a_n \neq 0$, so heißt n der Grad des Polynoms.

Polynome 1. Grades lassen sich durch Geraden, solche 2. Grades durch Parabeln in der x,y-Ebene veranschaulichen.

Die erste Aufgabe besteht darin, die Funktionswerte $P_n(x_1)$ zu gegebenen x-Werten x_1 zu berechnen. Eine sehr handliche Methode ist das

Horner-Schema:

Wir schreiben (1) in der Form:

$$(2) \qquad P_n(x) = (x - x_1) \cdot [b_n \cdot x^{n-1} + b_{n-1} \cdot x^{n-2} + \ldots + b_2 \cdot x + b_1] + b_0 ,$$

Hieraus folgt:

$$P_n(x) = b_n \cdot x^n + (b_{n-1} - b_n x_1) \cdot x^{n-1} + \ldots + (b_1 - b_2 x_1) \cdot x + (b_0 - b_1 x_1) .$$

Vergleichen wir nun die Koeffizienten mit (1), dann erhalten wir:

$$(3) \qquad \left\{ \begin{array}{l} b_n = a_n \\[2ex] b_{k-1} = a_{k-1} + b_k x_1 \ , \qquad k = n, n-1, \ldots, 1 . \end{array} \right.$$

Man kann also die b_k rekursiv ausrechnen; zum Schluß erhält man b_0. Wegen (2) folgt sofort:

(4) $\qquad P_n(x_1) = b_0$.

Die Berechnung erfolgt nach folgendem Schema:

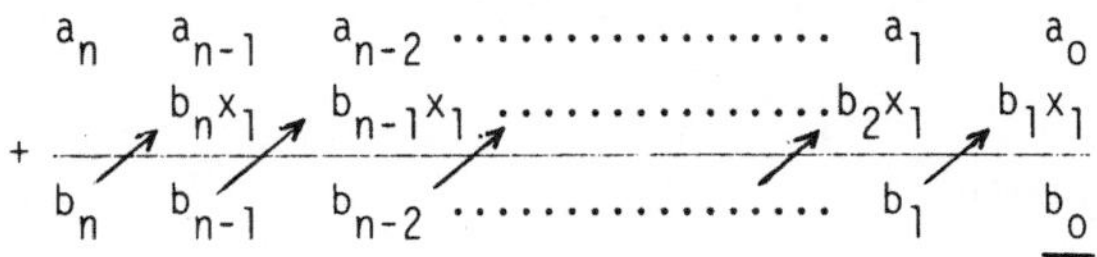

Beispiele:

1. $P_3(x) = x^3 - 6x^2 + 11x - 6$, $x_1 = 4$.
Gesucht: $P_3(4)$. Es ist $n = 3$.

$$
\begin{array}{rrrr}
1 & -6 & 11 & -6 \\
+ & 4 & -8 & 12 \\
\hline
1 & -2 & 3 & \underline{6} = P_3(4)
\end{array}
$$

2. $P_3(x) = x^3 - 6x^2 + 11x - 6$, $x_1 = 2$.
Gesucht: $P_3(2)$. Es ist $n = 3$.

$$
\begin{array}{rrrr}
1 & -6 & 11 & -6 \\
+ & 2 & -8 & 6 \\
\hline
1 & -4 & 3 & \underline{0} = P_3(2)
\end{array}
$$

Es ist also $x_1 = 2$ eine Nullstelle von $P_3(x)$.

3. $P_3(x) = 2x^3 + x^2 - x - 1$
Gesucht: $P_3(-3), P_3(-2), P_3(-1), P_3(1), P_3(2)$.
Hier werden wir die 1. Zeile des Horner-Schemas nur einmal aufschreiben:

$$
\begin{array}{lrrrr}
 & 2 & 1 & -1 & -1 \\
x_1 = -3: \ + & & -6 & 15 & -42 \\
\hline
 & 2 & -5 & 14 & -43 = P_3(-3) \\
x_1 = -2: \ + & & -4 & 6 & -10 \\
\hline
 & 2 & -3 & 5 & -11 = P_3(-2) \\
x_1 = -1: \ + & & -2 & 1 & 0 \\
\hline
 & 2 & -1 & 0 & \underline{-1} = P_3(-1)
\end{array}
$$

$$
\begin{array}{ccccc}
 & 2 & 1 & -1 & -1 \\
x_1 = 1: \ + & & 2 & 3 & 2 \\
\hline
 & 2 & 3 & 2 & 1 = P_3(1) \\
x_1 = 2: \ + & & 4 & 10 & 18 \\
\hline
 & 2 & 5 & 9 & 17 = P_3(2)
\end{array}
$$

2.2 Division von Polynomen

Es seien zwei Polynome:

$$P_n(x) = a_n \cdot x^n + \ldots + a_1 x + a_0 \ , \qquad a_n \neq 0$$
$$Q_m(x) = b_m \cdot x^m + \ldots + b_1 x + b_0 \ , \qquad b_m \neq 0$$

gegeben, und es gelte: $m \leqq n$. Es folgt, daß

$$(1) \qquad P_{n'}(x) := P_n(x) - \frac{a_n}{b_m} \cdot x^{n-m} \cdot Q_m(x)$$

ein Polynom ist, dessen Grad $n' \leqq n-1$ ist. Ist nun immer noch $m \leqq n'$, dann kann dieses Verfahren (1) mit $P_{n'}(x)$ und $Q_m(x)$ wiederholt werden. Man erhält dann ein Polynom $P_{n''}(x)$ mit $n'' \leqq n'-1$, usw.

Schließlich ist der Grad von $P_n(x)$ so weit "heruntergedrückt", bis eine Beziehung der folgenden Form entsteht:

$$(2) \qquad P_n(x) = T_{n-m}(x) \cdot Q_m(x) + R_{m'}(x)$$

mit Grad $T_{n-m} = n-m$, Grad $R_{m'} = m' \leqq m-1$ (oder $R_{m'}(x) \equiv 0$).

Beispiele:

1. $P_3(x) = x^3 + 5x^2 - 4$
   $Q_2(x) = 2x^2 + x - 1$.

Es folgt: $n = 3$, $m = 2$, $n-m = 1$. $\implies$

$$
(x^3+5x^2-4) : (2x^2+x-1) = \frac{1}{2}x + \frac{9}{4} + \frac{-\frac{7}{4}x - \frac{7}{4}}{2x^2+x-1}
$$

$$
\begin{aligned}
&\underline{-(x^3 + \tfrac{1}{2}x^2 - \tfrac{1}{2}x)} \\
&\quad \tfrac{9}{2}x^2 + \tfrac{1}{2}x - 4 \\
&\quad \underline{-(\tfrac{9}{2}x^2 + \tfrac{9}{4}x - \tfrac{9}{4})} \\
&\qquad (-\tfrac{7}{4}x - \tfrac{7}{4}) \quad \longleftarrow \text{Rest} \implies m' = 1.
\end{aligned}
$$

$$\Rightarrow\ T_1(x) = \frac{1}{2}x + \frac{9}{4}\ ,\quad R_1(x) = -\frac{7}{4}(x+1)$$

$$\Rightarrow\ x^3+5x^2-4 = (\frac{1}{2}x + \frac{9}{4})\cdot(2x^2+x-1) - \frac{7}{4}(x+1)\ .$$

2. $P_3(x) = x^3+5x^2-4\ ,\quad Q_1(x) = x-2\ .$

$$
\begin{array}{l}
(x^3+5x^2-4)\ :\ (x-2) = x^2+7x+14+ \dfrac{24}{x-2}\\[2pt]
\underline{-(x^3-2x^2)}\\[2pt]
\qquad 7x^2-4\\[2pt]
\qquad \underline{-(7x^2-14x)}\\[2pt]
\qquad\qquad 14x-\ 4\\[2pt]
\qquad\qquad \underline{-(14x-28)}\\[2pt]
\qquad\qquad\qquad 24\ \leftarrow\ \text{Rest}
\end{array}
$$

$$\Rightarrow\ x^3+5x^2-4 = (x^2+7x+14)\cdot(x-2)+24\ .$$

Ist $Q_m(x)$ ein lineares Polynom ($m = 1$) mit $b_m = 1$, dann ist der Rest $R_{m'}$ eine Konstante ($m' = 0$), und wir haben die Situation (2) von Abschnitt 2.1. Wir schreiben diese Gleichung in der Form:

$$P_n(x) = (x-x_1)\cdot P_{n-1}(x)+\alpha_0\ .$$

Auf das Polynom $P_{n-1}(x)$ vom Grade $n-1$ können wir nun wieder dieses Verfahren anwenden:

$$P_{n-1}(x) = (x-x_1)\cdot P_{n-2}(x)+\alpha_1\ .$$

Nun wird $P_{n-2}(x)$ wieder durch $x-x_1$ dividiert usw. Allgemein:

$$(3)\qquad P_k(x) = (x-x_1)\cdot P_{k-1}(x)+\alpha_{n-k}\ ,\quad k = n,\dots,1\ .$$

Schließlich ist $P_0(x)$ eine Konstante. Wir setzen

$$(3a)\qquad \alpha_n := P_0(x)\ .$$

Dabei gilt natürlich

$$(4)\qquad \alpha_{n-k} = P_k(x_1)\ ,\quad k = n,\dots,1\ .$$

Setzen wir jetzt rückwärts $P_0(x) = \alpha_n$ in $P_1(x)$ ein, sodann $P_1(x)$ in $P_2(x)$, usw., schließlich $P_{n-1}(x)$ in $P_n(x)$ ein, dann erhalten wir die sogenannte <u>Taylor-Entwicklung</u> von $P_n(x)$ um den Punkt x_1:

$$(5) \qquad P_n(x) = \alpha_n \cdot (x-x_1)^n + \alpha_{n-1} \cdot (x-x_1)^{n-1} + \ldots + \alpha_1 \cdot (x-x_1) + \alpha_0 \ .$$

Damit ist gezeigt

<u>Satz 2.1:</u>

Sei $P_n(x) = \sum\limits_{\nu=0}^{n} a_\nu \cdot x^\nu$ ein Polynom vom Grade n (d.h. $a_n \neq 0$) und sei $x_1 \in \mathbb{R}$ beliebig. Dann existieren eindeutig bestimmte Zahlen $\alpha_0, \ldots, \alpha_n \in \mathbb{R}$ mit $P_n(x) = \sum\limits_{\nu=0}^{n} \alpha_\nu \cdot (x-x_1)^\nu$. Man nennt dies die <u>Taylor-Entwicklung</u> von $P_n(x)$ um $x = x_1$. Insbesondere gilt: $\alpha_0 = P_n(x_1)$, $\alpha_n = a_n$. ∎

Die Berechnung der Koeffizienten $\alpha_0, \ldots, \alpha_n$ ist wieder mit Hilfe des Horner-Schemas leicht durchführbar, da ja (3) nichts anderes ist, als eine laufende Wiederholung von (2), (3) in Abschnitt 2.1.

<u>Beispiele:</u>

1. $P_3(x) = x^3 - 6x^2 + 11x - 6$, $x_1 = 4$.

$$
\begin{array}{rrrl}
1 & -6 & 11 & -6 \\
  & 4 & -8 & 12 \\
\hline
1 & -2 & 3 & \underline{6} = P_3(x_1) = \alpha_0 \\
  & 4 & 8 & \\
\hline
1 & 2 & \underline{11} = P_2(x_1) = \alpha_1 \\
  & 4 & \\
\hline
1 & \underline{6} = P_1(x_1) = \alpha_2 \\
\\
\hline
\underline{1} = \alpha_3
\end{array}
$$

$$\implies P_3(x) = (x-4)^3 + 6(x-4)^2 + 11(x-4) + 6$$

2. $P_3(x) = 2x^3 + x^2 - x - 1$, $x_1 = 1$.

$$
\begin{array}{llll}
2 & 1 & -1 & -1 \\
  & 2 & 3 & 2 \\
\hline
2 & 3 & 2 & 1 = \alpha_0 \\
  & 2 & 5 & \\
\hline
2 & 5 & 7 = \alpha_1 & \\
  & 2 & & \\
\hline
2 & 7 = \alpha_2 & & \\
\hline
2 = \alpha_3 & & &
\end{array}
$$

$$\Rightarrow \quad P_3(x) = 2\cdot(x-1)^3 + 7(x-1)^2 + 7(x-1) + 1$$

2.3 Nullstellen von Polynomen

Eine wichtige und i.a. schwierige Aufgabe ist die Bestimmung der Nullstellen von Polynomen $P_n(x)$, d.h. derjenigen Zahlen $x_1, x_2, \ldots$, für die $P_n(x_1) = P_n(x_2) = \ldots$
$\ldots = 0$ gilt. Für $n = 2$ läuft die Aufgabe auf die Lösung der quadratischen Gleichung

$$(1) \qquad a_2 x^2 + a_1 x + a_0 = 0 \ , \qquad a_2 \neq 0$$

hinaus. Aus (1) erhält man leicht

$$(x + \frac{a_1}{2a_2})^2 = \frac{1}{4a_2^2}(a_1^2 - 4a_0 a_2) \ ,$$

woraus sich durch Wurzel-Ziehen für die Nullstellen von $P_2(x)$ ergibt

$$(2) \qquad x_{1,2} = \frac{1}{2a_2}\cdot\left(-a_1 \pm \sqrt{a_1^2 - 4a_0 a_2}\right) \quad \text{für } a_1^2 \geq 4a_0 a_2 \ .$$

Für $n = 3$ und 4 sind die Lösungsformeln wesentlich komplizierter. Für $n \geq 5$ gibt es keine geschlossenen Lösungsformeln. Wir müssen daher nach anderen Verfahren suchen. Zunächst zeigen wir

Satz 3.1:

Ein Polynom vom Grade n hat höchstens n Nullstellen.

Beweis:

Es sei x_1 eine Nullstelle von $P_n(x)$: $P_n(x_1) = 0$. Nach Satz 2.1, Abschn. 2.2 (vgl. (5)) lautet dann die Taylor-Entwicklung um x_1:

$$(3) \qquad P_n(x) = \sum_{\nu=1}^{n} \alpha_\nu \cdot (x-x_1)^\nu = (x-x_1)\cdot P_{n-1}(x) \ .$$

Wir haben damit den _Linear-Faktor_ $x-x_1$ von $P_n(x)$ _ohne Rest_ abgespalten. Alle von x_1 verschiedenen Nullstellen von $P_n(x)$ müssen daher auch Nullstellen von $P_{n-1}(x)$ sein. Da ein Polynom 1. Grades $P_1(x)$ höchstens eine Nullstelle hat, folgt die Behauptung durch vollständige Induktion. ∎

Eine wichtige Anwendung dieses Satzes ist die folgende: Kennt man eine Nullstelle x_1 von $P_n(x)$, dann erhält man im Aufsuchen der Nullstellen von $P_{n-1}(x)$ die übrigen Nullstellen von $P_n(x)$. Das ist oft sehr praktisch, da ja $P_{n-1}(x)$ nur noch den Grad n-1 hat. Ferner erhält man die Koeffizienten von $P_{n-1}(x)$ leicht mit Hilfe des Horner-Schemas (vgl. Abschnitt 2.1, Formeln (2), (3)).

Beispiel:
$P_3(x) = x^3-6x^2+11x-6.$
In Abschnitt 2.1 hatten wir errechnet, daß $P_3(2) = 0$ ist, also ist $x_1 = 2$ eine Nullstelle von $P_3(x)$. Das Horner-Schema sah so aus:

$$
\begin{array}{l|rrrr}
x_1 = 2: & 1 & -6 & 11 & -6 \\
         & + & 2 & -8 & 6 \\
\hline
         & 1 & -4 & 3 & 0 = P_3(2).
\end{array}
$$

Hiernach gilt also: $P_2(x) = x^2-4x+3$ und daher wegen (3):

$$x^3-6x^2+11x-6 = (x-2)\cdot(x^2-4x+3) \ .$$

Es müssen also noch die Nullstellen von $P_2(x)$ bestimmt werden, was durch (1), (2) geschehen kann:

$$a_2 = 1, \ a_1 = -4, \ a_0 = 3 \implies$$

$$x_{2,3} = \tfrac{1}{2}\left(4\pm\sqrt{16-4\cdot3}\right) = \tfrac{1}{2}(4\pm2) \implies$$

$$x_2 = 3 \ , \quad x_3 = 1 \ .$$

Damit folgt:

$$x^3-6x^2+11x-6 = (x-1)\cdot(x-2)\cdot(x-3) \ ,$$

d.h. das Polynom $P_3(x)$ ist _in Linear-Faktoren zerlegt_.
Wir fassen dieses Ergebnis noch einmal in folgendem Satz zusammen:

Satz 3.2:

Sei $P_n(x)$ ein Polynom und x_1 eine Nullstelle: $P_n(x_1) = 0$. Dann gilt:

$$P_n(x) = (x-x_1) \cdot P_{n-1}(x) \ ,$$

wobei die Koeffizienten von $P_{n-1}(x)$ durch die dritte Zeile des Horner-Schemas gegeben sind. ∎

Oft ist auch folgender Satz nützlich:

Satz 3.3 (Gauß):

Gegeben sei $P_n(x) = \sum_{\nu=0}^{n} a_\nu \cdot x^\nu$ mit $a_n = 1$ und $a_\nu \in \mathbb{Z}$ für $\nu = 0,\ldots,n$. Falls dann x_1 eine rationale Nullstelle von $P_n(x)$ ist, dann ist x_1 auch ganzzahlig und Teiler von a_0.

Beweis:

Sei $P_n(x_1) = 0$ mit $x_1 = \frac{p}{q}$, $(p,q) = 1$ ((p,q) bezeichne den größten gemeinsamen Teiler von p und q), $q > 0$. Es folgt:

$$0 = q^n \cdot P_n(x_1) = p^n + q(a_{n-1} p^{n-1} + a_{n-2} p^{n-2} \cdot q + \ldots + a_0 \cdot q^{n-1}) \ .$$

Alle hier auftretenden Zahlen sind ganz, also: $q | p^n \Rightarrow q = 1$, da sonst $(p,q) > 1$ sein müßte. $\Rightarrow x_1 = p$ ganzzahlig. - Hieraus folgt nun:
$-a_0 = p(p^{n-1} + a_{n-1} \cdot p^{n-2} + \ldots + a_2 \cdot p + a_1)$, also ist p ein Teiler von a_0. ∎

Anwendung:

Sei $P_n(x) = \sum_{\nu=0}^{n} a_\nu \cdot x^\nu$ mit $a_\nu \in \mathbb{Q}$ gegeben. Man fragt nach einer eventuell rationalen Nullstelle x_1 von $P_n(x)$. Durch Multiplikation mit dem Hauptnenner der $a_0,\ldots,a_n$ entsteht ein Polynom $\hat{P}_n(x) = \sum_{\nu=0}^{n} b_\nu \cdot x^\nu$ mit $b_\nu \in \mathbb{Z}$. $P_n(x)$ und $\hat{P}_n(x)$ haben die gleichen Nullstellen (Beweis als Übung). Sodann wird $\hat{P}_n(x)$ mit b_n^{n-1} multipliziert und die neue Variable $\overline{x} := b_n \cdot x$ eingeführt. Man erhält:

$$(4) \quad \left\{ \begin{aligned} b_n^{n-1} \cdot \hat{P}_n(x) =: Q_n(\overline{x}) &= \overline{x}^n + b_{n-1} \cdot \overline{x}^{n-1} + b_{n-2} b_n \cdot \overline{x}^{n-2} + \ldots \\ &\quad \ldots + b_1 \cdot b_n^{n-2} \cdot \overline{x} + b_0 \cdot b_n^{n-1} \ . \end{aligned} \right.$$

Auf $Q_n(\overline{x})$ nun ist Satz 3.3 anwendbar: x_1 ist genau dann eine rationale Nullstelle von $P_n(x)$, wenn $\overline{x}_1 := b_n \cdot x_1$ eine ganzzahlige Nullstelle von $Q_n(\overline{x})$ ist. Ist eine solche ermittelt, dann erhält man in

$$(5) \qquad x_1 = \frac{\overline{x}_1}{b_n}$$

eine rationale Nullstelle von $P_n(x)$.

Beispiel:
$$P_3(x) = \frac{1}{5} x^3 + \frac{1}{2} x^2 - \frac{1}{10} \ .$$
Gesucht ist eine rationale Nullstelle x_1 von $P_3(x)$. Hauptnenner 10.
$\Rightarrow \hat{P}_3(x) = 10 \cdot P_3(x)$, also $\hat{P}_3(x) = 2x^3 + 5x^2 - 1. \Rightarrow b_n = 2, \ n = 3 \Rightarrow b_n^{n-1} = 4$.
Ferner: $\overline{x} = 2 \cdot x. \Rightarrow 4 \cdot P_3(x) = 8x^3 + 20x^2 - 4 \Rightarrow Q_3(\overline{x}) = \overline{x}^3 + 5\overline{x}^2 - 4$.

Auf $Q_3(\overline{x})$ wenden wir den Satz 3.3 an: Als rationale (d.h. ganz zahlige) Nullstellen des Polynoms $Q_3(\overline{x})$ kommen nur in Frage:

$$\overline{x} = \pm 4 \ , \quad \overline{x} = \pm 2 \ , \quad \overline{x} = \pm 1 \ .$$

Nachprüfung ergibt als einzige ganzzahlige Nullstelle

$$\overline{x}_1 = -1.$$

Also erhält man als einzige rationale Nullstelle des Polynoms $P_3(x)$ den Wert:

$$x_1 = -\frac{1}{2} \ .$$

Die übrigen Nullstellen x_2, x_3 von $P_3(x)$ sind nicht rational. Man errechnet sie
durch Lösen einer quadratischen Gleichung, nachdem Polynom-Division durchgeführt ist:

$$(\overline{x}^3 + 5\overline{x}^2 - 4) : (\overline{x} + 1) = \overline{x}^2 + 4\overline{x} - 4 \ .$$
$$\text{Aus } \overline{x}^2 + 4\overline{x} - 4 = 0 \Rightarrow \overline{x}_{2,3} = 2(-1 \pm \sqrt{2})$$

$\Rightarrow x_{2,3} = -1 \pm \sqrt{2}$ sind die beiden anderen Nullstellen von $P_3(x)$.

Wir gehen nun noch auf ein sehr wichtiges, auf <u>Newton</u> zurückgehendes <u>Näherungs-
verfahren</u> zur Nullstellenbestimmung von Polynomen ein. Dazu erinnern wir an die
Taylor-Entwicklung (5), Abschn. 2.2: Angenommen, x_1 sei bereits nahe bei einer
Nullstelle x^* von $P_n(x)$. Dann kann man für x nahe bei x_1 die höheren Potenzen
von $x - x_1$ in (5), Abschn. 2.2 gegenüber $\alpha_1 \cdot (x - x_1) + \alpha_0$ vernachlässigen:

(6) $\qquad P_n(x) \approx \alpha_1 \cdot (x-x_1) + \alpha_0 \quad$ für $\ x \approx x_1$,

und man erhält insbesondere:

$$P_n(x^*) = 0 \approx \alpha_1 \cdot (x^*-x_1) + \alpha_0 \ .$$

Dies führt auf einen Näherungswert x_2 für x^*, nämlich (vgl. (3a), (4), Abschn. 2.2):

(7) $\qquad x_2 := x_1 - \dfrac{\alpha_0}{\alpha_1} = x_1 - \dfrac{P_n(x_1)}{P_{n-1}(x_1)} \quad .$

x_2 ist für x^* i.a. eine bessere Näherung als x_1. Dieses Verfahren kann man nun mit x_2 (statt x_1) wiederholen, erhält also eine weitere Näherung x_3 usw., d.h. allgemein erhält man:

(8) $\qquad x_{\nu+1} = x_\nu - \dfrac{P_n(x_\nu)}{P_{n-1}(x_\nu)} \ , \quad \nu = 1,2,3,\ldots \ ,$

wobei mit einem x_1 möglichst nahe bei x^* gestartet werden sollte. Die Berechnung der Werte $P_n(x_\nu)$, $P_{n-1}(x_\nu)$ kann wieder mit dem Horner-Schema erfolgen. Das Verfahren (8) heißt <u>Newton-Verfahren</u>. Es besteht im Ersetzen des Polynoms $P_n(x)$ durch eine lineare Funktion, die sogen. <u>Linearisierung</u> von $P_n(x)$ in $x = x_\nu$. Wir kommen später noch auf das Newton-Verfahren zurück.

<u>Beispiel:</u>
$P_3(x) = x^3 + 5x^2 - 4$.
Wegen $P_3(0) = -4$, $P_3(1) = 2$ liegt eine Nullstelle von $P_3(x)$ zwischen 0 und 1.
Sei $\underline{x_1 = 1}$.

```
  1   5   0  -4
      1   6   6
  ─────────────
  1   6   6   2 = P₃(x₁)
      1   7
  ─────────────
  1   7  13 = P₂(x₁) .
```

Mit (8) folgt:
$$\underline{x_2} = x_1 - \frac{P_3(x_1)}{P_2(x_1)} = 1 - \frac{2}{13} \approx \underline{0.85} \ .$$

$$
\begin{array}{rrrr}
1 & 5 & 0 & -4 \\
 & 0.85 & 4.97 & 4.23 \\
\hline
1 & 5.85 & 4.97 & 0.23 & \approx P_3(x_2) \\
 & 0.85 & 5.70 \\
\hline
1 & 6.70 & 10.67 & \approx P_2(x_2) \; .
\end{array}
$$

Mit (8) folgt:

$$
\underline{x_3} = x_2 - \frac{P_3(x_2)}{P_2(x_2)} \approx 0.85 - 0.02 = \underline{0.83} \; .
$$

Die exakte Lösung ist (vgl. das Beispiel in diesem Abschnitt): x* = 0.8284... .

Kapitel 3: Analytische Geometrie in Ebene und Raum

3.1 Koordinaten und Winkelfunktionen

Zur analytischen Behandlung der ebenen Geometrie benutzt man oft rechtwinklige
Koordinaten, auch kartesische Koordinaten genannt (Descartes, 1596 - 1650): Jedem Punkt P der Ebene wird umkehrbar eindeutig ein reelles Zahlenpaar (x,y) zugeordnet. x heißt Abszisse, y heißt Ordinate
von P. Man schreibt oft P(x,y) und bezeichnet die Menge aller Punkte der Ebene mit $\mathbb{R}^2$.
Beispiel:
(1,2) = P(1,2) ist der Punkt, dessen Projektion auf die x-Achse 1 und dessen Projektion auf die y-Achse 2 beträgt.

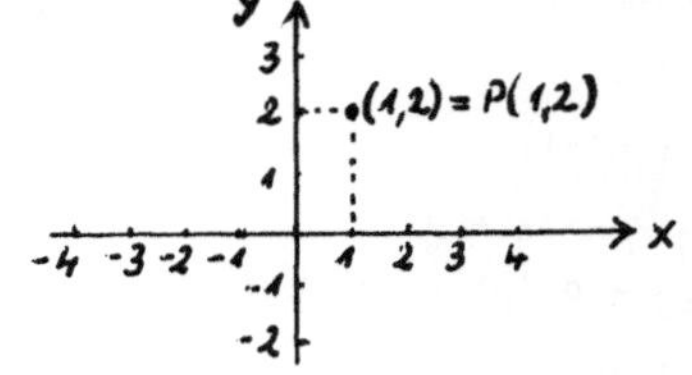

Als weiteres grundlegendes Hilfsmittel benötigen wir die Winkelfunktionen, die
zur Messung von Winkeln dienen, und mit deren Hilfe eine andere Art von Koordinaten eingeführt werden kann. Ein Punkt P(x,y) bewege sich auf dem Rand eines
Kreises mit Radius 1 und Mittelpunkt in (0,0). Dieser Kreis heißt Einheitskreis.

Die Bewegung von P (bzw. seine Lage) kann durch den Winkel α beschrieben werden.
α wird gegen die positive x-Richtung und gegen den Uhrzeigersinn gemessen. Es
ist üblich, den Umlauf von P gegen den Uhrzeigersinn als mathematisch positiv,

die entgegengesetzte Richtung (also im
Uhrzeigersinn) als mathematische negativ
zu bezeichnen.
Der Winkel α wird zweckmäßigerweise im
Bogenmaß (und nicht in Grad) angegeben.
Das Bogenmaß ist die Länge des Kreisbo-
gens zwischen E = (1,0) und P = (x,y).
Natürlich ist α nur bis auf ganzzahlige
Vielfache des Vollwinkels 2π ($\hat{=}$ 360°)
bestimmt.

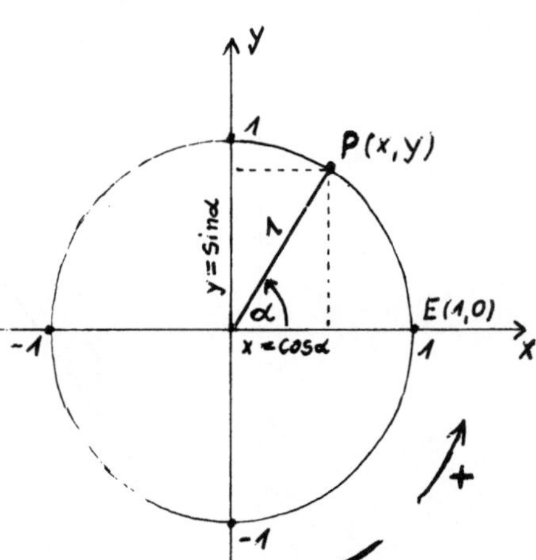

Für die Umrechnung von Grad auf Bogenlänge gilt:

$$\text{Bogenlänge} = \frac{\pi}{180} \cdot \text{Gradzahl} \ .$$

α hat negatives Vorzeichen, wenn P in mathematisch negativer Richtung läuft. In
Abhängigkeit von α definieren wir nun die Winkelfunktionen:

(1) $\qquad \cos\alpha := x, \quad \sin\alpha := y,$

woraus sich unmittelbar ergibt (vgl. Skizze):

(2)
$$\cos^2\alpha + \sin^2\alpha = 1 \quad \text{(Pythagoras)}$$
$$\sin 0 = 0, \ \cos 0 = 1, \ \sin\frac{\pi}{2} = 1, \ \cos\frac{\pi}{2} = 0$$
$$\sin(-\alpha) = -\sin\alpha \ , \quad \cos(-\alpha) = \cos\alpha$$
$$\left.\begin{array}{l} \sin(2\pi+\alpha) = \sin\alpha \\ \cos(2\pi+\alpha) = \cos\alpha \end{array}\right\} \text{Periodizität mit der Periode } 2\pi \ .$$

Ferner gelten die wichtigen Additionstheoreme:

(3)
$$\sin(\alpha+\beta) = \sin\alpha \cdot \cos\beta + \cos\alpha \cdot \sin\beta$$
$$\cos(\alpha+\beta) = \cos\alpha \cdot \cos\beta - \sin\alpha \cdot \sin\beta$$

Beweis von (3):
Der Beweis an Hand umseitiger Skizze gilt zunächst nur für spitze Winkel. Er läßt
sich aber für beliebige Winkel ausdehnen, wenn man die folgenden evidenten
Beziehungen benutzt:

$$\sin(\tfrac{\pi}{2}+\alpha) = \cos\alpha \ , \quad \cos(\tfrac{\pi}{2}+\alpha) = -\sin\alpha \ .$$

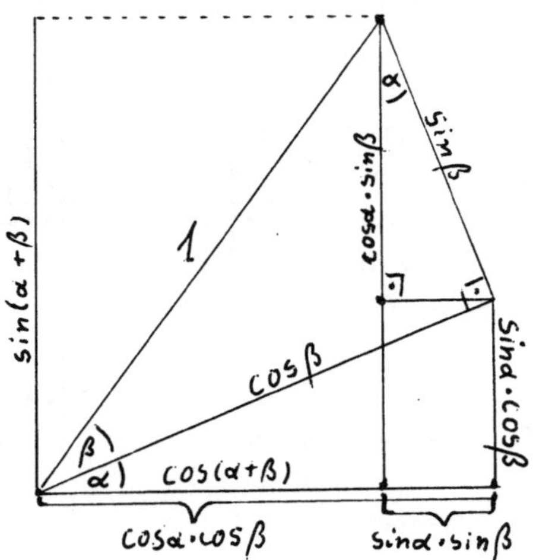

Aus sinα , cosα leitet man noch die folgenden Hilfsfunktionen her:

$$(4) \qquad \mathrm{tg}\alpha := \frac{\sin\alpha}{\cos\alpha} \quad , \quad \mathrm{ctg}\alpha := \frac{\cos\alpha}{\sin\alpha} = \frac{1}{\mathrm{tg}\alpha} \ .$$

Es folgt unmittelbar:

$$(5) \qquad \mathrm{tg}\alpha = \mathrm{tg}(\pi+\alpha) \ , \quad \mathrm{ctg}\alpha = \mathrm{ctg}(\pi+\alpha) \ ,$$

d.h., tg, ctg haben die Periode π.

Abschließend geben wir noch die Graphen der Winkelfunktionen an:

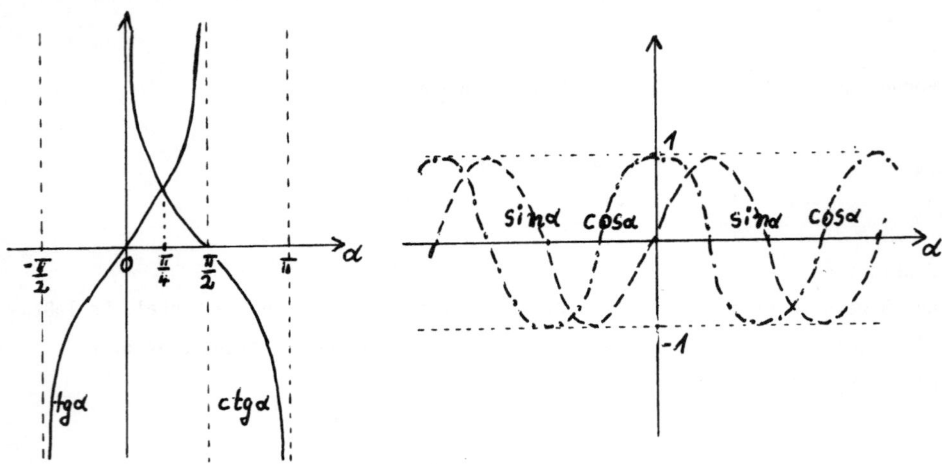

Neben den kartesischen Koordinaten kann man auch die sogenannten Polarkoordinaten einführen:

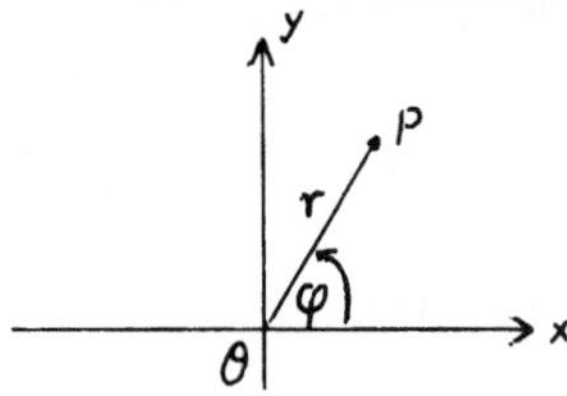

Jeder Punkt $P = P(x,y) \neq \theta$ der Ebene $\mathbb{R}^2$ wird eindeutig festgelegt durch seinen Abstandt r vom Nullpunkt $\theta = (0,0)$ und den Winkel φ , den der Strahl $\overline{\theta P}$ mit der positiven Richtung der x-Achse bildet.

(φ wird wieder im mathematisch positiven Drehsinn gemessen) Das Paar

$$(r,\varphi) \quad , \quad 0 \leqq r < \infty \quad , \quad 0 \leqq \varphi < 2\pi$$

nennt man die Polarkoordinaten des Punktes P. Zwischen den kartesichen Koordinaten und den Polarkoordinaten bestehen folgende Beziehungen:

(6a) $\left\{ \begin{array}{ll} x = r\cdot\cos\varphi & 0 \leqq r < \infty \\ y = r\cdot\sin\varphi & 0 \leqq \varphi < 2\pi \end{array} \right.$,

bzw.

(6b) $\left\{ \begin{array}{l} r = \sqrt{x^2+y^2} \\ \mathrm{tg}\varphi = \dfrac{y}{x} \quad , \ x \neq 0 \end{array} \right.$

Anmerkung:

Dem Punkt $\theta = (0,0)$ kann kein eindeutiger Winkel φ zugeordnet werden.

3.2 Geraden in der Ebene

Als erstes geometrisches Gebilde in der Ebene $\mathbb{R}^2$ interessiert die Gerade. Für sie gibt es mehrere analytische Darstellungsformen:

a) Linie durch zwei feste Punkte:

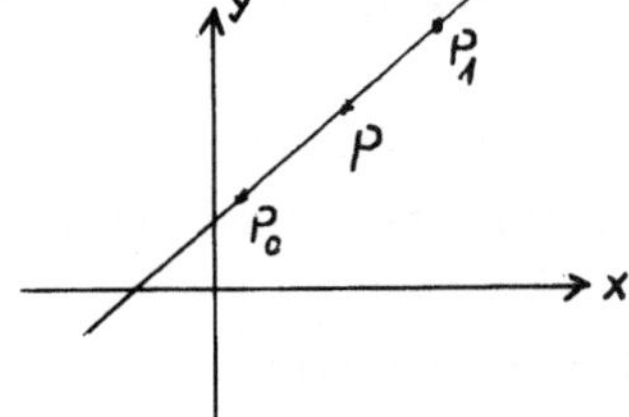

Durch $P_0(x_0,y_0)$, $P_1(x_1,y_1)$ soll eine Gerade gelegt werden. Es sei $P(x,y)$ ein beliebiger Punkt dieser Geraden. Es folgt die Beziehung:

(1) $\qquad \dfrac{y-y_0}{x-x_0} = \dfrac{y_1-y_0}{x_1-x_0}$ für $x \neq x_0$, $x_1 \neq x_0$.

b) Linie fester Steigung durch einen festen Punkt P_0:

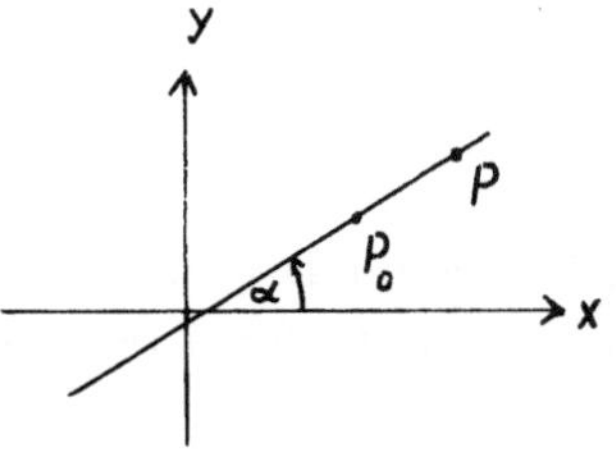

Es ergibt sich sofort anhand der Skizze:

$$\dfrac{y-y_0}{x-x_0} = \mathrm{tg}\alpha \quad ,$$

so daß man hieraus erhält:

(2) $\qquad y - y_0 = \operatorname{tg}\alpha \cdot (x - x_0)$

oder mit $c := \operatorname{tg}\alpha$, $d := y_0 - x_0 \cdot \operatorname{tg}\alpha$:

(2a) $\qquad y = cx + d$.

So kann man eine Gerade auch auffassen als geometrischen Ort aller <u>Lösungen ei-</u> <u>ner linearen Gleichung</u> (nämlich der Gleichung (2a)).

Die Beziehungen (1), (2) versagen, wenn $x_1 = x_0$ (bzw $\alpha = \frac{\pi}{2}$) ist. Dann aber ist sicher $y_1 \neq y_0$ ($P_1 \neq P_0$), und man kann (1) umschreiben:

(1*) $\qquad \dfrac{x - x_0}{y - y_0} = \dfrac{x_1 - x_0}{y_1 - y_0}$;

statt (2) ergibt sich:

(2*) $\qquad x - x_0 = \operatorname{ctg}\alpha \cdot (y - y_0)$

bzw. mit $\tilde{c} := \operatorname{ctg}\alpha$, $\tilde{d} := x_0 - y_0 \cdot \operatorname{ctg}\alpha$:

(2a*) $\qquad x = \tilde{c}y + \tilde{d}$.

<u>c) Ort aller Lösungen einer linearen Gleichung:</u>

(2a), (2a*) lassen sich zusammenfassen zu einer einzigen Gleichung

(3) $\qquad Ax + By = C$, $\quad A, B, C \in \mathbb{R}$; $(A, B) \neq (0, 0)$.

Dies stellt eine Gerade dar, und umgekehrt läßt sich jede Gerade in der Form (3) darstellen. Allerdings ist die Darstellung (3) nicht eindeutig.

<u>d) Achsenabschnittsform:</u>

Ist in (3) $C \neq 0$, dann erhält man durch Division durch C und Umbenennung der Konstanten

(4) $\qquad \dfrac{x}{a} + \dfrac{y}{b} = 1 \qquad$ (bzw. die Sonderfälle $x = a$, $y = b$).

Die Größen a,b sind die Abschnitte der Geraden, die diese auf den Koordinaten- achsen erzeugt. Durch (4) sind alle Geraden durch den **Nullpunkt 0** ausgeschlossen.

e) Hesse'sche Normalform:

Eine Gerade im $\mathbb{R}^2$ ist eindeutig bestimmt durch ihren Abstand $d \gtreqless 0$ vom Nullpunkt $\mathcal{O}$ und den Winkel β ($0 \lesseqgtr \beta < 2\pi$), den das vom Nullpunkt $\mathcal{O}$ aus auf die Gerade gefällte Lot mit der positiven x-Achse bildet (Für $d = 0$ ist β nur bis auf π bestimmt!)

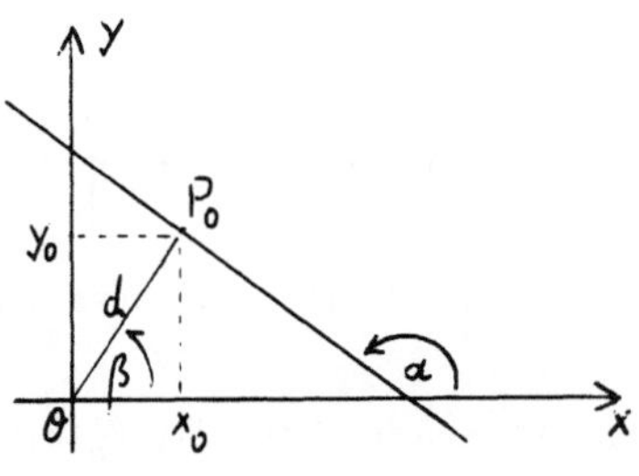

Sei $P_0 = (x_0, y_0)$ der Lot-Fußpunkt. Wegen $\beta = \alpha - \frac{\pi}{2}$ folgt:

$$\cos\alpha = -\sin\beta \; , \quad \sin\alpha = \cos\beta \; ,$$

und man erhält aus (2):

$$x \cdot \cos\beta + y \cdot \sin\beta = x_0 \cdot \cos\beta + y_0 \cdot \sin\beta \; .$$

Da die rechte Seite gerade d ist (Beweis!) folgt:

$$(5) \qquad x \cdot \cos\beta + y \cdot \sin\beta = d \; .$$

Dies ist die gesuchte Hesse'sche Normalform einer Geraden.

Natürlich kann (5) als spezielle Form von (3) aufgefaßt werden. Ist umgekehrt eine Gerade durch (3) gegeben und will man sie in die Gestalt (5) überführen, so muß dafür gesorgt werden, daß die Quadratsumme der Koeffizienten 1 wird (wegen $\cos^2\beta + \sin^2\beta = 1$). Sei

$$(6) \qquad \lambda := \begin{cases} \dfrac{1}{+\sqrt{A^2+B^2}} & \text{für } C \gtreqless 0 \\[2ex] \dfrac{1}{-\sqrt{A^2+B^2}} & \text{für } C < 0 \end{cases} \; .$$

Nun wird (3) mit λ multipliziert, und wir erhalten die Hesse'sche Normalform (5). Damit folgt:

Satz 2.1:

Die Gerade $Ax + By = C$ hat vom Nullpunkt den Abstand: $d = \lambda \cdot C \gtreqless 0$.

Der Winkel β ihrer Normalen ist bestimmt durch die Gleichungen:

$$\cos\beta = \lambda \cdot A \; , \quad \sin\beta = \lambda \cdot B \; .$$

Dabei ist die Zahl λ durch (6) gegeben. ∎

Es sei $P^* = (x^*, y^*)$ ein Punkt, der nicht auf der Geraden (5) liegt. Dann gilt:

$$(7) \qquad x^* \cdot \cos\beta + y^* \cdot \sin\beta - d \begin{cases} > 0, \text{ falls } P^* \text{ und } 0 \text{ auf verschiedenen Seiten} \\ \qquad \text{der Geraden liegen.} \\ \\ < 0, \text{ anderenfalls.} \end{cases}$$

Der Betrag von (7) ist der Abstand der Geraden g von P^*.

Beispiel

Gegeben die Punkte: $P^*(1,2)$, $P_0(3,8)$, $P_1(-6,-4)$.

Gesucht: a) die Steigung der Geraden g durch P_0 und P_1,

  b) die Achsenabschnittsform von g,

  c) die Hesse'sche Normalform von g,

  d) der Abstand zwischen P^* und g.

Aus (1) folgt

$$\frac{y-8}{x-3} = \frac{-4-8}{-6-3} = \frac{4}{3} \implies y = \frac{4}{3}x+4 \ .$$

a) Steigung von g: $tg\alpha = c = \frac{4}{3}$.

b) Achsenabschnittsform: Division durch 4 ergibt

  $-\frac{x}{3} + \frac{y}{4} = 1 \implies a = -3, \ b = 4$.

c) Hesse'sche Normalform: Multiplikation mit 3 ergibt

  $4x-3y+12 = 0 \implies A = 4, \ B = -3, \ C = -12 < 0$

$$\implies \quad \lambda = \frac{1}{-\sqrt{A^2+B^2}} = \frac{1}{-\sqrt{16+9}} = -\frac{1}{5} \implies -\frac{4}{5}x + \frac{3}{5}y = \frac{12}{5} \ .$$

d) Abstand zwischen P^* und g: Der Abstand d zwischen 0 und g ist d $= \frac{12}{5}$.

Nun ist wegen (7): $-\frac{4}{5}x^* + \frac{3}{5}y^* - \frac{12}{5} = -\frac{4}{5} + \frac{6}{5} - \frac{12}{5} = -2$. Also liegen P^* und 0

auf der gleichen Seite von g. Es ergibt sich für den gesuchten Abstand: $d^* = 2$.

3.3 Vektoren im $\mathbb{R}^2$

Für die Mechanik, Physik und andere Gebiete ist der Begriff des Vektors unentbehrlich. Dort treten Vektoren als gerichtete Strecken auf (Geschwindigkeit, Kraft, elektrische Feldstärke usw.).

Definition 3.1:

Ein Vektor $\vec{v}$ im $\mathbb{R}^2$ ist eine Klasse von Strecken, die in Richtung und Länge übereinstimmen. Er ist eindeutig festgelegt durch einen Anfangspunkt $P_1(x_1,y_1)$ und einen Endpunkt $P_2(x_2,y_2)$. $\vec{v}$ kann beschrieben werden durch seine Komponenten, d.h. die Projektionen auf die Koordinatenachsen:

$$(1) \qquad \vec{v} = (x_2-x_1, \ y_2-y_1) \ .$$

Man beachte, daß es auf die spezielle
Lage im $\mathbb{R}^2$ bei Vektoren nicht ankommt:
Von dieser sieht man ab. Die beiden ge-
richteten Strecken in der Skizze reprä-
sentieren denselben Vektor! Ein Vektor
ist eindeutig bestimmt durch seine Komponenten, und umgekehrt definiert jeder
Vektor eindeutig ein Komponenten-Paar.
Wir schreiben daher auch:

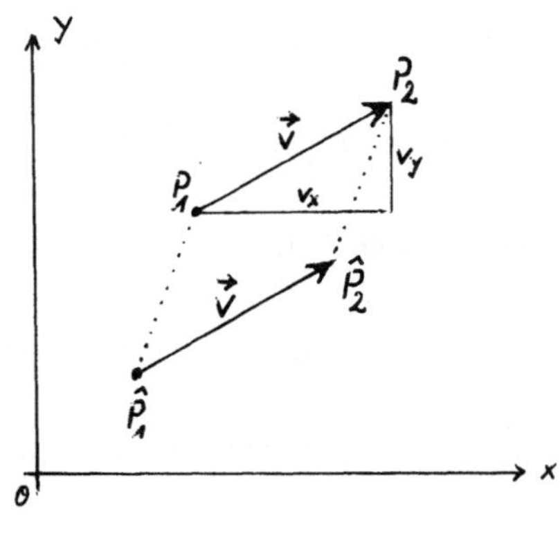

(1*) $\vec{v} = (v_x, v_y)$ oder $\vec{v} = \begin{pmatrix} v_x \\ v_y \end{pmatrix}$.

Rechenregeln für Vektoren:

1. Seien $\vec{u} = (u_x, u_y)$, $\vec{v} = (v_x, v_y)$ Vektoren. Dann ist die <u>Summe</u> von $\vec{u}$ und $\vec{v}$ der
   Vektor:

(2) $\vec{w} = \vec{u} + \vec{v} = (u_x + v_x, u_y + v_y) = (w_x, w_y)$.

Die Addition geschieht also komponentenweise. Entsprechend wird die <u>Differenz</u>
definiert. Geometrisch entspricht der
Addition bzw. Subtraktion von Vektoren
die nebenstehende Konstruktion.
Insbesondere hat der Vektor $-\vec{u}$ gleiche
Länge wie $\vec{u}$ und entgegengesetzte Rich-
tung.
Unmittelbar sieht man ein:

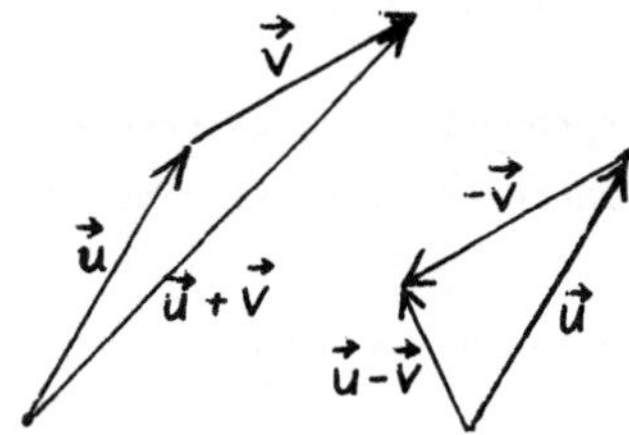

(3) $\vec{u} + \vec{v} = \vec{v} + \vec{u}$, $(\vec{u} + \vec{v}) + \vec{w} = \vec{u} + (\vec{v} + \vec{w})$.

2. Sei $\lambda \in \mathbb{R}$. Das <u>Produkt</u> von λ mit dem Vektor $\vec{u}$ ist wieder ein Vektor. Dabei geschieht die Multiplikation mit λ komponentenweise:

(4) $\vec{u} = (u_x, u_y) \Rightarrow \lambda \cdot \vec{u} = (\lambda u_x, \lambda u_y)$.

Für $\lambda = 0$ erhält man den <u>Nullvektor</u>: $\vec{0} = (0,0)$. $\lambda \cdot \vec{u}$ hat für $\lambda > 0$ die gleiche
Richtung wie $\vec{u}$, für $\lambda < 0$ die entgegengesetzte Richtung. Die Länge von $\lambda \cdot \vec{u}$
ist das $|\lambda|$-fache der Länge $\vec{u}$. Natürlich ist:

(5) $\lambda \cdot (\vec{u} + \vec{v}) = \lambda \cdot \vec{u} + \lambda \cdot \vec{v}$.

3. Die <u>Länge</u> (auch <u>Betrag</u>, <u>euklidische Norm</u>) des Vektors $\vec{u}$ ist:

(6) $\qquad |\vec{u}| := \sqrt{u_x^2 + u_y^2}$ $\qquad$ (Pythagoras) .

Es ergibt sich (vgl. Skizze):

(7) $\qquad |\vec{u}+\vec{v}| \leqq |\vec{u}|+|\vec{v}|$ $\qquad$ (Dreiecksungleichung),

woraus man wieder leicht herleitet:

(8) $\qquad |\vec{u}-\vec{v}| \geqq ||\vec{u}|-|\vec{v}||$.

Ein Vektor der Länge 1 heißt <u>Einheitsvektor.</u> Spezielle Einheitsvektoren sind
die Koordinateneinheitsvektoren:

$$\vec{e}_1 := (1,0) , \quad \vec{e}_2 := (0,1) .$$

Jeder Vektor $\vec{u} = (u_x, u_y)$ läßt sich auf genau eine Weise als <u>Linearkombination</u>
der Koordinateneinheitsvektoren darstellen:

(9) $\qquad \vec{u} = u_x \cdot \vec{e}_1 + u_y \cdot \vec{e}_2$.

4. Das <u>Skalarprodukt</u> (inneres Produkt)
   von zwei Vektoren $\vec{u}$, $\vec{v}$ ist eine reelle Zahl und ist folgendermaßen definiert:

(10) $\qquad \vec{u} \cdot \vec{v} := |\vec{u}| \cdot |\vec{v}| \cdot \cos\alpha$.

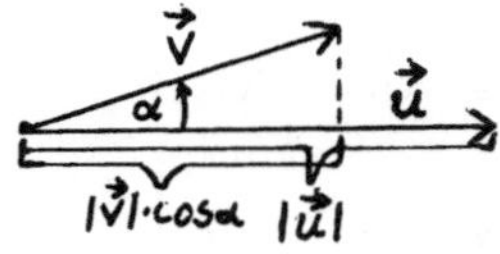

Dabei ist α der Winkel zwischen den
Richtungen von $\vec{u}$ und $\vec{v}$.

<u>Physikalische Bedeutung:</u> Haben beispielsweise die
Vektoren für Weg und Kraft nicht die
gleiche Richtung, so ist die Arbeit
der Kraft längs des Weges gleich dem
Betrag des Weges multipliziert mit
der Kraft in Wegrichtung.
Wegen $\cos\alpha = \cos(-\alpha)$ folgt sofort:

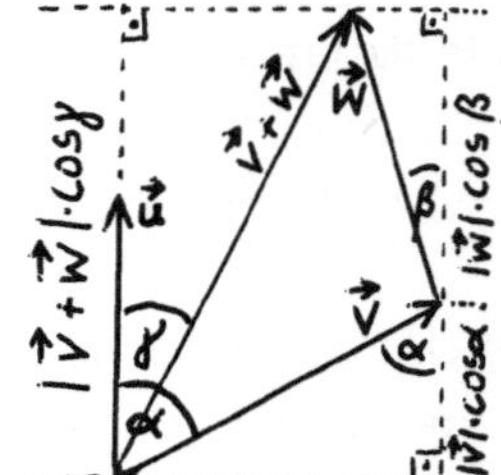

(11) $\qquad \vec{u} \cdot \vec{v} = \vec{v} \cdot \vec{u}$ $\qquad$ (Kommutativgesetz),
(11a) $\qquad \lambda \cdot (\vec{u} \cdot \vec{v}) = (\lambda\vec{u}) \cdot \vec{v} = \vec{u}(\lambda\vec{v})$ $\qquad$ (Assoziativgesetz) .

Etwas schwieriger ist der Beweis folgender Regel:

(12) $\qquad \vec{u}(\vec{v}+\vec{w}) = \vec{u}\cdot\vec{v}+\vec{u}\cdot\vec{w}$ $\qquad$ (Distributivgesetz) .

Beweis: Sei $\alpha := \sphericalangle(\vec{u},\vec{v})$, $\beta := \sphericalangle(\vec{u},\vec{w})$, $\gamma := \sphericalangle(\vec{u},\vec{v}+\vec{w})$.
Dann ergibt sich (12) anhand obiger Skizze. ∎

Mit (11a) und (12) erhalten wir nun eine für die Praxis wesentlich brauchbarere
Darstellung des Skalarproduktes. Zunächst gilt natürlich:

(13) $\qquad \vec{e}_1\cdot\vec{e}_1 = 1$, $\vec{e}_1\cdot\vec{e}_2 = 0$, $\vec{e}_2\cdot\vec{e}_2 = 1$.

Mit $\vec{u} = u_x\vec{e}_1+u_y\vec{e}_2$, $\vec{v} = v_x\vec{e}_1+v_y\vec{e}_2$ folgt aus (12):

(14) $\qquad \vec{u}\cdot\vec{v} = u_x\cdot v_x+u_y\cdot v_y$.

Also: <u>Das Skalarprodukt ist gleich der Summe der Produkte entsprechender Komponenten.</u>

Will man z.B. den Winkel zwischen zwei Vektoren ermitteln, so erhält man mit (6),
(10), (14):

(15) $\qquad \cos\sphericalangle(\vec{u},\vec{v}) = \dfrac{u_x\cdot v_x + u_y\cdot v_y}{\sqrt{(u_x^2+u_y^2)\cdot(v_x^2+v_y^2)}}$.

Man kann dann $\alpha = \sphericalangle(\vec{u},\vec{v})$ aus einer Kosinustabelle ablesen.

Zwei Vektoren $\vec{u},\vec{v}$ heißen <u>senkrecht</u> (orthogonal), wenn ihr Skalarprodukt Null ist:
$\vec{u}\cdot\vec{v} = 0$. Sie haben gleiche Richtung, wenn gilt: $\vec{u}\cdot\vec{v} = |\vec{u}|\cdot|\vec{v}|$,
und entgegengesetzte Richtung, wenn gilt: $\vec{u}\cdot\vec{v} = -|\vec{u}|\cdot|\vec{v}|$.

<u>Anwendungen der Vektorrechnung.</u>
Den Punkten $P(x,y)\in\mathbb{R}^2$ entsprechen eineindeutig die Vektoren $\vec{r}$ des $\mathbb{R}^2$:

$$\vec{r} = x\cdot\vec{e}_1+y\cdot\vec{e}_2 \quad\longleftrightarrow\quad P(x,y) .$$

Der Repräsentant mit dem Anfangspunkt O und dem Endpunkt P heißt der zu P gehörige <u>Ortsvektor</u>. Umgekehrt definiert jeder solche von O aus abgetragene Ortsvektor genau einen Punkt $P\in\mathbb{R}^2$.

Eine Gerade g der Ebene läßt sich vekto-
riell darstellen, wenn der Ortsvektor
$\vec{r}_1 = (x_1, y_1)$ eines ihrer Punkte und ein
Vektor $\vec{t}$ ihrer Richtung gegeben ist.
Der Ortsvektor $\vec{r} = (x, y)$ eines beliebigen Punktes von g erfüllt dann die Vek-
torgleichung:

$$(16) \qquad \vec{r} = \vec{r}_1 + \lambda \cdot \vec{t} \; , \quad \lambda \in \mathbb{R} \text{ geeignet.}$$

Ist $\vec{r}_0$ der Ortsvektor des Lotfußpunktes P_0 von g und λ_0 der zu $\vec{r} = \vec{r}_0$ gehörige
Parameter (vgl. (16)), dann folgt aus (16): $(\vec{r}_1 + \lambda_0 \cdot \vec{t}) \cdot \vec{t} = 0$, also:

$$(17) \qquad \lambda_0 = - \frac{\vec{r}_1 \cdot \vec{t}}{|\vec{t}|^2} \; .$$

Man kann also aus (16), (17) leicht den Lotfußpunkt P_0 berechnen (bzw. $\vec{r}_0$).
Wir führen nun den <u>Normaleneinheitsvektor</u> $\vec{n}$ der Geraden g ein:

$$(18) \qquad \vec{n} := |\vec{r}_0|^{-1} \cdot \vec{r}_0 \quad \text{für} \quad \vec{r}_0 \neq \vec{0} \; .$$

Es ist $\vec{n} = (\cos \beta, \sin \beta)$. Für $\vec{r}_0 = \vec{0}$ (g geht durch $\mathcal{O}$) ist $\vec{n}$ nur bis auf das
Vorzeichen bestimmt. Wegen $\vec{n} \cdot \vec{r}_0 = |\vec{r}_0| =: d = $ Abstand von $\mathcal{O}$ von g lautet nun die
<u>Hesse'sche Normalform</u> von g (vgl. (5), Abschn. 3.2):

$$(19) \qquad (\vec{r} - \vec{r}_0) \cdot \vec{n} = 0 \; .$$

Aus (16), (17), (18) läßt sich $\vec{n}$ leicht berechnen, falls $\vec{r}_0 \neq \vec{0}$ ist. Andernfalls
bestimmt man einen Vektor, der zu $\vec{r}_1$ orthogonal ist und normiert dessen Länge zu
1.

Mit Hilfe des Skalarproduktes läßt sich auch sehr bequem der Abstand eines Punktes P* mit Ortsvektor $\vec{r}^*$ von der Geraden (16) berechnen. Es gilt (vgl. Skizze):

$$(20) \qquad d^* = (\vec{r}^* - \vec{r}_1) \cdot \vec{n} \; ,$$

Dabei muß man i.a. noch den Absolutbetrag $|d^*|$ nehmen. Es ist nämlich $d^* < 0$,
wenn P* auf der gleichen Seite der Geraden g liegt, wie der Nullpunkt $\mathcal{O}$.
(Frage: Wie ist die Situation, wenn g durch $\mathcal{O}$ verläuft?)

<u>Beispiel:</u>

Gegeben $\vec{r}_1 = (0,1)$, $\vec{t} = (1,\sqrt{3})$, $\vec{r}^* = (\sqrt{3},0)$.

Gesucht: a) Winkel α zwischen $g : \vec{r} = \vec{r}_1 + \lambda\vec{t}$ und positiver Richtung der x-Achse.

       b) Abstand d von g vom Nullpunkt sowie Lotfußpunkt $\vec{r}_0$.

       c) Einheitsnormalenvektor $\vec{n}$ und Hesse'sche Normalform von g.

       d) Abstand $|d^*|$ von P^* (Ortsvektor $\vec{r}^*$) von der Geraden g.

a) $\vec{t} \cdot \vec{e}_1 = |\vec{t}| \cdot |\vec{e}_1| \cdot \cos\alpha \Rightarrow$ (vgl. (15)):

$$\cos\alpha = \frac{1 \cdot 1 + \sqrt{3} \cdot 0}{1 \cdot \sqrt{1+3}} = \frac{1}{2} \Rightarrow \alpha = \frac{2\pi}{6} = 60° .$$

b)   (16), (17) $\Rightarrow \lambda_0 = -\frac{\sqrt{3}}{4} \Rightarrow \vec{r}_0 = (0,1) - \frac{\sqrt{3}}{4} \cdot (1,\sqrt{3}) \Rightarrow$

$$\vec{r}_0 = (-\frac{\sqrt{3}}{4}, \frac{1}{4}). \quad d = |\vec{r}_0| = \sqrt{\frac{3}{16} + \frac{1}{16}} \Rightarrow d = \frac{1}{2} .$$

c) $\vec{n} = \frac{\vec{r}_0}{|\vec{r}_0|} = 2 \cdot \vec{r}_0 \Rightarrow \vec{n} = (-\frac{\sqrt{3}}{2}, \frac{1}{2})$.

Hesse'sche Normalform nach (19): $(x + \frac{\sqrt{3}}{4}, y - \frac{1}{4}) \cdot \begin{pmatrix} -\frac{\sqrt{3}}{2} \\ \frac{1}{2} \end{pmatrix} = 0$

$$\Rightarrow -\frac{\sqrt{3}}{2} \cdot x + \frac{1}{2} \cdot y = \frac{1}{2} .$$

d)   (20) $\Rightarrow d^* = \left((\sqrt{3},0) - (0,1)\right) \cdot (-\frac{\sqrt{3}}{2}, \frac{1}{2}) =$

$$= (\sqrt{3},-1) \cdot (-\frac{\sqrt{3}}{2}, \frac{1}{2}) = -\frac{3}{2} - \frac{1}{2} = -2$$

$$\Rightarrow |d^*| = 2 .$$

     P^* und 0 liegen auf der gleichen Seite von g, da $d^* < 0$ ist.

<u>3.4 Vektoren im $\mathbb{R}^3$</u>

Ganz analog, wie in der Ebene $\mathbb{R}^2$, kann man im Raum $\mathbb{R}^3$ Vektoren einführen; diese haben nun stets drei Komponenten:

(1) $v = (v_x, v_y, v_z)$.

Die Addition (Subtraktion) zweier Vektoren im $\mathbb{R}^3$ geschieht wieder komponentenweise, ebenso die Multiplikation mit einer Zahl $\lambda \in \mathbb{R}$. Wieder gibt es den <u>Null</u>vektor: $\vec{0} = (0,0,0)$. Entsprechend gilt für die <u>Länge</u> von $\vec{v}$:

$$(2) \qquad |\vec{v}| = \sqrt{v_x^2+v_y^2+v_z^2} \; ,$$

und auch hier gilt die wichtige <u>Dreiecksungleichung:</u>

$$(3) \qquad |\vec{u}+\vec{v}| \overset{\le}{=} |\vec{u}|+|\vec{v}| \; .$$

Jeder Vektor $\vec{v}$ mit $|\vec{v}| = 1$ heißt <u>Einheitsvektor.</u> Die Koordinateneinheitsvektoren im $\mathbb{R}^3$ lauten:

$$\vec{e}_1 = (1,0,0) \; , \quad \vec{e}_2 = (0,1,0) \; , \quad \vec{e}_3 = (0,0,1) \; .$$

Sie weisen, von $\mathcal{O}$ aus abgetragen, auf die drei Einheitspunkte des 3-dimensionalen kartesischen Koordinatensystems. $\vec{v}$ läßt sich auf genau eine Weise als Linearkombination der $\vec{e}_i$ ($i = 1,2,3$) darstellen:

$$(4) \qquad \vec{v} = v_x\vec{e}_1+v_y\vec{e}_2+v_z\vec{e}_3 \; .$$

Für das <u>Skalarprodukt</u> im $\mathbb{R}^3$ gelten die ganz analogen Definitionen wie im $\mathbb{R}^2$:

$$(5) \qquad \vec{u}\cdot\vec{v} = |\vec{u}|\cdot|\vec{v}|\cdot\cos\alpha \; , \quad \alpha = \measuredangle(\vec{u},\vec{v}) \; .$$

Wegen:

$$(6) \qquad \vec{e}_i\cdot\vec{e}_j = \delta_{ij} := \begin{cases} 1 \text{ für } i = j \\ 0 \text{ für } i \neq j \end{cases} \quad i,j = 1,2,3$$

erhält man wegen des Distributivgesetzes:

$$\vec{u}(\vec{v}+\vec{w}) = \vec{u}\cdot\vec{v}+\vec{u}\cdot\vec{w} \qquad \text{(Beweis vgl. Abschn. 3.3)}$$

die folgende Darstellung des Skalarproduktes (5):

$$(7) \qquad \begin{cases} \vec{u}\cdot\vec{v} = (u_x\vec{e}_1+u_y\vec{e}_2+u_z\vec{e}_3)\cdot(v_x\vec{e}_1+v_y\vec{e}_2+v_z\vec{e}_3) \\[2mm] \qquad = u_xv_x+u_yv_y+u_zv_z \; , \end{cases}$$

so daß mit (5) folgt:

$$(8) \qquad \cos\measuredangle(\vec{u},\vec{v}) = \frac{u_xv_x+u_yv_y+u_zv_z}{\sqrt{(u_x^2+u_y^2+u_z^2)\cdot(v_x^2+v_y^2+v_z^2)}} \qquad .$$

Schließlich führen wir noch den Begriff des Ortsvektors $\vec{r}$ ganz analog wie im $\mathbb{R}^2$ ein: $\vec{r}$ ist vom Nullpunkt $\mathcal{O}$ aus abgetragen.

Es sei $\vec{e} = e_x\vec{e}_1 + e_y\vec{e}_2 + e_z\vec{e}_3$ ein beliebiger Einheitsvektor: $|\vec{e}| = e_x^2 + e_y^2 + e_z^2 = 1$. Wegen (5) ist:

$$(9) \qquad \vec{e}\cdot\vec{e}_i = \cos\alpha_i \ , \quad \alpha_i = \sphericalangle(e,e_i), \ i = 1,2,3 \ .$$

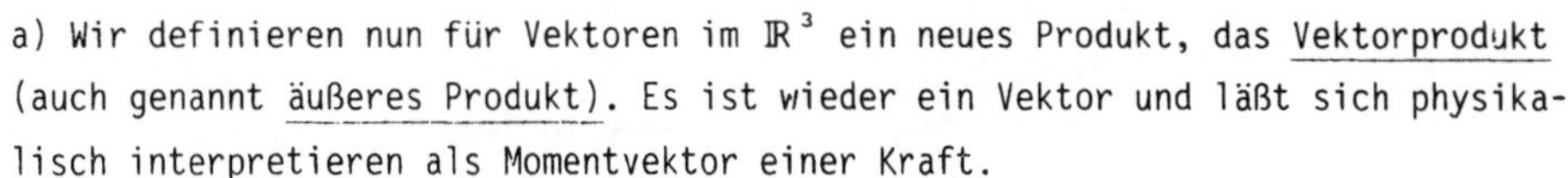

Die $\cos\alpha_i$ ($i = 1,2,3$) sind die Projektionen von $\vec{e}$ auf die drei Koordinatenachsen, und es gilt wegen (6):

$$(10) \qquad e_x = \cos\alpha_1, \ e_y = \cos\alpha_2, \ e_z = \cos\alpha_3 \ .$$

Die Komponenten (10) von $\vec{e}$ heißen die <u>Richtungskosinus</u> von $\vec{e}$.

a) Wir definieren nun für Vektoren im $\mathbb{R}^3$ ein neues Produkt, das <u>Vektorprodukt</u> (auch genannt <u>äußeres Produkt</u>). Es ist wieder ein Vektor und läßt sich physikalisch interpretieren als Momentvektor einer Kraft.

Seien $\vec{v},\vec{w}$ zwei Vektoren, die nicht parallel sind ($\alpha \neq 0,\pi$). E sei die von $\vec{v}$ und $\vec{w}$ aufgespannte Ebene und es sei $\vec{n}$ derjenige Vektor, der

1. die Länge 1 hat: $|\vec{n}| = 1$,
2. senkrecht auf E, und damit auf $\vec{v}$ und $\vec{w}$ steht,
3. in diejenige Richtung weist, in der eine Rechtsschraube vorrückt, wenn man ihr die Drehung erteilt, die die Richtung von $\vec{v}$ in die Richtung von $\vec{w}$ überführt ($0 < \alpha < \pi$).

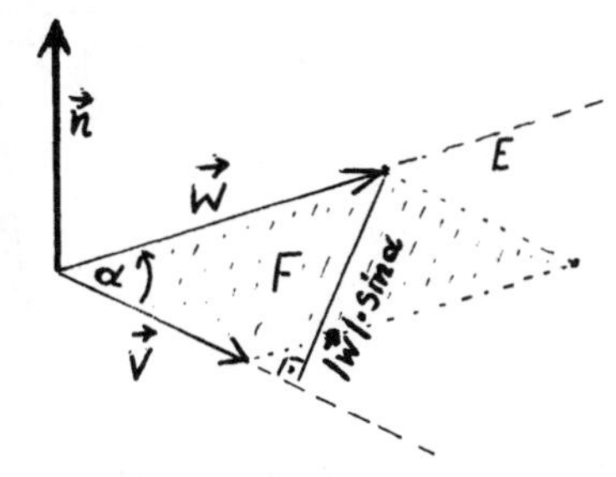

Ist F der Flächeninhalt des durch $\vec{v}$ und $\vec{w}$ bestimmten Parallelogramms, dann definieren wir das Vektorprodukt $\vec{v}\times\vec{w}$:

$$(11) \qquad \vec{v}\times\vec{w} := \begin{cases} \vec{0} & , \quad \text{falls } \vec{v} \text{ und } \vec{w} \text{ parallel} \\ F\cdot\vec{n} & , \quad \text{sonst.} \end{cases}$$

Wegen $F = |\vec{v}|\cdot|\vec{w}|\cdot\sin\alpha$, $0 < \alpha < \pi$, kann man statt (11) auch schreiben:

(11*) $\qquad \vec{v}\times\vec{w} = (|\vec{v}|\cdot|\vec{w}|\cdot\sin\alpha)\cdot\vec{n}$, $0 \leqq \alpha \leqq \pi$.

Unmittelbar folgt:

$$(12) \quad \begin{cases} \vec{v}\times\vec{w} = -\vec{w}\times\vec{v} & \text{(Antikommutativgesetz)} \\[2ex] \lambda\cdot(\vec{v}\times\vec{w}) = (\lambda\vec{v})\times\vec{w} = \vec{v}\times(\lambda\vec{w}) \quad \text{für} \quad \lambda\in\mathbb{R} & \text{(Assoziativgesetz)} . \end{cases}$$

Etwas schwieriger ist zu zeigen:

$$(13) \quad \vec{u}\times(\vec{v}+\vec{w}) = \vec{u}\times\vec{v}+\vec{u}\times\vec{w} \qquad \text{(Distributivgesetz)} .$$

Um dies einzusehen, betrachte man folgende Figur:

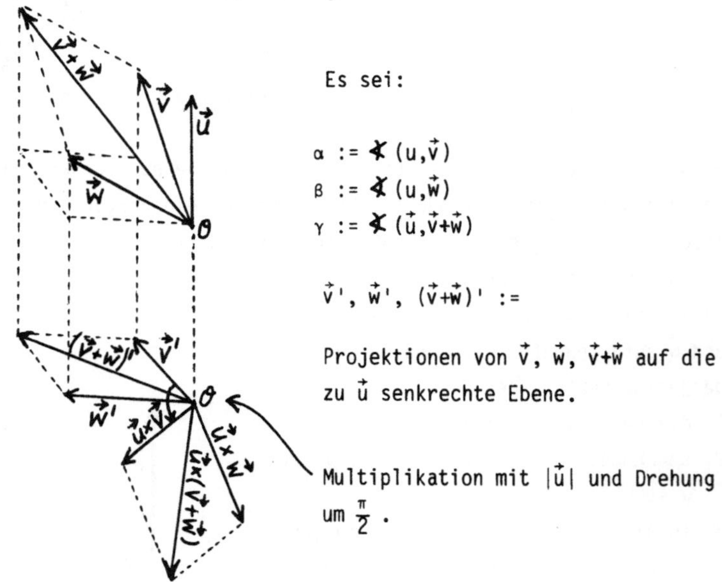

Es sei:

$\alpha := \sphericalangle\,(\vec{u},\vec{v})$
$\beta := \sphericalangle\,(\vec{u},\vec{w})$
$\gamma := \sphericalangle\,(\vec{u},\vec{v}+\vec{w})$

$\vec{v}'$, $\vec{w}'$, $(\vec{v}+\vec{w})'$:=

Projektionen von $\vec{v}$, $\vec{w}$, $\vec{v}+\vec{w}$ auf die zu $\vec{u}$ senkrechte Ebene.

Multiplikation mit $|\vec{u}|$ und Drehung um $\frac{\pi}{2}$.

Man liest aus der Skizze unmittelbar ab:

$$|\vec{v}'| = |\vec{v}|\cdot\sin\alpha \quad , \quad |\vec{w}'| = |\vec{w}|\cdot\sin\beta \quad , \quad |(\vec{v}+\vec{w})'| = |(\vec{v}+\vec{w})|\cdot\sin\gamma \ .$$

Die drei Vektoren $\vec{v}'$, $\vec{w}'$, $(\vec{v}+\vec{w})'$ werden nun mit $|\vec{u}|$ multipliziert und in der in der Skizze angegebenen Weise um $\frac{\pi}{2}$ gedreht (Die Drehung erfolgt in der zu $\vec{u}$ senkrechten Ebene). Dadurch entstehen die Vektoren $\vec{u}\times\vec{v}$, $\vec{u}\times\vec{w}$, $\vec{u}\times(\vec{v}+\vec{w})$, die die Seiten bzw. die Diagonale eines Parallelogramms bilden. $\Longrightarrow$ (13). ∎

Mit Hilfe von (13) erhalten wir eine für die Praxis wesentlich brauchbarere
Darstellung des Vektorproduktes. In ihr kommt der Sinus nicht mehr vor.
Nach dem vorigen ergibt sich zunächst:

$$(14) \qquad \begin{aligned} \vec{e}_1 \times \vec{e}_2 &= -\vec{e}_2 \times \vec{e}_1 = \vec{e}_3 \\ \vec{e}_2 \times \vec{e}_3 &= -\vec{e}_3 \times \vec{e}_2 = \vec{e}_1 \\ \vec{e}_3 \times \vec{e}_1 &= -\vec{e}_1 \times \vec{e}_3 = \vec{e}_2 \end{aligned}$$

Man sagt auch: Die Koordinateneinheitsvektoren $\vec{e}_1$, $\vec{e}_2$, $\vec{e}_3$ bilden in der in (14)
angegebenen Orientierung ein <u>Rechts-System</u>.
Aus der Darstellung (4) folgt nun mit (13), (14):

$$(15) \qquad \begin{cases} \vec{v} \times \vec{w} = (v_x \cdot \vec{e}_1 + v_y \vec{e}_2 + v_z \vec{e}_3) \times (w_x \vec{e}_1 + w_y \vec{e}_2 + w_z \vec{e}_3) \\[2mm] \qquad = (v_y w_z - v_z w_y) \cdot \vec{e}_1 + (v_z w_x - v_x w_z) \cdot \vec{e}_2 + (v_x w_y - v_y w_x) \vec{e}_3 \ . \end{cases}$$

Häufig wird auch statt (15) die folgende Schreibweise benutzt:
Seien $a,b,c,d \in \mathbb{R}$. Dann heißt der Ausdruck

$$(16) \qquad \begin{vmatrix} a & b \\ c & d \end{vmatrix} := ad - bc$$

die <u>Determinante</u> der Matrix $\begin{pmatrix} a & b \\ c & d \end{pmatrix}$.

Somit folgt aus (15) die Schreibweise:

$$(15^\ast) \qquad \vec{v} \times \vec{w} = \left(\begin{vmatrix} v_y & w_y \\ v_z & w_z \end{vmatrix} , \begin{vmatrix} v_z & w_z \\ v_x & w_x \end{vmatrix} , \begin{vmatrix} v_x & w_x \\ v_y & w_y \end{vmatrix} \right) \ .$$

Da nun wegen (11) $|\vec{v} \times \vec{w}| = F_{\vec{v},\vec{w}}$, d.h. gleich dem Flächeninhalt des durch $\vec{v}$ und
$\vec{w}$ bestimmten Parallelogramms ist, erhalten wir:

$$(17) \qquad F_{\vec{v},\vec{w}} = \sqrt{(v_y w_z - v_z w_y)^2 + (v_z w_x - v_x w_z)^2 + (v_x w_y - v_y w_x)^2} \ .$$

b) Gelegentlich tritt auch das <u>dreifache Vektorprodukt</u> $\vec{u} \times (\vec{v} \times \vec{w})$ auf. Da $\vec{v} \times \vec{w}$ senkrecht auf der von $\vec{v}$ und $\vec{w}$ bestimmten Ebene steht ($\vec{v}$ und $\vec{w}$ seien nicht parallel),
liegt $\vec{u} \times (\vec{v} \times \vec{w})$ wieder in dieser Ebene, d.h. dieser Vektor muß Linearkombination
von $\vec{v}$ und $\vec{w}$ sein:

$$\vec{u} \times (\vec{v} \times \vec{w}) = \lambda \vec{v} + \mu \vec{w} \quad .$$

Man erhält durch Einsetzen der Komponenten und Ausrechnen:

$$(18) \qquad \vec{u} \times (\vec{v} \times \vec{w}) = (\vec{u} \cdot \vec{w}) \cdot \vec{v} - (\vec{u} \cdot \vec{v}) \cdot \vec{w} \ .$$

c) Zum Abschluß definieren wir noch das <u>Spatprodukt</u> von drei Vektoren $\vec{u}, \vec{v}, \vec{w}$. Es ist definiert als:

$$(19) \qquad [\vec{u}, \vec{v}, \vec{w}] := (\vec{u} \times \vec{v}) \cdot \vec{w} \ .$$

Das Spatprodukt ist also wieder eine <u>Zahl</u>, da es sich ja um ein Skalarprodukt zweier Vektoren handelt. Für das Spatprodukt gelten die folgenden drei Regeln:

1. Das Spatprodukt multipliziert sich mit λ ($\lambda \in \mathbb{R}$), wenn einer der Vektoren mit λ multipliziert wird:

$$(20a) \qquad [\lambda \vec{u}, \vec{v}, \vec{w}] = \lambda \cdot [\vec{u}, \vec{v}, \vec{w}] \quad , \quad \text{usw.}$$

2. Das Spatprodukt bleibt unverändert, wenn man zu einem der Vektoren einen der beiden anderen addiert:

$$(20b) \qquad [\vec{u} + \vec{v}, \vec{v}, \vec{w}] = [\vec{u}, \vec{v}, \vec{w}] \quad , \quad \text{usw.}$$

3. Es gilt:

$$(20c) \qquad [\vec{e}_1, \vec{e}_2, \vec{e}_3] = 1 \ .$$

Das Spatprodukt gestattet eine geometrische Interpretation:
Das Volumen des von $\vec{u}, \vec{v}, \vec{w}$ bestimmten
Parallelotops mit der Höhe p ist:

$$V = p \cdot F$$

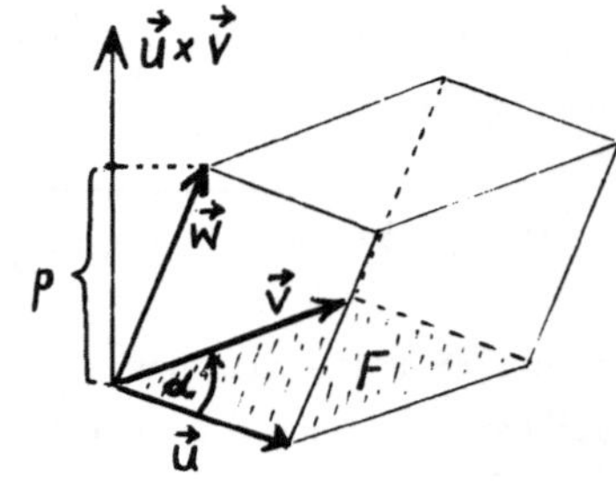

mit $F = |\vec{u} \times \vec{v}|$.
Daher folgt aus der Skizze unmittelbar:

$$(21) \qquad |[\vec{u}, \vec{v}, \vec{w}]| = V \ .$$

Also: Der Betrag des Spatproduktes ist gleich dem Volumen des von den Vektoren erzeugten Parallelotopes. Aus (15) erhält man durch Ausrechnen:

$$(22) \qquad [\vec{u},\vec{v},\vec{w}] = u_x v_y w_z + u_y v_z w_x + u_z v_x w_y - u_z v_y w_x - u_y v_x w_z - u_x v_z w_y$$

Das Spatprodukt $[\vec{u},\vec{v},\vec{w}]$ bezeichnet man auch als <u>Determinante</u> der Vektoren $\vec{u},\vec{v},\vec{w}$ bzw. als Determinante der Matrix, in deren Spalten die Komponenten der Vektoren stehen; man schreibt:

$$(23) \qquad [\vec{u},\vec{v},\vec{w}] = \begin{vmatrix} u_x & v_x & w_x \\ u_y & v_y & w_y \\ u_z & v_z & w_z \end{vmatrix} \ .$$

Als Merkregel zur Berechnung solcher dreireihiger Determinanten (<u>Sarrus-Regel</u>) dient folgendes Schema:

Die durch Streckenzüge verbundenen Matrixelemente sind zu multiplizieren, die entste-
henden 6 Produkte sind mit den angegebenen
Vorzeichen zu versehen und anschließend zu addieren.

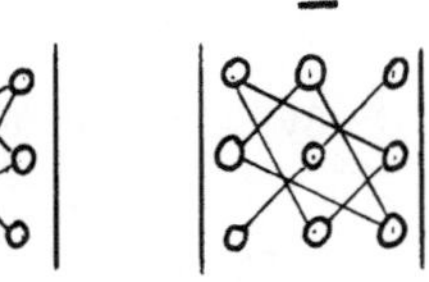

<u>Folgerungen:</u>

1. Es ist $[\vec{u},\vec{v},\vec{w}] = 0$ genau dann, wenn $\vec{u},\vec{v},\vec{w}$ in einer Ebene liegen.

2. Es ist stets für alle $\lambda,\mu \in \mathbb{R}$: $[\vec{u},\vec{v},\vec{w}] = [\vec{u}+\lambda\vec{v}+\mu\vec{w},\vec{v},\vec{w}]$.

Beweis dieser Folgerungen als <u>Übung.</u>

<u>Beispiel:</u>

Gegeben die drei Vektoren (Ortsvektoren): $\vec{u} = (1,1,1)$, $\vec{v} = (1,0,2)$, $\vec{w} = (-1,3,1)$

Gesucht ist:

a) der Abstand h des Punktes $(1,0,2)$ von der durch $\vec{u}$ bestimmten Geraden durch $\mathcal{O}$,

b) der Flächeninhalt F des durch $\vec{u},\vec{v}$ bestimmten Parallelogramms,

c) der Betrag p der Projektion von $\vec{w}$ auf $\vec{u}\times\vec{v}$,

d) das Volumen V des durch $\vec{u},\vec{v},\vec{w}$ bestimmten Parallelotopes.

Nebenstehende Skizze entspricht nicht
dem tatsächlich gegebenen Beispiel.
Sie dient nur zur Veranschaulichung.

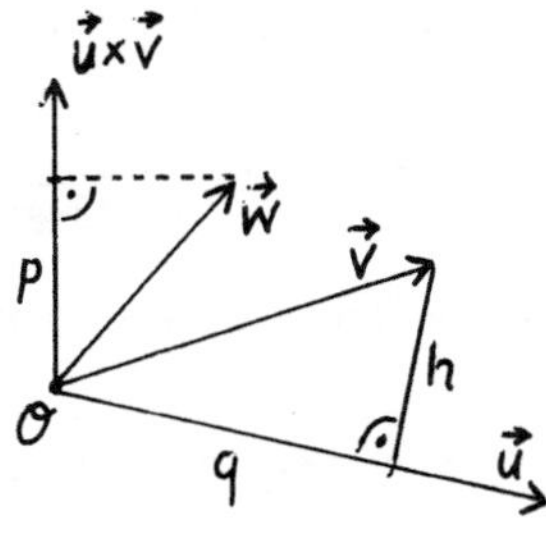

a) $\vec{u}\cdot\vec{v} = |\vec{u}|\cdot q \Rightarrow q = \dfrac{\vec{u}\cdot\vec{v}}{|\vec{u}|} = \dfrac{1+0+2}{\sqrt{1+1+1}} = \sqrt{3}$

$h = \sqrt{|\vec{v}|^2 - q^2}$, $|\vec{v}|^2 = 5 \Rightarrow h = \sqrt{2}$.

b) $F = |\vec{u}\times\vec{v}|$. $\vec{u}\times\vec{v} = (2,-1,-1) \Rightarrow F = \sqrt{4+1+1}$, $F = \sqrt{6}$.

c) $|(\vec{u}\times\vec{v})\cdot\vec{w}| = |(\vec{u}\times\vec{v})|\cdot p \Rightarrow p = \dfrac{|(\vec{u}\times\vec{v})\cdot\vec{w}|}{|\vec{u}\times\vec{v}|}$.

$\quad (\vec{u}\times\vec{v})\cdot\vec{w} = (2,-1,-1)\cdot(-1,3,1) = -2-3-1 = -6$.

$\quad |\vec{u}\times\vec{v}| = \sqrt{6}$ (vgl. b)) $\Rightarrow p = \sqrt{6}$.

d) $V = |[\vec{u},\vec{v},\vec{w}]| = |(\vec{u}\times\vec{v})\cdot\vec{w}| = |-6|$ (vgl. c)) $\Rightarrow V = 6$.

3.5 Ebenen und Geraden im $\mathbb{R}^3$

In diesem Abschnitt werden noch einige Anwendungen der in 3.4 eingeführten Vektoroperationen gegeben.

Alle Lösungen der linearen Gleichung:

$$(1) \qquad Ax+By+Cz = D \; . \quad A,B,C,D\in\mathbb{R}, \; (A,B,C) \neq (0,0,0)$$

bestimmen eine Ebene im $\mathbb{R}^3$. Diese kann auch in vektorieller Schreibweise dargestellt werden durch:

$$(1^*) \qquad \vec{r} = \vec{r}_1+\lambda\cdot\vec{s}+\mu\cdot\vec{t} \; , \quad \lambda\, \mu,\in\mathbb{R} \; ,$$

wobei $\vec{r}_1$ ein fester Ortsvektor ist und $\vec{s} \neq 0$, $\vec{t} \neq 0$ nicht parallele Vektoren sind. In naheliegender Weise kann man aus (1) wieder die Achsenabschnittsform herleiten (vgl. Abschn. 3.2, (4)).

Zur Hesse'schen Normalform der Ebene gelangt man, wenn man den Vektor:

$$\vec{N} := A\cdot\vec{e}_1+B\vec{e}_2+C\vec{e}_3 = (A,B,C)$$

einführt und diesen auf 1 normiert:

$$(2) \qquad \vec{n} := \pm|\vec{N}|^{-1}\cdot\vec{N} = \dfrac{1}{\pm\sqrt{A^2+B^2+C^2}}\cdot\vec{N} \; ;$$

dabei werde das Vorzeichen so gewählt, daß $d := \dfrac{D}{\pm|\vec{N}|} \geqq 0$ ist. Setzt man nun:

$$(3) \qquad \vec{r} := x\vec{e}_1+y\vec{e}_2+z\vec{e}_3 = (x,y,z) \; ,$$

dann folgt aus (1) die Hesse'sche Normalform der Ebene:

$$(4) \qquad \vec{r} \cdot \vec{n} = d \ .$$

Ist $\vec{r}_0$ der Ortsvektor, dessen Endpunkt auf der Ebene E liegt und dessen Richtung senkrecht zu E ist, dann kann (4) auch geschrieben werden in der Form:

$$(4^*) \qquad (\vec{r} - \vec{r}_0) \cdot \vec{n} = 0 \ ,$$

was wegen $\vec{r}_0 \cdot \vec{n} = |\vec{r}_0| = d$ äquivalent zu (4) ist.

Genau, wie bei den Geraden im $\mathbb{R}^2$ läßt sich auch hier wieder leicht der Abstand eines Punktes P* (Ortsvektor $\vec{r}^*$) von der Ebene (4*) berechnen: Es ergibt sich durch Projektion von $\vec{r}^* - \vec{r}_0$ auf die Normale $\vec{n}$:

$$(5) \qquad d^* = (\vec{r}^* - \vec{r}_0) \cdot \vec{n} \ .$$

Statt $\vec{r}_0$ kann auch ein beliebiger anderer Ortsvektor $\vec{r}_1$, dessen Endpunkt der Ebene angehört, genommen werden.

Ist z.B. die Ebene $E \subset \mathbb{R}^3$ gegeben durch drei Punkte mit den Ortsvektoren $\vec{r}_1$, $\vec{r}_2$, $\vec{r}_3$, dann ist der Vektor

$$(6) \qquad \vec{N} := (\vec{r}_2 - \vec{r}_1) \times (\vec{r}_3 - \vec{r}_1)$$

orthogonal zu E. Ist $\vec{N} = \vec{0}$, dann liegen $\vec{r}_1, \vec{r}_2, \vec{r}_3$ auf einer Geraden und umgekehrt. Für $\vec{N} \neq \vec{0}$ kann man wieder auf 1 normieren: $\vec{n} := |\vec{N}|^{-1} \cdot \vec{N}$, und man erhält wieder die Hesse'sche Normalform von E:

$$(4^{**}) \qquad \vec{n} \cdot (\vec{r} - \vec{r}_1) = 0 \ .$$

$|\vec{n} \cdot \vec{r}_1|$ ist wieder der Abstand d der Ebene von $\mathbf{0}$.

Als letztes behandeln wir noch die Berechnung des gemeinsamen Lotes und des Abstandes zweier windschiefer Geraden im $\mathbb{R}^3$; diese seien gegeben durch:

$$(7) \qquad \begin{cases} g_1 : \vec{r} = \vec{r}_0 + \lambda \vec{t} \\[2mm] g_2 : \vec{R} = \vec{R}_0 + \mu \cdot \vec{T} \end{cases} , \lambda, \mu \in \mathbb{R} \ ,$$

wobei $\vec{r}_0, \vec{R}_0$ feste Punkte auf g_1, g_2 und $\vec{t}, \vec{T}$ die Richtungen von g_1, g_2 seien. Der Vektor:

$$(8a) \qquad \vec{L} := \vec{t} \times \vec{T}$$

hat die Richtung des gemeinsamen Lotes von g_1, g_2. Ist $\vec{L} = \vec{0}$, dann sind g_1, g_2 parallel und umgekehrt. Für $\vec{L} \neq \vec{0}$ kann man wieder auf 1 normieren:

$$(8b) \qquad \vec{\ell} := |\vec{L}|^{-1} \cdot \vec{L} \; .$$

Der Abstand zwischen g_1 und g_2 ist gegeben durch:

$$(9) \qquad f := |\vec{\ell} \cdot (\vec{R}_0 - \vec{r}_0)| \; .$$

Es ist $f = 0$ genau dann, wenn g_1 und g_2 sich schneiden.

<u>Beispiele</u>

1. Gegeben die Ebene $E : 2x-y+2z = -5$ und der Punkt $P^*(1,2,3)$.
Gesucht ist die Hesse'sche Normalform für E und der Abstand d^* zwischen P^* und E.

$$\vec{N} = (2,-1,2) \; , \quad \vec{n} = \frac{1}{-\sqrt{4+1+4}} \cdot (2,-1,2) = -(\tfrac{2}{3}, -\tfrac{1}{3}, \tfrac{2}{3}) \; .$$

$$\Longrightarrow \text{Hesse'sche Normalform:} \quad -\tfrac{2}{3}x + \tfrac{1}{3}y - \tfrac{2}{3}z = \tfrac{5}{3} = d \; .$$

$$d^* = \vec{r}^* \cdot \vec{n} - \vec{r}_0 \cdot \vec{n} = \vec{r}^* \cdot \vec{n} - d = (1,2,3) \cdot (-\tfrac{2}{3}, \tfrac{1}{3}, -\tfrac{2}{3}) - \tfrac{5}{3} =$$

$$= -\tfrac{2}{3} + \tfrac{2}{3} - 2 - \tfrac{5}{3} = -\tfrac{11}{3} \Longrightarrow |d^*| = \tfrac{11}{3} \; .$$

2. Sind die Ebenen:
$E_1 : x+y-z-1 = 0$, $E_2 : 2y-z = 0$ parallel?
$\vec{N}_1 \times \vec{N}_2 = (1,1,-1) \times (0,2,-1) = (1,*,*) \neq 0$. Antwort: <u>nein</u>.

3. Man bestimme die Schnittgerade g der beiden Ebenen: $E_1 : 2x-y+2z = 3$, $E_2 : x+y+z = 0$.

$$\vec{N}_1 = (2,-1,2), \quad \vec{N}_2 = (1,1,1) \; .$$

Habe g die Darstellung $g : \vec{r} = \vec{r}_0 + \lambda \cdot \vec{t}$. Für $\vec{t}$ kann man nehmen:
$$\vec{t} = \vec{N}_1 \times \vec{N}_2 = (-3,0,3) \; .$$

Für $\vec{r}_0$ wähle man den Durchstoßpunkt von g in der x,y-Ebene ($z_0 = 0$). $\Rightarrow$

$$2x_0-y_0 = 3 \atop x_0+y_0 = 0 \Biggr\} \Rightarrow \vec{r}_0 = \begin{pmatrix} x_0 \\ y_0 \\ z_0 \end{pmatrix} = \begin{pmatrix} 1 \\ -1 \\ 0 \end{pmatrix} . \quad \Rightarrow \quad g : \begin{pmatrix} x \\ y \\ z \end{pmatrix} = \begin{pmatrix} 1-3\lambda \\ -1 \\ 3\lambda \end{pmatrix} , \lambda \in \mathbb{R}.$$

Kapitel 4: Komplexe Zahlen

4.1 Definitionen und Rechenregeln

In Kapitel 1 wurden die reellen Zahlen $\mathbb{R}$ eingeführt, und diese bilden auch eine wesentliche Grundlage für die Mathematik. Ferner haben wir in Kapitel 2 gelernt, daß ein Polynom $P_n(x)$ vom Grade n als Produkt von Linearfaktoren geschrieben werden kann, wenn $P_n(x)$ n Nullstellen $x_1,\ldots,x_n \in \mathbb{R}$ besitzt: $P_n(x) = a_n \cdot (x-x_1) \cdot \ldots \cdot (x-x_n)$. Dies ist jedoch nicht immer der Fall, wie die Beispiele:

$$P_2(x) = x^2+1 \ , \quad Q_2(x) = x^2-4x+7$$

zeigen: Wollen wir die quadratischen Gleichungen lösen, dann erhalten wir

$$x_{1,2} = \pm\sqrt{-1} \qquad \text{bzw.} \qquad x_{1,2} = 2\pm\sqrt{-3} \ ,$$

was im Bereich der reellen Zahlen sinnlose Ausdrücke sind. Es hat sich nun als außerordentlich fruchtbar erwiesen, den Zahlenbereich $\mathbb{R}$ zu erweitern, indem man ein Symbol

$$(1) \qquad i = \sqrt{-1} \qquad (\text{bzw. } i^2 = -1)$$

einführt, das die Bedeutung einer Wurzel aus -1 besitzt. Sodann bildet man die Gesamtheit der Ausdrücke

$$(2) \qquad z = a+ib \ , \quad a,b \in \mathbb{R} \ ,$$

und bezeichnet diese als die Menge der komplexen Zahlen:

$$\mathbb{C} := \{z = a+ib : a,b \in \mathbb{R}\} \ .$$

Ist insbesondere b = 0, also z = a, dann ist $z \in \mathbb{R}$. Somit ist $\underline{\mathbb{R} \text{ in } \mathbb{C} \text{ eingebettet}}$:
$\mathbb{R} \subset \mathbb{C}$.

Um die 4 Grundrechenarten auf komplexe Zahlen anwenden zu können, wenden wir
ganz formal die Rechenregeln für reelle Zahlen an und beachten (1).
Seien: z_1 = a+ib , z_2 = c+id , a,b,c,d $\in \mathbb{R}$. Dann definieren wir

(3a) $$z_1 \pm z_2 := (a \pm c) + i \cdot (b \pm d) \ ,$$

(3b) $$z_1 \cdot z_2 := (ac-bd) + i(ad+bc) \ ,$$

(3c)
$$\left\{ \begin{array}{l} \dfrac{z_1}{z_2} = \dfrac{a+ib}{c+id} = \dfrac{(a+ib)\cdot(c-id)}{(c+id)\cdot(c-id)} = A+iB \\[2mm] \text{mit: } A := \dfrac{ac+bd}{c^2+d^2} \ , \quad B := \dfrac{bc-ad}{c^2+d^2} \\[2mm] \text{wobei } c^2+d^2 > 0 \text{ vorausgesetzt sei .} \end{array} \right.$$

Ferner prüft man sofort nach, daß sämtliche Rechenregeln, die in $\mathbb{R}$ gültig
sind (Kommutativgesetz, Assoziativgesetz, Distributivgesetz usw.), auch in $\mathbb{C}$ gelten. Damit stellen wir fest:

Die 4 Grundrechenarten sind in $\mathbb{C}$ unbeschränkt ausführbar, führen also aus $\mathbb{C}$ nicht
hinaus. Ferner sind alle übrigen Rechenregeln, die in $\mathbb{R}$ gültig sind, auch in
$\mathbb{C}$ richtig.

Beispiele:
$P_2(x) = (x^2+1) = (x+i)\cdot(x-i)$, $Q_2(x) = x^2-4x+7 = (x-(2+i\sqrt{3}))\cdot(x-(2-i\sqrt{3}))$.

Die reellen Zahlen $\mathbb{R}$ können als 1-dimensionale Ortsvektoren auf der Zahlengeraden
$\mathbb{R}^1$ dargestellt werden. Nun kann man tatsächlich die Vektoren der Ebene zur Darstellung der komplexen Zahlen $\mathbb{C}$ verwenden:

z = a+ib soll durch den Ortsvektor (a,b)
der Ebene dargestellt werden.

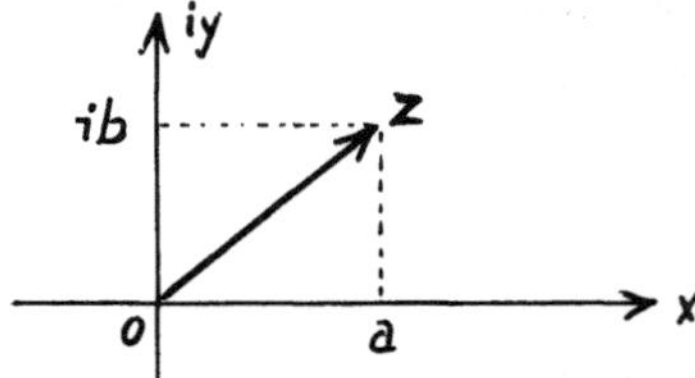

Wir nennen:

a = Re z den <u>Realteil</u> von z ,

b = Im z den <u>Imaginärteil</u> von z.

Nach (3a) ergibt sich, daß <u>Addition und
Subtraktion zweier Zahlen $z_1, z_2 \in \mathbb{C}$ genau
nach den Regeln der Vektorrechnung er-
folgen.</u>

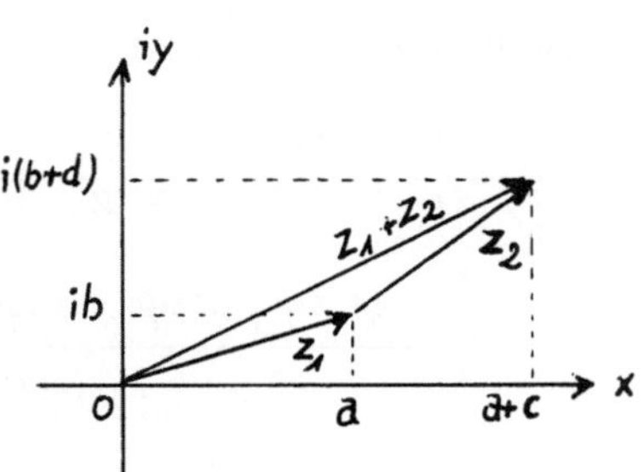

Wie läßt sich Multiplikation und Division geometrisch interpretieren?
Um hierfür eine anschauliche Bedeutung
zu gewinnen, führen wir für $z \in \mathbb{C}$ <u>Polar-
koordinaten</u> ein: z hat die Darstellung

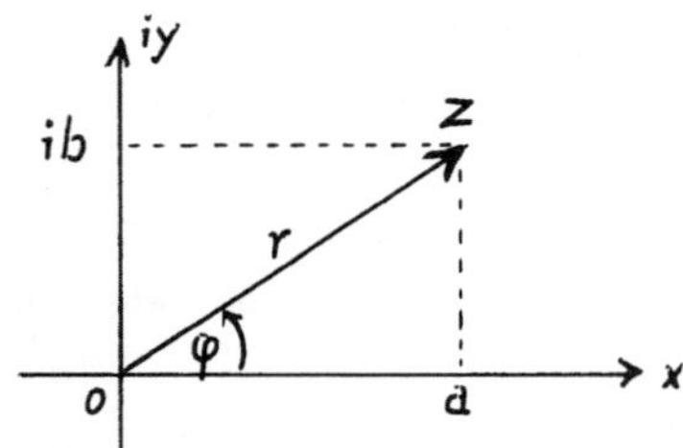

$$(4) \quad \begin{cases} z = r \cdot (\cos\varphi + i \cdot \sin\varphi), \\[2mm] r \geqq 0 \, , \quad 0 \leqq \varphi < 2\pi \, . \end{cases}$$

Zwischen den beiden Darstellungen $z = a + ib = r \cdot (\cos\varphi + i \cdot \sin\varphi)$ bestehen die folgenden Beziehungen:

$$(5) \quad \begin{cases} a = r \cdot \cos\varphi \, , \quad b = r \cdot \sin\varphi \, , \\[2mm] r = \sqrt{a^2 + b^2} \, , \quad \operatorname{tg}\varphi = \dfrac{b}{a} \, . \end{cases}$$

Wir nennen:

r = |z| den <u>Betrag</u> von z (auch <u>Radius</u>) und

φ = arg z das <u>Argument</u> von z (auch <u>Polarwinkel</u>).

φ ist nur bis auf $2k \cdot \pi$, $k \in \mathbb{Z}$ bestimmt!

Nun erhält man für das Produkt von

$$z_1 = r_1 \cdot (\cos\varphi_1 + i \cdot \sin\varphi_1) \, , \quad z_2 = r_2 \cdot (\cos\varphi_2 + i \cdot \sin\varphi_2)$$

mit Hilfe der Additionstheoreme (vgl. Abschn. 3.1, (3)):

$$(6a) \quad z_1 \cdot z_2 = r_1 \cdot r_2 \cdot [\cos(\varphi_1 + \varphi_2) + i \cdot \sin(\varphi_1 + \varphi_2)]$$

und für den Quotienten ($z_2 \neq 0$):

$$\frac{z_1}{z_2} = \frac{r_1 \cdot (\cos\varphi_1 + i\cdot\sin\varphi_1)\cdot(\cos\varphi_2 - i\cdot\sin\varphi_2)}{r_2\cdot(\cos\varphi_2 + i\cdot\sin\varphi_2)\cdot(\cos\varphi_2 - i\cdot\sin\varphi_2)} =$$

$$= \frac{r_1\cdot(\cos\varphi_1\cdot\cos\varphi_2 + \sin\varphi_1\cdot\sin\varphi_2 + i\cdot(\sin\varphi_1\cdot\cos\varphi_2 - \cos\varphi_1\cdot\sin\varphi_2))}{r_2\cdot(\cos^2\varphi_2 + \sin^2\varphi_2)},$$

d.h.

$$(6b) \qquad \frac{z_1}{z_2} = \frac{r_1}{r_2}\cdot[\cos(\varphi_1-\varphi_2) + i\cdot\sin(\varphi_1-\varphi_2)]\ .$$

Also: <u>Zwei komplexe Zahlen werden multipliziert (dividiert), indem man ihre Beträge multipliziert (dividiert) und ihre Argumente addiert (subtrahiert).</u>

(6a) bzw. (6b) liefern also eine erheblich übersichtlichere Darstellung von Multiplikation und Division als (3b), (3c).

Als Folgerung von (6a) erhalten wir die <u>Formel von Moivre:</u>

$$(7) \qquad (\cos\varphi + i\cdot\sin\varphi)^n = \cos n\varphi + i\cdot\sin n\varphi\ ,\ n\in\mathbb{Z}\ ,$$

die nützliche Anwendungen hat. Ferner sei noch die Dreiecksungleichung erwähnt:

$$(8) \qquad |z_1 + z_2| \overset{\leq}{=} |z_1| + |z_2|$$

sowie:

$$(9) \qquad |z_1\cdot z_2| = |z_1|\cdot|z_2|\ .$$

Beide Beziehungen folgen unmittelbar aus den geometrischen Interpretationen.

Definition 1.1:

Sei $z = a+ib = r\cdot(\cos\varphi + i\cdot\sin\varphi)$. Die Zahl

$$\bar{z} := a-ib = r\cdot(\cos\varphi - i\cdot\sin\varphi) = r\cdot(\cos(-\varphi) + i\cdot\sin(-\varphi))$$

heißt die zu z <u>konjugiert komplexe Zahl.</u>

Leicht beweist man folgende Pechenregeln:

$$(10) \begin{cases} z+\bar{z} = 2\cdot\mathrm{Re}\, z \;, \quad z-\bar{z} = 2i\cdot\mathrm{Im}\, z \;, \\[2mm] z\cdot\bar{z} = |z|^2 \;, \quad \overline{z^{-1}} = (\bar{z})^{-1} \;, \quad \bar{\bar{z}} = z \;, \\[2mm] \overline{z_1+z_2} = \bar{z}_1+\bar{z}_2 \;, \quad \overline{(-z)} = -\bar{z} \;, \quad \overline{z_1\cdot z_2} = \bar{z}_1\cdot\bar{z}_2 \;. \end{cases}$$

Beispiele

1. $z_1 = 1+i\cdot\sqrt{3}$, $z_2 = -\sqrt{3}+i\cdot 3$.

$\Rightarrow z_1+z_2 = (1-\sqrt{3})+i\cdot(3+\sqrt{3})$, $z_1-z_2 = (1+\sqrt{3})+i(\sqrt{3}-3)$,

$|z_1| = \sqrt{1+3} = 2$, $|z_2| = \sqrt{3+9} = 2\sqrt{3}$,

$\mathrm{tg}\,\varphi_1 = \dfrac{\mathrm{Im}\, z_1}{\mathrm{Re}\, z_1} = \sqrt{3}$, $\mathrm{tg}\,\varphi_2 = \dfrac{\mathrm{Im}\, z_2}{\mathrm{Re}\, z_2} = -\sqrt{3}$.

$\Rightarrow \varphi_1 = \dfrac{\pi}{3}$, da z_1 im 1. Quadranten liegt,

$\varphi_2 = \dfrac{2\pi}{3}$, da z_2 im 2. Quadranten liegt.

$\Rightarrow z_1 = 2\cdot(\cos\frac{\pi}{3} +i\cdot\sin\frac{\pi}{3})$, $z_2 = 2\sqrt{3}\cdot(\cos\frac{2\pi}{3} +i\cdot\sin\frac{2\pi}{3})$,

$\Rightarrow z_1\cdot z_2 = 4\cdot\sqrt{3}\cdot(\cos\pi+i\cdot\sin\pi) = -4\cdot\sqrt{3}$,

$\dfrac{z_1}{z_2} = \dfrac{1}{\sqrt{3}} \cdot(\cos\frac{\pi}{3} -i\cdot\sin\frac{\pi}{3}) = \dfrac{\sqrt{3}}{6} -i\cdot\dfrac{1}{2}$.

2. Nach (7) ist: $(\cos\varphi+i\cdot\sin\varphi)^3 = \cos 3\varphi +i\cdot\sin 3\varphi$. Andererseits gilt nach dem binomischen Lehrsatz:

$$(\cos\varphi +i\cdot\sin\varphi)^3 = \cos^3\varphi +3i\cdot\cos^2\varphi \cdot\sin\varphi -3\cos\varphi\cdot\sin^2\varphi -i\cdot\sin^3\varphi \;,$$

also a) $\cos 3\varphi = \cos^3\varphi -3\cos\varphi\cdot\sin^2\varphi$

   b) $\sin 3\varphi = -\sin^3\varphi +3\cos^2\varphi \cdot\sin\varphi$.

Man kann also mit der Formel von Moivre Formeln für die trigonometrischen Funktionen herleiten.

4.2 Wurzeln

Wir haben $\mathbb{C}$ eingeführt, um Quadratwurzeln aus negativen Zahlen ziehen zu können. Wir werden nun zeigen, daß diese Operation - und allgemein das Ziehen n-ter Wurzeln - unbeschränkt in $\mathbb{C}$ ausführbar ist.

Sei $\xi = \rho\cdot(\cos\psi + i\cdot\sin\psi) \neq 0$ beliebig vorgegeben, und wir fragen nach allen Lösungen $z\in\mathbb{C}$ der Gleichung

$$(1) \qquad z^n = \xi \, , \quad n\in\mathbb{N} \, .$$

Wir machen den Ansatz $z = r\cdot(\cos\varphi + i\cdot\sin\varphi)$. Ein Vergleich mit ξ liefert wegen (1) und wegen $z^n = r^n\cdot(\cos n\varphi + i\cdot\sin n\varphi)$

$$r^n = \rho \, , \quad n\cdot\varphi = \psi + 2k\pi \, , \quad k\in\mathbb{Z} \, .$$

Dies ergibt, wenn wir setzen:

$$k = \kappa n + \nu \, , \quad \nu = 0,1,\ldots,n-1 \, , \quad \kappa\in\mathbb{Z} \, ,$$

die folgenden Beziehungen:

$$(2) \qquad r = \sqrt[n]{\rho} \, , \quad \varphi_\nu = \frac{\psi}{n} + \frac{2\pi\cdot\nu}{n} \, , \quad \nu = 0,1,\ldots,n-1 \, ,$$

denn die Terme $2\kappa\pi$, $\kappa\in\mathbb{Z}$ können weggelassen werden, da sie ja keine neuen Argumente φ_ν liefern.

Daher sind die n von einander verschiedene Zahlen:

$$(3) \qquad z_\nu = \sqrt[n]{\rho}\cdot(\cos\varphi_\nu + i\cdot\sin\varphi_\nu) \, , \quad \nu = 0,\ldots,n-1 \, ,$$

wobei die φ_ν durch (2) gegeben sind, sämtlich Lösungen von (1) und nur diese. Damit gilt:

<u>Satz 2.1:</u>
Jede Zahl $\xi\in\mathbb{C}$, $\xi \neq 0$ besitzt für $n\in\mathbb{N}$ genau n voneinander verschiedene n-te Wurzeln.

<u>Anmerkung:</u>
Die Wurzeln von $z^n = \xi$ ($\xi \neq 0$) bilden die Ecken eines regelmäßigen n-Ecks auf dem Kreis

$$\{z : |z| = \sqrt[n]{|\xi|}\} \, .$$

Im Spezialfall: $z^n = 1$ erhalten wir als Lösungen die sogenannten <u>n-ten Einheits-</u>
<u>wurzeln:</u>

(3*) $\qquad z_\nu = \cos \dfrac{2\pi\nu}{n} + i \cdot \sin \dfrac{2\pi\nu}{n}$, $\quad \nu = 0,\ldots,n-1$.

Für die n-ten Einheitswurzeln gilt:

(4a) $\qquad \displaystyle\sum_{\nu=0}^{n-1} z_\nu = \begin{cases} 1 & \text{für} \quad n = 1 \\ 0 & \text{für} \quad n > 1 \end{cases}$,

(4b) $\qquad \displaystyle\prod_{\nu=0}^{n-1} z_\nu = \begin{cases} 1 & \text{für} \quad n \text{ ungerade} \\ -1 & \text{für} \quad n \text{ gerade} \end{cases}$.

Beweis dieser Formeln als <u>Übung.</u>

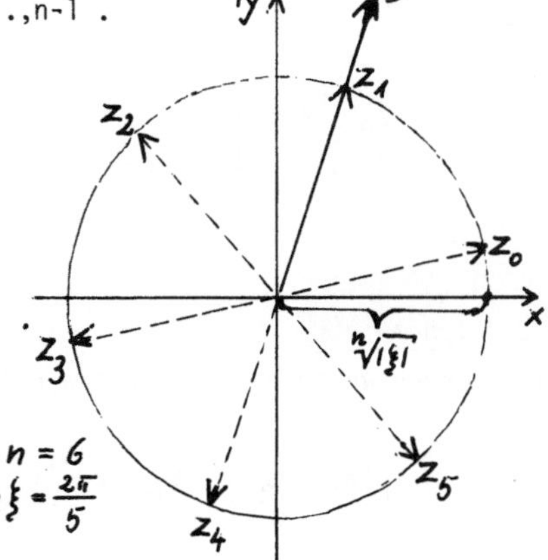

<u>Beispiele:</u>

1. $\xi = i$. Man löse (1) für $n = 2$.

$n = 2$, $\xi = \rho(\cos \psi + i \cdot \sin \psi)$, $\rho = 1$, $\cdot \psi = \dfrac{\pi}{2}$.

$\Rightarrow r = 1$, $\varphi_0 = \dfrac{\pi}{4}$, $\varphi_1 = \dfrac{\pi}{4} + \pi = \dfrac{5}{4}\pi$.

$\Rightarrow z_0 = \cos \dfrac{\pi}{4} + i \cdot \sin \dfrac{\pi}{4} = \dfrac{1}{\sqrt{2}}(1+i)$

$\qquad z_1 = \cos \dfrac{5\pi}{4} + i \cdot \sin \dfrac{5\pi}{4} = -\dfrac{1}{\sqrt{2}} \cdot (1+i)$.

2. $\xi = 1+i$. Man löse (1) für $n = 3$. $\Rightarrow \psi = \dfrac{\pi}{4}$, $\rho = \sqrt{2}$, $\xi = \sqrt{2} \cdot (\cos \dfrac{\pi}{4} + i \cdot \sin \dfrac{\pi}{4})$.

$\Rightarrow r = \sqrt[6]{2}$, $\varphi_0 = \dfrac{\pi}{12}$, $\varphi_1 = \dfrac{\pi}{12} + \dfrac{2\pi}{3} = \dfrac{3}{4}\pi$, $\varphi_2 = \dfrac{\pi}{12} + \dfrac{4\pi}{3} = \dfrac{17\pi}{12}$.

$\Rightarrow$

$\qquad z_0 = \sqrt[6]{2} \cdot (\cos \dfrac{\pi}{12} + i \cdot \sin \dfrac{\pi}{12})$

$\qquad z_1 = \sqrt[6]{2} \cdot (\cos \dfrac{3\pi}{4} + i \cdot \sin \dfrac{3\pi}{4})$

$\qquad z_2 = \sqrt[6]{2} \cdot (\cos \dfrac{17\pi}{12} + i \cdot \sin \dfrac{17\pi}{12})$.

3. Gesucht sind die 6. Einheitswurzeln. $n = 6$, $\varphi_0 = 0$, $\varphi_1 = \dfrac{\pi}{3}$, $\varphi_2 = \dfrac{2\pi}{3}$,

$\varphi_3 = \pi$, $\varphi_4 = \dfrac{4\pi}{3}$, $\varphi_5 = \dfrac{5\pi}{3}$.

Wegen: $\cos \frac{\pi}{3} = \cos \frac{5\pi}{3} = -\cos \frac{2\pi}{3} = -\cos \frac{4\pi}{3} = \frac{1}{2}$,

$$\sin \frac{\pi}{3} = \sin \frac{2\pi}{3} = -\sin \frac{4\pi}{3} = -\sin \frac{5\pi}{3} = \frac{1}{2}\sqrt{3}$$

folgt:

$$z_{0,3} = \pm 1$$
$$z_{1,4} = \pm \frac{1}{2}(1+i\sqrt{3})$$
$$z_{5,2} = \pm \frac{1}{2}(1-i\sqrt{3}) \quad .$$

4.3 Polynome

Wir betrachten zunächst komplexe Polynome:

$$(1) \qquad P_n(z) = a_n \cdot z^n + a_{n-1} \cdot z^{n-1} + \ldots + a_1 z + a_0 \ , \quad a_\nu \varepsilon \mathbb{C}, \ a_n \neq 0 \ .$$

Wir können hier völlig analog, wie im reellen Fall alle Rechenregeln anwenden, insbesondere das Horner-Schema (vgl. Abschn. 2.1):

Es sei $z_1 \varepsilon \mathbb{C}$. Dann existiert eine Darstellung:

$$(2) \qquad P_n(z) = (z-z_1) \cdot P_{n-1}(z) + P_n(z_1) \ ,$$

wobei $P_{n-1}(z)$ den Grad $n-1$ hat.
Die Berechnung von $P_n(z_1)$ sowie von $P_{n-1}(z)$ geschieht wieder nach dem Horner-Schema.

Beispiel:
$P_3(z) = z^3 - z^2 - (1+i) \cdot z + 3i$, $\quad z_1 = 1-i$.

$$
\begin{array}{crrrr}
 & 1 & -1 & -(1+i) & 3i \\
+ & & 1-i & -(1+i) & -4 \\
\hline
 & 1 & -i & -(2+2i) & -4+3i = P_3(1-i) \ .
\end{array}
$$

Also folgt nach (2):

$$z^3 - z^2 - (1+i) \cdot z + 3i = (z-1+i) \cdot (z^2 - i \cdot z - 2 - 2i) - 4 + 3i \ .$$

Ist insbesondere z_1 in (2) eine Nullstelle von $P_n(z)$: $P_n(z_1) = 0$, dann besagt (2), daß $P_n(z)$ geschrieben werden kann als Produkt eines Linearfaktors und eines

Polynoms niedrigeren Grades. $P_{n-1}(z)$ kann nun wieder so zerlegt werden, wenn z_2 eine Nullstelle von $P_{n-1}(z)$ ist usw.

Das bemerkenswerte nun an den komplexen Zahlen ist der folgende Satz, der hier nicht bewiesen wird:

Satz 3.1 (Fundamentalsatz der Algebra, Gauss 1799):

Jedes Polynom (1) vom Grade $n \geq 1$ besitzt in $\mathbb{C}$ eine Nullstelle.

Hieraus folgt aus den obigen Überlegungen unmittelbar:

Satz 3.2:

Jedes Polynom (1) vom Grade $n \geq 1$ zerfällt in $\mathbb{C}$ vollständig in Linearfaktoren:

$$(1^*) \qquad P_n(z) = a_n \cdot (z-z_1) \cdot \ \ldots \ \cdot (z-z_n) \ ,$$

oder: Jedes Polynom (1) besitzt in $\mathbb{C}$ genau n (nicht notwendig verschiedene) Nullstellen $z_1, \ldots, z_n$.

Sehr häufig treten Polynome mit reellen Koeffizienten auf, und daher soll noch folgender Satz bewiesen werden:

Satz 3.3:

Sei $P_n(z) = \sum\limits_{\nu=0}^{n} a_\nu \cdot z^\nu$, $a_\nu \in \mathbb{R}$, $a_n \neq 0$. Dann gilt:

a) Aus $P_n(z_1) = 0 \Rightarrow P_n(\overline{z}_1) = 0$.

b) Die Anzahl der nichtreellen Nullstellen von $P_n(z)$ ist gerade.

c) $P_n(z)$ hat mindestens eine reelle Nullstelle, falls n ungerade ist.

d) $P_n(z)$ zerfällt vollständig in reelle lineare und quadratische Faktoren.

Beweis als Übung für den Leser.

Beispiel:

$P_4(z) = z^4 + 4z^3 + 5z^2 + 2z - 2$ hat die Nullstelle $z_1 = -1+i$.

Gesucht sind die übrigen Nullstellen.

$P_4(z)$ hat reelle Koeffizienten $\Rightarrow z_2 = \overline{z}_1 = -1-i$ ist Nullstelle von $P_4(z)$.

Also ist $P_4(z)$ durch $(z-z_1) \cdot (z-z_2) = z^2 + 2z + 2$ teilbar:

$$(z^4 + 4z^3 + 5z^2 + 2z - 2) : (z^2 + 2z + 2) = z^2 + 2z - 1 = P_2(z) \ .$$

Also sind die Nullstellen von $P_2(z)$: $z_{3,4} = -1 \pm \sqrt{2}$. Somit folgt:

$$P_4(z) = (z+1-i) \cdot (z+1+i) \cdot (z+1-\sqrt{2}) \cdot (z+1+\sqrt{2}) = (z^2+2z+2) \cdot (z+1-\sqrt{2}) \cdot (z+1+\sqrt{2}) \ .$$

Kapitel 5: Konvergenz und Stetigkeit

5.1 Zahlenmengen und Häufungspunkte

Definition 1.1:
Seien $a, b \in \mathbb{R}$ mit $a < b$. Wir nennen:
a) $[a,b] := \{x \in \mathbb{R} : a \leq x \leq b\}$ ein abgeschlossenes Intervall,
b) $(a,b) := \{x \in \mathbb{R} : a < x < b\}$ ein offenes Intervall,
c) $[a,b) := \{x \in \mathbb{R} : a \leq x < b\}$ bzw.
   $(a,b] := \{x \in \mathbb{R} : a < x \leq b\}$ halboffene Intervalle.

Definition 1.2:
Es sei $M \subset \mathbb{R}$ eine (unendliche) Teilmenge reeller Zahlen. Der Punkt $x_0 \in \mathbb{R}$ heißt Häufungspunkt der Menge M, wenn in jedem offenen Intervall $(a,b) \subset \mathbb{R}$ mit $x_0 \in (a,b)$ unendlich viele Punkte aus M enthalten sind.

Definition 1.3:
M sei Teilmenge von $\mathbb{R}$: $M \subset \mathbb{R}$.
a) $K \in \mathbb{R}$ heißt obere Schranke für M, wenn gilt:

$$x \leq K \text{ für alle } x \in M .$$

Hat M eine obere Schranke, dann heißt M nach oben beschränkt.
b) Ist K_0 eine obere Schranke von M und gilt $K_0 \leq K$ für jede andere obere Schranke K von M, dann heißt K_0 kleinste obere Schranke (oder Supremum oder obere Grenze) von M: $K_0 = \sup M$.
c) Analog wird die untere Schranke bzw. größte untere Schranke (Infimum, untere Grenze) in Zeichen: $\inf M$ definiert.
d) M heißt beschränkt, wenn M eine obere und eine untere Schranke besitzt.

Beispiele
1. $M = \{(2 + \frac{1}{n}) : n \in \mathbb{N}\} = \{3, \frac{5}{2}, \frac{7}{3}, \ldots, \frac{1001}{500}, \ldots\}$
$x_0 = 2$ ist Häufungspunkt von M, aber man beachte: $x_0 \notin M$.
Ferner ist: $\inf M = 2$, $\sup M = 3$.
Also ist M beschränkt, da M nach oben und unten beschränkt ist. $K = 10$ bzw.
$\tilde{K} = 0$ sind eine obere bzw. eine untere Schranke für M. $x_1 = \frac{5}{2}$ ist kein Häufungs-

punkt von M. Ferner ist inf $M \notin M$, aber sup $M \in M$.

2. $M = \{(1- \frac{1}{n})^2 : n \in \mathbb{N}\} = \{0, (\frac{1}{2})^2, (\frac{2}{3})^2, \ldots, (\frac{999}{1000})^2, \ldots\}$
$x_0 = 1$ ist Häufungspunkt von M; inf M = 0, sup M = 1 .

3. $M = \{x \in \mathbb{R} : 0 \leqq x < 1\}$.
Häufungspunkte von M: $[0,1] = \{x_0 : 0 \leqq x_0 \leqq 1\}$.

4. $M = \mathbb{N} = \{1,2,3,\ldots\}$.
M hat keine Häufungspunkte; inf M = 1; M ist nach oben nicht beschränkt.

Anmerkung:
Oft ist das folgende Kriterium für sup M nützlich:
Es ist K_0 = sup M genau dann, wenn K_0 eine obere Schranke von M ist <u>und</u> wenn zu jedem $\varepsilon > 0$ ein $x \in M$ existiert mit

(1a) $x \geqq K_0 - \varepsilon$.

Analog: $\tilde{K}_0$ = inf M genau dann, wenn $\tilde{K}_0$ eine untere Schranke von M ist <u>und</u> wenn zu jedem $\varepsilon > 0$ ein $x \in M$ existiert mit

(1b) $x \leqq \tilde{K}_0 + \varepsilon$.

Grundlegend für die Mathematik sind folgende Sätze, die hier nicht bewiesen werden:
<u>Satz 1.1: (Bolzano-Weierstraß)</u>
Jede beschränkte unendliche Teilmenge $M \subset \mathbb{R}$ besitzt mindestens einen Häufungspunkt.
<u>Satz 1.2:</u>
Jede nach oben beschränkte Teilmenge $M \subset \mathbb{R}$ besitzt ein Supremum.
(analog für "unten beschränkt" und "Infimum").

Diese Sätze drücken eine bedeutsame Eigenschaft der reellen Zahlen aus, die man mit <u>Vollständigkeit</u> bezeichnet. So haben z.B. die rationalen Zahlen $\mathbb{Q}$ diese Eigenschaft <u>nicht,</u> wie folgendes Beispiel zeigt:

$$M = \{x = \frac{p}{q} \in \mathbb{Q} : x < \sqrt{2}\} \subset \mathbb{Q} .$$

Es ist sup $M = \sqrt{2}$, aber $\sqrt{2} \notin \mathbb{Q}$. Es gibt keine rationale Zahl K_0 derart, daß $K_0 = $ sup M ist. Man sagt: <u>$\mathbb{Q}$ ist nicht vollständig.</u>

5.2 Grenzwerte von Zahlenfolgen

In der Mathematik hat man es sehr häufig mit Zahlenfolgen $\{a_n\}_{n \in \mathbb{N}} = \{a_1, a_2, a_3, \ldots\}$ zu tun. Beispiele sind:

1. $\mathbb{N} = \{1,2,3,\ldots\}$,
2. $a_n = (-1)^n : \{-1,1,-1,1,\ldots\}$,
3. $a_n = \frac{1}{n} : \{1, \frac{1}{2}, \frac{1}{3}, \frac{1}{4}, \ldots\}$,
4. $0.1, 0.11, 0.111, 0.1111, \ldots$.

<u>Definition 2.1:</u>
Eine Zahlenfolge $\{a_n\}$, $n = 1,2,3,\ldots$ heißt <u>konvergent</u> gegen den <u>Grenzwert</u> a, wenn es zu jedem $\varepsilon > 0$ eine Nummer $N(\varepsilon) \in \mathbb{N}$ so gibt, daß $|a_n - a| < \varepsilon$ gilt für alle $n \geq N(\varepsilon)$. Man schreibt:

$$(1) \qquad a = \lim_{n \to \infty} a_n .$$

Der Konvergenzbegriff von Folgen ist für praktische Berechnungen sehr wichtig. Man vergleiche das Beispiel am Ende von Abschnitt 2.3 (Newton-Verfahren).

<u>Definition 2.2:</u>
Ist die Zahlenfolge nicht konvergent, dann heißt sie <u>divergent</u>.

<u>Satz 2.1:</u>
Eine Folge $\{a_n\}$ besitzt höchstens einen Grenzwert.
<u>Beweis:</u>
Annahme, $\{a_n\}$ besitze zwei verschiedene Grenzwerte a,b. Sei $\varepsilon := \frac{1}{3}|a-b| > 0$. Dann existiert wegen Def. 2.1 ein $N(\varepsilon)$ so, daß für alle $n \geq N(\varepsilon)$ gilt:

$$|a_n - a| < \varepsilon \ , \ |a_n - b| < \varepsilon \ .$$

Mit der Dreiecksungleichung folgt für ein $n \geq N(\varepsilon)$:

$$3\varepsilon = |a-b| = |(a-a_n)+(a_n-b)| \leqq |a_n-a|+|a_n-b| < 2\varepsilon .$$

Dies ist ein Widerspruch. Also ist die Annahme falsch.

<u>Definition 2.3:</u>

$\{a_n\}$ heißt <u>Nullfolge</u>, wenn $\{a_n\}$ gegen Null konvergiert: $\lim\limits_{n\to\infty} a_n = 0$.

Klar ist: $\{a_n\}$ ist genau dann konvergent und besitzt den Grenzwert a, wenn $\{b_n\} := \{a_n-a\}$ eine Nullfolge ist.

<u>Beispiele:</u>

Die Folgen $\{n\}$ und $\{a_n\} = \{(-1)^n\}$ sind nicht konvergent. $\{\frac{1}{n}\}$ ist eine Nullfolge, da gilt: $\lim\limits_{n\to\infty} \frac{1}{n} = 0$. Die Folge $\{a_n\} = \{\sum\limits_{\nu=1}^{n} 10^{-\nu}\}$ ist konvergent, denn es gilt (vgl. Abschn. 1.4, (1) sowie Satz 2.2):

$$a_n = 10^{-1}\cdot\{1+ \tfrac{1}{10} +\ldots+(\tfrac{1}{10})^{n-1}\} = \tfrac{1}{10} \cdot \frac{1-10^{-n}}{1-10^{-1}} = \tfrac{1}{9}(1-10^{-n})$$

$$\implies \lim\limits_{n\to\infty} a_n = \tfrac{1}{9} .$$

Allgemein ergibt sich aus der Dezimaldarstellung einer beliebigen Zahl a folgendes:

Jede Zahl $a\in\mathbb{R}$ ist Grenzwert einer Folge $\{a_n\}$ mit $a_n\in\mathbb{Q}$. Die a_n sind jeweils die abbrechenden Dezimalbrüche mit n Stellen hinter dem Komma.

Wir behandeln noch einige wichtige Beispiele (vgl. hierzu Satz 2.2).

1. Sei $b \geqq 1$ fest und $a_n := \sqrt[n]{b}$.

Nach der Bernoulli'schen Ungleichung (Beispiel in Abschn. 1.4) folgt, wenn man $\sqrt[n]{b} = 1+h_n$ setzt:

$$b = (1+h_n)^n \geqq 1+n\cdot h_n, \implies a_n-1 = h_n \leqq \frac{b-1}{n} .$$

Wegen $\lim\limits_{n\to\infty} \frac{b-1}{n} = 0$ folgt: $\lim\limits_{n\to\infty} a_n = 1$, also:

$$(2) \qquad \lim\limits_{n\to\infty} \sqrt[n]{b} = 1 \quad \text{für} \quad b \geqq 1 .$$

Den Fall $b < 1$ ($b \geqq 0$) behandeln wir später.

2. Sei $a_n = \sqrt[n]{n}$.

Wir betrachten zunächst die Folge $b_n := \sqrt{a_n} = \sqrt[n]{\sqrt{n}}$. Für $n > 1$ ist auch $b_n > 1$.
Wir setzen: $b_n = 1+h_n$ ($h_n > 0$). Wieder folgt:

$$b_n^n = \sqrt{n} = (1+h_n)^n \geqq 1+n\cdot h_n \quad , \quad \Longrightarrow$$

$$h_n \leqq \frac{\sqrt{n}-1}{n} \leqq \frac{\sqrt{n}}{n} = \frac{1}{\sqrt{n}} \quad . \qquad \Longrightarrow$$

$$1 \leqq a_n = b_n^2 = (1+h_n)^2 = 1+2h_n+h_n^2 \leqq 1+ \frac{2}{\sqrt{n}} + \frac{1}{n} \quad .$$

$$(3) \qquad \Longrightarrow \quad \lim_{n\to\infty} a_n = \lim_{n\to\infty} \sqrt[n]{n} = 1 \quad .$$

3. Sei $a_n = \dfrac{n}{c^n}$, $c > 1$.
Wir betrachten wieder die Folge $b_n := \sqrt{a_n} = \dfrac{\sqrt{n}}{(\sqrt{c})^n}$. Sei

$$\sqrt{c} = 1+h \quad (h > 0, \text{ da } \sqrt{c} > 1) \quad . \quad \Longrightarrow$$

$$b_n = \sqrt{a_n} = \frac{\sqrt{n}}{(1+h)^n} \leqq \frac{\sqrt{n}}{1+n\cdot h} \leqq \frac{1}{\sqrt{n}\cdot h} \quad . \Longrightarrow \quad a_n \leqq \frac{1}{n\cdot h^2} \quad .$$

Wegen $a_n \geqq 0$ folgt somit:

$$(4) \qquad \lim_{n\to\infty} \left(\frac{n}{c^n}\right) = 0 \quad \text{für} \quad c > 1 \quad .$$

Nützlich sind oft die folgenden Rechenregeln, die wir z. T. schon benutzt haben.
<u>Satz 2.2:</u>
Es gelte $\lim_{n\to\infty} a_n = a$, $\lim_{n\to\infty} b_n = b$, dann folgt:

$$(5) \quad \begin{cases} \text{a) } \lim_{n\to\infty} (a_n \pm b_n) = a \pm b \quad . \\[2ex] \text{b) } \lim_{n\to\infty} (a_n\cdot b_n) = a\cdot b \quad . \\[2ex] \text{c) } \lim_{n\to\infty} \left(\dfrac{a_n}{b_n}\right) = \dfrac{a}{b} \quad \text{für} \quad b_n \neq 0, b \neq 0 \quad . \\[2ex] \text{d) Falls } a_n \leqq b_n \text{ für alle } n \geqq N \text{ für ein } N\epsilon\mathbb{N} \text{ gilt, dann} \\ \quad \text{folgt:} \quad a \leqq b. \\[2ex] \text{e) } \lim_{n\to\infty} a_n^r = a^r \text{ mit } r\epsilon\mathbb{Q}, r > 0 \text{ und } a_n \geqq 0 \text{ für alle } n\epsilon\mathbb{N}. \end{cases}$$

Der Beweis dieser Regel wird hier übergangen.

Beispiele:

4. $a_n = \sqrt[n]{b}$, $0 < b < 1$ (vgl. Beispiel 1.).

Es folgt: $\tilde{b} := b^{-1} > 1$ und:

$$a_n = \frac{1}{\sqrt[n]{\tilde{b}}} = \frac{1}{\tilde{a}_n} \text{ mit } \tilde{a}_n := \sqrt[n]{\tilde{b}} .$$

Nach Beispiel 1. ist $\lim_{n\to\infty} \tilde{a}_n = 1 \Longrightarrow$ wegen (5), c) und $\lim_{n\to\infty} 1 = 1$:

(6) $\qquad \lim_{n\to\infty} a_n = \lim_{n\to\infty} \sqrt[n]{b} = 1$ für $0 < b < 1$.

5. $a_n = \left(\frac{n+1}{\sqrt{n}}\right)^2 - n$. Wir formen um:

$$a_n = \frac{n^2+2n+1}{n} - n = 2 + \frac{1}{n} . \Longrightarrow \lim_{n\to\infty} a_n = 2 .$$

Oft ist man in der Situation, daß man den Grenzwert einer Folge $\{a_n\}$ erst mit Hilfe dieser Folge berechnen muß, bzw. daß man überhaupt erst die Frage der Konvergenz von $\{a_n\}$ klären muß. Der folgende Satz ist für solche Untersuchungen oft sehr nützlich:

Satz 2.3 (Cauchy'sches Konvergenzkriterium):

Die Folge $\{a_n\}$, $n = 1,2,3,\ldots$ ist genau dann konvergent, wenn es zu jedem $\varepsilon > 0$ ein $N(\varepsilon) \in \mathbb{N}$ gibt, so daß gilt:

(7) $\qquad |a_n - a_m| < \varepsilon$ für alle $n,m \geqq N(\varepsilon)$.

Eine Folge $\{a_n\}$, die (7) erfüllt, heißt auch Cauchy-Folge (oder Fundamentalfolge).

Beweisskizze:

a) Gelte $\lim_{n\to\infty} a_n = a$ und sei $\varepsilon > 0$ vorgegeben. Dann existiert ein $N(\varepsilon) = \tilde{N}(\frac{\varepsilon}{2})$ so, daß $|a_n - a| < \frac{\varepsilon}{2}$ ist für alle $n \geqq N(\varepsilon)$. Daraus folgt für zwei beliebige $n,m \in \mathbb{N}$ mit $n,m \geqq N(\varepsilon)$:

$$|a_n - a_m| = |a_n - a + a - a_m| \leqq |a_n - a| + |a_m - a| < \frac{\varepsilon}{2} + \frac{\varepsilon}{2} = \varepsilon .$$

b) Gilt umgekehrt (7), dann ist die Folge $\{a_n\}$ beschränkt, besitzt also nach Satz 1.1, Abschn. 5.1 mindestens einen Häufungspunkt. Annahme: $\{a_n\}$ besitzt zwei verschiedene Häufungspunkte a,b. Dann ist $|b-a| = 3 \cdot \varepsilon > 0$. Also existiert ein $N(\varepsilon)$, so daß $|a_n - a| < \varepsilon$ und $|a_m - b| < \varepsilon$ gilt für unendlich viele a_n, a_m, $n,m \geqq N(\varepsilon)$. Für diese unendlich vielen a_n, a_m würde dann folgen: $|a_n - a_m| > \varepsilon$ im Widerspruch zu (7). Also ist $\{a_n\}$ konvergent.

Aus Satz 2.3 folgt unmittelbar:

<u>Corollar 2.4:</u>

Jede konvergente Folge $\{a_n\}$ ist beschränkt.

<u>Definition 2.4:</u>

Sei $\{a_n\}$ eine Folge. Unter einer <u>Teilfolge</u> von $\{a_n\}$ versteht man eine Folge $\{a_{n_\nu}\}$, $\nu = 1,2,\ldots$ von unendlich vielen Zahlen, die auch in der Folge $\{a_n\}$ auftreten. Dabei gilt $n_\nu > n_\mu$ für $\nu > \mu$.

<u>Beispiel:</u>

$\{1, \frac{1}{2}, \frac{1}{4}, \frac{1}{8}, \frac{1}{16}, \ldots\}$ ist eine Teilfolge von $\{1, \frac{1}{2}, \frac{1}{3}, \frac{1}{4}, \frac{1}{5}, \ldots\}$.

Unmittelbar folgt:

<u>Satz 2.5:</u>

Aus $\lim\limits_{n\to\infty} a_n = a$ folgt: $\lim\limits_{\nu\to\infty} a_{n_\nu} = a$ für <u>jede</u> Teilfolge $\{a_{n_\nu}\}$ von $\{a_n\}$.

<u>Definition 2.5:</u>

Die Folge $\{a_n\}$ heißt <u>monoton wachsend,</u> wenn gilt: $a_{n+1} \geqq a_n$ für $n = 1,2,\ldots$.
Analog wird <u>monoton fallend</u> definiert.

<u>Satz 2.6:</u>

Jede monoton wachsende und nach oben beschränkte Zahlenfolge $\{a_n\}$ ist konvergent.
Analog: Jede monoton fallende und nach unten beschränkte Zahlenfolge $\{a_n\}$ ist konvergent.

<u>Beweis:</u>

Wir zeigen nur den ersten Teil der Behauptung. Der zweite Teil geht ganz **analog**. $\{a_n\}$ ist beschränkt und besitzt daher einen Häufungspunkt a (Bolzano-Weierstraß). Rechts von a können keine Glieder der Folge mehr liegen, denn andernfalls könnte a wegen $a_{n+1} \geqq a_n$ kein Häufungspunkt sein. Dies zeigt insbesondere, daß a der einzige Häufungspunkt von $\{a_n\}$ sein muß. Das aber bedeutet: $\lim\limits_{n\to\infty} a_n = a$.

<u>Beispiel:</u> Einführung der Zahl e.

1. Die Folge

$$(8) \qquad a_n = (1+ \frac{1}{n})^n , \quad n = 1,2,3,\ldots$$

ist monoton wachsend und beschränkt:

$$a_n = 1 + n \cdot \frac{1}{n} + \frac{n \cdot (n-1)}{2} \cdot \frac{1}{n^2} + \ldots + \frac{n \cdot (n-1) \cdot \ldots \cdot (n-(n-1))}{n!} \cdot \frac{1}{n^n}$$

oder:

$$a_n = 1 + 1 + \frac{1}{2!} \cdot (1 - \frac{1}{n}) + \ldots + \frac{1}{n!} \cdot (1 - \frac{1}{n}) \cdot (1 - \frac{2}{n}) \cdot \ldots \cdot (1 - \frac{n-1}{n}) \ .$$

Hier werden nun die Faktoren $(1 - \frac{\nu}{n})$, $\nu = 1, \ldots, n-1$ durch die größeren Faktoren $(1 - \frac{\nu}{n+1})$, $\nu = 1, \ldots, n-1$ ersetzt und außerdem der positive Summand

$$\frac{1}{(n+1)!} \cdot (1 - \frac{1}{n+1}) \cdot \ldots \cdot (1 - \frac{n}{n+1})$$

addiert. Dies ergibt genau a_{n+1}; also folgt:

$$a_{n+1} \overset{\geq}{=} a_n \ , \quad n = 1, 2, 3, \ldots \ .$$

Ferner folgt wegen $2^{\nu-1} \overset{\leq}{=} \nu!$ für $\nu = 2, \ldots, n$ aus der obigen Darstellung für a_n:

$$(9) \qquad a_n < 1 + 1 + \frac{1}{2!} + \frac{1}{3!} + \ldots + \frac{1}{n!} < 1 + 1 + \frac{1}{2} + \frac{1}{4} + \ldots + \frac{1}{2^{n-1}} + \frac{1}{2^n} < 3$$

weil hier eine geometrische Reihe auftritt.

Also konvergiert (8) wegen Satz 2.6. Wir setzen:

$$(10) \qquad \lim_{n \to \infty} a_n = \lim_{n \to \infty} (1 + \frac{1}{n})^n =: e \ .$$

2. Wir betrachten nun die in (9) auftretende Folge:

$$(11) \qquad d_n := 1 + 1 + \frac{1}{2!} + \ldots + \frac{1}{n!} = \sum_{\nu=0}^{n} \frac{1}{\nu!} \ ,$$

die offensichtlich monoton wächst und wegen (9) durch 3 nach oben beschränkt ist. Also konvergiert (11) wegen Satz 2.6. Wir setzen:

$$(12) \qquad \lim_{n \to \infty} d_n = \lim_{n \to \infty} \sum_{\nu=0}^{n} \frac{1}{\nu!} =: \tilde{e} \ .$$

Wegen (9) ist $a_n < d_n$, also folgt: $\underline{e \overset{\leq}{=} \tilde{e}}$.
Andererseits ist für $m > n$:

$$(1 + \frac{1}{m})^m > 1 + 1 + \frac{1}{2!}(1 - \frac{1}{m}) + \ldots + \frac{1}{n!} (1 - \frac{1}{m}) \cdot \ldots \cdot (1 - \frac{n-1}{m}) \ .$$

Hält man hier n fest und läßt $m \to \infty$ gehen, dann folgt: $e \geqq d_n$ für $n = 1,2,3,\ldots$.
Hieraus folgt nun wegen $\tilde{e} = \lim\limits_{n \to \infty} d_n$: $e \geqq \tilde{e}$. Also ist $e = \tilde{e}$, und wir haben:

$$(13) \qquad \lim_{n \to \infty} (1 + \frac{1}{n})^n = \lim_{n \to \infty} \sum_{\nu=0}^{n} \frac{1}{\nu!} = e < 3 \ .$$

(Eine Berechnung für e ergibt: $\underline{e \approx 2{,}718281828459})$.

3. Wir betrachten die Folge $b_n = (1 - \frac{1}{n})^n$. Es gilt:

$$(1 - \frac{1}{n})^n = \frac{1 - \frac{1}{n}}{(1 + \frac{1}{n-1})^{n-1}} \ , \quad n > 1 \ .$$

Mit den Formeln (5c) und (10) ergibt sich hieraus sofort

$$(14) \qquad \lim_{n \to \infty} b_n = \lim_{n \to \infty} (1 - \frac{1}{n})^n = e^{-1} \ .$$

5.3 Stetigkeit von Funktionen

Der Funktionsbegriff ist in der Mathematik von grundlegender Wichtigkeit: Es sei
$D_f \subset \mathbb{R}$ eine Teilmenge. Eine <u>Funktion</u> f ist eine Zuordnung, die jedem $x \in D_f$ ein
$y = f(x) \in \mathbb{R}$ zuordnet:

$$(1) \qquad f : D_f \to \mathbb{R} \quad (x \to f(x)).$$

Man nennt D_f den <u>Definitionsbereich</u> der Funktion f und $W_f := \{f(x) \in \mathbb{R} \ : \ x \in D_f\}$
den <u>Wertebereich</u> von f.
Definitionsbereiche von Funktionen (in $\mathbb{R}$) sind meistens <u>Intervalle</u> (oder Ver-
einigungen von solchen), wie sie in Def. 1.1, Abschn. 5.1 definiert wurden. Wir
ergänzen noch, daß man manchmal auch unendliche Intervalle betrachtet:

$$[0,\infty) = \{x \ : \ x \geqq 0\} \quad \text{oder} \quad (-\infty, +\infty) = \mathbb{R} \ .$$

<u>Beispiele von Funktionen:</u>
1. $f(x) = P_n(x) = a_n \cdot x^n + \ldots + a_1 \cdot x + a_0 \qquad (D_f = \mathbb{R}) \ .$

Hier gilt: $f : \mathbb{R} \to \mathbb{R}$.

z.B.: $f(x) = x^2-2$, $W_f = [-2,\infty) = \{y : y \overset{\geq}{=} -2\}$, $f(x)$ heißt <u>Polynom</u>.

2.
$$f(x) = \frac{P_n(x)}{Q_m(x)} \ , \quad P_n(x),\ Q_m(x) \text{ Polynome.}$$

Es ist $D_f = \{x : Q_m(x) \neq 0\}$. Solche Funktionen nennt man <u>rationale Funktionen</u>.

3.
$$f(x) = \begin{cases} 1 & \text{für} \quad x > 0 \\ 0 & \text{für} \quad x \overset{\leq}{=} 0 \end{cases} \qquad D_f = \mathbb{R}$$

eine solche Funktion heißt Sprungfunktion.

Wir kommen nun zum Begriff der Stetigkeit: $f(x)$ sei eine bekannte Funktion. Über eine meßbare Größe x werde durch f der Wert $y = f(x)$ berechnet:

$$\text{Gemessener Wert } x \to \text{Berechneter Wert } y.$$
$$\text{Korrekter Wert } x_0 \to \text{Berechneter Wert } y_0.$$

Wir stellen jetzt die Frage: Wenn eine gewünschte Fehlerschranke für y vorgeschrieben wird:

$$(2a) \qquad |y-y_0| \overset{\leq}{=} \varepsilon \ ,$$

läßt sich diese Genauigkeit der Berechnung von y erreichen durch eine genügende Meßgenauigkeit bezüglich x:

$$(2b) \qquad |x-x_0| \overset{\leq}{=} \delta \ ?$$

m.a.W.: Läßt sich zu einem vorgegebenen $\varepsilon > 0$ ein $\delta = \delta(\varepsilon,x_0) > 0$ so angeben, daß aus der Gültigkeit von (2b) die Ungleichung (2a) folgt?

Für die Sprungfunktion in Beispiel 3 muß diese Frage verneint werden: Sei $x_0 = 0 \Rightarrow y_0 = f(x_0) = 0$. Daher ist $|f(x)-f(x_0)| = |y-y_0| = 1$ für alle $x > 0$. Wählt man also $\varepsilon = 10^{-1}$, dann ist (2a) für noch so kleine δ in (2b) niemals erfüllt. Die Sprungfunktion ist ein Beispiel einer <u>unstetigen Funktion</u> in $x_0 = 0$.

<u>Definition 3.1:</u>
Sei $f(x) : I \to \mathbb{R}$ gegeben und $x_0 \in I$ (Oft liegt x_0 im Innern des Intervalls I).

$f(x)$ heißt <u>stetig in x_0</u>, wenn für jede Folge $\{x_n\}$ mit $x_n \in I$, $n = 1,2,\ldots$ gilt:

$$(3) \qquad \lim_{n \to \infty} x_n = x_0 \implies \lim_{n \to \infty} f(x_n) = f(x_0) \ .$$

Äquivalent hierzu ist

<u>Definition 3.2</u>:

$f(x) : I \to \mathbb{R}$ heißt <u>stetig in $x_0 \in I$</u>, wenn zu jedem $\varepsilon > 0$ ein $\delta = \delta(\varepsilon, x_0)$ existiert mit

$$(3^*) \qquad \{x \in I \text{ und } |x - x_0| < \delta\} \implies |f(x) - f(x_0)| < \varepsilon \ .$$

Beweis der Äquivalenz von (3), (3*):

1. Gelte (3*), sei $\{x_n\}$ eine Folge mit $x_n \to x_0$ und $\varepsilon > 0$ vorgegeben. Dann existiert ein $\delta > 0$ und eine Nummer N mit $|x_n - x_0| < \delta$, $|f(x_n) - f(x_0)| < \varepsilon$ für alle $n \geq N$. Dies aber bedeutet genau (3).

2. Gelte (3*) nicht. Dann existiert ein $\varepsilon_0 > 0$ und eine Folge $\{x_n\}$ mit $x_n \to x_0$ aber $|f(x_n) - f(x_0)| \geq \varepsilon_0$. Dies widerspricht (3). ∎

<u>Definition 3.3</u>:

$f(x) : I \to \mathbb{R}$ heißt <u>stetig in I</u>, wenn $f(x)$ in jedem Punkt aus I stetig ist. Ist $f(x)$ stetig in jedem Punkte ihres Definitionsbereiches D_f, dann heißt $f(x)$ <u>stetig</u> schlechthin.

Für manche praktischen Zwecke sind diese Definitionen noch nicht ganz ausreichend. Daher definieren wir:

<u>Definition 3.4</u>:

$f(x) : I \to \mathbb{R}$ heißt <u>in I gleichmäßig stetig</u>, wenn $f(x)$ in jedem $x_0 \in I$ stetig ist, und wenn das in Def. 3.2 zu wählende δ <u>unabhängig</u> von x_0 gewählt werden kann.

Eine noch weitergehende Stetigkeitseigenschaft ist die folgende:

<u>Definition 3.5</u>:

$f(x) : I \to \mathbb{R}$ heißt <u>in I Lipschitz-stetig</u>, wenn eine Konstante L so existiert, daß für alle $x_0, x_1 \in I$ gilt:

$$(4) \qquad |f(x_1) - f(x_0)| \leq L \cdot |x_1 - x_0| \ .$$

L heißt in diesem Falle eine <u>Lipschitz-Konstante</u>.

Es folgt unmittelbar:

$$f(x) \text{ Lipschitz-stetig in } I \Rightarrow f(x) \text{ gleichmäßig stetig in } I \Rightarrow$$
$$f(x) \text{ stetig in } I.$$

<u>Beispiele:</u>

1. Sei

$$f(x) = \begin{cases} x \cdot \sqrt{1+x^{-2}} & \text{für } x \in \mathbb{R} , x \neq 0 \\ \\ 0 & \text{für } x = 0. \end{cases}$$

Wegen $|f(x)| = \sqrt{x^2+1} \geqq 1$ für $x \neq 0$ sieht man sofort, daß $f(x)$ in $x_0 \doteq 0$ einen Sprung der Höhe 2 hat. $f(x)$ ist unstetig in $x_0 = 0$, denn für $x_n \underset{n\to\infty}{\longrightarrow} 0$ erhält man

a) im Falle $x_n > 0$: $\lim_{n\to\infty} f(x_n) = 1 \neq f(0)$,

b) im Falle $x_n < 0$: $\lim_{n\to\infty} f(x_n) = -1 \neq f(0)$.

Im Intervall $I = (0,\infty)$ dagegen ist $f(x)$ sogar Lipschitz-stetig mit $L = 1$, denn es gilt für $x_0, x_1 \in I$:

$$|f(x_1)-f(x_0)| = |\sqrt{x_1^2+1} - \sqrt{x_0^2+1}| = \frac{(x_1+x_0) \cdot |x_1-x_0|}{\sqrt{x_1^2+1} + \sqrt{x_0^2+1}} \leqq |x_1-x_0|.$$

2. Sei $f(x) = x^{-1}$ und $I = (0,\infty)$. Sei $x_0 \in I$ und $\varepsilon > 0$ vorgegeben. Mit $\delta := \varepsilon \cdot [\min(x_0,x)]^2$ folgt unmittelbar: $|f(x)-f(x_0)| \leqq \varepsilon$. $f(x)$ ist also stetig in I, aber dort nicht gleichmäßig stetig, da δ nicht unabhängig von $x_0 \in I$ gewählt werden kann.

3. Sei $f(x) = \sqrt[3]{x}$ und $I = \mathbb{R}$. Man zeige als Übung, daß (3^*) erfüllt ist, **falls** man $\delta = \frac{1}{4} \varepsilon^3$ wählt. Also ist $f(x)$ gleichmäßig stetig in I. Wegen

$$|x_1-x_0| = |\sqrt[3]{x_1} - \sqrt[3]{x_0}| \cdot |\sqrt[3]{x_1^2} + \sqrt[3]{x_0 x_1} + \sqrt[3]{x_0^2}|$$

ist $f(x)$ aber nicht Lipschitz-stetig, da der 2. Faktor rechts beliebig klein werden kann und daher die Wahl einer festen Lipschitz-Konstanten L, sodaß (4) gilt, nicht möglich ist.

5.4 Eigenschaften stetiger Funktionen

Wir wollen zunächst eine Schreibweise einführen: Sei $f(x)$ eine Funktion.
Hat für alle Folgen $\{x_n\}$ mit $x_n \to x_0$ (für $x_n \neq x_0$) die Bildfolge $\{f(x_n)\}$ immer denselben Grenzwert a, dann schreiben wir:

$$(1) \qquad \lim_{x \to x_0} f(x) = a \ .$$

Mit Hilfe dieser Schreibweise lassen sich zuweilen Definitionsbereiche stetiger Funktionen durch <u>stetige Ergänzung</u> erweitern.
Beispiel:

$$f(x) = \frac{x^4-1}{x^2-1} \ , \quad I = D_f = \mathbb{R} \setminus \{-1;+1\} \ .$$

Nun ist für $x \neq \pm 1 : f(x) = x^2+1 \implies \lim_{x \to 1} f(x) = 2 \ , \quad \lim_{x \to -1} f(x) = 2.$
Definiert man nun noch: $f(1) = f(-1) = 2$, dann ist $f(x)$ auf ganz $\mathbb{R}$ <u>stetig fortgesetzt</u>. Man beachte aber, daß eine solche stetige Fortsetzung nicht immer möglich ist, wie das Beispiel: $f(x) = x \cdot \sqrt{1 + \frac{1}{x^2}}$ $(x \neq 0)$ für $x \to 0$ gezeigt hat!
Sind $f(x)$, $g(x)$ zwei Funktionen, dann kann man Summe, Differenz, Produkt und Quotient (für $g(x) \neq 0$) dieser beiden Funktionen auf $D_f \cap D_g$ bilden, und das Ergebnis ist wieder eine Funktion.

<u>Satz 4.1:</u>
Seien $f(x) : D_f \to \mathbb{R}$, $g(x) : D_g \to \mathbb{R}$ stetige Funktionen. Dann folgt:
a) $f(x) \pm g(x)$ ist stetig auf $D_f \cap D_g$
b) $f(x) \cdot g(x)$ ist stetig auf $D_f \cap D_g$
c) $\frac{f(x)}{g(x)}$ ist stetig auf $\{x \in D_f \cap D_g : g(x) \neq 0\}$.

<u>Beweis:</u>
Ergibt sich unmittelbar mit Satz 2.2, Abschn. 5.2 und Def. 3.1, Abschn. 5.3. ■

<u>Definition 4.1:</u>
Seien $f(x) : D_f \to \mathbb{R}$, $g(x) : D_g \to \mathbb{R}$ zwei Funktionen. Dann nennt man die Funktion

$$(2) \qquad f \circ g(x) := f(g(x)) : \{x \in D_g : g(x) \in D_f\} \to \mathbb{R}$$

die <u>zusammengesetzte Funktion</u> von f und g. Den Definitionsbereich von $f \circ g$ bezeichnen wir mit $D_{f \circ g}$.

<u>Satz 4.2:</u>
Sind $f(x)$ und $g(x)$ stetig, dann ist auch $f\circ g(x)$ stetig.

<u>Beweis:</u>
Wegen (3) in Abschn. 5.3 gilt für ein beliebiges $x_0 \in D_{f\circ g}$ und für jede Folge
$\{x_n\} \subset D_g$, so daß die Bildfolge $\{g(x_n)\} \subset D_f$ ist:
$$\lim_{n\to\infty} x_n = x_0 \implies \lim_{n\to\infty} g(x_n) = g(x_0) \implies \lim_{n\to\infty} f\circ g(x_n) = \lim_{n\to\infty} f(g(x_n)) = f(g(x_0)) =$$
$$= f\circ g(x_0) \ .$$
Also ist wegen (3), Abschn. 5.3 $f\circ g(x)$ stetig in x_0.

<u>Anmerkung:</u>
Natürlich kann man auch mehrfach zusammengesetzte Funktionen bilden: $f\circ g\circ h$ usw.
Durch mehrfache Anwendung von Satz 4.2 folgt auch die Stetigkeit solcher Funktionen, wenn die einzelnen Funktionen alle stetig sind.

<u>Beispiele:</u>
1. $f(x) = \sqrt{x}$, $D_f = [1,\infty)$
   $g(x) = x^4$, $D_g = (-\infty,+\infty) = \mathbb{R}$.
Also ist $D_{f\circ g} = \{x\in\mathbb{R} : x^4 \in [1,\infty)\} = (-\infty,-1] \cup [1,\infty)$,
$f\circ g(x) = f(g(x)) = \sqrt{g(x)} = \sqrt{x^4} = x^2$.
Da $f(x)$ in D_f und $g(x)$ in D_g stetig sind, ist auch $f\circ g(x)$ in $D_{f\circ g}$ stetig.

2. $f(x) = \sqrt[3]{\sin(\sqrt[5]{|x|})}$: $\mathbb{R} \to \mathbb{R}$. $f(x)$ ist stetig in $\mathbb{R}$, denn es ist:
   $f_1(x) := |x|$ stetig in $\mathbb{R}$; $\quad f_4(x) := \sqrt[3]{x}$ stetig in $\mathbb{R}$.
   $f_2(x) := \sqrt[5]{x}$ stetig in $\mathbb{R}$; $\quad \implies$
   $f_3(x) := \sin x$ stetig in $\mathbb{R}$; $\quad f(x) = f_4\circ f_3\circ f_2\circ f_1(x)$.

<u>Satz 4.3 (Nullstellensatz für stetige Funktionen)</u>
Sei $f(x)$ in $[a,b]$ stetig mit $f(a) < 0$, $f(b) > 0$ (oder umgekehrt). Dann existiert
mindestens ein $\xi\in(a,b)$ mit $f(\xi) = 0$.

<u>Beweis:</u>
Zunächst stellen wir fest: Ist $f(x)$ stetig mit $f(x_0) > 0$ (< 0), dann existiert
eine Umgebung $I = (x_0-\varepsilon, x_0+\varepsilon)$ so, daß $f(x) > 0$ (< 0) ist für alle $x\in I$. Nun sei:

(3) $\qquad \xi := \sup\{x\in[a,b] : f(x) < 0\}$.

Es muß $\xi\in(a,b)$ sein; wäre $f(\xi) < 0$, dann gäbe es ein $\xi_1 > \xi$ mit $f(\xi_1) < 0$. $\implies$

ξ wäre keine obere Schranke der Menge in (3). Wäre $f(\xi) > 0$, dann gäbe es ein
$\xi_2 < \xi$ mit $f(\xi_2) > 0 \Rightarrow \xi$ wäre nicht kleinste obere Schranke der Menge (3).
Also gilt: $f(\xi) = 0$.

<u>Satz 4.4 (Zwischenwertsatz):</u>
Sei $f(x)$ stetig in $[a,b]$. Dann nimmt $f(x)$ in $[a,b]$ jeden Wert zwischen $f(a)$ und
$f(b)$ wirklich an.
<u>Beweis:</u>
Sei ohne Einschränkung $f(a) < f(b)$ und c beliebig mit $f(a) < c < f(b)$. Wir setzen
$\tilde{f}(x) := f(x)-c$. $\tilde{f}(x)$ erfüllt die Voraussetzungen von Satz 4.3. Also existiert
ein $\xi \in (a,b)$ mit $\tilde{f}(\xi) = 0 \Longrightarrow f(\xi) = c$.

<u>Beispiel:</u>
$f(x) = x^2-\alpha$, $\alpha > 0$. $D_f = I = [0,1+\alpha]$. $f(x)$ ist stetig in I, und es ist
$f(0) = -\alpha < 0$, $f(1+\alpha) = \alpha^2+\alpha+1 > 0$. Also besitzt $f(x)$ in I mindestens eine Nullstelle $\xi : f(\xi) = 0$; $(\xi = \sqrt{\alpha})$.

Wir geben noch einen wichtigen Satz über stetige Funktionen an. Der Beweis kann
mit Hilfe von Satz 1.1, Abschn. 5.1 (Bolzano-Weierstraß) erbracht werden:

<u>Satz 4.5:</u>
Sei $f(x)$ stetig in $[a,b]$. Dann ist $f(x)$ daselbst gleichmäßig stetig. Ferner
nimmt $f(x)$ in $[a,b]$ ihr Maximum und Minimum an, d.h. es gibt x_0, $x_1 \in [a,b]$ mit:

$$(4) \qquad f(x_0) \stackrel{\leq}{=} f(x) \stackrel{\leq}{=} f(x_1) \quad \text{für alle } x \in [a,b].$$

Man beachte, daß das Intervall $[a,b]$ als abgeschlossen und beschränkt vorausgesetzt werden muß, wie das
<u>Beispiel</u>
$f(x) = \dfrac{1}{x}$ zeigt:
a) Sei $I = (0,1]$. Hier nimmt $f(x)$ in I kein Maximum an. Auch ist $f(x)$ in I nicht
gleichmäßig stetig.
b) Sei $I = (0,\infty)$. Hier nimmt $f(x)$ in I weder ein Maximum noch ein Minimum an.
c) Sei $I = [1,\infty)$. Hier nimmt $f(x)$ in I kein Minimum an. Hier ist allerdings $f(x)$
gleichmäßig stetig.

Kapitel 6: Differentiation von Funktionen

6.1 Begriff der Ableitung und Differentiationsregeln

Es sei $y = f(x)$ stetig. Wir betrachten
die Sehne durch die beiden Punkte
$(x_0, f(x_0))$, $(x_0 + \Delta x, f(x_0 + \Delta x))$, wobei
$\Delta x > 0$ oder $\Delta x < 0$ sei. Die Steigung
dieser Sehne ist der Tangens des Winkels
α, den die Sehne mit der positiven x-
Achse bildet. Für diese gilt:

$$(1) \qquad \frac{\Delta y}{\Delta x} = \frac{\Delta f}{\Delta x} = \frac{f(x_0 + \Delta x) - f(x_0)}{\Delta x} \; .$$

Für vernünftig glatte Kurven wird es nun möglich sein, den Grenzübergang $\Delta x \to 0$
auszuführen, so daß die Sehne übergeht in die Tangente an $f(x)$ im Punkte x_0.

Definition 1.1:

Falls der Grenzwert:

$$(2) \qquad f'(x_0) := \lim_{\Delta x \to 0} \frac{f(x_0 + \Delta x) - f(x_0)}{\Delta x}$$

existiert, dann heißt $f(x)$ in dem Punkte x_0 <u>differenzierbar</u>, und $f'(x_0)$ heißt
die <u>Ableitung</u> von $f(x)$ an der Stelle x_0.

Der Quotient $\frac{\Delta y}{\Delta x} = \frac{\Delta f}{\Delta x}$ heißt <u>Differenzenquotient</u>, der Grenzwert $f'(x_0) =: \frac{df}{dx} = \frac{dy}{dx}$

wird auch <u>Differentialquotient</u> im Punkt x_0 genannt. Üblich ist auch die Schreib-
weise: $\frac{d}{dx} f(x)\big|_{x=x_0}$. Dies bedeutet die Ableitung von $f(x)$ an der Stelle x_0.

Ist $f(x) : (a,b) \to \mathbb{R}$ in jedem Punkte $x \in (a,b)$ differenzierbar, dann erhält man
durch die Zuordnung: $x \to f'(x)$, $x \in (a,b)$ eine über (a,b) definierte Funktion
$f'(x) : (a,b) \to \mathbb{R}$, die <u>Ableitung von $f(x)$ in (a,b)</u>.

Die Bildung der Ableitung gestattet auch folgende Interpretationen:
1. Approximation von $f(x)$ in einer Umgebung von x_0 durch eine <u>lineare Funktion</u>:
Mit $x = x_0 + \Delta x$ kann (2) auch geschrieben werden in der Form:

$$(2^*) \qquad f(x) = f(x_0) + f'(x_0) \cdot (x - x_0) + \varepsilon(x_0, x) \cdot (x - x_0) \text{ mit } \lim_{x \to x_0} \varepsilon(x_0, x) = 0 \; .$$

2. Ein Punkt bewege sich auf einer Geraden. Dann wird jeder Zeit t ein Ort s(t)
zugeordnet: t → s(t). Für die mittlere Geschwindigkeit im Zeitintervall
$[t_0,t_0+\Delta t]$ erhält man: $\frac{\Delta s}{\Delta t} = \frac{s(t_0+\Delta t)-s(t_0)}{\Delta t}$. Für $\Delta t \to 0$ erhält man nun die <u>Momen-
tangeschwindigkeit</u> des Punktes zur Zeit t_0 : $\frac{ds}{dt}\big|_{t=t_0}$.

Aus (2) folgt unmittelbar: ist f(x) in x_0 differenzierbar, dann ist f(x) auch
stetig in x_0. Da nämlich der Nenner in (2) für $\Delta x \to 0$ verschwindet, muß es auch
der Zähler tun, und das bedeutet genau:

$$\lim_{x \to x_0} f(x) = f(x_0) \; ,$$

was äquivalent ist mit der Stetigkeit in x_0. Die Umkehrung ist nicht richtig,
wie das Beispiel: $f(x) = |x|$, $x_0 = 0$ zeigt.
Aus den Rechenregeln für Grenzwerte folgt unmittelbar

$$(3a) \qquad (f(x)+g(x))' = f'(x)+g'(x) \; ,$$

$$(3b) \qquad (c \cdot f(x))' = c \cdot f'(x)$$

für differenzierbare Funktionen f(x),g(x) und für Konstanten $c \in \mathbb{R}$. Ferner gilt:

$$(3c) \qquad f'(x) = 0 \; , \text{ falls } f(x) \equiv c \text{ konstant ist.}$$

Etwas mühsamer zu zeigen sind die folgenden Regeln:

<u>Satz 1.1:</u>
Seien f(x), g(x) : $(a,b) \to \mathbb{R}$ in (a,b) differenzierbar. Dann gilt für alle
$x \in (a,b)$

$$(4a) \qquad (f(x) \cdot g(x))' = f'(x) \cdot g(x)+f(x) \cdot g'(x) \qquad \text{(Produktregel)}$$

$$(4b) \qquad \left(\frac{f(x)}{g(x)}\right)' = \frac{f'(x) \cdot g(x)-f(x) \cdot g'(x)}{(g(x))^2} \qquad \text{(Quotientenregel)}$$

falls $g(x) \neq 0$ ist.

<u>Beweis:</u>
Sei $x_0 \in (a,b)$ beliebig fest und $\Delta x = x-x_0$.
1. Sei $F(x) := f(x) \cdot g(x)$. Es folgt:

$$\frac{\Delta F}{\Delta x} = \frac{F(x_0+\Delta x)-F(x_0)}{\Delta x} = \frac{1}{\Delta x}\left(f(x_0+\Delta x)\cdot g(x_0+\Delta x)-f(x_0)\cdot g(x_0)\right) =$$

$$= \frac{f(x_0+\Delta x)-f(x_0)}{\Delta x}\cdot g(x_0)+ \frac{g(x_0+\Delta x)-g(x_0)}{\Delta x}\cdot f(x_0+\Delta x)\ .$$

Grenzübergang $\Delta x \to 0$ liefert (4a).

2. Sei $F(x) := \frac{f(x)}{g(x)}$, $g(x) \neq 0$. Es folgt:

$$\frac{\Delta F}{\Delta x} = \frac{F(x_0+\Delta x)-F(x_0)}{\Delta x} = \frac{1}{\Delta x}\left(\frac{f(x_0+\Delta x)}{g(x_0+\Delta x)} - \frac{f(x_0)}{g(x_0)}\right) =$$

$$= \frac{1}{g(x_0+\Delta x)\cdot g(x_0)}\cdot \left(\frac{f(x_0+\Delta x)-f(x_0)}{\Delta x}\cdot g(x_0)- \frac{g(x_0+\Delta x)-g(x_0)}{\Delta x}\cdot f(x_0)\right),$$

Grenzübergang $\Delta x \to 0$ liefert (4b). $\blacksquare$

Sehr wichtig ist die folgende Regel:

<u>Satz 1.2:</u>

Seien $f(x) : D_f \to \mathbb{R}$, $g(x) : D_g \to \mathbb{R}$ differenzierbar in D_f bzw. D_g. Dann ist die zusammengesetzte Funktion $f{\circ}g(x) = f(g(x)) : D_{f\circ g} \to \mathbb{R}$ in $D_{f\circ g}$ differenzierbar, und es gilt für alle $x \epsilon D_{f\circ g}$:

(5) $\qquad (f{\circ}g)'(x) = \frac{d}{dx}\, f(g(x)) = f'(z)\cdot g'(x)$ mit $z = g(x)$ $\qquad$ (Kettenregel) .

<u>Beweis:</u>

Sei $x_0 \epsilon D_{f\circ g}$. Mit $\Delta x := x-x_0$, $z_0 := g(x_0)$, $\Delta z := \Delta g := g(x_0+\Delta x)-g(x_0)$ und $F(x) := f(g(x))$ erhalten wir wegen (2^*):

$$\frac{F(x_0+\Delta x)-F(x_0)}{\Delta x} = \frac{f(z_0+\Delta z)-f(z_0)}{\Delta x} = \frac{\Delta z}{\Delta x}\cdot(f'(z_0)+\varepsilon(z,z_0)) =$$

$$= \frac{\Delta g}{\Delta x}\cdot(f'(z_0)+\varepsilon(z,z_0)).$$

Mit Δx strebt auch Δz und somit auch $\varepsilon(z,z_0)$ gegen Null. $\blacksquare$

Wir gehen noch auf den Begriff der einseitigen Differenzierbarkeit ein. Nach Def. 1.1 setzt die Differenzierbarkeit von $f(x)$ in x_0 die Existenz einer wohlbestimmten Tangente an den Graphen von $f(x)$ in x_0 voraus. Oft jedoch existiert auch der Limes in (2), wenn man nur von rechts (oder nur von links) an x_0 herangeht.

Definition 1.2:

$f(x)$ heißt in x_0 <u>einseitig von rechts</u> (bzw. von links) <u>differenzierbar</u>, wenn der Grenzwert:

$$\lim_{\Delta x \to 0} \frac{f(x_0 + \Delta x) - f(x_0)}{\Delta x} \quad \text{für } \Delta x > 0 \quad (\text{bzw. für } \Delta x < 0)$$

existiert. Eine solche Funktion ist aber im allgemeinen nicht differenzierbar schlechthin. Dies ist genau dann der Fall, wenn beide Grenzwerte übereinstimmen.

Beispiel

$f(x) = |x|$, $x_0 = 0$. Es ist:

$$\lim_{\Delta x \to 0} \frac{\Delta f}{\Delta x}\Big|_{x=0} = \begin{cases} 1 \text{ für } \Delta x > 0 & (\Delta x \to +0) \\ -1 \text{ für } \Delta x < 0 & (\Delta x \to -0) \end{cases} .$$

$f(x)$ ist einseitig von rechts und auch einseitig von links differenzierbar aber nicht differenzierbar schlechthin in $x_0 = 0$.

Beispiele differenzierbarer Funktionen

1. $f(x) = x^n$, $n \in \mathbb{N}$.

$$\frac{\Delta f}{\Delta x} = \frac{f(x + \Delta x) - f(x)}{\Delta x} = \frac{(x + \Delta x)^n - x^n}{\Delta x} = \frac{1}{\Delta x}(n \cdot x^{n-1} \cdot \Delta x + \binom{n}{2} \cdot x^{n-2} \cdot \Delta x^2 + \ldots)$$

$$= n \cdot x^{n-1} + \Delta x \cdot \left[\binom{n}{2} \cdot x^{n-2} + \ldots\right].$$

Grenzübergang $\Delta x \to 0$ liefert:

$$(6) \qquad (x^n)' = \frac{d}{dx} x^n = n \cdot x^{n-1} \quad \text{für} \quad n \in \mathbb{N} .$$

2. $f(x) = P_n(x) = \sum_{\nu=0}^{n} a_\nu \cdot x^\nu$. Wegen (3a) - (3c) und (6) folgt:

$$(6a) \qquad P_n'(x) = \sum_{\nu=1}^{n} \nu \cdot a_\nu \cdot x^{\nu-1}$$

3. $f(x) = y = x^\alpha$, $\alpha = \frac{p}{q}$, $p, q \in \mathbb{N}$, $x > 0$.

Es ist: $y^q = x^p$, also gilt wegen (6): $(y^q)' = p \cdot x^{p-1}$. Andererseits folgt nach der Kettenregel: $(y^q)' = q \cdot y^{q-1} \cdot y' = p \cdot x^{p-1}$ oder $(x \neq 0, y \neq 0)$:

$$y' = \frac{p}{q} \cdot x^{p-1} \cdot y^{1-q} = \frac{p}{q} \cdot x^{p-1} \cdot x^\alpha \cdot x^{-p} = \alpha \cdot x^{\alpha-1} .$$

Führt man die Differentiation bei $x_0 = 0$ von rechts her durch, erhält man:

$$y'\Big|_{x_0=0} = \lim_{\Delta x \to 0} \frac{(\Delta x)^\alpha}{\Delta x} = \lim_{\Delta x \to 0} (\Delta x)^{\alpha-1} = \begin{cases} 0 & \text{für} \quad \alpha > 1 \\ 1 & \text{für} \quad \alpha = 1 \end{cases}.$$

Insgesamt folgt also:

$$(6b) \qquad (x^\alpha)' = \alpha \cdot x^{\alpha-1} \quad \text{für} \quad \alpha \in \mathbb{Q}, \; \alpha > 0, \; x \in \mathbb{R}, \; x > 0.$$

4. $f(x) = x^{-\alpha}$ für $\alpha \in \mathbb{Q}$, $\alpha > 0$, $x > 0$.

Nach der Quotientenregel folgt mit Hilfe von (6b):

$$f'(x) = \left(\frac{1}{x^\alpha}\right)' = \frac{0 \cdot x^\alpha - 1 \cdot \alpha \cdot x^{\alpha-1}}{x^{2\alpha}} = -\alpha \cdot x^{-\alpha-1},$$

also: $(x^{-\alpha})' = -\alpha \cdot x^{-\alpha-1}$ für $\alpha \in \mathbb{Q}$, $\alpha > 0$.

Da (6b) auch für $\alpha = 0$ trivialerweise gilt, haben wir insgesamt erhalten:

$$(7) \qquad (x^\alpha)' = \alpha \cdot x^{\alpha-1} \quad \text{für} \quad \alpha \in \mathbb{Q}, \; x \in \mathbb{R}, \; x > 0.$$

Bei $x = 0$ liegt nur für $\alpha \gtreqless 1$ rechtsseitige Differenzierbarkeit vor.

5. $f(x) = \sqrt{g(x)} = (g(x))^{1/2}$, $\quad g(x) > 0$.

Nach der Kettenregel und den vorigen Beispielen folgt:

$$f'(x) = \frac{1}{2} \cdot (g(x))^{-1/2} \cdot g'(x) = \frac{g'(x)}{2\sqrt{g(x)}} = \frac{g'(x)}{2 \cdot f(x)}.$$

6. $f(x) = \sin x$.

Es ist:

$$(*) \qquad \frac{\Delta f}{\Delta x} = \frac{\sin(x+\Delta x) - \sin x}{\Delta x} = \frac{\sin x \cdot \cos \Delta x + \cos x \cdot \sin \Delta x - \sin x}{\Delta x} =$$

$$= \sin x \cdot \frac{\cos \Delta x - 1}{\Delta x} + \cos x \cdot \frac{\sin \Delta x}{\Delta x}.$$

Ehe wir die Rechnung weiterführen, wollen wir uns mit den Quotienten $\frac{1}{\Delta x}(\cos \Delta x - 1)$, $\frac{1}{\Delta x} \sin \Delta x$ für kleine $\Delta x > 0$ befassen. Für $\Delta x < 0$ kommt man durch triviale Umformungen zu dem gleichen Ergebnis.

Es gilt nun, wenn $h := \Delta x$ den Winkel im Bogenmaß bezeichnet:

$$\sin h \cdot \cos h < h < \operatorname{tg} h = \frac{\sin h}{\cos h} \;,\; \Rightarrow \cos h < \frac{\sin h}{h} < \frac{1}{\cos h} \;.\; \Rightarrow$$

$$\lim_{\Delta x \to 0} \frac{\sin \Delta x}{\Delta x} = 1 \qquad (\lim_{h \to 0} \cos h = 1) \;.$$

Wir setzen nun $\Delta x = 2h$, schreiben: $\cos 2h = \cos^2 h - \sin^2 h$ und erhalten:

$$\frac{\cos \Delta x - 1}{\Delta x} = \frac{\cos^2 h - \sin^2 h - 1}{2h} = - \frac{\sin h}{h} \cdot \sin h$$

also:

$$\lim_{\Delta x \to 0} \frac{\cos \Delta x - 1}{\Delta x} = - \lim_{h \to 0} \frac{\sin h}{h} \cdot \lim_{h \to 0} \sin h = 0 \;.$$

Nun können wir in (*) den Grenzübergang $\Delta x \to 0$ durchführen und erhalten:

(8a) $(\sin x)' = \cos x \;.$

7. $f(x) = \cos x$. Ganz ähnlich zeigt man:

(8b) $(\cos x)' = -\sin x \;.$

8. $f(x) = \operatorname{tg} x$. Nach der Quotientenregel ergibt sich mit (8a), (8b):

$$(\operatorname{tg} x)' = \left(\frac{\sin x}{\cos x} \right)' = \frac{\cos^2 x + \sin^2 x}{\cos^2 x} = \frac{1}{\cos^2 x} = 1 + \operatorname{tg}^2 x$$

(9a)

$$\Rightarrow \quad (\operatorname{tg} x)' = \frac{1}{\cos^2 x} = 1 + \operatorname{tg}^2 x \;.$$

9. $f(x) = \operatorname{ctg} x$. Analog, wie in Beispiel 8. erhält man:

(9b) $$(\operatorname{ctg} x)' = - \frac{1}{\sin^2 x} = -(1 + \operatorname{ctg}^2 x)$$

6.2 Umkehrfunktionen

Sei $f(x)$ eine Funktion in einem Intervall $[a,b]$. Ist es möglich, die Gleichung $y = f(x)$ eindeutig nach x aufzulösen für jedes $y \in W_f$, dann erhält man eine Funktion $g : W_f \to \mathbb{R}$, die man Umkehrfunktion zu f nennt.

Definition 2.1:

$f(x) : [a,b] \to \mathbb{R}$ heißt isoton (bzw. antiton) in $[a,b]$, wenn aus $x_1 < x_2$

$(x_1,x_2 \in [a,b])$ folgt: $f(x_1) \overset{<}{=} f(x_2)$ (bzw. $f(x_2) \overset{<}{=} f(x_1)$). $f(x)$ heißt <u>streng iso-ton</u> (bzw. <u>streng antiton</u>) in $[a,b]$, wenn oben die strenge Ungleichung steht. Ist $f(x)$ isoton oder antiton, dann heißt $f(x)$ <u>monoton</u>. Für isoton (antiton) ist auch die Bezeichnung monoton wachsend (monoton fallend) üblich.

Ist nun $f(x)$ in $[a,b]$ streng monoton wachsend und stetig, dann läßt sich $y = f(x)$ eindeutig umkehren: $x = g(y)$. Die Funktion $g(x) : [f(a),f(b)] \to \mathbb{R}$ ist wieder streng monoton und heißt <u>Umkehrfunktion</u> zu $f(x)$. Geometrisch erhält man sie durch Spiegelung an der Geraden $y = x$. Die Umkehrfunktion $g(x)$ von $f(x)$ erfüllt die Beziehung

$$(1) \qquad f \circ g(x) = f(g(x)) = x : [f(a),f(b)] \to \mathbb{R} .$$

Wir zitieren ohne Beweis den folgenden Satz:
<u>Satz 2.1:</u>
Ist $f(x) : [a,b] \to \mathbb{R}$ in $[a,b]$ stetig und streng isoton (streng antiton), dann ist die zugehörige Umkehrfunktion $g(y) : [f(a),f(b)] \to \mathbb{R}$ ebenfalls stetig und streng isoton (streng antiton).

<u>Satz 2.2:</u>
Es sei $y = f(x)$ in (a,b) differenzierbar mit $f'(x) > 0$ für alle $x \in (a,b)$ (oder $f'(x) < 0$ für alle $x \in (a,b)$). Dann hat $f(x)$ eine in $(f(a),f(b))$ differenzierbare Umkehrfunktion $g(y)$, und es gilt:

$$(2) \qquad f'(x) \cdot g'(y) = 1 \qquad \text{für alle } (x,y) \text{ mit } x \in (a,b), \ y = f(x) .$$

<u>Beweis:</u>
Man differenziere (1) auf beiden Seiten nach x unter Verwendung der Kettenregel.

<u>Beispiele:</u>
1. $y = f(x) = x^2 \Longleftrightarrow x = g(y) = \sqrt{y}$.
$f(x)$ besitzt in $[0,\infty)$ eine Umkehrfunktion, jedoch <u>nicht</u> in den Intervallen $(-a,b)$, $a > 0$, $b > 0$. Dort nämlich ist $f(x)$ nicht monoton. In $(0,\infty)$ sind die Voraussetzungen von Satz 2.2 erfüllt. Aus der Kenntnis der Ableitung $f'(x)$ kann mit (2) die Ableitung $g'(y)$ berechnet werden:

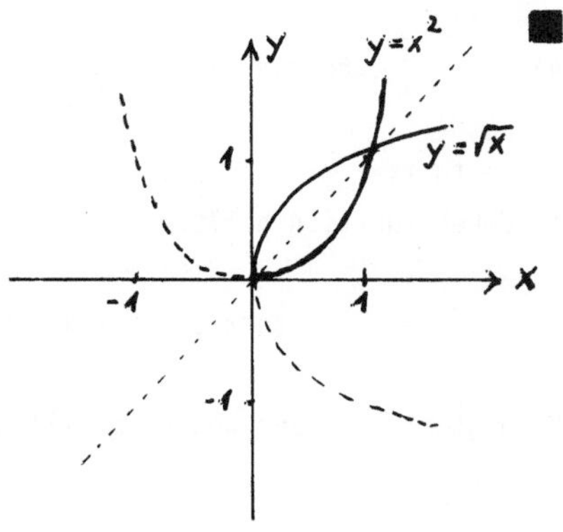

$$f'(x) \cdot g'(y) = 2x \cdot g'(y) = 1 \implies g'(y) = \frac{1}{2x} = \frac{1}{2\sqrt{y}}$$

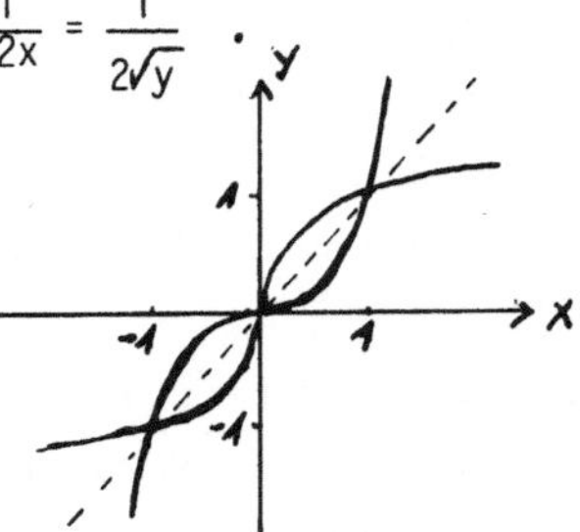

2. $y = f(x) = x^3 \implies x = g(y) = \text{sig } y \cdot \sqrt[3]{|y|}$.

f(x) besitzt in ganz $\mathbb{R}$ eine Umkehrfunktion, die jedoch <u>in y = 0 nicht differenzierbar</u> ist (es ist $f'(x)\big|_{x=0} = 0$).

3. $y = \sin x,\ -\frac{\pi}{2} \leqq x \leqq \frac{\pi}{2}$

ist streng isoton. Ihre Umkehrfunktion hat die Bezeichnung: x = arc sin y, oder wenn man die Argumente vertauschen will

$$y = \text{arc sin } x.$$

arc sin x ist definiert in $[-1,+1]$ und ist differenzierbar in $(-1,+1)$. Nach (2) gilt:

$$(\sin x)' \cdot (\text{arc sin } y)' = 1 \quad \text{mit} \quad y = \sin x.$$

$$\implies (\text{arc sin } y)' = \frac{1}{\cos x} = \frac{1}{\sqrt{1-\sin^2 x}} = \frac{1}{\sqrt{1-y^2}}$$

also:

(3) $\qquad \dfrac{d}{dx}(\text{arc sin } x) = \dfrac{1}{\sqrt{1-x^2}}$.

4. $y = \cos x,\ 0 \leqq x \leqq \pi,$

ist dort streng antiton. Wieder heißt die Umkehrfunktion:

$$y = \text{arc cos } x \ ,$$

definiert in $[-1,+1]$. Für $x \in (-1,+1)$ berechnet man:

(4) $\qquad \dfrac{d}{dx}(\text{arc cos } x) = -\dfrac{1}{\sqrt{1-x^2}}$.

5. $y = \text{tg } x,\ -\frac{\pi}{2} < x < \frac{\pi}{2}$.

Die Umkehrfunktion heißt:

$$y = \text{arc tg } x \ , \quad -\infty < x < \infty \ .$$

Es folgt mit (2) und wegen $(\text{tg } x)' = 1+\text{tg}^2 x$:

$$(tg\ x)' \cdot (arc\ tg\ y)' = 1 \quad mit \quad y = tg\ x\ . \implies$$

$$(arc\ tg\ y)' = \frac{1}{1+tg^2 x} = \frac{1}{1+y^2}\ , \quad also$$

(5) $\qquad \frac{d}{dx}(arc\ tg\ x) = \frac{1}{1+x^2}$.

6. $y = ctg\ x,\ 0 < x < \pi$.

Die Umkehrfunktion heißt: $y = arc\ ctg\ x,\ -\infty < x < \infty$.

Man rechnet aus:

(6) $\qquad \frac{d}{dx}(arc\ ctg\ x) = -\frac{1}{1+x^2}$.

6.3 Der Mittelwertsatz der Differentialrechnung

Einer der wichtigsten Sätze der Differentialrechnung besteht in einer Präzisie-
rung der Aussage (2*), Abschnitt 6.1: $\Delta f \approx f'(x_0) \cdot \Delta x$.
Es gilt der anschaulich sehr einleuchtende
Satz 3.1 (Mittelwertsatz):
Sei $f(x) : [a,b] \to \mathbb{R}$ stetig in $[a,b]$ und differenzierbar in (a,b). Dann ex-
istiert ein Punkt $\xi\epsilon(a,b)$ mit:

(1) $\qquad \frac{f(b)-f(a)}{b-a} = f'(\xi)$.

Beweis:
Wir definieren eine Hilfsfunktion:

$$g(x) := f(x)-f(a)-(x-a) \cdot \frac{f(b)-f(a)}{b-a}\ .$$

Natürlich ist auch $g(x)$ stetig in $[a,b]$ und differenzierbar in (a,b). Ferner ist

(2) $\qquad g(a) = g(b) = 0$.

Wir zeigen, daß (1) für $g(x)$ gilt, d.h. die Existenz eines $\xi\epsilon(a,b)$ mit $g'(\xi) = 0$.
Ist $g(x) \equiv 0$ dann ist alles klar. ist $g(x) \not\equiv 0$, dann nimmt $g(x)$ in $[a,b]$ ihr
Maximum und ihr Minimum an (Satz 4.5, Abschn. 5.4), und wir können ohne Ein-
schränkung annehmen, daß $g(x)$ im Innern von $[a,b]$ ihr Maximum annimmt. (Die an-

dere Annahme mit dem Minimum führt zu demselben Ergebnis). Also existiert ein $\xi \in (a,b)$ mit:

$$g(\xi) \gtreqless g(x) \quad \text{für alle } x \in (a,b)$$

oder:

$$(3) \qquad \frac{g(\xi+\Delta x)-g(\xi)}{\Delta x} \begin{cases} \lesseqgtr 0 \text{ für } \Delta x > 0 \text{ (hinreichend klein)} \\[2ex] \gtreqless 0 \text{ für } \Delta x < 0 \text{ (hinreichend klein)} \end{cases}$$

Da $g'(\xi)$ existiert, folgt durch Grenzübergang in (3):

$$g'(\xi) = 0 \ .$$

Nun folgt nach obiger Definition durch Differenzieren:

$$f'(x) = g'(x)+ \frac{f(b)-f(a)}{b-a} \ .$$

Einsetzen von ξ ergibt die Behauptung (1).

Die geometrische Bedeutung des Satzes kann
aus nebenstehender Skizze entnommen werden.
<u>Anmerkung:</u> Natürlich können mehrere Punkte
ξ in (a,b) existieren, so daß (1) gilt. Es
wird lediglich behauptet, daß es <u>mindestens</u>
einen solchen gibt.

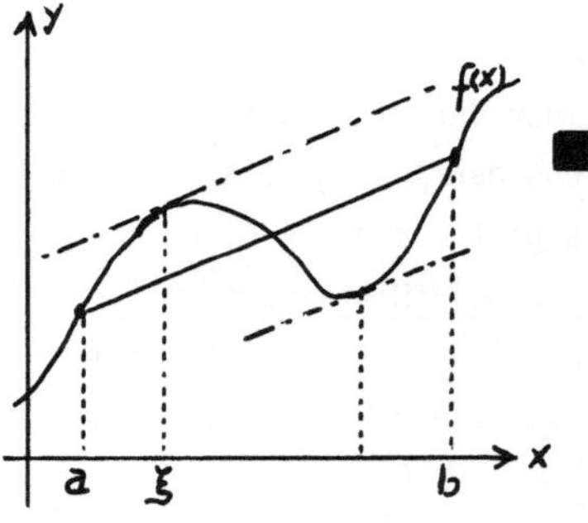

Eine andere Formulierung für (1) ist:
Ist $f(x)$ in $[x_0,x_0+\Delta x]$ stetig und in $(x_0,x_0+\Delta x)$ differenzierbar, dann existiert
eine Zahl ϑ mit $0 < \vartheta < 1$ und:

$$(1^*) \qquad f(x_0+\Delta x) = f(x_0)+\Delta x \cdot f'(x_0+\vartheta \Delta x) \ .$$

Wir leiten noch einige einfache Folgerungen her:

<u>Satz 3.2:</u> Sei $f(x) : [a,b] \to \mathbb{R}$ stetig in $[a,b]$ und differenzierbar in (a,b) und
gelte: $f'(x) = 0$ für alle $x \in (a,b)$. Dann ist $f(x)$ konstant.

<u>Beweis:</u>
Folgt mit (1) und Annahme des Gegenteils

Satz 3.3:

Sei $f(x) : [a,b] \to \mathbb{R}$ stetig in $[a,b]$ und differenzierbar in (a,b) und gelte:
$f'(x) \geqq 0$ (bzw. > 0) für alle $x\varepsilon(a,b)$. Dann ist $f(x)$ monoton (bzw. streng monoton)
wachsend. Entsprechendes gilt für monoton fallende Funktionen.

Beweis:
Folgt unmittelbar mit (1).

Satz 3.4:

Zwischen verschiedenen Nullstellen einer differenzierbaren Funktion $f(x)$ liegt
mindestens eine Nullstelle ihrer Ableitung $f'(x)$.

Beweis: Folgt unmittelbar aus (1)

6.4 Anwendungen des Mittelwertsatzes

Existiert zu einer Funktion $f(x) : [a,b] \to \mathbb{R}$ die Ableitung $f'(x) : (a,b) \to \mathbb{R}$,
und ist diese Ableitung wieder differenzierbar, dann kann man die zweite Ablei-
tung $f''(x)$ bilden. $f''(x)$ ist also die Ableitung von $f'(x)$. Allgemein heißt $f(x)$
n mal differenzierbar, wenn n-malige Differentiation von $f(x)$ möglich ist. Man
schreibt:

$$(1) \qquad f^{(n)}(x) := (f^{(n-1)}(x))' \quad n = 1,2,3,\ldots .$$

Definition 4.1:

Sei $f(x)$ in (a,b) zweimal differenzierbar. Dann heißt $f(x)$ konvex in (a,b), wenn
$f''(x) \geqq 0$ für alle $x\varepsilon(a,b)$ gilt. $f(x)$ heißt konkav in (a,b), wenn $f''(x) \leqq 0$ für
alle $x\varepsilon(a,b)$ gilt. Gilt für ein $x_0\varepsilon(a,b)$ $f'(x_0) = 0$, dann heißt x_0 ein stationärer Punkt von $f(x)$.

Die geometrische Deutung der 2. Ableitung
ist aus nebenstehender Skizze zu entnehmen.
Physikalische Deutung: Beschreibt $s(t)$ eine Bewegung, dann hatten wir $s'(t)$ als Momentangeschwindigkeit gedeutet. $s''(t)$ ist
ist als Momentanbeschleunigung zur Zeit t
aufzufassen.

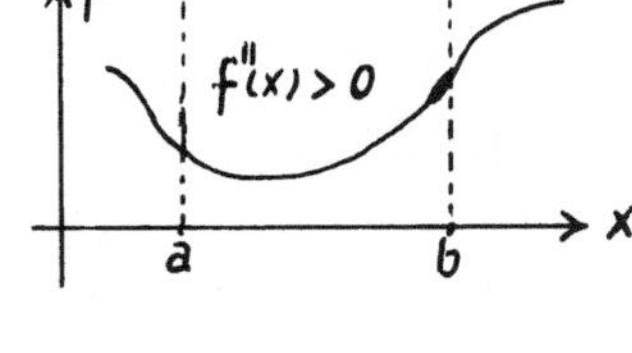

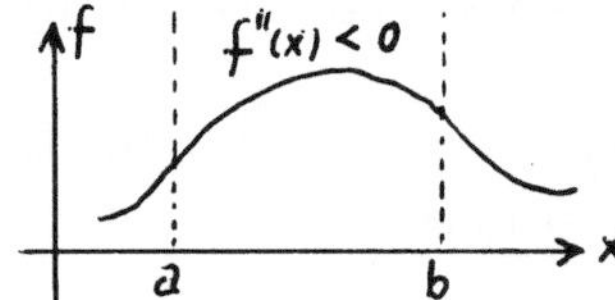

In den Anwendungen steht man sehr oft vor der Aufgabe, Maxima bzw. Minima (allgemein Extrema) von Funktionen zu finden.

Definition 4.2:
Sei $f(x) : [a,b] \to \mathbb{R}$ gegeben. $f(x)$ hat in $x_0 \epsilon [a,b]$ ein <u>globales oder absolutes</u>
<u>Maximum</u> (Minimum), wenn gilt: $f(x_0) \overset{\geq}{=} f(x)$ $(\overset{\leq}{=} f(x))$ für alle $x \epsilon [a,b]$. $f(x)$ hat
in $x_0 \epsilon [a,b]$ ein <u>lokales oder relatives Maximum</u> (Minimum), wenn ein $r > 0$ ex-
istiert mit:

$$f(x_0) \overset{\geq}{=} f(x)\left(\overset{\leq}{=} f(x)\right) \quad \text{für alle } x \epsilon (x_0-r, x_0+r) \cap [a,b].$$

Klar ist: Globale Maxima sind auch lokale Maxima.

Satz 4.1:
Ist $f(x)$ differenzierbar in $[a,b]$ und hat $f(x)$ in $x_0 \epsilon (a,b)$ ein lokales Maximum,
dann gilt:
$$(2) \qquad f'(x_0) = 0 \ .$$

Ferner nimmt $f(x)$ in einem Punkt $x_1 \epsilon [a,b]$ sein globales Maximum an. Für x_1 kommen
nur in Frage:

$$(3) \qquad a, \ b, \ x \epsilon (a,b) : f'(x) = 0 \ .$$

Beweis:
Nach Def. 4.2 ist $f(x_0+\Delta x) \overset{\leq}{=} f(x_0)$ für alle Δx mit $|\Delta x| < r$; folgt:

$$\frac{f(x_0+\Delta x)-f(x_0)}{\Delta x} \begin{cases} \overset{\leq}{=} 0 \ \text{für } \Delta x > 0 \\ \overset{\geq}{=} 0 \ \text{für } \Delta x < 0 \ . \end{cases}$$

Grenzübergang $\Delta x \to +0$, $\Delta x \to -0$ ergibt (2). - Der zweite Teil des Satzes folgt
aus Satz 4.5 in 5.4. ∎

Ist $f(x)$ in einem offenen (auch unbeschränkten) Intervall stetig, braucht $f(x)$
dort kein Maximum (oder Minimum) zu haben. Aber es gilt:
Satz 4.2:
Ist $f(x) : (a,b) \to \mathbb{R}$ differenzierbar und hat $f(x)$ in $x_1 \epsilon (a,b)$ ein globales Maximum, dann gilt

(4) $\qquad f'(x_1) = 0$.

<u>Beweis:</u>

Da globale Maxima auch lokale Maxima sind, folgt die Behauptung sofort aus Satz 4.1.

Die Sätze 4.1, 4.2 gelten ganz analog auch für globale bzw. lokale Minima.

Nützlich sind oft die folgenden Kriterien:

<u>Satz 4.3:</u>

Ist $f(x) : (a,b) \to \mathbb{R}$ zweimal differenzierbar und gilt für $x_0 \in (a,b)$:

(5) $\qquad f'(x_0) = 0$, $f''(x_0) < 0$ (bzw. > 0) ,

dann hat $f(x)$ in x_0 ein lokales Maximum (Minimum).

<u>Beweis:</u>

Geometrisch klar (vgl. Def. 4.1).

<u>Satz 4.4:</u>

Ist $f(x) : (a,b) \to \mathbb{R}$ zweimal differenzierbar und gilt für $x_0 \in (a,b)$:

(6) $\qquad f'(x_0) = 0$ und $f''(x) < 0$ (bzw. > 0) für alle $x \in (a,b)$,

dann hat $f(x)$ in x_0 ein globales Maximum (Minimum).

<u>Beweis:</u>

Geometrisch klar nach Def. 4.1.

<u>Satz 4.5:</u>

Ist $f(x) : (a,b) \to \mathbb{R}$ differenzierbar, dann hat $f(x)$ in x_0 genau dann ein echtes lokales Extremum, wenn $f'(x)$ beim Durchgang durch x_0 sein Vorzeichen wechselt. Ein lokales Minimum liegt vor, wenn $f'(x)$ links von x_0 negativ ist und rechts von x_0 positiv. Im anderen Fall liegt ein lokales Maximum vor.

<u>Beweis:</u>

Übung.

<u>Beispiele:</u>

1. $f(x) = x^2$, $[a,b] = [-1,2]$.

Gesucht ist das globale Maximum und das globale Minimum von f(x). Es ist:

$$f(-1) = 1 \ , \ \ f(2) = 4 \ .$$

$$f'(x) = 2x \implies f'(x) = 0 \Leftrightarrow x = 0, \text{ also folgt wegen}$$

$$f(0) = 0:$$

Globales Maximum bei x = 2, Globales Minimum bei x = 0.

2. $f(x) = \dfrac{1}{(x-1)\cdot(2-x)}$, $\qquad x\epsilon(1,2)$.

Gesucht sind alle globalen und lokalen Extrema von f(x). Es ist:

$$\lim_{x\to1} f(x) = +\infty \ , \ \ \lim_{x\to2} f(x) = +\infty \implies$$

f(x) besitzt in (a,b) kein globales Maximum.

$$f'(x) = \frac{2x-3}{(x-1)^2\cdot(2-x)^2} \ , \ f'(x_1) = 0 \Leftrightarrow x_1 = \frac{3}{2}$$

$$f''(x) = \frac{2\cdot[(x-1)\cdot(2-x)+(2x-3)^2]}{(x-1)^3\cdot(2-x)^3} > 0 \text{ für } x\epsilon(1,2). \ =$$

f(x) besitzt in $x_1 = \frac{3}{2}$ ein lokales Minimum. Dies ist auch ein globales Minimum. Ferner ist f(x) konvex in (a,b).

3. $f(x) = \sqrt[3]{x^2}$, $(a,b) = (-1,1)$.

Offensichtlich ist $f(x) \geq 0$ und f(x) = 0 genau für x = 0. Ferner gilt:

$$f'(x) = \frac{2}{3}\cdot x^{-1/3}. \implies$$

f(x) ist in x = 0 nicht differenzierbar. Trotzdem hat f(x) in x = 0 sein globales und lokales Minimum. Man sieht also: Die Bedingung $f'(x_0) = 0$ ist nicht notwendig <u>für die Existenz eines lokalen Minimums.</u> Ebenso ist sie <u>auch nicht hinreichend</u> dafür, wie das Beispiel: $f(x) = x^3$ zeigt.

4. Es seien eine Gerade g (x-Achse) und zwei feste Punkte A,B gegeben. Gesucht ist ein Punkt P auf g, so daß die Entfernungssumme PA+PB möglichst klein wird (Fermat'sches Prinzip der kürzesten Lichtzeit).

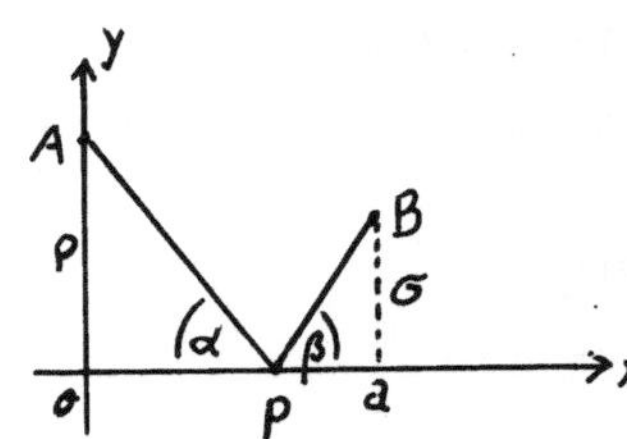

Die Entfernungssumme ist gegeben durch:

$$f(x) = (x^2+\rho^2)^{1/2}+((x-a)^2+\sigma^2)^{1/2} \quad , \quad x\epsilon[0,a] \; .$$

Wir erhalten:

$$f'(x) = x\cdot(x^2+\rho^2)^{-1/2}+(x-a)\cdot((x-a)^2+\sigma^2)^{-1/2}$$

$$f''(x) = \rho^2\cdot(x^2+\rho^2)^{-3/2}+\sigma^2\cdot((x-a)^2+\sigma^2)^{-3/2} \; .$$

Sei x_1 die Lösung von $f'(x) = 0$. Dann gilt:

$$\frac{x_1}{\sqrt{x_1^2+\rho^2}} = \frac{a-x_1}{\sqrt{(x_1-a)^2+\sigma^2}} \quad , \quad \text{d.h. } \cos\alpha_1 = \cos\beta_1 \; .$$

Ferner ist $f''(x) > 0$ für <u>alle</u> $x\epsilon(0,a)$. Also liegt bei x_1 ein lokales Minimum, und dieses ist auch (das einzige) globale Minimum von $f(x)$. Es ist übrigens $x_1 = \frac{a\cdot\rho}{\rho+\sigma}$. $\Rightarrow$ <u>Einfallswinkel = Ausfallswinkel.</u>

Eine weitere sehr nützliche Anwendung des Mittelwertsatzes besteht in der Untersuchung des <u>Newton-Verfahrens</u>, das jetzt beschrieben werden soll.

Zu lösen sei die Gleichung:

$$(7) \qquad F(x) = 0 \; , \quad x\epsilon I := [a,b]$$

wobei wir $F(x)$ mehrfach differenzierbar in I voraussetzen wollen.
Wir nehmen an, daß (7) genau eine Lösung
<u>$x^*\epsilon I$</u> besitzt. Ist nun $x_n\epsilon I$ fest und $x\epsilon I$
beliebig, dann erhält man nach (2^*) in
Abschn. 6.1.

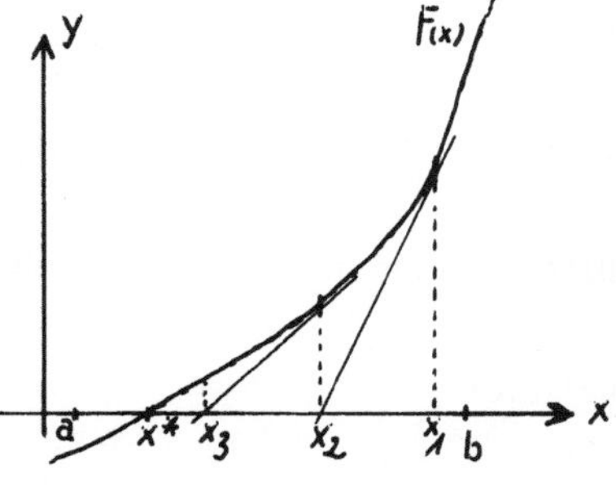

$$F(x) = F(x_n)+(x-x_n)\cdot F'(x_n)+(x-x_n)\cdot\epsilon(x,x_n)$$

mit $\lim\limits_{x\to x_n} \epsilon(x,x_n) = 0$. Wir ersetzen nun

$F(x)$ in dem Intervall I durch eine lineare Funktion: $F(x)\approx F(x_n)+(x-x_n)\cdot F'(x_n)$.
Von dieser linearen Funktion wird die Nullstelle bestimmt und als neue Näherung
x_{n+1} bezeichnet: Man starte mit $x_1\epsilon I$ und bilde rekursiv

$$(8) \qquad x_{n+1} = x_n - \frac{F(x_n)}{F'(x_n)} \quad , \quad n = 1,2,3,\dots .$$

Setzen wir: $f(x) := x - \frac{F(x)}{F'(x)}$, dann schreiben wir (8) in der Form:

$$(8*) \qquad x_{n+1} = f(x_n), \quad n = 1,2,3,\dots .$$

Das Iterationsverfahren $(8*)$ erzeugt eine Zahlenfolge, von der wir hoffen, daß sie gegen die gesuchte Lösung $x* \in I$ konvergiert: $\lim\limits_{n \to \infty} x_n = x*$. Im Falle des Newton-Verfahrens (8) ist nun folgendes erfüllt, wenn I hinreichend klein ist:

$$(9a) \qquad f(x) \in I \text{ für alle } x \in I ,$$

$$(9b) \qquad |f'(x)| \leqq L < 1 \text{ für alle } x \in I .$$

Es folgt hieraus für unsere Folge $(8*)$:

1. $\{x_n\}_{n \in \mathbb{N}} \subset I$, d.h. $\{x_1, x_2, \dots\} \subset I$.

2. Mit $\Delta x_n := x_n - x*$ hat man für $n \in \mathbb{N}$

$$\Delta x_{n+1} = x_{n+1} - x* = f(x_n) - f(x*) = f(x* + \Delta x_n) - f(x*) =$$

$$= \Delta x_n \cdot f'(x* + \vartheta \cdot \Delta x_n) , \quad 0 < \vartheta < 1 .$$

Dies ergibt wegen (9b):

$$|\Delta x_{n+1}| \leqq L \cdot |\Delta x_n| \leqq L^2 \cdot |\Delta x_{n-1}| \leqq \dots \leqq L^n \cdot |\Delta x_1| ,$$

also:

$$(10) \qquad |x_{n+1} - x*| \leqq L^n \cdot |x_1 - x*| \leqq L^n \cdot |b-a| .$$

Dies ist eine nützliche <u>Fehlerabschätzung beim Newton-Verfahren</u>.

<u>Beispiel:</u>

$F(x) = x^2 - 2$, $I = [a,b] = [1,2]$.

Gesucht ist die Lösung $x* = \sqrt{2}$ von $F(x) = 0$. Nach (8), $(8*)$ ist:

$$f(x) = x - \frac{x^2 - 2}{2x} = \frac{x}{2} + \frac{1}{x} \quad ,$$

und das Newton-Verfahren lautet:

$$(*) \qquad x_{n+1} = \frac{1}{2} \cdot x_n + x_n^{-1} \ , \quad n = 1,2,3,\ldots \ .$$

Sei $x_1 = 1$. Es ist $x_1 \in I$. Nun gilt: $f(1) = \frac{3}{2}$, $f(2) = \frac{3}{2}$, $f''(x) = 2 \cdot x^{-3} > 0$ für $x \in I$. Ferner ist die Gleichung $f(x) = 1$ nicht reell lösbar. Also hat $f(x)$ nebenstehenden Verlauf, und wir haben (9a) nachgewiesen. Ferner ist:

$$f'(x) = \frac{1}{2} - x^{-2} \ , \quad \text{also:} \ f'(1) = -\frac{1}{2} \ , \ f'(2) = \frac{1}{4}$$

und $f'(x)$ monoton wachsend ($f''(x) > 0$ für $1 \leqq x \leqq 2$). Also:

$$|f'(x)| \leqq \frac{1}{2} =: L < 1 \ . \implies (9b) \ .$$

Also folgt aus (10): $|x_{n+1} - \sqrt{2}| \leqq 2^{-n}$.

Diese Abschätzung ist allerdings recht pessimistisch. Iteriert man in (*) mit $x_1 = 1$ dreimal, dann erhält man für den Fehler:

$$|x_4 - \sqrt{2}| \approx 2 \cdot 10^{-6} \ .$$

Eine weitere Anwendung des Mittelwertsatzes findet sich im Beweis des folgenden Satzes:

<u>Satz 4.6 (Regel von L'Hospital):</u>
Für zwei in $[x_0, x_1] \subset \mathbb{R}$ stetige und in (x_0, x_1) differenzierbare Funktionen $f(x)$, $g(x)$ gelte:

$$f(x_0) = g(x_0) = 0 \ , \quad g'(x) \neq 0 \ \text{für} \ x \in (x_0, x_1).$$

Dann ist:

$$(11) \qquad \lim_{x \to x_0} \frac{f(x)}{g(x)} = \lim_{x \to x_0} \frac{f'(x)}{g'(x)} \ ,$$

falls der Grenzwert rechts existiert.

<u>Anmerkung:</u> (11) ist auch gültig unter der Voraussetzung $g(x) \xrightarrow[x \to x_0]{} \pm\infty$. Auch ist $x_0 = \pm\infty$ zugelassen.

<u>Beweis:</u>
vgl. z.B. [6], Bd. I, 4.6. Hier zeigen wir (11) unter der zusätzlichen Voraussetzung, daß $f'(x)$, $g'(x)$ nach x_0 stetig fortsetzbar sind. Nach Satz 3.1, Abschn. 6.3 gilt mit $\Delta x = x - x_0$:

$$f(x) = f(x_0 + \Delta x) = f(x_0) + f'(\xi) \cdot \Delta x = f'(\xi) \cdot \Delta x \quad \text{für} \quad \xi \in (x_0, x) \, ,$$

$$g(x) = g(x_0 + \Delta x) = g(x_0) + g'(\eta) \cdot \Delta x = g'(\eta) \cdot \Delta x \quad \text{für} \quad \eta \in (x_0, x) \, .$$

Da $x \to x_0$ zur Folge hat: $\xi \to x_0$, $\eta \to x_0$, folgt (11) durch Division.

Beispiele

1. $\displaystyle \lim_{x \to 0} \frac{(x^2+1) \cdot (\cos x - 1)}{\sin(x^2)} = \lim_{x \to 0} \frac{2x(\cos x - 1) - (x^2+1) \cdot \sin x}{2x \cdot \cos(x^2)} =$

$$= \lim_{x \to 0} \frac{2 \cdot (\cos x - 1) - 4x \cdot \sin x - (x^2+1) \cdot \cos x}{2 \cdot \cos(x^2) - 4x^2 \cdot \sin(x^2)} = \frac{0-0-1}{2-0} = -\frac{1}{2} \, .$$

2. $\displaystyle \lim_{x \to \pi} \frac{\sin x}{x^2 - \pi^2} = \lim_{x \to \pi} \frac{\cos x}{2x} = \frac{-1}{2\pi} \, .$
    3. $\displaystyle \lim_{x \to 0} \frac{\sin x}{x} = \lim_{x \to 0} \frac{\cos x}{1} = 1 \, .$

Kapitel 7: Reihen

7.1 Unendliche Reihen

Es sei $\{c_\nu\}, \nu \in \mathbb{N}$, eine Zahlenfolge. Wir bilden hieraus eine neue Folge, die Folge der Teilsummen:

$$(1) \qquad a_n := c_1 + \ldots + c_n = \sum_{\nu=1}^{n} c_\nu \, , \quad n = 1,2,3,\ldots \, .$$

Konvergiert die Folge $\{a_n\}$: $\lim\limits_{n \to \infty} a_n = a$, dann heißt a die <u>Summe der unendlichen</u> <u>Reihe</u>, und man schreibt:

$$(2) \qquad a = \sum_{\nu=1}^{\infty} c_\nu = \lim_{n \to \infty} \sum_{\nu=1}^{n} c_\nu \, .$$

<u>Anmerkung:</u> Oft beginnt die Summation auch bei $\nu = 0$.

Beispiele

1. (vgl. 5.2,(13)): $c_\nu = \dfrac{1}{\nu!}$.

Wir wissen bereits:

$$\sum_{\nu=0}^{\infty} \frac{1}{\nu!} = \lim_{n \to \infty} \sum_{\nu=0}^{n} \frac{1}{\nu!} = e = 2,718\ldots \, .$$

2. <u>Die geometrische Reihe:</u> Dies ist eine der wichtigsten Reihen und wird sehr

häufig benutzt: $c_\nu = q^\nu$, also: $\sum\limits_{\nu=0}^{\infty} q^\nu$ mit den Teilsummen

$$(3) \qquad a_n = \sum_{\nu=0}^{n} q^\nu = \frac{1-q^{n+1}}{1-q} \; , \; q \neq 1 \; .$$

Da aus $|q| < 1$ folgt: $\lim\limits_{n\to\infty} q^{n+1} = 0$, ergibt sich aus (3)

$$(3^\star) \qquad a = \sum_{\nu=0}^{\infty} q^\nu = \frac{1}{1-q} \text{ für } |q| < 1 \; .$$

Man sagt im Falle (2), die Reihe konvergiert, oder die Reihe ist <u>konvergent</u>. Im anderen Falle nennt man die Reihe <u>divergent</u>. Die Reihe $(3^\star)$ ist also konvergent für $|q| < 1$. Für $|q| \overset{\geq}{=} 1$ ist die geometrische Reihe divergent.

3. Behauptung:

$$(4) \qquad \sum_{\nu=1}^{\infty} \frac{1}{\nu(\nu+1)} = 1 \; .$$

<u>Beweis</u>:

$$\sum_{\nu=1}^{n} \frac{1}{\nu(\nu+1)} = \sum_{\nu=1}^{n} \left(\frac{1}{\nu} - \frac{1}{\nu+1}\right) = \left(1 - \frac{1}{2}\right) + \left(\frac{1}{2} - \frac{1}{3}\right) + \ldots + \left(\frac{1}{n} - \frac{1}{n+1}\right) = 1 - \frac{1}{n+1} \; .$$

Wegen $\lim\limits_{n\to\infty} \frac{1}{n+1} = 0$ folgt (4) .

4. <u>Die harmonische Reihe</u> $\sum\limits_{\nu=1}^{\infty} \frac{1}{\nu}$ divergiert.

<u>Beweis</u>:

$$a_1 = 1, \; a_2 = 1 + \frac{1}{2} \; , \; a_4 = 1 + \frac{1}{2} + \left(\frac{1}{3} + \frac{1}{4}\right) > 1 + \frac{1}{2} + \frac{1}{2} \; ,$$

$$a_8 = 1 + \frac{1}{2} + \left(\frac{1}{3} + \frac{1}{4}\right) + \left(\frac{1}{5} + \frac{1}{6} + \frac{1}{7} + \frac{1}{8}\right) > 1 + \frac{1}{2} + \frac{1}{2} + \frac{1}{2} \; . \; =$$

$$a_{2^k} > 1 + \frac{k}{2} \; , \quad k = 2,3,4,\ldots \; . \implies a_n = \sum_{\nu=1}^{n} \frac{1}{\nu}$$

wächst unbeschränkt für $n = 1,2,3,\ldots$.

5. Behauptung: $\sum\limits_{\nu=1}^{\infty} \frac{1}{\nu^2}$ konvergiert.

<u>Beweis</u>:
Die Folge $a_n := \sum\limits_{\nu=1}^{n} \frac{1}{\nu^2}$ ist offensichtlich (streng) monoton wachsend. Ferner gilt $a_n > 0$ für alle $n \in \mathbb{N}$, und weiter haben wir wegen (4):

$$a_n = \sum_1^n \frac{1}{\nu^2} = 1 + \frac{1}{2 \cdot 2} + \ldots + \frac{1}{n \cdot n} < 1 + \frac{1}{1 \cdot 2} + \frac{1}{2 \cdot 3} + \ldots + \frac{1}{(n-1) \cdot n} < 1 + 1 \; ,$$

also:

$$(5) \qquad \sum_{\nu=1}^{\infty} \frac{1}{\nu^2} \overset{\leq}{=} 2 \; .$$

Da a_n monoton wächst und nach oben beschränkt ist, konvergiert die Reihe. ∎

Es gilt nun:

<u>Satz 1.1:</u>
Die Reihe $a_n = \sum\limits_{\nu=1}^n c_\nu$, $n = 1,2,3,\ldots$ ist genau dann konvergent, wenn zu jedem $\varepsilon > 0$ eine Nummer $N = N(\varepsilon)$ existiert mit

$$(6) \qquad \left| \sum_{\nu=N}^{N+n} c_\nu \right| < \varepsilon \quad \text{für alle } n = 0,1,2,\ldots \; ,$$

d.h. also, der Reihenrest wird beliebig klein.

<u>Beweis:</u>
Ergibt sich unmittelbar aus dem Cauchy-Kriterium (7), Abschn. 5.2, wenn man dieses auf die Folge $\{a_n\}$ anwendet und beachtet, daß für $N, \tilde{N} \in \mathbb{N}$ gilt:

$$|a_n - a_m| < \varepsilon \text{ für alle } n,m \overset{\geq}{=} N \iff |a_{\tilde N} - a_{\tilde N + \nu}| < \varepsilon \text{ für alle } \nu \overset{\geq}{=} 1. \quad ∎$$

<u>Satz 1.2:</u>
Ist $\sum\limits_{\nu=1}^{\infty} c_\nu$ konvergent, dann folgt:

$$(7) \qquad \lim_{\nu \to \infty} c_\nu = 0 \; .$$

<u>Beweis:</u>
Wegen Satz 1.1 gilt: $|a_n - a_m| < \varepsilon$ für alle $n,m \overset{\geq}{=} N = N(\varepsilon)$. Wegen $a_n - a_{n-1} = c_n$ ergibt dies die Behauptung. Wir haben also hier wieder das Cauchy-Kriterium in der Form (7), 5.2 benutzt. ∎

<u>Satz 1.3 (Majorantenkriterium):</u>
Die Reihe $\sum\limits_{\nu=1}^{\infty} c_\nu$ ist konvergent, falls es Zahlen $d_\nu \overset{\geq}{=} 0$, $\nu = 1,2,\ldots$ gibt mit $|c_\nu| \overset{\leq}{=} d_\nu$ für $\nu \in \mathbb{N}$, so daß die Reihe $\sum\limits_{\nu=1}^{\infty} d_\nu$ konvergiert.

<u>Beweis:</u>
Zu $\varepsilon > 0$ ex. N so daß $\left| \sum\limits_{\nu=N}^{N+n} d_\nu \right| < \varepsilon$ ist für $n \overset{\geq}{=} 0$. Nun ist aber auch:

$$\left| \sum_{\nu=N}^{N+n} c_\nu \right| \leqq \sum_{N}^{N+n} |c_\nu| \leqq \sum_{N}^{N+n} d_\nu = \left| \sum_{N}^{N+n} d_\nu \right| < \varepsilon \; ,$$

d.h. mit Satz 1.1 folgt die Behauptung.

Wenden wir diesen Satz auf die geometrische Reihe (3*) als Vergleichsreihe (d.h. als Majorante) an, dann erhalten wir die beiden folgenden wichtigen hinreichenden Konvergenzkriterien:

<u>Satz 1.4:</u>

Gegeben sei die Reihe $\sum\limits_{\nu=1}^{\infty} c_\nu$. Diese ist konvergent, falls mindestens eines der folgenden Kriterien erfüllt ist:

a) <u>Quotientenkriterium:</u> Es gibt eine Nummer N und eine Zahl q < 1 mit

$$(8) \qquad \left| \frac{c_{\nu+1}}{c_\nu} \right| \leqq q < 1 \quad \text{für alle } \nu \geqq N \; .$$

b) <u>Wurzelkriterium:</u> Es gibt eine Nummer N und eine Zahl q < 1 mit

$$(9) \qquad \sqrt[\nu]{|c_\nu|} \leqq q < 1 \quad \text{für alle } \nu \geqq N \; .$$

<u>Beweis:</u>

$(8) \Rightarrow |c_{\nu+1}| \leqq q \cdot |c_\nu|, \; \nu = N, N+1, \ldots \; . \Rightarrow$

$\qquad |c_{N+\nu}| \leqq q^\nu \cdot |c_N| =: d_\nu, \; \nu = 0, 1, \ldots \; . \Rightarrow$

$\qquad$ wegen (3*): $\sum\limits_{\nu=0}^{\infty} d_\nu = \dfrac{|c_N|}{1-q}, \; \Rightarrow$ wegen Satz 1.3:

$\qquad \sum\limits_{\nu=0}^{\infty} c_{N+\nu}$ konvergiert $\Rightarrow \sum\limits_{1}^{\infty} c_\nu$ ist konvergent.

$(9) \Rightarrow |c_\nu| \leqq q^\nu =: d_\nu, \; \nu = N, N+1, \ldots \Rightarrow$ wegen (3*):

$\qquad \sum\limits_{\nu=N}^{\infty} d_\nu = \dfrac{q^N}{1-q}, \; \Rightarrow$ wegen Satz 1.3:

$\qquad \sum\limits_{\nu=N}^{\infty} c_\nu$ konvergiert $\Rightarrow \sum\limits_{1}^{\infty} c_\nu$ konvergiert.

<u>Beispiele:</u>

6. $\sum\limits_{1}^{\infty} \dfrac{1}{\nu}$ ist divergent, obgleich (7) erfüllt ist. (7) ist nur eine <u>notwendige</u> Bedingung für Konvergenz. $\sum\limits_{1}^{\infty} \dfrac{1}{\nu^2}$ ist konvergent, obgleich (8) und (9) beide nicht erfüllt sind:

$$\left|\frac{c_{\nu+1}}{c_\nu}\right| = \left(\frac{\nu}{\nu+1}\right)^2 \xrightarrow[\nu\to\infty]{} 1 \; ;$$

also existiert kein $q < 1$ mit (8).

$$\sqrt[\nu]{|c_\nu|} = \sqrt[\nu]{\frac{1}{\nu^2}} = (\sqrt[\nu]{\nu})^{-2} \xrightarrow[\nu\to\infty]{} 1 \; ;$$

also existiert kein $q < 1$ mit (9). Also sind (8) und (9) nur <u>hinreichende</u> Bedingungen für Konvergenz.

7. $\sum\limits_0^\infty \frac{x^\nu}{\nu!}$, $x \in \mathbb{R}$.

Diese Reihe hängt noch von einem reellen Parameter x ab. Es gilt wegen $\nu! \geqq (\frac{\nu}{2})^{\frac{\nu}{2}}$:

$$\left|\frac{c_{\nu+1}}{c_\nu}\right| = \frac{|x|}{\nu+1} \quad \text{bzw.} \quad \sqrt[\nu]{|c_\nu|} = \frac{|x|}{\sqrt[\nu]{\nu!}} \leqq \frac{\sqrt{2}|x|}{\sqrt{\nu}} \quad .$$

Für $x \in \mathbb{R}$ beliebig ist (8) bzw. (9) erfüllt, wenn N hinreichend groß gewählt wird. Also konvergiert die Reihe für jedes $x \in \mathbb{R}$.

8. $\sum\limits_1^\infty \frac{\nu}{2^\nu}$ ist konvergent, da $\left|\frac{c_{\nu+1}}{c_\nu}\right| = \frac{1}{2} \cdot \frac{\nu+1}{\nu} \leqq \frac{3}{4} = q < 1$ für $\nu \geqq 2$ gilt.

<u>Definition 1.1:</u>
Die Reihe $\sum\limits_{\nu=1}^\infty c_\nu$ heißt <u>absolut konvergent</u>, wenn $\sum\limits_{\nu=1}^\infty |c_\nu|$ konvergiert. Ist $\sum\limits_{\nu=1}^\infty c_\nu$ konvergent, aber nicht absolut konvergent, dann heißt die Reihe <u>bedingt konvergent</u>.

<u>Anmerkung:</u> Natürlich folgt aus der absoluten Konvergenz die Konvergenz.

<u>Satz 1.5</u> (Leibniz- Kriterium):
Die alternierende Reihe

$$\sum\limits_{\nu=0}^\infty (-1)^\nu \cdot p_\nu, \quad 0 < p_{\nu+1} < p_\nu \text{ ist konvergent, falls } \lim\limits_{\nu\to\infty} p_\nu = 0 \text{ gilt.}$$

<u>Beweis:</u>
Wir setzen $a_n := \sum\limits_{\nu=0}^n (-1)^\nu \cdot p_\nu$, $n = 0,1,2,\dots$. Dann gilt:

1. $a_0 > a_2 > a_4 > a_6 > \dots$
2. $a_1 < a_3 < a_5 < a_7 < \dots$
3. $a_{2n} - a_{2n+1} = p_{2n+1} > 0$ für $n = 0,1,2,\dots$.

Also bildet $\{a_{2n}\}$ eine monoton fallende durch a_1 nach unten beschränkte Zahlenfolge. Ebenso bildet $\{a_{2n+1}\}$ eine monoton wachsende durch a_0 nach oben beschränkte Folge. Folglich konvergieren diese beiden Folgen; ihre Grenzwerte müssen wegen 3. und $p_\nu \to 0$ übereinstimmen. Also gilt

$$\lim_{\nu \to \infty} a_\nu = \lim_{\nu \to \infty} a_{2\nu} = \lim_{\nu \to \infty} a_{2\nu+1} = a \;.$$

■

<u>Beispiele</u>

9. $p_\nu = \dfrac{1}{2\nu+1}$: Die Reihe $\sum\limits_0^\infty \dfrac{(-1)^\nu}{2\nu+1} = 1 - \dfrac{1}{3} + \dfrac{1}{5} - \dots$ konvergiert, da die Absolutbeträge eine monotone Nullfolge bilden (vgl. Satz 1.5). Die Reihe ist nur bedingt (<u>nicht</u> absolut) konvergent, da gilt:

$$\sum_0^N \frac{1}{2\nu+1} = 1 + \frac{1}{2} \cdot \sum_1^N \frac{1}{\nu+\frac{1}{2}} > \frac{1}{2} \cdot \sum_1^N \frac{1}{\nu} \;.$$

10. $\sum\limits_1^\infty \dfrac{x^\nu}{\nu}$, $x \in \mathbb{R}$.

a) $|x| < 1$: $\sqrt[\nu]{\dfrac{|x|^\nu}{\nu}} = \dfrac{|x|}{\sqrt[\nu]{\nu}}$. Da $\lim\limits_{\nu \to \infty} \dfrac{|x|}{\sqrt[\nu]{\nu}} = |x| < 1$, ist für hinreichend große ν das Wurzelkriterium (9) erfüllt. $\Rightarrow$ <u>Konvergenz.</u>

b) $|x| > 1$: Die Folge $\{\dfrac{x^\nu}{\nu}\}$ bildet keine Nullfolge. $\Longrightarrow$ Divergenz wegen (7).

c) $x = 1$: Harmonische Reihe $\Rightarrow$ <u>Divergenz.</u>

d) $x = -1$: Die Absolutbeträge $p_\nu = \dfrac{1}{\nu}$ bilden eine monotone Nullfolge, und die Reihe alterniert. Nach Satz 1.5 $\Rightarrow$ <u>Konvergenz.</u>

<u>7.2 Potenzreihen</u>

Die Potenzreihen spielen in der Analysis eine wichtige Rolle, da man durch sie eine wichtige Klasse von Funktionen darstellen kann. Da sich Potenzreihen sehr bequem handhaben lassen, liefern sie ein wichtiges Hilfsmittel zur Untersuchung vieler Funktionen und vieler Probleme der Mathematik. Eine Potenzreihe hat z.B. die Gestalt:

$$(1) \qquad f(x) = \sum_{k=0}^\infty a_k \cdot x^k \;.$$

Natürlich ist diese Schreibweise nur dann sinnvoll, wenn der Grenzwert dieser Reihe für gewisse x überhaupt existiert. (Für $x = 0$ ist dies trivialerweise immer der Fall). Die wichtigste Frage ist:

<u>Für welche $x \in \mathbb{R}$ (bzw. $x \in \mathbb{C}$) ist (1) konvergent, für welche nicht?</u>

Die Menge aller $x \in \mathbb{R}$ (bzw. $x \in \mathbb{C}$), für die (1) konvergiert heißt <u>Konvergenzbereich</u> von (1). In diesem ist durch (1) eine Funktion $f(x)$ definiert. Man sagt: $f(x)$ wird durch die Potenzreihe $\sum\limits_0^\infty a_k \cdot x^k$ dargestellt.

Man kann auch $f(x)$ auffassen als Grenzwert einer Folge von Funktionen $f_n(x) = \sum\limits_{k=0}^{n} a_k \cdot x^k$, also hier als Grenzwert einer Folge von Polynomen.

<u>Beispiel:</u>

1. $f(x) = \sum\limits_{k=0}^{\infty} x^k$. Für $|x| < 1$ ist diese Reihe (geometrische Reihe) konvergent, und es ist $f(x) = \dfrac{1}{1-x}$, $|x| < 1$.

Wir definieren:

<u>Definition 2.1:</u>

Sei $\{b_\nu\}$, $b_\nu \overset{\geq}{=} 0$, eine reelle Folge. Der größte aller Häufungspunkte von $\{b_\nu\}$ (falls er existiert), d.h. der größte aller eventuell existierenden Grenzwerte von konvergenten Teilfolgen der Folge $\{b_\nu\}$ heißt <u>oberer Limes</u> oder <u>Limes superior</u> von $\{b_\nu\}$. Man schreibt:

$$\lim\sup b_\nu = \overline{\lim_{\nu\to\infty}} \, b_\nu \; .$$

Ist die Folge $\{b_\nu\}$ unbeschränkt, dann definieren wir: $\overline{\lim\limits_{\nu\to\infty}} \, b_\nu = \infty$ $(b_\nu \overset{\geq}{=} 0)$.

Nun gilt:

<u>Satz 2.1 (Cauchy-Hadamard):</u>

Die Potenzreihe $\sum\limits_{k=0}^{\infty} a_k \cdot x^k$ ist konvergent für alle x mit $|x| < \rho$, wobei ρ gegeben ist durch:

$$(2) \qquad \rho = \frac{1}{\overline{\lim\limits_{k\to\infty}} \sqrt[k]{|a_k|}} \; .$$

Für alle x mit $|x| > \rho$ ist die Potenzreihe divergent. Über die Werte x mit $|x| = \rho$ wird nichts ausgesagt.

Man nennt ρ in (2) den <u>Konvergenzradius</u> der Potenzreihe (1). Die Menge aller x mit $|x| \overset{\leq}{=} \rho$ heißt <u>Konvergenzkreis</u> und für $x \in \mathbb{R}$ das <u>Konvergenzintervall</u> der Potenzreihe (1).

<u>Beweis:</u>

1. Ist $\overline{\lim\limits_{k\to\infty}} \sqrt[k]{|a_k|} = 0$ und x beliebig, dann gilt:

$$\sqrt[k]{|a_k| \cdot |x|^k} = \sqrt[k]{|a_k|} \cdot |x| \overset{\leq}{=} q < 1$$

für hinreichend großes k. Also konvergiert (1) wegen (9), Abschn. 7.1. Es folgt die Konvergenz für alle x $(\rho = \infty)$.

2. Ist $\overline{\lim\limits_{k\to\infty}} \sqrt[k]{|a_k|} = \infty$ und $x \neq 0$, dann wird $\sqrt[k]{|a_k|} \cdot |x|^k$ beliebig groß, also bildet die Folge $\{a_k \cdot x^k\}$ keine Nullfolge. $\Longrightarrow$ Divergenz für alle $x \neq 0$ ($\rho = 0$).

3. Sei $\overline{\lim\limits_{k\to\infty}} \sqrt[k]{|a_k|} =: a > 0$ endlich, d.h. $\rho = \frac{1}{a} > 0$.

a) Sei $|x| < \rho \implies \overline{\lim\limits_{k\to\infty}} \sqrt[k]{|a_k|} \cdot |x|^k = a|x| < 1$.

Es folgt wegen (9), 7.1 die Konvergenz der Reihe (1).

b) Sei $|x| > \rho \implies \overline{\lim\limits_{k\to\infty}} \sqrt[k]{|a_k|} \cdot |x|^k = a \cdot |x| > 1$,

d.h. die Folge $\{a_k \cdot x^k\}$ kann keine Nullfolge sein. $\Longrightarrow$ Divergenz der Reihe (1).

Zur Bestimmung des Konvergenzradius sind die folgenden Kriterien nützlich:

<u>Satz 2.2:</u> Sei ρ der Konvergenzradius der Potenzreihe $\sum\limits_{k=0}^{\infty} a_k \cdot x^k$. Dann gilt:

a) <u>Quotientenkriterium:</u> Falls der Grenzwert von $|\frac{a_{k+1}}{a_k}|$ für $k \to \infty$ existiert, so ist:

$$(3) \qquad \rho = \frac{1}{\lim\limits_{k\to\infty} |\frac{a_{k+1}}{a_k}|} \qquad (a_k \neq 0).$$

b) <u>Wurzelkriterium:</u> Falls der Grenzwert von $\sqrt[k]{|a_k|}$ für $k \to \infty$ existiert, so ist:

$$(4) \qquad \rho = \frac{1}{\lim\limits_{k\to\infty} \sqrt[k]{|a_k|}}.$$

<u>Beweis:</u>

a) Wir setzen $a := \lim\limits_{k\to\infty} |\frac{a_{k+1}}{a_k}|$ und unterscheiden zwei Fälle:

1. $|x| < \frac{1}{a} \implies \lim\limits_{k\to\infty} |\frac{a_{k+1} \cdot x^{k+1}}{a_k \cdot x^k}| = a \cdot |x| < 1$.

Also existiert ein N mit $|\frac{a_{k+1} \cdot x^{k+1}}{a_k \cdot x^k}| \leq q < 1$ für ein festes q und alle $k \geq N$.

$\implies$ wegen (8), 7.1 die Konvergenz der Reihe.

2. $|x| > \frac{1}{a} \implies \lim\limits_{k\to\infty} |\frac{a_{k+1} \cdot x^{k+1}}{a_k \cdot x^k}| = a \cdot |x| > 1$.

Also können die Reihenglieder $a_k \cdot x^k$ keine Nullfolge bilden $\implies$ Divergenz der Reihe. Damit ist (3) bewiesen.

b) (4) folgt unmittelbar aus (2), da ja im Falle der Existenz des Grenzwertes gilt:

$$\lim_{k\to\infty} \sqrt[k]{|a_k|} = \overline{\lim}_{k\to\infty} \sqrt[k]{|a_k|} \ . \qquad \blacksquare$$

Satz 2.3:

Sei ρ der Konvergenzradius der Potenzreihe $\sum\limits_{k=0}^{\infty} a_k \cdot x^k$ und $0 < r < \rho$. Dann existiert ein festes $M = M(r) > 0$ mit:

$$(5) \qquad |\sum_0^{\infty} a_k x^k| \leqq \sum_0^{\infty} |a_k| \cdot |x|^k \leqq M \quad \text{für alle } x \text{ mit } |x| \leqq r \ ,$$

d.h. die Potenzreihe ist in jeder abgeschlossenen Kreisscheibe innerhalb des Konvergenzkreises absolut konvergent und stellt dort eine beschränkte Funktion dar.

Beweis:

Für jede Teilsumme gilt mit $|x| \leqq r$:

$$|\sum_0^N a_k x^k| \leqq \sum_0^N |a_k| \cdot |x|^k \leqq \sum_0^N |a_k| \cdot r^k \quad (N = 0,1,2,\dots) \ .$$

Nach Satz 2.1 aber ist wegen $r < \rho$: $\sum\limits_0^{\infty} |a_k| \cdot r^k =: M(r)$, denn diese Reihe konvergiert ja. Für $N \to \infty$ folgt dann die Behauptung (5). $\qquad \blacksquare$

Beispiele:

2. $\sum\limits_{k=0}^{\infty} \dfrac{x^k}{k!}$ (vgl. Beispiel 7, 7.1). Wie in Beispiel 7, 7.1 zeigt man: $\rho = \infty$.

$\Rightarrow$ Konvergenz für alle $x \in \mathbb{C}$. Also erhält man wegen (2):

$$(6) \qquad \lim_{k\to\infty} \frac{\sqrt[k]{1}}{\sqrt[k]{k!}} = 0 \ .$$

3. $\sum\limits_{k=1}^{\infty} \dfrac{x^k}{k}$ (vgl. Beispiel 10, 7.1)

$$\rho = \frac{1}{\lim\limits_{k\to\infty} \sqrt[k]{\frac{1}{k}}} = \lim_{k\to\infty} \sqrt[k]{k} = 1.$$

Ferner erhalten wir für $x = 1$ Divergenz, für $x = -1$ Konvergenz.

4. $\sum\limits_{k=1}^{\infty} \dfrac{x^k}{k^2}$: $\rho = \dfrac{1}{\lim\limits_{k\to\infty} (\frac{k}{k+1})^2} = (\lim\limits_{k\to\infty} \frac{k+1}{k})^2 = 1$.

Verhalten auf dem Rande $|x| = 1$:

$$\sum_1^N \frac{|x|^k}{k^2} \doteq \sum_1^N \frac{1}{k^2} < \sum_{k=1}^\infty \frac{1}{k^2} \leqq 2 \qquad \text{(vgl. Beispiel 5, 7.1)}$$

$\Rightarrow$ Konvergenz überall auf dem Rande des Konvergenzkreises.

5. $\displaystyle\sum_{k=1}^\infty \frac{k}{2^k} \cdot x^k$: $\rho = \lim_{k\to\infty} \sqrt[k]{\frac{2^k}{k}} = 2 \cdot \lim_{k\to\infty} \sqrt[k]{\frac{1}{k}} = 2$.

Randverhalten: für $x = \pm 2$ Divergenz.

6. $\displaystyle\sum_{k=1}^\infty \frac{k^k}{k!} \cdot x^k$: $\rho = (\overline{\lim_{k\to\infty}} |\frac{a_{k+1}}{a_k}|)^{-1} = \lim_{k\to\infty} |\frac{a_k}{a_{k+1}}| = \lim_{k\to\infty} \frac{k^k \cdot (k+1)!}{k! \cdot (k+1)^{k+1}} =$

$$= \lim_{k\to\infty} (\frac{k}{k+1})^k = \lim_{k\to\infty}\left(\frac{k+1}{k} \cdot (1 - \frac{1}{k+1})^{k+1}\right) = \frac{1}{e} .$$

Damit folgt wegen (2):

$$(7) \qquad \overline{\lim_{k\to\infty}} \frac{k}{\sqrt[k]{k!}} = e .$$

7.3 Das Rechnen mit Potenzreihen

Wir erinnern an den Begriff der absoluten Konvergenz von Reihen und formulieren einen Satz, der nicht bewiesen wird, jedoch leicht einzusehen ist:

Satz 3.1:

In einer absolut konvergenten Reihe darf man die Glieder beliebig umordnen, ohne daß dadurch die Konvergenz der Reihe gestört wird und ohne daß sich dadurch der Wert der Reihe ändert. ■

Anmerkung: Dieser Satz ist allgemein bei bedingt konvergenten Reihen falsch!

Wir zitieren nun ohne Beweis den folgenden

Satz 3.2:

Seien $\displaystyle\sum_{\nu=0}^\infty c_\nu$, $\displaystyle\sum_{\nu=0}^\infty d_\nu$ zwei absolut konvergente Reihen, dann gilt:

a) Die Reihe: $\displaystyle\sum_{\nu=0}^\infty (c_\nu \pm d_\nu)$ ist absolut konvergent, und es gilt:

$$(1a) \qquad \sum_{\nu=0}^\infty (c_\nu \pm d_\nu) = \sum_{\nu=0}^\infty c_\nu \pm \sum_{\nu=0}^\infty d_\nu .$$

b) Die Reihe $\displaystyle\sum_{\nu=0}^\infty (c_0 d_\nu + c_1 d_{\nu-1} + \ldots + c_{\nu-1} d_1 + c_\nu d_0) = \sum_{\nu=0}^\infty p_\nu$.

(Cauchy-Produkt) ist absolut konvergent, und es gilt:

(1b) $\qquad \sum\limits_{\nu=0}^{\infty} p_\nu = (\sum\limits_{\nu=0}^{\infty} c_\nu) \cdot (\sum\limits_{\nu=0}^{\infty} d_\nu)$.

<u>Anmerkung</u>: Dieser Satz ist allgemein bei bedingt konvergenten Reihen falsch.

Hieraus folgt nun der wichtige Satz über Addition und Multiplikation konvergenter Potenzreihen:

<u>Satz 3.3:</u>
Seien $f(x) = \sum\limits_{k=0}^{\infty} a_k \cdot x^k$, $g(x) = \sum\limits_{\ell=0}^{\infty} b_\ell \cdot x^\ell$ zwei Potenzreihen mit den Konvergenz-radien ρ_1, ρ_2. Dann sind Summe, Differenz und Produkt dieser Potenzreihen für $|x| < \text{Min}(\rho_1, \rho_2)$ konvergente Potenzreihen, und es gilt:

(2a) $\qquad f(x) \pm g(x) = \sum\limits_{k=0}^{\infty} (a_k \pm b_k) \cdot x^k$ für $|x| < \text{Min}(\rho_1, \rho_2)$

(2b) $\qquad f(x) \cdot g(x) = \sum\limits_{k=0}^{\infty} (a_0 b_k + a_1 b_{k-1} + \ldots + a_{k-1} b_1 + a_k b_0) \cdot x^k$ für $|x| < \text{Min}(\rho_1, \rho_2)$.

<u>Beweis:</u>
Nach Satz 2.3, Abschn. 7.2 sind $f(x)$ und $g(x)$ für $|x| < \rho_1$ <u>und</u> $|x| < \rho_2$ absolut konvergente Potenzreihen. Damit folgt die Behauptung aus Satz 3.2.

<u>Beispiele:</u>
1. $f(x) = \dfrac{1}{1-x} = \sum\limits_{k=0}^{\infty} x^k$, $|x| < 1$

$\qquad\qquad\qquad\qquad\qquad\qquad$ (geometrische Reihen)

$\quad g(x) = \dfrac{1}{1+x} = \sum\limits_{k=0}^{\infty} (-1)^k \cdot x^k$, $|x| < 1$

a) $f(x) + g(x) = \dfrac{2}{1-x^2} = \sum\limits_{k=0}^{\infty} 2x^{2k}$ $\qquad$ (die ungeraden Potenzen löschen sich aus).

b) $f(x) - g(x) = \dfrac{2x}{1-x^2} = \sum\limits_{k=0}^{\infty} 2x^{2k+1} = 2x \cdot \sum\limits_{k=0}^{\infty} x^{2k}$ $\qquad$ (die geraden Potenzen heben sich auf).

c) $f(x) \cdot g(x) = (\sum\limits_{k=0}^{\infty} x^k) \cdot (\sum\limits_{k=0}^{\infty} (-1)^k \cdot x^k) = \dfrac{1}{1-x^2}$.

Es ist: $a_k = 1$, $k = 0, 1, \ldots$, $b_k = \begin{cases} 1 & \text{für } k \text{ gerade} \\ -1 & \text{für } k \text{ ungerade.} \end{cases}$

Also ist nach (2b):

$$a_0 b_k + a_1 b_{k-1} + \ldots + a_{k-1} b_1 + a_k b_0 = \begin{cases} 1 & \text{für } k \text{ gerade} \\ 0 & \text{für } k \text{ ungerade .} \end{cases}$$

Damit ergibt sich:

$$f(x) \cdot g(x) = \sum_{k=0}^{\infty} x^{2k} = \frac{1}{1-x^2} \qquad \text{(wieder geometrische Reihe)}.$$

2. $f(x) = \sum_{k=0}^{\infty} \frac{x^k}{k!} = g(x)$, $x \in \mathbb{R}$ beliebig.

$$f(x) \cdot g(x) = [f(x)]^2 = \left(\sum_{k=0}^{\infty} \frac{x^k}{k!}\right)^2 = \sum_{k=0}^{\infty} \left(\frac{1}{0!} \cdot \frac{1}{k!} + \frac{1}{1!} \cdot \frac{1}{(k-1)!} + \dots \right.$$

$$\left. \dots + \frac{1}{k!} \cdot \frac{1}{0!}\right) \cdot x^k = \sum_{k=0}^{\infty} \frac{1}{k!}\left(1 + \binom{k}{1} + \binom{k}{2} + \dots + \binom{k}{k-1} + 1\right) \cdot x^k =$$

$$= \sum_{k=0}^{\infty} \frac{2^k}{k!} \cdot x^k = \sum_{k=0}^{\infty} \frac{(2x)^k}{k!} \qquad . \text{[vgl. Abschn. 1.5, (7a)]}$$

Es folgt: $f^2(x) = f(2x)$. Die Potenzreihe für $f^2(x)$ konvergiert ebenfalls für alle $x \in \mathbb{R}$.

Wir wollen uns nun mit der <u>Differentiation von Potenzreihen</u> beschäftigen. Es wird sich zeigen, daß die Potenzreihen im Falle ihrer Konvergenz auch hier sehr erfreuliche Eigenschaften haben.

<u>Definition 3.1:</u>

Gegeben sei eine Funktionenfolge $\{f_n(x)\}$, $n = 0,1,2,\dots$, die alle in einem Intervall $I \subset \mathbb{R}$ stetig seien. Konvergieren alle die Folgen $\{f_n(x_0)\}$ für jedes $x_0 \in I$, dann wird durch die Grenzwerte wieder eine Funktion $f(x)$ über I definiert:

$$\lim_{n \to \infty} f_n(x) =: f(x), \text{ oder } f_n(x) \longrightarrow f(x) \text{ für } x \in I .$$

Man sagt nun: Die Folge $\{f_n(x)\}$ <u>konvergiert gleichmäßig in I</u> gegen $f(x)$, i.Z.:

$$(3) \qquad f_n(x) \xrightarrow[\text{glm.}]{} f(x) \text{ für } x \in I ,$$

wenn zu $\varepsilon > 0$ ein $N(\varepsilon) = N$ existiert mit: $|f_n(x) - f(x)| \leqq \varepsilon$ für alle $n \geqq N$ und alle $x \in I$. Dabei hängt N <u>nicht von</u> $x \in I$, sondern <u>nur von</u> ε ab.

Wir zitieren ohne Beweis:

<u>Satz 3.4:</u>

Sind die Glieder einer Folge $f_n(x) : I \to \mathbb{R}$ stetig auf I und gilt:
$f_n(x) \xrightarrow[\text{glm.}]{} f(x) : I \to \mathbb{R}$, dann ist auch die Grenzfunktion $f(x)$ stetig auf I.
Sind alle $f_n(x)$ stetig differenzierbar auf I und gilt: $f_n'(x) \xrightarrow[\text{glm.}]{} \varphi(x) : I \to \mathbb{R}$,

dann ist auch $f(x)$ stetig differenzierbar auf I und es gilt: $f'(x) = \varphi(x)$ für alle $x \in I$. $\blacksquare$

Nun können wir beweisen:

<u>Satz 3.5:</u>

Sei $f(x) = \sum\limits_{k=0}^{\infty} a_k \cdot x^k$ eine Potenzreihe mit dem Konvergenzradius $\rho > 0$ ($\rho = \infty$ ist auch zugelassen). Dann ist $f(x)$ für $|x| < \rho$ stetig differenzierbar, und es gilt:

$$(4) \qquad f'(x) = \sum\limits_{k=1}^{\infty} k \cdot a_k \cdot x^{k-1} \ , \quad |x| < \rho$$

und die Potenzreihe (4) hat wieder den Konvergenzradius ρ. Also: Man erhält die Ableitung einer in $|x| < \rho$ konvergenten Potenzreihe durch gliedweises Differenzieren. Die Ableitung hat wieder den Konvergenzradius ρ. Ferner stellt eine konvergente Potenzreihe eine beliebig oft stetig differenzierbare Funktion dar.

<u>Beweis:</u>

Es sei $f_n(x) := \sum\limits_{k=0}^{n} a_k \cdot x^k$ und $I := \{x : |x| \leqq r < \rho\}$.

Die $f_n(x)$ sind stetig auf I. Zu $\epsilon > 0$ existiert ein N mit

$$|f_n(x) - f(x)| = |\sum\limits_{k=n+1}^{\infty} a_k \cdot x^k| \leqq \sum\limits_{k=n+1}^{\infty} |a_k| \cdot r^k \leqq \epsilon$$

für alle $n \geqq N$. Dabei hängt N nicht von $x \in I$ ab, sondern nur von ϵ (und auch von r). Dies folgt aus Satz 2.3, 7.2. Also ist (3) für die Folge $f_n(x)$ der Teilsummen erfüllt. Natürlich sind die $f_n(x)$ auf I stetig differenzierbar. Für den Konvergenzradius von (4) gilt:

$$\rho' = \frac{1}{\varlimsup\limits_{k \to \infty} \sqrt[k]{(k+1) \cdot |a_{k+1}|}} = \frac{1}{\lim \sqrt[k]{k+1} \cdot \varlimsup \sqrt[k]{|a_{k+1}|}} =$$

$$= \frac{1}{\varlimsup \sqrt[k]{|a_{k+1}|}} = \frac{1}{\varlimsup\limits_{k \to \infty} \sqrt[k]{|a_k|}} = \rho \ .$$

Durch die gleiche Argumentation können wir jetzt folgern, daß (3) auch für die Teilsummenfolge $f_n'(x) = \sum\limits_{k=1}^{n} k a_k x^{k-1}$ erfüllt ist:

$$f_n'(x) \xrightarrow[\text{glm.}]{} \sum\limits_{1}^{\infty} k a_k x^{k-1} =: \varphi(x) \quad \text{für} \quad x \in I \ .$$

Mit Satz 3.4 folgt damit die Behauptung (4), da $r < \rho$ beliebig gewählt war. $\blacksquare$

Beispiele:

3. Wir betrachten die Funktionenfolge: $f_n(x) = \frac{1}{n} \cdot \sin nx$, $n = 1,2,3,\ldots$.
Wegen $|f_n(x)| \leq \frac{1}{n}$ für alle $x \in \mathbb{R}$ folgt: $\lim_{n \to \infty} f_n(x) = 0$. Auch prüft man sofort
nach: $f_n(x) \xrightarrow[\text{glm.}]{} f(x) \equiv 0$ für $x \in \mathbb{R}$.
Ferner sind alle $f_n(x)$ stetig differenzierbar: $f_n'(x) = \cos nx$. Nun gilt zum Beispiel: $\lim_{n \to \infty} f_n'(0) = 1$, wogegen wir $f'(0) = 0$ haben. Man hat also hier nicht die
Aussage von Satz 3.4. Die Folge $f_n'(x)$ ist nicht gleichmäßig konvergent. Man
sieht hieraus: Die in Satz 3.5 für Potenzreihen gültigen Aussagen sind nicht
allgemein richtig!

4. Sei $E(x) := \sum\limits_{k=0}^{\infty} \frac{x^k}{k!}$. Es ist $\rho = \infty$, und man rechnet aus:

$$E'(x) = \sum_{k=1}^{\infty} \frac{k}{k!} \cdot x^{k-1} = \sum_{\nu=0}^{\infty} \frac{x^\nu}{\nu!} = E(x), \Rightarrow E'(x) = E(x) \ .$$

5. Sei $L(x) := \sum\limits_{k=1}^{\infty} \frac{(-1)^{k+1}}{k} \cdot x^k$. Es ist $\rho = 1$, und man rechnet aus:

$$L'(x) = \sum_{k=0}^{\infty} (-1)^k \cdot x^k = \frac{1}{1+x} \ . \Rightarrow L'(x) = \frac{1}{1+x} \ .$$

Auf die Beispiele 4. und 5. gehen wir im nächsten Abschnitt noch ausführlich
ein. Abschließend wird noch ein Satz bewiesen:

Satz 3.6 (Identitätssatz für Potenzreihen): Sei $r > 0$.
Wenn die beiden Potenzreihen $\sum\limits_{0}^{\infty} a_k \cdot x^k$, $\sum\limits_{0}^{\infty} b_k x^k$ für $|x| \leq r$ konvergieren und dort
für alle x die gleichen Werte haben, dann gilt:

$$(5) \qquad a_k = b_k \ , \quad k = 0,1,2,\ldots \ .$$

Beweis:
Die Funktionen $f(x) \equiv \sum\limits_{0}^{\infty} a_k x^k$, $g(x) \equiv \sum\limits_{0}^{\infty} b_k x^k$ sind für $|x| \leq r$ identisch und be-
liebig oft differenzierbar. Also folgt: $f^{(n)}(0) = g^{(n)}(0)$, $n = 0,1,2,\ldots$. Suk-
zessives Differenzieren und $x = 0$ setzen liefert (5). ∎

7.4 Exponentialfunktion und Logarithmus

In diesem Abschnitt werden zwei sehr wichtige Funktionen eingeführt, die zu den
sogenannten elementaren Funktionen gehören.

Wir betrachten die in Beispiel 4., Abschn. 7.3,, untersuchte Potenzreihe:

$$(1) \qquad E(x) = \sum_{k=0}^{\infty} \frac{x^k}{k!} = 1+x+ \frac{x^2}{2} + \frac{x^3}{6} +\dots \, ,$$

die in jedem beschränkten Teilintervall $I \subset \mathbb{R}$ gleichmäßig konvergiert. Für $x,y \in \mathbb{R}$ beliebig rechnet man aus (Binomischer Satz):

$$E(x) \cdot E(y) = (\sum_0^{\infty} \frac{x^k}{k!}) \cdot (\sum_0^{\infty} \frac{y^k}{k!}) = 1+(x+y)+\left(\frac{x^2}{2!} + \frac{2 \cdot xy}{2!} + \frac{y^2}{2!}\right)+\dots$$

$$\dots+ \frac{1}{k!}\left(x^k+\binom{k}{1}x^{k-1}y+\dots+\binom{k}{k-1}xy^{k-1}+y^k\right)+\dots =$$

$$= \sum_0^{\infty} \frac{1}{k!}(x+y)^k = E(x+y) \, .$$

Damit folgt:

(2a) $\qquad E(x)$ ist stetig (sogar bel. oft differenzierbar) für $x \in \mathbb{R}$

(2b) $\qquad E(x+y) = E(x) \cdot E(y)$ für alle $x,y \in \mathbb{R}$

(2c) $\qquad E(0) = 1, \; E(1) = e = 2,718\dots$

Wegen: $0 \neq 1 = E(0) = E(x+(-x)) = E(x) \cdot E(-x)$ folgt:

(2d) $\qquad E(x) = (E(-x))^{-1} \neq 0$ für alle $x \in \mathbb{R}$.

Wegen (2a) haben wir:

(2e) $\qquad E(x) > 0$ für alle $x \in \mathbb{R}$.

Nun hat die uns schon bekannte Funktion e^x, $x \in \mathbb{Q}$ $\left(x = \frac{p}{q} \, , \; e^x = \sqrt[q]{e^p} \, , \; x > 0\right)$ ebenfalls die Eigenschaften (2b) bis (2e). Wir setzen: $Q(x) := \dfrac{E(x)}{e^x}$ für $x \in \mathbb{Q}$ und erhalten:

(3) $\qquad Q(x+y) = Q(x) \cdot Q(y) \, , \quad Q(0) = Q(1) = 1 \, , \quad Q(x) > 0$ für alle $x \in \mathbb{Q}$.

Man prüft jetzt leicht nach (Beweis!), daß gilt: $Q(x) \equiv 1$ für alle $x \in \mathbb{Q}$, d.h.

(4) $\qquad e^x = E(x)$ für alle $x \in \mathbb{Q}$.

Es liegt nun nahe, Potenzen von e auch mit irrationaler Hochzahl zu definieren durch:

$$(5) \qquad e^x = \sum_{k=0}^{\infty} \frac{x^k}{k!} \text{ für alle } x \in \mathbb{R} \, .$$

e^x heißt <u>Exponentialfunktion</u> (man schreibt auch oft exp(x)).

Es gilt (vgl. auch Abschn. 7.3, Beispiel 4.):

$$(6) \quad \begin{cases} e^{x+y} = e^x \cdot e^y, & x,y \in \mathbb{R} \\ e^0 = 1 , \quad e^{-x} = (e^x)^{-1} , & x \in \mathbb{R} \\ (e^x)' = e^x , \quad (e^{ax})' = a \cdot e^{ax} , & x \in \mathbb{R}, \ a \in \mathbb{R} \ \text{konstant,} \end{cases}$$

Hieraus folgt insbesondere, daß e^x eine streng monoton wachsende, positive und konvexe Funktion ist:

$$e^x > 0, \ (e^x)' = e^x > 0 ,$$
$$(e^x)'' = e^x > 0 .$$

Dagegen ist die Funktion e^{-x} positiv, streng monoton fallend und konvex:

$$e^{-x} > 0, \ (e^{-x})' = -e^{-x} < 0 ,$$
$$(e^{-x})'' = e^{-x} > 0 .$$

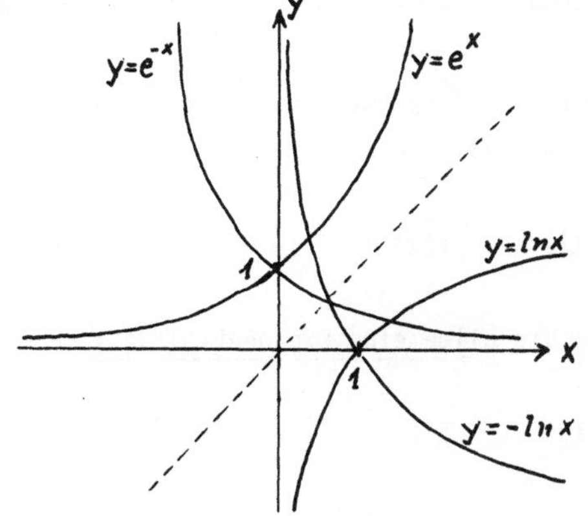

e^x besitzt wegen ihrer strengen Monotonie eine wohlbestimmte Umkehrfunktion (vgl. Abschn. 6.2), die auf $\mathbb{R}^+ := \{x : x > 0\}$ definiert ist und <u>natürlicher Logarithmus</u> (i.Z. ln x) genannt wird. Wir haben also:

$$(7) \qquad e^{\ln x} = \ln(e^x) = x .$$

Dabei ist der linke Ausdruck in (7) (zunächst!) nur für $x > 0$ und der mittlere Ausdruck für alle $x \in \mathbb{R}$ definiert. Aus (6) und (7) folgt unmittelbar:

$$(8) \quad \begin{cases} \ln(x \cdot y) = \ln x + \ln y , & x,y \in \mathbb{R}^+ \\ \ln 1 = 0 , \quad \ln(\frac{1}{x}) = -\ln x , & x \in \mathbb{R}^+ \\ (\ln x)' = \frac{1}{x} & x \in \mathbb{R}^+ \\ (\ln|x-a|)' = \frac{1}{x-a} , & x \in \mathbb{R}, \ a \in \mathbb{R} \ \text{konstant,} \ a \neq x . \end{cases}$$

Hieraus folgt insbesondere, daß $\ln x : \mathbb{R}^+ \to \mathbb{R}$ eine streng monoton wachsende und konkave Funktion ist: $(\ln x)' = \frac{1}{x} > 0$ für $x > 0$, $(\ln x)'' = -\frac{1}{x^2} < 0 .$

Nun sind wir in der Lage, eine wichtige Ergänzung vorzunehmen, nämlich <u>Potenzen</u>

zu bilden mit beliebiger Basis a > 0 und beliebigem Exponenten be$\mathbb{R}$. Wir definieren:

$$(9) \qquad a^b := e^{b \cdot \ln a} \ , \quad a,b \in \mathbb{R} \ , \ a > 0 \ .$$

Hieraus erhalten wir unmittelbar:

$$(10a) \qquad \ln(x^y) = y \cdot \ln x \ , \qquad x,y \in \mathbb{R} \ , \ x > 0 \ ,$$

$$(10b) \qquad e^{x \cdot y} = (e^x)^y = (e^y)^x \ , \quad x,y \in \mathbb{R} \ .$$

Wir definieren weitere wichtige Funktionen:
a) die <u>allgemeine Potenzfunktion</u>: $f(x) : \mathbb{R}^+ \to \mathbb{R}$:

$$(11) \qquad f(x) = x^\alpha := e^{\alpha \cdot \ln x} \ , \quad \alpha \in \mathbb{R}, \ x \in \mathbb{R}^+ \ ,$$

b) die <u>allgemeine Exponentialfunktion</u>: $f(x) : \mathbb{R} \to \mathbb{R}$:

$$(12) \qquad f(x) = a^x := e^{x \cdot \ln a} \ , \quad a > 0, \ x \in \mathbb{R} \ .$$

Die Umkehrfunktion zu (12) wird Logarithmus zur Basis a genannt: $y = \log_a x$. Es
gilt:

$$(13) \qquad \log_a(a^x) = a^{\log_a x} = x \ .$$

Wegen $x = e^{\ln a \cdot \log_a x}$ folgt durch ln-Bildung:

$$(14) \qquad \ln x = \ln a \cdot \log_a x \ .$$

Oft wird in der Praxis a = 10 gewählt. Man schreibt dann: $\log_{10} x =: \lg x$. Es ist:

$$\ln 10 = (\lg e)^{-1} \approx 2{,}3026, \ \text{d.h.} \ \lg e \approx 0.4343 \ .$$

Wir wollen noch das Wachstumsverhalten von e^x bzw. ln x näher betrachten. Es
gilt:
<u>Satz 4.1</u>: e^x wächst schneller als jede (noch so große) Potenz von x; ln x wächst
langsamer als jede (noch so kleine) Potenz von x; genauer ist:

$$(15) \qquad \lim_{x \to \infty} x^\alpha \cdot e^{-x} = \lim_{x \to \infty} x^{-\alpha} \cdot \ln x = 0 \ \text{für alle} \ \alpha > 0.$$

<u>Beweis:</u>

Für große $x > 0$ und $n \geq \alpha$, $n \in \mathbb{N}$ gilt:

$$x^{\alpha} \cdot e^{-x} \leq \frac{x^n}{e^x} = \frac{1}{\frac{1}{x^n} + \frac{1}{1! x^{n-1}} + \ldots + \frac{1}{n!} + \frac{x}{(n+1)!} + \frac{x^2}{(n+2)!} + \ldots} \quad .$$

Grenzübergang ergibt: $\lim x^{\alpha} \cdot e^{-x} = 0.$ Nun setzen wir $\xi := \ln x$, d.h. $x = e^{\xi}$ $(x > 0)$. Dann ist $x \to \infty \xleftrightarrow{x \to \infty} \xi \to \infty$. Es folgt:

$$\frac{\ln x}{x^{\alpha}} = \left(\frac{\xi^{1/\alpha}}{e^{\xi}} \right)^{\alpha} \xrightarrow[\xi \to \infty]{} 0 \text{ wegen oben}, \quad \Longrightarrow (15) \quad . \qquad \blacksquare$$

Anwendungsbeispiele für die Exponentialfunktion gibt es viele, da durch sie Wachstumsprozesse beschrieben werden:

1. $y(x) := c \cdot e^{ax}$, a,c konstant, ist die einzige Funktion, die die Differentialgleichung mit Anfangsbedingung:

$$(16) \qquad y'(x) = a \cdot y(x) \ , \quad x \in \mathbb{R} \ , \ y(0) = c$$

löst (<u>Beweis:</u> Bilde $\varphi(x) := y(x) \cdot e^{-ax}$ und zeige: $\varphi'(x) \equiv 0$).

2. <u>Radioaktiver Zerfall:</u> Sei $y(t)$ die zur Zeit t vorhandene radioaktive Substanz. Die in Δt zerfallene Menge ist (annähernd) proportional zur jeweils vorhandenen Menge: $\Delta y \approx -k \cdot y \cdot \Delta t$, genauer:

$$\frac{dy(t)}{dt} = -k \cdot y(t) \ , \quad t \geq 0 \quad (k > 0 \text{ konstant}) \quad .$$

Die Lösung lautet: $y(t) = y(0) \cdot e^{-k \cdot t}$.

Gesucht ist die Halbwertszeit der Substanz, d.h. die Zeit t*, nach der noch genau die Hälfte der Ausgangsmenge vorhanden ist, für die also gilt:

$$y(t^{\star}) = \frac{1}{2} y(0) \quad .$$
$$\Longrightarrow \quad y(0) \cdot e^{-kt^{\star}} = \frac{1}{2} y(0) \Longrightarrow e^{kt^{\star}} = 2 \Longrightarrow t^{\star} = \frac{\ln 2}{k} \approx \frac{0.6931}{k} \quad .$$

3. <u>Barometrische Höhenformel:</u> Sei $p(x)$ der Luftdruck in der Höhe x über dem Erdboden. Man zeigt, daß bei konstanter Temperatur der Druck dem spezifischen Gewicht proportional $(p(x) = k \cdot \sigma(x))$, dieses aber wiederum proportional der negativen Druckänderung (in Abhängigkeit von x) ist $(\sigma(x) = -p'(x))$. Dies ergibt:

$$p'(x) = - \frac{1}{k} \cdot p(x) \; , \quad k > 0 \text{ konstant.}$$

Die Lösung lautet: $p(x) = p(0) \cdot e^{-\frac{x}{k}}$. Hieraus erhält man die barometrische Höhenformel: $x = k \cdot [\ln p(0) - \ln p(x)]$.

4. <u>Stetiges Wachstum:</u> Nimmt eine Substanz $K(t)$ in kleinen Zeiten Δt proportional zur jeweils vorhandenen Substanz zu: $\Delta K \approx c \cdot K \cdot \Delta t$, dann hat man: $K'(t) = c \cdot K(t)$, $c > 0$ konstant (z.B. stetige Verzinsung, Wachstum von Bäumen etc.). Die Lösung lautet: $K(t) = K(0) \cdot e^{ct}$.

Kapitel 8: Taylor'sche Formel und Potenzreihenentwicklungen

8.1 Taylor-Polynome und Taylor-Reihen

Wenn eine Funktion $f(x)$ eine Potenzreihendarstellung besitzt: $f(x) = \sum\limits_{0}^{\infty} a_k \cdot x^k$, dann wissen wir bereits, daß $f(x)$ beliebig oft in einer Umgebung von $x = 0$ differenzierbar ist. Bildet man nun nacheinander die Ableitungen von $f(x)$ und setzt jedesmal $x = 0$ ein, dann folgt:

$$(1) \qquad a_k = \frac{1}{k!} \cdot f^{(k)}(0) \; , \quad k = 0,1,2,\dots \; ,$$

also hat man:

$$(1^*) \qquad f(x) = \sum\limits_{k=0}^{\infty} \frac{f^{(k)}(0)}{k!} \cdot x^k \text{ für } |x| < \rho \; .$$

Man sagt, <u>$f(x)$ ist um den Entwicklungspunkt $x_0 = 0$ in eine Potenzreihe entwik-</u><u>kelbar.</u>
Ist nun eine beliebige Funktion $f(x)$ vorgegeben, dann weiß man ja nicht von vornherein, ob eine so schöne Darstellung (1^*) für $f(x)$ existiert. Auch wollen wir uns von dem speziellen Entwicklungspunkt $x_0 = 0$ lösen und folgende Definition treffen:

Definition 1.1:
$f(x)$ heißt <u>in $x_0 \in \mathbb{R}$ von n-ter Ordnung approximierbar,</u> falls Zahlen $a_0, a_1, \dots, a_n$ existieren mit

$$(2) \qquad f(x) = a_0 + a_1 \cdot (x - x_0) + \dots + a_n \cdot (x - x_0)^n + r_n(x_0, x) \; ,$$

wobei für den Rest $r_n(x_0,x)$ gelten soll:

$$(2^*) \qquad \lim_{x \to x_0} \frac{r_n(x_0,x)}{(x-x_0)^n} = 0 \ .$$

Man sagt: $f(x)$ ist in einer Umgebung von x_0 durch ein <u>Taylor-Polynom</u> von maximalem Grade n approximierbar.

Im folgenden bezeichne $I := (x_0-\delta, x_0+\delta)$ ein offenes Intervall der Länge 2δ mit Mittelpunkt x_0. Ferner setzen wir für $x \in I$: $I_x = (\min(x_0,x), \max(x_0,x))$. Es gilt nun:

<u>Satz 1.1:</u>

Sei $f(x)$ in I $n+1$ mal stetig differenzierbar. Dann ist $f(x)$ in $x_0 \in I$ von n-ter Ordnung approximierbar, und zwar gibt es Zwischenstellen $\eta = \eta(x) \in I_x$, so daß für alle $x \in I$ gilt:

$$(3) \quad \begin{cases} f(x) = \sum_{k=0}^{n} \frac{f^{(k)}(x_0)}{k!} \cdot (x-x_0)^k + r_n(x_0,x) \\[2ex] \textit{mit} \quad r_n(x_0,x) = \frac{1}{(n+1)!} \cdot f^{(n+1)}(\eta) \cdot (x-x_0)^{n+1} \ . \end{cases}$$

<u>Beweis:</u>

Wir machen den Ansatz

$$(4) \qquad f(x) = \sum_{k=0}^{n} \frac{1}{k!} f^{(k)}(x_0) \cdot (x-x_0)^k + (x-x_0)^{n+1} \cdot c(x_0,x) \ ,$$

halten für den Moment x_0 und x fest und führen eine Hilfsvariable $\xi \in I_x$ ein. Bezüglich ξ ist also $c(x_0,x) =: c$ eine Konstante. Nun betrachten wir die Hilfsfunktion:

$$F(\xi) := \sum_{k=0}^{n} \frac{1}{k!} f^{(k)}(\xi) \cdot (x-\xi)^k + c \cdot (x-\xi)^{n+1} \ .$$

Durch Einsetzen von $\xi = x$ und $\xi = x_0$ folgt aus (4): $F(x) = F(x_0) = f(x)$. Da $F(\xi)$ stetig differenzierbar ist, folgt nach dem Mittelwertsatz, daß ein $\eta \in I_x$ existiert mit $F'(\eta) = 0$. Ferner ergibt sich durch Differentiation von $F(\xi)$:

$$F'(\xi) = \frac{1}{n!} \cdot f^{(n+1)}(\xi) \cdot (x-\xi)^n - (n+1) \cdot (x-\xi)^n \cdot c \ .$$

Setzen wir hier $\xi = \eta$ ein, dann folgt wegen $x \neq \eta$:

$$c = c(x_0, x) = \frac{1}{(n+1)!} \, f^{(n+1)}(\eta) \ .$$

Einsetzen in (4) ergibt die Behauptung (3). ■

__Anmerkung 1:__ Die Formeln (3) beinhalten für n = 0 genau den Mittelwertsatz (vgl. Abschn. 6.3).

__Anmerkung 2:__ Für praktische Zwecke ist es oft nützlich, eine Abschätzung des Fehlers zwischen Funktion und Taylorpolynom zu haben. Falls etwa gilt: $\max_{\xi \in I} |f^{(n+1)}(\xi)| \leq M$ für eine bekannte Zahl M, dann erhalten wir aus (3) die Abschätzung:

$$(5) \qquad \max_{x \in I} |r_n(x_0, x)| \leq \frac{M \cdot \delta^{n+1}}{(n+1)!} \ .$$

Unmittelbar aus Satz 1.1 folgt nun:

__Satz 1.2:__
Sei f(x) in I beliebig oft differenzierbar. Genau dann, wenn für $x \in I$ gilt:

$$(6) \qquad \lim_{n \to \infty} r_n(x_0, x) = 0 \ ,$$

läßt sich f(x) in $x \in I$ durch die __Taylor-Reihe__ mit Entwicklungspunkt x_0 darstellen:

$$(7) \qquad f(x) = \sum_{k=0}^{\infty} \frac{f^{(k)}(x_0)}{k!} \cdot (x - x_0)^k \ .$$

__Beweis:__
Folgt unmittelbar aus (3) und der Definition der Reihen-Konvergenz. ■

__Anmerkung 3:__ Es ist durchaus möglich, daß die Folge der Restglieder $r_n(x_0, x)$ an einer Stelle x konvergiert, aber nicht gegen Null. In diesem Falle konvergiert dann auch die Taylor-Reihe, jedoch nicht gegen den Funktionswert von f(x). Hierfür sei noch ein Beispiel angegeben:

$$f(x) := \begin{cases} e^{-1/x^2} & \text{für } x \neq 0 \\ 0 & \text{für } x = 0 \end{cases} \ , \quad x_0 = 0 \ .$$

8.2 Die binomische Reihe

Wir sind nun in der Lage, den uns schon bekannten binomischen Lehrsatz (Satz 5.3, Abschn. 1.5) ganz wesentlich zu verallgemeinern. Es gilt:

<u>Satz 2.1:</u>

Sei $\alpha \in \mathbb{R}$ beliebig; dann gilt:

$$(1) \qquad (1+x)^\alpha = \sum_{k=0}^\infty \binom{\alpha}{k} \cdot x^k \quad \text{für alle } x \text{ mit } |x| < 1 \,,$$

wobei der verallgemeinerte Binomialkoeffizient definiert ist durch

$$(1^*) \qquad \binom{\alpha}{0} := 1 \;;\quad \binom{\alpha}{k} := \frac{\alpha \cdot (\alpha-1) \cdot (\alpha-2) \cdot \ \ldots \ \cdot (\alpha-k+1)}{k!}, \ k \in \mathbb{N}\,.$$

<u>Beweis:</u>

Wir setzen $f(x) := (1+x)^\alpha$, bilden sämtliche Ableitungen von $f(x)$ und erhalten rein formal die folgende Potenzreihe, wenn wir Formel (7), Abschn. 8.1 für $x_0 = 0$ benutzen und die Definition (1^*) berücksichtigen:

$$f(x) = (1+x)^\alpha = \sum_{k=0}^\infty \binom{\alpha}{k} \cdot x^k \,.$$

Wir wollen sehen, ob diese Potenzreihe für $|x| < 1$ konvergiert. Dazu benutzen wir das Quotientenkriterium:

$$\left| \frac{a_{k+1}}{a_k} \right| = \left| \frac{\binom{\alpha}{k+1} \cdot x^{k+1}}{\binom{\alpha}{k} \cdot x^k} \right| = \frac{|\alpha-k|}{k+1} \cdot |x| \,.$$

Für große k ist $\frac{|\alpha-k|}{k+1} = \frac{k-\alpha}{k+1}$ und $\lim\limits_{k\to\infty} \frac{k-\alpha}{k+1} = 1$. Also existiert wegen $|x| < 1$ für hinreichend große k ein $q < 1$ mit: $\frac{|\alpha-k|}{k+1} \cdot |x| \overset{\le}{=} q < 1$, d.h. die Potenzreihe (1) ist konvergent für alle x mit $|x| < 1$.

Um Satz 1.2 des vorigen Abschnitts anwenden zu können, müßte nun noch für die Restfunktion gezeigt werden:

$$\lim_{n\to\infty} r_n(0,x) = \lim_{n\to\infty} \binom{\alpha}{n+1} \cdot (1+n)^{\alpha-n-1} \cdot x^{n+1} = 0 \ \text{für } |x| < 1 \,.$$

Wir übergehen hier diesen Beweis und verweisen auf die einschlägige Literatur. ■

Die folgenden <u>wichtigen Spezialfälle</u> der binomischen Reihe seien noch besonders erwähnt:

1. $\alpha = -1$ (geometrische Reihe); es folgt:

$$(2) \qquad \frac{1}{1+x} = 1-x+x^2-x^3+ \ldots = \sum_{\nu=0}^{\infty} (-1)^{\nu} \cdot x^{\nu} \ .$$

Hier sieht man, daß i.a. auch wirklich $|x| < 1$ gefordert werden muß, da ja (2) für $|x| \gtreqless 1$ divergiert.

2. $\alpha = -2$ (negative Ableitung der geometrischen Reihe):

$$(3) \qquad \frac{1}{(1+x)^2} = 1-2x+3x^2- \ldots = \sum_{\nu=0}^{\infty} (-1)^{\nu} \cdot (\nu+1) \cdot x^{\nu}$$

3. $\alpha = \frac{1}{2}$. Hier rechnet man aus:

$$(4) \qquad \sqrt{1+x} = 1+ \frac{1}{2} x- \frac{1}{2\cdot4} x^2 + \frac{1\cdot3}{2\cdot4\cdot6} x^3 - \frac{1\cdot3\cdot5}{2\cdot4\cdot6\cdot8} x^4 + \ldots$$

4. $\alpha = -\frac{1}{2}$ (doppelte der Ableitung der Reihe (4)):

$$(5) \qquad \frac{1}{\sqrt{1+x}} = 1- \frac{1}{2} x+ \frac{1\cdot3}{2\cdot4} x^2 - \frac{1\cdot3\cdot5}{2\cdot4\cdot6} \cdot x^3 + \frac{1\cdot3\cdot5\cdot7}{2\cdot4\cdot6\cdot8} x^4 - \ldots$$

8.3 Potenzreihen für Logarithmusfunktionen

In Abschnitt 7.4 hatten wir die Exponentialfunktion als Potenzreihe eingeführt und auch ihre Umkehrfunktion bereits studiert, die als Logarithmus bezeichnet wurde. Es fehlt jedoch noch eine Potenzreihendarstellung für ln x. Da wir als Entwicklungspunkt $x_0 = 0$ wählen wollen, andererseits jedoch ln x bei x = 0 nicht definiert ist, betrachten wir zunächst ln(1+x) und machen den Reihenansatz:

$$(1) \qquad \ln(1+x) = \sum_{\nu=0}^{\infty} a_{\nu} \cdot x^{\nu}, \ x > -1 \ .$$

Gliedweises Differenzieren ergibt:

$$(2) \qquad (\ln(1+x))' = \sum_{\nu=1}^{\infty} \nu \cdot a_{\nu} \cdot x^{\nu-1} = \sum_{\nu=0}^{\infty} (\nu+1) \cdot a_{\nu+1} \cdot x^{\nu}.$$

Nun ist bekanntlich: $(\ln(1+x))' = (1+x)^{-1}$. Wegen (2), Abschn. 8.2 ist $(1+x)^{-1} = \sum_{\nu=0}^{\infty} (-1)^{\nu} \cdot x^{\nu}$, so daß sich aus (2) durch Koeffizientenvergleich ergibt:

$$(3) \qquad a_{\nu+1} = \frac{(-1)^{\nu}}{\nu+1} \quad \text{bzw.} \quad a_{\nu} = \frac{(-1)^{\nu+1}}{\nu}, \ \nu = 1,2,\ldots \ .$$

Nun hat die Potenzreihe $f(x) := \sum_{\nu=1}^{\infty} \frac{(-1)^{\nu+1}}{\nu} \cdot x^{\nu}$ den Konvergenzradius $\rho = 1$, wie man z.B. mit dem Wurzelkriterium feststellt. Andererseits gilt:

$$f'(x) = (\ln(1+x))' = \frac{1}{1+x} \text{ für } |x| < 1 \, ,$$

sowie: $f(0) = \ln(1) = 0$. Hieraus folgt:

$$\{f(x)-\ln(1+x)\}' = 0 \, , \quad (f(x)-\ln(1+x))_{x=0} = 0 \, ,$$

so daß nun endlich folgt: $f(x) \equiv \ln(1+x)$, also:

$$(4) \qquad \ln(1+x) = \sum_{\nu=1}^{\infty} \frac{(-1)^{\nu+1}}{\nu} \cdot x^{\nu} = x - \frac{1}{2} x^2 + \frac{1}{3} x^3 - \frac{1}{4} x^4 + \ldots \text{ für } |x| < 1 \, .$$

Die Potenzreihe (4) konvergiert auch noch für $x = 1$ (Leibniz-Kriterium), d.h.
wir haben insbesondere (Anwendung des Abel'schen Grenzwertsatzes, vgl.[3], Bd. 1):

$$\ln 2 = \sum_{\nu=1}^{\infty} \frac{(-1)^{\nu+1}}{\nu} = 1 - \frac{1}{2} + \frac{1}{3} - \frac{1}{4} + \ldots \, ,$$

für $x = -1$ jedoch erhalten wir das Negative der divergenten harmonischen Reihe.
Substituiert man in (4) $\xi := 1+x$, so erhält man:

$$\ln \xi = \sum_{\nu=1}^{\infty} \frac{(-1)^{\nu+1}}{\nu} \cdot (\xi-1)^{\nu} \quad \text{für } 0 < \xi \leq 2 \, .$$

Setzt man hier wieder x statt ξ, so erhält man die Potenzreihenentwicklung um
$x_0 = 1$:

$$(4a) \qquad \ln x = \sum_{\nu=1}^{\infty} \frac{(-1)^{\nu+1}}{\nu} \cdot (x-1)^{\nu} \quad \text{für } 0 < x \leq 2 \, .$$

Substituiert man in (4) $\xi := -x$ und setzt anschließend wieder x statt ξ, dann
ergibt sich:

$$(4b) \qquad -\ln(1-x) = \ln(\frac{1}{1-x}) = \sum_{\nu=1}^{\infty} \frac{1}{\nu} \cdot x^{\nu} \quad \text{für } |x| < 1 .$$

Addition der beiden Potenzreihen (4) und (4b) ergibt:

$$(5) \qquad \ln(\frac{1+x}{1-x}) = 2 \cdot \sum_{\nu=0}^{\infty} \frac{x^{2\nu+1}}{2\nu+1} = 2 \cdot [x + \frac{x^3}{3} + \frac{x^5}{5} + \frac{x^7}{7} + \ldots] \text{ für } |x| < 1 \, .$$

Die Formeln (4), (4a), (4b) sind zur praktischen Berechnung von Logarithmen
nicht geeignet, da sie zu langsam konvergieren. (5) dagegen ist zur Berechnung
von Logarithmen gut geeignet. Hier setzt man:

(6) $\qquad \frac{1+x}{1-x} = \frac{z+h}{z}$, also: $x = \frac{h}{2z+h}$,

so daß sich aus (5) ergibt:

(7) $\qquad \ln(z+h) = \ln z + 2\cdot[\frac{h}{2z+h} + \frac{h^3}{3(2z+h)^3} + \frac{h^5}{5\cdot(2z+h)^5} + \frac{h^7}{7\cdot(2z+h)^7} + \ldots]$.

Mit dieser Formel kann man sukzessiv Logarithmen ausrechnen: Zunächst setzt man etwa z = h = 1 und berechnet (näherungsweise) ln 2. Sodann setze man z = 2, h = 1 und berechne ln 3. Für z = 4, h = 1 ergibt sich ln 5 usw. (Man beachte: Um die Logarithmen der natürlichen Zahlen zu bestimmen, genügt es, die der Primzahlen zu kennen!).

Möchte man gern die dekadischen Logarithmen wissen, bedient man sich der Umrechnungsformel (14), Abschn. 7.4:

(8) $\qquad \lg x = \ln x \cdot \lg e$

(Es ist: $\lg e \approx 0{,}4343$, $\ln 10 \approx 2{,}3026$).

Beispiele:
a) Gesucht ist ln 2 und lg 2. Mit z = h = 1 $\Longrightarrow$ aus (7):

$$\ln 2 \approx 2\cdot[\frac{1}{3} + \frac{1}{81} + \frac{1}{1215}] = \frac{842}{1215} = 0{,}6930\ldots$$

Nach (8) $\Longrightarrow$: $\lg 2 \approx 0{,}6930\cdot0{,}4343 = 0{,}3010\ldots$

b) Gesucht sind ln 3 und ln 5. Mit z = 2, h = 1 $\Longrightarrow$ aus (7):

$$\ln 3 \approx 0{.}6930 + 2\cdot[\frac{1}{5} + \frac{1}{375}] = 0{.}6930 + \frac{152}{375} = 1{.}0983\ldots$$

Mit z = 4, h = 1 $\Longrightarrow$ aus (7):

$$\ln 5 \approx 2\cdot\ln 2 + 2\cdot[\frac{1}{9} + \frac{1}{3\cdot9^3}] = 1{.}3860 + \frac{2}{9}\cdot[1 + \frac{1}{243}] =$$

$$= 1{.}3860 + 0{.}2231\ldots = 1{,}6091\ldots$$

Zum Abschluß wollen wir noch die Potenzreihe für die Funktion $f(x) = x\cdot\ln x$ berechnen. Wir machen den Ansatz ($x_0 = 1$, $f(1) = 0$):

$$(9) \qquad f(x) = x \cdot \ln x = \sum_{\nu=1}^{\infty} a_{\nu} \cdot (x-1)^{\nu} \ , \ 0 < x < 2 \ .$$

Gliedweises Differenzieren ergibt:

$$f'(x) = \ln x + 1 = \sum_{\nu=1}^{\infty} \nu a_{\nu} (x-1)^{\nu-1} = \sum_{\nu=0}^{\infty} (\nu+1) a_{\nu+1} (x-1)^{\nu} \ .$$

Andererseits folgt aus (4a):

$$\ln x + 1 = 1 + \sum_{\nu=1}^{\infty} \frac{(-1)^{\nu+1}}{\nu} \cdot (x-1)^{\nu} \ ,$$

so daß Koeffizientenvergleich ergibt:

$$(10) \qquad a_1 = 1, \ a_{\nu} = \frac{(-1)^{\nu}}{(\nu-1) \cdot \nu} \ , \ \nu = 2,3,4,\dots \ .$$

Dies in (9) eingesetzt ergibt:

$$(11) \quad \begin{cases} x \cdot \ln x = x - 1 + \sum\limits_{\nu=2}^{\infty} \dfrac{(-1)^{\nu}}{(\nu-1) \cdot \nu} \cdot (x-1)^{\nu} = \\[2mm] \qquad = (x-1) + \dfrac{(x-1)^2}{2} - \dfrac{(x-1)^3}{6} + \dfrac{(x-1)^4}{12} - \dots \qquad \text{für } 0 < x < 2 \ . \end{cases}$$

Man prüft auch nach, daß diese Reihe wirklich für $0 < x < 2$ konvergiert (Wurzelkriterium). Für $x = 0$ bzw. $x = 2$ ergibt sich noch insbesondere:

a) $\qquad -1 + (\frac{1}{2} + \frac{1}{6} + \frac{1}{12} + \frac{1}{20} + \dots) = -1 + \sum\limits_{\nu=1}^{\infty} \frac{1}{\nu \cdot (\nu+1)} = 0 \ ,$

b) $\qquad 1 + (\frac{1}{2} - \frac{1}{6} + \frac{1}{12} - \frac{1}{20} + \dots) = 2 \cdot \ln 2 \ .$

8.4 Potenzreihen der Kreis- und Hyperbelfunktionen

Die Kreis- oder Winkelfunktionen sin x, cos x, tg x, ctg x sind bereits früher eingeführt worden. Auch können wir sie schon differenzieren; es gilt nämlich:

$$(1a) \qquad (\sin x)^{(2k)} = (-1)^k \cdot \sin x, \ (\sin x)^{(2k+1)} = (-1)^k \cdot \cos x, \ k = 0,1,2,\dots$$

$$(1b) \qquad (\cos x)^{(2k)} = (-1)^k \cdot \cos x, \ (\cos x)^{(2k+1)} = (-1)^{k+1} \cdot \sin x, \ k =,1,2,\dots$$

Wegen:

$$\lim_{n\to\infty}\{\frac{|x|^n}{n!}\cdot\max_{\xi\in\mathbb{R}}|\sin^{(n)}_{\xi}|\} = \lim_{n\to\infty}\{\frac{|x|^n}{n!}\cdot\max_{\xi\in\mathbb{R}}|\cos^{(n)}_{\xi}|\} = 0$$

$$\text{für alle } x\in\mathbb{R}$$

ist die Voraussetzung (6) von Satz 1.2, Abschn. 8.1 für $I = \mathbb{R}$ und $x_0 = 0$ erfüllt. Also erhalten wir für die Taylor-Reihen von sin x und cos x wegen (7), Abschn. 8.1 und wegen (1a), (1b):

$$(2a) \qquad \sin x = \sum_{\nu=0}^{\infty} \frac{(-1)^{\nu}}{(2\nu+1)!}\cdot x^{2\nu+1} = x - \frac{x^3}{3!} + \frac{x^5}{5!} - \ldots \; ,$$

$$(2b) \qquad \cos x = \sum_{\nu=0}^{\infty} \frac{(-1)^{\nu}}{(2\nu)!}\cdot x^{2\nu} = 1 - \frac{x^2}{2!} + \frac{x^4}{4!} - \ldots \; .$$

Diese Potenzreihen sind konvergent für alle $x\in\mathbb{R}$, wie man z. B. durch die Substitution $\xi := x^2$ und Anwendung des Quotientenkriteriums sofort feststellt. Wir wollen einige interessante Beziehungen zwischen sin x, cos x und e^x herleiten. Es galt ja:

$$(2c) \qquad e^x = \sum_{\nu=0}^{\infty} \frac{1}{\nu!} x^{\nu} = 1 + x + \frac{x^2}{2!} + \frac{x^3}{3!} + \ldots \qquad \text{für alle } x\in\mathbb{R} .$$

Nun lassen sich alle bisher durchgeführten Konvergenzbetrachtungen von Potenzreihen auch für komplexe Variable $z = x+iy\in\mathbb{C}$ durchführen (insbesondere die des Konvergenzradius). Es liegt daher nahe, die Funktionen e^x, sin x, cos x durch die Potenzreihen (2a) bis (2c) ins Komplexe fortzusetzen, indem man dort Variable $z\in\mathbb{C}$ einsetzt. Die Potenzreihen konvergieren für alle $z\in\mathbb{C}$. Insbesondere bleiben auch die Additionstheoreme für e^z, sin z, cos z gültig. Setzt man in (2a), (2b), (2c) die rein imaginäre Variable iy ein, so erhält man durch Vergleich der einzelnen Potenzreihen unmittelbar:

$$(3a) \qquad e^{iy} = \cos y + i\cdot\sin y \qquad \text{für alle } y\in\mathbb{R} .$$

Ferner ergibt sich für $z = x+iy$:

$$(3b) \qquad e^z = e^{x+iy} = e^x\cdot e^{iy} = e^x\cdot(\cos y + i\cdot\sin y) \; .$$

Wegen $\cos y = \cos(-y)$, $\sin y = -\sin(-y)$ erhalten wir weiter:

$$(3c) \qquad e^{\bar{z}} = e^{x-iy} = e^x\cdot e^{-iy} = e^x\cdot(\cos y - i\cdot\sin y) = \overline{(e^z)} \; .$$

Setzt man in (3a) einmal y = x, das andere Mal y = -x ein und löst nach cos x
bzw. sin x auf, dann ergibt sich:

$$\text{(4a)} \qquad \sin x = \frac{1}{2i} (e^{ix}-e^{-ix}) \; ,$$

$$\text{(4b)} \qquad \cos x = \frac{1}{2} (e^{ix}+e^{-ix}) \; .$$

Im Komplexen zeigt sich also ein enger Zusammenhang zwischen der Exponentialfunktion und den trigonometrischen Funktionen, der im Reellen nicht erkenn-
bar ist.

Die beiden letzten Formeln legen es nahe, entsprechende Funktionen im Reellen zu definieren. Wir definieren den <u>hyperbolischen Kosinus</u> (bzw. den <u>hyper-
bolischen Sinus</u>) folgendermaßen:

$$\text{(5a)} \qquad \sinh x := \frac{1}{2} (e^{x}-e^{-x}) = \frac{1}{i} \cdot \sin(ix) \; ,$$

$$\text{(5b)} \qquad \cosh x := \frac{1}{2} (e^{x}+e^{-x}) = \cos(ix) \; .$$

Aus (2c) erhält man folgende Potenzreihendarstellungen, die wieder für alle $x \in \mathbb{R}$
(und auch für alle $z \in \mathbb{C}$) gelten:

$$\text{(6a)} \qquad \sinh x = \sum_{\nu=0}^{\infty} \frac{x^{2\nu+1}}{(2\nu+1)!} = x + \frac{x^3}{3!} + \frac{x^5}{5!} +\dots \; ,$$

$$\text{(6b)} \qquad \cosh x = \sum_{\nu=0}^{\infty} \frac{x^{2\nu}}{(2\nu)!} = 1 + \frac{x^2}{2!} + \frac{x^4}{4!} +\dots \; .$$

Aus (5a), (5b) leitet man unmittelbar her (man vgl. auch die Eigenschaften der
trigonometrischen Funktionen in Abschn. 3.1):

$$\text{(7a)} \qquad \cosh x \pm \sinh x = e^{\pm x} \; , \quad \cosh^2 x - \sinh^2 x = 1 \; ,$$

$$\text{(7b)} \qquad (\cosh x)' = \sinh x \; , \quad (\sinh x)' = \cosh x \; ,$$

$$\text{(7c)} \qquad \cosh x = \cosh(-x) \; , \quad \sinh x = -\sinh(-x) \; ,$$

$$\text{(7d)} \qquad \begin{aligned} \cosh(x \pm y) &= \cosh x \cdot \cosh y \pm \sinh x \cdot \sinh y \\ \sinh(x \pm y) &= \sinh x \cdot \cosh y \pm \cosh x \cdot \sinh y \; . \end{aligned}$$

Die Schaubilder der Hyperbelfunktionen
sind in nebenstehendem Bild skizziert.

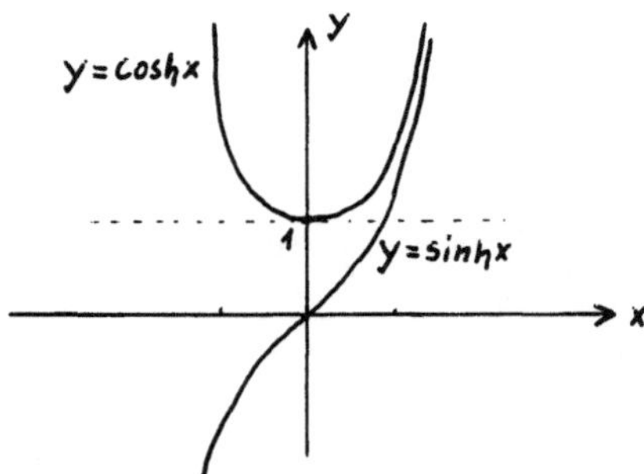

Wie bei den Kreisfunktionen definiert
man nun noch:

$$(8a) \qquad \mathrm{tgh}\ x := \frac{\sinh x}{\cosh x}\ ,$$

$$(8b) \qquad \mathrm{ctgh}\ x := \frac{\cosh x}{\sinh x}\ ,\ x \neq 0\ .$$

Aus der Quotientenregel und (7) folgt:

$$(9a) \qquad (\mathrm{tgh}\ x)' = \frac{1}{\cosh^2 x} = 1 - \mathrm{tgh}^2 x\ ,$$

$$(9b) \qquad (\mathrm{ctgh}\ x)' = -\frac{1}{\sinh^2 x} = 1 - \mathrm{ctgh}^2 x\ ,\ x \neq 0.$$

Wir wollen nun noch kurz auf die Umkehrfunktionen der Kreis- und Hyperbelfunktionen und deren Reihenentwicklungen eingehen.

Die Funktionen arcsin x, arccos x, arctg x, arcctg x waren bereits in Abschnitt 6.2 diskutiert worden. Es sollen hier die Potenzreihen für arcsin x und arctg x hergeleitet werden.

a) $f(x) = \arcsin x,\ x\epsilon(-1,+1)$. Nach (3), 6.2 ist $f'(x) = (1-x^2)^{-\frac{1}{2}}$. Wir machen den Ansatz:

$$f(x) = a_1 x + a_2 x^2 + a_3 x^3 + a_4 x^4 + a_5 x^5 + a_6 x^6 + a_7 x^7 + \ \ldots$$

und differenzieren gliedweise:

$$f'(x) = a_1 + 2a_2 x + 3a_3 x^2 + 4a_4 x^3 + 5a_5 x^4 + 6a_6 x^5 + 7a_7 x^6 + \ \ldots$$

Nun ist aber die Potenzreihe für f'(x) bekannt: Nach Abschn. 8.2, Formel (5) folgt durch Substitution

$$f'(x) = 1 + \frac{1}{2} x^2 + \frac{1\cdot 3}{2\cdot 4}\cdot x^4 + \frac{1\cdot 3\cdot 5}{2\cdot 4\cdot 6}\cdot x^6 + \frac{1\cdot 3\cdot 5\cdot 7}{2\cdot 4\cdot 6\cdot 8}\cdot x^8 + \ \ldots\ .$$

Koeffizientenvergleich ergibt nun:

$$(10) \quad \begin{cases} a_1 = 1, \ a_2 = 0, \ a_3 = \dfrac{1}{2 \cdot 3}, \ a_4 = 0, \ a_5 = \dfrac{1 \cdot 3}{2 \cdot 4 \cdot 5}, \ a_6 = 0, \ a_7 = \dfrac{1 \cdot 3 \cdot 5}{2 \cdot 4 \cdot 6 \cdot 7}, \\[2mm] \dots \Longrightarrow \arcsin x = x + \dfrac{x^3}{2 \cdot 3} + \dfrac{1 \cdot 3 \cdot x^5}{2 \cdot 4 \cdot 5} + \dfrac{1 \cdot 3 \cdot 5 \cdot x^7}{2 \cdot 4 \cdot 6 \cdot 7} + \dots \quad \text{für } |x| < 1. \end{cases}$$

b) $f(x) = \operatorname{arctg} x$; Nach (5), 6.2 folgt: $f'(x) = \dfrac{1}{1+x^2} = (1+x^2)^{-1}$. Wir machen den Ansatz:

$$f(x) = a_1 x + a_2 x^2 + a_3 x^3 + \dots \ ,$$

woraus durch gliedweises Differenzieren folgt:

$$f'(x) = a_1 + 2a_2 x + 3a_3 x^2 + 4a_4 \cdot x^3 + 5a_5 \cdot x^4 + \dots \ .$$

Nach Abschn. 8.2, Formel (2) folgt durch Substitution:

$$f'(x) = 1 - x^2 + x^4 - x^6 + x^8 - \dots$$

Koeffizientenvergleich ergibt:

$$(11) \quad \begin{cases} a_1 = 1, \ a_2 = 0, \ a_3 = -\dfrac{1}{3}, \ a_4 = 0, \ a_5 = \dfrac{1}{5}, \ a_6 = 0, \ a_7 = -\dfrac{1}{7}, \ \dots \\[2mm] \Longrightarrow \operatorname{arctg} x = x - \dfrac{1}{3}x^3 + \dfrac{1}{5}x^5 - \dfrac{1}{7}x^7 + \dots = \sum_{\nu=0}^{\infty} (-1)^\nu \cdot \dfrac{x^{2\nu+1}}{2\nu+1} \ \text{für alle } |x| < 1. \end{cases}$$

Bemerkenswert ist, daß die Reihe (11) den Konvergenzradius $\rho = 1$ hat, während $\operatorname{arctg} x$ doch für alle $x \in \mathbb{R}$ definiert ist! Ein Blick ins Komplexe aber löst dieses Problem: für $x = i$ ist $f'(x) = \dfrac{1}{1+x^2}$ nicht mehr definiert; also muß auch für $f(x)$ dort ein singuläres Verhalten erwartet werden. Für $x = 1$ konvergiert die Reihe (11) nach Leibniz. Wegen $\operatorname{arctg} 1 = \dfrac{\pi}{4}$ erhalten wir mit dem Satz von Abel:

$$(11^\ast) \quad \frac{\pi}{4} = 1 - \frac{1}{3} + \frac{1}{5} - \frac{1}{7} + \frac{1}{9} - \dots \ .$$

Die Umkehrfunktionen zu $\sinh x$, $\cosh x$, $\operatorname{tgh} x$, $\operatorname{ctgh} x$ bezeichnen wir mit "Area", in Zeichen:

$$(12) \qquad \operatorname{arsinh} x, \ \operatorname{arcosh} x, \ \operatorname{artgh} x, \ \operatorname{arctgh} x \ .$$

Dabei ist zu beachten, daß $\cosh x$ nur in $[0, \infty)$ streng monoton wächst, und die Umkehrfunktion daher nur für die Einschränkung auf dieses Intervall definiert werden soll.

In den untenstehenden Skizzen sind die Graphen der Area-Funktionen gezeichnet.

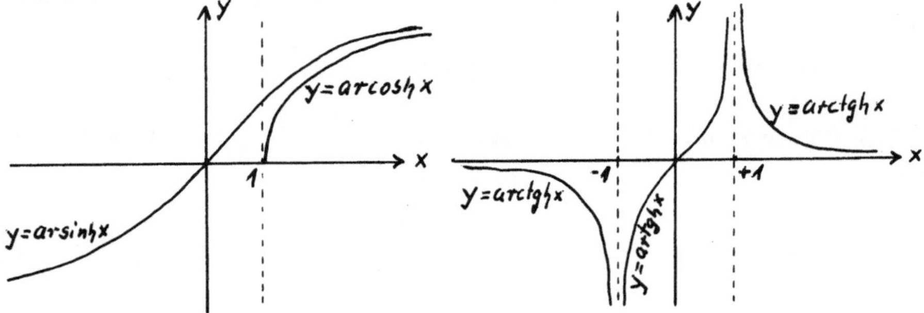

Für die Ableitungen der Area-Funktionen errechnet man nach der Kettenregel und
mit (7b), (9a), (9b): arsinh(sinh x) = x. Mit y := sinh x folgt:
(arsinh y)'·(sinh x)' = 1, also wegen cosh x = $\sqrt{1+y^2}$:

$$(\text{arsinh } y)' = \frac{1}{\cosh x} = \frac{1}{\sqrt{1+y^2}} \ .$$

Setzt man hier wieder x statt y, so folgt:

(13a) $(\text{arsinh } x)' = \dfrac{1}{\sqrt{1+x^2}}$ für $x \in \mathbb{R}$.

Ganz analog rechnet man aus (Übung!):

(13b) $(\text{arcosh } x)' = \dfrac{1}{\sqrt{x^2-1}}$, für $x > 1$,

(13c) $(\text{artgh } x)' = \dfrac{1}{1-x^2}$ für $|x| < 1$,

(13d) $(\text{arctgh } x)' = \dfrac{1}{1-x^2}$ für $|x| > 1$.

Die <u>Potenzreihenentwicklungen der Area-Funktionen</u> leitet man wieder genau so,
wie die der Arcus-Funktionen her: Reihenansatz - gliedweises Differenzieren -
Koeffizientenvergleich mit der entsprechenden binomischen Reihe. (Übung!)

Zwischen den Area-Funktionen und den Logarithmus-Funktionen gelten folgende Beziehungen (Beweis als Übung):

(14a) $\text{arsinh } x = \ln(x+\sqrt{x^2+1})$ für $x \in \mathbb{R}$,

(14b) $\text{arcosh } x = \ln(x+\sqrt{x^2-1})$ ·für $x \geqq 1$

$$(14c) \qquad \text{artgh } x = \frac{1}{2} \cdot \ln \frac{1+x}{1-x} \quad \text{für } |x| < 1 \; ,$$

$$(14d) \qquad \text{arctgh } x = \frac{1}{2} \cdot \ln \frac{x+1}{x-1} \quad \text{für } |x| > 1 \; .$$

8.5 Weitere Beispiele

In diesem Abschnitt sollen noch an Hand einiger Beispiele Methoden demonstriert werden, mit denen man Potenzreihen für Funktionen ausrechnen kann.

1. Substitution:

Einführung einer neuen Veränderlichen kann eine Aufgabe auf ein bekanntes Ergebnis reduzieren.

__Beispiel:__

$f(x) = \dfrac{1}{4+x^2}$. Wir setzen $\xi := \frac{1}{4} x^2$ und erhalten:

$$\frac{1}{4+x^2} = \frac{1}{4} \cdot \left(\frac{1}{1+\xi}\right) = \frac{1}{4}(1 - \xi + \xi^2 - \xi^3 + \ldots (-1)^{\nu} \cdot \xi^{\nu} + \ldots) \quad \text{(geometrische Reihe)}.$$

Rücksubstitution liefert:

$$(1) \qquad f(x) = \frac{1}{4} \left(1 - \frac{x^2}{4} + \frac{x^4}{16} - \frac{x^6}{64} + \ldots\right) = \frac{1}{4} \cdot \sum_{\nu=0}^{\infty} \frac{(-1)^{\nu}}{4^{\nu}} \cdot x^{2\nu} \; .$$

Da die Reihe für $|\xi| < 1$ konvergiert, haben wir für $|x| < 2$ Konvergenz. Man kann den Konvergenzradius auch so bestimmen: Wir setzen: $4 \cdot f(x) = \sum\limits_{k=0}^{\infty} a_k \cdot x^k$ mit

$$a_{2k} = (-1)^k \cdot 4^{-k} \; , \quad a_{2k+1} = 0 \quad \text{für } k = 0,1,2,\ldots$$

$$\implies \overline{\lim_{k \to \infty}} \sqrt[k]{|a_k|} = \text{Max}\{0, 4^{-\frac{1}{2}}\} = \frac{1}{2} \; . \implies \rho = 2 \; .$$

Bemerkenswert ist, daß $f(x)$ für alle $x \in \mathbb{R}$ definiert und beliebig oft differenzierbar ist. Jedoch ein Blick ins Komplexe zeigt, daß $f(x)$ bereits bei $x = \pm 2i$ nicht definiert ist (Man sagt, $f(x)$ hat dort Pole).

2. Reihenmultiplikation:

Gesucht ist die Entwicklung bis zur Ordnung 4 der Funktion $f(x) = e^x \cdot \sin(2x)$. Es ist

$$f(x) = \left(1 + x + \frac{1}{2} x^2 + \frac{1}{6} x^3 + \ldots\right) \cdot \left(2x - \frac{1}{3!} \cdot (2x)^3 + \ldots\right) =$$

$$= (2x - \frac{4}{3} x^3) + (2x^2 - \frac{4}{3} x^4) + x^3 + \frac{1}{3} x^4 + \ldots \, ,$$

also

$$(2) \qquad e^x \cdot \sin(2x) = 2x + 2x^2 - \frac{1}{3} x^3 - x^4 + \ldots \, . \qquad \text{(Konvergenz für alle } x \in \mathbb{C}).$$

3. Reihendivision:

Gesucht ist die Entwicklung bis zur Ordnung 5 der Funktion $f(x) = \text{tg } x$ für $|x| < \frac{\pi}{2}$. Es ist $\text{tg } x = \frac{\sin x}{\cos x}$, also: $\cos x \cdot \text{tg } x = \sin x$. Wegen: $\text{tg } x \big|_{x=0} = 0$ machen wir den Ansatz: $\text{tg } x = \sum\limits_{1}^{\infty} a_k x^k$ und benutzen die bekannten Reihen für $\cos x$, $\sin x$:

$$(1 - \frac{x^2}{2} + \frac{x^4}{24} - \ldots) \cdot (a_1 x + a_2 x^2 + a_3 x^3 + a_4 x^4 + a_5 x^5 + \ldots) = (x - \frac{x^3}{6} + \frac{x^5}{120} - \ldots).$$

Wir multiplizieren die linke Seite aus und machen Koeffizientenvergleich mit der rechten Seite:

$$a_1 x + a_2 x^2 + (a_3 - \frac{1}{2} a_1) x^3 + (a_4 - \frac{1}{2} a_2) x^4 + (a_5 - \frac{1}{2} a_3 + \frac{1}{24} a_1) \cdot x^5 + \ldots =$$

$$= x \qquad + (- \frac{1}{6}) \cdot x^3 \qquad + (\frac{1}{120}) \cdot x^5 - \ldots \, .$$

$$\Longrightarrow \quad a_1 = 1, \ a_2 = 0$$
$$a_3 - \frac{1}{2} a_1 = - \frac{1}{6} \Rightarrow a_3 = \frac{1}{2} a_1 - \frac{1}{6} \Longrightarrow \qquad a_3 = \frac{1}{3}$$
$$a_4 - \frac{1}{2} a_2 = 0 \qquad\qquad\qquad \Longrightarrow \qquad a_4 = 0$$
$$a_5 - \frac{1}{2} a_3 + \frac{1}{24} a_1 = \frac{1}{120} \Rightarrow a_5 = \frac{1}{120} + \frac{1}{6} - \frac{1}{24} \Rightarrow a_5 = \frac{2}{15} \, ,$$

also erhalten wir:

$$(3) \qquad \text{tg } x = x + \frac{1}{3} x^3 + \frac{2}{15} x^5 + \ldots \qquad \text{für } |x| < \frac{\pi}{2} \, .$$

Ganz analog leitet man z.B. her (Übung):

$$(4) \qquad x \cdot \text{ctg } x = 1 - \frac{1}{3} x^2 - \frac{1}{45} x^4 - \ldots \text{ für } |x| < \pi \, ,$$

bzw.

$$(5) \qquad \text{tgh } x = x - \frac{1}{3} x^3 + \frac{2}{15} x^5 - \ldots \qquad \text{für } |x| < \frac{\pi}{2} \, .$$

Frage:

Warum ist die Reihe (5) wohl nur für $|x| < \frac{\pi}{2}$ konvergent, wo doch $\sinh x$, $\cosh x$

Entwicklungen besitzen, die für alle $x \in \mathbb{R}$ konvergieren und $\cosh x$ keine Nullstelle in $\mathbb{R}$ besitzt?

<u>Anleitung:</u>
Man betrachte $\cosh x$ bei $x = i \cdot \frac{\pi}{2}$.

Zum Abschluß dieses Abschnitts bringen wir noch eine Definition, die im folgenden noch öfters benutzt werden wird:

<u>Definition 5.1:</u>
Eine Funktion $f(x)$ heißt <u>gerade</u> Funktion, wenn gilt:

$$(6a) \qquad f(-x) = f(x) \quad \text{für } x \in \mathbb{R} \;.$$

$f(x)$ heißt <u>ungerade</u> Funktion, wenn gilt:

$$(6b) \qquad f(-x) = -f(x) \quad \text{für } x \in \mathbb{R} \;.$$

Hat $f(x)$ eine Potenzreihenentwicklung um $x_0 = 0$: $f(x) = \sum\limits_{k=0}^{\infty} a_k \cdot x^k$, dann ist $f(x)$
genau dann
a) gerade, falls $a_k = 0$ für k ungerade ist,
b) ungerade, falls $a_k = 0$ für k gerade ist.

<u>Beispiel:</u>
$\cos x$ ist eine gerade Funktion, $\sin x$ dagegen ist eine ungerade Funktion.
Es gelten die allgemeinen Regeln (Beweis!):
gerade·gerade = gerade, gerade·ungerade = ungerade, ungerade·ungerade = gerade.
(Entsprechend für die Division).

$$\frac{d}{dx} \text{ (gerade)} = \text{ungerade} \;, \quad \frac{d}{dx} \text{ (ungerade)} = \text{gerade}$$

$$\text{ungerade}\Big|_{x=0} = 0 \qquad\qquad \frac{d}{dx} \text{ (gerade)}\Big|_{x=0} = 0 \;.$$

Die Ableitungen und Potenzreihen der elementaren Funktionen

Funktion	Ableitung	Potenzreihe	Konvergenzbereich
$(1+x)^{\alpha}$, $\alpha \in \mathbb{R}$	$\alpha \cdot (1+x)^{\alpha-1}$	$\sum\limits_{\nu=0}^{\infty} \binom{\alpha}{\nu} x^{\nu}$	$|x| < 1$
e^{x}	e^{x}	$\sum\limits_{\nu=0}^{\infty} \dfrac{x^{\nu}}{\nu!}$	$|x| < \infty$
$\ln(1+x)$	$\dfrac{1}{1+x}$	$\sum\limits_{\nu=1}^{\infty} \dfrac{(-1)^{\nu-1}}{\nu} \cdot x^{\nu}$	$|x| < 1$
$\sin x$	$\cos x$	$\sum\limits_{\nu=0}^{\infty} \dfrac{(-1)^{\nu}}{(2\nu+1)!} \cdot x^{2\nu+1}$	$|x| < \infty$
$\cos x$	$-\sin x$	$\sum\limits_{\nu=0}^{\infty} \dfrac{(-1)^{\nu}}{(2\nu)!} \cdot x^{2\nu}$	$|x| < \infty$
$\text{tg } x$	$1+\text{tg}^2 x$	$\sum\limits_{\nu=1}^{\infty} \dfrac{2^{2\nu} \cdot (2^{2\nu}-1)}{(2\nu)!} \cdot B_{\nu} \cdot x^{2\nu-1}$ 1)	$|x| < \dfrac{\pi}{2}$
$\text{ctg } x$	$-(1+\text{ctg}^2 x)$	$\dfrac{1}{x} - \sum\limits_{\nu=1}^{\infty} \dfrac{2^{2\nu}}{(2\nu)!} \cdot B_{\nu} \cdot x^{2\nu-1}$ 1)	$0 < |x| < \pi$
$\text{arc sin } x$	$\dfrac{1}{\sqrt{1-x^2}}$	$x+ \dfrac{1}{2\cdot 3} x^{3} + \dfrac{1\cdot 3}{2\cdot 4\cdot 5} x^{5} + \dfrac{1\cdot 3\cdot 5}{2\cdot 4\cdot 6\cdot 7} x^{7}+\ldots$	$|x| < 1$
$\text{arc cos } x$	$-\dfrac{1}{\sqrt{1-x^2}}$	$\dfrac{\pi}{2} - \text{arc sin } x$	$|x| < 1$
$\text{arc tg } x$	$\dfrac{1}{1+x^2}$	$\sum\limits_{\nu=0}^{\infty} \dfrac{(-1)^{\nu}}{2\nu+1} \cdot x^{2\nu+1}$	$|x| < 1$
$\text{arc ctg } x$	$-\dfrac{1}{1+x^2}$	$\dfrac{\pi}{2} - \text{arc tg } x$	$|x| < 1$
$\sinh x$	$\cosh x$	$\sum\limits_{\nu=0}^{\infty} \dfrac{x^{2\nu+1}}{(2\nu+1)!}$	$|x| < \infty$

Funktion	Ableitung	Potenzreihe	Konvergenzbereich
$\cosh x$	$\sinh x$	$\sum\limits_{\nu=0}^{\infty} \dfrac{x^{2\nu}}{(2\nu)!}$	$\lvert x \rvert < \infty$
$\operatorname{tgh} x$	$1 - \operatorname{tgh}^2 x$	$\sum\limits_{\nu=1}^{\infty} \dfrac{(-1)^{\nu+1} \cdot 2^{2\nu} \cdot (2^{2\nu}-1)}{(2\nu)!} \cdot B_\nu \cdot x^{2\nu-1}$ 1)	$\lvert x \rvert < \dfrac{\pi}{2}$
$\operatorname{ctgh} x$	$1 - \operatorname{ctgh}^2 x$	$\dfrac{1}{x} + \sum\limits_{\nu=1}^{\infty} \dfrac{(-1)^{\nu+1} \cdot 2^{2\nu}}{(2\nu)!} \cdot B_\nu \cdot x^{2\nu-1}$ 1)	$0 < \lvert x \rvert < \pi$
$\operatorname{arsinh} x = \ln(x+\sqrt{x^2+1})$	$\dfrac{1}{\sqrt{1+x^2}}$	$x - \dfrac{1}{2\cdot3}\,x^3 + \dfrac{1\cdot3}{2\cdot4\cdot5}\,x^5 - \dfrac{1\cdot3\cdot5}{2\cdot4\cdot6\cdot7}\,x^7 + \ldots$	$\lvert x \rvert < 1$
$\operatorname{artgh} x = \dfrac{1}{2} \ln \dfrac{1+x}{1-x}$	$\dfrac{1}{1-x^2}$	$\sum\limits_{\nu=0}^{\infty} \dfrac{x^{2\nu+1}}{2\nu+1}$	$\lvert x \rvert < 1$

1) Die B_ν sind die sogenannten Bernoulli'schen Zahlen; für $\nu = 1,\ldots,10$ lauten sie:

$$B_1 = \frac{1}{6} \qquad\qquad B_6 = \frac{691}{2730}$$

$$B_2 = \frac{1}{30} \qquad\qquad B_7 = \frac{7}{6}$$

$$B_3 = \frac{1}{42} \qquad\qquad B_8 = \frac{3617}{510}$$

$$B_4 = \frac{1}{30} \qquad\qquad B_9 = \frac{43867}{798}$$

$$B_5 = \frac{5}{66} \qquad\qquad B_{10} = \frac{174611}{330}$$

Kapitel 9: Integration von Funktionen

9.1 Grundlegende Definitionen

Die Integration kann in einem gewissen Sinne als die Umkehrung der Differentiation betrachtet werden. Dies führt zunächst auf den Begriff der Stammfunktion.

Definition 1.1:

Sei $f(x)$ eine auf einem Intervall $I \subset \mathbf{R}$ gegebene Funktion. Eine differenzierbare Funktion $F(x):\quad I \to \mathbb{R}$ heißt eine <u>Stammfunktion zu $f(x)$</u>, wenn gilt:

$$(1) \qquad F'(x) = f(x) \ , \quad x \in I.$$

Beispiele:

a) $\sin x$ ist Stammfunktion zu $\cos x$: $(\sin x)' = \cos x$, $x \in \mathbb{R}$,

b) $\ln x$ ist Stammfunktion zu $\frac{1}{x}$: $(\ln x)' = \frac{1}{x}$, $x > 0$,

c) $\frac{1}{\alpha+1} \cdot x^{\alpha+1}$ ist Stammfunktion zu x^{α} für $x > 0$ und $\alpha \neq -1$.

Die Stammfunktion zu einer gegebenen Funktion ist nicht eindeutig bestimmt; es gilt nämlich:

Corollar 1.1:

Ist $F(x)$ eine Stammfunktion zu $f(x)$, dann ist die Menge aller Stammfunktionen zu $f(x)$ gegeben durch:

$$(2) \qquad F_c(x) := F(x)+c, \quad c \in \mathbb{R} \text{ beliebig } .$$

Beweis:

Sei $G(x)$ eine beliebige Stammfunktion zu $f(x)$: $G'(x) = f(x)$. Wegen $F'(x) = f(x)$ folgt: $(G(x)-F(x))' = 0$. Also muß gelten: $G(x)-F(x) = c$ für eine geeignete Konstante $c \in \mathbb{R}$. ∎

Dem Begriff der Stammfunktion stellen wir nun das sogen. <u>Flächenproblem</u> gegenüber:

Sei $f(x) : [a,b] \to \mathbb{R}$ positiv. Gesucht ist die Fläche F unterhalb der Kurve $y = f(x)$, oberhalb der x-Achse und zwischen den senkrechten Geraden $x = a$, $x = b$. Zur Lösung dieses Problems betrach-

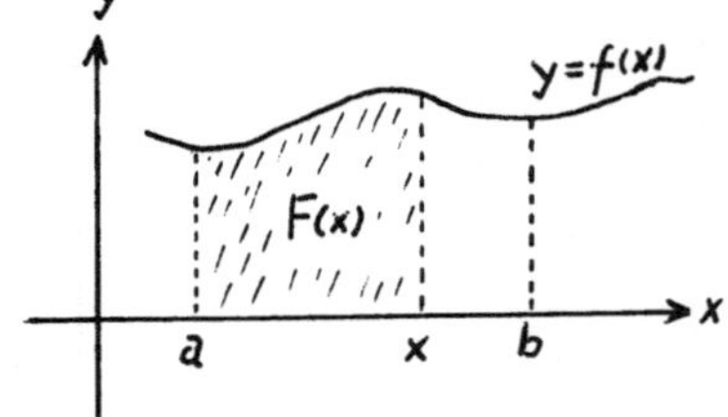

ten wir eine ganze Schar solcher Flächenprobleme: Es sei F(x) der Flächeninhalt
zwischen den senkrechten Geraden durch a und x (a $\leqq$ x $\leqq$ b). Es ist also
F(a) = 0, F(b) = F. Wir interessieren
uns für die Änderung der Fläche F(x) in
Abhängigkeit von x. Dazu vergleichen
wir zwei Flächeninhalte F(x+h), F(x)
miteinander. Laut nebenstehender Skizze
ergibt sich:

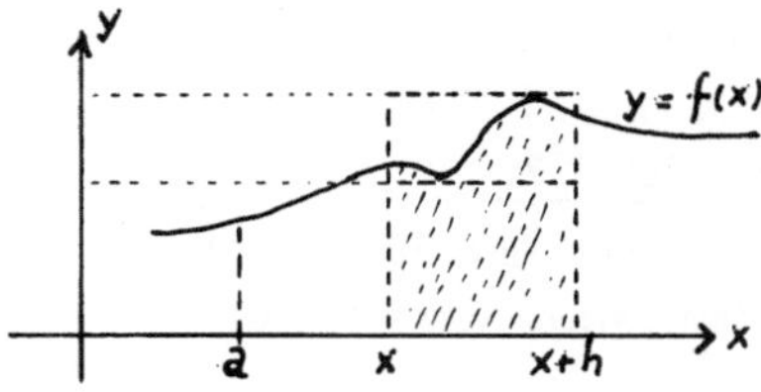

$$h \cdot \min_{\xi \in [x,x+h]} f(\xi) \leqq F(x+h)-F(x) \leqq h \cdot \max_{\xi \in [x,x+h]} f(\xi) \ .$$

(Man mache sich klar, daß diese Doppelungleichung auch für negative h richtig
ist, wenn man "min" und "max" vertauscht). Hieraus folgt nun:

$$(3) \qquad \min_{\xi \in [x,x+h]} f(\xi) \leqq \frac{F(x+h)-F(x)}{h} \leqq \max_{\xi \in [x,x+h]} f(\xi) \ .$$

Ist f(x) stetig in x, dann folgt für h $\to$ 0 die Differenzierbarkeit von F(x) in
x, und wir erhalten für h $\to$ 0:

$$(4) \qquad F'(x) = f(x) \ ,$$

also: <u>F(x) ist eine Stammfunktion zu f(x)</u>.
Ist nun G(x) irgendeine Stammfunktion zu f(x), dann ist ja F(x) = G(x)+c. Es
folgt wegen F(a) = 0, F(b) = F: G(a) = -c, G(b) = F-c, also:

$$(5) \qquad F = G(b)-G(a) =: G(x)\big|_a^b \ .$$

Damit ist das Flächenproblem gelöst, und es gilt:

<u>Corollar 1.2:</u>
Es sei f(x) : [a,b] $\to$ $\mathbb{R}$ positiv. Die Fläche F unterhalb y = f(x) zwischen der
x-Achse und den Grenzen x = a, x = b ist durch (5) gegeben, wobei G(x) eine beliebige Stammfunktion zu f(x) ist. Dabei ist f(x) stetig in [a,b] vorausgesetzt. ∎

Um brauchbare Ergebnisse zu bekommen, müssen wir die sehr einschränkende Annahme
f(x) $\overset{>}{=}$ 0 noch beseitigen: Verläuft die Kurve y = f(x) teilweise (oder ganz) unterhalb der x-Achse (f(x) < 0), dann muß man den Flächeninhalt der Flächenstücke
<u>unterhalb</u> der x-Achse als <u>negativ</u> ansehen.

Der so definierte verallgemeinerte
Flächeninhalt wird dann wieder durch
(5) geliefert.

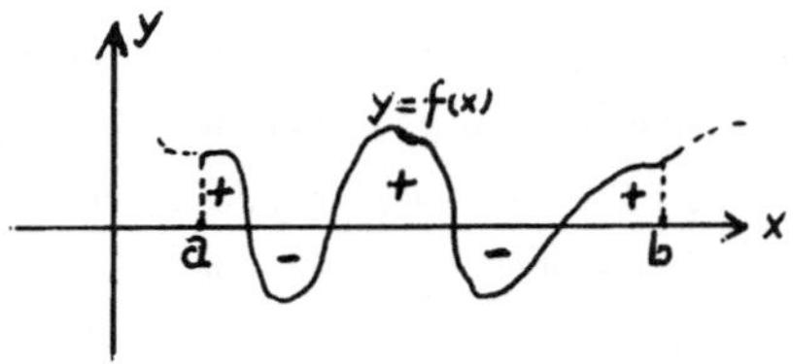

Definition 1.2:

Für den verallgemeinerten Flächeninhalt, der durch die Funktion $f(x) : [a,b] \to \mathbb{R}$
bestimmt wird, schreiben wir:

$$(6) \qquad F = \int_a^b f(x)dx$$

und nennen dies das <u>bestimmte Integral</u> von f(x) zwischen den Grenzen a und b.

Beispiele:

a) $f(x) = x+1$, $a = 1$, $b = 3$. Eine Stammfunktion ist $F(x) = \frac{1}{2}x^2+x$, also:

$$F = \int_1^3 (x+1)dx = \frac{1}{2}x^2+x\Big|_1^3 = \frac{1}{2}\cdot 3^2+3-(\frac{1}{2}\cdot 1^2+1) = 6 .$$

b) $f(x) = x^2$, $a = 0$, $b = 2$. Eine Stammfunktion ist: $F(x) = \frac{1}{3}x^3$, also:

$$F = \int_0^2 x^2 dx = \frac{x^3}{3}\Big|_0^2 = \frac{2^3}{3} - \frac{0^3}{3} = \frac{8}{3} .$$

c) $f(x) = \cos x$, $a = 0$, $b = 2\pi$. Eine Stammfunktion ist: $F(x) = \sin x$, also:

$$F = \int_0^{2\pi} \cos x\, dx = \sin x\Big|_0^{2\pi} = \sin 2\pi - \sin 0 = 0-0 = 0 .$$

Bei dem bestimmten Integral $\int_a^b f(x)dx$ hatten wir bisher stets a < b vorausgesetzt.
Es ist nun für viele Anwendungen wichtig, auch solche Integrale mit in die Betrachtungen einzubeziehen, bei denen etwa b < a gilt. Dieses würde einer Flä-
cheninhaltsberechnung von "rechts nach links", also in umgekehrter Richtung
entsprechen. Auch in diesem Falle wollen wir dann dem Flächeninhalt das entgegengesetzte Vorzeichen zuordnen, d.h. wir definieren jetzt ganz allgemein:

Definition 1.3:

$$(7) \qquad \int_a^b f(x)dx = - \int_b^a f(x)dx , \quad a,b \in \mathbb{R} .$$

Wir kommen nun zur Definition des unbestimmten Integrals:

<u>Definition 1.4:</u>

Vom bestimmten Integral (6) einer Funktion f(x) zu unterscheiden ist das <u>unbe-</u>
<u>stimmte Integral</u>:

$$(8) \qquad \int f(x)dx \ .$$

Hier legt man sich nicht fest, um welche Grenzen bei der Integration es sich
handelt. Vielmehr bezeichnet (8) die <u>Gesamtheit aller Stammfunktionen</u> zu f(x).

<u>Beispiele:</u>
a) $\int (x+1)dx = \frac{1}{2} x^2+x+c$, $c \in \mathbb{R}$ beliebig.
b) $\int x^2 dx = \frac{1}{3} x^3+c$, $c \in \mathbb{R}$ beliebig.
c) $\int \cos x \, dx = \sin x+c$, $c \in \mathbb{R}$ beliebig.

Oft läßt man bei der Darstellung des unbestimmten Integrals die <u>Integrations-</u>
<u>konstante</u> c auch einfach weg. Wir haben allgemein die Beziehung:

$$(9) \qquad \int f(x)dx = \int_a^x f(t)dt+c \ , \quad a,c \in \mathbb{R} \ .$$

<u>Anmerkung:</u> Die obere und untere Grenze in (9) (hier a und x) sind wichtig für
den Wert des Integrals. Dagegen kommt es auf den Namen der Integrationsvariablen
(hier t) nicht an: Diese ist mit einem Summationsindex vergleichbar.

Bisher war noch nicht geklärt, ob z.B. jede stetige Funktion eine Stammfunktion
besitzt. Daß dieses der Fall ist, sieht man aus der folgenden Konstruktion:
Das Intervall [a,b] werde in N gleiche
Teile zerlegt:

$$\Delta x := \frac{b-a}{N} \ , \ x_0 := a, \ x_j := a+j \cdot \Delta x, \ j = 0,\ldots,N \ .$$

Sei $\xi_j \in [x_{j-1},x_j]$ ein beliebiger Zwischenwert im Intervall. Nun gilt, falls f(x)
stetig ist (und auch noch unter schwächeren Voraussetzungen an f(x)):

$$(10) \qquad \int_a^b f(x)dx = \lim_{N \to \infty} \sum_{j=1}^N f(\xi_j) \cdot \Delta x \ .$$

Ist f(x) stetig, dann gilt (10) auch unabhängig von der Wahl der Zwischenwerte.

9.2 Sätze über Integrale

Aus den bisherigen Ergebnissen leitet man leicht die folgenden einfachen
Rechenregeln für Integrale her (alle Funktionen hier seien stetig):

1. Ist $f(x) \geq g(x)$ für alle $x \in [a,b]$, dann folgt:

$$(1) \qquad \int_a^b f(x)dx \geq \int_a^b g(x)dx \; .$$

2. Für $f(x), g(x) : [a,b] \to \mathbb{R}$ gilt:

$$(2) \qquad \int_a^b (f(x)\pm g(x))dx = \int_a^b f(x)dx \pm \int_a^b g(x)dx \; .$$

3. Für $f(x) : [a,b] \to \mathbb{R}$ und bel. $c \in \mathbb{R}$ gilt:

$$(3) \qquad \int_a^b c \cdot f(x)dx = c \cdot \int_a^b f(x)dx \qquad \text{sowie} \qquad \left| \int_a^b f(x)dx \right| \leq \int_a^b |f(x)|dx \; .$$

4. Seien $a,b,c \in \mathbb{R}$ beliebig und $f(x)$ in einem Intervall definiert, das a,b,c enthält. Dann gilt:

$$(4) \qquad \int_a^b f(x)dx = \int_a^c f(x)dx + \int_c^b f(x)dx \; .$$

Wir beweisen nun einen für die Anwendungen wichtigen Satz, der ein Analogon des
Mittelwertsatzes der Differentialrechnung ist (vgl. Satz 3.1, Kap. 6):

Satz 2.1 (Mittelwertsatz der Integralrechnung):

Es seien $f(x), p(x) : [a,b] \to \mathbb{R}$ stetige Funktionen und $p(x) \geq 0$ in $[a,b]$. Dann
gibt es einen Mittelwert $\xi \in (a,b)$, so daß gilt:

$$(5) \qquad \int_a^b f(x) \cdot p(x)dx = f(\xi) \cdot \int_a^b p(x)dx \; .$$

Beweis:

Es sei $M := \max_{a \leq x \leq b} f(x)$, $m := \min_{a \leq x \leq b} f(x)$.
Dann gilt wegen $p(x) \geq 0$: $m \cdot p(x) \leq f(x) \cdot p(x) \leq M \cdot p(x)$ für alle $x \in [a,b]$. Aus (1)
und (3) folgt hieraus:

$$(6) \qquad m \cdot \int_a^b p(x)dx \leq \int_a^b f(x) \cdot p(x)dx \leq M \cdot \int_a^b p(x)dx \; .$$

Wegen Satz 4.4, Kap. 5 nimmt die stetige Funktion $f(x)$ in (a,b) jeden Zwischenwert zwischen m und M mindestens einmal an. Dasselbe gilt natürlich für die
stetige Funktion: $f(x) \cdot \int_a^b p(t)dt$ mit den Schranken $m \cdot \int_a^b p(t)dt$, $M \cdot \int_a^b p(t)dt$.
Also muß wegen (6) ein $\xi \epsilon(a,b)$ existieren, so daß (5) richtig ist. ▪

Der enge Zusammenhang zwischen dem (unbestimmten) Integral und der Ableitung ergibt sich nun allgemein aus folgendem Satz:

<u>Satz 2.2 (Fundamentalsatz der Infinitesimalrechnung):</u>
Es sei $f(x)$ in $I \subset \mathbb{R}$ stetig und $F(x)$ in I differenzierbar. Dann ist die Beziehung

$$(7a) \qquad f(x) = F'(x), \quad x \epsilon I$$

gleichbedeutend damit, daß Konstanten $a, c \epsilon \mathbb{R}$ existieren mit:

$$(7b) \qquad F(x) = \int_a^x f(t)dt + c, \quad x \epsilon I \ .$$

In diesem Sinne also sind Differenzieren und Integrieren Umkehroperationen.

<u>Beweis:</u>
1. Es gelte zunächst (7b). Wir bilden den Differenzenquotienten von $F(x)$ an der
Stelle $x \epsilon I$ und benutzen die Formel (4):

$$\frac{F(x+\Delta x)-F(x)}{\Delta x} = \frac{1}{\Delta x}\left(\int_a^{x+\Delta x} f(t)dt - \int_a^x f(t)dt\right) =$$

$$= \frac{1}{\Delta x} \cdot \int_x^{x+\Delta x} f(t)dt = \frac{1}{\Delta x}(\Delta x \cdot f(x^*)) = f(x^*) \ ,$$

wobei $x^* \epsilon [x, x+\Delta x]$ eine Zwischenstelle ist ($f(x)$ ist ja stetig, und Formel (5) mit
$p(x) \equiv 1$ ist anwendbar). Für $\Delta x \to 0$ gilt $x^* \to x$, und wir erhalten nun durch
Grenzübergang:

$$F'(x) = \lim_{\Delta x \to 0} \frac{F(x+\Delta x)-F(x)}{\Delta x} = \lim_{x^* \to x} f(x^*) = f(x) \ ,$$

also die Beziehung (7a).
2. Es gelte nun (7a). Wir wählen eine beliebige Konstante $x_0 \epsilon I$ und definieren
die Funktion:

$$G(x) := \int_{x_0}^x f(t)dt = \int_{x_0}^x F'(t)dt \ , \quad x \epsilon I \ .$$

Nach dem unter 1. Bewiesenen gilt: $G'(x) = F'(x)$, also $G(x) = F(x)+c_0$, wobei c_0 eine Konstante ist. Hieraus folgt: $F(x)+c_0 = \int\limits_{x_0}^{x} f(t)dt$, also die Beziehung (7b), wenn wir setzen: $a := x_0$, $c := -c_0$. ∎

<u>Anmerkung</u>: Wegen Formel (9) des Abschnitts 9.1 kann man das Ergebnis des Fundamantalsatzes ganz kurz beschreiben durch:

$$(7c) \qquad f(x) = F'(x) \iff F(x) = \int f(x)dx \ .$$

Die Hauptanwendung dieses Satzes beruht auf der Herleitung von Integrationsformeln aus bekannten Ableitungsformeln.

<u>Beispiele:</u>

1. $F(x) = \dfrac{x^{\alpha+1}}{\alpha+1}$, $x > 0$, $\alpha \neq -1$, ➡ $f(x) := F'(x) = x^{\alpha}$, also:

$$\int x^{\alpha}dx = \frac{1}{\alpha+1} \cdot x^{\alpha+1}+c \ \text{ für } x > 0, \ \alpha \neq -1.$$

2. $F(x) = \ln|x|$, $x \neq 0$, ➡ $f(x) := F'(x) = \dfrac{1}{x}$, $x \neq 0$, also:

$$\int\limits_{a}^{x} t^{-1}dt = \begin{cases} \ln x - \ln a & \text{für } 0 < a \leq x \\ \ln(-x)-\ln(-a) & \text{für } 0 > a \geq x. \end{cases}$$

3. $\int \sin x \ dx = -\cos x +c$, $\int \cos x \ dx = \sin x +c$,

$$\int \frac{dx}{\cos^2 x} = \operatorname{tg} x + c \qquad , \int \frac{dx}{\sin^2 x} = -\operatorname{ctg} x + c \ , \text{ für } \cos x \neq 0 \text{ bzw. } \sin x \neq 0.$$

Mit den unbestimmten Integralen können wir auch bestimmte Integrale berechnen:

1. $\int\limits_{1}^{2} t^2 dt = \frac{1}{3} t^3 \big|_1^2 = \frac{1}{3} \cdot 2^3 - \frac{1}{3} \cdot 1^3 = \frac{8}{3} - \frac{1}{3} = \frac{7}{3}$.

2. $\int\limits_{1}^{5} t^{-1}dt = \ln t \ \big|_1^5 = \ln 5 - \ln 1 = \ln 5$.

3. $\int\limits_{0}^{\pi} \sin t \ dt = -\cos t \ \big|_0^{\pi} = -\{\cos \pi - \cos 0\} = -\{-1 -1\} = 2$.

4. $\int\limits_{0}^{\pi/4} \frac{dt}{\cos^2 t} = \operatorname{tg} t \big|_0^{\pi/4} = \operatorname{tg} \frac{\pi}{4} - \operatorname{tg} 0 = 1-0 = 1$.

<u>Bemerkung</u>: Für den Fall $p(x) \equiv 1$ folgt aus (5) die spezielle Form des Mittelwertsatzes:

$$(5*) \qquad \frac{1}{b-a} \cdot \int\limits_{a}^{b} f(x)dx = f(\xi) \quad \text{für ein } \xi \in (a,b) \ .$$

Man kann (5*) als Verallgemeinerung des arithmetischen Mittels ansehen (Man mache sich die geometrische Bedeutung von (5*) klar).
Wir fragen nun , wie konvergente Potenzreihen zu integrieren sind. Es gilt:

<u>Satz 2.3 (Integration von Potenzreihen):</u>
Es sei $f(x) := \sum_{k=0}^{\infty} a_k x^k$ eine Potenzreihe mit Konvergenzradius $\rho > 0$. Dann besitzt auch die Potenzreihe $F(x) := \sum_{k=0}^{\infty} \frac{1}{k+1} a_k \cdot x^{k+1}$ den Konvergenzradius ρ, und es gilt:

$$(8) \qquad \int_0^x f(\xi)d\xi = F(x) \quad \text{für } |x| < \rho \ .$$

mit anderen Worten: <u>Konvergente Potenzreihen dürfen gliedweise integriert werden.</u>
(Eine analoge Aussage hatten wir bereits für das Differenzieren von Potenzreihen hergeleitet in Abschn. 7.3, Satz 3.5).

<u>Beweis:</u>
Wegen $\dfrac{1}{\overline{\lim} \sqrt[k]{|a_k|}} = \rho > 0$ folgt für die Koeffizienten von $F(x)$:

$$\frac{1}{\overline{\lim} \sqrt[k+1]{\dfrac{|a_k|}{k+1}}} = \frac{\lim \sqrt[k+1]{k+1}}{\overline{\lim} \sqrt[k+1]{|a_k|}} = \frac{1}{\overline{\lim} \sqrt[k+1]{|a_k|}} = \rho \ .$$

Damit ist die erste Behauptung bewiesen. Wegen $F(0) = 0$ folgt (8) unmittelbar aus Satz 3.5, Kapitel 7. - Wir bringen noch einen anderen Beweis von (8):
Nach Voraussetzung des Satzes existiert zu $\varepsilon > 0$ ein $N = N(\varepsilon)\in\mathbb{N}$ so, daß für alle $|x| < \rho$ gilt:

$$(9) \qquad \sum_{k=N+1}^{\infty} |a_k| \cdot |\xi|^k < \varepsilon \quad \text{für alle } |\xi| \leqq |x| \ .$$

Hieraus folgt nun mit Hilfe von (1) bis (4)

$$\left| \int_0^x f(\xi)d\xi - \sum_{k=0}^{N} \frac{a_k}{k+1} \cdot x^{k+1} \right| = \left| \int_0^x \left(f(\xi) - \sum_{k=0}^{N} a_k \cdot \xi^k \right) d\xi \right| =$$

$$= \left| \int_0^x \sum_{k=N+1}^{\infty} a_k \cdot \xi^k d\xi \right| \leqq \int_0^{|x|} \sum_{N+1}^{\infty} |a_k| \cdot |\xi|^k d\xi \leqq \int_0^{|x|} \varepsilon d\xi = \varepsilon \cdot |x| < \varepsilon \cdot \rho \ .$$

Da $\varepsilon > 0$ beliebig (klein) wählbar ist, folgt (8). ∎

Dieser Satz gestattet die Entwicklung neuer Funktionen in Potenzreihen aus bereits bekannten.

Beispiele:

4. Es ist $\operatorname{arctg} x = \int\limits_0^x \frac{d\xi}{1+\xi^2}$. Wegen: $\frac{1}{1+x^2} = 1-x^2+x^4-x^6+\dots$ für $|x| < 1$ (geometrische Reihe), folgt durch gliedweise Integration:

$$(10) \qquad \operatorname{arctg} x = x- \frac{1}{3} x^3+ \frac{1}{5} x^5- \frac{1}{7} x^7+ \dots \quad \text{für } |x| < 1 \ .$$

5. Es ist $\ln(1+x) = \int\limits_0^x \frac{d\xi}{1+\xi}$ für $|x| < 1$. Wegen: $\frac{1}{1+x} = 1-x+x^2-x^3+\dots$ für $|x| < 1$ (geometrische Reihe), folgt durch gliedweises Integrieren:

$$(11) \qquad \ln(1+x) = x- \frac{1}{2} x^2+ \frac{1}{3} x^3- \frac{1}{4} x^4+ \dots \quad \text{für } |x| < 1 \ .$$

Diese Reihen sind uns allerdings schon von früher her bekannt.

Die folgende Tabelle gibt eine Zusammenstellung von elementaren (unbestimmten) Integralen:

$F'(x) = f(x)$	$F(x) = \int f(x)dx$	$F'(x) = f(x)$	$F(x) = \int f(x)dx$
$x^\alpha,\ \alpha \neq -1,\ x>0$	$\frac{1}{\alpha+1} \cdot x^{\alpha+1}$	$\operatorname{tg} x$	$-\ln(\cos x)$
$\frac{1}{x},\ x \neq 0$	$\ln|x|$	$\operatorname{ctg} x$	$\ln(\sin x)$
e^x	e^x	$\operatorname{tgh} x$	$\ln(\cosh x)$
$a^x\ (a \neq 1,\ a > 0)$	$\frac{a^x}{\ln a}$	$\operatorname{ctgh} x$	$\ln(\sinh x)$
$\sin x$	$-\cos x$	$\ln x$	$x \cdot \ln x - x$
$\cos x$	$\sin x$	$\arcsin x$	$x \cdot \arcsin x + \sqrt{1-x^2}$
$\sin^{-2} x$	$-\operatorname{ctg} x$	$\arccos x$	$x \cdot \arccos x - \sqrt{1-x^2}$
$\cos^{-2} x$	$\operatorname{tg} x$	$\operatorname{arctg} x$	$x \cdot \operatorname{arctg} x - \ln\sqrt{1+x^2}$
$\sinh x$	$\cosh x$	$\operatorname{arcctg} x$	$x \cdot \operatorname{arcctg} x + \ln\sqrt{1+x^2}$

$F'(x) = f(x)$	$F(x) = \int f(x)dx$
$\cosh x$	$\sinh x$
$\sinh^{-2} x$	$-\operatorname{ctgh} x$
$\cosh^{-2} x$	$\operatorname{tgh} x$
$\dfrac{1}{\sqrt{1-x^2}}$ $(|x| < 1)$	$\arcsin x$ oder $-\arccos x$
$\dfrac{1}{1+x^2}$	$\operatorname{arctg} x$ oder $-\operatorname{arc\,ctg} x$
$\dfrac{1}{\sqrt{1+x^2}}$	$\operatorname{arsinh} x = \ln(x+\sqrt{1+x^2})$
$\dfrac{1}{\sqrt{x^2-1}}$ $(|x| > 1)$	$\operatorname{arcosh} x = \ln(x+\sqrt{x^2-1})$
$\dfrac{1}{1-x^2}$	$\operatorname{artgh} x = \frac{1}{2}\cdot\ln\frac{1+x}{1-x}$ für $|x| < 1$; $\operatorname{arctgh} x = \frac{1}{2}\cdot\ln\frac{x+1}{x-1}$ für $|x|>1$

9.3 Integrationsregeln

Die Integration von Funktionen erweist sich in praktischen Fällen als schwieriger, als die Differentiation. Während sich das Differenzieren meist durch Anwendung weniger einfacher Rezepte (Produktregel, Quotientenregel, Kettenregel) erledigen läßt, ist das Integrieren - d.h. das Aufsuchen einer Stammfunktion - oft mit erheblich größeren Schwierigkeiten verbunden, ja oft ist die explizite Angabe einer Stammfunktion garnicht möglich, obwohl diese sehr wohl existiert. Trotzdem kann man sich in vielen Fällen durch die folgenden Regeln helfen.

I. Die partielle Integration (Produktintegration):

Sind $f(x)$, $g(x)$ differenzierbare Funktionen, dann gilt bekanntlich die Produktregel:

$$(f(x)\cdot g(x))' = f'(x)\cdot g(x)+f(x)\cdot g'(x)$$

oder:

$$(1) \qquad f'(x)\cdot g(x) = (f(x)\cdot g(x))'-f(x)\cdot g'(x) \ .$$

Durch Integration zwischen den Grenzen a und b folgt nun aus (1):

$$(2a) \qquad \int_a^b f'(x) \cdot g(x)dx = f(x) \cdot g(x)\big|_a^b - \int_a^b f(x) \cdot g'(x)dx$$

oder für unbestimmte Integrale:

$$(2b) \qquad \int f'(x) \cdot g(x)dx = f(x) \cdot g(x) - \int f(x) \cdot g'(x)dx + c \qquad c \in \mathbb{R} .$$

<u>Beispiele:</u>
1. $f(x) = e^x$, $g(x) = x$, $a = 1$, $b = 2$.

$$\int_1^2 e^x \cdot x \, dx = \int_1^2 (e^x)' \cdot x \, dx = e^x \cdot x\big|_1^2 - \int_1^2 e^x \cdot 1 \, dx$$

$$= 2e^2 - e - e^x\big|_1^2 = 2e^2 - e - (e^2 - e) = e^2 .$$

Ferner gilt:

$$\int e^x x \, dx = e^x \cdot x - \int e^x dx + c = e^x \cdot (x-1) + c .$$

2. Gesucht ist $\int x \cdot \cos x \, dx$. Wir setzen: $f'(x) := \cos x$, $f(x) := \sin x$, $g(x) := x$, $g'(x) = 1$.
Mit (2b) folgt:

$$\int x \cdot \cos x \, dx = \int (\sin x)' \cdot x \, dx = \sin x \cdot x - \int \sin x \cdot 1 \, dx + \tilde{c}$$

$$= \sin x \cdot x + \cos x + \hat{c} + \tilde{c} ,$$

also:

$$\int x \cdot \cos x \, dx = x \cdot \sin x + \cos x + c .$$

Hieraus ergibt sich z.B.:

$$\int_0^{\pi/2} x \cdot \cos x \, dx = (x \cdot \sin x + \cos x)\big|_0^{\pi/2} = \frac{\pi}{2} - 1 .$$

3. Gesucht ist $\int \ln x \, dx$. Wir setzen: $f'(x) = 1$, $f(x) = x$, $g(x) = \ln x$ $g'(x) = \frac{1}{x}$.
Mit (2b) folgt:

$$\int \ln x \, dx = \int (x)' \cdot \ln x \, dx = x \cdot \ln x - \int x \cdot \frac{1}{x} \, dx = x \cdot \ln x - x ,$$

also:

$$\int \ln x \, dx = x \cdot (\ln x - 1) .$$

4. Gesucht ist $\int \frac{\ln x}{x} dx$. Wir setzen: $f'(x) = \frac{1}{x}$, $f(x) = \ln x$,

$$g(x) = \ln x \quad , \quad g'(x) = \frac{1}{x} \ .$$

Mit (2b) folgt:

$$\int \frac{\ln x}{x} dx = \int (\ln x)' \cdot \ln x \, dx = (\ln x)^2 - \int \frac{\ln x}{x} dx \ ,$$

also:

$$\int \frac{\ln x}{x} dx = \frac{1}{2}(\ln x)^2 \ .$$

5. Gesucht ist $\int \cos^2 x \, dx$. Wir setzen: $f'(x) = \cos x$, $f(x) = \sin x$,

$$g(x) = \cos x \quad , \quad g'(x) = -\sin x \ .$$

Mit (2b) folgt:

$$\int \cos^2 x \, dx = \int (\sin x)' \cdot \cos x \, dx = \sin x \cdot \cos x - \int -\sin^2 x \, dx$$

$$= \sin x \cdot \cos x + \int (1 - \cos^2 x) dx$$

$$= \sin x \cdot \cos x + x - \int \cos^2 x \, dx \ ,$$

also:

$$\int \cos^2 x \, dx = \frac{1}{2}(x + \sin x \cdot \cos x) \ .$$

Analog zeigt man:

$$\int \sin^2 x \, dx = \frac{1}{2}(x - \sin x \cdot \cos x) \ .$$

Oft kommt man durch wiederholte partielle Integration zum Ziel. Man führe dies etwa durch an den Beispielen:

6. $\int \cos x \cdot e^x dx = \frac{1}{2} \cdot e^x (\cos x + \sin x)$,

7. $\int x^2 \cdot e^x dx = e^x \cdot (x^2 - 2x + 2)$.

Hinweis: Man prüfe stets durch Differenzieren des Ergebnisses, ob man richtig gerechnet hat: Die Ableitung des Ergebnisses muß stets wieder den Integranden ergeben!

Wir fügen noch eine wichtige Anwendung der partiellen Integration an; es handelt sich um eine Darstellung des Restgliedes $r_n(x)$ in der Taylor-Entwicklung von Funktionen.

<u>Satz 3.1:</u>

Wenn die Funktion $f(x)$ $(n+1)$-mal stetig differenzierbar ist, dann gilt:

$$(3) \quad \begin{cases} f(x) = \sum_{k=0}^{n} \frac{f^{(k)}(x_0)}{k!} \cdot (x-x_0)^k + r_n(x) \ , \\[2ex] \text{wobei gilt:} \\[2ex] r_n(x) = \frac{1}{n!} \cdot \int_{x_0}^{x} (x-t)^n \cdot f^{(n+1)}(t)dt \ . \end{cases}$$

<u>Beweis:</u>

Durch partielle Integration der in (3) definierten Funktion $r_n(x)$ erhält man:

$$r_n(x) = \frac{1}{n!} \cdot \left\{ (x-t)^n \cdot f^{(n)}(t) \Big|_{x_0}^{x} - \int_{x_0}^{x} -n \cdot (x-t)^{n-1} \cdot f^{(n)}(t)dt \right\} =$$

$$= - \frac{f^{(n)}(x_0)}{n!} \cdot (x-x_0)^n + r_{n-1}(x) \ .$$

Durch Wiederholung erhält man schließlich:

$$r_n(x) = - \sum_{k=1}^{n} \frac{f^{(k)}(x_0)}{k!} \cdot (x-x_0)^k + r_0(x) \ .$$

Wegen $r_0(x) = f(x) - f(x_0)$ folgt hiermit (3). ∎

Mit diesem Satz haben wir einen neuen Beweis der Taylor-Entwicklung von Funktionen erhalten und zudem eine neue Restglieddarstellung. Die Darstellung des Restes $r_n(x)$ in Formel (3) von Abschnitt 8.1 lautet ja:

$$(4) \qquad r_n(x) = \frac{1}{(n+1)!} \cdot f^{(n+1)}(\eta) \cdot (x-x_0)^{n+1} \qquad \text{mit } \eta \in (\text{Min}(x_0,x), \text{Max}(x_0,x))$$

Diese Darstellung erhalten wir nun auch aus (3) unmittelbar, wenn wir den Mittelwertsatz der Integralrechnung anwenden (vgl. (5), Abschn. 9.2).

<u>II. Die Substitutionsregel</u>

Diese Regel beruht auf der Einführung neuer Integrationsvariablen unter Zugrundelegung der Kettenregel bei der Differentiation.

Es sei $y = \varphi(x)$ differenzierbar und $F(y) = F(\varphi(x))$ eine nach y differenzierbare Funktion. Will man die zusammengesetzte Funktion $F(\varphi(x))$ nach x differenzieren, dann folgt nach der Kettenregel:

(5) $$\frac{dF}{dx} = \frac{dF}{dy} \cdot \frac{dy}{dx} = f(\varphi(x)) \cdot \varphi'(x) \; ,$$

wobei wir $f(y) := \frac{d}{dy} F(y)$ gesetzt haben. Hieraus nun folgt durch Integration:

$$\int_a^b f(\varphi(x)) \cdot \varphi'(x) dx = \int_a^b \{\frac{d}{dx} F(\varphi(x))\} dx = F(\varphi(b)) - F(\varphi(a)) =$$

$$= \int_{\varphi(a)}^{\varphi(b)} \{\frac{d}{dy} F(y)\} dy = \int_{\varphi(a)}^{\varphi(b)} f(y) dy \; .$$

Damit erhalten wir die <u>Substitutionsregel Nr. 1</u>:

(6) $$\int_a^b f(\varphi(x)) \cdot \varphi'(x) dx = \int_{\varphi(a)}^{\varphi(b)} f(y) dy \; ; \quad y = \varphi(x) \; .$$

Eine ganz analoge Formel erhält man für die unbestimmte Integration:

(6*) $$\int f(\varphi(x)) \cdot \varphi'(x) dx = \int f(y) dy \; ; \quad y = \varphi(x) \; .$$

Speziell erhält man für $f(\varphi) = \frac{1}{\varphi}$:

(6a) a) $$\int \frac{\varphi'(x)}{\varphi(x)} dx = \int \frac{dy}{y} = \ln|y| + c = \ln|\varphi(x)| + c$$

bzw. für $f(\varphi) = \varphi$:

(6b) b) $$\int \varphi(x) \cdot \varphi'(x) dx = \int y dy = \frac{1}{2} y^2 + c = \frac{1}{2}(\varphi(x))^2 + c \; .$$

<u>Beispiele</u>:

8. $$\int \frac{x}{1+x^2} dx = \frac{1}{2} \cdot \int \frac{(1+x^2)'}{1+x^2} dx = \frac{1}{2} \cdot \ln(1+x^2) + c \; .$$

9. $$\int tgx \, dx = \int \frac{\sin x}{\cos x} dx = -\int \frac{(\cos x)'}{\cos x} dx = -\ln|\cos x| + c \; .$$

10. $$\int ctgx \, dx = \int \frac{\cos x}{\sin x} dx = \int \frac{(\sin x)'}{\sin x} dx = \ln|\sin x| + c \; .$$

11. $$\int \sin x \cdot \cos x \, dx = \int \sin x \cdot (\sin x)' dx = \frac{1}{2} \cdot \sin^2 x + c \; .$$

12. $$\int \frac{\ln x}{x} dx = \int \ln x \cdot (\ln x)' dx = \frac{1}{2}(\ln x)^2 + c \; .$$

13. $$\int \frac{x}{(1+x^2)^2} dx = ? \qquad \int_1^2 \frac{x}{(1+x^2)^2} dx = ?$$

Wir setzen: $y = \varphi(x) := 1+x^2$, $\Rightarrow$ $\varphi'(x) = 2x$,

$f(y) = f(\varphi(x)) := \dfrac{1}{y^2} = \dfrac{1}{(1+x^2)^2}$. Mit (6*) folgt:

$$\int\frac{x}{(1+x^2)^2}\,dx = \frac{1}{2}\cdot\int\frac{2x}{(1+x^2)^2}\,dx = \frac{1}{2}\int\frac{dy}{y^2} = -\frac{1}{2y}+c = -\frac{1}{2(1+x^2)}+c \ .$$

Hieraus nun ergibt sich:

$$\int_1^2 \frac{x}{(1+x^2)^2}\,dx = -\frac{1}{2(1+x^2)}\Big|_1^2 = -\frac{1}{2(1+2^2)} + \frac{1}{2(1+1^2)} = \frac{1}{4} - \frac{1}{10} = \frac{3}{20} \ .$$

Man kann aber auch nach Formel (6) vorgehen und auf der rechten Seite die Grenzen substituieren:

$$\int_1^2 \frac{x}{(1+x^2)^2}\,dx = \frac{1}{2}\cdot\int_{\varphi(1)}^{\varphi(2)}\frac{dy}{y^2} = \frac{1}{2}\cdot\int_2^5\frac{dy}{y^2} = -\frac{1}{2y}\Big|_2^5 = -\frac{1}{10} + \frac{1}{4} = \frac{3}{20} \ .$$

Häufig treten in der Praxis Integrale auf, deren Integrand schon eine zusammengesetzte Funktion ist. Es ist daher zweckmäßig, die Regel (6) in eine etwas andere Form zu bringen. Dazu nehmen wir an, daß $y = \varphi(x)$ eine monotone Funktion ist. Es existiert dann also die Umkehrfunktion:

$$x = \psi(y) \quad \text{mit:} \quad \psi(\varphi(x)) = x \ .$$

Wir definieren $\hat{f}(x) := f(\varphi(x))$ und erhalten aus (6):

$$\int_a^b f(\varphi(x))dx = \int_a^b \hat{f}(x)dx = \int_{\varphi(a)}^{\varphi(b)} \hat{f}(\psi(y))\cdot\psi'(y)dy =$$

$$= \int_{\varphi(a)}^{\varphi(b)} f(\varphi(\psi(y)))\cdot\psi'(y)dy = \int_{\varphi(a)}^{\varphi(b)} f(y)\cdot\psi'(y)dy \ .$$

Damit erhalten wir die <u>Substitutionsregel Nr. 2</u>:

$$(7) \qquad \int_a^b f(\varphi(x))dx = \int_{\varphi(a)}^{\varphi(b)} f(y)\cdot\psi'(y)dy \ ; \quad y = \varphi(x),\ x = \psi(y)$$

mit einer ganz analogen Formel für die unbestimmte Integration.

<u>Beispiele:</u>

14. $\int(\sqrt{x}+1)^2 dx = ?$ $\qquad\qquad \int_1^4 (\sqrt{x}+1)^2 dx = ?$

Wir setzen: $y = \varphi(x) := \sqrt{x}$, also $x = \psi(y) = y^2$, $\psi'(y) = 2y$,

$$f(y) = f(\varphi(x)) = (\sqrt{x}+1)^2 = (y+1)^2 \; ; \; \varphi(1) = 1, \; \varphi(4) = 2 \; .$$

Mit (7) folgt:

$$\int(\sqrt{x}+1)^2 dx = \int(y+1)^2 2y\,dy = \int(2y^3+4y^2+2y)dy =$$

$$= \frac{1}{2}\cdot y^4 + \frac{4}{3}\cdot y^3 + y^2 + c = \frac{1}{2}\cdot x^2 + \frac{4}{3}\cdot x\sqrt{x} + x + c \; .$$

Weiter ist nach (7):

$$\int\limits_1^4 (\sqrt{x}+1)^2 dx = \int\limits_1^2 (y+1)^2\cdot 2y\,dy = \left(\frac{1}{2}\cdot y^4 + \frac{4}{3}\cdot y^3 + y^2\right)\Big|_1^2 =$$

$$= (8 + \frac{32}{3} + 4) - (\frac{1}{2} + \frac{4}{3} + 1) = \frac{119}{6} \; .$$

15. $\int e^{\sqrt{x}} dx = ?$

Wir setzen: $y = \varphi(x) = \sqrt{x}$, $x = \psi(y) = y^2$, $\psi'(y) = 2y$,
$$f(y) = e^y \; .$$

Mit (7) folgt:

$$\int e^{\sqrt{x}} dx = \int 2y\cdot e^y\,dy = 2\cdot e^y\cdot(y-1)+c = 2\cdot e^{\sqrt{x}}\cdot(\sqrt{x}-1)+c \; .$$

Für den Fall, daß $y = \varphi(x)$ monoton ist, so daß also die Umkehrfunktion $x = \psi(y)$ existiert, kann man (6) auch in folgender Weise schreiben:

<u>Substitutionsregel Nr. 3:</u>

$$(8) \qquad \int\limits_a^b f(x)dx = \int\limits_{\varphi(a)}^{\varphi(b)} f(\psi(y))\cdot\psi'(y)dy \; , \quad y = \varphi(x) \; , \quad x = \psi(y) \; .$$

Für die unbestimmte Integration gilt eine analoge Formel.

Bei allen Substitutionsregeln (6), (7), (8), die im übrigen natürlich alle äquivalent sind, gilt prinzipiell die <u>Regel, daß alle Bestandteile des Integrals von x in y umzuschreiben sind.</u> Diese sind:

a) die Grenzen a,b (beim bestimmten Integral),

b) die Integrationsvariable x,

c) das Differential dx, wobei man sich merke: $dx = \psi'(y)dy$ (d.h. $dy = \varphi'(x)dx$).

16. $\int\limits_0^1 \dfrac{x-\sqrt{x^2+1}}{x+\sqrt{x^2+1}}\,dx = ?$ Wir setzen: $x := \psi(y) := \sinh y$, $\Rightarrow$ $dx = \cosh y\,dy$.

Somit ist: $y = \operatorname{arsinh} x = \varphi(x)$, also: $\varphi(0) = 0$, $\varphi(1) = \operatorname{arsinh} 1$.

Weiter folgt: $\sqrt{x^2+1} = \sqrt{\sinh^2 y+1} = \sqrt{\cosh^2 y} = \cosh y$, also wegen (8):

$$\int\limits_0^1 \frac{x-\sqrt{x^2+1}}{x+\sqrt{x^2+1}}\,dx = \int\limits_0^{\operatorname{arsinh} 1} \frac{\sinh y -\cosh y}{\sinh y +\cosh y}\cdot \cosh y\,dy =$$

$$= \frac{1}{2}\cdot \int\limits_0^{\operatorname{arsinh} 1} \frac{-e^{-y}}{e^{y}}\,(e^{y}+e^{-y})dy =$$

$$= -\frac{1}{2}\cdot \int\limits_0^{\operatorname{arsinh} 1} (e^{-y}+e^{-3y})dy = (\frac{1}{2}\cdot e^{-y}+ \frac{1}{6}\cdot e^{-3y})\Big|_0^{\operatorname{arsinh} 1} =$$

$$= \frac{1}{2}\,e^{-\operatorname{arsinh} 1}+ \frac{1}{6}\,e^{-3\cdot \operatorname{arsinh} 1}- \frac{2}{3} =$$

$$= \frac{1}{2}\cdot(\sqrt{2}-1)+ \frac{1}{6}(\sqrt{2}-1)^3 - \frac{2}{3} = -\frac{1}{3}(7-4\sqrt{2})\ .$$

Zum Abschluß sei bemerkt, daß es für die Berechnung von Integralen keine allgemeinen Rezepte gibt, die stets zum Ziel führen, wie dies beim Differenzieren der Fall ist. Ist die Bestimmung einer Stammfunktion überhaupt möglich, dann erfordert dieses oft viel Erfahrung und Übung.

Grundsätzlich aber gewöhne man sich an, die Richtigkeit der Rechnung zu kontrollieren, indem man das Ergebnis differenziert!
Die Ableitung muß dann wieder den Integranden ergeben.

In der Literatur gibt es mehr oder weniger umfangreiche Tabellen von unbestimmten Integralen. Man vergleiche z.B.:
Bronstein/Semendjajev: Taschenbuch der Mathematik, oder
D. Laugwitz: Ingenieurmathematik, Band 2, Anhang B.

9.4 Die Integration der rationalen Funktionen

Sind $P_n(x)$, $Q_m(x)$ Polynome vom Grade n bzw. m, dann heißt die Funktion

$$(1)\qquad f(x) := \frac{P_n(x)}{Q_m(x)}$$

rationale Funktion. Spezielle rationale Funktionen sind natürlich die Polynome selbst (für $Q_m(x) \equiv 1$ in (1)); diese werden daher auch oft <u>ganze rationale Funktionen</u> genannt.

Während die Ableitung einer rationalen Funktion stets wieder eine solche ist, sind die Verhältnisse beim Integrieren schwieriger, d.h. nicht jede rationale Funktion hat als Stammfunktion wieder eine rationale Funktion. Dennoch gelingt es, jede rationale Funktion elementar zu integrieren. Es wird sich nämlich zeigen, daß sich das (unbestimmte) Integral einer beliebigen rationalen Funktion additiv zusammensetzt aus rationalen Funktionen, Logarithmusfunktionen und Arcustangensfunktionen.

Sei nun in (1) zunächst $n \geq m$. Wir können ohne Einschränkung annehmen, daß der höchste Koeffizient von $Q_m(x)$ 1 ist: $Q_m(x) = x^m + \ldots$ (andernfalls wird der Bruch (1) geeignet erweitert). Sodann können wir Polynomdivision durchführen und erhalten für $f(x)$ die Form:

$$(1^*) \qquad f(x) = S_\ell(x) + \frac{R_k(x)}{Q_m(x)} \qquad \text{mit } k < m .$$

Dabei sind $S_\ell(x)$ und $R_k(x)$ eindeutig bestimmte Polynome.

Beispiel:

1. $f(x) = \dfrac{x^5 - 3x^2 + 2}{4x^3 + 2x^2 + x + 1}$. Es ist: $f(x) = \dfrac{1}{4} \cdot \dfrac{x^5 - 3x^2 + 2}{x^3 + \frac{1}{2}x^2 + \frac{1}{4}x + \frac{1}{4}}$.

Polynom-Division ergibt:

$$f(x) = \frac{1}{4} \cdot x^2 - \frac{1}{8} \cdot x + \frac{- \frac{25}{32} \cdot x^2 + \frac{1}{32} \cdot x + \frac{1}{2}}{x^3 + \frac{1}{2} \cdot x^2 + \frac{1}{4} \cdot x + \frac{1}{4}} .$$

Will man nun $f(x)$ integrieren, dann bereitet die Integration des 1. Summanden in (1^*) keine Schwierigkeiten, da ja $S_\ell(x)$ ein Polynom ist. Zu untersuchen bleibt nur noch die Integration des 2. Summanden $\frac{R_k(x)}{Q_m(x)}$ mit $k < m$.

Wir können also im folgenden stets annehmen, daß in (1) gilt: $n < m$, und daß der höchste Koeffizient von $Q_m(x)$ 1 ist: $Q_m(x) = x^m + \ldots$.

Es gilt nun:

Satz 4.1 (Satz von der Partialbruchzerlegung):

Es sei $f(x) = \dfrac{P_n(x)}{Q_m(x)}$ eine rationale Funktion mit $n < m$. Ferner seien $P_n(x)$ und $Q_m(x)$ reelle Polynome und $Q_m(x)$ habe die Linearfaktorzerlegung:

$$(2) \qquad Q_m(x) = (x - \alpha_1)^{s_1} \cdot (x - \alpha_2)^{s_2} \cdot \ldots \cdot (x - \alpha_k)^{s_k}$$

mit $\alpha_i \neq \alpha_j$ für $i \neq j$ und $\sum_{i=1}^{k} s_i = m$.

Dann existieren m eindeutig bestimmte komplexe Zahlen $A_{11},\ldots,A_{1s_1},A_{21},\ldots,A_{2s_2}$, $\ldots A_{k1},\ldots,A_{ks_k}$, so daß gilt:

$$(3) \qquad f(x) = \sum_{i=1}^{k} \left(\frac{A_{i1}}{x-\alpha_i} + \frac{A_{i2}}{(x-\alpha_i)^2} + \ldots + \frac{A_{is_i}}{(x-\alpha_i)^{s_i}} \right) .$$

Sind ferner die Nullstellen α_i und α_j konjugiert komplex, d.h. $\alpha_i = \overline{\alpha}_j$, dann gilt: $s_i = s_j$, und die entsprechenden Partialbrüche sind ebenfalls konjugiert komplex: $A_{i\nu} = \overline{A}_{j\nu}$ für $\nu = 1,\ldots,s_i$.

Dieser Satz soll hier nicht bewiesen werden; statt dessen soll die Bedeutung des Satzes und auch die praktische Durchführung der Partialbruchzerlegung an Beispielen erläutert werden.

Beispiele:

2. $f(x) = \dfrac{3x^3-x^2+3x+3}{x^4-1}$. Zunächst benötigen wir die Nullstellen des Nenners:

$$x^4-1 = (x+1)\cdot(x-1)\cdot(x+i)\cdot(x-i) .$$

Mit den Bezeichnungen in (3) ist $k = 4$, $s_i = 1$, $i = 1,2,3,4$. Wir machen nun gemäß (3) den Ansatz:

$$f(x) = \frac{A_{11}}{x+1} + \frac{A_{21}}{x-1} + \frac{A_{31}}{x+i} + \frac{A_{41}}{x-i}$$

und versuchen, die $A_{i\nu}$ auszurechnen. Multiplizieren wir diese Gleichung mit dem Hauptnenner x^4-1 und setzen links den gegebenen Ausdruck für $f(x)$ ein, dann erhalten wir (der zweite Index in den $A_{i\nu}$ wird jetzt fortgelassen):

$$3x^3-x^2+3x+3 = A_1\cdot(x^3-x^2+x-1)+A_2\cdot(x^3+x^2+x+1)+A_3\cdot(x^3-ix^2-x+i)+$$

$$+A_4\cdot(x^3+ix^2-x-i) = (A_1+A_2+A_3+A_4)\cdot x^3+(-A_1+A_2-iA_3+iA_4)\cdot x^2+$$

$$+(A_1+A_2-A_3-A_4)\cdot x+(-A_1+A_2+iA_3-iA_4) .$$

Durch Koeffizientenvergleich erhalten wir nun 4 Gleichungen mit 4 Unbekannten:

$$
\begin{aligned}
A_1+A_2+A_3+A_4 &= 3 & \qquad A_1+A_2-A_3-A_4 &= 3 \\
A_1-A_2+iA_3-iA_4 &= 1 & \qquad -A_1+A_2+iA_3-iA_4 &= 3 .
\end{aligned}
$$

Addition und Subtraktion der Gleichungen 1. und 3. sowie der Gleichungen 2. und 4. liefert:

$$A_1+A_2 = 3 \quad , \quad A_3+A_4 = 0 \, ,$$
$$A_1-A_2 = -1 \quad , \quad i(A_3-A_4) = 2 \, .$$

Hieraus erhält man leicht:

$$A_1 = 1, \; A_2 = 2, \; A_3 = -i, \; A_4 = i \, ,$$

und somit die gesuchte Partialbruchzerlegung:

$$f(x) = \frac{3x^3-x^2+3x+3}{x^4-1} = \frac{1}{x+1} + \frac{2}{x-1} - \frac{i}{x+i} + \frac{i}{x-i} \, .$$

3. $f(x) = \dfrac{3x^2+6x+2}{x^3+2x^2+x}$. Zerlegung des Nenners: $x^3+2x^2+x = (x+1)^2 \cdot x$, also:
$k = 2$, $s_1 = 2$, $s_2 = 1$. Ansatz:

$$f(x) = \frac{A_{11}}{x+1} + \frac{A_{12}}{(x+1)^2} + \frac{A_{21}}{x} \, .$$

Multiplikation mit dem Hauptnenner ergibt:

$$3x^2+6x+2 = A_{11} \cdot (x^2+x)+A_{12} \cdot (x)+A_{21}(x^2+2x+1) =$$

$$= (A_{11}+A_{21}) \cdot x^2+(A_{11}+A_{12}+2A_{21}) \cdot x+A_{21} \, ,$$

also 3 Gleichungen mit 3 Unbekannten (Koeffizientenvergleich):

$$\left. \begin{array}{l} A_{11}+A_{21} = 3 \\ A_{11}+A_{12}+2A_{21} = 6 \\ A_{21} = 2 \end{array} \right\} \Rightarrow A_{11} = 1, \; A_{12} = 1, \; A_{21} = 2 \, .$$

Damit folgt:

$$f(x) = \frac{3x^2+6x+2}{x^3+2x^2+x} = \frac{1}{x+1} + \frac{1}{(x+1)^2} + \frac{2}{x} \, .$$

Im Beispiel 2. erhielten wir eine teilweise nichtreelle Partialbruchzerlegung. Um nun alles im Reellen zu behalten, können die konjugiert komplexen Summanden wieder zu reellen Termen zusammengefaßt werden. Dabei ist es nun nicht mehr mög-

lich, im Zähler Konstanten zu erhalten, jedoch kann man stets reelle lineare
Polynome im Zähler erzielen; wir wollen dies etwas näher erläutern:

Faßt man in (3) zwei konjugiert komplexe Terme zusammen, so erhält man (die In-
dizes werden der Einfachheit halber fortgelassen):

$$(4) \qquad \frac{A}{(x-\alpha)^S} + \frac{\overline{A}}{(x-\overline{\alpha})^S} = \frac{A\cdot(x-\overline{\alpha})^S + \overline{A}\cdot(x-\alpha)^S}{[(x-\alpha)\cdot(x-\overline{\alpha})]^S} = \frac{P_S(x)}{[Q_2(x)]^S} \ .$$

Dabei sind $P_S(x)$ bzw. $Q_2(x)$ reelle Polynome vom Grade s bzw. 2. Nun machen wir
den Ansatz:

$$\frac{P_S(x)}{[Q_2(x)]^S} = \frac{B_1 x + C_1}{Q_2(x)} + \frac{B_2 x + C_2}{[Q_2(x)]^2} + \ldots + \frac{B_S x + C_S}{[Q_2(x)]^S}$$

und multiplizieren mit dem Hauptnenner:

$$(5) \qquad P_S(x) = (B_1 x + C_1)\cdot Q_2^{S-1}(x) + (B_2 x + C_2)\cdot Q_2^{S-2}(x) + \ldots + (B_S x + C_S) \ .$$

Hier steht rechts ein Polynom vom Grade 2s-1. Andererseits sind die 2s unbekannten Koeffizienten $B_1,\ldots,B_S$, $C_1,\ldots,C_S$ zu bestimmen. Wir erhalten daher wieder
durch Koeffizientenvergleich 2s Gleichungen mit 2s Unbekannten; diese sind wieder eindeutig berechenbar.

Beispiele:

4. $\dfrac{i}{x-i} + \dfrac{-i}{x+i} = \dfrac{ix-1-ix-1}{x^2+1} = \dfrac{-2}{x^2+1}$. Hier erübrigt sich der Ansatz (5).

5. $\dfrac{1+i}{(x+i)^2} + \dfrac{1-i}{(x-i)^2} = \dfrac{2x^2+4x-2}{(x^2+1)^2}$. Hier ist s = 2, $P_S(x) = 2x^2+4x-2$, $Q_2(x) = x^2+1$.

Der Ansatz (5) liefert also:

$$2x^2+4x-2 = (B_1 x + C_1)\cdot(x^2+1) + (B_2 x + C_2) =$$

$$= B_1 x^3 + C_1 x^2 + (B_1+B_2)\cdot x + (C_1+C_2) \ .$$

Koeffizientenvergleich liefert: $B_1 = 0$, $B_2 = 4$, $C_1 = 2$, $C_2 = -4$, also:

$$\frac{1+i}{(x+i)^2} + \frac{1-i}{(x-i)^2} = \frac{2}{x^2+1} + \frac{4x-4}{(x^2+1)^2} \ .$$

Es gilt nun folgender Satz, der hier auch nicht bewiesen werden soll:

Satz 4.2 (Satz von der reellen Partialbruchzerlegung):

Es sei $f(x) = \frac{P_n(x)}{Q_m(x)}$ mit $n < m$. $P_n(x)$ und $Q_m(x)$ seien reelle Polynome, und $Q_m(x)$ habe die (eindeutige) Zerlegung in lineare und quadratische <u>reelle</u> Faktoren:

$$(6) \qquad Q_m(x) = \ell_1^{s_1}(x) \cdot \ \ldots \ \cdot \ell_r^{s_r}(x) \cdot q_1^{t_1}(x) \cdot \ \ldots \ \cdot q_k^{t_k}(x)$$

mit $\ell_i(x) = x - \alpha_i$, $q_i(x) = x^2 + a_i x + b_i$ mit $4b_i > a_i^2$. Ferner ist:

$$s_1 + s_2 + \ \ldots \ + s_r + 2 \cdot (t_1 + t_2 + \ \ldots \ + t_k) = m \ .$$

Dann existieren m eindeutig bestimmte <u>reelle</u> Zahlen $A_{i\nu}$, $B_{i\nu}$, $C_{i\nu}$, so daß gilt:

$$
\begin{aligned}
(7) \qquad f(x) = \ &\sum_{i=1}^{r} \left(\frac{A_{i1}}{\ell_i(x)} + \frac{A_{i2}}{\ell_i^2(x)} + \ \ldots \ + \frac{A_{is_i}}{\ell_i^{s_i}(x)} \right) + \\
+ \ &\sum_{i=1}^{k} \left(\frac{B_{i1}x + C_{i1}}{q_i(x)} + \frac{B_{i2}x + C_{i2}}{q_i(x)^2} + \ \ldots \ + \frac{B_{it_i}x + C_{it_i}}{q_i(x)^{t_i}} \right) \ .
\end{aligned}
$$

Wir bringen gleich ein

Beispiel:

6. $f(x) = \dfrac{2x^4 + 3x^3 + 4x^2 + 8x + 8}{x^5 + 3x^4 + 4x^3 - 4x - 4} = \dfrac{P_n(x)}{Q_m(x)}$. Die Zerlegung (6) von $Q_m(x)$ lautet:

$$Q_m(x) = x^5 + 3x^4 + 4x^3 - 4x - 4 = (x-1) \cdot (x^2 + 2x + 2)^2$$

(die komplexen Nullstellen sind: $-1 \pm i$). Es ist: $n = 4$, $m = 5$, $r = 1$, $s_1 = 1$, $k = 1$, $t_1 = 2$. Wir machen laut (7) den Ansatz:

$$f(x) = \frac{A}{x-1} + \frac{B_1 x + C_1}{x^2 + 2x + 2} + \frac{B_2 x + C_2}{(x^2 + 2x + 2)^2} \ .$$

Multiplikation mit dem Hauptnenner $Q_m(x)$ und Einsetzen von $f(x)$ links liefert:

$$2x^4 + 3x^3 + 4x^2 + 8x + 8 = A \cdot (x^4 + 4x^3 + 8x^2 + 8x + 4) + (B_1 x + C_1) \cdot (x^3 + x^2 - 2) +$$

$$+ (B_2 x + C_2) \cdot (x - 1) =$$

$$= (A + B_1) \cdot x^4 + (4A + B_1 + C_1) \cdot x^3 + (8A + C_1 + B_2) \cdot x^2 +$$

$$+ (8A - 2B_1 - B_2 + C_2) \cdot x + (4A - 2C_1 - C_2) \ .$$

Koeffizientenvergleich liefert die 5 Gleichungen:

$$\begin{aligned}
A+B_1 &= 2 \\
4A+B_1+C_1 &= 3 \\
8A+C_1+B_2 &= 4 \\
8A-2B_1-B_2+C_2 &= 8 \\
4A-2C_1-C_2 &= 8
\end{aligned}\right\} \implies
\begin{aligned}
A &= 1 \\
B_1 &= 1 \\
C_1 &= -2 \\
B_2 &= -2 \\
C_2 &= 0 \quad .
\end{aligned}$$

Also erhalten wir für $f(x)$ die Partialbruchzerlegung:

$$f(x) = \frac{2x^4+3x^3+4x^2+8x+8}{x^5+3x^4+4x^3-4x-4} = \frac{1}{x-1} + \frac{x-2}{x^2+2x+2} + \frac{-2x}{(x^2+2x+2)^2} \quad .$$

Wir kommen nun endlich zur Integration der rationalen Funktionen. Wegen (7) reduziert sich das Problem auf die Integration der folgenden Typen von Funktionen:

(8a)   a) $\dfrac{A}{(x-\alpha)^s}$, $s\in\mathbb{N}$

(8b)   b) $\dfrac{Bx+C}{(x^2+ax+b)^s}$, mit $c^2:=b-\dfrac{a^2}{4}>0$, $s\in\mathbb{N}$.

Zu a): Wir setzen $\xi := x-\alpha \implies d\xi = dx \implies$

(9a) $\displaystyle\int\frac{A}{(x-\alpha)^s}\,dx = A\cdot\int\frac{d\xi}{\xi^s}$

und weiter gilt nun:

(10a) $\displaystyle\int\frac{d\xi}{\xi^s} = \begin{cases} \ln|\xi| & \text{für } s=1 \\[2ex] \dfrac{\xi^{1-s}}{1-s} & \text{für } s>1 \quad . \end{cases}$

Damit ist die Integration des Typs (8a) erledigt:

Zu b): Wir setzen $\xi := \dfrac{1}{c}(x+\dfrac{a}{2}) \implies dx = c\,d\xi$, $x^2+ax+b = c^2\cdot(\xi^2+1)$, sowie $x = c\cdot\xi-\dfrac{a}{2}$. Es folgt:

(9b) $\left\{\begin{aligned}
\int\frac{Bx+C}{(x^2+ax+b)^s}\,dx &= \int\frac{c\cdot[B(c\cdot\xi-\frac{a}{2})+C]}{c^{2s}\cdot(\xi^2+1)^s}\,d\xi = \\[2ex]
&= K_1\cdot\int\frac{\xi\,d\xi}{(\xi^2+1)^s} + K_2\cdot\int\frac{d\xi}{(\xi^2+1)^s} \quad ,
\end{aligned}\right.$

wobei K_1, K_2 Konstante sind. Für die in (9b) auftretenden Integrale erhalten wir:

$$(10b) \qquad \int \frac{\xi \, d\xi}{(\xi^2+1)^s} = \begin{cases} \dfrac{1}{2} \cdot \ln(\xi^2+1) & \text{für } s = 1 \\[3mm] \dfrac{(\xi^2+1)^{1-s}}{2(1-s)} & \text{für } s > 1 \, , \end{cases}$$

sowie:

$$(10b\!\star) \qquad \int \frac{d\xi}{(\xi^2+1)^s} = \begin{cases} \text{arctg } \xi & \text{für } s = 1 \\[3mm] \dfrac{\xi \cdot (\xi^2+1)^{1-s}}{2(s-1)} + \dfrac{2s-3}{2(s-1)} \cdot \int \dfrac{d\xi}{(\xi^2+1)^{s-1}} & \text{für } s > 1 \, . \end{cases}$$

Die Formel (10b*) ist eine Rekursionsformel: Durch wiederholte Anwendung reduziert man das Integral auf den Fall $s = 1$. Der Beweis von (10b*) für $s > 1$ kann z.B. in Laugwitz, Bd. 2, Kap. 7 nachgelesen werden.

Damit ist auch die Integration des Typs (8b) erledigt, und wir haben insgesamt gezeigt:

<u>Satz 4.3:</u>

Jede rationale Funktion kann elementar integriert werden, d.h. ihr Integral ist eine Linearkombination von rationalen Funktionen, Logarithmusfunktionen und Arcustangensfunktionen. Die Integration erfolgt mit Hilfe der Formeln (9a)- (10b*), nachdem man die Partialbruchzerlegung (7) durchgeführt hat. ▪

Eine Funktion heißt elementar integrierbar, wenn ihre Stammfunktionen elementare, d.h. solche Funktionen sind, die sich kombinieren lassen aus $x, e^x, \sin x$ unter Verwendung von $+, -, \cdot, /$, hoch n, $\sqrt[n]{}, \circ$, Umkehrfunktion.

<u>Beispiel:</u>

7. Es sei $f(x)$ wie in Beispiel 6. definiert. Danach ist:

$$f(x) = \frac{1}{x-1} + \frac{x-2}{x^2+2x+2} + \frac{-2x}{(x^2+2x+2)^2} \, .$$

a) Berechnung von $\int \frac{dx}{x-1}$. Mit (9a), (10a) folgt für: $\xi = x-1$, $d\xi = dx$, $(A = 1, \alpha = 1)$:

$$\int \frac{dx}{x-1} = \int \frac{d\xi}{\xi} = \ln|\xi| = \ln|x-1| \, .$$

b) Berechnung von $\int \frac{x-2}{x^2+2x+2} \, dx$. Hier ist: $a = 2$, $b = 2$, $s = 1$, $c = 1$, $B = 1$, $C = -2$, $\xi = x+1$, $x^2+2x+2 = \xi^2+1$, $d\xi = dx$. Nach (9b), (10b), (10b*) folgt nun:

$$\int \frac{x-2}{x^2+2x+2}\ dx = \int \frac{\xi-3}{\xi^2+1}\ d\xi = \frac{1}{2}\cdot\ln(\xi^2+1)-3\cdot\text{arctg }\xi =$$

$$= \frac{1}{2}\cdot\ln(x^2+2x+2)-3\cdot\text{arctg}(x+1)\ .$$

c) Berechnung von $\int \frac{-2x}{(x^2+2x+2)^2}\ dx$. Hier ist: a = 2, b = 2, s = 2, c = 1, B = -2, C = 0. Es folgt:

$$\int \frac{-2x\,dx}{(x^2+2x+2)^2} = -2\cdot\int \frac{\xi\,d\xi}{(\xi^2+1)^2} +2\cdot\int \frac{d\xi}{(\xi^2+1)^2} = \frac{1}{\xi^2+1} +$$

$$+2\cdot[\frac{\xi\cdot(\xi^2+1)^{-1}}{2} + \frac{1}{2}\int \frac{d\xi}{\xi^2+1}] = \frac{1+\xi}{\xi^2+1} + \text{arctg}\xi =$$

$$= \frac{x+2}{x^2+2x+2} + \text{arctg}(x+1)\ .$$

Damit haben wir insgesamt erhalten:

$$\int \frac{2x^4+3x^3+4x^2+8x+8}{x^5+3x^4+4x^3-4x-4}\ dx = \frac{x+2}{x^2+2x+2} +\ln|x-1|+ \frac{1}{2}\cdot\ln(x^2+2x+2)-$$

$$-2\,\text{arctg}(x+1)\ ;\quad x \neq 1\ .$$

9.5 Uneigentliche Integrale

Bisher hatten wir bei der Integration stets vorausgesetzt, daß das Integrationsintervall endlich ist, und daß der Integrand beschränkt ist. Es kommt jedoch vielfach vor, daß wir es mit unendlichen Integrationsintervallen und auch mit solchen Funktionen unter dem Integralzeichen zu tun haben, die nicht beschränkt sind. In vielen solchen Fällen existieren dann tatsächlich noch die (bestimmten) Integrale. Man kann sie als Grenzwerte von den uns vertrauten Integralen - den eigentlichen Integralen - definieren und werden uneigentliche Integrale genannt.

Definition 5.1:

Es sei f(x) in [a,∞) definiert. Wir setzen:

$$(1a)\qquad \int_a^\infty f(x)dx := \lim_{b\to\infty} \int_a^b f(x)dx\ ,$$

falls dieser Grenzwert existiert. Weiter sei f(x) in (a,b] definiert. Wir setzen:

$$(1b)\qquad \int_a^b f(x)dx := \lim_{\varepsilon\to 0} \int_{a+\varepsilon}^b f(x)dx \qquad (\varepsilon > 0)\ ,$$

falls dieser Grenzwert existiert. In beiden Fällen nennt man die Integrale kon-

<u>vergent</u>. Existieren die Grenzwerte nicht, nennt man die Integrale <u>divergent</u>. Ganz analog definiert man natürlich auch:

$$\int\limits_{-\infty}^{b} * = \lim_{a \to -\infty} \int\limits_{a}^{b} * \quad \text{bzw.} \quad \int\limits_{a}^{b} * = \lim_{\varepsilon \to 0} \int\limits_{a}^{b-\varepsilon} * \quad (\varepsilon > 0) \; .$$

Als wichtigstes Beispiel betrachten wir $f(x) = \dfrac{1}{x^k}$:

1. Sei $k > 1$, $a = 1$. Es gilt:

$$\int\limits_{1}^{\infty} \frac{dx}{x^k} = \lim_{b \to \infty} \int\limits_{1}^{b} \frac{dx}{x^k} = \lim_{b \to \infty} \left\{ \frac{1}{k-1} - \frac{1}{(k-1) \cdot b^{k-1}} \right\} = \frac{1}{k-1} \; , \text{ also:}$$

$$(2a) \qquad \int\limits_{1}^{\infty} \frac{dx}{x^k} = \frac{1}{k-1} \text{ für } k > 1 \; .$$

Für $k \overset{\leq}{=} 1$ divergiert das Integral wegen:

$$\int\limits_{1}^{b} \frac{dx}{x^k} \overset{\geq}{=} \int\limits_{1}^{b} \frac{dx}{x} = \ln b \xrightarrow[b \to \infty]{} \infty \; .$$

2. Sei $k < 1$, $a = 0$, $b = 1$. Es gilt:

$$\int\limits_{0}^{1} \frac{dx}{x^k} = \lim_{\varepsilon \to 0} \int\limits_{\varepsilon}^{1} \frac{dx}{x^k} = \lim_{\varepsilon \to 0} \left\{ - \frac{1}{k-1} + \frac{\varepsilon^{1-k}}{k-1} \right\} = \frac{1}{1-k} \; , \text{ also:}$$

$$(2b) \qquad \int\limits_{0}^{1} \frac{dx}{x^k} = \frac{1}{1-k} \text{ für } k < 1 \; .$$

Für $k \overset{\geq}{=} 1$ divergiert das Integral wegen:

$$\int\limits_{\varepsilon}^{1} \frac{dx}{x^k} \overset{\geq}{=} \int\limits_{\varepsilon}^{1} \frac{dx}{x} = -\ln \varepsilon = \ln \frac{1}{\varepsilon} \xrightarrow[\varepsilon \to 0]{} \infty \; .$$

Formel (2a) hat eine wichtige Anwendung. Es gilt:

<u>Satz 5.1:</u>

Die Reihe $\sum\limits_{n=1}^{\infty} \dfrac{1}{n^k}$ ist genau dann konvergent, wenn $k > 1$ ist.

<u>Beweis:</u>

Übung.

Wir geben noch einige weitere Beispiele:

3. $\int\limits_{0}^{\infty} \dfrac{dx}{1+x^2} = \lim_{b \to \infty} \int\limits_{0}^{b} \dfrac{dx}{1+x^2} = \lim_{b \to \infty} \arctan b = \dfrac{\pi}{2}$, also:

$$(3) \qquad \int\limits_{0}^{\infty} \frac{dx}{1+x^2} = \frac{\pi}{2} \; .$$

4. $\displaystyle\int_0^1 \frac{dx}{\sqrt{1-x^2}} = \lim_{\varepsilon\to 0} \int_0^{1-\varepsilon} \frac{dx}{\sqrt{1-x^2}} = \lim_{\varepsilon\to 0} \arcsin(1-\varepsilon) = \arc\sin 1 = \frac{\pi}{2}$, also:

$$(4) \qquad \int_0^1 \frac{dx}{\sqrt{1-x^2}} = \frac{\pi}{2} \; .$$

5. Wir definieren die <u>Γ-Funktion</u> folgendermaßen (ihre Existenz wird gleich gezeigt):

$$(5) \qquad \Gamma(\lambda) := \int_0^\infty e^{-x}\cdot x^{\lambda-1}dx \; , \quad \lambda > 0 \; .$$

Wir zerlegen das Integral: $\Gamma(\lambda) = \int_0^1 + \int_1^\infty$ und betrachten die beiden Grenzfälle:

a) $x > 1$ groß. Da e^x schneller wächst, als jede Potenz von x, folgt:
$e^{-x}\cdot x^{\lambda-1} = \frac{x^{\lambda+1}}{e^x} \cdot \frac{1}{x^2} < \frac{1}{x^2}$ für $\lambda > 0$ beliebig und hinreichend große $x > 1$. $\Rightarrow$
wegen (2a) Konvergenz von $\int^\infty e^{-x}\cdot x^{\lambda-1}dx$.

b) $0 < x \leq 1$. $\Rightarrow e^{-x}\cdot x^{\lambda-1} < x^{\lambda-1} = \frac{1}{x^{1-\lambda}}$. Wegen $\lambda > 0$ ist $k := 1-\lambda < 1$ $\Rightarrow$
wegen (2b) Konvergenz von $\int_0^1 e^{-x}\cdot x^{\lambda-1}dx$. Ferner gilt:

$$(6) \qquad \Gamma(n) = (n-1)! \text{ für } n\in\mathbb{N} \qquad (\text{Beweis!}).$$

9.6 Numerische Integration

Schon verhältnismäßig einfache Funktionen lassen sich nicht mehr elementar integrieren. Beispiele hierfür sind e^{-x^2} und $\frac{\sin x}{x}$. Man ist in diesen Fällen auf
numerische Methoden angewiesen, wenn man bestimmte Integrale berechnen will. Wir
wollen in diesem Abschnitt die beiden einfachsten numerischen Integrationsverfahren behandeln. Es soll also das Integral

$$(1) \qquad I = \int_a^b f(x)dx$$

näherungsweise bestimmt werden. Wir zerlegen das Intervall $[a,b]$ in n Teilinter-
valle $[x_\nu, x_{\nu+1}]$, $\nu = 0,1,\ldots,n-1$ der
Intervall-Länge h laut nebenstehender
Skizze. Es ist also:

$$a = x_0, \; x_{\nu+1} = x_\nu + h,$$
$$x_n = b = a + n\cdot h, \; h = \frac{b-a}{n} \; .$$

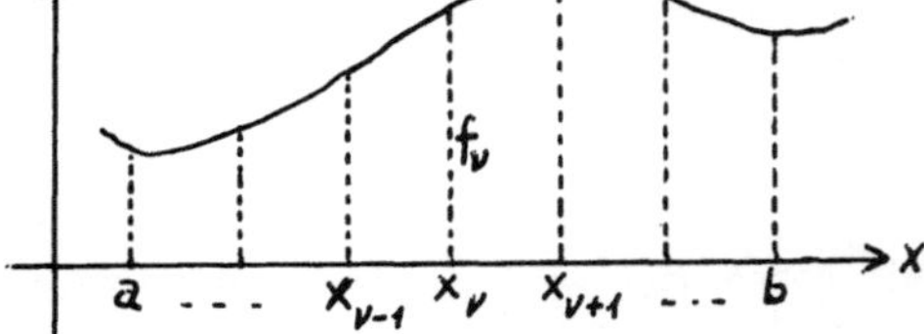

Ferner setzen wir zur Abkürzung $f(x_\nu) =: f_\nu$, $\nu = 0,\ldots,n$. Sodann werden die
Flächeninhalte der einzelnen Streifen näherungsweise berechnet und anschließend

die Näherungswerte aufsummiert. Das Ergebnis wird für ausreichend kleine
"Schrittweiten" h eine befriedigende Näherung für das Integral (1) liefern.

I. Die Trapezregel

Wir ersetzen $f(x)$ in dem Teilintervall $[x_\nu, x_{\nu+1}]$ durch das lineare Polynom
$P_1^{(\nu)}(x)$ (Gerade), welches in x_ν den Wert f_ν und in $x_{\nu+1}$ den Wert $f_{\nu+1}$ annimmt.
Sodann integrieren wir:

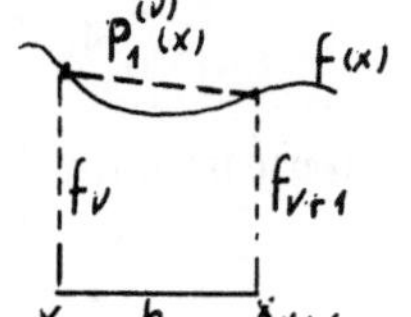

$$\int_{x_\nu}^{x_{\nu+1}} P_1^{(\nu)}(x)dx = \frac{1}{2} h \cdot (f_\nu + f_{\nu+1}), \quad \nu = 0,\ldots,n-1$$

und summieren anschließend:

$$(2) \qquad T_n = \sum_{\nu=0}^{n-1} \int_{x_\nu}^{x_{\nu+1}} P_1^{(\nu)}(x)dx = \frac{1}{2} h \cdot (f_0 + 2f_1 + \ldots + 2f_{n-1} + f_n).$$

II. Die Simpson-Regel

Wir setzen voraus, daß $n = 2m$ eine gerade Zahl ist und ersetzen $f(x)$ in dem
Teilintervall $[x_\nu, x_{\nu+2}]$ (ν gerade) durch
das quadratische Polynom $P_2^{(\nu)}(x)$, das in den
Punkten $x_\nu, x_{\nu+1}, x_{\nu+2}$ die Werte $f_\nu, f_{\nu+1},$
$f_{\nu+2}$ annimmt. Dieses Polynom lautet:

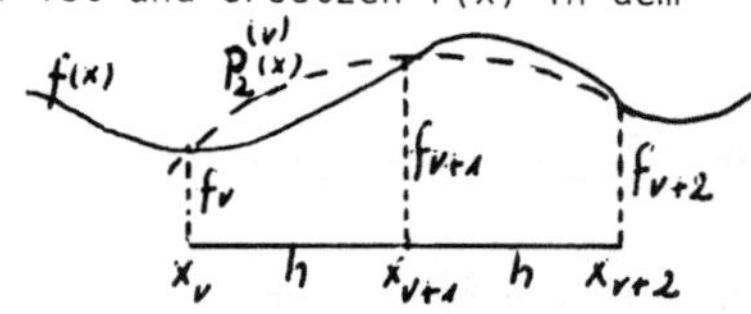

$$P_2^{(\nu)}(x) = f_\nu + \frac{f_{\nu+1} - f_\nu}{h} \cdot (x - x_\nu) + \frac{f_{\nu+2} - 2f_{\nu+1} + f_\nu}{2h^2} \cdot (x - x_\nu) \cdot (x - x_{\nu+1}).$$

Sodann berechnen wir das Integral:

$$\int_{x_\nu}^{x_{\nu+2}} P_2^{(\nu)}(x)dx = \frac{1}{3} h \cdot (f_\nu + 4f_{\nu+1} + f_{\nu+2}) \qquad (\text{Übung!})$$

und summieren anschließend über alle "Doppelstreifen":

$$(3) \qquad S_n = \frac{4}{3} h \cdot (f_1 + f_3 + \ldots + f_{2m-1}) + \frac{2}{3} h \cdot (f_2 + f_4 + \ldots + f_{2m-2}) + \frac{1}{3} h (f_0 + f_{2m}).$$

Beispiele:

1. Es soll $\int_0^1 \frac{dx}{1+x^2} = \text{arctg}\,1 - \text{arctg}\,0 = \frac{\pi}{4}$ näherungsweise berechnet werden. Wir
wählen die Trapezregel (2) mit $n = 5$. Es ist also $h = \frac{1}{5}$, und wir erhalten:

$$T_5 = \frac{1}{10} \cdot \left\{ 1 + 2 \cdot \left[\frac{1}{1+(\frac{1}{5})^2} + \frac{1}{1+(\frac{2}{5})^2} + \frac{1}{1+(\frac{3}{5})^2} + \frac{1}{1+(\frac{4}{5})^2} \right] + \frac{1}{2} \right\}$$

$$= \frac{1}{10} \cdot \left\{ 1 + \frac{25}{13} + \frac{50}{29} + \frac{25}{17} + \frac{50}{41} + \frac{1}{2} \right\} = 0{,}78373\ldots$$

Es ist: $\frac{\pi}{4}$ = 0,78539... . Der relative Fehler liegt also etwa bei 0,2 %.

2. Es soll $\int_1^2 \frac{dx}{x}$ = ln 2 näherungsweise berechnet werden.

a) Trapezregel (2) mit n = 2. Dann ist: $h = \frac{1}{2}$, $f_0 = 1$, $f_1 = \frac{2}{3}$, $f_2 = \frac{1}{2}$. Wir erhalten:

$$T_2 = \frac{1}{4}(1 + \frac{4}{3} + \frac{1}{2}) = \frac{17}{24} = 0,7083...$$

b) Simpsonregel (3) mit n = 2 und m = 1. Wir erhalten:

$$S_2 = \frac{2}{3} \cdot \frac{2}{3} + \frac{1}{6}(1 + \frac{1}{2}) = \frac{1}{4} + \frac{4}{9} = 0,6944...$$

Der wahre Wert für ln 2 ist: ln 2 = 0,693147... . Wir sehen also: Die Simpson-regel ist wesentlich genauer bei gleicher Schrittweite h. Dabei ist der Aufwand gegenüber der Trapezregel nicht höher.

Kapitel 10: Lineare Algebra

10.1 Lineare Vektorräume

In den Abschnitten 3.3 und 3.4 wurde der Begriff des Vektors im $\mathbb{R}^2$ und im $\mathbb{R}^3$ eingeführt. Nun sollen die Vektoren in einer etwas größeren Allgemeinheit behandelt werden: Wir werden Vektorräume definieren, indem wir gewisse vorgeschriebene Rechenregeln (Axiome) fordern werden, wobei wir uns natürlich von einer sinnvollen Anschauung leiten lassen werden.

In den folgenden Betrachtungen werden wir die reellen Zahlen $\mathbb{R}$ zugrunde legen; alle Überlegungen aber bleiben wortwörtlich richtig, wenn man die komplexen Zahlen $\mathbb{C}$ zugrunde legt.

Definition 1.1:

Eine Menge V = {a,b,c,...} heißt linearer Vektorraum über $\mathbb{R}$, wenn gilt:

I. Zwischen den Elementen von V ist eine Addition "+" erklärt mit folgenden Regeln:

a) $a,b \in V \implies a+b \in V$

b) $a+b = b+a$ (Kommutativgesetz) $\left.\right\}$ für alle

c) $(a+b)+c = a+(b+c)$ (Assoziativgesetz) $\quad a,b,c \in V$

d) Es existiert genau ein "Nullelement" $0 \in V$ mit:

$0+a = a \qquad$ für alle $a \in V$

e) Es existiert zu jedem $a \in V$ genau ein "negatives Element" $-a \in V$ mit:

$$a+(-a) = 0 \ .$$

II. Zwischen den Elementen von V und den reellen Zahlen $\mathbb{R}$ ist eine Multiplikation "$\cdot$" erklärt mit folgenden Regeln:

f) $\alpha \in \mathbb{R}$, $a \in V \implies \alpha \cdot a \in V$

g) $\alpha \cdot (a+b) = \alpha \cdot a + \alpha \cdot b \qquad$ (Distributivgesetz 1)

h) $(\alpha+\beta) \cdot a = \alpha \cdot a + \beta \cdot a \qquad$ (Distributivgesetz 2)

i) $(\alpha\beta) \cdot a = \alpha \cdot (\beta \cdot a) \qquad$ (Assoziativgesetz der Multiplikation)

$\left. \right\}$ für alle $\alpha, \beta \in \mathbb{R}$ und $a, b \in V$

k) $1 \cdot a = a$ für $1 \in \mathbb{R}$ und alle $a \in V$.

Die Elemente von V heißen <u>Vektoren</u> und die Zahlen $\alpha, \beta, \gamma, \ldots \in \mathbb{R}$ werden <u>Skalare</u> genannt.

<u>Beispiele</u>

1. $V = \mathbb{R}^n = \{a = (a_1, \ldots, a_n)^T, \ a_i \in \mathbb{R}, \ i = 1, \ldots, n\}$. Dabei sei n irgendeine natürliche Zahl. Die Addition und die Multiplikation mit den reellen Zahlen $\alpha \in \mathbb{R}$ ist komponentenweise erklärt. Das Nullelement oder der Nullvektor ist $0 = (0, \ldots, 0)^T$, und das negative Element zu a ist $-a = (-a_1, \ldots, -a_n)^T$. Für $n = 1,2,3$ gestattet $V = \mathbb{R}^n$ eine anschaulich geometrische Deutung, die für $n > 3$ nicht mehr möglich ist.

Die beiden folgenden Beispiele zeigen, daß es in der Mathematik außer den Vektoren des $\mathbb{R}^n$ noch andere Objekte gibt, für die die Rechengesetze von Definition 1.1 gelten.

2. $V = \{p(x) = \sum\limits_{\nu=0}^{r} a_\nu \cdot x^\nu, \ a_\nu \in \mathbb{R}, \ r = 0,1,2,\ldots\}$. V sei also die Menge aller reellen Polynome in einer Unbestimmten x. Mit der üblichen Addition von Polynomen und der üblichen Multiplikation von Polynomen mit reellen Zahlen prüft man die Gültigkeit der Axiome a) - k) von Definition 1.1 leicht nach.

3. $V = \{f(x) : [0,1] \subset \mathbb{R} \to \mathbb{R}, \ f(x)$ stetig auf $[0,1]\}$. Auch hier prüft man die Gültigkeit der Axiome a) - k) von Definition 1.1 sofort nach.

<u>Anmerkung:</u> Man lasse sich nicht verwirren durch die Aussage: Die reellen Polynome bzw. die stetigen Funktionen bilden einen linearen Vektorraum. Es handelt sich lediglich um eine Abstraktion der Begriffe "Vektor" und "Vektorraum" aus der geometrischen Anschauung. - Wir werden es hier in diesem Kapitel mit den

Vektoren des $\mathbb{R}^n$ zu tun haben.

Definition 1.2:

Ein System von Vektoren $a_1, a_2, \ldots, a_k \in V$ heißt <u>linear unabhängig</u>, wenn zwischen ihnen keine nichttriviale Relation besteht, d.h., wenn aus <u>jeder</u> Gleichung der Form:

$$(1) \qquad \sum_{\nu=1}^{k} \alpha_\nu \cdot a_\nu = 0 \; , \quad \alpha_\nu \in \mathbb{R}, \; \nu = 1, \ldots, k \; , \quad 0 \in V$$

folgt: $\alpha_1 = \alpha_2 = \ldots = \alpha_k = 0$. Andernfalls heißt das Vektorsystem <u>linear abhängig</u>.

Beispiele

4. Die Vektoren $e_1 := (1,0,0)^T$, $e_2 := (0,1,0)^T$, $e_3 := (0,0,1)^T$ des $\mathbb{R}^3$ sind linear unabhängig, denn es gilt

$$\alpha_1 \cdot e_1 + \alpha_2 e_2 + \alpha_3 e_3 = \alpha_1 \begin{pmatrix} 1 \\ 0 \\ 0 \end{pmatrix} + \alpha_2 \begin{pmatrix} 0 \\ 1 \\ 0 \end{pmatrix} + \alpha_3 \begin{pmatrix} 0 \\ 0 \\ 1 \end{pmatrix} = \begin{pmatrix} \alpha_1 \\ \alpha_2 \\ \alpha_3 \end{pmatrix} \; .$$

Soll die rechte Seite aber $0 \in \mathbb{R}^3$ sein, dann folgt notwendig: $\alpha_1 = \alpha_2 = \alpha_3 = 0$.

5. Die Vektoren $a_1, a_2, a_3 \in \mathbb{R}^3$ definiert durch

$$a_1 := (1,2,3)^T, \; a_2 := (0,1,-1)^T, \; a_3 := (1,4,1)^T$$

sind linear abhängig, denn es gilt

$$a_1 + 2a_2 - a_3 = 0 \qquad (\alpha_1 = 1, \; \alpha_2 = 2, \; \alpha_3 = -1) \; .$$

Definition 1.3:

Die Vektoren des $\mathbb{R}^n$ lassen sich auf genau eine Weise als reelle n-Tupel darstellen:

$$a = \begin{pmatrix} a_1 \\ \vdots \\ a_n \end{pmatrix} = (a_1, \ldots, a_n)^T \; , \quad a_\nu \in \mathbb{R}, \; \nu = 1, \ldots, n \; .$$

Die $a_1, \ldots, a_n$ heißen die <u>Komponenten</u> des Vektors a. Man nennt a <u>Spaltenvektor</u> und a^T <u>Zeilenvektor</u>.

<u>Definition 1.4:</u>

Ein System von Vektoren $a_1,\ldots,a_k e$ V heißt <u>Erzeugendensystem von V</u>, wenn sich jeder Vektor ae V als Linearkombination der $a_1,\ldots,a_k$ darstellen läßt:

$$(2) \qquad a = \sum_{\nu=1}^{k} \alpha_\nu \cdot a_\nu \ , \quad \alpha_\nu e \mathbb{R} \ , \quad \nu = 1,\ldots,k \ .$$

Ein linear unabhängiges Erzeugendensystem von V heißt <u>Basis von V.</u> Die Anzahl der Vektoren einer Basis von V heißt die <u>Dimension von V.</u> Besitzt eine Basis unendlich viele Vektoren, dann heißt V <u>unendlichdimensional.</u>

<u>Anmerkung</u>

Die Dimension von V (i.Z. dim V) ist eindeutig bestimmt (dim V < ∞). Sie ist gleich der Maximalzahl linear unabhängiger Vektoren in V. Jede Basis in V hat gleichviele Vektoren, nämlich dim V. Jedes Erzeugendensystem von V enthält auch eine Basis von V.

<u>Folgerung</u>

Ist $\{a_1,\ldots,a_n\} \subset$ V eine Basis von V, dann läßt sich jeder Vektor ae V <u>auf genau eine Weise</u> darstellen:

$$(3) \qquad a = \sum_{\nu=1}^{n} \alpha_\nu \cdot a_\nu \ , \quad \alpha_\nu e \mathbb{R} \ , \quad \nu = 1,\ldots,n$$

d.h. die $\alpha_\nu e \mathbb{R}$ sind eindeutig bestimmt.
Der Beweis dieser Folgerung sei dem Leser überlassen.

<u>Beispiele:</u>

6. Die Vektoren: $a_1 = (1,2)^T$, $a_2 = (0,7)^T$, $a_3 = (-2,0)^T$ bilden ein Erzeugendensystem von $V = \mathbb{R}^2$, aber keine Basis. Dagegen bilden $\{a_1,a_2\}$, $\{a_1,a_3\}$, $\{a_2,a_3\}$ jeweils eine Basis von $\mathbb{R}^2$. Es ist dim $\mathbb{R}^2 = 2$.

7. Die Vektoren $e_\nu e \mathbb{R}^n$, $\nu = 1,\ldots,n$, definiert durch: $e_\nu = (0,\ldots,0,\overset{\nu.}{1},0,\ldots,0)^T$, bilden eine Basis des $\mathbb{R}^n$, die sogen. <u>Einheitsbasis.</u> Für $ae \mathbb{R}^n$ gilt: $a = \sum_{\nu=1}^{n} \alpha_\nu e_\nu$, wobei die α_ν die Komponenten von a sind. Es ist dim $\mathbb{R}^n = n$.

8. Die Polynome $\{1,x,x^2,x^3,\ldots\}$ bilden eine Basis des Vektorraumes V von Beispiel 2. Hier ist dim V = ∞.

<u>Definition 1.5:</u>

Eine nicht leere Teilmenge $U \subset$ V eines linearen Vektorraumes V heißt <u>Untervek-</u>

torraum (oder Teilraum) von V, wenn U selbst ein linearer Vektorraum ist, das
heißt, wenn gilt:

$$a,b\in U \implies \alpha a + \beta b \in U \qquad \text{für alle } \alpha,\beta \in \mathbb{R}.$$

Anmerkung: Man mache sich klar, daß für U alle Rechenregeln von Definition 1.1
erfüllt sind.

Beispiele

9. Es sei V $= \mathbb{R}^3$ und $U := \langle a_1, a_2 \rangle \subset V$ mit: $a_1 = (1,2,3)^T$, $a_2 = (0,1,-1)^T$. Es
ist also $U = \{a = \alpha_1 \cdot a_1 + \alpha_2 \cdot a_2, \; \alpha_1, \alpha_2 \in \mathbb{R}\}$. Die Vektoren von U haben also die Gestalt

$$a = (\alpha_1, 2\alpha_1 + \alpha_2, 3\alpha_1 - \alpha_2)^T \; , \; \alpha_1, \alpha_2 \in \mathbb{R} \; .$$

$\{a_1, a_2\}$ bildet eine Basis für U. Es ist dim U = 2. Geometrisch stellen die Endpunkte aller Ortsvektoren von U eine Ebene durch 0 im $\mathbb{R}^3$ dar.

10. Sei $U := \langle e_1, \ldots, e_{n-1} \rangle \subset \mathbb{R}^n$. Die Vektoren von U haben die Gestalt

$$a = (\alpha_1, \alpha_2, \ldots, \alpha_{n-1}, 0)^T \; , \; \alpha_\nu \in \mathbb{R}, \; \nu = 1, \ldots, n-1 \; .$$

Es ist dim U = n-1.

Wir definieren das Skalarprodukt zweier Vektoren $a = \sum_1^n \alpha_\nu e_\nu$, $b = \sum_1^n \beta_\nu e_\nu$ des $\mathbb{R}^n$
genau, wie in den Abschnitten 3.3, 3.4 folgendermaßen

$$(4) \qquad a^T \cdot b = (a,b) := \sum_{\nu=1}^n \alpha_\nu \beta_\nu \in \mathbb{R} \; .$$

Zwei Vektoren $a,b \in \mathbb{R}^n$ heißen orthogonal, wenn ihr Skalarprodukt verschwindet:

$$(5) \qquad a^T \cdot b = (a,b) = 0 \; .$$

Ferner nennen wir die Zahl

$$(6) \qquad \sqrt{a^T a} = \sqrt{(a,a)} = \sqrt{\sum_1^n \alpha_\nu^2} =: |a|$$

den euklidischen Betrag (oder euklidische Norm) des Vektors $a \in \mathbb{R}^n$.

Beispiele:

11. Sei $a = (1,2,3)^T$, $b = (0,1,-1)^T$. Es ist $a^T \cdot b = (a,b) = 1 \cdot 0 + 2 \cdot 1 + 3 \cdot (-1) = -1$.

$$|a| = \sqrt{1+4+9} = \sqrt{14} \,, \quad |b| = \sqrt{0+1+1} = \sqrt{2} \,.$$

a und b sind nicht orthogonal.

12. Die "Einheitsvektoren" $e_1, \ldots, e_n \in \mathbb{R}^n$ bilden eine <u>orthonormierte Basis</u> des $\mathbb{R}^n$.

$$(7) \qquad e_i^T \cdot e_j = \delta_{ij} = \begin{cases} 1 \text{ für } i = j \\ 0 \text{ für } i \neq j \end{cases}, \quad i,j = 1,\ldots,n \,.$$

10.2 Lineare Abbildungen

Es seien V, W zwei lineare Vektorräume über den reellen Zahlen $\mathbb{R}$. Eine <u>Abbil-dung</u> von V in W ist eine Vorschrift, die jedem Vektor aus V genau einen Vek-tor aus W zuordnet:

$$\varphi : V \rightarrow W \,.$$

Dabei braucht nicht jeder Vektor aus W als Bild vorzukommen.

Definition 2.1:
Die Abbildung $\varphi : V \rightarrow W$ heißt <u>linear</u>, wenn gilt

$$(1) \qquad \varphi(\alpha \cdot a + \beta \cdot b) = \alpha \cdot \varphi(a) + \beta \cdot \varphi(b) \quad \text{für alle } a,b \in V \text{ und alle } \alpha, \beta \in \mathbb{R} \,.$$

Dabei bezeichnet $\varphi(a)$, $\varphi(b)$ usw. $\in$ W jeweils den Bildvektor von a,b usw. $\in$ V unter der Abbildung φ.

<u>Folgerung.</u> Eine lineare Abbildung $\varphi : V \rightarrow W$ bildet den Nullvektor von V auf den Nullvektor von W ab.

Beispiele linearer Abbildungen.
1. Sei $V = W = \mathbb{R}^2$; sei $\varphi(a) = -a$ für alle $a \in \mathbb{R}^2$. φ ist eine Drehung der Ebene um 0 um den Winkel π.
2. Sei $V = W = \mathbb{R}^2$; sei $\varphi(a) = 2a$ für alle $a \in \mathbb{R}^2$. φ ist eine Streckung der Vektoren der Ebene um den Faktor 2.

3. Sei $V = W = \mathbb{R}^2$. Für $a = (a_1,a_2)^T \in V$ sei $\varphi(a) := (a_1,0)^T$. φ ist die senkrechte Projektion der Ebene auf die x-Achse.

Definition 2.2:

Sei $\varphi : V \to W$ linear. Die Menge der Vektoren $\varphi(a)$ mit $a \in V$ heißt Bild φ : $\varphi(V) = $ Bild$\varphi \subset W$. Die Menge der Vektoren $a \in V$ mit $\varphi(a) = 0 \in W$ heißt Kern φ.

Satz 2.1:

Sei $\varphi : V \to W$ eine lineare Abbildung. Bild$\varphi \subset W$ bzw. Kern$\varphi \subset V$ sind lineare Untervektorräume von W bzw. V.

Beweis:

Übung.

Definition 2.3:

Die (nicht notwendig lineare) Abbildung $\varphi : V \to W$ heißt:

a) injektiv (umkehrbar eindeutig), wenn für $a, b \in V$ mit $a \neq b$ folgt:

$\varphi(a) \neq \varphi(b)$,

b) surjektiv (Abbildung auf W), wenn jeder Vektor $c \in W$ ein Urbild in V hat,

c) bijektiv, wenn φ sowohl injektiv, als auch surjektiv ist.

Folgerung:

Die lineare Abbildung $\varphi : V \to W$ ist genau dann injektiv, wenn Kern $\varphi = \{0\}$ ist. φ ist genau dann surjektiv, wenn Bild$\varphi = W$ ist. Ist φ bijektiv, dann existiert eine wohlbestimmte Umkehrabbildung $\varphi^{-1} : W \to V$, die wieder eine lineare Abbildung ist.

Wir setzen von nun an stets $V = \mathbb{R}^n$, $W = \mathbb{R}^m$ (n,m natürliche Zahlen) voraus. Nun gilt der grundlegende Satz

Satz 2.2:

Eine lineare Abbildung $\varphi : \mathbb{R}^n \to \mathbb{R}^m$ ist bereits dann eindeutig definiert, wenn die Bilder der Basisvektoren $e_1,\ldots,e_n \in \mathbb{R}^n$ festgelegt sind, also durch Angabe der Vektoren:

$$(2) \qquad a_\nu = \varphi(e_\nu) \in \mathbb{R}^m, \quad \nu = 1,\ldots,n .$$

Beweis:

Sei $a \in \mathbb{R}^n$ beliebig. Es ist $\varphi(a) \in \mathbb{R}^m$ anzugeben. Nun hat a eine eindeutige Darstellung: $a = \sum\limits_{\nu=1}^{n} \alpha_\nu \cdot e_\nu$. Hieraus folgt wegen (2) und der Linearität von φ :

$$\varphi(a) = \varphi(\sum\limits_{1}^{n} \alpha_\nu e_\nu) = \sum\limits_{1}^{n} \alpha_\nu \cdot \varphi(e_\nu) = \sum\limits_{\nu=1}^{n} \alpha_\nu \cdot a_\nu \ .$$

Damit ist die Behauptung bewiesen.

Anmerkung: Man sagt, φ ist auf ganz $\mathbb{R}^n$ linear fortgesetzt. Man beachte übrigens, daß die $a_1,\ldots,a_n \in \mathbb{R}^m$ nicht linear unabhängig zu sein brauchen!

Der Beweis des folgenden Satzes kann in jedem Lehrbuch über Lineare Algebra nachgelesen werden:

Satz 2.3:
Es sei $\varphi : \mathbb{R}^n \to \mathbb{R}^m$ eine lineare Abbildung, gegeben durch

$$(3) \qquad \varphi(e_\nu) = a_\nu \ , \ \nu = 1,\ldots,n \ ; \ e_\nu \in \mathbb{R}^n, \ a_\nu \in \mathbb{R}^m.$$

Ferner sei r die Maximalzahl linear unabhängiger Vektoren unter den $a_1,\ldots,a_n \in \mathbb{R}^m$ $(r \leq n)$. Dann gilt

$$(4) \quad \begin{cases} \dim(\text{Bild}\,\varphi) = r \ , \quad \dim(\text{Kern}\,\varphi) = n-r \ , \ \text{also} \\[2mm] \dim(\text{Kern}\,\varphi) + \dim(\text{Bild}\,\varphi) = n \quad . \end{cases}$$

Beispiele zu den Sätzen 2.2 und 2.3.
4. $V = W = \mathbb{R}^2$, $\varphi(e_1) = (\frac{3}{4}, \frac{\sqrt{3}}{4})^T$, $\varphi(e_2) = (\frac{\sqrt{3}}{4}, \frac{1}{4})^T$. Sei $a = \alpha e_1 + \beta e_2 \Rightarrow$
$\varphi(a) = \alpha \cdot \varphi(e_1) + \beta \cdot \varphi(e_2)$, $\alpha,\beta \in \mathbb{R}$, also

$$\text{Bild}\,\varphi = \{(\tfrac{3}{4}\alpha + \tfrac{\sqrt{3}}{4}\beta, \ \tfrac{\sqrt{3}}{4}\alpha + \tfrac{1}{4}\beta)^T, \ \alpha,\beta \in \mathbb{R}\}$$

oder

$$\text{Bild}\,\varphi = \{\tfrac{1}{4}(\sqrt{3}\alpha + \beta) \cdot \binom{\sqrt{3}}{1}, \ \alpha,\beta \in \mathbb{R}\} = \{\gamma \cdot \binom{\sqrt{3}}{1}, \ \gamma \in \mathbb{R}\}.$$

Geometrisch ist Bildφ die Gerade durch 0 mit der Steigung $\frac{1}{\sqrt{3}}$ = tg 30°. φ ist die Orthogonalprojektion der Ebene auf diese Gerade.

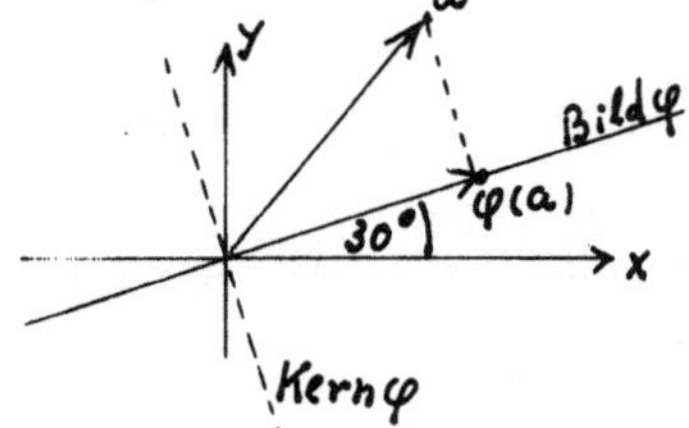

Bestimmung von Kern$\varphi = \{c \in \mathbb{R}^2 : \varphi(c) = 0\}$: Sei $c = \alpha \cdot e_1 + \beta \cdot e_2 \in \mathbb{R}^2$ beliebig gewählt. $c \in$ Kernφ bedeutet genau:

$$0 = \alpha \cdot \varphi(e_1) + \beta \cdot \varphi(e_2) \;\Rightarrow\; \left.\begin{array}{l} \frac{3}{4}\alpha + \frac{1}{4}\sqrt{3}\beta = 0 \\[4pt] \frac{1}{4}\sqrt{3}\alpha + \frac{1}{4}\beta = 0 \end{array}\right\} \;\Rightarrow\; \beta = -\sqrt{3}\cdot\alpha \;,$$

also

$$c \in \operatorname{Kern}\varphi \;\Longleftrightarrow\; c = \alpha \cdot e_1 - \sqrt{3}\alpha \cdot e_2 = \alpha \cdot \begin{pmatrix} 1 \\ -\sqrt{3} \end{pmatrix} \;\Rightarrow$$

$$\operatorname{Kern}\varphi = \left\{ \gamma \cdot \begin{pmatrix} 1 \\ -\sqrt{3} \end{pmatrix} ,\; \gamma \in \mathbb{R} \right\} \qquad \begin{array}{l} \dim(\operatorname{Bild}\varphi) = \dim(\operatorname{Kern}\varphi) = 1 \;, \\ \dim V = 2 \;. \end{array}$$

5. $V = W = \mathbb{R}^3$, $\varphi(e_1) = e_1$, $\varphi(e_2) = \varphi(e_3) = 0$. Mit $a = \alpha e_1 + \beta e_2 + \gamma e_3 \;\Longrightarrow$

$\varphi(a) = \alpha \cdot e_1 \;\Longrightarrow$

$$\operatorname{Bild}\varphi = \{ (\alpha,0,0)^T ,\; \alpha \in \mathbb{R} \} ,\; \dim(\operatorname{Bild}\varphi) = 1$$
$$\operatorname{Kern}\varphi = \{ (0,\beta,\gamma)^T ,\; \beta,\gamma \in \mathbb{R} \} ,\; \dim(\operatorname{Kern}\varphi) = 2 \;.$$

Abschließend erläutern wir noch die Zusammensetzung linearer Abbildungen:

I. Sind $\varphi : \mathbb{R}^n \to \mathbb{R}^m$, $\psi : \mathbb{R}^n \to \mathbb{R}^m$ zwei lineare Abbildungen, und sind $\alpha, \beta \in \mathbb{R}$ gegebene Zahlen, dann ist die Abbildung

$$\chi := \alpha\varphi + \beta\psi : \mathbb{R}^n \to \mathbb{R}^m$$

folgendermaßen definiert:

$$(5) \qquad \chi(a) := \alpha \cdot \varphi(a) + \beta \cdot \psi(a) \in \mathbb{R}^m \quad \text{für alle } a \in \mathbb{R}^n \;.$$

Man zeigt ganz leicht, daß auch χ eine **lineare** Abbildung ist.

II. Sind $\varphi : \mathbb{R}^n \to \mathbb{R}^m$, $\psi : \mathbb{R}^m \to \mathbb{R}^\ell$ zwei lineare Abbildungen, dann ist die Abbildung

$$\chi := \psi \circ \varphi : \mathbb{R}^n \to \mathbb{R}^\ell$$

folgendermaßen definiert:

$$(6) \qquad \chi(a) := \psi(\varphi(a)) \quad \text{für alle } a \in \mathbb{R}^n \;,$$

$\chi = \psi \circ \varphi$ heißt die _zusammengesetzte Abbildung_ und ist wieder linear, wie man leicht zeigt.

Beispiele für lineare Abbildungen werden wir gleich im nächsten Abschnitt kennenlernen.

10.3 Matrizen

Die Matrizenrechnung spielt in der Mathematik, sowie in den technischen und naturwissenschaftlichen Disziplinen eine grundlegende Rolle und hat sich daher auch zu einer großen Theorie entwickelt. Hier kann natürlich nur das Notwendigste über Matrizen gesagt werden. Die Einführung der Matrizen soll - anknüpfend an den vorigen Abschnitt 10.2 - geometrisch interpretiert werden.

Definition 3.1:

Unter einer <u>Matrix</u> versteht man ein rechteckiges Zahlenschema:

$$(1) \qquad A = \begin{pmatrix} a_{11}, a_{12}, & \cdots & , a_{1n} \\ a_{21}, a_{22}, & \cdots & , a_{2n} \\ \vdots & \vdots & \vdots \\ a_{m1}, a_{m2}, & \cdots & a_{mn} \end{pmatrix} = (a_{ik})_{m,n}$$

mit $a_{ik} \in \mathbb{R}$ (oder $\in \mathbb{C}$). Man spricht dann von reellen (oder komplexen) Matrizen. Eine Matrix setzt sich zusammen aus ihren <u>Spaltenvektoren</u> (oder einfach <u>Spalten</u>) bzw. aus ihren <u>Zeilenvektoren</u> (oder einfach <u>Zeilen</u>). So hat z.B. die Matrix A in (1) n Spalten und m Zeilen. Der erste Index i an den Zahlen a_{ik} heißt <u>Zeilenindex</u> und gibt die Nummer der Zeile an, in der sich a_{ik} befindet. Entsprechendes gilt für den zweiten Index k, den <u>Spaltenindex</u>. Die Matrix A heißt <u>quadratisch</u>, wenn m = n ist. Für die Menge der reellen (bzw. komplexen) Matrizen von m Zeilen und n Spalten schreiben wir: $\mathbb{R}^{(m,n)}$ (bzw. $\mathbb{C}^{(m,n)}$). Falls m = n ist, nennt man die Matrixelemente $a_{11}, \ldots, a_{nn}$ die <u>Diagonale</u> (auch Hauptdiagonale) der Matrix A.

Spezielle Matrizen sind die Vektoren: $a = (a_1, \ldots, a_m)^T$; es ist $a \in \mathbb{R}^{(m,1)}$ (bzw. $\in \mathbb{C}^{(m,1)}$) und $a^T \in \mathbb{R}^{(1,m)}$ (bzw. $\in \mathbb{C}^{(1,m)}$). Trotzdem aber schreiben wir der Einfachheit halber für die Zeilen- und Spaltenvektoren einfach nur $\mathbb{R}^m$ (bzw. $\mathbb{C}^m$).

Matrix-Operationen

a) Die Multiplikation mit einem Skalar:

Ist $\alpha \in \mathbb{R}$ ($\in \mathbb{C}$) und $A \in \mathbb{R}^{(m,n)}$ ($\in \mathbb{C}^{(m,n)}$), $A = (a_{ik})$, dann ist

$$(2) \qquad \alpha \cdot A := (\alpha \cdot a_{ik}) \in \mathbb{R}^{(m,n)} \quad (\in \mathbb{C}^{(m,n)}) \ .$$

b) Linearkombination zweier Matrizen:

Mit $\alpha, \beta \in \mathbb{R}$ ($\in \mathbb{C}$) und $A = (a_{ik})$, $B = (b_{ik}) \in \mathbb{R}^{(m,n)}$) ($\in \mathbb{C}^{(m,n)}$) , ist

(3) $\qquad \alpha A + \beta B := (\alpha a_{ik} + \beta b_{ik}) \in \mathbb{R}^{(m,n)} \ (\in \mathbb{C}^{(m,n)})$.

Spezielle Matrizen sind die <u>Nullmatrix</u> $0 = (0) \in \mathbb{R}^{(m,n)}$ und das <u>Negative zu A</u>: -A; ferner die <u>Einheitsmatrix</u>, die in der Diagonalen Einsen und sonst Nullen hat

$$I := \begin{pmatrix} 1 & & O \\ & \ddots & \\ O & & 1 \end{pmatrix} \quad \in \mathbb{R}^{(n,n)} \ .$$

c) Die Matrix $\overline{A} := (\overline{a}_{ik})$ heißt die <u>zu A konjugiert komplexe Matrix.</u>
d) Vertauscht man Zeilen und Spalten einer Matrix $A = (a_{ik}) \in \mathbb{R}^{(m,n)} \ (\in \mathbb{C}^{(m,n)})$, dann entsteht die <u>zu A transponierte Matrix:</u>

(4) $\qquad A^T = (a_{ki}) \in \mathbb{R}^{(n,m)} \ (\in \mathbb{C}^{(n,m)})$.

e) Die Matrix

(4*) $\qquad A^* := \overline{A}^T$

heißt die <u>zu A konjugiert transponierte Matrix.</u>
f) <u>Das Produkt zweier Matrizen:</u>
Zu $A = (a_{ik})_{m,n}$, $B = (b_{ik})_{n,r}$ definieren wir

(5) $\qquad A \cdot B := (\sum\limits_{\nu=1}^{n} a_{i\nu} b_{\nu k})_{m,r}$.

Um das Produkt bilden zu können, muß die Spaltenzahl von A mit der Zeilenzahl von B übereinstimmen. Das Element an der Stelle (i,k) von $A \cdot B$ ist also das Skalarprodukt der Zeile Nr. i von A mit der Spalte Nr. k von B.

Für $m = r$ kann man auch BA bilden, aber merke:

<u>Im allgemeinen ist $A \cdot B \neq B \cdot A$.</u>

Dagegen gilt stets für $A = (a_{ik})_{m,n}$; $B = (b_{ik})_{n,r}$; $C = (c_{ik})_{r,s}$:

(6) $\qquad (A \cdot B) \cdot C = A \cdot (B \cdot C) = (\sum\limits_{\nu=1}^{n} \sum\limits_{\mu=1}^{r} a_{i\nu} b_{\nu\mu} c_{\mu k})_{m,s}$.

Ferner merken wir noch folgende wichtige Formeln an:

(7) $\qquad (A \cdot B)^T = B^T \cdot A^T$,

$$
\text{(7a)} \quad
\begin{cases}
A\cdot(B+C) = A\cdot B+A\cdot C \\[2em]
(A+B)\cdot C = A\cdot C+B\cdot C \quad .
\end{cases}
$$

Wir kommen nun zu der geometrischen Deutung von Matrizen. Mit $A := (a_{ik})_{m,n}$ $\in \mathbb{R}^{(m,n)}$, $x := (x_1,\ldots,x_n)^T \in \mathbb{R}^n$ bilden wir das Produkt:

$$
Ax = \begin{pmatrix} a_{11} & \cdots & a_{1n} \\ \vdots & & \vdots \\ a_{m1} & \cdots & a_{mn} \end{pmatrix} \cdot \begin{pmatrix} x_1 \\ \vdots \\ x_n \end{pmatrix} = \begin{pmatrix} \sum\limits_1^n a_{1\nu}x_\nu \\ \vdots \\ \sum\limits_1^n a_{m\nu}x_\nu \end{pmatrix} = \begin{pmatrix} y_1 \\ \vdots \\ y_m \end{pmatrix} = y \quad .
$$

Es ist $y \in \mathbb{R}^m$. A definiert also eine Abbildung $\varphi : \mathbb{R}^n \to \mathbb{R}^m$. Es gilt der grundlegende Satz

Satz 3.1:
Die Gesamtheit der Matrizen $A \in \mathbb{R}^{(m,n)}$ entspricht in umkehrbar eindeutiger Weise der Gesamtheit der linearen Abbildungen $\varphi : \mathbb{R}^n \to \mathbb{R}^m$.

Beweis:
1. Die Matrix $A = (a_{ik})_{m,n}$ definiert eine lineare Abbildung $\varphi : \mathbb{R}^n \to \mathbb{R}^m$: Sind $x,y \in \mathbb{R}^n$ Vektoren und $\alpha,\beta \in \mathbb{R}$ Zahlen, dann rechnet man aus

$$
A\cdot(\alpha x+\beta y) = \alpha\cdot Ax+\beta\cdot Ay \in \mathbb{R}^m \quad .
$$

2. Sei $\varphi : \mathbb{R}^n \to \mathbb{R}^m$ eine lineare Abbildung. Nach Satz 2.2 (Abschnitt 10.2) ist φ eindeutig festgelegt durch die Bilder $a_\nu = \varphi(e_\nu)$, $\nu = 1,\ldots,n$. Es sei nun: $a_\nu = (a_{1\nu},\ldots,a_{m\nu})^T \in \mathbb{R}^m$, $\nu = 1,\ldots,n$. Wir bilden die Matrix $A = (a_{ik})_{m,n} = (a_1,\ldots,a_n)$. Man rechnet unmittelbar aus: $A\cdot e_\nu = a_\nu$, $\nu = 1,\ldots,n$. Also stellt die Matrix A die Abbildung φ dar (<u>Die Spalten von A sind genau die Bildvektoren der Einheitsvektoren</u>). ∎

Anmerkung: Wir wollen in Zukunft die Matrizen $A \in \mathbb{R}^{(m,n)}$ stets mit den linearen Abbildungen $\varphi : \mathbb{R}^n \to \mathbb{R}^m$ identifizieren.

Folgerung 1:
Sind $A,B \in \mathbb{R}^{(m,n)}$ und $\varphi,\psi : \mathbb{R}^n \to \mathbb{R}^m$ die entsprechenden linearen Abbildungen, dann entspricht der Matrix $\alpha A+\beta\cdot B \in \mathbb{R}^{(m,n)}$ die lineare Abbildung $\chi := \alpha\varphi +\beta\psi : \mathbb{R}^n \to \mathbb{R}^m$.

Folgerung 2:

Sind $A \in \mathbb{R}^{(m,n)}$, $B \in \mathbb{R}^{(\ell,m)}$ zwei Matrizen und $\varphi : \mathbb{R}^n \to \mathbb{R}^m$, $\psi : \mathbb{R}^m \to \mathbb{R}^\ell$ die entsprechenden linearen Abbildungen, dann entspricht der Matrix $B \cdot A \in \mathbb{R}^{(\ell,n)}$ die zusammengesetzte lineare Abbildung $\chi := \psi \circ \varphi : \mathbb{R}^n \to \mathbb{R}^\ell$.

Beispiele.

1. $A = 0 \in \mathbb{R}^{(n,n)}$. A ist die Nullabbildung: $\varphi(x) = 0$ für alle $x \in \mathbb{R}^n$.

2. $A = I = (e_1, \ldots, e_n) \in \mathbb{R}^{(n,n)}$. A ist die identische Abbildung: $\varphi(x) = x$ für alle $x \in \mathbb{R}^n$.

3.
$$A = \begin{pmatrix} \lambda_1 & & O \\ & \ddots & \\ O & & \lambda_n \end{pmatrix} .$$

A läßt die Hauptachsen fest und streckt die Einheitsvektoren e_ν um die Faktoren λ_ν: $\varphi(e_\nu) = \lambda_\nu \cdot e_\nu$, $\nu = 1, \ldots, n$.

4. $A = \begin{pmatrix} 1 & 1 \\ 1 & 1 \end{pmatrix} \in \mathbb{R}^{(2,2)}$. Es sei $x = x_1 e_1 + x_2 e_2 \in \mathbb{R}^2$ beliebig. Es folgt:
$A \cdot x = x_1 A e_1 + x_2 \cdot A e_2 = (x_1 + x_2) \cdot \begin{pmatrix} 1 \\ 1 \end{pmatrix}$. A bildet die Vektoren der Ebene auf die Winkelhalbierende $x_2 = x_1$ ab. Es ist:

$$\text{Bild } A = \{x = (a,a)^T, \ a \in \mathbb{R}\} ,$$
$$\text{Kern } A = \{x = (a,-a)^T, \ a \in \mathbb{R}\} .$$

5.
$$A = \begin{pmatrix} 1 & 1 \\ 0 & 1 \end{pmatrix} \in \mathbb{R}^{(2,2)} . \text{ Mit } x = \begin{pmatrix} x_1 \\ x_2 \end{pmatrix} \in \mathbb{R}^2 \text{ folgt:}$$

$$Ax = \begin{pmatrix} x_1 + x_2 \\ x_2 \end{pmatrix} = x_1 \cdot \begin{pmatrix} 1 \\ 0 \end{pmatrix} + x_2 \cdot \begin{pmatrix} 1 \\ 1 \end{pmatrix} .$$

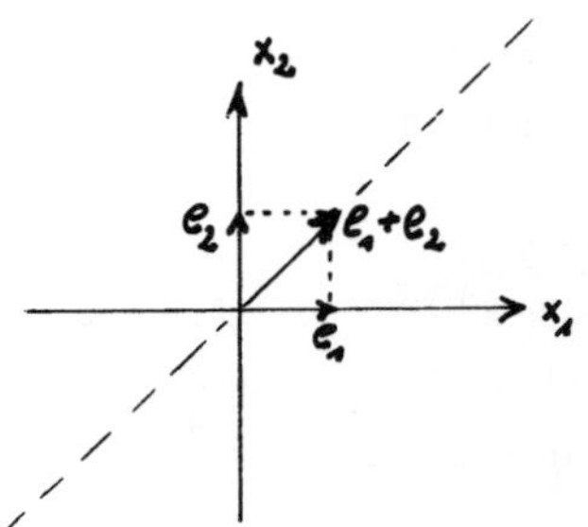

A bildet die Koordinaten-Einheitsvektoren e_1, e_2 auf die Vektoren e_1, $e_1 + e_2$ ab. Man rechnet aus:

$$\text{Bild } A = \mathbb{R}^2, \quad \text{Kern } A = 0 .$$

6. Sei $0 \leq \varphi < 2\pi$, und

$$A = \begin{pmatrix} \cos\varphi & -\sin\varphi \\ \sin\varphi & \cos\varphi \end{pmatrix}.$$

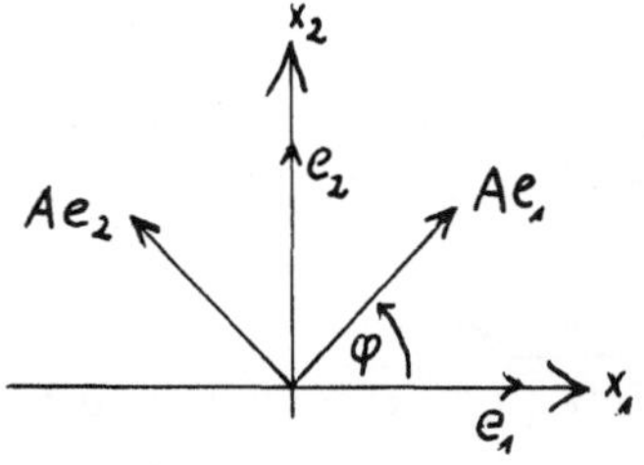

Diese Abbildung stellt eine Drehung der
Ebene um den Ursprung und um den Winkel
φ dar; die Bilder der Einheitsvektoren
$e_1 = \begin{pmatrix} 1 \\ 0 \end{pmatrix}$, $e_2 = \begin{pmatrix} 0 \\ 1 \end{pmatrix}$ sind die Spalten von A (vgl. Skizze). Mit $x = (x_1,x_2)^\top$ gilt:

$$Ax = (x_1 \cdot \cos\varphi - x_2 \cdot \sin\varphi \, , \, x_1 \cdot \sin\varphi + x_2 \cdot \cos\varphi \,)^\top .$$

Man rechnet leicht nach, daß die Abbildung A
a) die euklidischen Längen unverändert läßt,
b) die Skalarprodukte von je zwei Vektoren unverändert läßt.
Also handelt es sich tatsächlich um eine Drehung. Wir wollen noch zwei solche
Drehungen hintereinander ausführen; sei

$$A = \begin{pmatrix} \cos\varphi_1 & -\sin\varphi_1 \\ \sin\varphi_1 & \cos\varphi_1 \end{pmatrix} \, , \, B = \begin{pmatrix} \cos\varphi_2 & -\sin\varphi_2 \\ \sin\varphi_2 & \cos\varphi_2 \end{pmatrix} .$$

Es folgt:

$$A \cdot B = \begin{pmatrix} \cos\varphi_1 \cdot \cos\varphi_2 - \sin\varphi_1 \cdot \sin\varphi_2 & -\cos\varphi_1 \cdot \sin\varphi_2 - \sin\varphi_1 \cdot \cos\varphi_2 \\ \sin\varphi_1 \cdot \cos\varphi_2 + \cos\varphi_1 \cdot \sin\varphi_2 & -\sin\varphi_1 \cdot \sin\varphi_2 + \cos\varphi_1 \cdot \cos\varphi_2 \end{pmatrix}$$

$$= \begin{pmatrix} \cos(\varphi_1 + \varphi_2) & -\sin(\varphi_1 + \varphi_2) \\ \sin(\varphi_1 + \varphi_2) & \cos(\varphi_1 + \varphi_2) \end{pmatrix} .$$

Wir sehen: $A \cdot B$ liefert eine Drehung um $\varphi_1 + \varphi_2$.

7. $B = \begin{pmatrix} 1 & 0 \\ 0 & -1 \end{pmatrix}$. Das ist eine Spiegelung an der x_1-Achse:

$$\begin{pmatrix} x_1 \\ x_2 \end{pmatrix} \rightarrow \begin{pmatrix} x_1 \\ -x_2 \end{pmatrix} .$$

Wir bilden

$$A \cdot B = \begin{pmatrix} \cos\varphi & -\sin\varphi \\ \sin\varphi & \cos\varphi \end{pmatrix} \cdot \begin{pmatrix} 1 & 0 \\ 0 & -1 \end{pmatrix} = \begin{pmatrix} \cos\varphi & \sin\varphi \\ \sin\varphi & -\cos\varphi \end{pmatrix} .$$

$A \cdot B$ setzt sich zusammen aus einer Spiegelung an der x_1-Achse und einer Drehung
um φ.

Aufgabe:

Man zeige, daß $A \cdot B$ eine reine Spiegelung ist und zwar an der Geraden
$x_2 = \text{tg} \, \dfrac{\varphi}{2} \cdot x_1$.

Definition 3.2:

Sei $A = (a_{ik})_{m,n}$ eine Matrix. Die Maximalzahl linear unabhängiger Spalten (Zeilen) von A heißt der Spaltenrang (Zeilenrang) von A.

Es ist

$$(8) \quad \begin{cases} \text{Spaltenrang von } A = \dim(\text{Bild } A) \,, \\[2mm] n - \text{Spaltenrang von } A = \dim(\text{Kern } A) \,. \end{cases}$$

Dies folgt unmittelbar aus Satz 2.3, Abschn. 10.2.

Definition 3.3:

Unter einer elementaren Zeilenumformung (Spaltenumformung) einer Matrix $A \in \mathbb{R}^{(m,n)}$ versteht man folgende Operation:

> Zu der Zeile (Spalte) Nr. i wird die mit einer Zahl $\lambda \in \mathbb{R}$ multiplizierte Zeile (Spalte) Nr. j addiert. Dabei ist für $i = j \quad \lambda \neq -1$
> zu setzen.

Es gilt nun der folgende Satz, der hier nicht bewiesen wird (vgl. R. Lingenberg, Einführung in die lineare Algebra, § 5):

Satz 3.2:

Elementare Zeilen- und Spaltenumformungen einer Matrix A lassen sowohl den Zeilen- wie auch den Spaltenrang von A unverändert. ∎

Es ist nun möglich, jede Matrix durch elementare Umformungen auf eine sehr einfache Gestalt zu bringen, aus der dann Spalten- und Zeilenrang unmittelbar abgelesen werden können. Insbesondere zeigt sich dann, daß Spalten- und Zeilenrang stets gleich sind.

<u>Beispiele</u>

1. Gegeben sei die Matrix

$$A = (a_{ik})_{4,5} = \begin{pmatrix} 1 & 5 & 3 & 2 & 1 \\ 2 & 11 & 6 & 4 & 2 \\ -1 & -5 & -2 & -2 & -1 \\ 1 & 6 & 4 & 2 & 1 \end{pmatrix} \ \in \mathbb{R}^{(4,5)} \ .$$

Die elementaren Umformungen von A sind:

a) Annullieren der 1. Spalte von A außer $a_{11} = 1$ durch geeignete Zeilenumformungen,

b) Annullieren der 1. Zeile von A außer $a_{11} = 1$ durch geeignete Spaltenumformungen,

c) Annullieren der 2. Spalte von A außer dem Diagonalelement,

d) Annullieren der 2. Zeile von A außer dem Diagonalelement,

usw..

So erhält man aus A die Matrix

$$(9) \qquad \tilde{A} = \begin{pmatrix} 1 & 0 & 0 & 0 & 0 \\ 0 & 1 & 0 & 0 & 0 \\ 0 & 0 & 1 & 0 & 0 \\ 0 & 0 & 0 & 0 & 0 \end{pmatrix} \ .$$

Hier liest man sofort ab

$$\text{Spaltenrang} = \text{Zeilenrang} = 3 \ .$$

Also hat wegen Satz 3.2 auch die Matrix A den Spaltenrang und Zeilenrang 3.

2. Gegeben sei die Matrix

$$A = \begin{pmatrix} 0 & 2 & 7 \\ 1 & -2 & 2 \\ 1 & 0 & 9 \end{pmatrix} \ \in \mathbb{R}^{(3,3)} \ .$$

Hier muß zunächst durch Zeilen-Vertauschen ein Element $\neq 0$ an die erste Stelle der Matrix gebracht werden. <u>Eine Zeilen-Vertauschung läßt sich durch 4 elementare Zeilen-Umformungen erreichen</u> (Beweis !). Das gleiche gilt natürlich für Spalten-Vertauschungen.

Anschließend wird im Prinzip genauso vorgegangen, wie im ersten Beispiel; man
erhält dann der Reihe nach die folgenden Matrizen:

$$A = \begin{pmatrix} 0 & 2 & 7 \\ 1 & -2 & 2 \\ 1 & 0 & 9 \end{pmatrix} \rightarrow \begin{pmatrix} 1 & -2 & 2 \\ 0 & 2 & 7 \\ 1 & 0 & 9 \end{pmatrix} \rightarrow \begin{pmatrix} 1 & -2 & 2 \\ 0 & 2 & 7 \\ 0 & 2 & 7 \end{pmatrix} \rightarrow$$

$$\begin{pmatrix} 1 & 0 & 0 \\ 0 & 2 & 7 \\ 0 & 2 & 7 \end{pmatrix} \rightarrow \begin{pmatrix} 1 & 0 & 0 \\ 0 & 1 & \frac{7}{2} \\ 0 & 2 & 7 \end{pmatrix} \rightarrow \begin{pmatrix} 1 & 0 & 0 \\ 0 & 1 & \frac{7}{2} \\ 0 & 0 & 0 \end{pmatrix} \rightarrow \begin{pmatrix} 1 & 0 & 0 \\ 0 & 1 & 0 \\ 0 & 0 & 0 \end{pmatrix} = \tilde{A}.$$

Wieder liest man sofort ab, daß $\tilde{A}$ - und damit auch A - den Zeilen- und Spaltenrang 2 besitzt. Allgemein kann nun jede Matrix $A \in \mathbb{R}^{(m,n)}$ durch elementare Umformungen auf die Gestalt:

$$(10) \qquad \tilde{A} = \begin{pmatrix} I_{r,r} & 0 \\ \hline 0 & 0 \end{pmatrix}, \quad r \leqq m, \ r \leqq n$$

gebracht werden. Dabei ist $I_{r,r} \in \mathbb{R}^{(r,r)}$ die Einheitsmatrix und r der Zeilen-
und Spaltenrang von A.

<u>Satz 3.3:</u>
Spaltenrang und Zeilenrang einer Matrix $A \in \mathbb{R}^{(m,n)}$ sind gleich. Wir sprechen daher vom <u>Rang von A</u> schlechthin:

$$(11) \qquad \text{Rang von A} = \text{rg A} \ .$$

10.4 Determinanten

Ein wesentliches Hilfsmittel zur näheren Untersuchung von Matrizen ist der De-
terminantenbegriff, der uns bei 2- und 3-reihigen Matrizen schon in Kapitel 3
begegnet ist. Hier soll auch nur das Notwendigste über Determinanten gesagt werden. Alle in diesem Abschnitt auftretenden Matrizen sollen <u>quadratisch</u> sein,
also gleiche Spalten- und Zeilenzahl besitzen.

<u>Definition 4.1:</u>
Unter der <u>Determinante</u> der Matrix $A = (a_{ik})_{n,n} \in \mathbb{R}^{(n,n)}$ oder $\in \mathbb{C}^{(n,n)}$ versteht
man die Zahl

$$(1) \qquad \text{DetA} := \begin{vmatrix} a_{11} & \cdots & a_{1n} \\ \vdots & & \vdots \\ a_{n1} & \cdots & a_{nn} \end{vmatrix} := \sum_{(\nu_1, \nu_2, \ldots, \nu_n)} \text{sig}(\nu_1, \ldots, \nu_n) \cdot a_{1\nu_1} \cdot \ldots \cdot a_{n\nu_n}$$

Dabei bedeutet das Symbol $(\nu_1, \ldots, \nu_n)$ unter dem Summenzeichen, daß die Summation über alle Permutationen der Zahlen $1, 2, \ldots, n$ zu erstrecken ist. Das Symbol: $\text{sig}(\nu_1, \ldots, \nu_n)$ heißt das <u>Vorzeichen der Permutation</u> $(1, \ldots, n) \rightarrow (\nu_1, \ldots, \nu_n)$ und ist +1 oder -1, je nachdem ob die Permutation gerade, oder ungerade ist. Eine Permutation heißt <u>gerade</u> (<u>ungerade</u>), wenn sie aus einer geraden (ungeraden) Anzahl von Vertauschungen hervorgeht.

Man sieht also: Der Ausdruck (1) hat genau n! Summanden. Jeder Summand ist ein Produkt von genau n Matrixelementen; dabei tritt in jedem Produkt genau ein Element von jeder Zeile und genau ein Element von jeder Spalte von A auf.

<u>Beispiele</u>

1. $A = \begin{pmatrix} a_{11} & a_{12} \\ a_{21} & a_{22} \end{pmatrix}$. Es ist $n = 2$.

Permutationen: $(1,2)$: keine Vertauschung $\implies \text{sig}(1,2) = +1$

$\qquad\qquad\quad\ (2,1)$: eine Vertauschung $\implies \text{sig}(2,1) = -1$.

$\implies \text{DetA} = a_{11} \cdot a_{22} - a_{12} \cdot a_{21}$.

2.

$$A = \begin{pmatrix} a_{11} & a_{12} & a_{13} \\ a_{21} & a_{22} & a_{23} \\ a_{31} & a_{32} & a_{33} \end{pmatrix}. \quad \text{Es ist } n = 3.$$

Permutationen: $(1,2,3)$: keine Vertauschung $\implies \text{sig}(1,2,3) = +1$

$\qquad\qquad\quad\ (1,3,2)$: eine Vertauschung $\implies \text{sig}(1,3,2) = -1$

$\qquad\qquad\quad\ (2,1,3)$: eine Vertauschung $\implies \text{sig}(2,1,3) = -1$

$\qquad\qquad\quad\ (3,2,1)$: eine Vertauschung $\implies \text{sig}(3,2,1) = -1$

$\qquad\qquad\quad\ (2,3,1)$: zwei Vertauschungen $\implies \text{sig}(2,3,1) = +1$

$\qquad\qquad\quad\ (3,1,2)$: zwei Vertauschungen $\implies \text{sig}(3,1,2) = +1$

$\implies$

$$\text{DetA} = a_{11} \cdot a_{22} \cdot a_{33} - a_{11} \cdot a_{23} \cdot a_{32} - a_{12} \cdot a_{21} \cdot a_{33} - a_{13} \cdot a_{22} \cdot a_{31} +$$

$$+ a_{12} \cdot a_{23} \cdot a_{31} + a_{13} \cdot a_{21} \cdot a_{32} \ .$$

Wir sehen, daß sich hier genau das Spatprodukt der drei Spaltenvektoren von A ergibt (vgl. Abschn. 3.4, Kapitel 3).

3. $A = (a_{ik})_{4,4}$. Hier erhält man für DetA eine Summe von 24 = 4! Summanden; jedes Glied besteht aus 4 Faktoren. 12 Terme haben positives Vorzeichen.

Im folgenden bezeichnen wir die Spalten von A mit $a_1,\ldots,a_n$.

<u>Satz 4.1:</u>
Für $A = (a_1,\ldots,a_n) \in \mathbb{C}^{(n,n)}$ gilt:

(2a)   a) $\mathrm{Det}\,I = \mathrm{Det}(e_1,\ldots,e_n) = 1$.

(2b)   b) $\mathrm{Det}(a_1,\ldots,a_{i-1},\lambda a_i,a_{i+1},\ldots,a_n) = \lambda \cdot \mathrm{DetA}$ für alle $\lambda \in \mathbb{C}$ und für
$$i = 1,\ldots,n .$$

c) Vertauscht man zwei Spalten von A, dann ändert die Determinante ihr Vorzeichen:

(2c) $\mathrm{Det}(\ldots,a_i,\ldots,a_k,\ldots) = -\mathrm{Det}(\ldots,a_k,\ldots,a_i,\ldots)$.

(2d)   d) $\mathrm{Det}A^T = \mathrm{Det}A$.

<u>Beweis:</u>
a) folgt unmittelbar aus der Definition (1) der Determinante.
b) Wird eine Spalte mit λ multipliziert, dann tritt in jedem Summanden von (1) der Faktor λ genau einmal auf und kann daher ausgeklammert werden. Es entsteht dann genau wieder $\lambda \cdot \mathrm{DetA}$.
c) Vertauschen zweier Spalten a_i,a_k bedeutet in (1) das Vertauschen der beiden Spalten-Indizes ν_i,ν_k in jedem Summanden. Dieses aber bedeutet genau einen Vorzeichenwechsel von sig(...) vor jedem Summanden.
d) Übergang zu A^T bedeutet Vertauschen von Zeilen- und Spalten-Index in (1): $a_{i\nu_i} \rightarrow a_{\nu_i i}$. Permutiert man nun die Faktoren so, daß die Zeilen-Indizes $\nu_1,\ldots,\nu_n$ in der natürlichen Reihenfolge auftreten, dann ändert sich am numerischen Wert des Produktes nichts, und die Spalten-Indizes gehen über in eine permutierte Reihenfolge $\sigma_1,\ldots,\sigma_n$. Diese Permutation aber ist gerade die Inverse zu der ursprünglichen $(1,\ldots,n) \rightarrow (\nu_1,\ldots,\nu_n)$; sie hat infolgedessen die gleiche Vertauschungsanzahl, d.h. $\mathrm{sig}(\nu_1,\ldots,\nu_n) = \mathrm{sig}(\sigma_1,\ldots,\sigma_n)$. Also bleiben alle Summanden in (1) unverändert. ∎

Übrigens folgt aus (1) unmittelbar, daß die Determinante linear in jeder Spalte ist:

$$(3) \quad \begin{cases} \mathrm{Det}(a_1,\ldots,a_{i-1},\sum_{\nu=1}^{n}\lambda_\nu a_\nu,a_{i+1},\ldots,a_n) = \\[2mm] = \sum_{\nu=1}^{n}\lambda_\nu\mathrm{Det}(a_1,\ldots,a_{i-1},a_\nu,a_{i+1},\ldots,a_n) \quad \text{für } i = 1,\ldots,n . \end{cases}$$

Es ergibt sich nun leicht

Corollar 4.2:
a) Ist eine Spalte von A der Nullvektor, dann ist $\mathrm{Det}A = 0$.
b) Sind zwei Spalten von A gleich, dann ist $\mathrm{Det}A = 0$.
c) Addition einer Linearkombination eines Systems von Spalten von A zu einer anderen Spalte von A läßt $\mathrm{Det}A$ unverändert.
d) Die Aussagen a), b), c) bleiben richtig, wenn man das Wort "Spalte" durch das Wort "Zeile" ersetzt.

Beweis:
Übung.

Aus dem obigen folgt insbesondere, daß die Eigenschaft $\mathrm{Det}A \neq 0$ (bzw. $\mathrm{Det}A = 0$) invariant bleibt gegenüber elementaren Umformungen der Matrix A. Man folgert nun aus Satz 4.1 und Corollar 4.2 sofort

Satz 4.3:
Sei $A\in\mathbb{R}^{(n,n)}$ (oder $\in\mathbb{C}^{(n,n)}$). Dann sind folgende Aussagen äquivalent:
a) $\mathrm{Det}A \neq 0$,
b) $\mathrm{rg}\, A = n$,
c) die Spalten (bzw. Zeilen) von A sind linear unabhängig,
d) Kern $A = 0$ und Bild $A = \mathbb{R}^n$ (bzw. $\mathbb{C}^n$),
e) A definiert eine bijektive lineare Abbildung: $\mathbb{R}^n \to \mathbb{R}^n$ (bzw. $\mathbb{C}^n \to \mathbb{C}^n$).

Beweis:
Übung.

Definition 4.2:
Eine quadratische Matrix A, die die Bedingungen von Satz 4.3 erfüllt, heißt regulär, oder nichtsingulär, oder invertierbar.

Zu jeder nichtsingulären Matrix A existiert eine inverse Matrix A^{-1} mit der Eigenschaft:

(4) $\qquad A \cdot A^{-1} = A^{-1} \cdot A = I$.

A^{-1} ist eindeutig bestimmt und entspricht der Umkehrabbildung. Zur Berechnung (bzw. Darstellung) von A^{-1} ist die Determinante ein geeignetes Hilfsmittel; wir wollen dies näher erläutern:
Eine Determinante kann berechnet werden, indem man sie nach einer beliebigen Zeile oder Spalte <u>entwickelt:</u>

$$A = \begin{pmatrix} a_{11} & a_{12}, \ldots, a_{1k}, \ldots, a_{1n} \\ a_{21} & a_{22}, \ldots, a_{2k}, \ldots, a_{2n} \\ \vdots & \vdots \quad \vdots \qquad \vdots \\ a_{i1} & a_{i2}, \ldots, a_{ik}, \ldots, a_{in} \\ \vdots & \vdots \quad \vdots \qquad \vdots \\ a_{n1} & a_{n2}, \ldots, a_{nk}, \ldots, a_{nn} \end{pmatrix} .$$

Streicht man in der Matrix A die Zeile Nr. i und die Spalte Nr. k, dann bleibt eine (n-1)-reihige (quadratische) Matrix übrig. Ihre Determinante bezeichnen wir mit $\tilde{A}_{ik}$. $\tilde{A}_{ik}$ (i,k = 1,...,n) sind die (n-1)-reihigen Unterdeterminanten von DetA. Aus (1) (d.h. der Definition der Determinante) folgert man nun leicht

(5a) $\qquad DetA = \sum_{\nu=1}^{n} (-1)^{i+\nu} \cdot \tilde{A}_{i\nu} \cdot a_{i\nu}$, $i = 1,\ldots,n$.

<u>Anmerkung:</u> Man überlege sich auch genau, wie das Vorzeichen vor den einzelnen Summanden zustandekommt.
Berechnet man DetA nach der k-ten Spalte, dann erhält man:

(5b) $\qquad DetA = \sum_{\nu=1}^{n} (-1)^{\nu+k} \cdot \tilde{A}_{\nu k} \cdot a_{\nu k}$, $k = 1,\ldots,n$.

Man wird bei der praktischen Berechnung von Determinanten immer nach einer solchen Zeile oder Spalte entwickeln, in der möglichst viele Nullen stehen, damit die Rechnung möglichst einfach wird. Wir setzen jetzt

(6) $\qquad A_{ik} := (-1)^{i+k} \cdot \tilde{A}_{ik}$; $\quad i,k = 1,\ldots,n$

und definieren die folgende Matrix, die <u>zu A adjungierte Matrix:</u>

$$(7) \qquad A_{adj} := \begin{pmatrix} A_{11}, & A_{21}, & \ldots, & A_{n1} \\ A_{12}, & A_{22}, & \ldots, & A_{n2} \\ \vdots & \vdots & & \vdots \\ A_{1n}, & A_{2n}, & \ldots, & A_{nn} \end{pmatrix} .$$

Man beachte, daß hier der 1. Index der Spaltenindex und der zweite Index der Zeilenindex ist im Gegensatz zur Indizierung der Matrix A. Man überlegt sich nun wegen (5a), (5b) unmittelbar, daß gilt

$$(8) \qquad A_{adj} \cdot A = A \cdot A_{adj} = DetA \cdot I \ ,$$

denn die Ausdrücke:

$$\sum_{\nu=1}^{n} A_{i\nu} \cdot a_{k\nu} \ , \quad \sum_{\nu=1}^{n} A_{\nu k} \cdot a_{\nu i}$$

sind für $i \neq k$ sämtlich 0, da sie aufgefaßt werden können als Determinanten, bei denen zwei Zeilen bzw. zwei Spalten gleich sind (vgl. Corollar 4.2, b)). Aus (8) erhält man nun sofort für $DetA \neq 0$:

$$(9) \qquad A^{-1} = \frac{1}{DetA} \cdot A_{adj} \ , \quad d.h. \ A \cdot A^{-1} = A^{-1} \cdot A = I \ .$$

__Beispiele__

1. $A = \begin{pmatrix} 5 & -2 \\ 2 & -1 \end{pmatrix}$; Es folgt: $DetA = -1$,

$$A_{11} = -1, \ A_{12} = -2, \ A_{21} = +2, \ A_{22} = +5.$$

$$\Rightarrow \qquad A_{adj} = \begin{pmatrix} -1 & 2 \\ -2 & 5 \end{pmatrix} \Rightarrow A^{-1} = \begin{pmatrix} 1 & -2 \\ 2 & -5 \end{pmatrix} .$$

2.

$$A = \begin{pmatrix} 0 & 2 & -1 \\ 6 & 9 & 0 \\ 4 & -3 & 5 \end{pmatrix} \ ; \ \text{Es folgt durch Entwickeln nach der 1. Spalte:}$$

$$DetA = -6 \ .$$

Weiter rechnet man aus: $A_{11} = 45$, $\quad A_{21} = -7$, $\quad A_{31} = 9$,

$$A_{12} = -30, \quad A_{22} = 4 \ , \quad A_{32} = -6 \ ,$$
$$A_{13} = -54, \quad A_{23} = 8 \ , \quad A_{33} = -12.$$

$$\Rightarrow$$

$$A_{adj} = \begin{pmatrix} 45 & -7 & 9 \\ -30 & 4 & -6 \\ -54 & 8 & -12 \end{pmatrix}, \implies A^{-1} = \begin{pmatrix} -7\ 1/2 & 1\ 1/6 & -1\ 1/2 \\ 5 & -\ 2/3 & 1 \\ 9 & -1\ 1/3 & 2 \end{pmatrix} .$$

Zum Abschluß zitieren wir noch einen wichtigen Satz über Determinanten, der aber hier nicht bewiesen wird.

Satz 4.4 (Multiplikationstheorem):
Seien $A, B \in \mathbb{R}^{(n,n)}$ gegeben (bzw. $\in \mathbb{C}^{(n,n)}$). Dann gilt:

(10) $\mathrm{Det}\,A \cdot \mathrm{Det}\,B = \mathrm{Det}(A \cdot B)$

Beweis:
vgl. z.B. R. Lingenberg: Einführung in die Lineare Algebra, § 7; BI 1976.   ∎

Folgerung:
Ist $\mathrm{Det}\,A \neq 0$, dann folgt aus (8) und (9):

(11) $\mathrm{Det}(A_{adj}) = (\mathrm{Det}\,A)^{n-1}$, $\mathrm{Det}(A^{-1}) = (\mathrm{Det}\,A)^{-1}$.

Wir merken noch die folgenden Formeln an (Beweis zur Übung):

(12a) $(A \cdot B)^{-1} = B^{-1} \cdot A^{-1}$,

(12b) $(A^{T})^{-1} = (A^{-1})^{T}$, $(A^{\star})^{-1} = (A^{-1})^{\star}$.

10.5 Lineare Gleichungssysteme

Die linearen Gleichungssysteme spielen in Theorie und Anwendung eine außerordentlich wichtige Rolle, und daher soll hier in Kürze das Wichtigste über sie zusammengestellt werden.

Wir werden im folgenden nur mit reellen Zahlen rechnen, obwohl alle Überlegungen und Ergebnisse wortwörtlich auf den komplexen Fall übertragbar sind.

Ein lineares Gleichungssystem hat die Form:

(1) $Ax = b$

mit $A = (a_{ik})_{m,n} \in \mathbb{R}^{(m,n)}$, $b = (b_1,\ldots,b_m)^T \in \mathbb{R}^m$, $x = (x_1,\ldots,x_n)^T \in \mathbb{R}^n$.

Dabei sind A, b gegebene Matrizen und x besteht aus den <u>Unbekannten</u> des Systems (1). Das System (1) <u>lösen</u> bedeutet, Zahlen $x_1,\ldots,x_n$ so zu finden, daß alle m Gleichungen in (1) <u>gleichzeitig</u> erfüllt sind. Dieses ist allerdings im allgemeinen nicht möglich.

<u>Beispiele</u>

1.

$$\begin{pmatrix} 1 & 1 \\ 1 & 1 \end{pmatrix} \cdot \begin{pmatrix} x_1 \\ x_2 \end{pmatrix} = \begin{pmatrix} 0 \\ 1 \end{pmatrix} \qquad \text{ist unlösbar.}$$

2.

$$\begin{pmatrix} 1 & 1 \\ 1 & -1 \end{pmatrix} \cdot \begin{pmatrix} x_1 \\ x_2 \end{pmatrix} = \begin{pmatrix} 0 \\ 1 \end{pmatrix} \qquad \text{ist lösbar}$$

und hat die eindeutig bestimmte Lösung:

$$\begin{pmatrix} x_1 \\ x_2 \end{pmatrix} = \begin{pmatrix} 1/2 \\ -1/2 \end{pmatrix} = 1/2 \cdot \begin{pmatrix} 1 \\ -1 \end{pmatrix} .$$

Wir behandeln nun in diesem Abschnitt zwei Fragen:

a) Unter welchen Bedingungen ist (1) lösbar?

b) Wie kann man im Falle der Lösbarkeit von (1) die Gesamtheit aller Lösungen berechnen?

<u>Definition 5.1:</u>

Das lineare Gleichungssystem (1) heißt <u>homogen</u>, wenn b = 0 ist, andernfalls <u>inhomogen</u>. Man nennt:

$$(1^*) \qquad Ax = 0 \ , \quad A \in \mathbb{R}^{(m,n)} \ , \quad x \in \mathbb{R}^n$$

das <u>zu (1) gehörige homogene</u> lineare Gleichungssystem.

<u>Satz 5.1:</u>

Die Lösungsgesamtheit von (1^*) ist genau $\text{Kern}A \subset \mathbb{R}^n$, bildet also einen $(n-r)$-dimensionalen Untervektorraum von $\mathbb{R}^n$, wenn r der Rang von A ist. Ferner ist die Lösungsgesamtheit von (1) gegeben durch die Vektoren:

$$(2) \qquad x = \hat{x} + y \quad \text{mit} \quad y \in \text{Kern}A \ ,$$

wobei $\hat{x}$ eine feste Lösung von (1) ist (falls eine solche überhaupt existiert).

Beweis:

Der 1. Teil der Behauptung folgt unmittelbar aus der geometrischen Bedeutung von (1*). Da rg A = Dimension des Bildraumes von A ist, folgt aus Satz 2.3, Abschnitt 10.2 sofort:

$$\dim(\text{Kern}A) = n - \text{rg } A = n - r \ .$$

Nun sei (1) lösbar und $\hat{x} \in \mathbb{R}^n$ eine feste Lösung. Dann ist natürlich jeder Vektor $x \in \mathbb{R}^n$ der Form (2) auch Lösung von (1). - Ist nun $\tilde{x} \in \mathbb{R}^n$ eine beliebige Lösung von (1), dann ist $y := \tilde{x} - \hat{x}$ eine Lösung von (1*); also erfüllt $\tilde{x}$ auch (2). ∎

Folgerungen:

I. (1*) besitzt genau dann nichttriviale Lösungen x (d.h. Lösungen $x \neq 0$), wenn $r = \text{rg } A < n$ ist.

II. (1*) besitzt stets dann nichttriviale Lösungen, wenn $m < n$, d.h. die Anzahl der Gleichungen kleiner ist, als die Anzahl der Unbekannten; denn dann muß auch $r < n$ sein.

Der folgende Satz liefert die vollständige Beantwortung der Frage a). Zuvor jedoch noch eine Bezeichnung: Fügt man zu der Matrix A in (1) noch die Spalte b rechts an, dann erhält man eine Matrix $(A,b) \in \mathbb{R}^{(m,n+1)}$, die sogenannte erweiterte Matrix des Gleichungssystems (1).

Satz 5.2:

Das lineare Gleichungssystem (1) ist genau dann lösbar, wenn gilt:

$$(3) \qquad \text{rg } A = \text{rg}(A,b) \ .$$

Beweis:

Seien $a_1, \ldots, a_n \in \mathbb{R}^m$ die Spalten von A. Dann ist (1) gleichbedeutend mit

$$(4) \qquad x_1 \cdot a_1 + x_2 \cdot a_2 + \ldots + x_n \cdot a_n = b \ .$$

Lösbarkeit von (1) ist äquivalent mit der Existenz von Zahlen $x_1, \ldots, x_n$, so daß (4) gilt. Da die $a_1, \ldots, a_n$ ein Erzeugendensystem von Bild A sind, folgt aus (4):

(1) Ist lösbar $\Longleftrightarrow$ beBild A $\Longleftrightarrow$ $\{a_1,\ldots,a_n,b\}$ erzeugen Bild A .

Da dim(Bild A) = rg A = r ist, ergibt sich hieraus

(1) ist lösbar $\Longleftrightarrow$ rg(A,b) = r, d.h. (3) .

Wir vergegenwärtigen uns noch einmal die geometrische Bedeutung der folgenden Zahlen, die in der Koeffizientenmatrix A von (1) auftreten:

m = Zeilenzahl von A = Anzahl der Gleichungen = Dimension des Raumes $\mathbb{R}^m$, in dem Bild A enthalten ist,

n = Spaltenzahl von A = Anzahl der Unbekannten = Dimension des Urbildraumes $\mathbb{R}^n$ der linearen Abbildung A,

r = rg A = dim(Bild A),

$n-r$ = dim(Kern A) .

Aus den obigen Ergebnissen folgt unmittelbar

Corollar 5.3:

Das Gleichungssystem (1) ist genau dann <u>eindeutig</u> lösbar, wenn gilt:

(5) $\qquad$ rg A = rg(A,b) = n .

Ist außerdem A quadratisch: m = n, dann ist A nichtsingulär, und die Lösung von (1) lautet:

$$x = A^{-1}\cdot b .$$

Beispiele

3.

$$\begin{pmatrix} 1 & 2 \\ -1 & -2 \end{pmatrix} \cdot \begin{pmatrix} x_1 \\ x_2 \end{pmatrix} = \begin{pmatrix} 1 \\ -1 \end{pmatrix} .$$

Die Gesamtheit aller Lösungen des homogenen Systems: $\begin{pmatrix} 1 & 2 \\ -1 & -2 \end{pmatrix} \cdot \begin{pmatrix} x_1 \\ x_2 \end{pmatrix} = \begin{pmatrix} 0 \\ 0 \end{pmatrix}$ lautet:

$$y = \lambda \begin{pmatrix} -2 \\ 1 \end{pmatrix} , \quad \lambda \in \mathbb{R} .$$

Eine spezielle Lösung des inhomogenen Systems ist z.B.: $\hat{x} = \begin{pmatrix} 1 \\ 0 \end{pmatrix}$. Also erhält man die Gesamtheit aller Lösungen durch:

$$x = \hat{x}+y = \begin{pmatrix} 1 \\ 0 \end{pmatrix} + \lambda \cdot \begin{pmatrix} -2 \\ 1 \end{pmatrix} = \begin{pmatrix} 1-2\lambda \\ \lambda \end{pmatrix} \ , \quad \lambda \in \mathbb{R} \ .$$

4.

$$\begin{pmatrix} 1 & 2 \\ -1 & -2 \end{pmatrix} \cdot \begin{pmatrix} x_1 \\ x_2 \end{pmatrix} = \begin{pmatrix} 1 \\ 0 \end{pmatrix} \ .$$

Wegen rg A = 1, rg(A,b) = 2 ist dieses System nicht lösbar.

Wir wenden uns jetzt der Frage b) zu. In vielen Fällen der Praxis ist die Koeffizientenmatrix A in (1) quadratisch und nichtsingulär: $A \in \mathbb{R}^{(n,n)}$, rg A = n. Hier nun gilt folgender Satz

Satz 5.4 (Cramer'sche Regel):
Die eindeutig bestimmte Lösung x des linearen Gleichungssystems

$$(6) \quad \left\{ \begin{array}{l} Ax = b \ , \quad A = (a_{ik}) \in \mathbb{R}^{(n,n)} \ , \quad rg\ A = n \ , \\[2ex] b = (b_1,\ldots,b_n)^T \in \mathbb{R}^n \ , \end{array} \right.$$

ist $x = A^{-1} \cdot b$; die Komponenten von x sind gegeben durch

$$(7) \quad x_k = \frac{Det(a_1,\ldots,a_{k-1},b,a_{k+1},\ldots,a_n)}{Det(a_1,\ldots\ldots\ldots\ldots\ldots,a_n)} \ , \quad k = 1,\ldots,n \ ,$$

wobei $a_1,\ldots,a_n \in \mathbb{R}^n$ die Spalten von A sind.

Beweis:
Aus $x = A^{-1} \cdot b$ folgt mit (7) und (9) von Abschnitt 10.4:

$$x_k = \frac{1}{Det A} \cdot (A_{1k} \cdot b_1 + A_{2k} \cdot b_2 + \ldots + A_{nk} \cdot b_n) \ , \quad k = 1,\ldots,n \ .$$

Nach (5b) von Abschnitt 10.4 ist der Ausdruck in der Klammer aber gerade die Determinante der Matrix $(a_1,\ldots,a_{k-1},b,a_{k+1},\ldots,a_n)$. Damit ist (7) bewiesen. ∎

Beispiel
5. Man löse nach (7) das Gleichungssystem:

$$
\text{(8)} \quad
\begin{aligned}
x_1 + 8x_2 - 4x_3 &= 2 \\
5x_1 \qquad + 6x_3 &= 1 \\
-3x_2 + 2x_3 &= -3 \quad .
\end{aligned}
$$

Es ist

$$
A = (a_1, a_2, a_3) = \begin{pmatrix} 1 & 8 & -4 \\ 5 & 0 & 6 \\ 0 & -3 & 2 \end{pmatrix} , \quad b = \begin{pmatrix} 2 \\ 1 \\ -3 \end{pmatrix} .
$$

Man berechnet nun (vgl. Abschnitt 10.4):

$$
\text{Det}A = -2 , \quad \text{Det}(b, a_2, a_3) = -112 , \quad \text{Det}(a_1, b, a_3) = 60 ,
$$

$$
\text{Det}(a_1, a_2, b) = 93 ,
$$

so daß mit (7) folgt:
$$
\begin{pmatrix} x_1 \\ x_2 \\ x_3 \end{pmatrix} = \begin{pmatrix} 56 \\ -30 \\ -46\,\frac{1}{2} \end{pmatrix} .
$$

Die Anwendung der Cramer'schen Regel, wie sie in (7) beschrieben ist,
ist im allgemeinen wegen viel zu hohen Rechenaufwandes in der Praxis undurch-
führbar. Wir müssen uns daher nach anderen Möglichkeiten umsehen, das Gleichungssystem (1) effektiv zu lösen. Hier ist es nun naheliegend, das System (1) durch
elementare Zeilenumformungen (vgl. Definition 3.3, Abschnitt 10.3) in ein äquivalentes System einfacherer Bauart umzuformen. Das Verfahren trägt den Namen
Gauss-Jordan-Elimination und soll jetzt beschrieben werden.

Wir gehen aus von dem Gleichungssystem (1) mit rg A = r. Ferner nehmen wir der
Einfachheit halber an, daß die r ersten Spalten von A, $\{a_1, \ldots, a_r\}$, linear unabhängig sind (Anmerkung: Wir werden später sehen, daß diese Voraussetzung im
Grunde unwesentlich ist; sie dient nur der einfacheren Beschreibung des Verfahrens). Nun werden auf die erweiterte Matrix

$$
\text{(9)} \qquad (A, b) = \begin{pmatrix} a_{11}, \ldots, a_{1n}, & b_1 \\ \vdots & \vdots & \vdots \\ a_{m1}, \ldots, a_{mn}, & b_m \end{pmatrix}
$$

elementare Zeilenumformungen so angewandt, daß eine Matrix folgender Bauart entsteht:

$$(9^*) \qquad (\tilde{A},d) := \left(\begin{array}{ccc|ccc|c} 1 & & \Large O & c_{1,r+1} & \cdots & c_{1n} & d_1 \\ & \ddots & & \vdots & & \vdots & \vdots \\ \Large O & & 1 & c_{r,r+1} & \cdots & c_{rn} & d_r \\ \hline & & & & & & d_{r+1} \\ & \Large O & & & \Large O & & \vdots \\ & & & & & & d_m \end{array} \right)$$

(Die großen Nullen bedeuten, daß dort überall Nullen stehen). Daß eine solche Form stets erreichbar ist, überlegt man sich leicht. Aus Satz 3.2, Abschnitt 10.3 folgt, daß gilt

$$(10) \qquad rg\ A = rg\ \tilde{A} = r\ ,\quad rg(A,b) = rg(\tilde{A},d)\ .$$

Ferner ist das Gleichungssystem

$$(1^{**}) \qquad \tilde{A}x = d$$

äquivalent zu (1). Nun unterscheiden wir zwei Fälle:

1. Fall:

$(d_{r+1},\ldots,d_m) \neq (0,\ldots,0)$. Man liest aus (9*) sofort ab: $rg(\tilde{A},d) > r$. Also ist (3) nicht erfüllt und (1) nicht lösbar.

2. Fall:

$(d_{r+1},\ldots,d_m) = (0,\ldots,0)$. Man ersieht aus (9*) sofort: $rg\ \tilde{A} = rg(\tilde{A},d) = r$. Also ist (3) erfüllt, und (1) ist lösbar. Ferner sind die Lösungen von (1) und (1^{**}) identisch, und wir erhalten aus (9*) und (1^{**}):

$$(11) \qquad x_k = d_k - \sum_{\nu=1}^{n-r} c_{k,r+\nu} \cdot x_{r+\nu} \quad \text{für} \quad k = 1,\ldots,r\ .$$

Wir sehen, daß wir in diesen r Gleichungen die Unbekannten $x_{r+1},\ldots,x_n$ frei wählen können; wir haben also n-r Parameter frei. Zu jeder festen Wahl der $x_{r+1},\ldots,x_n$ sind dann die übrigen Unbekannten $x_1,\ldots,x_r$ festgelegt.

Anmerkung 1: Die Voraussetzung, daß die r ersten Spalten von A linear unabhängig sind, wurde nur gemacht, um das Verfahren besser beschreiben zu können; im Grunde genommen ist sie unwesentlich. Ist sie nämlich nicht erfüllt, dann treten eben statt der r ersten Spalten gewisse andere Spalten an deren Stelle. Zur praktischen Rechnung braucht man sich auch garnicht darum zu kümmern; man hat bei den Zeilenumformungen jeweils als nächste Spalte eine solche zu nehmen, mit der das Verfahren fortsetzbar ist.

Beispiele
6. Man löse das Gleichungssystem:

$$(*) \quad \begin{array}{rcl} -3x_1 \quad +6x_3 & = & -3 \\ x_1+ x_2-2x_3+ 5x_4 & = & 2 \\ x_1 \quad -2x_3 & = & 1 \\ -2x_1-2x_2+4x_3-10x_4 & = & -4 \end{array} \quad .$$

Die erweiterte Matrix hat die Gestalt:

$$(A,b) = \begin{pmatrix} -3 & 0 & 6 & 0 & -3 \\ 1 & 1 & -2 & 5 & 2 \\ 1 & 0 & -2 & 0 & 1 \\ -2 & -2 & 4 & -10 & -4 \end{pmatrix} .$$

Es werden folgende elementare Umformungen durchgeführt:
a) Vertauschen der 3. Zeile mit der 1. Zeile,
b) Subtraktion der 1. Zeile von der 2. Zeile,
c) Addition des 3-fachen der 1. Zeile zu der 3. Zeile,
d) Addition des 2-fachen der 1. Zeile zu der 4. Zeile,
e) Addition des 2-fachen der 2. Zeile zu der 4. Zeile.
(A,b) geht dann über in

$$(\tilde{A},d) = \left(\begin{array}{cc:c:cc} 1 & 0 & -2 & 0 & 1 \\ 0 & 1 & 0 & 5 & 1 \\ \hdashline 0 & 0 & 0 & 0 & 0 \\ 0 & 0 & 0 & 0 & 0 \end{array} \right) .$$

Wegen $\mathrm{rg}\,\tilde{A} = \mathrm{rg}(\tilde{A},d) = 2$ ist das System lösbar. Wegen (11) erhalten wir $x_1-2x_3 = 1$, $x_2+5x_4 = 1$, also

$$\begin{array}{rcl} x_1 & = & 1+2x_3 \\ x_2 & = & 1-5x_4 \end{array} \quad .$$

Hier sind $x_3, x_4 \in \mathbb{R}$ frei wählbar, und wir erhalten den allgemeinen Lösungsvektor:

$$
x = \begin{pmatrix} 1+2\lambda \\ 1-5\mu \\ \lambda \\ \mu \end{pmatrix} \quad , \quad \lambda, \mu \in \mathbb{R} .
$$

7. Gegeben sei das Gleichungssystem (*) von Beispiel 6 , nur mit dem Unterschied, daß die rechte Seite b die Form hat: $b = (-3,2,1,\alpha)^T$, $\alpha \in \mathbb{R}$. Durch die 5 elementaren Umformungen geht b über in:

$$
b = \begin{pmatrix} -3 \\ 2 \\ 1 \\ \alpha \end{pmatrix} \rightarrow \begin{pmatrix} 1 \\ 2 \\ -3 \\ \alpha \end{pmatrix} \rightarrow \begin{pmatrix} 1 \\ 1 \\ -3 \\ \alpha \end{pmatrix} \rightarrow \begin{pmatrix} 1 \\ 1 \\ 0 \\ \alpha \end{pmatrix} \rightarrow \begin{pmatrix} 1 \\ 1 \\ 0 \\ \alpha+2 \end{pmatrix} \rightarrow \begin{pmatrix} 1 \\ 1 \\ 0 \\ \alpha+4 \end{pmatrix} = d .
$$

Man sieht sofort: Lösbarkeit liegt nur vor für $\alpha = -4$.

<u>Anmerkung 2</u>: Ist in (1) $A \in \mathbb{R}^{(n,n)}$ und $\mathrm{Det} A \neq 0$, dann gilt für die umgeformte Matrix in (9*): $\tilde{A} = I$, $d = A^{-1} \cdot b = x$. Man erhält dann also durch d automatisch die Lösung des Systems.

Wir beschreiben jetzt das <u>Eliminationsverfahren von Gauss</u>, das ebenfalls auf elementaren Umformungen der Koeffizientenmatrix beruht. Dazu nehmen wir den wohl in der Praxis am häufigsten auftretenden Fall an, daß in (1) gilt: $m = n = r$, d.h. also

$$(12) \qquad Ax = b \ , \quad A \in \mathbb{R}^{(n,n)}, \ b \in \mathbb{R}^n, \ \mathrm{Det} A \neq 0 .$$

Für $k = 1,2,\ldots,n-1$ besteht der Schritt Nr. k des Verfahrens darin, daß die Variable x_k aus allen Gleichungen unterhalb der k-ten Gleichung eliminiert wird. Dabei muß unter Umständen vorher die k-te Gleichung mit einer der folgenden Gleichungen, etwa der $(k+\nu_k)$-ten, vertauscht werden, da es ja vorkommen kann, daß x_k in der k-ten Gleichung garnicht vorkommt. Dieser Vertauschungsprozess wird <u>Spalten-Pivotsuche</u> genannt. Setzen wir in (12) $A^{(1)} := A$, $b^{(1)} := b$, dann entsteht also durch das Eliminieren eine Folge von Gleichungssystemen:

$$(13) \qquad A^{(k+1)} \cdot x = b^{(k+1)} \ , \quad k = 1,\ldots,n-1 \ ,$$

die alle zu (12) äquivalent sind (Natürlich ist stets $\mathrm{Det}A^{(k+1)} \neq 0$). <u>Ferner hat $A^{(k+1)}$ in den ersten k Spalten unterhalb der Diagonalen nur Nullen stehen.</u>

Also entsteht nach n-1 Schritten ein sogenanntes <u>gestaffeltes Gleichungssystem</u>:

$$(14) \qquad U \cdot x = c \quad \text{mit} \quad U := A^{(n)}, \ c := b^{(n)} \ ,$$

und U hat die Form

$$(14\ast) \qquad U = \begin{pmatrix} u_{11} & u_{12} & \cdots & u_{1n} \\ 0 & u_{22} & & \vdots \\ \vdots & 0 & \ddots & \vdots \\ 0 & \cdots\cdots & 0 & u_{nn} \end{pmatrix} \ ; \ c = \begin{pmatrix} c_1 \\ \vdots \\ \vdots \\ c_n \end{pmatrix} \ .$$

Man sagt, U hat <u>Dreiecksgestalt.</u> Nun kann aber (14) leicht <u>von hinten her</u> gelöst werden:

$$(15) \qquad x_n = \frac{c_n}{u_{nn}} \ , \quad x_k = \frac{1}{u_{kk}} \cdot (c_k - \sum_{j=k+1}^{n} u_{kj} x_j) \ , \quad k = n-1,\ldots,1 \ .$$

<u>Beispiel</u>

8. Wir wollen das System (8) (vgl. Beispiel 5) mit Gauss-Elimination lösen:

$$\begin{pmatrix} 1 & 8 & -4 \\ 5 & 0 & 6 \\ 0 & -3 & 2 \end{pmatrix} \cdot \begin{pmatrix} x_1 \\ x_2 \\ x_3 \end{pmatrix} = \begin{pmatrix} 2 \\ 1 \\ -3 \end{pmatrix} \ .$$

Die Schritte sind:

a) 5-faches der 1. Gleichung von der 2. Gleichung subtrahieren,

b). $\frac{3}{40}$ -faches der 2. Gleichung von der 3. Gleichung subtrahieren.

Man erhält:

$$\begin{pmatrix} 1 & 8 & -4 & 2 \\ 5 & 0 & 6 & 1 \\ 0 & -3 & 2 & -3 \end{pmatrix} \rightarrow \begin{pmatrix} 1 & 8 & -4 & 2 \\ 0 & -40 & 26 & -9 \\ 0 & -3 & 2 & -3 \end{pmatrix} \rightarrow \begin{pmatrix} 1 & 8 & -4 & 2 \\ 0 & -40 & 26 & -9 \\ 0 & 0 & \frac{1}{20} & -\frac{93}{40} \end{pmatrix} \ ,$$

also erhält man das gestaffelte Gleichungssystem:

$$\begin{pmatrix} 1 & 8 & -4 \\ 0 & -40 & 26 \\ 0 & 0 & \frac{1}{20} \end{pmatrix} \cdot \begin{pmatrix} x_1 \\ x_2 \\ x_3 \end{pmatrix} = \begin{pmatrix} 2 \\ -9 \\ -\frac{93}{40} \end{pmatrix} \ .$$

Dieses wird nun nach (15) von hinten her aufgelöst:

$$x_3 = -20 \cdot \frac{93}{40} = -\frac{93}{2} \qquad \Rightarrow \quad x_3 = -46\frac{1}{2}$$

$$x_2 = -\frac{1}{40}(-9-26\cdot(-\frac{93}{2})) = -30 \qquad \Rightarrow \quad x_2 = -30$$

$$x_1 = 2-8(-30)+4\cdot(-\frac{93}{2}) \qquad \Rightarrow \quad x_1 = 56 \; .$$

Der Gauss-Algorithmus eignet sich auch zur Berechnung von Determinanten, da sich durch diese elementaren Umformungen höchstens das Vorzeichen der Determinante ändern kann, und zwar nur bei einer ungeraden Anzahl von Zeilenvertauschungen. Hat man die Dreiecksgestalt U hergestellt, dann ergibt sich DetU als das Produkt der Diagonalelemente:

$$(16) \qquad \text{DetA} = (-1)^{\ell} \cdot \prod_{k=1}^{n} u_{kk} \; ,$$

wobei die $u_{11},\ldots,u_{nn}$ durch (14*) gegeben sind und ℓ die Anzahl der Zeilenvertauschungen ist.

<u>Beispiel</u>
9.

$$\text{Det} \begin{pmatrix} 1 & 8 & -4 \\ 5 & 0 & 6 \\ 0 & -3 & 2 \end{pmatrix} = (-1)^{0} \cdot (1\cdot(-40)\cdot \frac{1}{20}) = -2$$

(vgl. die elementaren Umformungen in Beispiel 8).

10.6 Eigenwert-Theorie und quadratische Formen

In vielen Anwendungen tritt der wichtige Begriff des Eigenwertes und Eigenvektors einer quadratischen Matrix auf, und dieser Abschnitt soll das Wichtigste hierüber bringen.

<u>Definition 6.1:</u>
Es sei $A\in\mathbb{C}^{(n,n)}$ eine gegebene Matrix. Ferner seien $\lambda\in\mathbb{C}$ und $x\in\mathbb{C}^n$, $x \neq 0$ so beschaffen, daß sie die sogenannte <u>Eigenwertgleichung</u>:

$$(1) \qquad A\cdot x = \lambda\cdot x$$

befriedigen. Dann heißt λ ein <u>Eigenwert</u> der Matrix A und x ein <u>zu λ gehöriger</u>
<u>Eigenvektor</u> der Matrix A.

Wie kann man nun die Eigenwerte und Eigenvektoren einer Matrix $A \in \mathbb{C}^{(n,n)}$ finden?
Aus (1) folgt sofort

(1*) $(A-\lambda I) \cdot x = 0$.

(1*) ist genau dann nichttrivial lösbar (es ist ja $x \neq 0$ vorausgesetzt), wenn
$A-\lambda I$ singulär ist, d.h.:

(2) $\mathrm{Det}(A-\lambda I) = 0$.

(2) heißt <u>Säkular-Gleichung</u> oder <u>charakteristische Gleichung</u> der Matrix A. Entwickelt man die Determinante in (2), dann erhält man ein Polynom in λ vom Grade
n:

(3) $p_A(\lambda) := (-1)^n \cdot \mathrm{Det}(A-\lambda I) = \lambda^n - \alpha_1 \cdot \lambda^{n-1} + \alpha_2 \lambda^{n-2} - \ldots + (-1)^n \cdot \alpha_n$.

Das Polynom $p_A(\lambda)$ heißt das <u>charakteristische Polynom</u> von A. Wegen (2) folgt
also

<u>Satz 6.1:</u>
Die Eigenwerte einer Matrix $A \in \mathbb{C}^{(n,n)}$ sind genau die Nullstellen des charakteristischen Polynoms $p_A(\lambda)$.

Wie sehen nun die Koeffizienten $\alpha_1,\ldots,\alpha_n$ in (3) aus? Streicht man in DetA
k Zeilen und k Spalten mit gleicher Stellenzahl, so entsteht eine (n-k)-reihige
Unterdeterminante, die man <u>Hauptminor</u> nennt. Es folgt nun aus der Definition
der Determinante der folgende Satz, dessen Beweis hier nicht gebracht wird:

<u>Satz 6.2:</u>
Der Koeffizient α_p (p = 1,...,n) des charakteristischen Polynoms $p_A(\lambda)$ in (3)
ist gleich der Summe aller p-reihigen Hauptminoren von DetA.

Aus diesem Satz erhalten wir insbesondere $(A = (a_{ik}) \in \mathbb{C}^{(n,n)})$:

(4a) $\alpha_1 = \sum_{i=1}^{n} a_{ii} =: \mathrm{Sp}A$ (in Worten: <u>Spur von A</u>) ,

(4b) $\qquad \alpha_n = \text{DetA}$.

Hieraus ergibt sich unmittelbar

Lemma 6.3:
Es seien $\lambda_1, \lambda_2, \ldots, \lambda_n \in \mathbb{C}$ die Eigenwerte von $A \in \mathbb{C}^{(n,n)}$. Dann gilt

(5a) $\qquad \lambda_1 + \lambda_2 + \ldots + \lambda_n = \text{SpA}$,

(5b) $\qquad \lambda_1 \cdot \lambda_2 \cdot \ldots \cdot \lambda_n = \text{DetA}$.

Beweis:
Nach dem Fundamentalsatz der Algebra (vgl. Abschnitt 4.3, Satz 3.2) kann $p_A(\lambda)$
in Linearfaktoren zerlegt werden:

(6) $\qquad p_A(\lambda) = (\lambda - \lambda_1) \cdot (\lambda - \lambda_2) \cdot \ldots \cdot (\lambda - \lambda_n)$.

Durch Ausrechnen und Vergleich mit (3) folgt sofort die Behauptung. ∎

Beispiel
1. Sei $A = \begin{pmatrix} a_{11} & , & a_{12} \\ a_{21} & , & a_{22} \end{pmatrix}$, $a_{ik} \in \mathbb{C}$. (n = 2) Es ist:

$$p_A(\lambda) = (-1)^2 \cdot \text{Det}(A - \lambda I) = \begin{vmatrix} a_{11} - \lambda & a_{12} \\ a_{21} & a_{22} - \lambda \end{vmatrix} =$$

$$= (a_{11} - \lambda) \cdot (a_{22} - \lambda) - a_{12} a_{21} = \lambda^2 - (a_{11} + a_{22})\lambda + (a_{11} a_{22} - a_{12} a_{21})$$

$$= \lambda^2 - \text{SpA} \cdot \lambda + \text{DetA} \ .$$

Aus $p_A(\lambda) = 0$ erhält man für die Eigenwerte:

$$\lambda_{1,2} = \frac{1}{2}\left(\text{SpA} \pm \sqrt{(\text{SpA})^2 - 4\text{DetA}}\right).$$

Anmerkung: Die Eigenwerte einer Matrix brauchen nicht alle (paarweise) verschieden zu sein. Sie sind auch im allgemeinen nicht reell, auch dann nicht, wenn die
Matrix A reell ist! Man mache sich dies an dem obigen Beispiel klar.

Wir merken noch zwei Ergebnisse an, die der Leser leicht beweisen kann:

Lemma 6.4:
Ist $A \in \mathbb{R}^{(n,n)}$, dann ist mit jedem Eigenwert λ_i von A auch der zu λ_i konjugiert komplexe Wert $\overline{\lambda}_i$ ein Eigenwert von A. ∎

Lemma 6.5:
$A \in \mathbb{C}^{(n,n)}$ ist genau dann nichtsingulär (d.h. $\text{Det} A \neq 0$), wenn alle Eigenwerte $\lambda_1, \ldots, \lambda_n$ von A von Null verschieden sind. Ferner sind die Eigenwerte von A^{-1} gegeben durch die Zahlen: $\lambda_1^{-1}, \ldots, \lambda_n^{-1}$, und die Eigenwerte von $A^\nu (\nu \in \mathbb{Z})$ sind gegeben durch die Zahlen: $\lambda_1^\nu, \ldots, \lambda_n^\nu$. ∎

Wir kommen nun zum Begriff der Ähnlichkeit von Matrizen.

Definition 6.2:
Zwei Matrizen $A, B \in \mathbb{C}^{(n,n)}$ heißen _ähnlich_, wenn es eine reguläre Matrix $T \in \mathbb{C}^{(n,n)}$ gibt mit

$$(7) \qquad A = T^{-1} B T .$$

Die Bedeutung dieser Definition liegt in folgendem Satz

Satz 6.6:
Zwei ähnliche Matrizen haben das gleiche charakteristische Polynom und folglich die gleichen Eigenwerte.

Beweis:
Für A,B gelte (7). Aus Satz 4.4, Abschnitt 10.4 folgt:

$$p_A(\lambda) = \text{Det}(\lambda \cdot I - A) = \text{Det}(\lambda I - T^{-1} B T) =$$

$$= \text{Det}(T^{-1} \cdot (\lambda I - B) \cdot T) = \text{Det} T^{-1} \cdot \text{Det}(\lambda I - B) \cdot \text{Det} T$$

$$= \frac{1}{\text{Det} T} \cdot \text{Det}(\lambda I - B) \cdot \text{Det} T = \text{Det}(\lambda I - B) = p_B(\lambda) . \qquad ∎$$

Um also die Eigenwerte von A zu berechnen, kann man auch genauso gut die Eigenwerte einer zu A ähnlichen Matrix B berechnen, wenn das eventuell bequemer ist.

Definition 6.3:

Eine Matrix $A = (a_{ik}) \in \mathbb{C}^{(n,n)}$ heißt obere (untere) <u>Dreiecksmatrix</u>, wenn $a_{ik} = 0$ ist für $i > k$ (für $i < k$). A heißt <u>Diagonalmatrix</u>, wenn $a_{ik} = 0$ ist für $i \neq k$. Die Eigenwerte von Dreiecksmatrizen sind unmittelbar zu bestimmen; es gilt nämlich:

Satz 6.7:

Die Eigenwerte einer Dreiecksmatrix A sind die Hauptdiagonalelemente von A.

Beweis:

Übung.

Man kann nun beweisen, daß jede Matrix $A \in \mathbb{C}^{(n,n)}$ zu einer Dreiecksmatrix ähnlich ist (Satz von Schur), d.h. es gibt eine Matrix T mit: $T^{-1} \cdot A \cdot T = \Delta$, Δ = Dreiecksmatrix. Damit ist das Problem, die Eigenwerte einer Matrix zu bestimmen, <u>theoretisch</u> gelöst. In der Praxis allerdings gestaltet sich das Problem deswegen recht schwierig, weil die Bestimmung der Transformationsmatrix T mit Schwierigkeiten verbunden ist. Eine besondere Rolle spielen die diagonalähnlichen Matrizen: $A \in \mathbb{C}^{(n,n)}$ heißt <u>diagonalähnlich,</u> wenn $T \in \mathbb{C}^{(n,n)}$ existiert mit

$$(8) \qquad T^{-1}AT = D, \quad D = \begin{pmatrix} \lambda_1 & & O \\ & \ddots & \\ O & & \lambda_n \end{pmatrix}.$$

In diesem Falle nämlich sind die Spalten von T Eigenvektoren zu A, und zwar ist die Spalte Nr. i von T ein Eigenvektor, der zu dem Eigenwert λ_i gehört ($i = 1,\ldots,n$) (Beweis als Übung).

Wir definieren nun einige spezielle Typen von Matrizen, die alle diagonalähnlich sind und in der Praxis häufig auftreten.

Definition 6.4:

$A \in \mathbb{C}^{(n,n)}$ heißt

a) <u>hermitesch</u>, wenn gilt: $A = A^*$ ($A^* := \overline{A}^T$),

b) <u>symmetrisch</u>, wenn $A \in \mathbb{R}^{(n,n)}$ und hermitesch ist,

c) <u>unitär</u>, wenn gilt: $A^{-1} = A^*$,

d) <u>orthogonal</u>, wenn $A \in \mathbb{R}^{(n,n)}$ und unitär ist.

<u>Beispiele</u>

2.

$$A = \begin{pmatrix} 2 & i \\ -i & -3 \end{pmatrix} \quad \text{ist hermitesch;} \quad A = \begin{pmatrix} 10 & -2 & 7 \\ -2 & 5 & 0 \\ 7 & 0 & 1 \end{pmatrix}$$

ist symmetrisch;

$$A = \begin{pmatrix} e^{i\alpha} & 0 \\ 0 & e^{-i\beta} \end{pmatrix} \quad , \ \alpha,\beta \in \mathbb{R} \text{ beliebig , ist unitär ;}$$

$$A = \begin{pmatrix} \cos\varphi & -\sin\varphi \\ \sin\varphi & \cos\varphi \end{pmatrix} \quad \text{ist orthogonal ,}$$

denn es ist

$$A^{-1} = \begin{pmatrix} \cos\varphi & \sin\varphi \\ -\sin\varphi & \cos\varphi \end{pmatrix} = A^T$$

(vgl. Beispiel 6. in Abschnitt 10.3).

Für den Rest dieses Abschnitts wollen wir uns mit den orthogonalen und den symmetrischen Matrizen etwas näher beschäftigen; alle Überlegungen sind auf den komplexen Fall - also auf die unitären und hermiteschen Matrizen - ohne Schwierigkeiten übertragbar.

Eine orthogonale Matrix $A \in \mathbb{R}^{(n,n)}$ ist charakterisiert durch die Matrixgleichung:

$$(9) \qquad A \cdot A^T = A^T \cdot A = I.$$

Dieses bedeutet aber genau, daß die Spalten (und auch die Zeilen) von A eine <u>orthonormierte Basis</u> bilden, d.h. die Spalten von A (bzw. auch die Zeilen) haben alle die euklidische Länge 1 und stehen paarweise aufeinander senkrecht. Man vergleiche die Ausführungen am Ende von Abschnitt 10.1. A - aufgefaßt als lineare Abbildung - <u>transformiert jede orthonormierte Basis wieder in eine solche</u>. Orthogonale Matrizen lassen die Skalarprodukte invariant:

(10) $a \cdot b = a^T \cdot A^T \cdot A \cdot b = (A \cdot a)^T \cdot (A \cdot b)$ für alle $a, b \in \mathbb{R}^n$.

Zur Veranschaulichung vergleiche man die Beispiele 6. und 7. von Abschnitt 10.3: Im $\mathbb{R}^2$ und $\mathbb{R}^3$ kann man sich eine orthogonale Matrix veranschaulichen als Zusammensetzung von Drehungen und Spiegelungen. Man zeigt sofort:

Satz 6.8:
Sind A,B orthogonal, dann ist auch A·B orthogonal. ■

Wir bringen nun zwei interessante Sätze über symmetrische Matrizen:

Satz 6.9:
Die Eigenwerte einer symmetrischen Matrix A sind reell.

Beweis:
Sei λ ein beliebiger Eigenwert von A und $x = (x_1, \ldots, x_n)^T \neq 0$ ein zu λ gehöriger Eigenvektor. Aus $A \cdot x = \lambda x$ folgt durch Multiplikation von links mit $x^* = \overline{x}^T$: $x^* A x = \lambda x^* x$ oder:

$$\sum_{i,k=1}^{n} a_{ik} \cdot \overline{x}_i \cdot x_k = \lambda \cdot \sum_{i=1}^{n} \overline{x}_i x_i = \lambda \cdot \sum_{i=1}^{n} |x_i|^2 .$$

Wegen $a_{ik} = a_{ki} \in \mathbb{R}$ folgt, daß die linke Seite dieser Gleichung reell ist. Wegen $\sum_{1}^{n} |x_i|^2 > 0$ ($\in \mathbb{R}$) folgt also: $\lambda \in \mathbb{R}$. ■

Satz 6.10:
Jede symmetrische Matrix A läßt sich durch eine orthogonale Matrix S auf Diagonalgestalt transformieren:

(11) $S^{-1} A S = D$ mit $S^T = S^{-1}$.

Dabei ist D eine Diagonalmatrix mit den Eigenwerten $\lambda_1, \ldots, \lambda_n \in \mathbb{R}$ von A in der Diagonalen. Ferner bilden die Spalten von S ein orthonormiertes Eigenvektorsystem zu A.

Beweis:
Kann in jedem Lehrbuch über Lineare Algebra nachgelesen werden, z.B. in R. Lingenberg, Einführung in die Lineare Algebra, § 9, Satz 10. ■

Ein wichtiges Hilfsmittel für viele Untersuchungen ist die quadratische Form einer symmetrischen Matrix:

$$(12) \qquad Q_A(x) := x^T A x \ , \quad x \in \mathbb{R}^n \ , \quad A = A^T \ .$$

Es ist also $Q_A(x): \mathbb{R}^n \to \mathbb{R}$ eine Funktion von n (reellen) Veränderlichen mit reellen Werten. Wir definieren nun

Definition 6.5:
Eine symmetrische Matrix $A \in \mathbb{R}^{(n,n)}$ heißt positiv definit (bzw. positiv semidefinit), wenn gilt:

$$(13) \qquad x^T A x > 0 \ (\text{bzw.} \geqq 0) \quad \text{für alle } x \in \mathbb{R}^n \ , \quad x \neq 0 \ .$$

A heißt negativ definit, wenn -A positiv definit ist. Können in (13) beide Vorzeichen auftreten, dann heißt A indefinit.

Ohne Beweis zitieren wir

Satz 6.11:
Sei $A \in \mathbb{R}^{(n,n)}$ symmetrisch; dann sind die folgenden drei Aussagen äquivalent:
i)   A ist positiv definit,
ii) alle Eigenwerte von A sind positiv,
iii) die führenden Hauptunterdeterminanten von A, d.h. die Zahlen

$$D_i := \mathrm{Det} \begin{pmatrix} a_{11} & \cdots & a_{1i} \\ \vdots & & \vdots \\ a_{i1} & \cdots & a_{ii} \end{pmatrix} \ , \quad i = 1,\ldots,n$$

sind alle positiv.

Beweis:
Nachzulesen z.B. in G. Strang, Linear Algebra and its Applications, Chapt. 6, ∎
Th. 6 B.

Zum Abschluß betrachten wir als Anwendungsbeispiel die Bewegung eines starren Körpers im Raum. Zunächst sei an den Begriff des Drehimpuls-Vektors erinnert: Bewegt sich ein Massenpunkt der Masse m mit Ortsvektor r im Raum, dann ist der Vektor:

$$(14) \qquad N := m \cdot r \times \dot{r} = m \cdot r \times v$$

der Drehimpuls bezüglich des Nullpunktes. Wir fassen nun den starren Körper auf als System von n miteinander starr verbundenen Massenpunkten Δm_i mit den Ortsvektoren r_i (i = 1,...,n). Wir setzen m := $\sum_{i=1}^{n} \Delta m_i$ und definieren:

$$(15) \qquad r_s := \frac{1}{m} \cdot \sum_{i=1}^{n} r_i \cdot \Delta m_i \ .$$

r_s ist der Ortsvektor des Schwerpunktes unseres Körpers. Die Bewegung des Körpers wird beschrieben durch die Geschwindigkeit $v_s = \dot{r}_s$ des Schwerpunktes und den Drehvektor w der Drehbewegung um den Schwerpunkt. Es sei $\dot{r}_i = v_i$ die Geschwindigkeit des Massenpunktes Δm_i. Dann ist

$$(16) \qquad v_i = v_s + w \times (r_i - r_s) \ , \quad i = 1,...,n \ .$$

Für den Drehimpulsvektor des Körpers bezüglich des Schwerpunktes r_s erhalten wir durch Benutzung von (16):

$$(17) \qquad N_s = \sum_{1}^{n} \Delta m_i \cdot (r_i - r_s) \times (v_i - v_s) = \sum_{1}^{n} \Delta m_i \cdot (r_i - r_s) \times [w \times (r_i - r_s)] \ .$$

Wir wollen nun die Komponenten von (17) ausrechnen. Dazu setzen wir

$$r_i - r_s = (r_x^{(i)}, r_y^{(i)}, r_z^{(i)})^T \ , \quad i = 1,...,n \ ; \quad w = (w_x, w_y, w_z)^T$$

und berechnen (17) nach den Regeln des Vektorproduktes; es ergibt sich

$$(17^*) \qquad N_s = \begin{pmatrix} N_{sx} \\ N_{sy} \\ N_{sz} \end{pmatrix} = \begin{pmatrix} \vartheta_{xx} & -\vartheta_{xy} & -\vartheta_{xz} \\ -\vartheta_{xy} & \vartheta_{yy} & -\vartheta_{yz} \\ -\vartheta_{xz} & -\vartheta_{yz} & \vartheta_{zz} \end{pmatrix} \cdot \begin{pmatrix} w_x \\ w_y \\ w_z \end{pmatrix} = \Theta \cdot w$$

mit:

$$\vartheta_{xx} := \sum_{1}^{n} \Delta m_i \cdot [r_y^{(i)2} + r_z^{(i)2}] \ , \qquad \vartheta_{yy} := \sum_{1}^{n} \Delta m_i \cdot [r_x^{(i)2} + r_z^{(i)2}] \ ,$$

$$\vartheta_{zz} := \sum_{1}^{n} \Delta m_i \cdot [r_x^{(i)2} + r_y^{(i)2}] \ , \qquad \vartheta_{xy} := \sum_{1}^{n} \Delta m_i \cdot r_x^{(i)} \cdot r_y^{(i)} \ ,$$

$$\vartheta_{xz} := \sum_{1}^{n} \Delta m_i \cdot r_x^{(i)} \cdot r_z^{(i)} \ , \qquad \vartheta_{yz} := \sum_{1}^{n} \Delta m_i \cdot r_y^{(i)} \cdot r_z^{(i)} \ .$$

Die symmetrische Matrix $\Theta \in \mathbb{R}^{(3,3)}$ heißt Trägheitstensor. Durch sie sind die Trägheitseigenschaften des starren Körpers vollständig bestimmt. Die Diagonalelemente ϑ_{xx}, ϑ_{yy}, ϑ_{zz} von Θ heißen die Trägheitsmomente für Rotation um die Koordinatenachsen. Die übrigen Elemente ϑ_{xy}, ϑ_{xz}, ϑ_{yz} von Θ werden Deviationsmomente genannt. Ihr Vorhandensein verursacht eine Abweichung der Richtung des Drehimpulsvektors N_s von der Richtung des Drehvektors w. Die Trägheitsmomente sind stets positiv, während die Deviationsmomente beiderlei Vorzeichen haben können. Θ ist konstant, wenn das gewählte Koordinatensystem körperfest ist (mit Ursprung im Schwerpunkt).

Wir wollen sehen, wie man sich den Trägheitstensor Θ veranschaulichen kann. Dazu betrachten wir die <u>kinetische Energie</u>:

$$(18) \qquad T := \sum_{i=1}^{n} \frac{\Delta m_i}{2} \cdot v_i^2 \; .$$

Setzen wir hier (16) ein, dann folgt durch Ausmultiplizieren:

$$T = \sum_{1}^{n} \frac{\Delta m_i}{2} v_s^2 + \sum_{1}^{n} v_s \cdot [wx(r_i - r_s)] \cdot \Delta m_i + \frac{1}{2} \sum_{1}^{n} [wx(r_i - r_s)]^2 \cdot \Delta m_i$$

$$= \frac{m}{2} \cdot v_s^2 + v_s \cdot [wx(\sum_{1}^{n} \Delta m_i \cdot r_i - m \cdot r_s)] + \frac{1}{2} \sum_{1}^{n} [wx(r_i - r_s)]^2 \Delta m_i \; .$$

Der mittlere Term verschwindet wegen (15). Der erste Term ist genau die <u>Trans-</u><u>lationsenergie</u> des Schwerpunktes, der letzte Term schließlich ist die <u>kine-</u><u>tische Energie der Rotationsbewegung</u>, die uns jetzt hier interessiert:

$$T = T_{trans} + T_{rot}$$

mit

$$(19) \qquad T_{rot} = \frac{1}{2} \sum_{1}^{n} [wx(r_i - r_s)]^2 \cdot \Delta m_i \; .$$

Wir erhalten nun durch Ausrechnen

$$(20) \qquad T_{rot} = \frac{1}{2} \cdot w^T \Theta w \; .$$

Ferner sehen wir aus (19) sofort: $T_{rot} \gtreqqless 0$ und $T_{rot} = 0$ nur für w = 0. Damit folgt:

<u>Die Rotationsenergie ist gleich der Hälfte der quadratischen Form des Trägheits-</u><u>tensors im linearen Vektorraum der Drehvektoren. Ferner ist der Trägheitstensor</u><u>positiv definit.</u>

Wir fragen nun nach den Flächen konstanter Rotationsenergie, d.h. nach der Menge aller Endpunkte von Drehvektoren (Ortsvektoren w, abgetragen vom Schwerpunkt), für die T_{rot} einen festen Wert hat. Die Flächen sind Ellipsoide, die sogenann-ten <u>Energie-Ellipsoide</u>:

(21) $\qquad \mathcal{E}_c := \{ w \in \mathbb{R}^3 \; : \; w^T \Theta w = c \}, \quad c \gtreqless 0 \; , \quad$ konstant .

Das Ellipsoid $\mathcal{E}_1$ in (21) wird das <u>Trägheits-Ellipsoid des starren Körpers</u> genannt; seine Darstellung ist natürlich abhängig von dem jeweiligen (raumfesten) Koordinatensystem. Nach Satz 6.10 existiert nun eine orthogonale Matrix $S \in \mathbb{R}^{(3,3)}$ ($S^T = S^{-1}$) mit

$$(22) \qquad S^T \cdot \Theta \cdot S = D = \begin{pmatrix} \vartheta_0 & 0 & 0 \\ 0 & \vartheta_1 & 0 \\ 0 & 0 & \vartheta_2 \end{pmatrix} , \quad \vartheta_i > 0 \; , \quad i = 0,1,2 \; .$$

Die Spalten von S bilden ein Eigenvektor-System von Θ zu den drei Eigenwerten ϑ_0, ϑ_1, ϑ_2. Ihre Richtungen liegen in den drei Hauptachsen-Richtungen des Ellipsoids $\mathcal{E}_1$ (bzw. aller Energie-Ellipsoide $\mathcal{E}_c$, $c \gtreqless 0$). Aus (20) und (22) folgt

$$(23) \qquad T_{rot} = \frac{1}{2} \cdot \omega^T D \omega \quad \text{mit } \omega := S^T w \; , \quad w \in \mathbb{R}^3 \; .$$

Der Trägheitstensor ist auf <u>Diagonalgestalt</u> transformiert worden. Man nennt die Hauptachsen von $\mathcal{E}_c$ die <u>Hauptträgheitsachsen</u> und die Eigenwerte ϑ_0, ϑ_1, ϑ_2 die <u>Hauptträgheitsmomente</u> des starren Körpers. Es treten in dieser Darstellung keine Deviationsmomente auf, das bedeutet: In Richtung der Hauptträgheitsachsen haben Drehvektor und Drehimpulsvektor die gleiche Richtung. Physikalisch bedeutet dies, <u>daß ein starrer Körper um seine Hauptträgheitsachsen (und nur um diese) dauernd kräftefrei rotieren kann.</u>

10.7 Koordinatensysteme und der Tensorbegriff

Im letzten Beispiel des vorigen Abschnitts trat der Begriff des Trägheitstensors auf. In diesem Abschnitt wollen wir den Tensorbegriff mathematisch formulieren, da die Tensoren ein wichtiges Hilfsmittel in vielen Anwendungen der Physik und Technik darstellen. Zur Einführung der Tensoren bilden die <u>Koordinatentransformationen</u> eine wichtige Grundlage.

Sei $f_1,\dots,f_n$ eine orthonormale Basis des $\mathbb{R}^n$. Jeder Vektor $x = (x_1,\dots,x_n)^T \in \mathbb{R}^n$ besitzt eine eindeutige Darstellung:

(1) $\qquad x = y_1 \cdot f_1 + y_2 \cdot f_2 + \ldots + y_n \cdot f_n$.

Die Zahlen $y_1,\ldots,y_n \in \mathbb{R}$ heißen die <u>Koordinaten</u> (oder Komponenten) von x <u>bezüg</u>-<u>lich der Basis</u> $f_1,\ldots,f_n$, und der Vektor $y := (y_1,\ldots,y_n)^T$ heißt der <u>Koordina</u>-<u>tenvektor</u> von x <u>bezüglich der Basis</u> $f_1,\ldots,f_n$.

So ist z.B. $x = (x_1,\ldots,x_n)^T$ sein eigener Koordinatenvektor bezüglich der Basis $e_1,\ldots,e_n$. Wie hängen nun die Koordinatenvektoren y und x des Vektors x zu-sammen?

Sei $F := (f_1,\ldots,f_n) \in \mathbb{R}^{(n,n)}$. F ist eine orthogonale Matrix, d.h.
$F \cdot F^T = F^T \cdot F = I$. Nun ist (1) identisch mit

(1*) $\qquad x = F \cdot y$,

woraus folgt

(2) $\qquad y = F^T \cdot x$.

Nun sei $g_1,\ldots,g_n$ eine weitere orthonormale Basis des $\mathbb{R}^n$ und
$G := (g_1,\ldots,g_n) \in \mathbb{R}^{(n,n)}$. Ferner sei $z \in \mathbb{R}^n$ der Koordinatenvektor von x bezüglich der Basis $g_1,\ldots,g_n$. Es gilt dann ganz analog wie in (2)

(3) $\qquad z = G^T x = G^T F y$.

Die Matrix $A := G^T F$ ist wieder orthogonal, denn es gilt

(4) $\qquad A \cdot A^T = (G^T F) \cdot (G^T F)^T = G^T F F^T G = I$.

Wir formulieren das Ergebnis in einem Satz:

<u>Satz 7.1:</u>
Seien $f_1,\ldots,f_n$ und $g_1,\ldots,g_n$ zwei orthonormale Basen des $\mathbb{R}^n$ und seien
$F = (f_1,\ldots,f_n)$, $G = (g_1,\ldots,g_n)$ die zugehörigen orthogonalen Matrizen. Dann ist
die orthogonale Matrix $A = G^T F$ die Transformationsmatrix für Koordinatenvektoren
bezüglich $f_1,\ldots,f_n$ in Koordinatenvektoren bezüglich $g_1,\ldots,g_n$, das heißt:
Ist $x \in \mathbb{R}^n$ ein Vektor und sind x^f bzw. x^g seine Koordinatenvektoren bezüglich
der beiden Basen, so gilt:

(5) $\qquad x^g = Ax^f \qquad$ bzw. $\qquad x^f = A^T x^g$.

Nun definieren wir:

Definition 7.1:
Ein Vektor, dessen Komponentendarstellung vom Koordinatensystem abhängt, und
der das in (5) angegebene Transformationsverhalten hat, heißt ein Tensor 1.
Stufe. Demnach ist also ein Tensor 1. Stufe eindeutig festgelegt durch
a) die Angabe eines Koordinatensystems
b) die Angabe seiner Komponenten bezüglich dieses Koordinatensystems.

Anmerkung: Wir haben uns in dieser Darstellung auf orthonormale Basen beschränkt.
Etwas allgemeiner wird alles, wenn man beliebige (affine) Basen des $\mathbb{R}^n$ zuläßt.

Beispiel
Sei $n = 2$ und:

$$f_1 = \begin{pmatrix} \cos \frac{\pi}{6} \\ \sin \frac{\pi}{6} \end{pmatrix} , \ f_2 = \begin{pmatrix} -\sin \frac{\pi}{6} \\ \cos \frac{\pi}{6} \end{pmatrix} , \ g_1 = \begin{pmatrix} 1 \\ 0 \end{pmatrix} , \ g_2 = \begin{pmatrix} 0 \\ 1 \end{pmatrix} , \ x^g = \begin{pmatrix} 1 \\ 1 \end{pmatrix} .$$

Der Tensor 1. Stufe x ist durch $G = \begin{pmatrix} 1 & 0 \\ 0 & 1 \end{pmatrix}$ und die Komponenten von x^g eindeutig
festgelegt. Gesucht ist der Koordinatenvektor von x bezüglich der Basis
$F = (f_1, f_2)$. Nach (5) ist

$$A = G^T F = F , \ \text{also } A^T = F^T \implies$$

$$x^f = \begin{pmatrix} \cos \frac{\pi}{6} & \sin \frac{\pi}{6} \\ -\sin \frac{\pi}{6} & \cos \frac{\pi}{6} \end{pmatrix} \cdot \begin{pmatrix} 1 \\ 1 \end{pmatrix} = \begin{pmatrix} \cos \frac{\pi}{6} + \sin \frac{\pi}{6} \\ \cos \frac{\pi}{6} - \sin \frac{\pi}{6} \end{pmatrix} = \frac{1}{2} \cdot \begin{pmatrix} \sqrt{3}+1 \\ \sqrt{3}-1 \end{pmatrix} .$$

Wir kommen nun zu den Tensoren 2. Stufe. Es sei $\varphi: \mathbb{R}^n \to \mathbb{R}^n$ eine lineare
Abbildung mit der Abbildungsmatrix B. Dann gilt

(6) $\qquad \varphi(x) = Bx , \ x \in \mathbb{R}^n$.

Wir möchten die Abbildung in einem Koordinatensystem mit der Basis $f_1, \ldots, f_n$ beschreiben. Sind x^f und $\varphi(x)^f$ die Koordinatenvektoren, so gilt wegen

$x = Fx^f$, $\varphi(x) = F \cdot \varphi(x)^f$: $F \cdot \varphi(x)^f = B \cdot Fx^f$, also:

(7) $\qquad \varphi(x)^f = F^T BF \cdot x^f$.

Bezeichnen wir nun die Matrix mit B^f:

$$B^f := F^T \cdot B \cdot F \ ,$$

dann gilt also im neuen Koordinatensystem:

(7*) $\qquad \varphi(x)^f = B^f \cdot x^f$.

Wir sehen: Die Abbildungsmatrix hängt vom Koordinatensystem ab; ist $g_1, \ldots, g_n$ eine weitere (orthonormale) Basis, dann folgt ganz analog zu (7):

(8) $\qquad \varphi(x)^g = B^g \cdot x^g$.

Andererseits gilt mit $A := G^T F$ wegen (5): $\varphi(x)^g = A \cdot \varphi(x)^f$, $x^g = Ax^f$. Dieses in (8) eingesetzt liefert: $A \cdot \varphi(x)^f = B^g \cdot A \cdot x^f$, also:

(9) $\qquad \varphi(x)^f = (A^T B^g A) \cdot x^f$.

Vergleich mit (7*) liefert nun:

(10) $\qquad B^g = A \cdot B^f \cdot A^T \quad$ bzw. $\quad B^f = A^T B^g A$.

Nun definieren wir:

Definition 7.2:
Eine Matrix, deren Komponentendarstellung vom Koordinatensystem abhängt, und die das in (10) angegebene Transformationsverhalten hat, heißt ein Tensor 2. Stufe.

Also ist auch ein Tensor 2. Stufe eindeutig festgelegt durch
a) die Angabe eines Koordinatensystems
b) die Angabe seiner Matrix-Komponenten bezüglich dieses Koordinatensystems.

Somit ist also B^f (bzw. B^g) die Komponentendarstellung bezüglich des Orthonormalsystems F (bzw. G) ein und desselben Tensors 2. Stufe. Verschiedene Darstellungen gehen durch orthogonale Ähnlichkeitstransformationen auseinander hervor.

Beispiel

Der Trägheitstensor am Schluß von Abschnitt 10.6: Die Matrizen Θ und D beschreiben denselben Tensor, Θ bezüglich des Systems, in dem die Ortsvektoren r_i, r_s beschrieben sind und D bezüglich des durch die Hauptträgheitsachsen definierten Koordinatensystems.

Tensoren 2. Stufe erhält man auch z.B. durch das sogenannte <u>Tensorprodukt</u> von einstufigen Tensoren; es ist folgendermaßen definiert: Seien $b = (b_1,\ldots,b_n)^T$, $c = (c_1,\ldots,c_n)^T$ Komponentendarstellungen zweier Tensoren 1. Stufe. Dann ist

$$\begin{pmatrix} b_1 \\ \vdots \\ b_n \end{pmatrix} \cdot (c_1,\ldots,c_n) = \begin{pmatrix} b_1 c_1, & \cdots & , & b_1 c_n \\ \vdots & & & \vdots \\ b_n c_1, & \cdots & , & b_n c_n \end{pmatrix}$$

die Komponentendarstellung des Tensorproduktes, eines Tensors 2. Stufe.

Analog definiert man noch Tensoren höherer Stufe:

<u>Definition 7.3:</u>
Ein Schema $B^f = (b^f_{i_1,\ldots i_k})$ mit vom Koordinatensystem abhängigen Komponenten $b^f_{i_1,\ldots,i_k}$ $(i_\nu = 1,\ldots,n; \; \nu = 1,\ldots,k)$ heißt ein Tensor k. Stufe, wenn für alle $i_1,\ldots,i_k = 1,\ldots,n$ gilt:

$$(11) \qquad b^g_{i_1,\ldots,i_k} = \sum_{n_1,\ldots,n_k=1}^{n} a_{i_1 n_1} \cdot \ldots \cdot a_{i_k n_k} \cdot b^f_{n_1,\ldots,n_k} \; .$$

Beispiele für Tensoren höherer Stufe bringen wir nicht mehr.

<u>Literatur:</u> J. Betten: Elementare Tensorrechnung für Ingenieure/Vieweg 1977.

Kapitel 11: Differentialgeometrie auf Kurven

11.1 Grundlegende Definitionen; Bogenlänge

Die Differentialgeometrie beschäftigt sich mit Kurven und Flächen, die man durch differenzierbare Funktionen beschreiben kann. Untersucht werden analytische Ei-

genschaften, d.h. solche, die sich mit Hilfe von Ableitungen und Integralen dieser Funktionen ausdrücken lassen. Die Differentialgeometrie ermöglicht zum Beispiel die Berechnung der Längen von Kurvenstücken oder Inhalte von durch Kurven
begrenzten Flächen.

Ausgangspunkt der Betrachtungen ist ein kartesisches Koordinatensystem im $\mathbb{R}^3$
mit den Koordinaten x,y,z. Ferner seien $e_1, e_2, e_3 \in \mathbb{R}^3$ die Koordinaten-Einheitsvektoren.

Definition 1.1:
Es sei $I := [\alpha, \beta]$ ein <u>Parameter-Intervall</u> mit dem <u>Parameter</u> $t \in I$, d.h. $\alpha \leqq t \leqq \beta$.
Eine <u>Kurve</u> $\mathcal{K} \subset \mathbb{R}^3$ ist gegeben durch eine differenzierbare Abbildung $I \to \mathbb{R}^3$,
d.h. durch drei differenzierbare Funktionen: x(t), y(t), z(t), die jedem $t \in I$
genau einen Punkt $r(t) := (x(t), y(t), z(t))^\mathsf{T} \in \mathbb{R}^3$ zuordnen:

$$(1) \qquad r(t) = x(t) \cdot e_1 + y(t) \cdot e_2 + z(t) \cdot e_3 \, , \quad \alpha \leqq t \leqq \beta \, .$$

Eine solche Abbildung bezeichnet man als eine <u>Parameterdarstellung</u> der Kurve
$\mathcal{K}$. Häufig interpretiert man diese Darstellung als Bewegungsgesetz eines Punktes, der sich im Zeitintervall $[\alpha, \beta]$ entlang der Kurve bewegt und dessen Posi-
tion zum Zeitpunkt t durch den Ortsvektor r(t) beschrieben wird. Im folgenden
werden die Ableitungen der Funktionen x(t), y(t) und z(t) durch

$$(2) \qquad \dot{x}(t) = \frac{d}{dt} x(t), \quad \dot{y}(t) = \frac{d}{dt} y(t) \quad \text{und} \quad \dot{z}(t) = \frac{d}{dt} z(t)$$

bezeichnet. Der Vektor

$$\dot{r}(t) = \dot{x}(t) e_1 + \dot{y}(t) e_2 + \dot{z}(t) e_3$$

heißt Geschwindigkeitsvektor. Wir setzen voraus, daß

$$\dot{r}(t) \neq 0 \quad \text{für} \quad t \in I$$

gilt. Der Geschwindigkeitsvektor

$$(3) \qquad \dot{r}(t) = (\dot{x}(t), \dot{y}(t), \dot{z}(t))^\mathsf{T} = \lim_{\Delta t \to 0} \frac{1}{\Delta t}(r(t+\Delta t) - r(t))$$

ist Grenzwert für $\Delta t \to 0$ des mit $\frac{1}{\Delta t}$ multiplizierten "Sehnenvektors" $r(t+\Delta t) - r(t)$
(siehe Skizze).

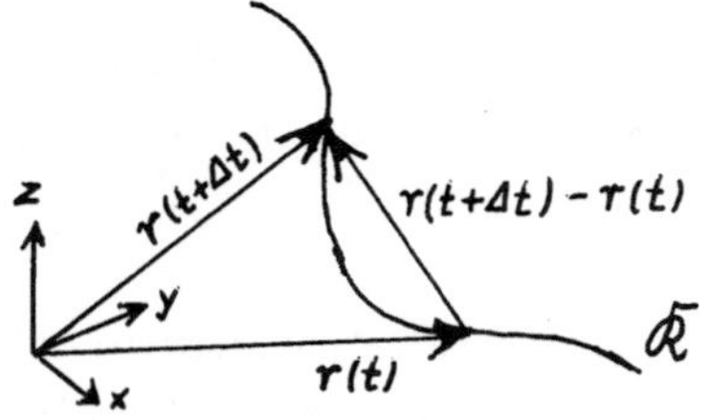

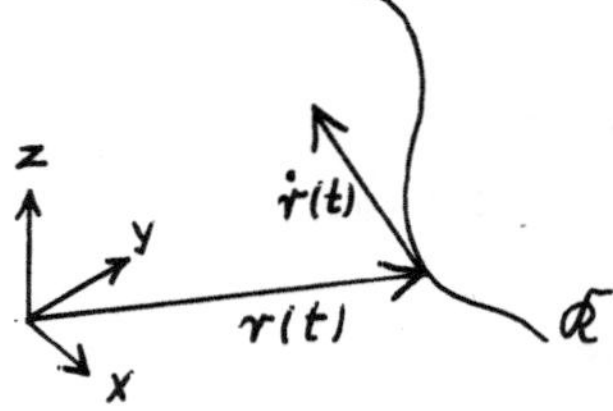

Daraus kann man schließen, daß $\dot{r}(t)$ die Richtung einer Tangente an die Kurve im Punkt r(t) besitzt. Die Länge

$$(4) \qquad |\dot{r}(t)| = \sqrt{\dot{x}(t)^2 + \dot{y}(t)^2 + \dot{z}(t)^2}$$

des Geschwindigkeitsvektors wird die Bahngeschwindigkeit genannt, und der Vektor

$$\mathcal{A} := \frac{1}{|\dot{r}(t)|} \dot{r}(t)$$

mit der Länge 1 heißt Tangenteneinheitsvektor.

Für viele Zwecke ist es besonders bequem, wenn die Kurve $\mathcal{K}$ durch eine Parameterdarstellung beschrieben wird, bei der die zugehörige Bahngeschwindigkeit konstant gleich 1 ist. In einem solchen Falle nennen wir den Parameter einen ausgezeichneten Parameter, bezeichnen ihn mit dem Buchstaben s statt t und den Geschwindigkeitsvektor mit r'(s) anstelle von $\dot{r}$ t). Es gilt

$$(5) \qquad |\frac{d}{ds} r(s)| = |r'(s)| = 1 \text{ für } s\in I .$$

Da bei konstanter Bahngeschwindigkeit 1 die zurückgelegte Wegstrecke gleich der dazu benötigten Zeit ist, wird der folgende Satz plausibel:

<u>Satz 1.1:</u>
Sei r(s), $\alpha \leqq s \leqq \beta$, eine ausgezeichnete Parameterdarstellung der Kurve $\mathcal{K}$.
Dann ist für $\alpha \leqq s_1 < s_2 \leqq \beta$ die Differenz $s_2 - s_1$ die <u>Bogenlänge</u> der Kurve zwischen den Kurvenpunkten r(s_1) und r(s_2). ∎

Es soll nun eine Formel für die Bogenlänge hergeleitet werden, wenn die Kurve nicht durch eine ausgezeichnete Parameterdarstellung gegeben ist. Sei $\mathcal{K}$ durch die Parameterdarstellung (1) beschrieben und sei s(t) die Länge des Kurvenstückes zwischen den Kurvenpunkten r(α) und r(t), $\alpha \leqq t \leqq \beta$. Dann ist s($\alpha$) = 0 und

$$\frac{d}{dt}\,s(t) = \lim_{\Delta t \to 0} \left|\frac{1}{\Delta t}(r(t+\Delta t)-r(t))\right| = |\dot{r}(t)| \;,\; \alpha \leqq t \leqq \beta \;.$$

Daraus folgt

$$s(t) = \int\limits_{\alpha}^{t} |\dot{r}(\tau)|\,d\tau = \int\limits_{\alpha}^{t} \sqrt{\dot{x}(\tau)^2+\dot{y}(\tau)^2+\dot{z}(\tau)^2}\;d\tau \;,$$

und man erhält für die Länge des Kurvenstückes zwischen den Kurvenpunkten $r(t_0)$ und $r(t_1)$ $(\alpha \leqq t_0 < t_1 \leqq \beta)$

$$(6) \qquad s(t_1)-s(t_0) = \int\limits_{t_0}^{t_1} |\dot{r}(\tau)|\,d\tau \;.$$

<u>Beispiele</u>

1. Es sei $h \geqq 0$ und für $t \in I = [0,2\pi]$

$$x(t) := \cos t,\; y(t) := \sin t,\; z(t) := \frac{h}{2\pi}\cdot t \;,$$

also $r(t) = (\cos t,\, \sin t,\, \frac{h}{2\pi}\cdot t)^{\mathsf{T}}$.
Die zugehörige Kurve ist eine Spirale
auf einem Zylindermantel vom Radius 1.
Die Projektion der Spirale auf die x,y-
Ebene vollführt genau einen Umlauf auf
dem Einheitskreis. Dabei erreicht sie
in z-Richtung die Höhe h. Man erhält
für den Geschwindigkeitsvektor

$$\dot{r}(t) = (-\sin t,\, \cos t,\, \frac{h}{2\pi})^{\mathsf{T}} \;,$$

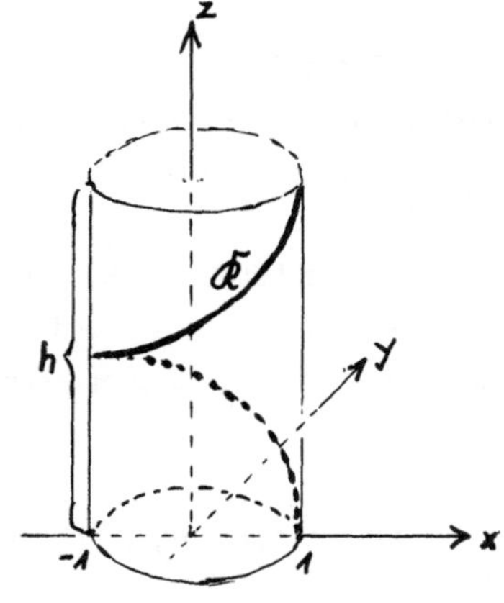

und die Bahngeschwindigkeit

$$|\dot{r}(t)| = \left|\frac{ds}{dt}\right| = \sqrt{\sin^2 t+\cos^2 t+\frac{h^2}{4\pi^2}} = \frac{1}{2\pi}\cdot\sqrt{h^2+4\pi^2} \;.$$

Also ist t nur im Spezialfall h = 0 der ausgezeichnete Parameter. In diesem Falle entartet die Spirale zum Einheitskreis in der Ebene. Für die Bogenlänge erhält man im allgemeinen Fall

$$s(2\pi)-s(0) = \int\limits_{0}^{2\pi} |\dot{r}(t)|\,dt = \frac{1}{2\pi}\cdot\sqrt{h^2+4\pi^2}\cdot\int\limits_{0}^{2\pi} dt = \sqrt{h^2+4\pi^2} \;.$$

2. Eine Ellipse in der Ebene mit den Halbachsen a und b (a $\geq$ b $\geq$ 0) läßt sich durch die Parameterdarstellung:

$$r(t) = a \cdot \cos t \cdot e_1 + b \cdot \sin t \cdot e_2 \, , \quad 0 \leq t \leq 2\pi$$

beschreiben. Man erhält daraus

$$\dot{r}(t) = -a \cdot \sin t \cdot e_1 + b \cdot \cos t \cdot e_2$$

und

$$|\dot{r}(t)| = |\frac{ds}{dt}| = \sqrt{a^2 \cdot \sin^2 t + b^2 \cdot \cos^2 t} = a \cdot \sqrt{1 - \varepsilon^2 \cdot \cos^2 t}$$

mit $\varepsilon^2 := \dfrac{a^2 - b^2}{a^2}$ $(0 \leq \varepsilon \leq 1)$. Für die Bogenlänge des Ellipsen-Bogens zwischen $r(0)$ und $r(t)$ erhält man darum

$$(8) \qquad s(t) = a \int_0^t \sqrt{1 - \varepsilon^2 \cdot \cos^2 \tau} \; d\tau \, .$$

Außer in den Spezialfällen $\varepsilon = 0$ und $\varepsilon = 1$ (geometrische Bedeutung!) sind die Stammfunktionen von $f(\tau) = \sqrt{1 - \varepsilon^2 \cos^2 \tau}$ nicht elementar. Man nennt $\int \sqrt{1 - \varepsilon^2 \cdot \cos^2 \tau} d\tau$ ein <u>elliptisches Integral</u>.

3. Gesucht ist die Länge des Bogens der Parabel $y = x^2$ zwischen $x = 0$ und $x = 1$. Diese Kurve besitzt die Parameterdarstellung

$$r(t) = t \cdot e_1 + t^2 \cdot e_2 \, , \quad 0 \leq t \leq 1$$

mit dem Geschwindigkeitsvektor

$$\dot{r}(t) = e_1 + 2t \cdot e_2 \, ,$$

und der Bahngeschwindigkeit

$$|\dot{r}(t)| = |\frac{ds}{dt}| = \sqrt{1 + 4t^2} \, .$$

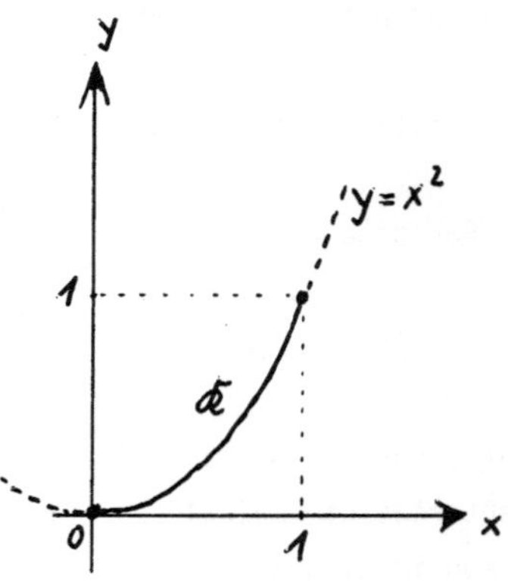

Für die Bogenlänge erhalten wir:

$$s(1) - s(0) = \int_0^1 \sqrt{1 + 4t^2} \; dt \, .$$

Dieses Integral kann mit der Substitution $t = \frac{1}{2} \sinh\varphi$ berechnet werden. Man erhält

$$\int_0^1 \sqrt{1+4t^2}\ dt = \frac{1}{2} \cdot \int_0^{\text{arsinh } 2} (\cosh\varphi)^2 d\varphi = \frac{1}{2}\sqrt{5} + \frac{1}{4}\ln(2+\sqrt{5}) \approx 1{,}479 \ .$$

11.2 Krümmung und Flächeninhalt

Ein weiterer wichtiger Begriff der Differentialgeometrie ist die Krümmung. Sie ist ein Maß für Stärke der Richtungsänderung einer Kurve.

Definition 2.1:
Sei $r(s)$, $\alpha \leqq s \leqq \beta$, eine ausgezeichnete Parameterdarstellung einer Kurve $\mathfrak{A}$. Dann heißt der Vektor $r''(s)$ der Krümmungsvektor und seine Länge $\kappa := |r''(s)|$ die Krümmung der Kurve im Punkt $r(s)$.

Wir wollen als Beispiel die Krümmung eines Kreises mit Radius ρ berechnen; wir verwenden die Parameter-Darstellung

$$(1) \qquad r(s) = (\rho\cdot\cos\tfrac{s}{\rho})\cdot e_1 + (\rho\cdot\sin\tfrac{s}{\rho})\cdot e_2 \ , \quad 0 \leqq s \leqq 2\pi\rho \quad ,$$

die wegen

$$(2) \qquad r'(s) = (-\sin\tfrac{s}{\rho})\cdot e_1 + (\cos\tfrac{s}{\rho})\cdot e_2$$

und $|r'(s)| = \sqrt{\sin^2\tfrac{s}{\rho} + \cos^2\tfrac{s}{\rho}} = 1$ tatsächlich eine ausgezeichnete Parameter-Darstellung ist. Für den Krümmungsvektor ergibt sich:

$$(3) \qquad r''(s) = (-\tfrac{1}{\rho}\cdot\cos\tfrac{s}{\rho})\cdot e_1 + (-\tfrac{1}{\rho}\cdot\sin\tfrac{s}{\rho})\cdot e_2 \ .$$

Daraus folgt für die Krümmung:

$$(4) \qquad \kappa = |r''(s)| = \sqrt{\tfrac{1}{\rho^2}\cdot\cos^2\tfrac{s}{\rho} + \tfrac{1}{\rho^2}\cdot\sin^2\tfrac{s}{\rho}} = \tfrac{1}{\rho} \quad \text{für alle } s \ .$$

Der Kreis hat also an allen Punkten die gleiche Krümmung, und die ist gleich dem reziproken Radius. Diese Beobachtung legt die folgende Definition nahe. Zur Vorbereitung führen wir noch den sogenannten Hauptnormalenvektor:

(5) $\quad \mathcal{f} := \dfrac{1}{|r''(s)|} \cdot r''(s) = \dfrac{1}{\kappa(s)} \cdot r''(s)$

also den auf 1 normierten Krümmungsvektor, ein, der nur im Falle $\kappa(s) \neq 0$ definiert ist. Er steht auf dem Tangenteneinheitsvektor $\mathcal{A} = r'(s)$ senkrecht. Wegen $(r'(s))^2 = |r'(s)|^2 = 1$ gilt nämlich

$$0 = \dfrac{d}{ds}(r'(s))^2 = 2 \cdot r'(s) \cdot r''(s) = 2 \cdot \kappa \cdot \mathcal{A} \cdot \mathcal{f} \,.$$

Also erhalten wir

(6) $\quad \mathcal{A} \cdot \mathcal{f} = 0 \,.$

<u>Anmerkung:</u> Man beweise als Übung, daß für differenzierbare Funktionen

$$u_1(t) = \big(x_1(t), y_1(t), z_1(t)\big) \text{ und } u_2(t) = \big(x_2(t), y_2(t), z_2(t)\big)$$

die Gleichungen

$$\dfrac{d}{dt}\big(u_1(t)u_2(t)\big) = \dot{u}_1(t)u_2(t) + u_1(t)\dot{u}_2(t))$$

und

$$\dfrac{d}{dt}\big(u_1(t) \times u_2(t)\big) = \dot{u}_1(t) \times u_2(t) + u_1(t) \times \dot{u}_2(t)$$

gelten.

<u>Definition 2.2:</u>

Die Krümmung κ im Punkt $r(s)$ der Kurve $\mathcal{\tilde{a}}$ sei ungleich 0. Dann heißt die Zahl $\rho := \dfrac{1}{\kappa}$ <u>Krümmungsradius</u> der Kurve im Punkte $r(s)$. Der Kreis, dessen Mittelpunkt der Punkt $r(s)+\rho \cdot \mathcal{f}$, dessen Radius ρ ist, und der in der von $\mathcal{A}$ und $\mathcal{f}$ aufgespannten Ebene liegt, heißt <u>Krümmungskreis</u> der Kurve im Punkte $r(s)$.

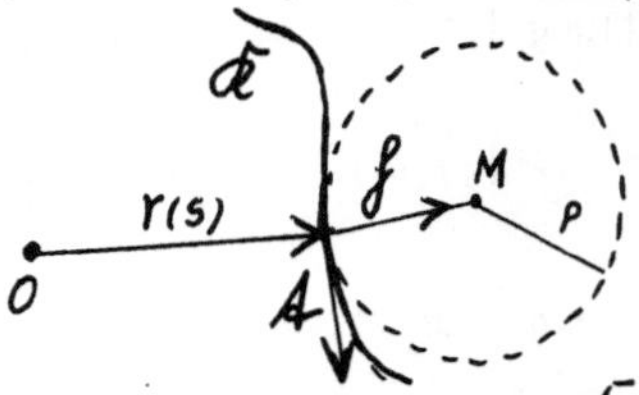

Sei nun $r(t)$, $\alpha \leqq t \leqq \beta$, eine beliebige Parameterdarstellung der Kurve $\mathcal{\tilde{a}}$. Wir bezeichnen mit $v(t) = |\dot{r}(t)|$ die Bahngeschwindigkeit, die nach Voraussetzung positiv ist. Darum ist die Bogenlänge

$$s(t) = \int_\alpha^t v(\tau)d\tau \,, \quad \alpha \leqq t \leqq \beta \,,$$

eine streng monoton wachsende Funktion mit

$$s(\alpha) = 0 \quad \text{und} \quad s(\beta) =: b \ ,$$

besitzt also eine auf $[0,b]$ definierte Umkehrfunktion, die wir mit $t(s)$, $0 \leqq s \leqq b$, bezeichnen wollen. Dann ist

$$r_a(s) := r(t(s)) \ , \quad 0 \leqq s \leqq b \ ,$$

eine ausgezeichnete Parameterdarstellung der Kurve. Dieser Zusammenhang erlaubt die Berechnung des Krümmungsvektors $r_a''(s)$ und der Krümmung $\kappa(s) = |r_a''(s)|$ auch dann, wenn die Parameterdarstellung nicht ausgezeichnet ist. Wegen

$$\dot{r}(t) = v(t)\cdot\mathcal{A}(t) = v(t)r_a'(s(t))$$

gilt mit Hilfe der Produkt- und der Kettenregel

$$\ddot{r}(t) = \dot{v}(t)r_a'(s(t))+v(t)\cdot \frac{d}{dt} r_a'(s(t))$$

$$= \dot{v}(t)\cdot\mathcal{A}(t)+v(t)\cdot r_a''(s(t))\cdot \frac{ds}{dt}$$

also
$$(7) \qquad \ddot{r}(t) = \frac{\dot{v}(t)}{v(t)} \dot{r}(t)+v(t)^2\cdot r_a''(s(t)) \ .$$

Der Vektor $\ddot{r}(t)$ heißt der <u>Beschleunigungsvektor</u>, und aus (7) folgt

<u>Satz 2.1:</u>
Der Beschleunigungsvektor $\ddot{r}(t)$ setzt sich zusammen aus einer Tangentialkomponente, deren Länge $|\dot{v}|$ die <u>Bahnbeschleunigung</u> heißt, und einer Normalkomponente mit der Länge κv^2. ∎

Der Krümmungsvektor läßt sich gemäß (7) mit der Formel

$$r_a'' = \frac{1}{v^2}(\ddot{r}- \frac{\dot{v}}{v} \dot{r}) = \frac{1}{v^3}(v\ddot{r}-\dot{v}\dot{r})$$

berechnen. Im Falle ebener Kurven ($z(t) \equiv 0$) erhält man speziell

$$r_a'' = \frac{1}{v^4} (v^2\ddot{x}-v\cdot\dot{v}\dot{x})e_1+(v^2\ddot{y}-v\dot{v}\dot{y})e_2) \ .$$

Hieraus folgt wegen $v^2 = \dot{x}^2+\dot{y}^2$ und $v\dot{v} = \dot{x}\ddot{x}+\dot{y}\ddot{y}$ nach kurzer Rechnung

$$r''_a = \frac{\dot{x}\ddot{y}-\ddot{x}\dot{y}}{v^4}(-\dot{y}e_1+\dot{x}e_2) \ .$$

Darum ist die Krümmung $\kappa = |r''_a|$ durch die Formel

$$(8) \qquad \kappa = \frac{|\dot{x}\ddot{y}-\ddot{x}\dot{y}|}{v^3}$$

gegeben. Eine Kurve, die als Graph einer Funktion $y = y(x)$, $a \leqq x \leqq b$, gegeben ist, besitzt die Parameterdarstellung

$$r(t) = te_1+y(t)e_2 \ , \quad a \leqq t \leqq b \ .$$

In diesem Spezialfall ist $\dot{x} = 1$ und $\ddot{x} = 0$. Darum erhält man

$$(9) \qquad \kappa = \frac{|\ddot{y}|}{(\sqrt{1+\dot{y}^2})^3} \ .$$

<u>Beispiele</u>

1. Für eine Ellipse mit der Darstellung

$$r(t) = a\cdot\cos t\cdot e_1+b\cdot\sin t\cdot e_2 \ , \quad 0 \leqq t \leqq 2\pi \ ,$$

ist

$$\dot{x}(t) = -a\cdot\sin t, \ \ddot{x}(t) = -a\cdot\cos t, \ \dot{y}(t) = b\cdot\cos t, \ \ddot{y}(t) = -b\cdot\sin t \ .$$

Mit (8) folgt für die Krümmung:

$$\kappa = \kappa(t) = \frac{a\cdot b}{(a^2\cdot\sin^2 t+b^2\cdot\cos^2 t)^{3/2}} \ .$$

Man rechnet ferner aus:

$$\frac{d}{dt}\kappa(t) = \frac{-3ab\cdot(a^2-b^2)\cdot\sin 2t}{2\cdot(a^2\cdot\sin^2 t+b^2\cdot\cos^2 t)^{5/2}} \ . \qquad \text{(Übung!)}$$

Hieraus folgere man, daß die (lokalen) Extrema der Krümmung an den Scheitelpunkten der Ellipse angenommen werden (Übung!)

2. Für die Kurve $y = \frac{1}{x}$ $(x > 0)$ ergibt sich für die Krümmung nach (9):

$$\kappa = \kappa(x) = \frac{2x^{-3}}{(1+x^{-4})^{3/2}} = \frac{2}{(\sqrt{x^2+x^{-2}})^3} \ .$$

Für x = 1 erhält man:

$$\kappa(1) = \frac{1}{2} \sqrt{2} \ , \quad \rho(1) = \sqrt{2} \ .$$

Der Krümmungskreis in (1,1) hat als
Mittelpunkt M = (2,2) und als Radius
$\rho = \sqrt{2}$.

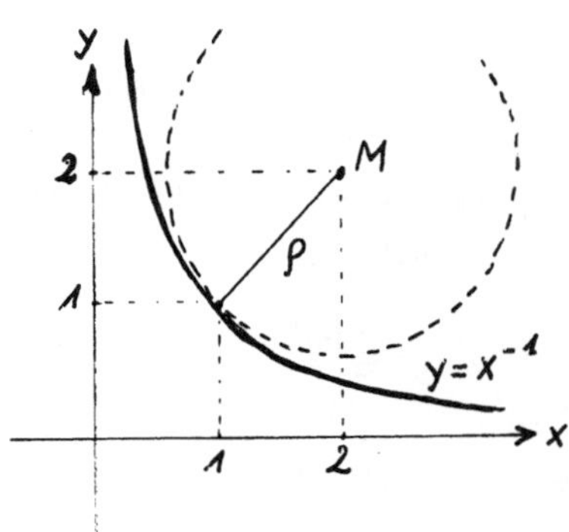

3. Gegeben sei die Kurve $y = e^X$ (x$\in \mathbb{R}$).
a) Man berechne die Krümmung im Punkte P = (0,1)
(Lösung: $\kappa = \frac{1}{4} \sqrt{2} \approx 0.354$).
b) In welchem Punkte P* hat die Kurve maximale Krümmung, und wie groß ist diese?
(Lösung: P* = $(-\frac{1}{2} \ln 2, \frac{1}{2} \sqrt{2})$, $\kappa^* = \frac{2}{9} \sqrt{3} \approx 0.385$).

Wir kommen nun zur Berechnung von Flächeninhalten mit differentialgeometrischen
Methoden. Dabei beschränken wir uns auf ebene Kurven. Die Kurve besitze die
Parameterdarstellung

$$(10) \qquad r(t) = x(t) \cdot e_1 + y(t) \cdot e_2 \ , \quad \alpha \lesseqgtr t \lesseqgtr \beta \ ,$$

wobei wir voraussetzen, daß jeder vom Ursprung ausgehende Strahl höchstens einen
Schnittpunkt mit der Kurve besitzt.

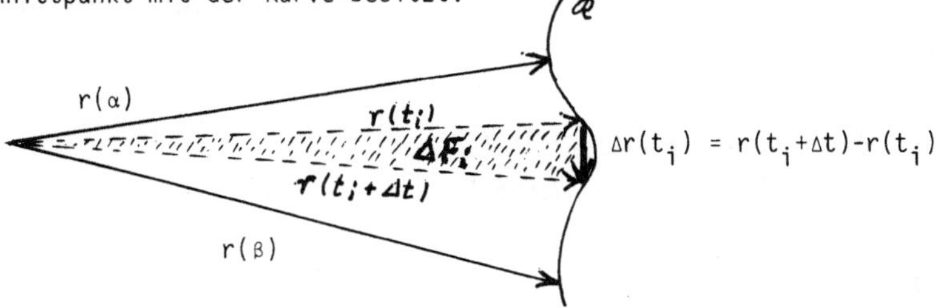

Gesucht ist der Inhalt F des zwischen r(α) und r(β) erzeugten Flächensektors.
Wir zerlegen das Intervall $\alpha \lesseqgtr t \lesseqgtr \beta$ in N Teilintervalle mit den Teilpunkten:

$$(11) \qquad t_i = \alpha + i \cdot \Delta t \ , \quad i = 0,1,\ldots,N \ . \quad t_N = \beta \ , \text{ also: } \Delta t = \frac{\beta - \alpha}{N}$$

Dieser Intervall-Einteilung entspricht eine Zerlegung des Flächensektors F in
kleine schmale Flächensektoren. Ihre Inhalte werden ersetzt durch die Flächeninhalte ΔF_i (i = 0,...,N-1) der oben skizzierten Dreiecke. Letztere nun können
durch das Spatprodukt (vgl. Abschnitt 3.4) berechnet werden. Es gilt nämlich
für i = 0,1,...,N-1

$$\Delta F_i = |\tfrac{1}{2} \cdot r(t_i) \times \Delta r(t_i)| = \tfrac{1}{2} |r(t_i) \times \frac{\Delta r(t_i)}{\Delta t}| \cdot \Delta t \;.$$

Die Summe dieser Dreiecksflächen ΔF_i liefert eine Approximation des gesuchten Flächeninhaltes:

$$(12) \qquad F \approx \sum_{i=0}^{N-1} \Delta F_i = \frac{1}{2} \sum_{i=0}^{N-1} |r(t_i) \times \frac{\Delta r(t_i)}{\Delta t}| \cdot \Delta t \;.$$

Für $N \to \infty$ gilt $\Delta t = \frac{\beta-\alpha}{N} \to 0$ und $\frac{\Delta r(t)}{\Delta t} \to \dot{r}(t)$. Die Summe in (12) konvergiert gegen ein Integral. Wir erhalten

$$(13) \qquad F = \frac{1}{2} \cdot \int_{\alpha}^{\beta} |r(t) \times \dot{r}(t)| \cdot dt \;.$$

Wegen $|r(t) \times \dot{r}(t)| = |x\dot{y} - \dot{x}y|$ erhalten wir schließlich

$$(13^*) \qquad F = \frac{1}{2} \cdot \int_{\alpha}^{\beta} |x\dot{y} - \dot{x}y| \, dt \;.$$

<u>Beispiel</u>
4. Für die Ellipse mit der Parameterdarstellung

$$r(t) = a \cdot \cos t \cdot e_1 + b \cdot \sin t \cdot e_2 \;, \qquad 0 \leq t \leq 2\pi$$

sei für $0 \leq \alpha < \beta \leq 2\pi$ mit $F(\alpha,\beta)$ der Inhalt des Flächensektors zwischen $r(\alpha)$ und $r(\beta)$ bezeichnet. Es gilt:

$$x(t) = a \cdot \cos t \;, \quad y(t) = b \cdot \sin t$$
$$\dot{x}(t) = -a \cdot \sin t \;, \quad \dot{y}(t) = b \cdot \cos t \;.$$

Mit (13^*) folgt:

$$F(\alpha,\beta) = \frac{1}{2} \cdot \int_{\alpha}^{\beta} |ab \cdot \cos^2 t + ab \cdot \sin^2 t| \, dt = \frac{1}{2} \, ab|\beta-\alpha| \;.$$

Für $\alpha = 0$, $\beta = 2\pi$ erhält man den Flächeninhalt der Ellipse: $F = a \cdot b \cdot \pi$.

11.3 Bewegung im Zentralkraftfeld

In diesem Abschnitt behandeln wir noch ein Anwendungsbeispiel aus der Mechanik: Es soll die Bewegung eines Massenpunktes in einem Zentralkraftfeld (z.B. im

Gravitationsfeld) untersucht werden.
Ist das Kraftzentrum der Koordinaten-
Ursprung, dann gilt die Grundgleichung:

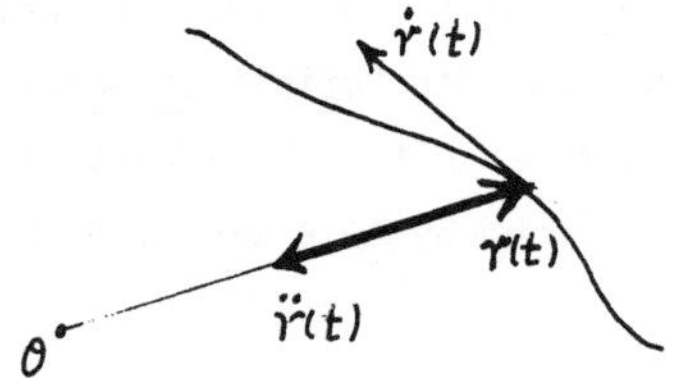

$$(1) \qquad m \cdot \ddot{r}(t) = -k(t) \cdot r(t) \ .$$

Der Faktor $k(t)$ ist im Gravitationsfeld proportional zu $|r(t)|^{-3}$. Wir zeigen zunächst, daß der Vektor $r(t) \times \dot{r}(t)$ ein konstanter Vektor ist. Es gilt nämlich wegen (1)

$$\frac{d}{dt}(r(t) \times \dot{r}(t)) = \dot{r} \times \dot{r} + r \times \ddot{r} = 0 \ .$$

Also ist

$$(2) \qquad r(t) \times \dot{r}(t) = c \ .$$

Die Bahnkurve verläuft also in einer Ebene durch das Kraftzentrum.
Für den Spezialfall $c = 0$ ist die Bahnkurve eine gerade Linie durch das Kraftzentrum O. Hieraus und aus (13) in 11.2 folgt unmittelbar der berühmte

Flächensatz:
In einem Zentralkraftfeld überstreicht der Radiusvektor Kraftzentrum - Massenpunkt in gleichen Zeiten gleiche Flächen.

Kapitel 12: Differentiation von Funktionen mehrerer Variabler

12.1 Stetigkeit und Differenzierbarkeit

Bis jetzt haben wir ausschließlich Funktionen einer reellen Variablen untersucht,
meist reellwertige Funktionen, aber auch in Kapitel 11 Funktionen, deren Werte
Punkte im dreidimensionalen Raum waren. Die meisten in der Praxis auftretenden
Größen hängen jedoch von mehreren Einflußfaktoren ab, und man benötigt zu ihrer
Beschreibung Funktionen von mehreren Variablen. Das Volumen eines Quaders ist
z.B. durch Länge, Breite und Höhe bestimmt, die Raumtemperatur hängt von den
drei Ortskoordinaten und der Zeit ab.

Eine reelle Funktion von mehreren Variablen ist durch eine Teilmenge der Ebene oder des Raumes (den Definitionsbereich) und eine Vorschrift bestimmt, die jedem Punkt des Definitionsbereiches eine reelle Zahl zuordnet. Wir verwenden für solche Funktionen Symbole wie f, g, F, G,... und bezeichnen die Funktionswerte mit

$$f(x,y) \quad \text{bei Funktionen von zwei Variablen,}$$
$$f(x,y,z) \text{ bei drei oder } f(x_1,x_2,\ldots,x_n) \text{ bei n Variablen.}$$

Wir werden uns in diesem Kapitel fast ausschließlich mit Funktionen von zwei Variablen befassen. Anhand dieser Funktionen kann man bereits die wesentlichen Begriffe und typischen Eigenschaften von Funktionen mehrerer Variablen verdeutlichen und hat zwei wichtige Vorteile: Die Definitionen und Formeln werden kürzer und übersichtlicher, und Funktionen von zwei Variablen lassen sich besonders bequem graphisch veranschaulichen. Die naheliegende Übertragung der Definitionen und Sätze auf den Fall von Funktionen von n Variablen wollen wir dem Leser überlassen. Im folgenden sei durchweg

$$z = f(x,y), \quad (x,y) \in D ,$$

eine reellwertige Funktion von zwei Variablen, die auf dem Gebiet $D \subset \mathbb{R}^2$ definiert ist. Zur Veranschaulichung einer solchen Funktion haben sich die folgenden Möglichkeiten bewährt:

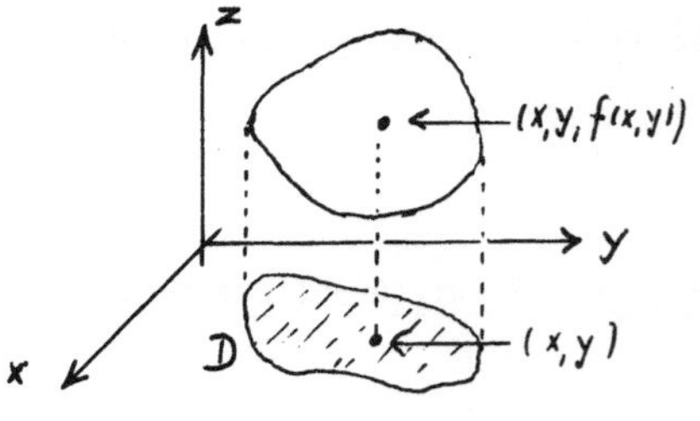

a) Unter dem Graphen von f versteht man die Menge der Punkte $(x,y,f(x,y)) \in \mathbb{R}^3$ mit $(x,y) \in D$. In der Regel stellt der Graph eine Fläche im dreidimensionalen Raum dar.

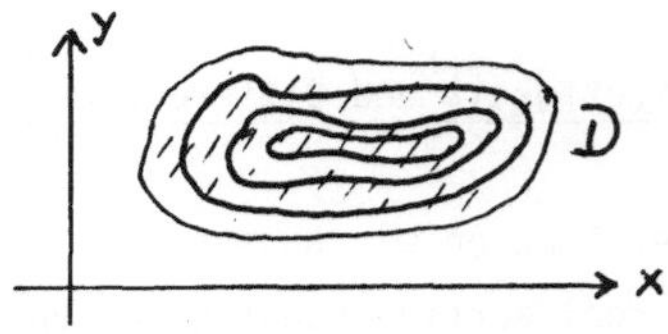

b) Die Niveaulinie (Höhenlinie) von f zum Niveau c ist die Menge der Punkte $(x,y) \in D$ mit $f(x,y) = c$. In der Regel ist jede solche Menge eine Kurve in der Ebene. Markiert man eine Schar von Niveaulinien mit den zugehörigen Niveaus, erhält man ebenfalls eine anschauliche Vorstellung vom Verlauf der Funktion. Beispiele sind die Isobaren (Kurven gleichen Luftdrucks) auf einer Wetterkarte und die Höhenlinien auf einer Landkarte.

Wir wollen nun die Begriffe Stetigkeit und Differenzierbarkeit für Funktionen
von zwei Variablen definieren.

Definition 1.1:
Die Funktion f heißt <u>im Punkt $(x,y) \in D$ stetig</u>, wenn für jede Folge von Punkten
$(x_n, y_n) \in D$ mit $x_n \rightarrow x$ und $y_n \rightarrow y$

$$\lim_{n \to \infty} f(x_n, y_n) = f(x,y)$$

gilt. Ist f stetig in jedem Punkt $(x,y) \in D$, so heißt f <u>stetig in D</u>.
<u>Bemerkung:</u> Wir schreiben im folgenden für "$x_n \rightarrow x$ und $y_n \rightarrow y$" auch kurz
$(x_n, y_n) \rightarrow (x,y)$.

Wie bei Funktionen einer Variablen sind auch elementare Funktionen mehrerer Variablen in ihrem gesamten Definitionsbereich stetig. Eine Funktion heißt elementar, wenn sie mit Hilfe der arithmetischen Operationen $(+,-,\cdot,:)$ und der
Verkettung aus Potenz-, Exponential- und trigonometrischen Funktionen sowie
ihrer Umkehrfunktionen gebildet werden kann. Die Funktionen in den folgenden
Beispielen sind elementar.

<u>Beispiele</u>
1. Die Funktion

$$f(x,y) = x \cdot y \ , \quad (x,y) \in \mathbb{R}^2 \ ,$$

ist auf $\mathbb{R}^2$ stetig. Ihre Niveaulinien

$$x \cdot y = c$$

sind Hyperbeln.

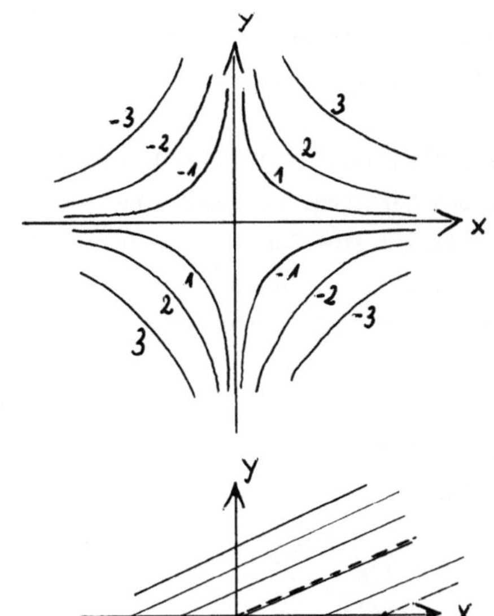

2. Die Funktion

$$f(x,y) = \frac{1}{x-y} \ , \quad x \neq y$$

ist stetig auf $\mathbb{R}^2$ mit Ausnahme der
Punkte auf der Geraden $y = x$. Ihre
Niveaulinien $y = x - \frac{1}{c}$ sind dabei parallele Geraden.

3. Die Funktion

$$f(x,y) = \frac{2xy}{x^2+y^2} \ , \quad (x,y) \neq (0,0)$$

ist außerhalb des Ursprungs 0 stetig.
Ihre Niveaulinien sind durch

$$\frac{2xy}{x^2+y^2} = c$$

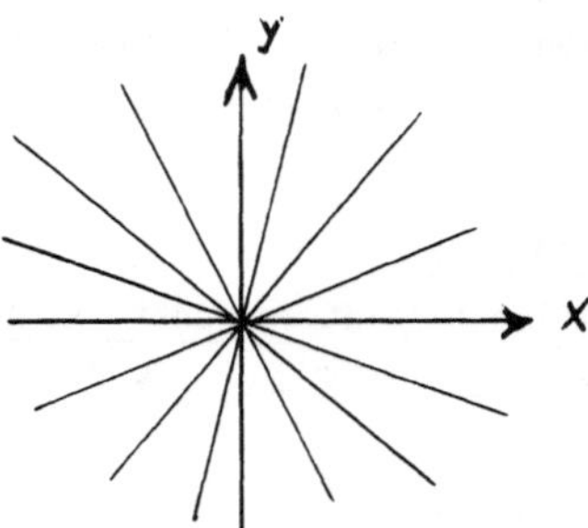

gegeben. Es sind für $c = 0$ die beiden Koordinatenachsen $x = 0$ bzw. $y = 0$ und
für $0 < |c| \leq 1$ die Geraden

$$y = \frac{1+\sqrt{1-c^2}}{c} \cdot x \ \text{ und } \ y = \frac{1-\sqrt{1-c^2}}{c} \cdot x$$

jeweils ohne den Punkt $(0,0)$, in dem die Funktion nicht definiert ist. Da für
$a \in \mathbb{R}$ und $n \to \infty$

$$(x_n,y_n) = (\frac{1}{n} \ , \ \frac{a}{n}) \to (0,0) \ \text{ und } \ f(x_n,y_n) \to \frac{2a}{1+a^2}$$

gilt, ist es auch nicht möglich, $f(0,0)$ so zu definieren, daß f eine auf $\mathbb{R}^2$
stetige Funktion wird: "f ist nicht stetig fortsetzbar nach $(0,0)$".

Wir wollen uns nun mit der Differentialrechnung für Funktionen von zwei Variablen beschäftigen. Wenn wir eine der Variablen festhalten - etwa $y = y_0$ -, so
ist $f(x,y_0)$ eine Funktion einer Variablen x. Ist diese Funktion im Punkte $x = x_0$
differenzierbar, so nennen wir ihre Ableitung die partielle Ableitung nach x
von f in (x_0,y_0). Analog wird die partielle Ableitung von f nach y definiert.

Definition 1.2:
Die Funktion f heißt im Punkt (x_0,y_0) <u>partiell nach x differenzierbar</u>, wenn der
Grenzwert

$$\lim_{\Delta x \to 0} \frac{f(x_0+\Delta x,y_0)-f(x_0,y_0)}{\Delta x}$$

existiert. In diesem Falle nennen wir den Grenzwert die <u>partielle Ableitung von</u>
<u>f</u> nach x in (x_0,y_0) und bezeichnen ihn mit

$$\frac{\partial f}{\partial x}(x_0,y_0) \quad \text{oder kurz} \quad f_x(x_0,y_0) \ .$$

Entsprechend heißt

$$\frac{\partial f}{\partial y}(x_0,y_0) = f_y(x_0,y_0) = \lim_{\Delta y \to 0} \frac{f(x_0,y_0+\Delta y)-f(x_0,y_0)}{\Delta y}$$

die partielle Ableitung von f nach y in (x_0,y_0), wenn dieser Grenzwert existiert.

Man erkennt aus dieser Definition, daß die Berechnung partieller Ableitungen einer Funktion von zwei Variablen nichts anderes ist als die Berechnung von Ableitungen gewisser Funktionen einer Variablen. Alle Rechenregeln aus Kapitel 6 können darum ohne weiteres angewendet werden.

<u>Beispiel</u>
4. Sei $f(x,y) = \frac{2xy}{x^2+y^2}$ für $(x,y) \neq (0,0)$ die Funktion aus Beispiel 3. Dann ist für $(x_0,y_0) \neq (0,0)$ nach der Quotientenregel

$$f_x(x_0,y_0) = \frac{2y_0(y_0^2-x_0^2)}{(x_0^2+y_0^2)^2} \quad \text{und} \quad f_y(x_0,y_0) = \frac{2x_0(x_0^2-y_0^2)}{(x_0^2+y_0^2)^2} \; .$$

Definieren wir zusätzlich $f(0,0) = 0$, so ist f in $(0,0)$ unstetig, wie wir in Beispiel 3 gesehen haben. Da aber

$$f(x,0) = 0, \; x \in \mathbb{R} \; ,$$

gilt, existiert die partielle Ableitung nach x von f in $(0,0)$ und hat den Wert $f_x(0,0) = 0$. Ebenso erhält man $f_y(0,0) = 0$. Während differenzierbare Funktionen einer Variablen immer stetige Funktionen sind, kann man dies im allgemeinen nicht von partiell differenzierbaren Funktionen von zwei Variablen sagen. Wir führen darum den Begriff der Differenzierbarkeit für Funktionen von zwei Variablen ein, der streng vom Begriff der partiellen Differenzierbarkeit zu unterscheiden ist. Wir erinnern an die Interpretation der Differenzierbarkeit bei Funktionen einer Veränderlichen als Approximierbarkeit durch eine lineare Funktion (vgl. Abschnitt 6.1 (2*)) und definieren

<u>Definition 1.3:</u>
Sei $(x_0,y_0) \in D$. Die Funktion f heißt im Punkt (x_0,y_0) <u>differenzierbar</u> (oder auch <u>total differenzierbar</u>), wenn es Zahlen $A,B \in \mathbb{R}$ und Funktionen $\varepsilon_1(x,y)$ sowie $\varepsilon_2(x,y)$ gibt, so daß für alle (x,y) hinreichend nahe bei (x_0,y_0)

$$(1) \qquad f(x,y) = f(x_0,y_0)+A(x-x_0)+B(y-y_0)+\varepsilon_1(x,y)\cdot(x-x_0)+\varepsilon_2(x,y)\cdot(y-y_0)$$

und

$$(1^*) \qquad \lim_{(x,y)\to(x_0,y_0)} \varepsilon_1(x,y) = \lim_{(x,y)\to(x_0,y_0)} \varepsilon_2(x,y) = 0$$

gilt.

Gleichung (1) besagt im Zusammenhang mit (1*), daß in der Nähe des Punktes (x_0,y_0) die Funktionswerte $f(x,y)$ näherungsweise durch die Funktion

$$z = f(x_0,y_0)+A(x-x_0)+B(y-y_0)$$

gegeben sind. Der Graph dieser Näherungsfunktion ist eine Ebene, die mit dem Graphen von f den Punkt $(x_0,y_0, f(x_0,y_0))$ gemeinsam hat. Sie heißt <u>Tangential-ebene</u> von f in (x_0,y_0), da sie sich in der Umgebung des gemeinsamen Punktes an den Graphen der Funktion f anschmiegt.

Aus der Differenzierbarkeit folgt sowohl
die partielle Differenzierbarkeit als
auch die Stetigkeit von f:

<u>Satz 1.1:</u>
Sei f in (x_0,y_0) differenzierbar. Dann existieren die partiellen Ableitungen $f_x(x_0,y_0)$ und $f_y(x_0,y_0)$, und die Gleichung (1) gilt mit $A = f_x(x_0,y_0)$ sowie $B = f_y(x_0,y_0)$ d.h.

$$(2) \qquad f(x,y) = f(x_0,y_0)+f_x(x_0,y_0)\cdot(x-x_0)+f_y(x_0,y_0)\cdot(y-y_0)+$$

$$+\varepsilon_1(x,y)\cdot(x-x_0)+\varepsilon_2(x,y)\cdot(y-y_0) \ .$$

<u>Beweis:</u>
Setzt man in (1) $x = x_0+\Delta x$ und $y = y_0$, so erhält man

$$f(x_0+\Delta x,y_0) = f(x_0,y_0)+A\cdot\Delta x+\varepsilon_1(x_0+\Delta x,y_0)\cdot\Delta x$$

also wegen (1*)

$$\lim_{\Delta x\to 0} \frac{f(x_0+\Delta x,y_0)-f(x_0,y_0)}{\Delta x} = A+\lim_{\Delta x\to 0} \varepsilon_1(x_0+\Delta x,y_0) = A \ .$$

Also gilt $A = f_x(x_0,y_0)$. Analog zeigt man $B = f_y(x_0,y_0)$. ∎

<u>Satz 1.2:</u>

Ist f in (x_0,y_0) differenzierbar, dann ist f dort auch stetig.

<u>Beweis:</u>

Aus (1) und (1*) folgt $\lim_{(x,y)\to(x_0,y_0)} f(x,y) = f(x_0,y_0)$.

Wir führen noch eine Bezeichnungsweise ein: Setzt man $dx = x-x_0$, $dy = y-y_0$, $df(x_0,y_0) = f(x,y)-f(x_0,y_0)-\varepsilon_1(x,y)dx-\varepsilon_2(x,y)dy$, dann läßt sich die Gleichung (2) schreiben in der Form

$$(2^*) \qquad df(x_0,y_0) = f_x(x_0,y_0)dx+f_y(x_0,y_0)dy \ .$$

$df(x_0,y_0)$ heißt der lineare Anteil des Zuwachses von f oder auch das <u>totale Differential</u> von f im Punkte (x_0,y_0).

<u>Beispiele</u>

5. Die Funktion f aus Beispiel 4. ist in $(0,0)$ nicht differenzierbar, denn sonst müßte sie nach Satz 1.2 dort auch stetig sein.

6. Die Funktion $f(x,y) = \sqrt[3]{x^3+y^3}$ ist als elementare Funktion stetig und partiell differenzierbar in $\mathbb{R}^2$. Man errechnet

$$f_x(x,y) = \frac{x^2}{(x^3+y^3)^{2/3}} \ , \quad f_y(x,y) = \frac{y^2}{(x^3+y^3)^{2/3}} \ \text{für } (x,y) \neq (0,0)$$

und

$$f_x(0,0) = f_y(0,0) = 1 \ .$$

Sie ist aber in $(0,0)$ nicht differenzierbar, denn sonst wäre nach (1) und (1*)

$$\sqrt[3]{x^3+y^3} = x+y+\varepsilon_1(x,y)x+\varepsilon_2(x,y)y$$

mit

$$\lim_{(x,y)\to(0,0)} \varepsilon_1(x,y) = \lim_{(x,y)\to(0,0)} \varepsilon_2(x,y) = 0 \ .$$

Für $x = y$ gilt aber

$$\sqrt[3]{2x^3} = 2x+(\varepsilon_1(x,x)+\varepsilon_2(x,x))x$$

also

$$\varepsilon_1(x,x)+\varepsilon_2(x,x) = \sqrt[3]{2}-2 \neq 0 \ \text{für } x \to 0 \ .$$

In allen übrigen Punkten (x,y) ist diese Funktion differenzierbar. Dies kann man mit Hilfe des folgenden Satzes schließen.

Satz 1.3: Sei f in einer Umgebung des Punktes (x_0,y_0) partiell nach x und y differenzierbar, und seien beide partielle Ableitungen in (x_0,y_0) stetig. Dann ist f in (x_0,y_0) auch total differenzierbar.

Die partiellen Ableitungen beschreiben das Wachstumsverhalten einer Funktion entlang von Parallelen zu den Koordinatenachsen. Wir wollen nun auch Richtungen betrachten, die nicht achsenparallel sind. Sei $u = (u_1,u_2)^T$ ein Einheitsvektor in der Ebene. Dann ist

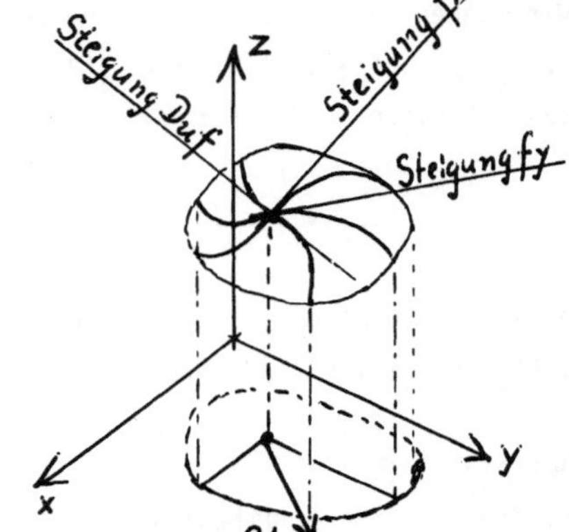

$$\frac{1}{\Delta t}(f(x_0+\Delta tu_1, y_0+\Delta tu_2)-f(x_0,y_0))$$

der relative Zuwachs von f in Richtung des Vektors u. Ist die Funktion f in (x_0,y_0) differenzierbar, so existiert der Grenzwert dieses Quotienten für $\Delta t \to 0$. Wir setzen von nun an f als differenzierbar voraus.

Definition 1.4:

Der Grenzwert

$$\lim_{\Delta t \to 0} \frac{f(x_0+\Delta tu_1, y_0+\Delta tu_2)-f(x_0,y_0)}{\Delta t}$$

heißt die Richtungsableitung von f in Richtung des Einheitsvektors $u = (u_1,u_2)^T$ und wird mit $D_u f(x_0,y_0)$ bezeichnet.

Bemerkung: Es gilt $D_{(1,0)^T}f = f_x$ und $D_{(0,1)^T}f = f_y$.

Setzen wir in (2) $x = x_0+\Delta tu_1$ und $y = y_0+\Delta tu_2$, so erhalten wir

$$\frac{f(x_0+\Delta tu_1,y_0+\Delta tu_2)-f(x_0,y_0)}{\Delta t} = f_x(x_0,y_0)u_1+f_y(x_0,y_0)u_2+\varepsilon_1(x,y)u_1+\varepsilon_2(x,y)u_2 \ .$$

also durch Grenzübergang $\Delta t \to 0$ wegen (1*)

$$(3) \qquad D_u f(x_0,y_0) = f_x(x_0,y_0)u_1+f_y(x_0,y_0)u_2 \ .$$

Diese Formel wird besonders prägnant, wenn man sie in vektorieller Form schreibt:
Der Vektor

$$\nabla f(x_0,y_0) := (f_x(x_0,y_0), \, f_y(x_0,y_0))^T$$

heißt der <u>Gradient</u> von f an der Stelle (x_0,y_0) (Das Symbol ∇ wird "Nabla" ge-
lesen). Mit Hilfe dieser Bezeichnung lautet (3):

$$(3\star) \qquad D_u \, f(x_0,y_0) = u^T \cdot \nabla f(x_0,y_0) \, .$$

Die Richtungsableitung von f in Richtung u ist also nichts anderes als die Projektion des Gradienten ∇f auf eine Gerade
mit derselben Richtung wie der Vektor u.
Daraus ergibt sich, daß die Richtungsableitung am größten ist, wenn u die Richtung von $\nabla f(x_0,y_0)$ hat und daß die Richtungsableitung verschwindet, wenn u senkrecht zu $\nabla f(x_0,y_0)$ ist.

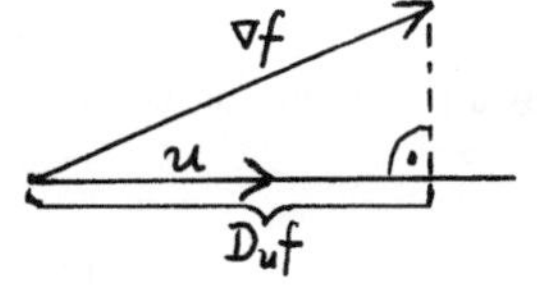

<u>Satz 1.4:</u>
Die Richtungsableitung $D_u f(x_0,y_0)$ ist am größten, wenn u die Richtung des Gradienten $\nabla f(x_0,y_0)$ besitzt. Es gilt dann

$$D_u f(x_0,y_0) = |\nabla f(x_0,y_0)| \, .$$

Sie ist gleich 0, wenn die Vektoren u und $\nabla f(x_0,y_0)$ orthogonal sind.
<u>Bemerkung:</u> Wir werden im folgenden Abschnitt sehen, daß in der Regel aus
$D_u f(x_0,y_0) = 0$ folgt, daß u tangentiale Richtung zur Niveaulinie von f durch
(x_0,y_0) besitzt.

<u>Beispiele</u>
7. Sei $f(x,y) = \sqrt{x^2+y^2}$. Dann ist für $(x,y) \neq (0,0)$

$$f_x(x,y) = \frac{x}{\sqrt{x^2+y^2}} \quad \text{und} \quad f_y(x,y) = \frac{y}{\sqrt{x^2+y^2}} \, .$$

Nebenstehender Abbildung entnimmt man,
daß $f_x(x,y) = \cos \varphi_0$ und
$\qquad f_y(x,y) = \sin \varphi_0$
gilt, wenn φ_0 der Winkel zwischen der
positiven x-Achse und dem Ortsvektor

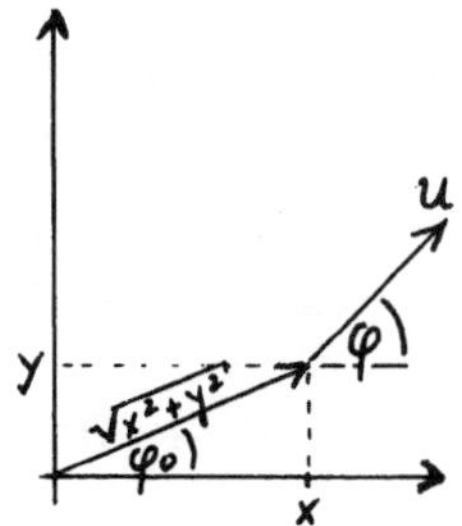

$(x,y)^T$ ist. Ist $u = (\cos\varphi, \sin\varphi)^T$ der Einheitsvektor mit dem Argument φ, so gilt mit (3*)

$$D_u f(x,y) = \cos\varphi \cdot \cos\varphi_0 + \sin\varphi \cdot \sin\varphi_0 = \cos(\varphi - \varphi_0).$$

8. Sei $f(x,y) = xy$, $(x,y) \in \mathbb{R}$ (vgl. Beispiel 1). Dann ist der Gradient von f $\nabla f(x_0 y_0) = (y_0, x_0)^T$. Die Niveaulinie durch den Punkt (x_0, y_0) mit $x_0 > 0$ besitzt die Parameterdarstellung

$$r(t) = (t, x_0 y_0 \cdot t^{-1})^T, \quad t > 0 .$$

Der Tangentialvektor $\dot{r}(x_0) = (1, -y_0 x_0^{-1})^T$ ist orthogonal zum Gradienten.

9. Man zeige an folgendem Beispiel, daß Satz 1.3 nicht umkehrbar ist:

$$x_0 = y_0 = 0, \quad f(x) = \begin{cases} 0 & \text{für } x = y = 0 \\ (x^2+y^2) \cdot \sin((x^2+y^2)^{-\frac{1}{2}}) & \text{sonst} \end{cases}$$

12.2 Die Kettenregel, Ableitungen höherer Ordnung

Die Kettenregel bei Funktionen einer Variablen erlaubt die Berechnung der Ableitung von Funktionen, die durch Verkettung gebildet werden. Bei Funktionen von zwei Variablen gibt es je nach Art der Verkettung entsprechende Differentiationsregeln. In den Sätzen 2.1 und 2.2 werden wir zwei Versionen kennenlernen.

Satz 2.1:

Seien $x(t)$ und $y(t)$ in $t = t_0$ differenzierbare Funktionen (einer Variablen), und sei $z=f(x,y)$ eine in $(x(t_0), y(t_0))$ differenzierbare Funktion (von zwei Variablen). Dann ist die verkettete Funktion $g(t) := f(x(t), y(t))$ in $t = t_0$ differenzierbar, und es gilt

(1) $$g'(t_0) = f_x(x(t_0), y(t_0))x'(t_0) + f_y(x(t_0), y(t_0))y'(t_0)$$

oder kurz

$$(1^*) \qquad \frac{dg}{dt} = \frac{\partial f}{\partial x} \frac{dx}{dt} + \frac{\partial f}{\partial y} \frac{dy}{dt} \ .$$

<u>Beweis:</u>

Nach Satz 1.1 gilt

$$g(t)-g(t_0) = f(x(t),y(t))-f(x(t_0),y(t_0)) =$$

$$= f_x(x(t_0),y(t_0))(x(t)-x(t_0))+f_y(x(t_0),y(t_0))(y(t)-y(t_0))+$$

$$+\varepsilon_1(x(t),y(t))(x(t)-x(t_0))+\varepsilon_2(x(t),y(t))(y(t)-y(t_0)) \ .$$

Wir teilen beide Seiten dieser Gleichung durch $t-t_0$ und bilden den Grenzwert
für $t \to t_0$. Wegen

$$\frac{x(t)-x(t_0)}{t-t_0} \to x'(t_0) \ , \ \frac{y(t)-y(t_0)}{t-t_0} \to y'(t_0) \ \text{und} \ \varepsilon_i(x(t),y(t)) \to 0 \ ,$$

$$i = 1,2,$$

folgt unmittelbar die Behauptung.

Wir verketten nun f mit Funktionen von zwei Variablen.

<u>Satz 2.2:</u>

Seien $x(u,v)$ und $y(u,v)$ in (u_0,v_0) partiell differenzierbare Funktionen, und
sei $z = f(x,y)$ eine in $(x(u_0,v_0), y(u_0,v_0))$ differenzierbare Funktion. Dann ist
auch die verkettete Funktion $g(u,v) = f(x(u,v),y(u,v))$ in (u_0,v_0) partiell differenzierbar, und es gilt

$$(2a) \qquad g_u(u_0,v_0) = f_x(x(u_0,v_0),y(u_0,v_0))x_u(u_0,v_0)+$$

$$+f_y(x(u_0,v_0),y(u_0,v_0))y_u(u_0,v_0)$$

sowie

$$(2b) \qquad g_v(u_0,v_0) = f_x(x(u_0,v_0),y(u_0,v_0))x_v(u_0,v_0)+$$

$$+f_y(x(u_0,v_0),y(u_0,v_0))y_v(u_0,v_0)$$

oder kurz

$$(2^*) \qquad \frac{\partial g}{\partial u} = \frac{\partial f}{\partial x}\frac{\partial x}{\partial u} + \frac{\partial f}{\partial y}\frac{\partial y}{\partial u} \qquad \text{und} \qquad \frac{\partial g}{\partial v} = \frac{\partial f}{\partial x}\frac{\partial x}{\partial v} + \frac{\partial f}{\partial y}\frac{\partial y}{\partial v} \; .$$

<u>Beweis:</u>

Satz 2.2 ist eine unmittelbare Folgerung aus Satz 2.1. Bei der Bildung der partiellen Ableitung nach u wird nämlich $v = v_0$ festgehalten, und die "inneren Funktionen" $x(u,v_0)$ und $y(u,v_0)$ sind wie in Satz 2.1 nur Funktionen einer Variablen. ■

<u>Bemerkung:</u> Die Kettenregel Satz 2.2 wird häufig in folgender Situation angewendet: Die Punkte der Ebene werden durch zwei Koordinatensysteme, ein (x,y)-System und ein (u,v)-System beschrieben. Ein Punkt mit den Koordinaten u und v hat im (x,y)-System die Koordinaten x(u,v) und y(u,v). Eine auf der Ebene definierte Funktion f(x,y) besitzt bezogen auf das (u,v)-System die Form $g(u,v)=f(x(u,v),y(u,v))$. Durch (2) wird eine Beziehung zwischen den Ableitungen bezüglich der beiden Koordinatensysteme hergestellt.
Gleichung (2^*) erhält in vektorieller Schreibweise eine besonders einprägsame Form. Da wir zur Abkürzung der Schreibweise ebenso wie in (2^*) die Argumente (u_0,v_0) weglassen, bitten wir den Leser zu beachten, daß die folgenden Größen jeweils Funktionen von (u,v) bzw. (x,y) sind: Die Matrix

$$\frac{\partial(x,y)}{\partial(u,v)} := \begin{pmatrix} x_u & y_u \\ x_v & y_v \end{pmatrix}$$

heißt die <u>Funktionalmatrix</u> des Funktionenpaares x(u,v) und y(u,v). Mit den Gradienten $\nabla f = (f_x, f_y)^T$ $\nabla g = (g_u, g_v)^T$ erhält dann (2^*) die Form

$$(3) \qquad \begin{pmatrix} g_u \\ g_v \end{pmatrix} = \begin{pmatrix} x_u & y_u \\ x_v & y_v \end{pmatrix} \cdot \begin{pmatrix} f_x \\ f_y \end{pmatrix} \qquad \text{oder} \qquad \nabla g = \frac{\partial(x,y)}{\partial(u,v)} \, \nabla f \; .$$

<u>Beispiele</u>

1. Sei $r(t) = x(t)e_1 + y(t)e_2$, $t\in I$, eine Parameterdarstellung einer ebenen Kurve. Sei f(x,y) differenzierbar in (x(t),y(t)), $t\in I$. Dann beschreibt die Funktion g(t) = f(x(t),y(t)), $t\in I$, den Funktionsverlauf von f längs der Kurve. Nach (1) gilt

$$g'(t) = \dot{r}(t)^T \nabla f(x(t),y(t)), \; t\in I \; .$$

Handelt es sich bei der Kurve um eine Niveaulinie von f, so ist g(t) konstant und darum g'(t) = 0. Also stehen in diesem Falle der Tangentenvektor $\dot{r}(t)$ und der Gradient ∇f aufeinander senkrecht. Dies bestätigt die im Anschluß an Satz 1.4 gemachte Bemerkung.

2. Sei für einen Winkel α

$$x = \cos\alpha\cdot u - \sin\alpha\cdot v \quad \text{und} \quad y = \sin\alpha\cdot u + \cos\alpha\cdot v \ .$$

Dies ist die Koordinatentransformation für eine Drehung rechtwinkliger Koordinatenachsen um den Winkel α. Die Funktionalmatrix

$$\frac{\partial(x,y)}{\partial(u,v)} = \begin{pmatrix} \cos\alpha & \sin\alpha \\ -\sin\alpha & \cos\alpha \end{pmatrix}$$

ist in diesem Beispiel konstant (unabhängig von u und v) und eine orthogonale Matrix. Nach (3) ist

$$\nabla g = \begin{pmatrix} \cos\alpha & \sin\alpha \\ -\sin\alpha & \cos\alpha \end{pmatrix} \cdot \nabla f \ .$$

Der Gradient ∇g entsteht also aus ∇f durch Drehung um den Winkel α.

3. Durch die Gleichungen

$$x = r\cdot\cos\varphi \quad \text{und} \quad y = r\cdot\sin\varphi \ , \ r \geqq 0, \ 0 \leqq \varphi < 2\pi$$

ist die Transformation zwischen Polar- und kartesischen Koordinaten gegeben. Sei f differenzierbar und

$$g(r,\varphi) = f(x(r,\varphi),y(r,\varphi)) \ .$$

Dann gilt

$$g_r = f_x\cos\varphi + f_y\sin\varphi$$

$$g_\varphi = -f_x\cdot r\cdot\sin\varphi + f_y\cdot r\cdot\cos\varphi \ .$$

4. Ableitung implizit gegebener Funktionen. Durch die Gleichung

$$(4) \qquad x^3 = y^4 + \sin y + 1 \ , \quad y(1) = 0$$

wird eine Funktion $y(x)$ (<u>"implizit"</u>) definiert. Die Berechnung der Funktions-

werte y(x) erfordert die Lösung der komplizierten Gleichung in (4). Dies ist
(mit Ausnahme des Falles x = 1) nur näherungsweise mit numerischen Methoden
möglich. Trotzdem können wir die Ableitung y'(x) dieser Funktion berechnen.
Setzen wir x = t und y = y(t) und $f(x,y) = x^3 - y^4 - \sin y - 1$, so ist

$$g(t) = f(t, y(t)) = 0$$

und deshalb nach (2)

$$g'(t) = f_x(t, y(t)) \cdot 1 + f_y(t, y(t)) \cdot y'(t)$$

$$= 3t^2 + (-4y(t)^3 - \cos y(t)) \cdot y'(t) = 0 .$$

Also gilt

$$y'(t) = \frac{3t^2}{4y(t)^3 + \cos y(t)} .$$

Für t = 1 erhalten wir demnach y'(1) = 3.

Ist allgemein durch eine Gleichung

$$f(x,y) = 0$$

eine differenzierbare Funktion y(x) gegeben, so gilt nach (2)

$$0 = \frac{d}{dx} f(x, y(x)) = f_x \cdot 1 + f_y y'$$

also

$$y' = - \frac{f_x}{f_y} ,$$

sofern die partielle Ableitung f_y nicht verschwindet.

Bei Funktionen einer Variablen haben wir für manche Zwecke auch Ableitungen
höherer Ordnung verwendet. Zum Beispiel gelang es mit Hilfe des Taylorsatzes,
Funktionen durch Polynome zu approximieren, deren Koeffizienten durch die höheren Ableitungen bestimmt waren. Auch dieses wichtige Resultat wollen wir auf
Funktionen von zwei Variablen übertragen und benötigen dazu partielle Ableitungen höherer Ordnung. Sind die partiellen Ableitungen $f_x(x,y)$ und $f_y(x,y)$ ihrer-
seits wieder partiell differenzierbare Funktionen, so bezeichnet man ihre par-

tiellen Ableitungen $\frac{\partial}{\partial x} f_x(x,y)$, $\frac{\partial}{\partial y} f_x(x,y)$, $\frac{\partial}{\partial x} f_y(x,y)$ und $\frac{\partial}{\partial y} f_y(x,y)$ mit $f_{xx}(x,y)$, $f_{xy}(x,y)$, $f_{yx}(x,y)$ bzw. $f_{yy}(x,y)$ und nennt sie partielle Ableitungen zweiter Ordnung von f. Deren Ableitungen wiederum, sofern sie existieren, sind die dritten partiellen Ableitungen von f

$$f_{xxx}(x,y), \ f_{xxy}(x,y),\ldots,f_{yyx}(x,y) \text{ und } f_{yyy}(x,y) \ .$$

Bemerkung: Es sind auch folgende Bezeichnungsweisen üblich:

$$\frac{\partial^2 f}{\partial x^2} = f_{xx} \ , \quad \frac{\partial^3 f}{\partial x^2 \partial y} = f_{xxy} \quad \text{oder} \quad \frac{\partial^3 f}{\partial x \partial y^2} = f_{xyy} \ .$$

Beispiel 5:
Für die Funktion $f(x,y) = x^3 y + y$ gilt

$$f_x = 3x^2 y \ , \quad f_y = x^3 + 1$$

$$f_{xx} = 6xy \ , \quad f_{xy} = 3x^2 = f_{yx} \ , \quad f_{yy} = 0$$

$$f_{xxx} = 6y \ , \quad f_{xxy} = 6x = f_{xyx} = f_{yxx} \ , \quad f_{xyy} = 0 = f_{yxy} = f_{yyx} \ ,$$

$$f_{yyy} = 0 \ .$$

Die Gleichung $f_{xy} = f_{yx}$, die in diesem Beispiel beobachtet wurde, ist in der Regel gültig. Dies folgt aus

Satz 2.3:
Sind beide Funktionen $f_{xy}(x,y)$ und $f_{yx}(x,y)$ stetig in (x_0,y_0), dann gilt auch

$$f_{xy}(x_0,y_0) = f_{yx}(x_0,y_0) \ .$$

Ohne Beweis.

Unter geeigneten Differenzierbarkeitsvoraussetzungen lassen sich die Kettenregeln Sätze 2.1 und 2.2 auch zur Berechnung höherer Ableitungen anwenden.

Beispiele
6. Bei der Untersuchung von Phänomenen der Wellenausbreitung tritt das Problem auf, Funktionen $g(u,v)$ zu finden, für die

$$g_{vv}(u,v) = c^2 g_{uu}(u,v)$$

gilt. Dabei ist c eine gegebene Konstante. Diese Gleichung (es handelt sich um eine "partielle Differentialgleichung") heißt <u>Wellengleichung</u>. Wir beschreiben ein Verfahren, Lösungen der Wellengleichung zu bestimmen: Sei $x = u-cv$ und $y = u+cv$, und seien $h(x)$ und $k(y)$ differenzierbare Funktionen, dann ist mit $f(x,y) = h(x)+k(y)$

$$g(u,v) = f(x(u,v),y(u,v)) = h(u-cv)+k(u+cv)$$

eine Lösung. Es gilt nämlich nach Satz 2.2

$$g_u = f_x \cdot x_u + f_y y_u = h'\cdot 1 + k'\cdot 1 \text{ und analog } g_v = h'(-c)+k'\cdot c \ .$$

Wendet man diesen Satz nochmals an, erhält man

$$g_{uu} = h''\cdot 1 + k''\cdot 1 \text{ und } g_{vv} = h''\cdot(-c)^2 + k''\cdot c^2, \text{ also } g_{vv} = c^2 g_{uu} \ .$$

7. Erneute Anwendung der Kettenregel in Beispiel 3 ergibt zusammen mit der Summen- und Produktregel

$$g_{rr} = f_{xx}\cos^2\varphi + 2f_{xy}\sin\varphi\cdot\cos\varphi + f_{yy}\sin^2\varphi$$

$$g_{\varphi\varphi} = r^2(f_{xx}\sin^2\varphi - 2f_{xy}\sin\varphi\cdot\cos\varphi + f_{yy}\cos^2\varphi) - r(f_x\cos\varphi + f_y\sin\varphi) \ .$$

Daraus folgt:

$$(5) \qquad g_{rr} + \frac{1}{r^2}\, g_{\varphi\varphi} + \frac{1}{r}\, g_r = f_{xx} + f_{yy} \ .$$

Die Summe $f_{xx}+f_{yy}$ der zweiten Ableitungen spielt in zahlreichen Anwendungsproblemen eine zentrale Rolle. Sie heißt Potential- (oder Laplace-) Operator und wird mit dem Symbol Δf bezeichnet. Gleichung (5) erlaubt die Berechnung des Potentialoperators, wenn die Funktionsvorschrift in Polarkoordinaten gegeben ist. Zum Beispiel ist für $f(x,y) = \sqrt{x^2+y^2}$

$$g(r,\varphi) = r \quad \text{und darum} \quad g_r = 1, \ g_{rr} = g_{\varphi\varphi} = 0 \ .$$

Also ist nach (5) $\Delta f = \frac{1}{r}$.

12.3 Mittelwertsatz und Taylor'sche Formel

In diesem Abschnitt sollen der Mittelwertsatz und der Taylor'sche Satz auf Funktionen mehrerer Veränderlicher übertragen werden; auch hier sind diese beiden Sätze von großer Bedeutung, wie wir im nächsten Abschnitt anhand von Anwendungsbeispielen sehen werden. Wir beschränken uns wieder auf Funktionen von zwei Variablen. In Analogie zu (1*), Abschnitt 6.3 gilt

Satz 3.1 (Mittelwertsatz):

Sei $f(x,y)$ in einem Gebiet $G \subset \mathbb{R}^2$ differenzierbar, und seien die Punkte (x_0,y_0), $(x_0+\Delta x, y_0+\Delta y)$ sowie ihre Verbindungsstrecke in G enthalten. Dann existiert eine Zahl $\vartheta \in (0,1)$ mit:

$$(1) \quad \begin{cases} f(x_0+\Delta x,y_0+\Delta y) = f(x_0,y_0)+f_x(x_0+\vartheta\Delta x,y_0+\vartheta\Delta y)\cdot\Delta x+ \\ \qquad\qquad\qquad +f_y(x_0+\vartheta\Delta x,y_0+\vartheta\Delta y)\cdot\Delta y \end{cases}$$

Beweis:

Wir definieren die Funktion $\varphi(t) := f(x_0+t\cdot\Delta x,y_0+t\cdot\Delta y)$, $0 \leq t \leq 1$. Nach dem Mittelwertsatz für eine Veränderliche (Satz 3.1, Abschnitt 6.3) existiert ein $\vartheta \in (0,1)$ mit: $\varphi(1)-\varphi(0) = \varphi'(\vartheta)$. Nach der Kettenregel folgt aber:

$$\varphi'(t) = f_x(x_0+t\cdot\Delta x,y_0+t\cdot\Delta y)\cdot\Delta x+f_y(x_0+t\cdot\Delta x,y_0+t\cdot\Delta y)\cdot\Delta y \ .$$

Damit folgt aber für $t = \vartheta$ sofort (1). $\blacksquare$

Der Mittelwertsatz kann auch folgendermaßen formuliert werden: Sei

$$u = \frac{1}{\sqrt{\Delta x^2+\Delta y^2}} \cdot \begin{pmatrix} \Delta x \\ \Delta y \end{pmatrix}$$

der Einheitsvektor in Richtung der Verbindungsstrecke von $P_0(x_0,y_0)$ nach $P_1(x_0+\Delta x,y_0+\Delta y)$. Dann ist nach (1):

$$(1^\star) \quad \frac{f(x_0+\Delta x,y_0+\Delta y)-f(x_0,y_0)}{\sqrt{\Delta x^2+\Delta y^2}} = u^T\cdot\nabla f(x_0+\vartheta\Delta x,y_0+\vartheta\Delta y) \ ,$$

d.h., der Differenzenquotient in der Richtung u ist gleich der Ableitung in der Richtung u in einem Zwischenpunkt der Verbindungsstrecke.

Folgerung 1:

Gilt $f(x_0,y_0) = f(x_0+\Delta x,y_0+\Delta y)$, dann existiert ein Zwischenpunkt auf der Verbindungsstrecke von P_0 nach P_1, in dem der Gradient von f entweder Null ist oder auf dieserVerbindungsstrecke senkrecht steht.

Folgerung 2:

Bildet ∇f in jedem Punkte der Verbindungsstrecke von P_0 nach P_1 mit u einen Winkel $\alpha \lessgtr \frac{\pi}{2}$ (bzw. $\alpha \gtrless \frac{\pi}{2}$), dann ist $f(x,y)$ entlang dieser Strecke monoton wachsend (bzw. monoton fallend).

Ähnlich wie den Mittelwertsatz beweisen wir nun

Satz 3.2 (Taylor'sche Formel):

Sei $f(x,y)$ in dem Gebiet $G \subset \mathbb{R}^2$ definiert. Sämtliche partiellen Ableitungen von $f(x,y)$ bis zur Ordnung n+1 sollen in G existieren und dort stetige Funktionen sein. Seien die Punkte (x_0,y_0), $(x_0+\Delta x,y_0+\Delta y)$ sowie ihre Verbindungsstrecke in G enthalten. Dann existiert eine Zahl $\vartheta \in (0,1)$ mit

$$(2) \qquad f(x_0+\Delta x,y_0+\Delta y) = \sum_{k=0}^{n} \frac{1}{k!} \cdot [(\Delta x \frac{\partial}{\partial x} + \Delta y \frac{\partial}{\partial y})^k f](x_0,y_0) + r_n \ ,$$

wobei für den Rest r_n gilt

$$(2^*) \qquad r_n = \frac{1}{(n+1)!} \cdot [(\Delta x \frac{\partial}{\partial x} + \Delta y \frac{\partial}{\partial y})^{n+1} f](x_0+\vartheta \Delta x,y_0+\vartheta \Delta y)$$

und das Symbol $(\Delta x \frac{\partial}{\partial x} + \Delta y \frac{\partial}{\partial y})^k f$ folgendermaßen definiert ist:

$$(3) \qquad (\Delta x \frac{\partial}{\partial x} + \Delta y \frac{\partial}{\partial y})^k f := \frac{\partial^k f}{\partial x^k} \cdot \Delta x^k + \binom{k}{1} \cdot \frac{\partial^k f}{\partial x^{k-1} \partial y} \cdot \Delta x^{k-1} \cdot \Delta y + \ldots$$

$$\ldots + \binom{k}{k-1} \cdot \frac{\partial^k f}{\partial x \partial y^{k-1}} \cdot \Delta x \cdot \Delta y^{k-1} + \frac{\partial^k f}{\partial y^k} \cdot \Delta y^k \ .$$

Beweis:

Wir definieren wieder wie beim Mittelwertsatz die Funktion

$$(4) \qquad \varphi(t) := f(x_0+t \cdot \Delta x,y_0+t \cdot \Delta y) \ , \quad 0 \leq t \leq 1 \ .$$

Mit der Kettenregel erhält man durch wiederholtes Differenzieren

$$\varphi'(0) = f_x(x_0,y_0)\cdot\Delta x + f_y(x_0,y_0)\cdot\Delta y = [(\Delta x\cdot\tfrac{\partial}{\partial x} + \Delta y\,\tfrac{\partial}{\partial y})\cdot f](x_0,y_0) \; ,$$

$$\varphi''(0) = f_{xx}(x_0,y_0)\cdot\Delta x^2 + 2f_{xy}(x_0,y_0)\cdot\Delta x\Delta y + f_{yy}(x_0,y_0)\cdot\Delta y^2$$

$$= [(\Delta x\cdot\tfrac{\partial}{\partial x} + \Delta y\,\tfrac{\partial}{\partial y})^2\cdot f](x_0,y_0) \; ,$$

usw. bis

$$\varphi^{(n)}(0) = \frac{\partial^n f}{\partial x^n}(x_0,y_0)\cdot\Delta x^n + \ldots = [(\Delta x\cdot\tfrac{\partial}{\partial x} + \Delta y\,\tfrac{\partial}{\partial y})^n\cdot f](x_0,y_0).$$

Für die Funktion $\varphi(t)$ gilt die Taylor'sche Formel in einer Veränderlichen (vgl. Satz 3.1, Formel (3) und (4) in Abschnitt 9.3):

$$(5) \quad \begin{cases} \varphi(1) = \varphi(0) + \dfrac{1}{1!}\cdot\varphi'(0) + \dfrac{1}{2!}\cdot\varphi''(0) + \ldots + \dfrac{1}{n!}\cdot\varphi^{(n)}(0) + r_n \\[2mm] \quad\text{mit } r_n = \dfrac{1}{(n+1)!}\cdot\varphi^{(n+1)}(\vartheta) \; , \quad \vartheta\in(0,1) \; . \end{cases}$$

Setzen wir nun die oben erhaltenen Ausdrücke für $\varphi^{(k)}(0)$ in (5) ein, dann erhalten wir wegen $\varphi(0) = f(x_0,y_0)$, $\varphi(1) = f(x_0+\Delta x, y_0+\Delta y)$ sofort die Formel (2). ∎

Zur Verdeutlichung soll die Taylor'sche Formel für $n = 0,1,2$ ausgeschrieben werden.

$\underline{n = 0}$: Hier erhalten wir unmittelbar Formel (1). Der Mittelwertsatz Satz 3.1 erweist sich also als Spezialfall des Taylor'schen Satzes Satz 3.2.

$\underline{n = 1}$: Hier erhalten wir

$$(6) \quad \begin{aligned} f(x_0+\Delta x, y_0+\Delta y) &= f(x_0,y_0) + f_x(x_0,y_0)\cdot\Delta x + f_y(x_0,y_0)\cdot\Delta y + \\[2mm] &\quad + \frac{1}{2}\cdot(\tilde f_{xx}\cdot\Delta x^2 + 2\tilde f_{xy}\cdot\Delta x\Delta y + \tilde f_{yy}\cdot\Delta y^2) \; . \end{aligned}$$

Dabei bedeuten $\tilde f_{xx}$, $\tilde f_{xy}$ und $\tilde f_{yy}$ die Werte der Funktionen f_{xx}, f_{xy} und f_{yy} an der Zwischenstelle $(x_0+\vartheta\Delta x, \; y_0+\vartheta\Delta y)$.

$\underline{n = 2}$: Hier erhalten wir

$$f(x_0+\Delta x, y_0+\Delta y) = f(x_0,y_0) + f_x(x_0,y_0)\cdot\Delta x + f_y(x_0,y_0)\cdot\Delta y +$$

$$(7) \qquad + \frac{1}{2}(f_{xx}(x_0,y_0)\cdot\Delta_x^2 + 2f_{xy}(x_0,y_0)\cdot\Delta x\Delta y + f_{yy}(x_0,y_0)\cdot\Delta_y^2) +$$

$$+ \frac{1}{6}(\tilde{f}_{xxx}\Delta x^3 + 3\tilde{f}_{xxy}\Delta x^2\Delta y + 3\tilde{f}_{xyy}\Delta x\Delta y^2 + \tilde{f}_{yyy}\Delta y^3) \ .$$

Führen wir den Richtungsvektor $\hat{u} = (\Delta x, \Delta y)^T$ ein und definieren die <u>Hesse'sche</u> <u>Matrix</u>:

$$H(x_0,y_0) := \begin{pmatrix} f_{xx}(x_0,y_0), & f_{xy}(x_0,y_0) \\ f_{xy}(x_0,y_0), & f_{yy}(x_0,y_0) \end{pmatrix} ,$$

dann kann man (7) auch schreiben

$$(7^\star) \qquad f(x_0+\Delta x, y_0+\Delta y) - f(x_0,y_0) = \hat{u}^T\cdot\nabla f(x_0,y_0) + \frac{1}{2}\,\hat{u}^T\cdot H(x_0,y_0)\cdot\hat{u} + r_2 \ .$$

<u>Beispiel</u>

Sei $f(x,y) = x^y$ für $x,y > 0$ und sei $(x_0,y_0) = (1,1)$. Dann ist $f(1,1) = 1$ sowie

$$f_x(1,1) = y\cdot x^{y-1}\big|_{(1,1)} = 1, \ f_y(1,1) = x^y\cdot\ln x\big|_{(1,1)} = 0 \ ,$$

$$f_{xx}(1,1) = y\cdot(y-1)\cdot x^{y-2}\big|_{(1,1)} = 0, \ f_{xy}(1,1) = x^{y-1} + y\cdot x^{y-1}\cdot\ln x\big|_{(1,1)} = 1$$

und

$$f_{yy}(1,1) = x^y(\ln x)^2\big|_{(1,1)} = 0 \ .$$

Damit erhält man an der Stelle $(1,1)$

$$\nabla f(1,1) = \begin{pmatrix} 1 \\ 0 \end{pmatrix} \ \text{und} \ H(1,1) = \begin{pmatrix} 0 & 1 \\ 1 & 0 \end{pmatrix} \ .$$

Also ist nach $(7^\star)$

$$f(1+\Delta x, 1+\Delta y) = 1 + \Delta x + \Delta x\cdot\Delta y + r_2$$

und darum näherungsweise, wenn man das Restglied r_2 vernachlässigt

$$f(1.1,1.2) = 1.1^{1.2} \approx 1 + 0.1 + 0.1\cdot0.2 = 1.12$$
$$f(0.9,1.3) = 0.9^{1.3} \approx 1 - 0.1 - 0.1\cdot0.3 = 0.87 \ .$$

12.4 Anwendungen

Wir wollen in diesem Abschnitt zwei wichtige Anwendungsgebiete für den Mittelwertsatz und die Taylor'sche Formel behandeln, die Theorie der Maxima und Minima bei Funktionen von mehreren Variablen sowie die Fehlerrechnung bei Meßvorgängen.

I. Maxima und Minima bei Funktionen

Definition 4.1:
Die Funktion $f(x,y) : G \subset \mathbb{R}^2 \to \mathbb{R}$ besitzt bei $(x_0,y_0) \in G$ ein relatives Maximum (bzw. ein relatives Minimum), wenn eine Umgebung $U(x_0,y_0) \subset G$ existiert, so daß gilt

$$(1) \quad \left\{ \begin{array}{l} f(x,y) \overset{\leq}{=} f(x_0,y_0) \quad (bzw.\ f(x,y) \overset{\geq}{=} f(x_0,y_0)) \\[2ex] \text{für alle } (x,y) \in U(x_0,y_0)\ . \end{array} \right.$$

Ein relatives Maximum oder relatives Minimum heißt auch relatives Extremum.

Satz 4.1:
Sei $f(x,y)$ in dem Gebiet $G \subset \mathbb{R}^2$ differenzierbar, und sei (x_0,y_0) ein innerer Punkt von G. Besitzt $f(x,y)$ im Punkte $(x_0,y_0) \in G$ ein relatives Extremum, dann gilt:

$$(2) \quad \nabla f(x_0,y_0) = 0\ .$$

Beweis:
$f(x,y)$ besitze ein relatives Minimum in (x_0,y_0) (für ein relatives Maximum verlaufen die Überlegungen ganz analog). Dann hat bei festem $y = y_0$ die Funktion $f(x,y_0)$ bei $x = x_0$ ein relatives Minimum. Also hat ihre Ableitung $f_x(x,y_0)$ bei $x = x_0$ den Wert Null. Ganz entsprechend zeigt man $f_y(x_0,y_0) = 0$. ∎

Man beachte, daß Satz 4.1 nicht umkehrbar ist! Als Beispiel betrachte man $f(x,y) = x \cdot y$, $(x_0,y_0) = (0,0)$. Es ist $f(0,0) = 0$, $\nabla f(0,0) = 0$, aber in jeder Umgebung von $(0,0)$ existieren positive und negative Funktionswerte. Folglich hat f bei $(0,0)$ kein relatives Extremum. Man nennt den Punkt $(0,0)$ einen Sattelpunkt.

<u>Definition 4.2:</u>

Der Punkt (x_0, y_0) heißt <u>stationärer Punkt</u> von $f(x,y)$, wenn die Bedingung (2) gilt. Demnach sind also relative Extrema spezielle stationäre Punkte.

<u>Anmerkung:</u> Ein stationärer Punkt P ist dadurch gekennzeichnet, daß die Tangentialebene von f in P horizontal verläuft.

<u>Beispiel 1:</u>

Gesucht sind die Dreiecke, für die das Produkt der Sinus der Winkel am größten wird, d.h. gesucht sind die Maxima der Funktion

$$f(x,y) = \sin x \cdot \sin y \cdot \sin(x+y) \text{ für } 0 \leq x \leq \pi,\ 0 \leq y \leq \pi,\ 0 \leq x+y \leq \pi .$$

Es ist $f(x,y) > 0$ im Innern des Gebietes G und $f(x,y) = 0$ auf dem Rande des Gebietes.

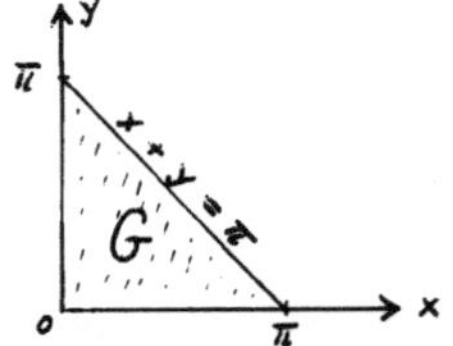

Wegen der Stetigkeit nimmt $f(x,y)$ im Innern mindestens einmal sein Maximum an; dieses muß auch ein relatives Maximum sein. Durch Differenzieren und Nullsetzen erhält man

$$f_x(x,y) = \cos x \cdot \sin y \cdot \sin(x+y) + \sin x \cdot \sin y \cdot \cos(x+y) = 0 ,$$

$$f_y(x,y) = \sin x \cdot \cos y \cdot \sin(x+y) + \sin x \cdot \sin y \cdot \cos(x+y) = 0 .$$

$\Rightarrow \operatorname{tg} x = \operatorname{tg} y \Rightarrow x = y$. Einsetzen in die erste Gleichung liefert

$$\sin 3x = 0 \Rightarrow x = \frac{\pi}{3},\ y = \frac{\pi}{3} .$$

Dies ist der <u>einzige stationäre Punkt</u> innerhalb von G, d.h. dort muß $f(x,y)$ sein Maximum annehmen. Daraus folgt also: die gesuchten Dreiecke sind gleichseitig.

Wir kommen nun zu hinreichenden Bedingungen für das Vorliegen einer Extremalstelle. Es gilt

<u>Satz 4.2:</u>

Sei (x_0, y_0) ein stationärer Punkt der Funktion $f(x,y)$, die in einer Umgebung von (x_0, y_0) stetige partielle Ableitungen bis zur Ordnung 2 besitzt. f besitzt in (x_0, y_0) ein relatives Extremum, falls zusätzlich zu $\nabla f(x_0, y_0) = 0$ im Punkte

(x_0, y_0) gilt

$$(3) \qquad f_{xx} \cdot f_{yy} - f_{xy}^2 > 0 \ .$$

Im Falle $f_{xx} < 0$ liegt ein Maximum und im Falle $f_{xx} > 0$ ein Minimum vor. Ist dagegen

$$(4) \qquad f_{xx} \cdot f_{yy} - f_{xy}^2 < 0 \ ,$$

so liegt in (x_0, y_0) kein relatives Extremum vor.

<u>Beweis:</u>
Nach (7*) in Abschnitt 12.3 gilt

$$f(x_0 + \Delta x, y_0 + \Delta y) - f(x_0, y_0) = u^T \cdot \nabla f(x_0, y_0) +$$

$$+ \frac{1}{2} u^T H(x_0, y_0) \cdot u + \text{Restglied}$$

mit $u^T = (\Delta x, \Delta y)$. Vernachlässigen wir für kleine Δx und Δy das Restglied und beachten wir $\nabla f(x_0, y_0) = 0$, so erhalten wir

$$f(x_0 + \Delta x, y_0 + \Delta y) - f(x_0, y_0) \approx \frac{1}{2} u^T H(x_0, y_0) u \ .$$

Das Verhalten von f in der Nähe von (x_0, y_0) ist also durch die quadratische Form $u^T H(x_0, y_0) \cdot u$ bestimmt. Ist $u^T H u > 0$ für alle $u \neq 0$ (d.h. ist H positiv definit), so hat f in (x_0, y_0) ein relatives Minimum. Ist $u^T H u < 0$ für alle $u \neq 0$ (d.h. ist H negativ definit), so hat f in (x_0, y_0) ein relatives Maximum. Nimmt dagegen $u^T H u$ sowohl positive als auch negative Werte an (d.h. ist H indefinit), so besitzt f in (x_0, y_0) einen Sattelpunkt, also kein relatives Extremum.

Nun seien λ_1, λ_2 die Eigenwerte von H (λ_1, λ_2 sind reell, da H symmetrisch ist). Aus Satz 6.11, Abschnitt 10.6 folgt, daß H genau dann positiv definit (negativ definit) ist, wenn beide Eigenwerte λ_1, λ_2 positiv (negativ) sind. Andererseits wissen wir wegen Lemma 6.3, Abschnitt 10.6 :

$$(5) \qquad \text{Spur } H = f_{xx} + f_{yy} = \lambda_1 + \lambda_2 \ ,$$

$$(6) \qquad \text{Det } H = f_{xx} f_{yy} - f_{xy}^2 = \lambda_1 \cdot \lambda_2 \ .$$

Also ist (3) zusammen mit $f_{xx} < 0$ (bzw. $f_{xx} > 0$) gleichbedeutend damit, daß H negativ (bzw. positiv) definit ist. (4) schließlich besagt, daß H indefinit ist. ∎

<u>Beispiele</u>

2. Gesucht sind sämtliche Extremwerte der Funktion:

$$f(x,y) = 2x^2+2xy+3y^2-6x-8y+1, \quad (x,y)\in\mathbb{R}^2 .$$

a) Wir bilden $\nabla f(x,y) = 0$ und erhalten:

$$f_x = 4x+2y-6 = 0$$
$$f_y = 2x+6y-8 = 0$$

Die einzige Lösung dieses Systems ist

$$(x_0,y_0) = (1,1) .$$

Also ist (1,1) der einzige stationäre Punkt.

b) Wir bilden $H = H(1,1)$ und erhalten

$$f_{xx} = 4, \; f_{xy} = f_{yx} = 2, \; f_{yy} = 6 ,$$

also

$$H = \begin{pmatrix} 4 & 2 \\ 2 & 6 \end{pmatrix} .$$

Wegen Det $H = 20 > 0$ und Spur $H = 10 > 0$ ist H positiv definit; $f(x,y)$ hat also in (1,1) ein relatives Minimum. Da alle partiellen Ableitungen dritter und höherer Ordnung von f verschwinden, erhält man mit (7*), Abschnitt 12.3

$$f(1+\Delta x,1+\Delta y)-f(1,1) = 2\Delta x^2+2\Delta x\Delta y+3\Delta y^2 =$$

$$= 2[(\Delta x+ \tfrac{1}{2} \Delta y)^2+ \tfrac{5}{4} \Delta y^2] > 0 \text{ für } (\Delta x,\Delta y) \neq (0,0) .$$

Also ist das Minimum bei (1,1) in diesem Beispiel sogar ein globales Minimum (und auch das einzige).

3. $f(x,y) = x\cdot y$. Es ist $f_x = y$, $f_y = x$, d.h. aus $\nabla f = 0$ folgt $(x_0,y_0) = (0,0)$. Also ist (0,0) der einzige stationäre Punkt. Es ist $H = \begin{pmatrix} 0 & 1 \\ 1 & 0 \end{pmatrix}$. Wegen Det $H = -1 < 0$ ist die Bedingung (4) erfüllt. Es liegt also bei (0,0) kein Ex-

tremwert vor.

II. Fehlerrechnung bei Meßvorgängen

Eine sehr nützliche Anwendung des Mittelwertsatzes tritt bei der Fehlerrechnung auf, wo es sich um folgende Situation handelt: Es seien $x_1,\ldots,x_n$ Meßwerte und $f(x_1,\ldots,x_n)$ eine Größe, die nicht direkt gemessen werden kann, sich aber durch einen bekannten Funktionszusammenhang, nämlich $f(x_1,\ldots,x_n)$, aus den gemessenen Größen $x_1,\ldots,x_n$ ergibt. Die gemessenen Werte werden nun i.a. von den wahren Werten abweichen (Ungenauigkeiten bei der Messung), und diese Meßfehler sollen mit $\Delta x_1,\ldots,\Delta x_n$ bezeichnet werden. Die Frage ist nun: <u>Um wieviel weicht der aus den Meßwerten berechnete Wert $f(x_1+\Delta x_1,\ldots,x_n+\Delta x_n)$ von dem wahren Wert $f(x_1,\ldots,x_n)$ ab?</u> Es ist also gefragt nach dem absoluten Fehler

$$(7) \qquad \Delta f := f(x_1+\Delta x_1,\ldots,x_n+\Delta x_n)-f(x_1,\ldots,x_n) \ .$$

Oft sind obere Schranken $h_1,\ldots,h_n$ für die <u>absoluten Meßfehler</u> bekannt:

$$(8) \qquad |\Delta x_i| \leqq h_i \ , \quad i = 1,\ldots,n \ .$$

Nun lautet der Mittelwertsatz für n Veränderliche:

$$(9) \qquad f(x_1+\Delta x_1,\ldots,x_n+\Delta x_n)-f(x_1,\ldots,x_n) = \sum_{i=1}^{n} f_{x_i}(\hat{x}_1,\ldots,\tilde{x}_n)\cdot\Delta x_i \ ,$$

wobei die $\tilde{x}_1,\ldots,\tilde{x}_n$ gewisse Zwischenstellen sind. Mit (7) und (8) erhält man hieraus die Abschätzung:

$$(10) \qquad |\Delta f| \leqq \sum_{i=1}^{n} |\tilde{f}_{x_i}|\cdot h_i \quad \text{mit:} \quad \tilde{f}_{x_i} := f_{x_i}(\tilde{x}_1,\ldots,\tilde{x}_n) \ .$$

Bei kleinen Fehlerschranken h_i wird es in der Praxis erlaubt sein, statt der (unbekannten) Zwischenstellen $\tilde{x}_1,\ldots,\tilde{x}_n$ die gemessenen Werte:

$$\hat{x}_i := x_i+\Delta x_i \ , \quad i = 1,\ldots,n$$

in die partiellen Ableitungen einzusetzen. Für die Funktionswerte an den Stellen $\hat{x}_1,\ldots,\hat{x}_n$ schreiben wir zur Abkürzung: $\hat{f}, \hat{f}_{x_i}$, usw., während f, f_{x_i}, usw. die Funktionswerte an den wahren Stellen $x_1,\ldots,x_n$ bezeichnen sollen.

So erhalten wir aus (10):

$$(11) \qquad |\Delta f| = |\hat{f} - f| \lesssim \sum_{i=1}^{n} |\hat{f}_{x_i}| \cdot h_i \; .$$

Oft interessieren auch die relativen Fehler:

$$|\frac{\Delta f}{\hat{f}}| \; , \quad |\frac{\Delta x_i}{\hat{x}_i}| \; , \quad i = 1, \ldots, n \; .$$

Sind etwa obere Schranken für die relativen Meßfehler bekannt:

$$(12) \qquad |\frac{\Delta x_i}{\hat{x}_i}| \leq \varphi_i \; , \quad i = 1, \ldots, n \; ,$$

so erhält man aus (9) durch die gleichen Überlegungen, wie oben:

$$(13) \qquad |\frac{\Delta f}{\hat{f}}| = |\frac{\hat{f} - f}{\hat{f}}| \lesssim \sum_{i=1}^{n} \left|\frac{\hat{f}_{x_i} \cdot \hat{x}_i}{\hat{f}}\right| \cdot \varphi_i \; .$$

Beispiel 4:

Zu bestimmen ist die Dichte ρ eines Messingstücks nach der Auftriebsmethode:
Sei m das Gewicht in Luft, $\overline{m}$ das Gewicht in Wasser; dann gilt nach dem Archimedischen Prinzip

$$\rho = \frac{m}{m - \overline{m}} = \frac{\text{Gewicht in Luft}}{\text{Volumen}} \; .$$

Es ergebe sich bei der Wägung

a) in Luft: $\quad m = 100 \pm 5 \cdot 10^{-3} g$,
b) in Wasser: $\overline{m} = 88 \pm 8 \cdot 10^{-3} g$.

Wie groß ist der relative Fehler von ρ?
Wir setzen $x = m$, $y = \overline{m}$, $f(x,y) = \frac{x}{x-y}$ und erhalten $f_x(x,y) = -\frac{y}{(x-y)^2}$,
$f_y(x,y) = \frac{x}{(x-y)^2}$. Ferner ist

$$\hat{x} = x + \Delta x = 100 \; , \quad \hat{y} = y + \Delta y = 88 \; .$$

Nach (8) kann man setzen $h_1 = 5 \cdot 10^{-3}$, $h_2 = 8 \cdot 10^{-3}$. Daher kann man wegen (12) setzen

$$\varphi_1 = 5 \cdot 10^{-5} \; , \quad \varphi_2 = 10^{-4} \; .$$

Ferner ist $\hat{f} = f(\hat{x}, \hat{y}) = \frac{\hat{x}}{\hat{x} - \hat{y}} = \frac{25}{3}$. Schließlich erhalten wir

$$\hat{f}_x = -\frac{88}{12^2} \;,\quad \hat{f}_y = \frac{100}{12^2} \;.$$

Dies in (13) eingesetzt ergibt

$$\left|\frac{\Delta f}{\hat{f}}\right| \;\lesssim\; \frac{22}{3}(5\cdot 10^{-5}+10^{-4}) = 1{,}1\cdot 10^{-3} \;.$$

Der relative Fehler beträgt also etwa 1,1 **‰**.

Kapitel 13: Integration von Funktionen mehrerer Variabler.

Die Definition der bestimmten Integrale von Funktionen einer Variablen wurde
mit der Berechnung von Flächeninhalten motiviert. Wir wollen nun auch einen
Integralbegriff für Funktionen von zwei (oder mehr) Variablen einführen mit dem
Ziel, Volumina berechnen zu können. Er wird sich darüber hinaus in zahlreichen
anderen Anwendungsproblemen als nützlich erweisen, z.B. zur Bestimmung von
Massen und Schwerpunkten zwei- oder dreidimensionaler Objekte. Obwohl die Definition des Integralbegriffs im mehrdimensionalen Fall komplexer als im eindi-
mensionalen Fall ist, wird sich zeigen, daß in den für die Praxis wichtigen
Fällen die Berechnung solcher Integrale auf die Berechnung bestimmter Integrale
für Funktionen einer Variablen zurückgeführt werden kann.

Wir beschränken uns zunächst wieder auf Funktionen von zwei Variablen und gehen
anschließend noch kurz auf Funktionen von drei Variablen ein.

13.1 Gebietsintegrale

Wir betrachten einen beschränkten Bereich G in der (x,y)-Ebene, dessen Rand
$\partial G = \bigcup_{\nu=1}^{K} \partial G_\nu$ aus endlich vielen Kurvenstücken ∂G_ν bestehen soll. Jedes ∂G_ν besitze eine Parameterdarstellung

$$r_\nu(t) = x_\nu(t)\cdot e_1 + y_\nu(t)\cdot e_2 \;,\quad \alpha_\nu \leq t \leq \beta_\nu \;,\quad \nu = 1,\dots,K$$

mit stetig differenzierbaren Abbildungsfunktionen $x_\nu(t)$, $y_\nu(t)$ und
$(\dot{x}_\nu(t),\dot{y}_\nu(t)) \neq (0,0)$, $\alpha_\nu \leq t \leq \beta_\nu$. Wir wollen einen solchen Rand ∂G <u>stückweise
glatt</u> nennen.

Es sei z = f(x,y) eine auf G definierte stetige, nichtnegative Funktion. Unser
Ziel ist, das Volumen des säulenförmigen
Körpers (Skizze) zu berechnen, der von
der (x,y)-Ebene und dem Graphen von f begrenzt ist. Dieses Volumen läßt sich als
Grenzwert darstellen. Dazu denken wir uns
das Gebiet G irgendwie in Teilbereiche
G_ν mit den Flächeninhalten ΔG_ν, $\nu = 1,\ldots N$
zerlegt. Es sei $(x_\nu,y_\nu) \epsilon G_\nu$ irgendein
Punkt und $f_\nu = f(x_\nu,y_\nu)$ der zugehörige
Funktionswert. Das Volumen der zylindri-
schen Säule über G_ν mit der Höhe f_ν ist
$f_\nu \cdot \Delta G_\nu$. Dann bilden wir die Summe aller
dieser Säulen-Volumina:

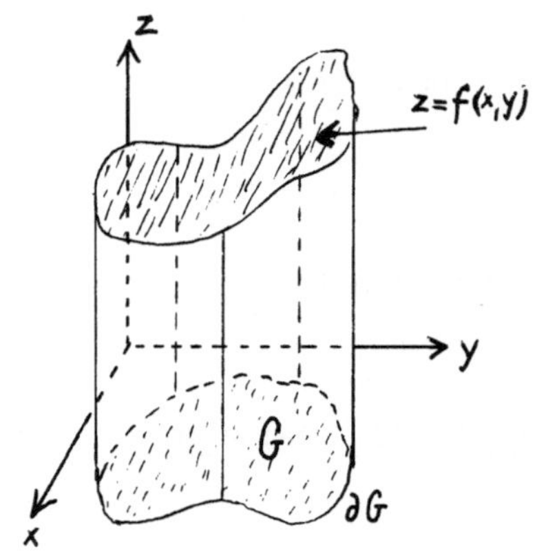

$$(1) \qquad I_N = \sum_{\nu=1}^{N} f_\nu \cdot \Delta G_\nu .$$

I_N ist eine Approximation für das zu be-
rechnende Volumen. Diese Approximation
wird umso besser sein, je feiner die Zerlegung von G in Teilgebiete G_ν ist, so
daß sich das Volumen als Grenzwert ergibt,
wenn die Anzahl N der Teilgebiete gegen

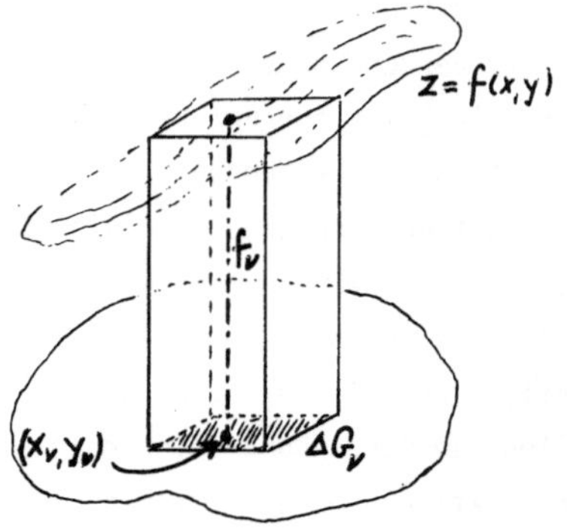

∞ und dabei der maximale Durchmesser der G_ν, $\nu = 1,\ldots,N$, gegen 0 strebt. Exi -
stiert dieser Grenzwert, und ist er unabhängig davon, wie die Zerlegungen von G
speziell gewählt werden und an welchen Punkten $(x_\nu,y_\nu) \epsilon G_\nu$ die Funktionswerte f_ν
berechnet werden, so sagen wir, f ist <u>integrierbar</u> über G, nennen den Grenzwert
das <u>Gebietsintegral</u> von f über G und bezeichnen ihn mit

$$(2) \qquad \iint_G f(x,y)\, dG .$$

Für die soeben angedeutete Definition des Gebietsintegrals ist die Voraussetzung
$f(x,y) \geq 0$ nicht erforderlich, wohl aber für die Interpretation des Grenzwertes
als das Volumen des Körpers zwischen G und dem Graphen von f. Der folgende Satz
gibt ein für unsere Zwecke völlig ausreichendes hinreichendes Kriterium für die
Integrierbarkeit:

<u>Satz 1.1:</u>

Es sei G ein abgeschlossenes beschränktes Gebiet der (x,y)-Ebene, dessen Rand
stückweise glatt ist. Dann ist jede auf G stetige Funktion $z = f(x,y)$ integrierbar über G.
■

Zur Berechnung von Gebietsintegralen werden wir nicht die in der Definition er-
wähnten Näherungssummen (1) heranziehen, sondern wir werden unter gewissen zusätzlichen Voraussetzungen über G Methoden kennenlernen, Gebietsintegrale als
"Mehrfachintegrale", d.h. durch Integration mehrerer Funktionen einer Variablen
zu berechnen. Zuvor benötigen wir jedoch einige einfache Rechenregeln:

1. Ist G ein Gebiet, dann bezeichnen wir mit $\overset{\circ}{G} \subset G$ die Punktmenge von G ohne den
   Rand ∂G. Besteht G aus mehreren Teilgebieten $G_1,\ldots,G_s$:

$$G = \bigcup_{i=1}^{s} G_i \quad \text{mit} \quad \overset{\circ}{G}_i \cap \overset{\circ}{G}_j = \emptyset \quad \text{für} \quad i \neq j$$

   und ist f über $G_1,\ldots,G_s$ integrierbar, so auch über G, und es gilt

$$(3) \qquad \iint\limits_{G} f(x,y)\, dG = \sum_{i=1}^{s} \iint\limits_{G_i} f(x,y)\, dG .$$

2. Sind die Funktionen $f(x,y)$, $g(x,y)$ auf G integrierbar und ist $f(x,y) \geqq g(x,y)$
   für $(x,y) \in G$, dann folgt

$$(4) \qquad \iint\limits_{G} f(x,y)\, dG \geqq \iint\limits_{G} g(x,y)\, dG .$$

3. Sind f und g auf G integrierbar, so gilt für alle $a,b \in \mathbb{R}$

$$(5) \qquad \iint\limits_{G} (a \cdot f(x,y) + b \cdot g(x,y))\, dG = a \cdot \iint\limits_{G} f(x,y)\, dG + b \cdot \iint\limits_{G} g(x,y)\, dG .$$

   Genau wie bei einfachen Integralen gibt es auch für Gebietsintegrale einen
   Mittelwertsatz.

<u>Satz 1.2 (Mittelwertsatz):</u>

Es sei $G \subset \mathbb{R}^2$ ein beschränktes, abgeschlossenes und zusammenhängendes Gebiet mit
stückweise glattem Rand ∂G. $f(x,y)$, $p(x,y) : G \to \mathbb{R}$ seien stetige Funktionen mit
$p(x,y) \geqq 0$ auf G. Dann existiert ein Punkt $(\xi,\eta) \in G$, so daß gilt

$$(6) \qquad \iint\limits_{G} f(x,y) \cdot p(x,y)\, dG = f(\xi,\eta) \cdot \iint\limits_{G} p(x,y)\, dG .$$

Beweis:

Es sei m := min f(x,y), M := max f(x,y). Mit (4) und (5) folgt daher
$\qquad$ G $\qquad\qquad$ G

$$m\cdot\!\int\!\!\int_G p(x,y)\ dG \overset{\le}{=} \int\!\!\int_G f(x,y)\cdot p(x,y)\ dG \overset{\le}{=} M\cdot\!\int\!\!\int_G p(x,y)\ dG\ .$$

Auch für Funktionen mehrerer Variablen gilt ein Zwischenwertsatz: Ist F(x,y) auf
G stetig, so nimmt F(x,y) dort sein Maximum und Minimum und ferner jeden Zwischenwert an. - Verbindet man nämlich zwei beliebige Punkte von G mit einer
Kurve mit der Parameterdarstellung $r(t) = (x(t),y(t))^T$ (G ist zusammenhängend),
dann ist auf die Funktion $\tilde{F}(t) = F(x(t),y(t))$ der uns bekannte Zwischenwertsatz
anwendbar. Nun ist die Funktion

$$F(x,y) := f(x,y)\cdot\!\int\!\!\int_G p(x,y)\ dG$$

stetig auf G, und die Behauptung (6) folgt unmittelbar aus obiger Doppelungleichung. ∎

Wir kommen nun zur Berechnung von Gebietsintegralen.
Dazu zerlegen wir G durch ein achsen-
paralleles Rechtecksgitter mit den Maschenweiten Δx, Δy. Es sei vorausgesetzt,
daß G mit jeder achsenparallelen Geraden
höchstens eine Strecke gemeinsam hat. Besitzt G diese Eigenschaft nicht, so kann
unter Umständen, wie in nebenstehender
Skizze angedeutet, G so in Teilbereiche
G_ν zerlegt werden, daß jeder der Teilbereiche die genannte Eigenschaft besitzt.
Nach Berechnung der Gebietsintegrale

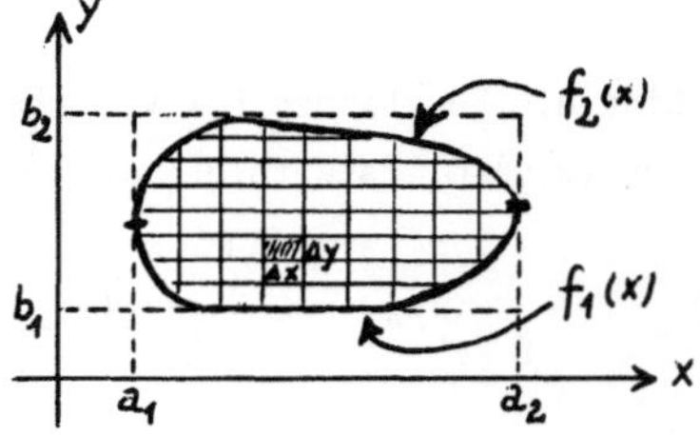

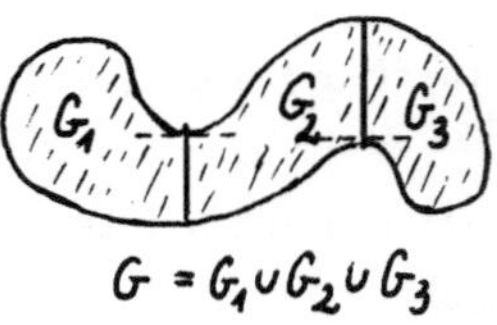

$$\int\!\!\int_{G_\nu} f(x,y)\,dG$$

erhält man anschließend das Integral über G mit Hilfe von (3). Die Gitterpunkte
des Rechteckgitters seien mit

$$(x_\nu, y_\mu) = (a_1 + \nu\Delta x,\ b_1 + \mu\Delta y)$$

bezeichnet. Sodann bilden wir die Doppelsumme

(7)
$$\sum_{\nu} \sum_{\mu} f(x_\nu, y_\mu) \Delta y \Delta x$$

wobei die Summation über all diejenigen Gitterpunkte erfolgt, die in G liegen. Zwar ist die Summe (7) nicht genau eine Näherungssumme vom Typ (1), weil an den Rändern von G der Flächeninhalt der Rechteckteile innerhalb G in der Regel kleiner als $\Delta x \cdot \Delta y$ ist. Doch kann man sich überlegen, daß der dadurch verursachte Fehler vernachlässigbar ist. Also ist (7) eine Approximation an das gesuchte Integral

$$\iint_G f(x,y)\, dG \ .$$

Stellen wir den oberen bzw. unteren Rand von G durch Funktionen $f_2(x)$ bzw. $f_1(x)$ dar, so konvergiert die innere Summe von (7) für $\Delta y \to 0$ gegen das Integral

(8)
$$\varphi(x) := \int_{f_1(x)}^{f_2(x)} f(x,y)\, dy \quad , \quad a_1 \leqq x \leqq a_2$$

d.h. wir erhalten

$$\lim_{\Delta y \to 0} \sum_\nu (\sum_\mu f(x_\nu, y_\mu) \Delta y) \Delta x = \sum_\nu \int_{f_1(x)}^{f_2(x)} f(x_\nu, y)\, dy \cdot \Delta x = \sum_\nu \varphi(x_\nu) \cdot \Delta x \ .$$

Nun lassen wir $\Delta x \to 0$ gehen. Dann konvergiert die Doppelsumme (7) gegen das gesuchte Integral:

(9a)
$$\iint_G f(x,y)\, dG = \int_{a_1}^{a_2} \varphi(x)\, dx = \int_{a_1}^{a_2} (\int_{f_1(x)}^{f_2(x)} f(x,y)dy)dx \ .$$

Wir haben damit die Berechnung von $\iint_G f(x,y)\, dG$ auf einfache Integrationen zurückgeführt. Vertauscht man die Rollen von x und y und stellt den linken bzw. den rechten Rand von G durch die Funktion $g_1(y)$ bzw. $g_2(y)$ dar, dann erhält man analog

(9b)
$$\iint_G f(x,y)\, dG = \int_{b_1}^{b_2} (\int_{g_1(y)}^{g_2(y)} f(x,y)dx)dy \ .$$

<u>Beispiele:</u>
1. Gesucht ist der Flächeninhalt F(G) des Kreises G mit dem Radius R. Wir benutzen (9b) mit

$$f(x,y) \equiv 1 \ , \quad g_1(y) = -\sqrt{R^2-y^2} \ , \quad g_2(y) = +\sqrt{R^2-y^2} \ ,$$

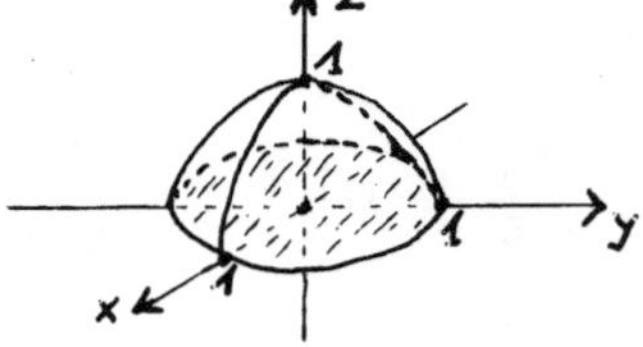

$b_1 = -R, \ b_2 = +R.$ Wir erhalten

$$F(G) = \int\limits_{-R}^{R} \left(\int\limits_{-\sqrt{R^2-y^2}}^{\sqrt{R^2-y^2}} 1\,dx \right) dy = 2R\cdot \int\limits_{-R}^{R}\sqrt{1-(\tfrac{y}{R})^2}\,dy \ .$$

Mit der Substitution $\frac{y}{R} = \sin\varphi$, $-\frac{\pi}{2} \leq \varphi \leq \frac{\pi}{2}$ erhalten wir

$$F(G) = 2R\cdot \int\limits_{-\frac{\pi}{2}}^{\frac{\pi}{2}} \cos\varphi \cdot R\cdot\cos\varphi \ d\varphi = 2R^2\cdot \int\limits_{-\frac{\pi}{2}}^{\frac{\pi}{2}} \cos^2\varphi \ d\varphi =$$

$$= 2R^2\left(\tfrac{1}{2}\sin\varphi\cdot\cos\varphi + \tfrac{1}{2}\varphi \right)\Big|_{-\frac{\pi}{2}}^{+\frac{\pi}{2}} = R^2\pi \ .$$

2. Zu berechnen ist das Gebietsintegral $\iint\limits_{G} x \, dG$, wobei $G \subset \mathbb{R}^2$ das durch die Gerade $f_1(x) = x+2$ und durch die Parabel $f_2(x) = 4-x^2$ begrenzte Gebiet ist. Naheliegend ist hier die Benutzung der Formel (9a) mit $a_1 = -2$ und $a_2 = 1$. Wir erhalten

$$\iint\limits_{G} x \, dG = \int\limits_{-2}^{1} \left(\int\limits_{x+2}^{4-x^2} x \, dy \right) dx =$$

$$= \int\limits_{-2}^{1} \left(x\cdot y \, \Big|_{y=x+2}^{y=4-x^2} \right) dx =$$

$$= \int\limits_{-2}^{1} (2x-x^2-x^3)\,dx = (x^2 - \tfrac{1}{3}x^3 - \tfrac{1}{4}x^4 \Big|_{-2}^{1} = -\tfrac{9}{4} \ .$$

3. Gesucht ist das Volumen I, das durch das Paraboloid $f(x,y) = 1-x^2-y^2$ und durch die x,y-Ebene begrenzt wird (vgl. Skizze). In diesem Beispiel ist G der Einheitskreis in der (x,y)-Ebene. Es wird wieder (9a) benutzt mit $f_1(x) = -\sqrt{1-x^2}$, $f_2(x) = +\sqrt{1-x^2}$, $a_1 = -1$, $a_2 = +1$. Es folgt

$$I = \iint\limits_{G} f(x,y) \, dG = \int\limits_{-1}^{1} \left(\int\limits_{-\sqrt{1-x^2}}^{+\sqrt{1-x^2}} (1-x^2-y^2)\,dy \right) dx =$$

$$= \int_{-1}^{1} ((1-x^2)\cdot y - \frac{1}{3} y^3) \Big|_{-\sqrt{1-x^2}}^{+\sqrt{1-x^2}} dx = \frac{4}{3} \cdot \int_{-1}^{1} (1-x^2)^{\frac{3}{2}} dx \ .$$

Substitution:

$$x = \sin\varphi \quad \Rightarrow \quad dx = \cos\varphi\, d\varphi \ , \quad (1-x^2)^{\frac{3}{2}} = \cos^3\varphi \ , \quad -1 \leqq x \leqq 1$$

$$\Longleftrightarrow \quad -\frac{\pi}{2} \leqq \varphi \leqq \frac{\pi}{2} \ . \text{ Somit folgt:}$$

$$I = \frac{4}{3} \cdot \int_{-\frac{\pi}{2}}^{\frac{\pi}{2}} \cos^4\varphi\, d\varphi = \frac{4}{3}\cdot\{\frac{1}{4}\sin\varphi\,\cos^3\varphi + \frac{3}{8}\sin\varphi\cdot\cos\varphi + \frac{3}{8}\varphi\}\Big|_{-\frac{\pi}{2}}^{+\frac{\pi}{2}} = \frac{\pi}{2} \ .$$

4. Es sei $G = \{(x,y) : 0 \leqq x \leqq 1, 0 \leqq y \leqq 1\} \subset \mathbb{R}^2$ und $f(x,y) = \dfrac{x-y}{(x+y)^3}$. Man rechnet aus (Übung):

$$\int_0^1 \{\int_0^1 f(x,y) dy\} dx = \frac{1}{2} \ , \quad \int_0^1 \{\int_0^1 f(x,y) dx\} dy = -\frac{1}{2} \ .$$

Da sich für beide Doppelintegrale verschiedene Werte ergeben, kann das Gebietsintegral $\iint_G f(x,y)\, dG$ nicht existieren. Da $f(x,y)$ in $(0,0)$ unstetig ist, steht dies nicht im Wiederspruch zu Satz 1.1.

5. Sei G das in nebenstehender Skizze bezeichnete Gebiet. Gesucht ist das Gebietsintegral $\iint_G x\cdot y^2\, dG$. Wir wollen dieses Beispiel mit Hilfe von (9a) und (9b) berechnen.

a) $f_1(x) = 0$, $f_2(x) = 1-x$, $a_1 = 0$, $a_2 = 1$. Wir erhalten

$$\iint_G xy^2\, dG = \int_0^1 (\int_0^{1-x} xy^2 dy) dx = \frac{1}{3}\int_0^1 x(1-x)^3 dx = \frac{1}{3}\int_0^1 (x-3x^2+3x^3-x^4) dx =$$

$$= \frac{1}{3}(\frac{1}{2}-1+\frac{3}{4}-\frac{1}{5}) = \frac{1}{60} \ .$$

b) $g_1(y) = 0$, $g_2(y) = 1-y$, $b_1 = 0$, $b_2 = 1$. Wir erhalten

$$\iint_G xy^2\, dG = \int_0^1 (\int_0^{1-y} xy^2 dx) dy = \frac{1}{2}\int_0^1 y^2\cdot(1-y)^2 dy = \frac{1}{2}\int_0^1 y^4-2y^3+y^2 dy =$$

$$= \frac{1}{2}(\frac{1}{5}-\frac{1}{2}+\frac{1}{3}) = \frac{1}{60} \ .$$

Der Begriff des <u>dreifachen Gebietsintegrals</u> für Funktionen $w = f(x,y,z)$ über Gebiete $G \subset \mathbb{R}^3$ läßt sich ganz analog wie im zweidimensionalen Fall einführen. Da-

bei wollen wir hier der Kürze halber von einer genauen Definition des Begriffs
"stückweise glatter Rand ∂G" absehen. Er läßt sich entsprechend dem zweidimensionalen Fall mit Hilfe von Parametrisierungen von Flächenstücken definieren.
Man vergleiche hierzu den Abschnitt 13.5. Für dreifache Integrale über abge-
schlossene und beschränkte Gebiete $G \subset \mathbb{R}^3$ schreibt man

$$(2^*) \qquad \iiint\limits_{G} f(x,y,z) \, dG .$$

Die Aussagen der Sätze 1.1 und 1.2 sind analog auf dreifache Integrale übertragbar, und dasselbe gilt für die Regeln (3), (4) und (5). Auch das Vorgehen
bei der praktischen Berechnung dreifacher Gebietsintegrale entspricht ganz dem
zweidimensionalen Fall: Auch hier wird die Berechnung auf einfache Integrationen
zurückgeführt, wobei naturgemäß die Berechnungen im allgemeinen verwickelter
werden. Ist $f(x,y,z) \equiv 1$ über G, dann wird der Wert des Integrals (2^*) das <u>Vo-
lumen</u> des Gebietes G genannt.

<u>Beispiele:</u>
6. Es sei $G = \{(x,y,z) : 0 \leq x \leq 1, \ 0 \leq y \leq x, \ -y^2 \leq z \leq x^2\} \subset \mathbb{R}^3$ und
$f(x,y,z) = 1+x, \ (x,y,z) \in G$. Wir erhalten

$$\iiint\limits_{G} f(x,y,z) \, dG = \int\limits_{0}^{1}\int\limits_{0}^{x}\int\limits_{-y^2}^{x^2} (1+x)dz \, dy \, dx = \int\limits_{0}^{1}\int\limits_{0}^{x} (1+x)\cdot(x^2+y^2)dy \, dx =$$

$$= \int\limits_{0}^{1} ((1+x)\cdot x^3+(1+x)\cdot \frac{1}{3} x^3)dx = \frac{4}{3}\cdot\int\limits_{0}^{1} (x^4+x^3)dx = \frac{3}{5} .$$

7. Gesucht ist das Volumen V(G) des Gebietes G von Beispiel 6. Wir setzen
$f(x,y,z) \equiv 1$ und erhalten

$$V(G) = \iiint\limits_{G} dG = \int\limits_{0}^{1}\int\limits_{0}^{x}\int\limits_{-y^2}^{x^2} dz \, dy \, dx = \int\limits_{0}^{1}\int\limits_{0}^{x}(x^2+y^2)dy \, dx =$$

$$= \int\limits_{0}^{1}(x^3+ \frac{1}{3} x^3)dx = \frac{4}{3} \cdot \frac{1}{4} = \frac{1}{3} .$$

13.2 Substitutionsregel für mehrfache Integrale

Genau wie bei einfachen Integralen, ist auch bei mehrfachen Integralen die Einführung neuer Veränderlicher zweckmäßig und oft sogar unbedingt notwendig, um
überhaupt das Integral berechnen zu können. Wir suchen also nach einer Substitutionsregel für mehrfache Integrale; für einfache Integrale konnten wir sie

aus der Kettenregel herleiten. Hier wollen wir uns auf heuristische Überlegungen beschränken und eine strenge Herleitung übergehen.

Es sei G ein Gebiet der Ebene mit den üblichen Voraussetzungen. Ferner sei ein (unter Umständen krummliniges) Koordinatensystem (u,v) gegeben, welches mit den kartesichen Koordinaten (x,y) durch Gleichungen der Form:

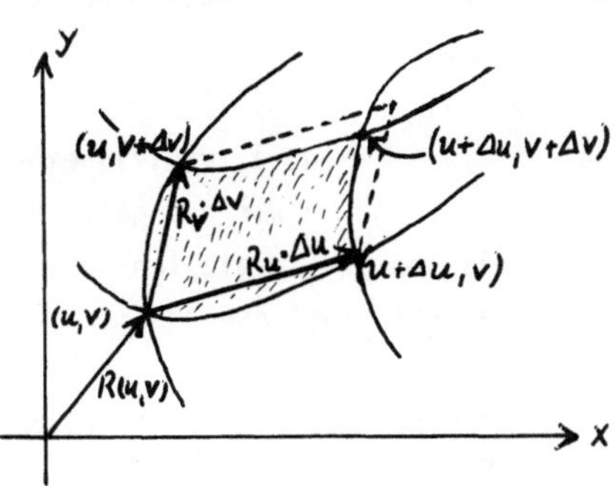

$$(1) \qquad x = x(u,v) \ , \quad y = y(u,v)$$

verknüpft ist (oft ist das Arbeiten mit solchen Koordinatensystemen sehr bequem, wenn sie der geometrischen Struktur des Gebietes angepaßt sind). G soll nun mit einem (u,v)-Koordinaten-Netz mit den Maschenweiten Δu, Δv überdeckt werden. Um über G integrieren zu können, benötigt man eine Formel für die Flächeninhalte der kleinen Netzvierecke, der sogenannten <u>Flächenelemente ΔG_v</u>. Diese Flächenelemente sind im Falle der kartesischen Koordinaten (x,y) Flächeninhalte $\Delta x \cdot \Delta y$ von Rechtecken.

Wir betrachten ein Netzviereck (vgl. nebenstehende Skizze). Es sei

$$R(u,v) = (x(u,v),y(u,v))^T$$

der Ortsvektor zum Punkte (u,v). Entsprechend sind die anderen Ortsvektoren definiert.

Nach dem Mittelwertsatz existieren Darstellungen der Form:

$$(2a) \qquad R(u+\Delta u,v)-R(u,v) = R_u(\cdot,v)\cdot\Delta u \ ,$$

$$(2b) \qquad R(u,v+\Delta v)-R(u,v) = R_v(u,\cdot)\cdot\Delta v \ , \qquad .$$

wobei die Punkte in den Klammern Zwischenstellen andeuten sollen.
Der Inhalt des Netzviereckes sei wieder mit ΔG bezeichnet. Wir wollen nun ΔG ersetzen durch den Flächeninhalt des von den beiden Vektoren $R_u \cdot \Delta u$, $R_v \cdot \Delta v$ aufgespannten Parallelogramms, d.h. (vgl. Abschnitt 3.4):

(3) $\Delta G \approx |R_u \times R_v| \cdot \Delta u \cdot \Delta v$.

Man kann nun beweisen, daß der in (3) auftretende Fehler vernachlässigbar klein
ist. Dabei wird die Abbildung (1) als hinreichend oft differenzierbar vorausgesetzt. Eine leichte Rechnung ergibt (vgl. Abschnitt 3.4):

$$R_u \times R_v = \begin{pmatrix} x_u \\ y_u \\ 0 \end{pmatrix} \times \begin{pmatrix} x_v \\ y_v \\ 0 \end{pmatrix} = \begin{pmatrix} 0 \\ 0 \\ x_u y_v - x_v y_u \end{pmatrix} \quad ,$$

so daß wir für die Länge von $R_u \times R_v$ erhalten:

(4) $|R_u \times R_v| = \left| \begin{vmatrix} x_u & x_v \\ y_u & y_v \end{vmatrix} \right| = \left| \left| \frac{\partial(x,y)}{\partial(u,v)} \right| \right|$.

(4) ist der Betrag der Determinante der Funktionalmatrix der Abbildung (1), der
sogenannten Funktionaldeterminante. Das ebene Gebiet G werde durch das kartesische Koordinatensystem (x,y) beschrieben. Durch die Abbildung (1) wird zu einem
anderen Koordinatensystem (u,v) übergegangen. Das zugehörige Gebiet der (u,v)-
Ebene wollen wir im folgenden mit G* bezeichnen.

Nun sei f(x,y) = f(x(u,v), y(u,v)) eine stetige Funktion über G. Zur Berechnung
von $\iint_G f(x,y)$ dG gehen wir nun genauso vor wie in Abschnitt 13.1. Da der Wert
des Integrals von der speziellen Unterteilung unabhängig ist, ergibt sich nun
die gesuchte <u>Substitutionsformel</u>:

(5) $\iint_G f(x,y)\, dx\, dy = \iint_{G*} f(x(u,v), y(u,v)) \left| \frac{\partial(x,y)}{\partial(u,v)} \right| du\, dv$.

Für 3-dimensionale Integrale erhält man ganz entsprechende Formeln. Insbesondere
kann man für den 3-dimensionalen Fall die geometrischen Überlegungen mit Hilfe
des Spatproduktes (vgl. Abschnitt 3.4) ganz genau so durchführen. Wir schreiben
die Substitutionsformel für dreifache Integrale hin. Gegeben sei die Koordina-
ten-Transformation:

(1*)   x = x(u,v,w), y = y(u,v,w), z = z(u,v,w) ,

und f(x,y,z) sei eine stetige Funktion über einem Gebiet $G \subset \mathbb{R}^3$. Dann erhält
man analog zu (5):

(5*)
$$\iiint_G f(x,y,z)\,dx\,dy\,dz =$$
$$= \iiint_{G^*} f(x(u,v,w),y(u,v,w),z(u,v,w))\cdot\left|\frac{\partial(x,y,z)}{\partial(u,v,w)}\right|du\,dv\,dw\ .$$

Wir wollen für drei wichtige Koordinatensysteme, die in der Praxis oft Verwendung finden, die zugehörigen Funktionaldeterminanten berechnen. Im nächsten Abschnitt wollen wir die Substitutionsformeln (5), (5*) für wichtige Beispiele anwenden.

Beispiel 1: Polar-Koordinaten im $\mathbb{R}^2$.
Diese sind gegeben durch die Abbildung:

(6) $\qquad x = r\cdot\cos\varphi\ ,\quad y = r\cdot\sin\varphi\ ,\quad r > 0\ ,\quad 0 < \varphi < 2\pi\ .$

Man rechnet leicht aus:

(6*) $\qquad \left|\frac{\partial(x,y)}{\partial(r,\varphi)}\right| = \begin{vmatrix} x_r & x_\varphi \\ y_r & y_\varphi \end{vmatrix} = \begin{vmatrix} \cos\varphi & -r\cdot\sin\varphi \\ \sin\varphi & r\cdot\cos\varphi \end{vmatrix} = r > 0\ .$

Beispiel 2: Kugel-Koordinaten im $\mathbb{R}^3$.
Man liest aus nebenstehender Skizze die folgenden Beziehungen ab:

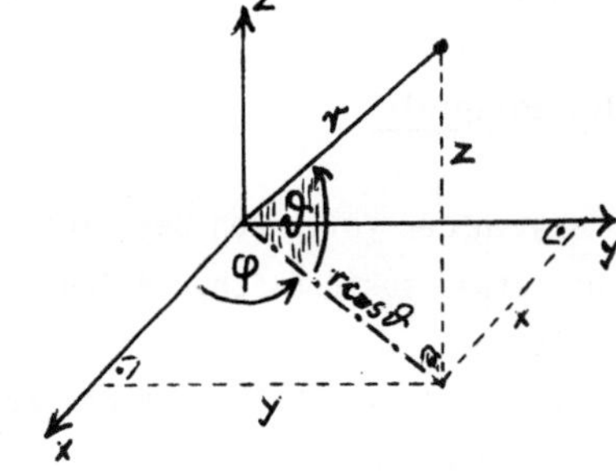

(7) $\qquad \left.\begin{aligned} x &= r\cdot\cos\varphi\cdot\cos\vartheta \\ y &= r\cdot\sin\varphi\cdot\cos\vartheta \\ z &= r\cdot\sin\vartheta \end{aligned}\right\} \quad\begin{aligned} & r > 0 \\ & 0 < \varphi < 2\pi \\ & -\tfrac{\pi}{2} < \vartheta < \tfrac{\pi}{2}\ . \end{aligned}$

Man errechnet nun:

$$\left|\frac{\partial(x,y,z)}{\partial(r,\varphi,\vartheta)}\right| = \begin{vmatrix} x_r & x_\varphi & x_\vartheta \\ y_r & y_\varphi & y_\vartheta \\ z_r & z_\varphi & z_\vartheta \end{vmatrix} = \begin{vmatrix} \cos\varphi\cdot\cos\vartheta & -r\cdot\sin\varphi\cdot\cos\vartheta & -r\cdot\cos\varphi\cdot\sin\vartheta \\ \sin\varphi\cdot\cos\vartheta & r\cdot\cos\varphi\cdot\cos\vartheta & -r\cdot\sin\varphi\cdot\sin\vartheta \\ \sin\vartheta & 0 & r\cdot\cos\vartheta \end{vmatrix} =$$

(7*)
$$= r^2\cdot\cos^2\varphi\cdot\cos^3\vartheta + r^2\cdot\sin^2\varphi\cdot\sin^2\vartheta\cdot\cos\vartheta + r^2\cos^2\varphi\cdot\sin^2\vartheta\cdot\cos\vartheta + r^2\cdot\sin^2\varphi\cdot\cos^3\vartheta =$$
$$= r^2\cdot[\cos^3\vartheta\cdot(\cos^2\varphi+\sin^2\varphi)+\sin^2\vartheta\cdot\cos\vartheta\cdot(\sin^2\varphi+\cos^2\varphi)] =$$
$$= r^2\cdot[\cos\vartheta\cdot(\cos^2\vartheta+\sin^2\vartheta)] = r^2\cdot\cos\vartheta \neq 0\ .$$

Beispiel 3: Zylinder-Koordinaten im $\mathbb{R}^3$.
Wir führen in der x,y-Ebene die in Beispiel 1 behandelten Polar-Koordinaten
ein und behalten die z-Koordinate einfach bei:

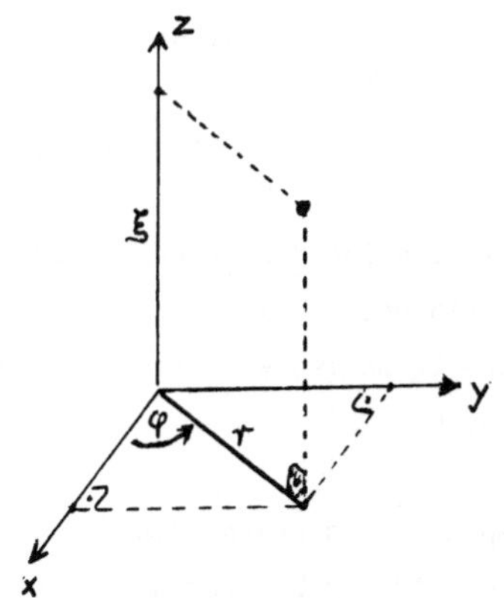

$$(8) \qquad \begin{array}{l} x = r\cdot\cos\varphi \\ y = r\cdot\sin\varphi \\ z = \xi \end{array} \left.\right\} \quad \begin{array}{l} r > 0 \\ 0 < \varphi < 2\pi \\ \xi \in \mathbb{R}. \end{array}$$

Man rechnet aus:

$$(8^*) \qquad \left|\frac{\partial(x,y,z)}{\partial(r,\varphi,\xi)}\right| = \begin{vmatrix} x_r & x_\varphi & x_\xi \\ y_r & y_\varphi & y_\xi \\ z_r & z_\varphi & z_\xi \end{vmatrix} = \begin{vmatrix} \cos\varphi & -r\cdot\sin\varphi & 0 \\ \sin\varphi & r\cdot\cos\varphi & 0 \\ 0 & 0 & 1 \end{vmatrix} = r > 0$$

Im nächsten Abschnitt werden wir die Substitutionsregel an wichtigen Beispielen
anwenden.

13.3 Beispiele

Im ersten der folgenden Beispiele werden wir die Anwendung der Substitutionsregel etwas ausführlicher erläutern; die weiteren Beispiele sind dann etwas kürzer
gefaßt.
1. Wir suchen das Volumen V des Kreiskegels über dem Einheitskreis von der
Höhe 1.
Die Kegelfläche wird beschrieben durch
die Funktion

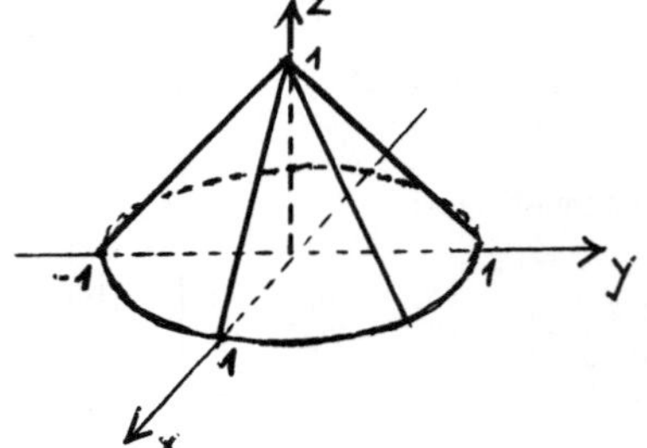

$$f(x,y) = 1-\sqrt{x^2+y^2} \quad , \quad x^2+y^2 \overset{\leq}{=} 1.$$

Wir wählen Polarkoordinaten u = r, v = φ. Die Koordinatentransformation lautet
also

$$x(u,v) = r\cdot\cos\varphi \quad , \quad y(u,v) = r\cdot\sin\varphi \ .$$

Es ist

$$G = \{(x,y) : x^2+y^2 \leqq 1\} \; ,$$

$$G^* = \{(r,\varphi) : 0 \leqq r \leqq 1 \; , \;\; 0 \leqq \varphi < 2\pi\} \; , \;\; \left|\frac{\partial(x,y)}{\partial(r,\varphi)}\right| = r \; .$$

Wegen $r = \sqrt{x^2+y^2}$ erhält man mit (5), Abschnitt 13.2:

$$V = \iint\limits_{G} f(x,y)\,dG = \int\limits_{-1}^{1} \int\limits_{-\sqrt{1-y^2}}^{\sqrt{1-y^2}} (1-\sqrt{x^2+y^2})\,dx\,dy = \iint\limits_{G^*} f(r\cdot\cos\varphi, r\cdot\sin\varphi)\,r\,dr\,d\varphi$$

$$= \int\limits_{0}^{2\pi} \int\limits_{0}^{1} (1-r)\cdot r\,dr\,d\varphi = 2\pi \int\limits_{0}^{1} (r-r^2)\,dr = \frac{\pi}{3} \; .$$

2. Gesucht ist das Volumen V der Kugel
K mit Radius R.

<u>1. Möglichkeit:</u> Wir integrieren die Funktion $f(x,y) = \sqrt{R^2-x^2-y^2}$ über den Kreis
$G = \{0 \leqq x^2+y^2 \leqq R^2\}$. Es ergibt sich:

$$\frac{1}{2}\,V = \int\limits_{-R}^{R} \int\limits_{-\sqrt{R^2-x^2}}^{\sqrt{R^2-x^2}} \sqrt{R^2-x^2-y^2}\,dy\,dx \; .$$

Durch Einführen von Polarkoordinaten folgt:

$$\frac{1}{2}\,V = \int\limits_{0}^{R} \int\limits_{0}^{2\pi} \sqrt{R^2-r^2}\cdot r\,d\varphi\,dr = 2\pi\cdot\int\limits_{0}^{R} r\cdot\sqrt{R^2-r^2}\,dr =$$

$$= 2\pi\cdot(-\tfrac{1}{2})\cdot\int\limits_{R^2}^{0} u^{\frac{1}{2}}\,du = \qquad\qquad \text{(Substitution: } u = R^2-r^2 \text{)}$$

$$= \pi\cdot\frac{2}{3}\,u^{\frac{3}{2}}\,\Big|_{0}^{R^2} = \frac{2}{3}\,R^3\pi \; .$$

<u>2. Möglichkeit:</u> Wir führen Kugel-Koordinaten ein:

$$V = \iiint\limits_{K} dx\,dy\,dz = \int\limits_{0}^{R} \int\limits_{-\frac{\pi}{2}}^{\frac{\pi}{2}} \int\limits_{0}^{2\pi} r^2\cdot\cos\vartheta\,d\varphi\,d\vartheta\,dr =$$

$$= 2\pi\cdot\int\limits_{0}^{R}\{r^2\cdot \int\limits_{-\frac{\pi}{2}}^{\frac{\pi}{2}}\cos\vartheta\,d\vartheta\,\}dr = 2\pi\cdot\frac{1}{3}\,R^3\cdot \int\limits_{-\frac{\pi}{2}}^{\frac{\pi}{2}}\cos\vartheta\,d\vartheta =$$

$$= \frac{2}{3}\,R^3\pi\cdot\sin\vartheta\,\Big|_{-\frac{\pi}{2}}^{+\frac{\pi}{2}} = \frac{2}{3}\,R^3\pi\cdot(1-(-1)) = \frac{4}{3}\,R^3\pi \; .$$

3. Gesucht ist das Integral $I = \iiint\limits_G x^2 y\, dx\, dy\, dz$, wobei $G \subset \mathbb{R}^3$ der folgende Bereich ist:

$$G = \{(x,y,z) : x \geq 0,\ y \geq 0,\ x^2+y^2 \leq 1,\ 0 \leq z \leq 1\} \ .$$

Durch Einführung von Zylinderkoordinaten erhält man

$$G^* = \{(r,\varphi,\xi) : 0 \leq r \leq 1,\ 0 \leq \varphi \leq \tfrac{\pi}{2},\ 0 \leq \xi \leq 1\}.$$

Es folgt

$$I = \iiint\limits_G x^2 y\, dxdydz = \int\limits_0^{\frac{\pi}{2}} \int\limits_0^1 \int\limits_0^1 r^4 \cos^2\varphi \cdot \sin\varphi\ d\xi\, dr\, d\varphi =$$

$$= \int\limits_0^{\frac{\pi}{2}} \int\limits_0^1 r^4 \cos^2\varphi \cdot \sin\varphi\ dr\, d\varphi = \frac{1}{5} \cdot \int\limits_0^{\frac{\pi}{2}} \cos^2\varphi \cdot \sin\varphi\ d\varphi =$$

$$= \frac{1}{5} \cdot \left(-\frac{1}{3} \cos^3\varphi\right) \Big|_0^{\frac{\pi}{2}} = \frac{1}{15} \ .$$

4. Wir bringen ein Beispiel aus der Mechanik. Es sei $K \subset \mathbb{R}^3$ ein starrer Körper der Dichte $\rho = \rho(x,y,z)$ und dem Volumen V. Es ist also: $V = \iiint\limits_K dxdydz$ und $M = \iiint\limits_K \rho(x,y,z)dxdydz$ die Masse des Körpers. Der Punkt:

$$(1) \qquad (x_0,y_0,z_0)^T := \frac{1}{M} \cdot \left(\iiint\limits_K \rho x\, dxdydz\ ,\ \iiint\limits_K \rho y\, dxdydz\ ,\ \iiint\limits_K \rho z\, dxdydz\right)^T$$

heißt <u>Schwerpunkt</u> von K.

Nun sei $K \subset \mathbb{R}^3$ der nebenstehende Kugel-Oktant mit konstanter Dichte $\rho \equiv 1$:

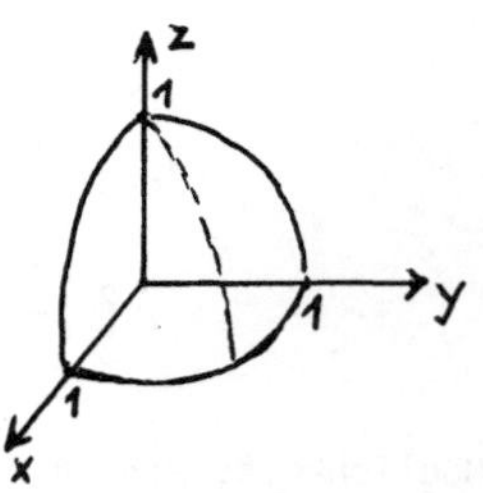

$$K = \{(x,y,z) : x \geq 0,\ y \geq 0,\ z \geq 0,\ x^2+y^2+z^2 \leq 1\} \ .$$

Es ist: $M = \iiint\limits_K dxdydz = \frac{\pi}{6}$. Gesucht ist der Schwerpunkt von K. Durch Einführung von Kugel-Koordinaten erhält man nach (1):

$$x_0 = \frac{1}{M} \cdot \iiint\limits_K x\, dxdydz = \frac{6}{\pi} \cdot \int\limits_0^{\frac{\pi}{2}} \int\limits_0^{\frac{\pi}{2}} \int\limits_0^1 r \cdot \cos\varphi \cdot \cos\vartheta \cdot r^2 \cos\vartheta\ dr\, d\varphi\, d\vartheta =$$

$$= \frac{6}{\pi} \cdot \int\limits_0^{\frac{\pi}{2}} \int\limits_0^{\frac{\pi}{2}} \cos\varphi \cdot \cos^2\vartheta \cdot \left(\int\limits_0^1 r^3 dr\right) d\varphi\, d\vartheta =$$

$$= \frac{3}{2\pi} \cdot \int\limits_{0}^{\frac{\pi}{2}} \int\limits_{0}^{\frac{\pi}{2}} \cos\varphi \cdot \cos^2\vartheta \; d\varphi \, d\vartheta = \frac{3}{2\pi} \cdot \int\limits_{0}^{\frac{\pi}{2}} \cos^2\vartheta \, d\vartheta =$$

$$= \frac{3}{4\pi} \cdot (\cos\vartheta \cdot \sin\vartheta + \vartheta) \Big|_{0}^{\frac{\pi}{2}} = \frac{3}{4\pi} \cdot \frac{\pi}{2} = \frac{3}{8} \; .$$

Analog erhält man $y_0 = z_0 = \frac{3}{8}$ (Übung). Der Schwerpunkt von K ist also:
$(x_0, y_0, z_0)^T = (\frac{3}{8} , \frac{3}{8} , \frac{3}{8})^T$.

5. Gesucht ist der Schwerpunkt des Zylinderstückes G von Beispiel 3 (konstante Dichte ρ). Zunächst ist $M = \iiint\limits_{G} \rho \, dxdydz = \frac{\pi}{4}\rho$. Sodann folgt:

$$x_0 = \frac{1}{V} \iiint\limits_{G} x \, dxdydz = \frac{4}{\pi} \cdot \int\limits_{0}^{1} \int\limits_{0}^{1} \int\limits_{0}^{\frac{\pi}{2}} r \cdot \cos\varphi \cdot r \, d\varphi \, dr \, d\xi =$$

$$= \frac{4}{\pi} \cdot \frac{1}{3} \cdot \int\limits_{0}^{\frac{\pi}{2}} \cos\varphi \; d\varphi = \frac{4}{3\pi} \cdot \sin\varphi \Big|_{0}^{\frac{\pi}{2}} = \frac{4}{3\pi} \; .$$

Ganz analog folgt: $y_0 = \frac{4}{3\pi}$. Schließlich gilt:

$$z_0 = \frac{1}{V} \iiint\limits_{G} z \, dxdydz = \frac{4}{\pi} \cdot \int\limits_{0}^{1} \int\limits_{0}^{1} \int\limits_{0}^{\frac{\pi}{2}} \xi \cdot r \; d\varphi \, dr \, d\xi =$$

$$= \frac{4}{\pi} \cdot \frac{1}{2} \cdot \frac{1}{2} \cdot \int\limits_{0}^{\frac{\pi}{2}} d\varphi = \frac{4}{\pi} \cdot \frac{1}{2} \cdot \frac{1}{2} \cdot \frac{\pi}{2} = \frac{1}{2} \; .$$

Der Schwerpunkt von G ist also: $(x_0, y_0, z_0)^T = (\frac{4}{3\pi} , \frac{4}{3\pi} , \frac{1}{2})^T$.

6. Ist $K \subset \mathbb{R}^3$ ein starrer Körper mit der Dichte $\rho(x,y,z)$, dann heißt das Integral

(2) $\qquad I_x := \iiint\limits_{K} \rho(x,y,z) \cdot (y^2 + z^2) \, dxdydz$

das <u>Trägheitsmoment</u> von K bezüglich der x-Achse. Ganz entsprechend sind die Trägheitsmomente bezüglich der y-Achse und der z-Achse definiert.

Nun sei $K \subset \mathbb{R}^3$ der nebenstehende Kreiszylinder. Gesucht ist das Trägheitsmoment von K bezüglich der z-Achse. Durch Einführung von Zylinderkoordinaten erhalten wir mit $\rho(x,y,z) \equiv 1$:

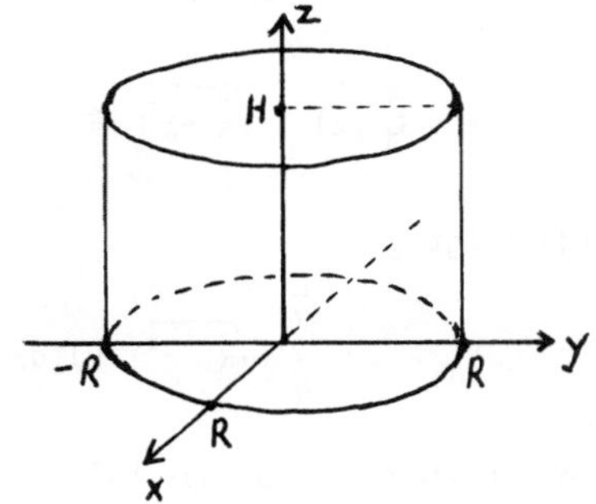

$$I_z = \iiint\limits_{K} (x^2+y^2)\, dxdydz = \int\limits_0^R \int\limits_0^{2\pi} \int\limits_0^H r^3\, d\xi\, d\varphi\, dr =$$

$$= 2\pi H \cdot \int\limits_0^R r^3 dr = 2\pi H \cdot \frac{1}{4} r^4 \Big|_0^R = \frac{1}{2} \cdot \pi \cdot R^4 \cdot H \;.$$

7. Oft müssen die <u>Volumina von Rotationskörpern</u> berechnet werden. Diese entstehen z. B. durch Rotation einer Kurve $x = \varphi(z)$ um die z-Achse. Dabei sei vorausgesetzt, daß die rotierende Kurve die z-Achse nicht schneidet.

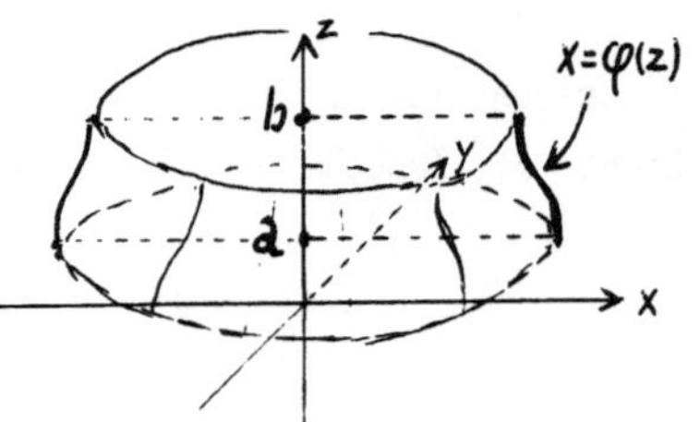

Es sei K der entstehende Rotationskörper und V sein Volumen. K ist also definiert durch die Ungleichungen:

$$(3) \qquad 0 \leqq \sqrt{x^2+y^2} \leqq \varphi(z) \;, \quad a \leqq z \leqq b \;.$$

Wir führen Zylinderkoordinaten ein (vgl. (8), Abschnitt 13.2) und erhalten:

$$V = \iiint\limits_{K} dxdydz = \int\limits_a^b \int\limits_0^{2\pi} \int\limits_0^{\varphi(z)} r\, drd\vartheta\, dz = \int\limits_a^b \int\limits_0^{2\pi} \frac{1}{2} \varphi(z)^2 d\vartheta\, dz \;,$$

also:

$$(4) \qquad V = \pi \cdot \int\limits_a^b (\varphi(z))^2 dz \;.$$

a) Als erstes Beispiel berechnen wir das Volumen des Kreis-Torus; er entsteht durch Rotation eines Kreises um die z-Achse. Der Kreis liege in der x,z-Ebene, habe den Mittelpunkt (R,0,0) und den Radius $\tilde{R}$ ($\tilde{R} < R$). Wir berechnen zunächst das Rotations-Volumen V_1 definiert durch:

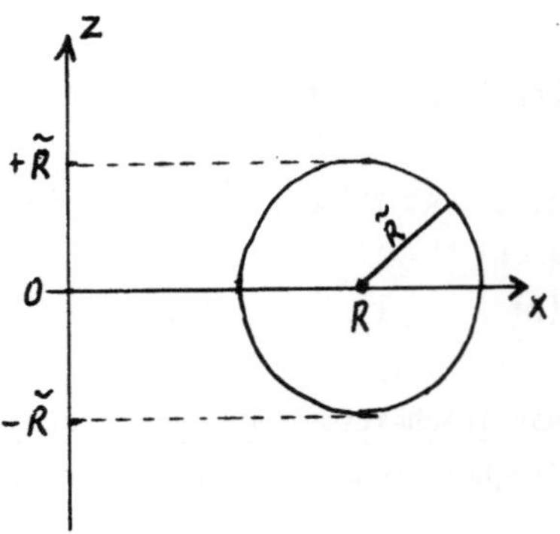

$$x = \varphi(z) = \sqrt{\tilde{R}^2 - z^2} + R \;, \quad |z| \leqq \tilde{R} \;.$$

Mit (4) folgt

$$V_1 = \pi \cdot \int\limits_{-\tilde{R}}^{\tilde{R}} (\sqrt{\tilde{R}^2 - z^2} + R)^2 dz \;.$$

Analog erhalten wir für das Volumen V_2 definiert durch $x = \varphi(z) = -\sqrt{\tilde{R}^2 - z^2} + R$,

$|z| \leq \tilde{R}$:

$$V_2 = \pi \cdot \int_{-\tilde{R}}^{\tilde{R}} (-\sqrt{\tilde{R}^2 - z^2} + R)^2 \; dz \; .$$

Das gesuchte Torus-Volumen ist natürlich

$$V = V_1 - V_2 \; ,$$

also

$$V = 4\pi \cdot \int_{-\tilde{R}}^{+\tilde{R}} R \cdot \sqrt{\tilde{R}^2 - z^2} \; dz \; .$$

<u>Substitution:</u> $z = \tilde{R} \cdot \sin\vartheta \implies dz = \tilde{R} \cdot \cos\vartheta \; d\vartheta \; , \; -\frac{\pi}{2} \leq \vartheta \leq \frac{\pi}{2} \implies$

$$V = 4\pi \cdot R \cdot \tilde{R}^2 \cdot \int_{-\frac{\pi}{2}}^{+\frac{\pi}{2}} \cos^2\vartheta \; d\vartheta = 2\pi R \cdot \tilde{R}^2 (\vartheta + \sin\vartheta \cdot \cos\vartheta) \Big|_{-\frac{\pi}{2}}^{\frac{\pi}{2}} \; ,$$

also

$$V = 2\pi^2 \cdot R \cdot \tilde{R}^2 \; ,$$

<u>Anmerkung:</u> Für die Oberfläche des Torus ergibt sich: $O = 4\pi^2 R \cdot \tilde{R}$.

b) Gesucht ist das Volumen V des Raum-
stückes K, welches durch Rotation des
nebenstehend skizzierten Flächenstückes
F um die z-Achse entsteht.

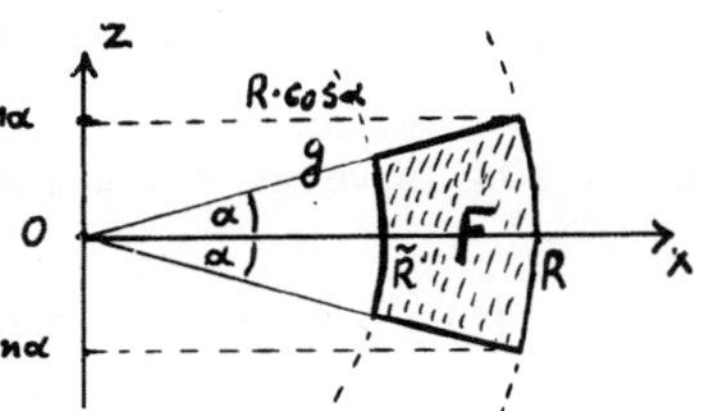

α) Das äußere Kreisbogenstück wird dargestellt durch:

$$x = \varphi(z) = \sqrt{R^2 - z^2} \; , \; |z| \leq R \cdot \sin\alpha \; .$$

Mit (4) folgt:

$$V_1 = \pi \cdot \int_{-R \cdot \sin\alpha}^{R \cdot \sin\alpha} (R^2 - z^2) dz = \pi (R^2 \cdot z - \frac{1}{3} z^3) \Big|_{-R \cdot \sin\alpha}^{R \cdot \sin\alpha} = 2\pi R^3 \sin\alpha [1 - \frac{1}{3} \sin^2\alpha] \; .$$

β) Das Geradenstück g wird dargestellt durch:

$$x = \varphi(z) = \text{ctg}\alpha \cdot z \; , \; 0 \leq z \leq R \cdot \sin\alpha \; .$$

Mit (4) folgt:

$$V_2 = \pi \cdot \int_0^{R \cdot \sin\alpha} ctg^2\alpha \cdot z^2 dz = \pi \cdot ctg^2\alpha \cdot \frac{1}{3} z^3 \Big|_0^{R \cdot \sin\alpha} = \frac{\pi}{3} \cdot R^3 \cdot \cos^2\alpha \cdot \sin\alpha$$

γ) Das Volumen V* (Rotation des Kreissegmentes mit Radius R) ist demnach:

$$V^* = V_1 - 2V_2 = \frac{\pi}{3} R^3 \cdot \sin\alpha \cdot [6 - 2\sin^2\alpha - 2\cos^2\alpha] = \frac{4}{3} R^3 \pi \cdot \sin\alpha \ .$$

δ) Dasselbe wird nun für $\tilde{R}$ durchgeführt: $\tilde{V}^* = \frac{4}{3} \tilde{R}^3 \pi \cdot \sin\alpha$. Somit erhält man: $V = V^* - \tilde{V}^*$, also:

$$V = \frac{4}{3}(R^3 - \tilde{R}^3)\pi \cdot \sin\alpha \ .$$

13.4 Kurvenintegrale

Eine weitere Möglichkeit, einen Integralbegriff für Funktionen mehrerer Veränderlicher zu definieren, besteht in der Einführung von Integralen entlang ebener oder räumlicher Kurven. Um die Wichtigkeit eines solchen Integralbegriffs für die Praxis zu erläutern, wollen wir mit einem Beispiel aus der Mechanik beginnen.

1. C sei eine Kurve im $\mathbb{R}^3$, gegeben durch eine Parameterdarstellung

$$(1) \qquad r(t) = x(t) \cdot e_1 + y(t) \cdot e_2 + z(t) \cdot e_3 \ , \quad \alpha \leqq t \leqq \beta$$

mit stetig differenzierbaren Parameterfunktionen $x(t)$, $y(t)$, $z(t)$ und $\dot{r}(t) \neq 0$ für $\alpha \leqq t \leqq \beta$. In diesem Falle nennen wir C glatt. $P = r(\alpha)$ bzw. $\hat{P} = r(\beta)$ heißen Anfangs- bzw. Endpunkt von C. Weiter sei im $\mathbb{R}^3$ ein stetiges Kraftfeld gegeben, also eine vektorwertige Funktion

$$(2) \qquad k(x,y,z) = (k^{(1)}(x,y,z), k^{(2)}(x,y,z), k^{(3)}(x,y,z)) \ , \quad (x,y,z) \in \mathbb{R}^3$$

mit stetigen Funktionen $k^{(\nu)}(x,y,z)$, $\nu = 1,2,3$. Wir fragen nach der Arbeit, die geleistet werden muß, um einen Massenpunkt der Masse 1 entlang C von P nach $\hat{P}$ zu führen. Wir unterteilen C durch Punkte $P_0 = r(\alpha)$, $P_1, \ldots, P_{n-1}$, $P_N = r(\beta)$, bilden für $i = 0,1,\ldots,N-1$ das Skalarprodukt des Kraftvektors $k(r(t_i))$ im Punkte P_i mit dem von P_i nach P_{i+1} weisenden Ortsvektor und summieren diese Produkte auf

$$(3) \qquad \sum_{i=0}^{N-1} k(r(t_i)) \cdot (r(t_{i+1}) - r(t_i)) \ .$$

Beachten wir die physikalische Bedeutung des Skalarproduktes (vgl. Abschnitt 3.3), so sehen wir, daß (3) eine Approximation für den Wert A der gesuchten Arbeit darstellt. Diese Approximation wird umso besser sein, je feiner die Zerlegung von C in Teilstücke ausfällt. Läßt man nun $N \to \infty$ gehen, so daß die maximale Länge $|\Delta r(t_i)| = |r(t_{i+1}) - r(t_i)|$ gegen 0 strebt, so kann man zeigen, daß die Summe (3) gegen einen Grenzwert strebt, der gerade unser Wert A ist. Dieses gilt unabhängig davon, wie die Zerlegungsfolge speziell gewählt wird. Der Grenzwert liefert uns ein <u>Kurvenintegral</u> entlang C. Mit $\Delta t_i = t_{i+1} - t_i$ erhalten wir

$$\lim_{N \to \infty} \sum_{i=0}^{N-1} k(r(t_i)) \cdot \frac{r(t_{i+1}) - r(t_i)}{\Delta t_i} \cdot \Delta t_i = A$$

und schreiben hierfür

$$(3^*) \qquad A = \int_\alpha^\beta k(r(t)) \cdot \dot{r}(t) dt \ ,$$

oder auch $A = \int_C k(r) dr \ , \quad dr = (dx, dy, dz)^T$.

Wir definieren jetzt Kurvenintegrale für skalare stetige Funktionen $f(x,y,z) : G \to \mathbb{R}$ entlang Kurven $C \subset G$, die durch eine Parameterdarstellung (1) gegeben seien. Wir betrachten wie oben eine Zerlegung von C und bezeichnen mit Δx_i die Differenz der x-Koordinaten zwischen P_{i+1} und P_i. $r(t_i)$ sei der Ortsvektor mit dem Endpunkt P_i. Wir bilden die Summe

$$(4) \qquad \sum_{i=0}^{N-1} f(r(t_i)) \cdot \Delta x_i = \sum_{i=0}^{N-1} f(r(t_i)) \cdot \frac{\Delta x_i}{\Delta t_i} \cdot \Delta t_i$$

mit $\Delta t_i = t_{i+1} - t_i$. Grenzübergang $N \to \infty$ unter den oben beschriebenen Voraussetzungen liefert uns ein Kurvenintegral, für das die folgende Schreibweise üblich ist

$$(4a) \qquad \int_C f(x,y,z) dx = \int_\alpha^\beta f(r(t)) \cdot \dot{x}(t) dt \ .$$

Ganz entsprechend erhalten wir Kurvenintegrale bezüglich der beiden anderen Koordinatenrichtungen

$$(4b) \qquad \int_C f(x,y,z)dy = \int_\alpha^\beta f(r(t))\dot{y}(t)dt \ ,$$

$$(4c) \qquad \int_C f(x,y,z)dz = \int_\alpha^\beta f(r(t))\dot{z}(t)dt \ .$$

Wir wollen erläutern, wie sich ein Kurvenintegral beim Übergang zu einer anderen Parametrisierung transformiert. Es sei

$$(1^*) \qquad \tilde{r}(s) = \tilde{x}(s)e_1 + \tilde{y}(s)e_2 + \tilde{z}(s)e_3 \ , \quad \tilde{\alpha} \lesseqgtr s \lesseqgtr \tilde{\beta}, \ \tilde{r}(\tilde{\alpha}) = r(\alpha), \ \tilde{r}(\tilde{\beta}) = r(\beta)$$

eine andere Parametrisierung der Kurve C. t und s seien durch die Funktion

$$(5) \qquad t = \varphi(s) \ , \quad s\epsilon[\tilde{\alpha},\tilde{\beta}], \ \varphi(s)\epsilon C[\tilde{\alpha},\tilde{\beta}], \ \varphi'(s) > 0, \ s\epsilon[\tilde{\alpha},\tilde{\beta}]$$

miteinander verknüpft. Ist $g(x,y,z)$ stetig in einem Bereich $G \subset \mathbb{R}^3$ mit $C \subset G$, dann erhalten wir nach der Substitutionsregel für einfache Integrale (vgl. Abschnitt 9.3)

$$(6) \qquad \int_\alpha^\beta g(r(t))dt = \int_{\tilde{\alpha}}^{\tilde{\beta}} g(r(\varphi(s))) \cdot \varphi'(s)ds \ .$$

Mit (6) bestätigt man leicht, daß die Werte der Kurvenintegrale (4a) bis (4c) unabhängig von der speziellen Parametrisierung von C sind.

Wir bringen noch zwei fast selbstverständliche Regeln über Kurvenintegrale:
a) Bezeichnet man mit -C die mit der entgegengesetzten Orientierung versehene Kurve C, dann gilt

$$(7) \qquad \int_C {}^* = - \int_{-C} {}^* \ .$$

b) Besteht C aus mehreren (orientierten) Kurvenbögen $C_1,\dots,C_n$, wobei die "Anschlußstellen" Ecken sein dürfen, dann gilt

$$(8) \qquad \int_C {}^* = \sum_{i=1}^n \int_{C_i} {}^* \ .$$

Ist die Kurve $C \subset G$ durch eine Parameterdarstellung (1) gegeben, und ist $v(r) = (v^{(1)}(r),v^{(2)}(r),v^{(3)}(r))$ eine in G stetige Vektorfunktion, dann schreiben wir im folgenden für die Summe der drei Kurvenintegrale

$$\int_C v^{(1)}dx \ , \ \int_C v^{(2)}dy \ , \ \int_C v^{(3)}dz \ :$$

$$(9) \quad \int_C v\,dr = \int_C v^{(1)}dx + v^{(2)}dy + v^{(3)}dz = \int_\alpha^\beta v(r(t))\dot{r}(t)dt \ .$$

Ferner soll die Schreibweise $\oint_C v\,dr$ andeuten, daß es sich bei C um eine ge-schlossene Kurve handelt, d.h. $r(\alpha) = r(\beta)$. Wir nennen (9) das Kurvenintegral von v entlang C.

Beispiele:

2. Ist $E(x,y,z) = (E^{(1)}(x,y,z), E^{(2)}(x,y,z), E^{(3)}(x,y,z))$ ein elektrostatisches Feld, so ergibt das Kurvenintegral

$$U = \int_C (E^{(1)}dx + E^{(2)}dy + E^{(3)}dz) = \int_C E\,dr$$

die Potentialdifferenz, d.h. die Spannung zwischen Anfangs- und Endpunkt der Kurve C.

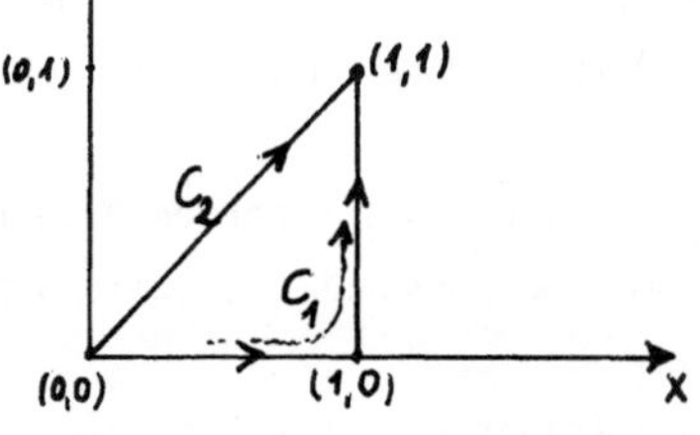

3. Wir wollen die Kurvenintegrale über zwei ebene Kurven mit gleichen Endpunkten berechnen. Es soll berechnet werden:

$$I_\nu = \int_{C_\nu} (2xy\,dx + y^2\,dy) \ , \quad \nu = 1,2,$$

wobei C_1, C_2 die nebenstehend skizzierten Kurven bedeuten sollen.

a) Eine Parameterdarstellung von C_1 ist:

$$r(t) = \begin{cases} (t,0)^T , & 0 \leqq t \leqq 1 \\ (1,t-1)^T , & 1 \leqq t \leqq 2 \end{cases} \quad \Longrightarrow$$

$$I_1 = \int_0^1 2t\cdot 0\,dt + \int_1^2 (t-1)^2\,dt = \tfrac{1}{3}(t-1)^3 \Big|_1^2 = \tfrac{1}{3} \ .$$

b) Eine Parameterdarstellung von C_2 ist:

$$r(t) = (t,t)^T , \quad 0 \leqq t \leqq 1 \quad \Longrightarrow$$

$$I_2 = \int_0^1 3t^2\,dt = t^3 \Big|_0^1 = 1 \ .$$

Diesem Beispiel entnimmt man, daß das Kurvenintegral im allgemeinen vom Verlauf des Integrationsweges - auch bei festem Anfangs- und Endpunkt - abhängt, was natürlich garnicht überraschend ist.

Nun gibt es aber in der Physik Vektorfelder, deren Kurvenintegrale <u>nur</u> vom
Anfangs- und Endpunkt, also nicht vom sonstigen Verlauf der Kurve, abhängen.
Beispiele sind das elektrostatische Feld, das von einem stromdurchflossenen
Draht erzeugte Magnetfeld und das Newton'sche Gravitationsfeld. Wegen ihrer
großen Bedeutung in den Anwendungen wollen wir uns jetzt mit solchen Vektorfel-
dern befassen.

<u>Definition 4.1:</u>
Ein Vektorfeld

$$v(x,y,z) = (v^{(1)}(x,y,z), v^{(2)}(x,y,z), v^{(3)}(x,y,z))^T : G \subset \mathbb{R}^3 \rightarrow \mathbb{R}^3$$

heißt ein <u>Gradientenfeld</u> (oder <u>Potentialfeld</u>), wenn es eine stetig differenzierbare Funktion $f(x,y,z) : G \rightarrow \mathbb{R}$ gibt mit: $v(x,y,z) = \nabla f(x,y,z)$. Die Funktion
$f(x,y,z)$ heißt eine zu $v(x,y,z)$ gehörige <u>Potentialfunktion</u>.

<u>Folgerung:</u> Zwei zu v gehörige Potentialfunktionen f, $\tilde{f}$ unterscheiden sich höch-
stens um eine Konstante. (Beweis als Übung!)

<u>Satz 4.1 (Hauptsatz über Kurvenintegrale):</u>
Sei $G \subset \mathbb{R}^3$ ein achsenparalleler Quader und $v(x,y,z) : G \rightarrow \mathbb{R}^3$ ein Vektorfeld
mit in G stetigen partiellen Ableitungen erster Ordnung. Dann sind folgende
Aussagen äquivalent:
a) v ist ein Gradientenfeld.
b) In G gelten die sogenannten <u>Integrabilitätsbedingungen:</u>

$$(10) \qquad v_y^{(1)} = v_x^{(2)} \, , \quad v_x^{(3)} = v_z^{(1)} \, , \quad v_z^{(2)} = v_y^{(3)} \, .$$

c) Das Kurvenintegral $\int_C v \, dr$ hängt für alle in G verlaufenden Kurven C <u>nur</u> vom
Anfangs- und Endpunkt der Kurven ab.
d) Das Kurvenintegral $\oint_C v \, dr$ ist für alle geschlossenen, ganz in G verlaufenden
Kurven C stets Null.

<u>Beweis:</u>
c) $\Longleftrightarrow$ d): folgt unmittelbar aus (7) und (8).
a) $\Rightarrow$ b): Es existiert $f(x,y,z) : G \rightarrow \mathbb{R}$ mit $v^{(1)} = f_x$, $v^{(2)} = f_y$, $v^{(3)} = f_z$.
Da v stetige partielle Ableitungen erster Ordnung hat, folgt mit Satz 2.3, Ab-
schnitt 12.2 die Aussage b).

b) $\Rightarrow$ a): Sei $(x_0,y_0,z_0)\in G$ ein fester Punkt. Wir definieren die folgende in G erklärte Funktion

$$(11) \qquad f(x,y,z) := \int_{x_0}^{x} v^{(1)}(x,y,z)dx + \int_{y_0}^{y} v^{(2)}(x_0,y,z)dy + \int_{z_0}^{z} v^{(3)}(x_0,y_0,z)dz \ .$$

Differenzieren und Benutzen von b) ergibt

$$f_x = v^{(1)}(x,y,z) \ ,$$

$$f_y = \int_{x_0}^{x} v_y^{(1)}dx + v^{(2)}(x_0,y,z) = \int_{x_0}^{x} v_x^{(2)}dx + v^{(2)}(x_0,y,z) =$$

$$= v^{(2)}(x,y,z) - v^{(2)}(x_0,y,z) + v^{(2)}(x_0,y,z) = v^{(2)}(x,y,z) \ ,$$

$$f_z = \int_{x_0}^{x} v_z^{(1)}dx + \int_{y_0}^{y} v_z^{(2)}dy + v^{(3)}(x_0,y_0,z) =$$

$$= \int_{x_0}^{x} v_x^{(3)}dx + \int_{y_0}^{y} v_y^{(3)}dy + v^{(3)}(x_0,y_0,z) = v^{(3)}(x,y,z) \ .$$

Also folgt: $v = \nabla f \Rightarrow$ a).

a) $\Rightarrow$ c): Es existiert $f(x,y,z)$ mit $v = \nabla f$. $\Rightarrow$

$$\int_C v \ dr = \int_C f_x dx + f_y dy + f_z dz = \int_\alpha^\beta (f_x \cdot \dot{x} + f_y \cdot \dot{y} + f_z \cdot \dot{z})dt \ ,$$

wobei $r(t) = (x(t), y(t), z(t))^T$, $t\in[\alpha,\beta]$ eine Parameterdarstellung von C sei. Dieses aber ergibt:

$$\int_C vdr = \int_\alpha^\beta \frac{d}{dt} f(x(t),y(t),z(t))dt = f(r(\beta)) - f(r(\alpha)) \ .$$

Also hängt das Integral nur von Anfangs- und Endpunkt von C ab.

c) $\Rightarrow$ a): Sei $(x_0,y_0,z_0)\in G$ fest.
Wir definieren die wegen der Weg-Unabhängigkeit eindeutig erklärte Funktion

$$f(\xi,\eta,\zeta) := \int_C (v^{(1)}dx + v^{(2)}dy + v^{(3)}dz) \ .$$

Es folgt

$$\frac{\partial f}{\partial x}(\xi,\eta,\zeta) = \lim_{h\to 0}\frac{1}{h}(f(\xi+h,\eta,\zeta)-f(\xi,\eta,\zeta)) = \lim_{h\to 0}\frac{1}{h}\int_{C_h}^* =$$

$$= \lim_{h\to 0}\frac{1}{h}\int_{\xi}^{\xi+h} v^{(1)}(t,\eta,\zeta)dt = v^{(1)}(\xi,\eta,\zeta) \ .$$

Dabei ist in der Integration der Weg C_h ersetzt worden durch die in der Skizze gestrichelte Linie; diese hat die Parameterdarstellung: $x = t$, $y = \eta$, $z = \zeta$. Analog zeigt man: $\frac{\partial f}{\partial y} = v^{(2)}$, $\frac{\partial f}{\partial z} = v^{(3)}$ in (ξ,η,ζ). Damit ist a) gezeigt wegen $v = \nabla f$. ∎

Beispiel:

4. Ein homogener, in der z-Achse liegender stromdurchflossener Draht erzeugt ein ebenes Magnetfeld, das proportional ist
zu dem folgenden Vektorfeld:

$$v(x,y) = (v^{(1)}(x,y),v^{(2)}(x,y))^T = (\frac{-y}{x^2+y^2}, \frac{x}{x^2+y^2})^T, \ (x,y) \neq (0,0) \ .$$

(es ist $v^{(3)}(x,y,z) \equiv 0$ und $v^{(1)}$, $v^{(2)}$ sind unabhängig von z). Man rechnet aus:

$$v^{(1)}_y = v^{(2)}_x = \frac{y^2-x^2}{(x^2+y^2)^2} \ .$$

Also ist (10b) erfüllt in ganz $\mathbb{R}^2\setminus\{(0,0)\}$. Man überzeugt sich auch von der Beziehung $\oint v^{(1)}dx+v^{(2)}dy = 0$ entlang jeder geschlossenen Kurve, <u>die nicht den Nullpunkt umschließt</u>. Dort nämlich hat das Magnetfeld eine Singularität! Berechnet man beispielsweise das Kurvenintegral längs des Einheitskreises $C_0 = \{(\cos t, \sin t) : 0 \leqq t \leqq 2\pi\}$, dann ergibt sich:

$$\int_{C_0} (v^{(1)}dx+v^{(2)}dy) = \int_{C_0} (\frac{-y\ dx}{x^2+y^2} + \frac{x\ dy}{x^2+y^2}) =$$

$$= \int_0^{2\pi} \{(-\sin t)\cdot(-\sin t)+\cos^2 t\}dt = 2\pi \ .$$

Dieses Integral ist also nicht Null!

Im nächsten Kapitel werden wir uns mit den Kurvenintegralen noch weiter befassen.

13.5 Oberflächenintegrale

In vielen Anwendungsbereichen steht man vor dem Problem, Flächeninhalte von
Oberflächenstücken zu berechnen. So kann zum Beispiel in der Technik die Aufgabe
auftreten, das Gewicht eines aus homogenem Material bekannter Dichte bestehen-
den, flächig gekrümmten Elementes geringer (bekannter) Stärke - etwa eines
Stückes einer dünnen Kugelschale - zu bestimmen. Man wird also gewissen Flächen
im Raum $\mathbb{R}^3$ einen Flächeninhalt zuzuordnen haben, was wieder mit Hilfe eines
Integralbegriffs geschehen kann. Darüber hinaus werden wir auch Integrale von
Funktionen $f(x,y,z)$ betrachten, bei denen die Integrationsbereiche Flächenstücke
F im $\mathbb{R}^3$ sind. Außerdem benötigen wir den Begriff des Oberflächenintegrals im
nächsten Kapitel bei der Formulierung der Integralsätze, die u.a. für die Strö-
mungsmechanik von Bedeutung sind.

Als erstes wird der Begriff der Parameterdarstellung von Flächen eingeführt. Er
steht in Analogie zur Parameterdarstellung von Kurven (man vergleiche Kapitel
11 und Abschnitt 13.4).

Definition 5.1:

Es sei $S \subset \mathbb{R}^2$ ein Bereich (z.B. ein Rechteck) mit den Parametervariablen $(u,v) \in S$.
Eine glatte <u>Fläche $F \subset \mathbb{R}^3$</u> wird dann definiert durch eine Parameterdarstellung:

$$(1) \qquad \rho(u,v) = x(u,v) \cdot e_1 + y(u,v) \cdot e_2 + z(u,v) \cdot e_3 \qquad \text{mit} \qquad (u,v) \in S \ .$$

Die Komponentenfunktionen der Abbildung $\rho : S \subset \mathbb{R}^2 \to \mathbb{R}^3$ sollen in S stetige
partielle Ableitungen erster Ordnung besitzen, und es gelte für alle $(u,v) \in S$:

$$(1^*) \qquad rg \ \frac{\partial(x,y,z)}{\partial(u,v)} = rg \begin{pmatrix} x_u & y_u & z_u \\ x_v & y_v & z_v \end{pmatrix} = 2 \ .$$

F besteht also aus der Menge aller Endpunkte der Ortsvektoren $\rho(u,v)$, $(u,v) \in S$.
Die Zeilen der Matrix (1^*) bezeichnen wir mit ρ_u^T bzw. ρ_v^T. Wir zeigen, daß diese
Vektoren <u>Tangentenvektoren</u> an F sind.

Es sei $(u_0,v_0) \in S$ ein (beliebiger) fester
Punkt und $P_0 = (x_0,y_0,z_0) \in F$ der Endpunkt
des Ortsvektors $\rho_0 := \rho(u_0,v_0)$. Wir betrachten folgende Kurven K_1, K_2 auf F:

$$K_1 := \{\rho(u,v_0) \ ; \ (u,v_0)\epsilon S\} \ ,$$

$$K_2 := \{\rho(u_0,v) \ ; \ (u_0,v)\epsilon S\} \ .$$

Nach Abschnitt 11.1 sind $\rho_u(u_0,v_0)$ bzw. $\rho_v(u_0,v_0)$ Tangentenvektoren an K_1 bzw. K_2 im Punkte P_0. Sie sind wegen (1*) stets linear unabhängig, spannen also ein Parallelogramm auf, das in der Tangentialebene an F in P_0 enthalten ist.

Nun denken wir uns $S \subset \mathbb{R}^2$ zerlegt in Rechtecke mit den Seitenlängen Δu, Δv. Dieser Zerlegung entspricht vermöge (1) eine Zerlegung der Fläche F in Netzvierecke F, die sogenannten <u>Flächenelemente</u> von F. Nun wird das Flächenelement ΔF durch das von den Tangentenvektoren $\rho_u \cdot \Delta u$, $\rho_v \cdot \Delta v$ erzeugte Parallelogramm ersetzt. Sein Inhalt ist:

$$(2) \qquad |\rho_u(u,v) \times \rho_v(u,v)| \cdot \Delta u \cdot \Delta v \ ,$$

was sofort einleuchtet, wenn man sich die Bedeutung des Vektorproduktes klarmacht. Übrigens heißt der Vektor:

$$(3) \qquad \mathcal{N}(u,v) := \rho_u(u,v) \times \rho_v(u,v)$$

ein <u>Normalenvektor</u> der Fläche F im Punkte $\rho(u,v)$.

Jetzt sei $f(x,y,z) : \mathbb{R}^3 \to \mathbb{R}$ eine gegebene stetige Funktion. Wir betrachten f "entlang" der Fläche F, die durch (1) gegeben ist. Es kann also $f(x,y,z)$ durch die Darstellung (1) aufgefaßt werden als Funktion von u,v:

$$f(x(u,v),y(u,v),z(u,v)) = f(\rho(u,v)) : S \subset \mathbb{R}^2 \to \mathbb{R} \ .$$

Nun wird in jedem Netzviereck ΔF_ν ein Punkt P_ν gewählt und die Summe

$$(4) \qquad \sum_\nu f(P_\nu) \cdot |\rho_u^{(\nu)} \times \rho_v^{(\nu)}| \cdot \Delta u \cdot \Delta v$$

gebildet, wobei über alle Netzvierecke von F zu summieren ist. Führt man nun wieder den üblichen Grenzübergang durch (laufende Verfeinerung der Zerlegung von S bzw. von F), dann läßt sich zeigen, daß die Summen (4) gegen einen bestimmten Grenzwert konvergieren, den wir mit $\iint\limits_{F} f\, dF$ bezeichnen. Demgemäß definieren wir:

Definition 5.2:

Es sei $F \subset \mathbb{R}^3$ eine durch eine Parameterdarstellung (1) gegebene Fläche und $f(x,y,z)$ eine gegebene stetige Funktion. Dann heißt das Integral (falls dieses existiert)

$$(5) \qquad \iint\limits_{F} f\, dF := \iint\limits_{S} f(\rho(u,v)) \cdot |\rho_u(u,v) \times \rho_v(u,v)|\, du\, dv$$

das <u>Oberflächenintegral</u> der Funktion f erstreckt über die Fläche F. Ist speziell $f(x,y,z) \equiv 1$, dann geht (5) über in:

$$(5^*) \qquad I(F) := \iint\limits_{F} dF = \iint\limits_{S} |\rho_u(u,v) \times \rho_v(u,v)|\, du\, dv \ .$$

$I(F)$ heißt <u>Flächeninhalt</u> der Fläche F.

Der Wert des Integrals (5) bzw. (5*) ist unabhängig von der speziell gewählten Parameterdarstellung.

Beispiele:

1. Gesucht ist die Oberfläche der Halbkugel vom Radius R.

Lösung: Wir verwenden Kugel-Koordinaten und setzen $u := \varphi$, $v := \vartheta$. Dann ist $S = \{(\varphi,\vartheta) : 0 < \varphi < 2\pi, \ 0 < \vartheta < \frac{\pi}{2}\} \subset \mathbb{R}^2$ ein Rechteck. Ferner ergibt sich die Parameter-Darstellung:

$$\rho(\varphi,\vartheta) = (R\cdot\cos\varphi\cdot\cos\vartheta)\cdot e_1 + (R\cdot\sin\varphi\cdot\cos\vartheta)\cdot e_2 + (R\cdot\sin\vartheta)\cdot e_3 \ .$$

$$\Rightarrow \qquad \rho_\varphi = R \cdot \begin{pmatrix} -\sin\varphi\cdot\cos\vartheta \\ \cos\varphi\cdot\cos\vartheta \\ 0 \end{pmatrix}, \quad \rho_\vartheta = R \cdot \begin{pmatrix} -\cos\varphi\cdot\sin\vartheta \\ -\sin\varphi\cdot\sin\vartheta \\ \cos\vartheta \end{pmatrix},$$

also:

$$\rho_\varphi \times \rho_\vartheta = R^2 \cdot \cos\vartheta \cdot (\cos\varphi \cdot \cos\vartheta \cdot e_1 + \sin\varphi \cdot \cos\vartheta \cdot e_2 + \sin\vartheta \cdot e_3).$$

Man rechnet aus: $|\rho_\varphi \times \rho_\vartheta| = R^2 \cdot \cos\vartheta$ und erhält wegen (5*):

$$I(F) = \int\limits_0^{\pi/2} \int\limits_0^{2\pi} R^2 \cdot \cos\vartheta\, d\varphi\, d\vartheta = 2\pi R^2 \cdot \int\limits_0^{\pi/2} \cos\vartheta\, d\vartheta = 2\pi R^2.$$

2. Gegeben sei eine konstante Parallelströmung $w = (a,b,c)^T$ und die Halbkugel-
oberfläche $F = \{(x,y,z) : x^2+y^2+z^2 = R^2,\ z > 0\}$ (vgl. Beispiel 1). Gesucht ist
die Durchströmung von F, d.h. das Integral

$$\iint\limits_F w \cdot \mathcal{u}\, dF ,$$

wobei $\mathcal{u}$ den nach außen weisenden Einheitsnormalenvektor auf F bezeichne.
<u>Lösung:</u> Wir wollen die folgende Parameterdarstellung für F benutzen: $u := x$,
$v := y$. Dann ist S der Kreis um 0 mit Radius R : $S = \{(u,v) : 0 \leqq u^2+v^2 < R^2\}$.
Für $\rho(u,v)$ erhalten wir:

$$\rho(u,v) = u \cdot e_1 + v \cdot e_2 + \sqrt{R^2-u^2-v^2} \cdot e_3 .$$

Der Einheitsnormalenvektor $\mathcal{u}$ hat genau die Richtung von $\rho(u,v)$:

$$\mathcal{u} = \mathcal{u}(u,v) = R^{-1} \cdot \rho(u,v) .$$

Eine kleine Rechnung ergibt:

a) $$|\rho_u \times \rho_v| = \frac{R}{\sqrt{R^2-u^2-v^2}} ,$$

b) $$f(\rho(u,v)) = w \cdot \mathcal{u} = R^{-1} \cdot (a \cdot u + b \cdot v + c\sqrt{R^2-u^2-v^2}).$$

Dies liefert mit (5):

c) $$\iint\limits_F w \cdot \mathcal{u}\, dF = \iint\limits_S \left(\frac{a \cdot u + b \cdot v}{\sqrt{R^2-u^2-v^2}} + c\right) du\, dv .$$

Zur Lösung von c) führen wir Polarkoordinaten ein: $u = r \cdot \cos\varphi$, $v = r \cdot \sin\varphi$.
Wegen $u^2+v^2 = r^2$, $du\, dv = r\, dr\, d\varphi$ folgt aus c):

$$\iint\limits_{F} w \cdot \mathcal{M} dF = \int\limits_{0}^{2\pi}\int\limits_{0}^{R} \frac{r^2 \cdot (a \cdot \cos\varphi + b \cdot \sin\varphi)}{\sqrt{R^2 - r^2}}\, dr d\varphi + c \cdot \int\limits_{0}^{2\pi}\int\limits_{0}^{R} r\, dr d\varphi = c \cdot \pi \cdot R^2 \ .$$

3. Gesucht ist die Oberfläche des Kreiskegels: $z = R - \sqrt{x^2 + y^2}$, $0 \leqq z \leqq R$.
Wir setzen $u := x$, $v := y$; dann folgt:
$S = \{(u,v) : 0 \leqq u^2 + v^2 < R^2\} \subset \mathbb{R}^2$, also
Kreis um ϑ mit Radius R. Weiter ist:

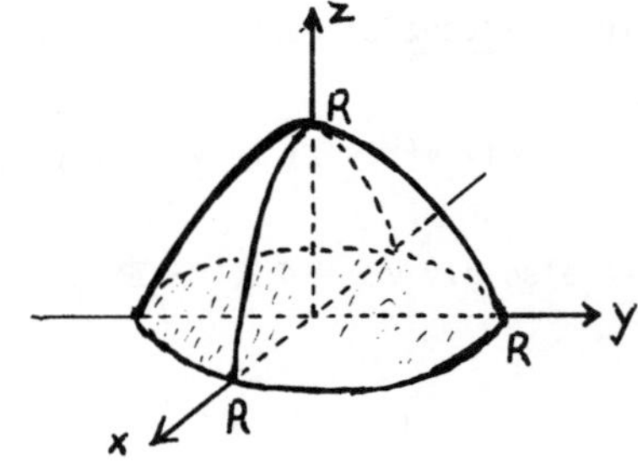

$$\rho(u,v) = u \cdot e_1 + v \cdot e_2 + (R - \sqrt{u^2 + v^2}) \cdot e_3 \quad \Longrightarrow$$

$$\rho_u = \begin{pmatrix} 1 \\ 0 \\ \dfrac{-u}{\sqrt{u^2+v^2}} \end{pmatrix} , \quad \rho_v = \begin{pmatrix} 0 \\ 1 \\ \dfrac{-v}{\sqrt{u^2+v^2}} \end{pmatrix} , \quad \rho_u \times \rho_v = \begin{pmatrix} \dfrac{u}{\sqrt{u^2+v^2}} \\ \dfrac{v}{\sqrt{u^2+v^2}} \\ 1 \end{pmatrix} \quad \Longrightarrow$$

$$|\rho_u \times \rho_v| = \sqrt{2} \ , \quad \Longrightarrow \quad I(F) = \iint\limits_{S} \sqrt{2}\, du dv = \sqrt{2}\pi R^2 \ .$$

4. Gesucht ist die Oberfläche des Paraboloids: $z = R - \dfrac{1}{R} \cdot (x^2 + y^2)$, $0 \leqq z \leqq R$.
Wir gehen genauso vor, wie in Beispiel 2 und erhalten $|\rho_u \times \rho_v| = \dfrac{1}{R} \cdot \sqrt{R^2 + 4u^2 + 4v^2}$.
Durch Einführung von Polarkoordinaten $u = r \cdot \cos\varphi$, $v = r \cdot \sin\varphi$ ergibt sich dann

$$I(F) = \frac{1}{R} \cdot \iint\limits_{S} \sqrt{R^2 + 4u^2 + 4v^2}\ du dv = \frac{1}{R} \cdot \int\limits_{0}^{2\pi}\int\limits_{0}^{R} \sqrt{R^2 + 4r^2} \cdot r\, dr d\varphi =$$

$$= \frac{2\pi}{R} \int\limits_{0}^{R} \sqrt{R^2 + 4r^2} \cdot r\, dr = \frac{2\pi}{R} \cdot \frac{1}{12} (R^2 + 4r^2)^{\frac{3}{2}} \Big|_{0}^{R} = \frac{5\sqrt{5} - 1}{6} \cdot \pi \cdot R^2 \approx 1,7\pi R^2 \ .$$

Kapitel 14: Vektoranalysis und Integralsätze

14.1 Differentiation von Vektorfeldern

Die Vektoranalysis spielt in der Mechanik - insbesondere in der Strömungsmechanik - sowie in der Elektrizitätslehre eine grundlegende Rolle, wie wir auch an einigen Beispielen in diesem Kapitel sehen werden. Gegenstand der Betrachtungen sind <u>Vektorfelder im $\mathbb{R}^3$</u>, wie wir sie schon in Abschnitt 13.4 kennengelernt haben, also Vektorfunktionen der Form:

$$(1) \qquad v(x,y,z) = \begin{pmatrix} v^{(1)}(x,y,z) \\ v^{(2)}(x,y,z) \\ v^{(3)}(x,y,z) \end{pmatrix} \quad : D \subset \mathbb{R}^3 \to \mathbb{R}^3 \; .$$

Es handelt sich in der Vektoranalysis vor allem um analytische Operationen von Vektorfeldern, also um deren Differentiation und Integration. Ein Vektorfeld $v : D \subset \mathbb{R}^3 \to \mathbb{R}^3$ soll stetig bzw. differenzierbar (bzw. partiell differenzierbar) in den Punkten von D heißen, wenn diese Eigenschaften für jede Komponente von v, also für die Funktionen $v^{(i)}(x,y,z)$, i = 1,2,3 zutreffen. Neben den Vektorfeldern betrachten wir auch einfache Funktionen, sogenannte skalare Funktionen $f(x,y,z) : D \subset \mathbb{R}^3 \to \mathbb{R}$, weil man aus solchen durch partielle Differentiation Vektorfunktionen, also Vektorfelder herstellen kann, nämlich durch <u>Gradienten</u>bildung (vgl. Kapitel 12)

$$(2) \qquad \nabla f(x,y,z) := (f_x(x,y,z),\, f_y(x,y,z),\, f_z(x,y,z))^T \; .$$

Für ∇f findet man auch oft die Bezeichung: <u>gradf</u>.
Neben dem Gradienten spielen nun noch zwei andere Differentialoperatoren eine besondere Rolle, und zwar:
1. Die <u>Divergenz</u> eines Vektorfeldes v :

$$(3) \qquad \text{div } v(x,y,z) := v^{(1)}_x(x,y,z) + v^{(2)}_y(x,y,z) + v^{(3)}_z(x,y,z) \; .$$

Es ist also div $v : D \subset \mathbb{R}^3 \to \mathbb{R}$ eine skalare Funktion.

2. Die <u>Rotation</u> eines Vektorfeldes v :

$$(4) \qquad \text{rot } v(x,y,z) := (v_y^{(3)} - v_z^{(2)}, \; v_z^{(1)} - v_x^{(3)}, \; v_x^{(2)} - v_y^{(1)})^T \; ,$$

(alle partiellen Ableitungen an der Stelle (x,y,z) genommen).

Es ist also rot v : $D \subset \mathbb{R}^3 \to \mathbb{R}^3$ eine Vektorfunktion. Es hat sich nun in Physik und Technik eine sehr zweckmäßige Operatorenschreibweise für grad, div, rot eingebürgert: Hierzu wird der Differentialoperator "<u>Nabla</u>" eingeführt:

$$(5) \qquad \nabla := (\tfrac{\partial}{\partial x} \, , \; \tfrac{\partial}{\partial y} \, , \; \tfrac{\partial}{\partial z}) \qquad \text{(Hamilton-Operator)} \; ,$$

der als symbolischer Vektor zu verstehen ist. Die "<u>Multiplikation</u>" einer Komponente von ∇ mit einer Funktion der Variablen x,y,z bedeutet nun: <u>partielle Dif</u><u>ferentiation</u>, und zwar nach der jeweiligen in der Komponente von ∇ angegebenen Variablen. Ferner soll ∇ immer links von der zu differenzierenden (skalaren oder vektoriellen) Funktion stehen. Wir erinnern uns nun an die drei möglichen Multiplikationen zwischen Skalaren (also Zahlen) und Vektoren:
a) Multiplikation einer Zahl mit einem Vektor: $\vec{a}\alpha$,
b) Skalarprodukt zwischen zwei Vektoren $\qquad : \vec{a}\cdot\vec{b}$,
c) Vektorprodukt zwischen zwei Vektoren $\qquad : \vec{a}\times\vec{b}$.
Mit dieser Schreibweise und den obigen Vereinbarungen kann man nun die Differentialoperatoren (2), (3), (4) folgendermaßen schreiben:

$$(6) \qquad \text{grad } f = \nabla f, \; \text{div } v = \nabla \cdot v, \; \text{rot } v = \nabla \times v \; .$$

Auf die physikalische Bedeutung von Divergenz und Rotation wird später noch eingegangen werden.

Die Rotation kann zu einer einfachen Formulierung der Wegunabhängigkeit von Kurvenintegralen dienen: Vergleichen wir Formel (10b), Abschnitt 13.4 mit der Definition (4) der Rotation, dann folgt unmittelbar

<u>Satz 1.1:</u>
Unter den Voraussetzungen von Satz 4.1, Kapitel 13 ist

$$(7) \qquad \text{rot } v = 0 \text{ in } G$$

notwendig und hinreichend für die Wegunabhängigkeit von Kurvenintegralen in G.

Es gilt:

$$v = \text{grad } f \text{ in } G \quad \Longleftrightarrow \quad \text{rot } v = 0 \text{ in } G \ .$$

Die Zweckmäßigkeit der Nabla-Schreibweise zeigt sich daran, daß man mit dem symbolischen Vektor Nabla ebenso rechnen kann, wie mit normalen Vektoren. Der Leser mache sich dieses bei den Aussagen des folgenden Satzes durch direktes Ausrechnen klar.

Satz 1.2:
Für $v(x,y,z) : D \subset \mathbb{R}^3 \to \mathbb{R}^3$ bzw. $f(x,y,z) : D \subset \mathbb{R}^3 \to \mathbb{R}$ gelte: $v, f \in C^2(D)$. Dann ist stets

$$(8) \qquad \text{div rot } v = 0 \ , \quad \text{rot grad } f = 0 \ .$$

Außer den in (8) angegebenen zusammengesetzten Differentialoperatoren kann man noch bilden:

$$(9a) \qquad \text{div grad } f = \nabla \cdot (\nabla f) =: \Delta f \ ,$$

$$(9b) \qquad \text{grad div } v = \nabla(\nabla \cdot v) \ ,$$

$$(9c) \qquad \text{rot rot } v = \nabla \times (\nabla \times v) \ .$$

Der wichtigste von diesen ist (9a), der sogenannte Laplace-Operator (auch Potential-Operator genannt). Es ist

$$(10) \qquad \Delta f(x,y,z) = f_{xx}(x,y,z) + f_{yy}(x,y,z) + f_{zz}(x,y,z) \ .$$

Dieser Operator ist uns schon in zwei Dimensionen in Abschnitt 12.3, Formel (10) begegnet. Wir bringen eine wichtige Definition:

Definition 1.1:
Eine Funktion $f(x,y,z) : D \subset \mathbb{R}^3 \to \mathbb{R}$ heißt harmonische Funktion in D, wenn (in jedem inneren Punkt von D) gilt:

$$(11) \qquad \Delta f = 0 \ ,$$

d.h., wenn $f(x,y,z)$ der Potentialgleichung genügt.

Eine ganz entsprechende Definition gibt es auch in 2 Dimensionen für Funktionen $f(x,y)$. Diese harmonischen Funktionen spielen in der komplexen Funktionentheorie eine grundlegende Rolle.

Beispiele harmonischer Funktionen sind:
a) $f(x,y,z) = -\frac{5}{3} x^3 + 2x^2 + 5xy^2 - 2z^2$
b) $f(x,y) = x^2 - y^2$
c) $f(x,y) = \cos x \cdot (e^y + e^{-y})$
d) $f(x,y) = \ln\sqrt{x^2+y^2}$ für $(x,y) \neq (0,0)$
e) $f(x,y) = \text{arctg}\,\frac{y}{x}$ für $(x,y) \neq (0,0)$, $x \neq 0$.

<u>Anmerkung:</u> Eine Funktion $f(x,y)$ von zwei Variablen kann immer als Funktion $f(x,y,z)$ von drei Variablen aufgefaßt werden, die nicht von z abhängt.

Wir beweisen

<u>Satz 1.3:</u>
Für ein Vektorfeld $v(x,y,z) = (v^{(1)},v^{(2)},v^{(3)})^T$ gilt <u>div v = 0</u> genau dann, wenn es ein Vektorfeld $w(x,y,z) = (w^{(1)},w^{(2)},w^{(3)})^T$ gibt mit <u>v = rot w.</u>

<u>Beweis:</u>
1. Sei $v = \text{rot } w$. Dann folgt aus (8) sofort: div $v = 0$.
2. Sei div $v = 0$. $\Longrightarrow$ $v_x^{(1)} + v_y^{(2)} + v_z^{(3)} = 0$.
Wir konstruieren ein Vektorfeld $w(x,y,z)$ folgendermaßen: Es sei $(x_0,y_0,z_0) \in D$ ein fester Punkt. Dann setzen wir

$$(12) \quad \begin{cases} w^{(1)}(x,y,z) := \int_{z_0}^{z} v^{(2)}(x,y,\zeta)d\zeta - \int_{y_0}^{y} v^{(3)}(x,\eta,z_0)d\eta \ , \\[2mm] w^{(2)}(x,y,z) := -\int_{z_0}^{z} v^{(1)}(x,y,\zeta)d\zeta \ , \\[2mm] w^{(3)}(x,y,z) := 0 \ . \end{cases}$$

Wir erhalten

$$\text{rot } w = \nabla \times w = \left(\frac{\partial}{\partial x}, \frac{\partial}{\partial y}, \frac{\partial}{\partial z}\right) \times (w^{(1)},w^{(2)},w^{(3)}) =$$

$$= (w_y^{(3)} - w_z^{(2)}, w_z^{(1)} - w_x^{(3)}, w_x^{(2)} - w_y^{(1)}) =$$

$$= (v^{(1)}(x,y,z), v^{(2)}(x,y,z), v^{(3)}(x,y,z_0) -$$

$$-\int_{z_0}^{z} [v_x^{(1)}(x,y,\zeta)+v_y^{(2)}(x,y,\zeta)]d\zeta) =$$

$$= (v^{(1)}(x,y,z),v^{(2)}(x,y,z),v^{(3)}(x,y,z_0)-$$

$$-[-v^{(3)}(x,y,z)+v^{(3)}(x,y,z_0)]) =$$

$$= (v^{(1)}(x,y,z),v^{(2)}(x,y,z),v^{(3)}(x,y,z)) = v \; . \quad \blacksquare$$

Beispiele für die Betrachtungen dieses Abschnitts werden im nächsten Abschnitt gebracht.

Zum Abschluß führen wir noch einige wichtige Regeln für die Differentiation von Vektorfeldern an, die der Leser leicht nachprüfen kann. Es gilt für differenzierbare Funktionen $f(x,y,z)$ und für differenzierbare Vektorfelder $v(x,y,z)$, $w(x,y,z)$:

a) $\operatorname{div}(v+w) = \operatorname{div}v + \operatorname{div}w$

b) $\operatorname{rot}(v+w) = \operatorname{rot}v + \operatorname{rot}w$

c) $\operatorname{div}(f\cdot v) = \operatorname{grad}f\cdot v + f\cdot\operatorname{div}v$

d) $\operatorname{rot}(f\cdot v) = \operatorname{grad}f\times v + f\cdot\operatorname{rot}v$

e) $\operatorname{div}(v\times w) = w\cdot\operatorname{rot}v - v\cdot\operatorname{rot}w$

f) $\operatorname{rot}(v\times w) = (\operatorname{div} w)v-(\operatorname{div} v)w+(w\cdot\nabla)v-(v\cdot\nabla)w$

g) $\operatorname{grad}(v\cdot w) = w\times(\operatorname{rot} v)+v\times(\operatorname{rot} w)+(w\cdot\nabla)v+(v\cdot\nabla)w$

h) $\operatorname{rot}\operatorname{rot} v = \operatorname{grad}\operatorname{div}v - \Delta v \; .$

$$(13)$$

Dabei ist

$$(w\cdot\nabla)v = (w^{(1)}\cdot\frac{\partial}{\partial x}+w^{(2)}\cdot\frac{\partial}{\partial y}+w^{(3)}\cdot\frac{\partial}{\partial z})\begin{pmatrix}v^{(1)}\\v^{(2)}\\v^{(3)}\end{pmatrix} = \begin{pmatrix}w^{(1)}\cdot v_x^{(1)}+w^{(2)}\cdot v_y^{(1)}+w^{(3)}\cdot v_z^{(1)}\\w^{(1)}\cdot v_x^{(2)}+w^{(2)}\cdot v_y^{(2)}+w^{(3)}\cdot v_z^{(2)}\\w^{(1)}\cdot v_x^{(3)}+w^{(2)}\cdot v_y^{(3)}+w^{(3)}\cdot v_z^{(3)}\end{pmatrix}$$

und

$$\Delta v = \begin{pmatrix}\Delta v^{(1)}\\\Delta v^{(2)}\\\Delta v^{(3)}\end{pmatrix} \; .$$

14.2 Beispiele

1. Wir betrachten die Bewegung eines starren Körpers im Raum: Die Bewegung setze sich zusammen aus einer konstanten Translationsgeschwindigkeit v_0 des Punktes 0 und einer Rotation des Punktes P um eine Achse $0A$ durch den Punkt 0 (vgl. Skizze). Es sei

$$r(x,y,z) = x \cdot e_1 + y \cdot e_2 + z \cdot e_3$$

der (von 0 aus abgetragene) Ortsvektor des Punktes P und

$$w = w^{(1)} \cdot e_1 + w^{(2)} \cdot e_2 + w^{(3)} \cdot e_3$$

der in der Achse $0A$ liegende Drehvektor. Dann ist die Gesamtgeschwindigkeit des Punktes P:

$$(1) \qquad v = v_0 + (w \times r) \ ,$$

wobei $w \times r$ die Tangentialgeschwindigkeit von P in der Rotationsebene ist. Dieser Vektor liegt in der Drehebene und hat die in der Skizze angegebene Richtung. Seine Länge ist: $|w \times r| = |w| \cdot |r| \cdot \sin\vartheta$. Wir wollen die Komponenten von $w \times r$ berechnen. Es ist

$$(2) \qquad w \times r = (w^{(2)} \cdot z - w^{(3)} \cdot y) \cdot e_1 + (w^{(3)} \cdot x - w^{(1)} \cdot z)e_2 + (w^{(1)} \cdot y - w^{(2)} \cdot x) \cdot e_3 \ .$$

Wir interessieren uns nun für die Rotation von v. Da v_0 und w konstant vorausgesetzt sind, folgt:

$$\operatorname{rot} v = \operatorname{rot} v_0 + \operatorname{rot}(w \times r) = \nabla \times (w \times r) =$$

$$= \left(\frac{\partial}{\partial x} , \frac{\partial}{\partial y} , \frac{\partial}{\partial z} \right) \times (w^{(2)} \cdot z - w^{(3)} \cdot y, w^{(3)} \cdot x - w^{(1)} \cdot z, w^{(1)} \cdot y - w^{(2)} \cdot x) =$$

$$= (w^{(1)} - (-w^{(1)}), w^{(2)} - (-w^{(2)}), w^{(3)} - (-w^{(3)})) = 2 \cdot w \ ,$$

also:

$$(3) \qquad w = \frac{1}{2} \operatorname{rot} v \ ,$$

d.h.: Bewegt sich ein starrer Körper mit konstanter Translationsgeschwindigkeit und konstanter Drehung, dann ist die Rotation der Gesamtgeschwindigkeit in jedem Punkte gleich dem doppelten der Winkelgeschwindigkeit der Drehbewegung, und zwar in Betrag und Richtung.

2. Es sei $f(x,y,z) := \text{arctg}\,\dfrac{y}{x}$, $\qquad x > 0$. $\qquad$ Man rechnet aus:

$$(4) \qquad \text{grad } f =: v(x,y,z) = \left(\frac{-y}{x^2+y^2}\ ,\ \frac{x}{x^2+y^2}\ ,0\right)^T .$$

Es ist also $v(x,y,z)$ das ebene Vektorfeld von Beispiel 4, Abschnitt 13.4, nur daß hier der Definitionsbereich auf die rechte Halbebene eingeschränkt ist. Wegen (8), Abschnitt 14.1. ist:

$$(5) \qquad \text{rot } v = \text{rot grad } f = 0 \quad \text{für } x > 0 .$$

Dies hätte man auch direkt aus Satz 4.1, Abschnitt 13.4 folgern können. f ist eine Potentialfunktion zu v.
Wir wollen jetzt die Divergenz von v berechnen. Es ist

$$\text{div } v = \frac{\partial}{\partial x}\left(\frac{-y}{x^2+y^2}\right)+ \frac{\partial}{\partial y}\left(\frac{x}{x^2+y^2}\right)+ \frac{\partial}{\partial z}(0) =$$

$$= \frac{y\cdot 2x}{(x^2+y^2)^2} + \frac{-x\cdot 2y}{(x^2+y^2)^2} +0 = 0$$

also:

$$(6) \qquad \text{div } v = \Delta f = 0 \quad \text{für } x > 0 .$$

Also: Das Vektorfeld (4) ist divergenz- und rotationsfrei; $f(x,y) = \text{arctg}\,\dfrac{y}{x}$ ist eine Potentialfunktion zu (4). Wegen $\Delta f = 0$ ist f harmonisch.

Wir wollen ein wegen Satz 1.3, Abschnitt 14.1 existierendes Vektorfeld w mit $v = \text{rot } w$ berechnen. Nach (12), Abschnitt 14.1 folgt mit $z_0 = y_0 = 0$:

$$w^{(3)} = 0$$

$$w^{(2)} = -\int_{z_0}^{z} v^{(1)}(x,y,\zeta)d\zeta = - \int_{0}^{z} \frac{-y}{x^2+y^2}\, d\zeta = \frac{y\cdot z}{x^2+y^2}$$

$$w^{(1)} = \int_{z_0}^{z} v^{(2)}(x,y,\zeta)d\zeta - \int_{y_0}^{y} v^{(3)}(x,\mu,z_0)d\mu = \int_{0}^{z} \frac{x}{x^2+y^2}\, d\zeta = \frac{x\cdot z}{x^2+y^2}$$

$$-269-$$

also:

$$(7) \qquad w(x,y,z) = \left(\frac{x\cdot z}{x^2+y^2} , \frac{y\cdot z}{x^2+y^2} , 0 \right)^T .$$

w ist kein Gradientenfeld, da rot w = v $\neq$ 0 ist. Man kann aber zeigen (Übung!):

$$(8) \qquad w(x,y,z) = z\cdot\text{grad}(\ln\sqrt{x^2+y^2}) ,$$

so daß mit (4) folgt:

$$(9) \qquad \text{rot}(z\cdot\text{grad}(\ln\sqrt{x^2+y^2})) = \text{grad}(\text{arctg}\,\tfrac{y}{x}) \qquad \text{für } x > 0 .$$

(9) drückt einen gewissen Zusammenhang aus zwischen den beiden (harmonischen) Funktionen $\ln\sqrt{x^2+y^2}$ und $\text{arctg}\,\tfrac{y}{x}$, der in der komplexen Funktionentheorie noch deutlicher werden wird.

Zum Abschluß berechnen wir noch div w. Es ist wegen (13c), Abschnitt 14.1:

$$\text{div } w = \text{div}(z\cdot\text{grad}(\ln\sqrt{x^2+y^2})) =$$

$$= \text{grad } z\cdot\text{grad}(\ln\sqrt{x^2+y^2})+z\cdot\text{div grad}(\ln\sqrt{x^2+y^2})$$

$$= (0,0,1)\cdot\left(\frac{x}{x^2+y^2} , \frac{y}{x^2+y^2} , 0 \right)^T+z\cdot\Delta(\ln\sqrt{x^2+y^2}) = 0 ,$$

also:

$$(10) \qquad \text{div } w = 0 \qquad \text{für} \quad (x,y) \neq (0,0) .$$

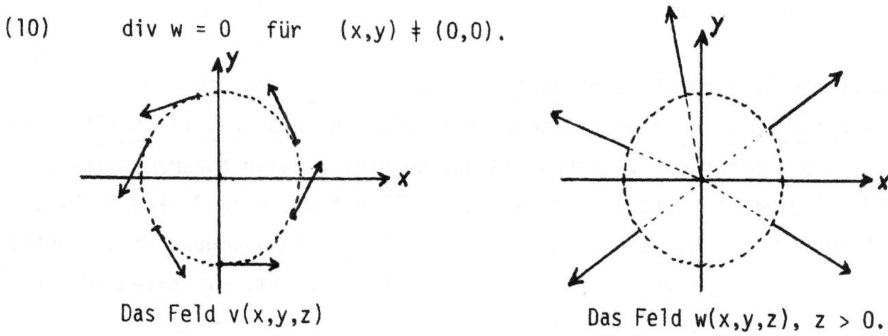

Das Feld v(x,y,z)　　　　　　Das Feld w(x,y,z), z > 0.

3. Als drittes Beispiel betrachten wir das <u>Newton'sche Potentialfeld</u>: Es sei k > 0 eine Konstante und $r := r(x,y,z) = x\cdot e_1+y\cdot e_2+z\cdot e_3$ der Ortsvektor eines Punktes im Raum. Dann ist $|r| = \sqrt{x^2+y^2+z^2}$. Wir betrachten die skalare Funktion:

(11) $f(x,y,z) := \dfrac{k}{|r|} = k(\sqrt{x^2+y^2+z^2})^{-1}$, $(x,y,z) \neq (0,0,0)$.

Man rechnet aus:

$$\text{grad } f = \nabla f = (\frac{\partial}{\partial x} , \frac{\partial}{\partial y} , \frac{\partial}{\partial z})(k \cdot (x^2+y^2+z^2)^{-\frac{1}{2}}) =$$

$$= -k \cdot (x^2+y^2+z^2)^{-\frac{3}{2}} \cdot (x,y,z)^T = -\frac{k}{|r|^3} \cdot r ,$$

oder, wenn wir den Vektor der Länge 1: $r_0 := \dfrac{1}{|r|} \cdot r$ einführen:

(12) $\text{grad } f = -\dfrac{k}{|r|^2} \cdot r_0$, $|r| > 0$.

Hieraus erhält man für $|r| > 0$:

$$\text{div grad } f = \Delta f = -k \cdot (\frac{\partial}{\partial x}(\frac{x}{(x^2+y^2+z^2)^{3/2}}) + \frac{\partial}{\partial y}(\frac{y}{(x^2+y^2+z^2)^{3/2}}) +$$

$$+ \frac{\partial}{\partial z}(\frac{z}{(x^2+y^2+z^2)^{3/2}})) =$$

$$= -k \cdot (\frac{|r|^3 - 3x^2 \cdot |r|}{|r|^6} + \frac{|r|^3 - 3y^2 \cdot |r|}{|r|^6} + \frac{|r|^3 - 3z^2 \cdot |r|}{|r|^6})$$

$$= -\frac{k}{|r|^6}(3|r|^3 - 3(x^2+y^2+z^2) \cdot |r|) = 0 ,$$

also:

(13) $\text{div grad } f = \Delta f = 0$.

Die harmonische Funktion f heißt Newton'sches Potential, der Feld ∇f heißt Newton'sches Potentialfeld. Physikalische Beispiele sind das Gravitationsfeld und das Coulomb-Feld einer elektrischen Ladung. So gibt z.B. in einem Gravitations-feld ∇f die Anziehungskraft an, die auf eine Einheitsmasse im Punkte $P = (x,y,z)$ zum Kraftzentrum $\mathbf{0} = (0,0,0)$ hin wirkt. Sie ist wegen (12) umgekehrt proportional dem Quadrat der Entfernung Kraftzentrum - Massenpunkt. Die Niveau-Flächen von $f(x,y,z) = \dfrac{k}{|r|}$, d.h. also die Flächen:

(14) $S_c := \{(x,y,z) : \dfrac{k}{|r|} = c, \ c \in \mathbb{R}\} \subset \mathbb{R}^3$

heißen Äquipotentialflächen und sind kon-
zentrische Sphären. Sie sind die Flächen
gleicher potentieller Energie.

14.3 Die Integralsätze von Gauß, Stokes und Green

Die in diesem Abschnitt behandelten Sätze bilden eine Verallgemeinerung des
Fundamentalsatzes der Infinitesimalrechung (vgl. Abschnitt 9.2, Satz 2.2) auf
mehrere Dimensionen. Sie sind für viele Anwendungen in der Vektoranalysis und
in der Theorie der Differentialgleichungen von großem Nutzen. Insbesondere
lassen sich diese Integralsätze mit Hilfe der vektoranalytischen Schreibweise
(grad, div, rot, Δ) sehr elegant formulieren und auch recht anschaulich physikalisch deuten.

Wir erinnern an den Fundamentalsatz von Abschnitt 9.2:

$$(1) \qquad \int_a^b f'(x)dx = f(b)-f(a) \; ,$$

welcher besagt, daß es möglich ist, einen Integralausdruck zurückzuführen auf
einen Ausdruck, in dem nur Funktionswerte an den Intervall-Enden a,b, also am
Rande von [a,b] auftreten. Die entsprechende Frage für 2 oder 3 Dimensionen ist
nun die, ob es möglich ist, gewisse Gebietsintegrale auf Randintegrale zurückzuführen. Wir wollen solche Aussagen jetzt für zwei Variable herleiten und im
Falle von drei Variablen ohne Beweis angeben.

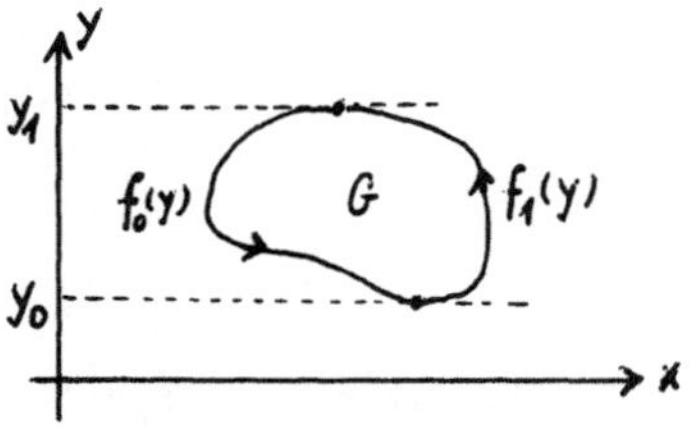

Es sei $G \subset \mathbb{R}^2$ ein beschränktes Gebiet
mit stückweise glattem Rand ∂G, der im
positiven Richtungssinn orientiert sei.
Zusätzlich wollen wir zunächst voraussetzen, daß G mit jeder achsenparallelen
Geraden höchstens eine Strecke gemeinsam $\Big\}(*)$
hat (Man vergleiche Abschnitt 13.1). Der
Rand ∂G setzt sich dann zusammen aus zwei Kurvenstücken:

$$(2a) \qquad x = f_0(y) \; , \quad x = f_1(y) \; , \quad y \in [y_0,y_1] \; .$$

Nun sei $u(x,y) : G \to \mathbb{R}$ eine stetig differenzierbare (partiell differenzierbare)
Funktion. Wir rechnen aus (vgl. Skizze):

$$\iint_G u_x(x,y)dxdy = \int_{y_0}^{y_1} \{ \int_{f_0(y)}^{f_1(y)} u_x(x,y)dx \}dy =$$

$$= \int_{y_0}^{y_1} \{u(f_1(y),y)-u(f_0(y),y)\}dy =$$

$$= \int_{y_0}^{y_1} u(f_1(y),y)dy + \int_{y_1}^{y_0} u(f_0(y),y)dy = \oint_{\partial G} u(x,y)dy \; ,$$

also:

$$(3a) \qquad \iint_G u_x(x,y)dxdy = \oint_{\partial G} u(x,y)dy \; .$$

Ganz entsprechend kann man jetzt den Rand ∂G auch zerlegen in zwei Kurvenstücke:

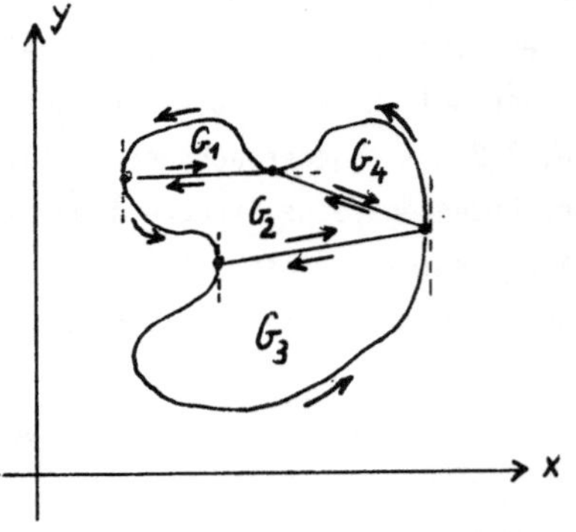

$$(2b) \qquad \begin{cases} y = g_0(x) \; , \quad y = g_1(x) \\[2ex] \text{für } x\in[x_0,x_1] \end{cases}$$

und erhält (vgl. Skizze):

$$\iint_G u_y(x,y)dxdy = \int_{x_0}^{x_1} \{\int_{g_0(x)}^{g_1(x)} u_y dy\}dx = \int_{x_0}^{x_1} \{u(x,g_1(x))-u(x,g_0(x))\}dx =$$

$$= -\int_{x_0}^{x_1} u(x,g_0(x))dx - \int_{x_1}^{x_0} u(x,g_1(x))dx = -\oint_{\partial G} u(x,y)dx \; ,$$

also:

$$(3b) \qquad \iint_G u_y(x,y)dxdy = -\oint_{\partial G} u(x,y)dx \; .$$

Als nächstes zeigen wir, daß die Formeln (3a), (3b) auch richtig sind für allgemeinere Gebiete G, für die die Voraussetzung (*) nicht gilt: Solche Gebiete lassen sich in Teilgebiete zerlegen, für die (*) gilt (vgl. Skizze). Nun wenden wir die Formeln (3a), (3b) auf jedes der Teilgebiete G_ν an und summieren die Integrale. Bei den Kurvenintegralen auf der rechten Seite heben sich dann die Anteile innerhalb von G alle auf, da diese Linien je zweimal in entgegengesetzten Richtungen durchlaufen werden und nur das Integral über ∂G übrigbleibt.

Es sei nun der Rand ∂G gegeben, der sich aus glatten Kurvenstücken zusammen-
setze. Ist z. B.

$$r(t) = (x(t), y(t))^T , \quad \alpha \leqq t \leqq \beta$$

eine Parameterdarstellung eines solchen glatten Stückes, so bezeichnen wir für
$\alpha < t < \beta$ mit

$$(4) \qquad \mathit{t}(t) := (\dot{x}(t), \dot{y}(t))^T = \dot{r}(t)$$

den $\underline{\text{Tangentenvektor}}$ und mit

$$(5) \qquad \mathit{n}(t) := (\dot{y}(t), -\dot{x}(t))^T$$

den $\underline{\text{Normalenvektor}}$ im Randpunkt $r(t)$.
Der Vektor $\mathit{n}(t)$ steht senkrecht auf $\mathit{t}(t)$. Er weist vom Innern des Gebietes G
nach außen, falls die geschlossene Kurve ∂G durch ihre Parameterdarstellungen
im positiven Sinne orientiert ist.

$\underline{\text{Satz 3.1 (Integralsatz von Gauß in der Ebene)}}$:
Es sei $G \subset \mathbb{R}^2$ ein Gebiet mit stückweise glattem und positiv orientiertem Rande
∂G. Ferner sei $v(x,y) := (v^{(1)}(x,y), v^{(2)}(x,y)) : \overline{G} \to \mathbb{R}^2$ ein in $\overline{G} = G \cup \partial G$ stetig
partiell differenzierbares ebenes Vektorfeld. Dann gilt:

$$(6) \qquad \iint_G \operatorname{div} v \, dxdy = \oint_{\partial G} v \cdot \mathit{n} \, dt \quad , \quad \mathit{n} dt = (dy, -dx)^T.$$

$\underline{\text{Beweis}}$:
Wir wenden (3a) auf $v^{(1)}(x,y)$ und (3b) auf $v^{(2)}(x,y)$ an und addieren die beiden
Gleichungen. Wegen $dx = \dot{x}(t)dt$, $dy = \dot{y}(t)dt$ folgt mit der Definition von n in
(5) sofort die Behauptung. $\blacksquare$

$\underline{\text{Satz 3.2 (Integralsatz von Stokes in der Ebene)}}$:
Es seien $G \subset \mathbb{R}^2$ und ∂G wie in Satz 3.1 definiert. Ferner sei das Vektorfeld
$v(x,y,z) := (v^{(1)}(x,y), v^{(2)}(x,y), 0) : \overline{G} \to \mathbb{R}^2$ stetig partiell differenzierbar in
$\overline{G} = G \cup \partial G$. Dann gilt:

$$(7) \qquad \iint_G \operatorname{rot} v \cdot e_3 \, dxdy = \oint_{\partial G} v \cdot \mathit{t} \, dt \quad , \quad \mathit{t} dt = (dx, dy)^T.$$

Beweis:

Es ist $\mathrm{rotv}\cdot e_3 = (0,0,v_x^{(2)}-v_y^{(1)})\cdot\begin{pmatrix}0\\0\\1\end{pmatrix} = v_x^{(2)}-v_y^{(1)}$.

Nun wenden wir (3a) auf $v^{(2)}(x,y)$ und (3b) auf $-v^{(1)}(x,y)$ an und addieren die beiden Gleichungen. Mit der Definition von $\mathcal{A}$ in (4) folgt sofort die Behauptung.

Satz 3.3 (Integralformeln von Green in der Ebene):

Es seien $G \subset \mathbb{R}^2$ und ∂G wie in Satz 3.1 definiert. Ferner seien $f(x,y)$, $g(x,y)$: $\overline{G} \to \mathbb{R}$ zwei in $\overline{G}$ zweimal stetig partiell differenzierbare Funktionen. Dann gilt:

$$(8a) \qquad \iint\limits_{G}(f\cdot\Delta g+\mathrm{grad}f\cdot\mathrm{grad}g)\,dxdy = \oint\limits_{\partial G} f\cdot\mathrm{grad}g\cdot\boldsymbol{\mathcal{M}}\,dt \ ,$$

$$(8b) \qquad \iint\limits_{G}(f\cdot\Delta g-g\cdot\Delta f)\,dxdy = \oint\limits_{\partial G} (f\cdot\mathrm{grad}g-g\cdot\mathrm{grad}f)\cdot\boldsymbol{\mathcal{M}}\,dt \ , \quad \boldsymbol{\mathcal{M}}dt = (dy,-dx)^T.$$

Beweis:

a) Wir setzen $v := \mathrm{grad}g$ und erhalten wegen Formel (13c), Abschnitt 14.1:

$$\mathrm{div}(f\cdot\mathrm{grad}g) = f\cdot\Delta g+\mathrm{grad}f\cdot\mathrm{grad}g \ .$$

Nun wenden wir auf das Vektorfeld $\tilde{v} := f\cdot\mathrm{grad}g$ die Formel (6) an und erhalten durch Einsetzen unmittelbar die Gleichung (8a).

b) Wir vertauschen f und g in (8a) und subtrahieren die entstehende Gleichung von (8a). Dann ergibt sich unmittelbar (8b).

Bevor wir auf die Anwendungen und die physikalische Bedeutung dieser Sätze eingehen, wollen wir noch kurz erwähnen, daß auch ganz entsprechende Aussagen für dreidimensionale Vektorfelder $v(x,y,z)$: $\overline{G} \subset \mathbb{R}^3 \to \mathbb{R}^3$ existieren.

a) Es sei $G \subset \mathbb{R}^3$ ein durch eine geschlossene Oberfläche F begrenztes räumliches Gebiet. F bestehe aus endlich vielen glatten Flächenstücken mit Parameterdarstellungen:

$$r(s,t) = (x(s,t),y(s,t),z(s,t))^T$$

$$(s,t)\in S \subset \mathbb{R}^2 \ .$$

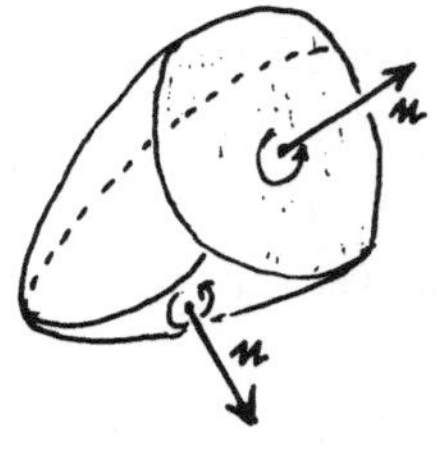

Bezeichnet $\mathcal{M}$ den nach außen weisenden Einheits-Normalenvektor auf der Fläche F und schreiben wir zur Abkürzung $dF := |r_s \times r_t|\,dsdt$, dann lautet der <u>Satz von Gauß</u>:

(9) $\qquad \iiint\limits_{G} \mathrm{div}\, v\; dxdydz = \oiint\limits_{F} v\cdot \mathscr{n}\, dF$,

wobei die Schreibweise $\oiint$ andeuten soll, daß der Integrationsbereich eine geschlossene Fläche ist.

b) Es sei $F \subset \mathbb{R}^3$ ein Flächenstück mit stückweise glattem Rande ∂F (Parameterdarstellungen $r(t) = (x(t), y(t), z(t))^T$). Sei $\mathscr{n}_F$ die Einheitsnormale auf F; $\mathscr{n}_F$ sei so gerichtet, daß sich eine rechtsgängige Schraube in Richtung von $\mathscr{n}_F$

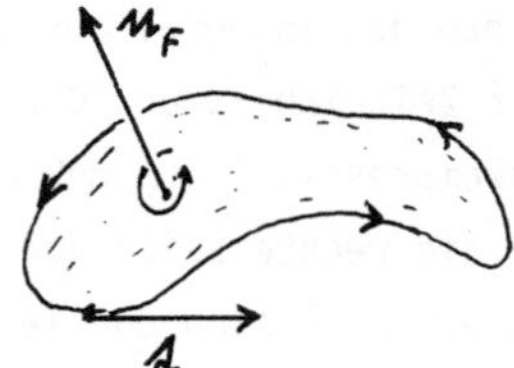

bewegt, wenn man ihr die durch die Orientierung von ∂F induzierte Drehung erteilt. $\mathscr{t}(t) = \dot{r}(t)$ sei der Tangentenvektor auf dem Rande ∂F. Dann lautet der <u>Satz von Stokes</u>:

(10) $\qquad \iint\limits_{F} \mathrm{rot}\, v \cdot \mathscr{n}_F\, dF = \oint\limits_{\partial F} v\cdot \mathscr{t}\, dt = \oint\limits_{\partial F} v\; dr$.

14.4 Physikalische Deutung und Anwendungen

In diesem Abschnitt sollen zunächst die Begriffe "Divergenz" und "Rotation" anhand einer ebenen stationären Strömung einer inkompressiblen Flüssigkeit anschaulich gedeutet werden. Dabei werden wir uns der beiden Integralsätze von Gauß und Stokes bedienen. Entsprechende Interpretationen sind im dreidimensionalen Fall möglich.

Die Strömung werde dargestellt durch ihr <u>Geschwindigkeitsfeld</u>:

(1) $\qquad v(x,y) = (v^{(1)}(x,y), v^{(2)}(x,y))^T$.

"Stationär" bedeutet Unabhängigkeit von der Zeit. Die Strömung besitzt also an jedem Ort konstante Geschwindigkeit.

a) Ist $\mathscr{a} \subset \mathbb{R}^2$ ein Kurvenstück, so liefert der Wert des Integrals:

(2) $\qquad \int\limits_{\mathscr{a}} v\cdot \mathscr{n}\, ds$

die in der Zeiteinheit durch $\mathscr{a}$ hindurchtretende Substanz, wobei s die Bogenlänge und n der Einheits-Normalenvektor ist. Der Gauß'sche Integralsatz:

$$(3) \qquad \iint_G \operatorname{div} v \, dxdy = \oint_{\partial G} v \cdot n \, ds$$

besagt also, daß das Integral der Divergenz, erstreckt über das Gebiet G, gleich ist der in der Zeiteinheit aus G austretenden Flüssigkeitsmenge. Da die Flüssigkeitsmenge inkompressibel ist, muß in G Substanz entstehen oder vernichtet werden, je nachdem ob die rechte Seite von (3) positiv oder negativ ist. Man sagt: In dem Bereich G befinden sich <u>Quellen</u> bzw. <u>Senken</u>. Man nennt das Integral in (3) die <u>Gesamtergiebigkeit</u> der Strömung in G, den Ausdruck $\frac{1}{|G|} \cdot \iint_G \operatorname{div} v \, dxdy$ die <u>mittlere Ergiebigkeit</u> und die Funktion div v die <u>spezifische Ergiebigkeit</u> der Strömung in G.

b) Entsprechend nennt man das Integral:

$$(4) \qquad \oint_{\partial G} v \cdot t \, ds$$

die <u>Zirkulation</u> der Flüssigkeit entlang ∂G (auch <u>Wirbelstärke</u> genannt). Nun besagt der Stokes'sche Integralsatz:

$$(5) \qquad \iint_G \operatorname{rot} v \cdot e_3 \, dxdy = \oint_{\partial G} v \cdot t \, ds \; ,$$

daß das Integral der Normalkomponente der Rotation, erstreckt über G, gleich der Zirkulation entlang ∂G ist. Man nennt die Funktion rot $v \cdot e_3$ die <u>spezifische Zirkulation</u> der Strömung in G.

<u>Anmerkung:</u> Für div v, rot $v \cdot e_3$ sind auch die Bezeichnungen <u>Quellendichte</u> bzw. <u>Wirbeldichte</u> üblich.

Die Strömung heißt <u>quellenfrei</u>, wenn div v = 0, und <u>wirbelfrei</u>, wenn rot v = 0 ist. Von besonderem Interesse sind die quellen- und wirbelfreien stationären Strömungen, die man <u>Potentialströmungen</u> nennt. Zu ihnen existiert stets eine sogenannte <u>Potentialfunktion</u> f(x,y) : G → $\mathbb{R}$ mit: v = gradf und Δf = 0.

Wir bringen einigen Anwendungen der Integralsätze.

1. Gesucht ist das Volumen V des nebenstehend skizzierten Kegelstumpfes G von
der Höhe H und mit den Radien R, $\tilde{R}$
$(R > \tilde{R})$.

Wir wählen ein zur Mantelfläche F_3 tan-
gentiales Vektorfeld

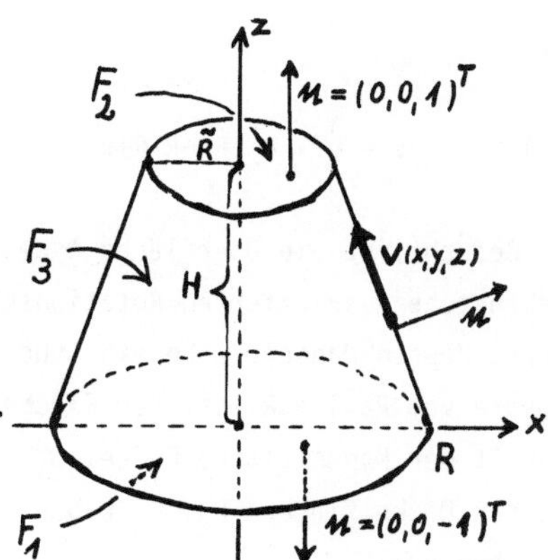

$$(6) \qquad v(x,y,z) := \left(-x, -y, \frac{H}{R-\tilde{R}} \cdot \sqrt{x^2+y^2}\right)^T .$$

v hat also auf der Mantelfläche die Normalkomponente 0 (Der Beweis hierfür ist
dem Leser überlassen). Ist $\mathcal{u}$ der Normalen-Einheitsvektor, dann ergibt sich für
die Normalkomponente von v auf den Deckelflächen unmittelbar:

$$(6a) \qquad v \cdot \mathcal{u} = \begin{cases} - \dfrac{H}{R-\tilde{R}} \sqrt{x^2+y^2} & \text{für} \quad (x,y,z) \in F_1 \\[3mm] + \dfrac{H}{R-\tilde{R}} \sqrt{x^2+y^2} & \text{für} \quad (x,y,z) \in F_2 . \end{cases}$$

Die Parametrisierungen von F_1 und F_2 seien

$$x = s \cdot \cos t , \quad y = s \cdot \sin t , \quad 0 \overset{\leq}{=} t < 2\pi ; \quad 0 < s \overset{\leq}{=} R \ (\text{bzw.} \ \tilde{R}) .$$

Damit ergibt eine leichte Rechnung:

$$(6b) \qquad dF = |r_s \times r_t| \, ds \, dt = s \, ds \, dt .$$

Wegen div v $\equiv$ -2 folgt nun mit Hilfe des Satzes von Gauß (vgl. (9), Abschnitt
14.3)

$$-2V = \iint\limits_{F_1} - \frac{H}{R-\tilde{R}} \sqrt{x^2+y^2} \, dF + \iint\limits_{F_2} + \frac{H}{R-\tilde{R}} \sqrt{x^2+y^2} \, dF + \iint\limits_{F_3} v \cdot \mathcal{u} \, dF =$$

$$= \frac{H}{R-\tilde{R}} \left(\iint\limits_{F_2} s \, dF - \iint\limits_{F_1} s \, dF \right) = \frac{H}{R-\tilde{R}} \left(\int\limits_0^{2\pi} \int\limits_0^{\tilde{R}} s^2 \, ds \, dt - \int\limits_0^{2\pi} \int\limits_0^{R} s^2 \, ds \, dt \right) =$$

$$= \frac{2\pi \cdot H}{R-\tilde{R}} \left(\frac{1}{3} \tilde{R}^3 - \frac{1}{3} R^3 \right) = - \frac{2}{3} \pi H \cdot (R^2 + R\tilde{R} + \tilde{R}^2) ,$$

also

$$(7) \qquad V = \frac{1}{3}\, \pi\cdot H\cdot(R^2+R\cdot\tilde{R}+\tilde{R}^2)\ .$$

2. Gesucht ist die Oberfläche $\mathcal{O}$ des
nebenstehend skizzierten Rotationskörpers, dessen Mantelfläche ein Stück der
Sphäre vom Radius R ist. Der Flächen-
inhalt der Mantelfläche F_1 sei $\mathcal{O}_1$. Die
beiden Deckelflächen F_2, F_3 haben den
Flächeninhalt

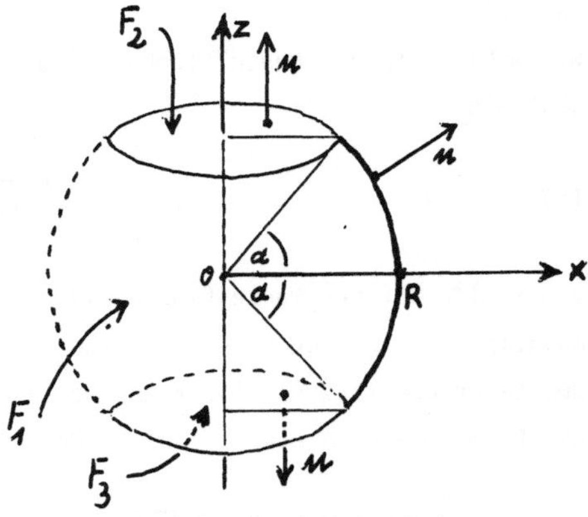

$$(8) \qquad \mathcal{O}_2 = \mathcal{O}_3 = R^2\cdot\pi\cdot\cos^2\alpha\ .$$

Das Volumen V des Rotationskörpers ist nach Beispiel 7, Abschnitt 13.3:

$$(9) \qquad V = \frac{2}{3}\cdot R^3\pi\sin\alpha(3-\sin^2\alpha)\ .$$

Nun sei $v(x,y,z) := (x,y,z)^T$. Für die Normalkomponente von v ergibt sich
($\mathcal{M}$ = Normalen-Einheitsvektor):

$$(10) \qquad v\cdot\mathcal{M} = \begin{cases} R & \text{für } (x,y,z)\epsilon F_1 \\[2mm] R\cdot\sin\alpha & \text{für } (x,y,z)\epsilon F_2\cup F_3\ . \end{cases}$$

Der Beweis von (10) sei dem Leser als Übung überlassen. Wir erhalten somit mit
dem Satz von Gauß (vgl. (9), Abschnitt 14.3) wegen div v ≡ 3:

$$3V = \iint\limits_{F_1} R\cdot dF + \iint\limits_{F_2} R\cdot\sin\alpha\cdot dF + \iint\limits_{F_3} R\cdot\sin\alpha\cdot dF\ ,$$

also wegen (8) und (9)

$$2R^3\pi\sin\alpha\cdot(3-\sin^2\alpha) = R\cdot\mathcal{O}_1 + 2R\cdot\sin\alpha\cdot R^2\pi\cdot\cos^2\alpha\ ,$$

also

$$(8^\ast) \qquad \mathcal{O}_1 = 4\pi R^2\sin\alpha\ .$$

Aus (8), (8*) ergibt sich damit für die gesuchte Oberfläche $\mathcal{O} = \mathcal{O}_1+\mathcal{O}_2+\mathcal{O}_3$:

(11) $\qquad \mho = 2\pi R^2 \cdot (\cos^2\alpha + 2\sin\alpha)$.

3. Das Dirichlet-Problem

Sei $G \subset \mathbb{R}^2$ ein offenes Gebiet mit stückweise glattem Rand ∂G und seien $f(x,y)$, $g(x,y)$ auf G bzw. ∂G definierte stetige Funktionen. Das Dirichlet-Problem besteht darin, eine auf $\bar{G}$ stetige Funktion $u(x,y)$ zu finden, für die einerseits

$$(12) \quad \begin{cases} \Delta u(x,y) = f(x,y) & \text{für} \quad (x,y) \in G \\[2mm] u(x,y) = g(x,y) & \text{für} \quad (x,y) \in \partial G \end{cases} \qquad \text{und andererseits}$$

gilt. Anders ausgedrückt: Die auf ∂G definierte Funktion $g(x,y)$ soll so auf G fortgesetzt werden, daß eine Funktion $u(x,y)$ entsteht, die $\Delta u = f$ erfüllt. Das Dirichlet-Problem (12) ist immer lösbar. Dies wollen wir hier nicht nachweisen. Wir wollen nur zeigen, daß es nicht zwei verschiedene Lösungen haben kann.

Dazu nehmen wir an, $v(x,y) : \bar{G} \to \mathbb{R}$ sei eine weitere Lösung von (12). Dann gelten für die Differenz

$$\varphi(x,y) := u(x,y) - v(x,y)$$

die Beziehungen

$$(13) \quad \Delta\varphi = 0 \text{ auf } G , \quad \varphi = 0 \text{ auf } \partial G .$$

Nun verwenden wir die Green'sche Formel (8a), Abschnitt 14.3. Setzen wir dort für f und g jeweils φ ein, dann folgt wegen (13)

$$\iint\limits_{G} (\text{grad}\,\varphi)^2 \, dx\,dy = 0 ,$$

d.h. es ist $\text{grad}\,\varphi = 0$ auf G, also $\varphi = c$ auf G. Da aber φ stetig auf $\bar{G}$ und $\varphi = 0$ auf ∂G ist, muß für die Konstante c gelten:

$$c = 0 .$$

Also sind u und v auf $\bar{G}$ identisch.

Kapitel 15: Gewöhnliche Differentialgleichungen erster Ordnung

Im folgenden wird für das Wort "Differentialgleichung" zur Abkürzung stets Dgl. geschrieben (Plural: Dgln.).

15.1. Einteilung der Dgln. und Beispiele

Die Dgln spielen in den Natur-, Wirtschafts- und Ingenieurwissenschaften eine grundlegende Rolle, da durch sie viele physikalische, biologische, chemische und technische Sachverhalte beschrieben werden.

Def. 1.1.: Eine Dgl. ist eine Gleichung, in der Ableitungen von einer oder mehreren Funktionen von einer oder mehreren Veränderlichen auftreten. Die gesuchten Unbekannten sind hierbei die Funktionen.

Eine gewöhnliche Dgl. bei Auftreten von nur einer unbekannten Funktion hat die allgemeine Form:

$$(1) \qquad F(x, y(x), y'(x), \ldots, y^{(n)}(x)) = 0.$$

Eine partielle Dgl. bei Auftreten von einer unbekannten Funktion in z.B. zwei unabhängigen Veränderlichen x,y hat die allgemeine Form:

$$(2) \qquad F(x, y, z(x,y), z_x, z_y, z_{xx}, z_{xy}, z_{yy}, \ldots) = 0.$$

Def. 1.2.: Die Ordnung des höchsten in einer Dgl. auftretenden Differentialquotienten heißt die Ordnung der Dgl. Eine gewöhnliche Dgl. heißt linear, wenn sie von der Form ist:

$$(3) \qquad \sum_{\nu=0}^{n} \alpha_\nu(x) \cdot y^{(\nu)}(x) = b(x),$$

wobei die $\alpha_\nu(x)$, $b(x)$ bekannte Funktionen sind.

Andernfalls heißt die Dgl. nichtlinear. Eine entsprechende Definition gilt für partielle Dgln.

Beispiele:

1. $y(x) \cdot y'(x) = x$ ist eine gewöhnliche, nichtlineare Dgl. erster Ordnung.

2. $5y'' + x^2 y' - \sin x \cdot y = 0$ ist eine gewöhnliche, lineare Dgl. zweiter Ordnung.

3. $z_{xx}^2 + z_{yy}^2 = x$ ist eine partielle, nichtlineare Dgl. zweiter Ordnung.

4. $z_x + z_y = 0$ ist eine partielle, lineare Dgl. erster Ordnung.

Eine Dgl. n-ter Ordnung lösen heißt, alle diejenigen n-mal stetig differenzierbaren Funktionen zu ermitteln, die, mit ihren Ableitungen in die Dgl. eingesetzt, diese identisch befriedigen.

Wir wollen nun einige Beispiele von Dgln., die sich aus der Praxis ergeben, bringen. Für den Praktiker ist neben dem Lösen von Dgln. auch das Aufstellen von solchen eine wichtige Aufgabe. Dafür benötigt er die Kenntnis der für sein Arbeitsgebiet in Frage kommenden physikalischen Gesetze bzw. Ergebnisse, die sich aus Experimenten ergeben. Eine auf solchen Grundlagen aufgestellte Dgl. liefert dann ein mathematisches Modell für das physikalische, biologische oder technische Problem. Dabei wird man bei dem praktischen Problem oft unwesentliche Faktoren vernachlässigen, um das Modell, d.h. die Dgl., nicht zu kompliziert werden zu lassen.

1. Zeitliche Veränderung der Einwohnerzahl eines Landes:
Sei $y(t)$ die Einwohnerzahl zur Zeit t und h>0 ein kleines Zeitintervall.
Ferner seien G,T,E,A jeweils die Anzahl der Geburten, Todesfälle, Einwanderer und Auswanderer pro Zeiteinheit (z.B. pro Jahr).
Über diese Größen machen wir folgende Annahmen:

a) E und A sind Konstanten.
b) $G \approx (a-b \cdot y(t)) \cdot y(t)$, a,b>0 konstant.
c) $T \approx (c+d \cdot y(t)) \cdot y(t)$, c,d>0 konstant.

b) und c) bedeutet: Für kleine Einwohnerzahl sind G und T etwa proportional zu $y(t)$. Mit wachsendem $y(t)$ nimmt die Lebensqualität ab, d.h. die Geburtenrate sinkt und die Todesrate steigt.
Für die Bevölkerungszunahme in der Zeitspanne h gilt nun:

$$y(t+h)-y(t) = h \cdot [G-T+E-A] \approx h \cdot [(a-c) \cdot y(t)-(b+d) \cdot y^2(t)+E-A]$$
$$= h \cdot [\alpha y(t)-\beta y^2(t)+\gamma], \quad \beta > 0.$$

Für große Populationen kann $y(t)$ als stetige und differenzierbare Funktion angenommen werden, so daß sich mit Division durch h und Grenzübergang $h \to 0$ ergibt:

$$(4) \qquad y'(t) = \alpha \cdot y(t)-\beta \cdot y^2(t)+\gamma \qquad (\beta > 0).$$

Um diese Riccati-Gleichung eindeutig lösen zu können, benötigt man noch eine sogen. Anfangsbedingung, d.h. die Angabe der Einwohnerzahl zur Zeit t=0: $y(0) = y_0$.

2. Radioaktiver Zerfall (vgl. Abschnitt 7.4.):

Die zerfallende Menge einer radioaktiven Substanz $y(t)$ in einer kleinen
Zeitspanne h ist (annähernd) proportional der noch vorhandenen Substanz.
Dies ergibt:

$$y(t+h)-y(t) \approx h\cdot(-C\cdot y(t)), \quad C>0 \text{ konstant.}$$

Division durch h und Grenzübergang $h\to 0$ liefert nun:

$$(5) \qquad y'(t) = -C\cdot y(t),$$

deren Lösung uns ja schon bekannt ist: $y(t) = y(0)\cdot e^{-C\cdot t}$.

3. Freier Fall: Ein Körper der Masse m befinde sich in großer Höhe über der
Erde (Masse M). Ist s der Abstand Körper - Erdmittelpunkt, dann gilt für die
Anziehungskraft nach dem Gravitationsgesetz:

$$K = \gamma\cdot \frac{M\cdot m}{s^2} \quad (\gamma \text{ konstant}).$$

Der zunächst festgehaltene Körper werde plötzlich losgelassen und bewegt sich
senkrecht nach unten. Die Fallbewegung werde beschrieben durch $s = s(t)$.
Nach dem Newton'schen Kraftgesetz folgt daher:

$$m\cdot\ddot{s}(t) = -\gamma\cdot \frac{M\cdot m}{[s(t)]^2} \text{ , also}$$

$$(6) \qquad \ddot{s} = -\gamma\cdot M\cdot s^{-2} \text{ .}$$

Dies ist eine Dgl. 2. Ordnung. Zu ihrer eindeutigen Lösung sind zwei Anfangsbedingungen erforderlich: Zur Zeit $t=0$ befindet sich der Körper in Ruhe im
Abstand s_0 vom Erdmittelpunkt entfernt:

$$(6^*) \qquad s(0) = s_0, \quad \dot{s}(0) = 0.$$

Vollzieht sich die gesamte Fallbewegung in der Nähe der Erdoberfläche, dann
kann man auf der rechten Seite von (6) $s = s^* = $ Erdradius setzen, ohne viel
falsch zu machen. Wir erhalten dann: $\gamma\cdot M\cdot(s^*)^{-2} = g \approx 9,81 \text{ m}\cdot\text{sec}^{-2}$ und (6)

wird zu:

(6a) $\ddot{s} = -g.$

Die Lösung lautet dann: $s(t) = s_0 - \frac{1}{2}\,g\cdot t^2.$

<u>4. Schwingungen an einer Feder:</u>
Ein Massenpunkt der Masse m sei
an zwei gleichlangen homogenen Federn
zwischen zwei festen Wänden aufgehängt.
Von der Schwerkraft soll abgesehen werden.

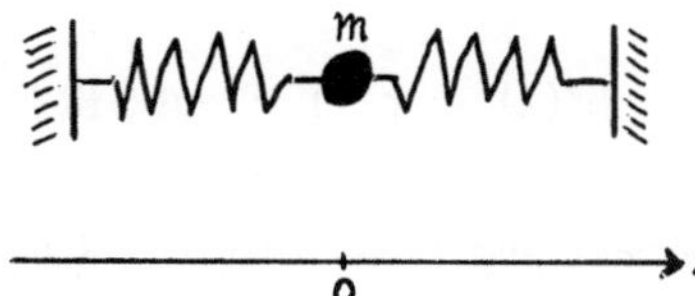

Gesucht ist die zeitliche Veränderung der Auslenkung $x = x(t)$ des Massen-
punktes aus der Ruhelage, wenn er durch Anstoßen in Schwingung versetzt wird.
Es zeigt sich nun, daß die elastische <u>Rückstellkraft</u> der Feder proportional zur
Auslenkung ist:

$$R_1 = k\cdot x, \quad k>0 \text{ konstant.}$$

Ferner ist die entstehende <u>Reibungskraft</u> angenähert proportional der Geschwindigkeit:

$$R_2 = r\cdot\dot{x}, \quad r>0 \text{ konstant.}$$

Da nun R_1 die Auslenkung und R_2 die Geschwindigkeit zu verkleinern sucht, erhalten wir für die Pendelbewegung des Massenpunktes die folgende Dgl.:

(7) $m\cdot\ddot{x} = -R_1-R_2 = -k\cdot x-r\cdot\dot{x}.$

Auch hier kommen zwei Anfangsbedingungen hinzu.

<u>5. Durchbiegung eines belasteten Stabes:</u>
Ein auf zwei Stützen gelagerter Stab sei
durch eine Streckenlast mit der Belastungsdichte $p(x)\leqq 0$ belastet. Gesucht ist die
Durchbiegung $y = y(x)$, $0\leqq x\leqq L$ des Stabes
(vgl. Skizze).

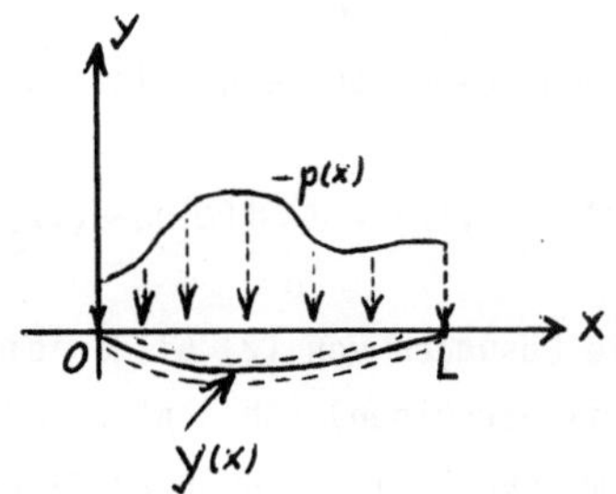

Aus der Statik ergibt sich der Ansatz:

$$\text{Krümmung} = -\frac{\text{Biegemoment}}{\text{Biegesteifigkeit}} = -\frac{M(x)}{E\cdot J}\ .$$

Hierbei sind E (Elastizitätsmodul) und J (axiales Flächenträgheitsmoment des Querschnitts) konstante Größen. Für M(x) gilt:

$$(*)\qquad M''(x) = -p(x),\ 0\leq x\leq L;\ M(0) = M(L) = 0.$$

Man erhält somit das folgende <u>Randwertproblem</u>:

$$(8)\qquad \frac{y''}{(1+y'^2)^{3/2}} = \frac{-M(x)}{E\ J}\ ,\ x\varepsilon[0,L];\ y(0) = y(L) = 0,$$

das zusammen mit (*) eindeutig lösbar ist.

15.2. Geometrische Betrachtungen

Von nun an wollen wir uns in diesem Kapitel mit gewöhnlichen Dgln. 1. Ordnung befassen:

$$(1)\qquad F(x,y,y') = 0.$$

In vielen Fällen läßt sich (1) nach y' auflösen, so daß wir die Dgl. <u>in expliziter Form</u> vorliegen haben:

$$(1^*)\qquad y' = f(x,y).$$

Als Spezialfall von (1) bzw. (1*) betrachten wir die Dgl.:

$$(2)\qquad y' = f(x),$$

deren Lösung auf eine einfache Integration hinausläuft:

$$(2^*)\qquad y(x) = \int_{x_0}^{x} f(\xi)d\xi+c,\ x_0\ \text{fest},\ c\varepsilon\mathbf{R}\ .$$

Die Lösungen von (2) bilden eine Kurvenschar, die die x,y-Ebene (oder einen Teil derselben) schlicht überdeckt. Man wird vermuten, daß dieses für den allgemeinen Fall (1) auch zutrifft. So hat z.B. die Dgl. y' = y die Lösungsschar:

$$y(x) = c\cdot e^{x},\ c\varepsilon\mathbf{R}\ .$$

285

Man kann sich nun über die Lösungsschar einer Dgl. der Form (1*) einen ungefähren geometrischen Überblick verschaffen, indem man das Richtungsfeld der
Dgl. zeichnet: Einem Punkt $(x_0,y_0)\epsilon\,\mathbb{R}^2$ ordnet man diejenige Steigung zu, die
den Wert $f(x_0,y_0)$ hat. Diese muß dann die
Richtung der Tangente an die Lösungskurve sein, die durch (x_0,y_0) verläuft.
Zeichnet man nun in genügend vielen
Punkten der Ebene kleine Geradenstücke
mit der jeweiligen Steigung, so erhält
man ein ungefähres Bild vom Verlauf der
Lösungskurven, oder, wie man auch sagt,
der Integralkurven.

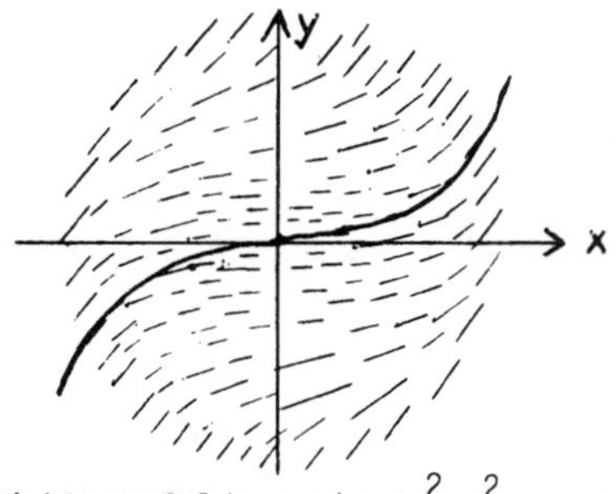

Richtungsfeld zu $y' = x^2+y^2$

Zur Konstruktion von Integralkurven kann man sich auch des Isoklinenverfahrens bedienen. Die Isoklinen der Dgl.
(1) sind diejenigen Kurven in der x,y-
Ebene, auf denen die Lösungen $y(x)$ von
(1) gleiche Steigung haben, also die
Höhenlinien von $f(x,y)$:

(3) $f(x,y) = c$ bzw.

    $F(x,y,c) = 0$, $c\epsilon\mathbb{R}$ konstant.

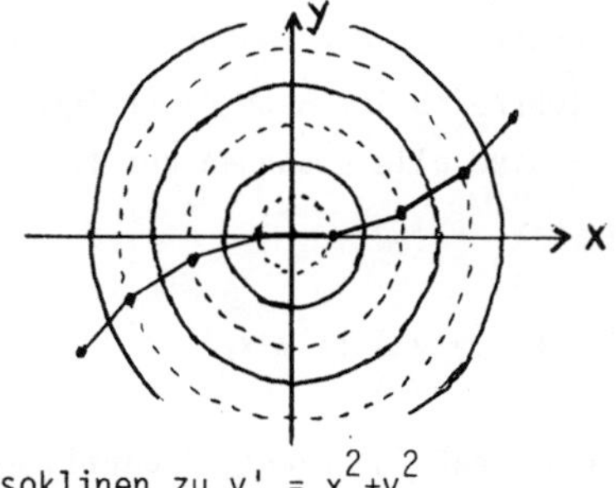

Isoklinen zu $y' = x^2+y^2$

Zeichnet man nun eine hinreichende Anzahl von Isoklinen und skizziert noch
zwischen diesen die Mittellinien, dann kann man durch Polygonzüge, deren
Ecken auf den Mittellinien liegen, die Lösungskurven der Dgl. angenähert darstellen.

Nun ist es i.a. nicht so, daß durch jeden Punkt (x_0,y_0) stets nur eine Integralkurve hindurchgeht! Wir können nur folgern, daß zwei durch einen Punkt
(x_0,y_0) verlaufende Integralkurven in (x_0,y_0) die gleiche Steigung haben,
sich also dort berühren oder tangential schneiden. Hierzu ein Beispiel:
Gesucht seien alle Lösungen zu

(4) $y' = f(x,y) := 3{\cdot}y^{2/3}$.

Für $y \neq 0$ erhält man:

$$\frac{y'(x)}{3{\cdot}y(x)^{2/3}} = 1.$$

Integration dieser Gleichung liefert:

$$\int \frac{y'(x)}{3 \cdot y(x)^{2/3}}\, dx = \frac{1}{3}\int y^{-\frac{2}{3}}\,dy = \int dx + c$$

also $\qquad y(x) = (x+c)^3,\ c \in \mathbf{R}$.

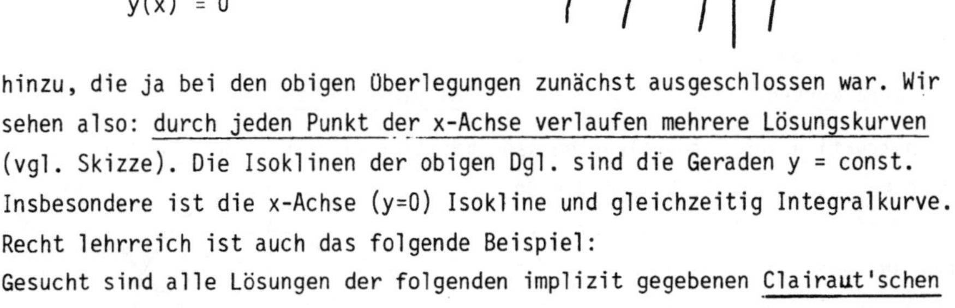

Nun kommt aber noch zusätzlich die Lösung:

$$y(x) \equiv 0$$

hinzu, die ja bei den obigen Überlegungen zunächst ausgeschlossen war. Wir sehen also: durch jeden Punkt der x-Achse verlaufen mehrere Lösungskurven (vgl. Skizze). Die Isoklinen der obigen Dgl. sind die Geraden y = const. Insbesondere ist die x-Achse (y=0) Isokline und gleichzeitig Integralkurve. Recht lehrreich ist auch das folgende Beispiel:

Gesucht sind alle Lösungen der folgenden implizit gegebenen Clairaut'schen Dgl.:

(5) $\qquad F(x,y,y') := y - xy' - y'^2 = 0.$

Man sieht, daß (5) nicht eindeutig explizit nach y' auflösbar ist, da es sich um eine quadratische Gleichung in y' handelt. Vielmehr handelt es sich bei (5) um zwei explizite Dgln.

Wir berechnen die Isoklinen zu (5):

Aus $F(x,y,c) = 0$ folgt sofort:

(6) $\qquad y = c \cdot x + c^2,\ c \in \mathbf{R}$.

Wir sehen: Die Isoklinen (6) sind auch gleichzeitig Integralkurven zu (5) (wegen y'=c).

Ferner gehen durch jeden Punkt entweder zwei oder keine Integralkurve. Dies ist ja auch wegen der obigen Überlegungen plausibel.

Die Geraden (6) liefern aber noch nicht alle Lösungen zu (5). Man prüft sofort nach, daß die Parabel:

$$(6^*) \qquad y = -\frac{1}{4} x^2$$

ebenfalls die Dgl. befriedigt. Diese Parabel ist eine Grenzkurve (die sogen. Enveloppe) der Geradenschar (6). Jede Gerade von (6) ist Tangente von (6*) und umgekehrt ist jede Tangente von (6*) in der Schar (6) enthalten. (Man prüfe dies nach!)

Das Beispiel zeigt übrigens, daß es manchmal möglich ist, durch rein geometrische Betrachtungen ohne großen Rechenaufwand Lösungen von Dgln. zu ermitteln.

15.3. Spezielle Dgln. erster Ordnung

In diesem Abschnitt sollen die üblichsten Methoden zur Lösung spezieller Typen von Dgln. 1. Ordnung behandelt werden.

I. Gegeben sei eine Dgl. der Form:

$$(1) \qquad y' = f(x) \cdot g(y).$$

Die Lösung von (1) erfolgt durch <u>Trennung der Veränderlichen</u>; aus (1) folgt

$$\frac{y'(x)}{g(y(x))} = f(x) \qquad \text{für } g(y) \neq 0.$$

Nun können wir unbestimmte Integration in Bezug auf x vornehmen:

$$\int \frac{y'(x)}{g(y(x))} \, dx = \int f(x) dx + c$$

oder:

$$(2) \qquad \int \frac{dy}{g(y)} = \int f(x) dx + c, \quad c \in \mathbf{R}.$$

Man kann sich diese Methode auch gut so merken, daß man (1) in der Form:

$\frac{dy}{dx} = f(x) \cdot g(y)$ schreibt, sodann mit den Differentialen wie mit Zahlen rechnet, also $\frac{dy}{g(y)} = f(x) dx$ bildet und anschließend auf beiden Seiten integriert: links nach y und rechts nach x.

Im allgemeinen wird man nach Durchführung der Integration in (2) die Gleichung noch nach y auflösen, um die Lösungen von (1) in expliziter Form zu haben.

<u>Beispiele:</u>

1. $y' = \operatorname{tg} x \cdot (y^2-1)$, $|y| \lesseqgtr 1$. Falls $|y| < 1$

$$\Rightarrow \quad \frac{dy}{y^2-1} = \operatorname{tg} x \, dx,$$

$$\Rightarrow \int \frac{dy}{1-y^2} = -\int \operatorname{tg} x \, dx + c, \quad c \varepsilon \mathbf{R}.$$

Unbestimmte Integration ergibt nun für $|y|<1$

$$\operatorname{artgh} y = \ln(|\cos x|) + c$$

Wegen der Beziehung: $\operatorname{artgh} y = \frac{1}{2} \cdot \ln \frac{1+y}{1-y}$ (vgl. Abschn. 8.4.) folgt daher:

$$\ln \frac{1+y}{1-y} = \ln(\cos^2 x) + 2c \qquad (|y|<1),$$

oder: $\qquad \frac{1+y}{1-y} = C \cdot \cos^2 x$ mit $C := e^{2c}$.

Auflösen nach y liefert:

$$y(x) = \frac{C \cdot \cos^2 x - 1}{C \cdot \cos^2 x + 1} \qquad C > 0.$$

Hinzu kommen noch die Lösungen $y(x) \equiv \pm 1$.

2. $y' = f(x) \cdot y$. Für $y \neq 0$

$$\Rightarrow \int \frac{dy}{y} = \int f(x) dx + c \Rightarrow \ln|y| = \int f(x) dx + c$$

$$\Rightarrow y(x) = C \cdot e^{\int f(x) dx} \text{ mit } C := \pm e^c, \text{ also } C \varepsilon \mathbf{R}, \ C \neq 0.$$

Hinzu kommt noch die triviale Lösung $y(x) \equiv 0$.

Man kann übrigens auch eine etwas andere Schreibweise bei der Integration verwenden; so sei z.B. wieder die Dgl. $y' = f(x) \cdot y$ vorgelegt mit der zusätzlichen <u>Anfangsbedingung:</u> $y(x_0) = y_0$, wobei x_0 ein fester x-Wert und y_0 ebenfalls gegeben sei. Man kann dann schreiben:

$$\int\limits_{y_0}^{y} \frac{d\eta}{\eta} = \int\limits_{x_0}^{x} f(\xi) d\xi$$

(hier wird nun die Integrationskonstante c nicht mehr hingeschrieben).

Hieraus folgt nun:

$$\ln|y| = \ln|y_0| + \int_{x_0}^{x} f(\xi)d\xi$$

bzw.

$$y(x) = y_0 \cdot \exp(\int_{x_0}^{x} f(\xi)d\xi).$$

Durch die Anfangsbedingung $y(x_0) = y_0$ wird die Integrationskonstante festgelegt; die Lösung ist eindeutig bestimmt.

II. Gegeben sei die sog. <u>Ähnlichkeits-Dgl.</u>:

$$(3) \qquad y' = f(\tfrac{y}{x}).$$

Hier führen wir durch eine <u>Substitution</u> eine neue Funktion ein:

$$(4) \qquad z(x) := \frac{y(x)}{x} .$$

$$\Rightarrow y = z \cdot x, \ y' = z + z' \cdot x, \text{ so daß durch Einsetzen in (3) folgt:}$$

$$(3^*) \qquad z' \cdot x = f(z) - z.$$

Hier kann Trennung der Veränderlichen vorgenommen werden; mit $f(z)-z \neq 0$
folgt:

$$(5) \qquad \int \frac{dz}{f(z)-z} = \ln|x| + c, \ c \in \mathbf{R} .$$

Nach Ausführung der Integration wird wieder rücksubstituiert, d.h. die Lösung
durch $y(x)$ ausgedrückt. Der Fall $f(z)-z = 0$ ist noch nachzutragen: Man sieht
mit der Isoklinenmethode leicht, daß für jedes γ mit $f(\gamma) = \gamma$ die Funktion:

$$y = \gamma x$$

eine Lösung von (3) ist. Ist insbesondere $f(\xi) \equiv \xi$, dann ist die Lösungsschar gegeben durch:

$$(5^*) \qquad y = c \cdot x, \ c \in \mathbf{R} .$$

<u>Beispiele:</u>

3. $\quad y' = (\frac{y}{x})^2$. $\qquad$ Mit $z := \frac{y}{x}$ folgt wegen (5) für $z \neq 0$, $z \neq 1$:

$$\int \frac{dz}{z(z-1)} = \int \frac{dz}{z-1} - \int \frac{dz}{z} = \ln\left|\frac{z-1}{z}\right| = \ln|x| + c,$$

also:

$$\left|\frac{z-1}{z}\right| = C\cdot|x| \qquad \text{mit } C := e^c > 0.$$

Dies ergibt durch Auflösung nach z:

$$z = \frac{1}{1+ax} \ , \ a\varepsilon\mathbf{R} \ , \ a \neq 0.$$

also nach Rücksubstitution:

$$y = \frac{x}{1+ax} \ , \ a\varepsilon\mathbf{R} \ , \ a \neq 0.$$

Für die Fälle $z=0$ bzw. $z=1$ erhält man noch zusätzlich die beiden Lösungen:

$$y = 0 \quad \text{bzw.} \quad y = x.$$

4. $y' = f(\frac{ax+by+c}{a^*x+b^*y+c^*})$.

Wir unterscheiden zwei Fälle:

<u>Fall 1:</u> $ab^*-a^*b \neq 0$. Dann existieren eindeutig bestimmte Zahlen ξ, η mit:

(*) $\qquad a\xi+b\eta+c = a^*\xi+b^*\eta+c^* = 0$ $\qquad$ (Beweis!).

Wir nehmen nun die folgende Variablentransformation vor:

$$u := x-\xi \Rightarrow x = u + \xi$$
$$v := y-\eta \Rightarrow v = v(u) = y(u+\xi) - \eta.$$

Differentiation und Einsetzen in die obige Dgl. ergibt wegen (*):

$$\frac{dv}{du} = y'\cdot\frac{dx}{du} = y' = f(\frac{a(u+\xi)+b(v+\eta)+c}{a^*(u+\xi)+b^*(v+\eta)+c^*}) =$$

$$= f(\frac{au+bv}{a^*u+b^*v}) = f\left(\frac{a+b\cdot\frac{v}{u}}{a^*+b^*\cdot\frac{v}{u}}\right) = g(\frac{v}{u}) .$$

Damit ist das Problem auf die Dgl. (3) reduziert.

__Fall 2__: $ab^*-a^*b = 0$. Ist $b = b^* = 0$, dann hängt die rechte Seite nur noch von x ab.

Sei ohne Einschränkung $b \neq 0$. Wir machen den Ansatz:

$$z := y + \frac{a}{b} \cdot x$$

und erhalten durch Differenzieren und Einsetzen:

$$\frac{dz}{dx} = y' + \frac{a}{b} = f\left(\frac{ax+b\cdot(z-\frac{a}{b}\cdot x)+c}{a^*x+b^*\cdot(z-\frac{a}{b}\cdot x)+c^*}\right) + \frac{a}{b} =$$

$$= f\left(\frac{bz+c}{b^*z+c^*}\right) + \frac{a}{b} = g(z).$$

Damit ist das Problem auf die Dgl. (1) reduziert.

III. Gegeben sei die __lineare Dgl.__:

$$(6) \qquad y'(x) = p(x)\cdot y(x) + r(x).$$

Man nennt (6) eine __lineare homogene Dgl.__, wenn $r(x) \equiv 0$ ist, andernfalls heißt (6) __lineare inhomogene Dgl.__

Wir betrachten zunächst die zu (6) gehörige homogene Dgl.:

$$(7) \qquad y' = p(x)\cdot y.$$

Hier kann man nach I. verfahren (Trennung der Variablen), und man erhält als Lösungen:

$$(7^*) \qquad y_h(x) = c\cdot e^{\int_{x_o}^{x} p(\xi)d\xi}, \quad x_o \text{ fest}, c \in \mathbb{R}.$$

Um nun (6) zu lösen, machen wir mit Hilfe von (7*) den __Ansatz durch Variation der Konstanten__:

$$(8) \qquad y(x) := c(x)\cdot e^{\int_{x_o}^{x} p(\xi)d\xi}$$

und stellen uns die Aufgabe, $c(x)$ so zu bestimmen, daß die Funktionen (8)
Lösungen von (6) werden.

Differentiation von (8) ergibt:

$$y'(x) = c'(x) \cdot e^{\int_{x_0}^{x} p(\xi)d\xi} + c(x) \cdot p(x) \cdot e^{\int_{x_0}^{x} p(\xi)d\xi}$$

Dieses und (8) in (6) eingesetzt liefert:

$$c' \cdot e^{\int_{x_0}^{x} pd\xi} + c \cdot p \cdot e^{\int_{x_0}^{x} pd\xi} = p \cdot c \cdot e^{\int_{x_0}^{x} pd\xi} + r,$$

$$\Rightarrow \quad c'(x) = r(x) \cdot e^{-\int_{x_0}^{x} p(\xi)d\xi}$$

Integration ergibt:

$$(9) \qquad c(x) = \int_{x_1}^{x} \left(r(\eta) \cdot e^{-\int_{x_0}^{\eta} p(\xi)d\xi} \right) d\eta + \gamma \; , \; x_0, x_1 \text{ fest}, \; \gamma \in \mathbb{R} \, .$$

Wir setzen (9) in (8) ein und schreiben für γ wieder c.
So haben wir also als Lösungsgesamtheit zu (6) erhalten (Beweis folgt später):

$$(6^*) \qquad y(x) = e^{\int_{x_0}^{x} p(\xi)d\xi} \cdot \left[c + \int_{x_1}^{x} r(\eta) \cdot e^{-\int_{x_0}^{\eta} p(\xi)d\xi} d\eta \right], \; x_0, x_1 \text{ fest}, \; c \in \mathbb{R} \, .$$

<u>Anmerkung:</u> Die Wahl der unteren Integrationsgrenzen x_0, x_1 ist im Grunde völlig
gleichgültig. Ist zu (6) eine Anfangsbedingung: $y(x^*) = y^*$ gegeben, dann ist es
zweckmäßig, $x_0 = x_1 = x^*$ zu wählen, da man dann für die Konstante c in (6^*) den
Wert y^* einzusetzen hat. (6^*) ist eine einparametrige Funktionenschar.

<u>Beispiele:</u>
5. $y' = y+x$. Es ist: $p(x) \equiv 1$, $r(x) = x$.
Wir setzen $x_0 = x_1 = 0$ und erhalten aus (6^*) als Lösungen:

$$y(x) = e^{\int_{0}^{x} d\xi} \cdot \left[c + \int_{0}^{x} \eta \cdot e^{-\int_{0}^{\eta} d\xi} d\eta \right] = e^{x} \cdot \left[c + \int_{0}^{x} \eta \cdot e^{-\eta} d\eta \right] = e^{x} \cdot \left[c+1-e^{-x}(1+x) \right],$$

also:
$$y(x) = \gamma \cdot e^x - x - 1, \quad \gamma \in \mathbf{R}.$$

6. $y' = y + \sin x$. Es ist $p(x) \equiv 1$, $r(x) = \sin x$.
Mit $x_0 = x_1 = 0$ folgt aus (6*) für die Lösungen:

$$y(x) = e^x \cdot \left[c + \int_0^x \sin \eta \cdot e^{-\eta} d\eta \right] = e^x \cdot \left[c - \frac{1}{2} e^{-x}(\cos x + \sin x) + \frac{1}{2} \right]$$

also:
$$y(x) = \gamma \cdot e^x - \frac{1}{2}(\cos x + \sin x), \gamma \in \mathbf{R}.$$

Kommt noch die Anfangsbedingung: $y(0) = 1$ hinzu, dann setze man $c = 1$, und die nun eindeutig bestimmte Lösung lautet:

$$y(x) = \frac{3}{2} e^x - \frac{1}{2}(\cos x + \sin x).$$

Leicht zu beweisen ist folgender
<u>Satz 3.1.</u>: Die allgemeine Lösung der inhomogenen linearen Dgl. (6) hat die Form:

$$(10) \qquad y(x) = y_0(x) + y_h(x),$$

wobei $y_0(x)$ eine (beliebige) spezielle Lösung von (6) und $y_h(x)$ die allgemeine Lösung (7*) der zu (6) gehörigen homogenen linearen Dgl. (7) ist.
<u>Beweis</u>: Übung.

Der Wert dieses Satzes liegt in folgendem: Ist eine spezielle (man sagt auch: <u>partikuläre</u>) Lösung $y_0(x)$ von (6) bekannt, dann braucht man nur noch die allgemeine Lösung $y_h(x)$ von (7) zu ermitteln und gemäß (10) mit $y_0(x)$ zusammenzusetzen.

IV. Gegeben sei die <u>Bernoulli'sche Dgl.</u>:

$$(11) \qquad y'(x) = p(x) \cdot y(x) + r(x) \cdot y^n(x), n \neq 0, 1.$$

Wir machen die folgende Substitution:

$$(12) \qquad z(x) := y^{1-n}(x)$$

und erhalten durch Differentiation und Einsetzen in (11):

$$z' = (1-n) \cdot y^{-n} \cdot y' = (1-n) \cdot y^{-n} \cdot \left[p \cdot y + r \cdot y^n \right] =$$

$$= (1-n) \cdot \left[p \cdot y^{1-n} + r \right] = (1-n) \cdot p \cdot z + (1-n) \cdot r,$$

also:

(11*) $z'(x) = (1-n) \cdot p(x) \cdot z(x) + (1-n) \cdot r(x).$

Damit ist (11) auf die Form (6) zurückgeführt.

Beispiel:

7. $y' = -\frac{1}{x} y + x^2 y^2.$

Es ist: $n=2$, $p = -\frac{1}{x}$, $r = x^2$. Wir setzen: $z(x) := y^{-1}(x)$ und erhalten:

$$z' = \frac{1}{x} z - x^2.$$

Dies ist eine Dgl. vom Typ (6). Wir versuchen den

Ansatz: $z(x) = a \cdot x^3 \Rightarrow z'(x) = 3ax^2$ und: $\frac{1}{x} \cdot z - x^2 = (a-1) \cdot x^2$. Gleichsetzen ergibt $a = -\frac{1}{2}$. $\Rightarrow$

$$z_0(x) = -\frac{1}{2} x^3 .$$

Die Probe zeigt, daß $z_0(x)$ wirklich die Dgl. löst. Also haben wir eine partikuläre Lösung gefunden.

Nach (5*) lautet die allgemeine Lösung von $z' = \frac{1}{x} \cdot z$:

$$z_h(x) = c \cdot x, \quad c \in \mathbf{R} ,$$

also folgt wegen (10) für die allgemeine Lösung:

$$z(x) = z_0(x) + z_h(x) = \frac{x}{2} (2c - x^2) = \frac{x}{2}(\gamma - x^2).$$

Rücksubstitution $y = \frac{1}{z}$ ergibt:

$$y(x) = \frac{2}{x(\gamma - x^2)} , \quad \gamma \in \mathbf{R} .$$

V. Gegeben sei die Riccati'sche Dgl.:

$$(13) \qquad y'(x) = p(x) \cdot y(x) + r(x) \cdot y^2(x) + q(x).$$

Diese ist auf eine Bernoulli'sche Dgl. zurückführbar, wenn man eine spezielle Lösung $u(x)$ von ihr bereits kennt. Wir machen den Ansatz:

$$(14) \qquad y(x) := u(x) + v(x)$$

und erhalten durch Differenzieren und Einsetzen in (13):

$$y' = u' + v' = p \cdot (u+v) + r(u^2+2uv+v^2) + q =$$
$$= (pu+ru^2+q) + (p+2ur)v + rv^2. \quad \Longrightarrow$$

$$(13^*) \qquad v'(x) = \left[p(x)+2u(x) \cdot r(x)\right] \cdot v(x) + r(x) \cdot v^2(x).$$

Damit ist (13) auf die Form (11) mit $n=2$ zurückgeführt.

Beispiel:
8. $y' = y - y^2 + 2.$

Es ist: $p(x) \equiv 1$, $r(x) \equiv -1$, $q(x) \equiv 2$.
Ferner rät man: $u(x) \equiv 2$ ist eine spezielle Lösung.
Mit (13^*) folgt für $y(x) = 2+v(x)$:

$$(A) \qquad v' = -3 \cdot v - v^2.$$

Wir gehen nun weiter wie in IV. vor: Es ist $n=2$ und mit dem Ansatz:
$z(x) := v^{-1}(x)$ $(v(x) \neq 0)$ folgt aus (11^*):

$$(B) \qquad z' = 3z + 1.$$

Nun gehen wir weiter wie in III. vor: Eine spezielle Lösung von (B) ist
$z_0(x) \equiv -\frac{1}{3}$.
Die allgemeine Lösung von $z' = 3z$ ist: $z_h(x) = c \cdot e^{3x}$.
Damit folgt aus (10) für die allgemeine Lösung von (B):

$$(B^*) \qquad z(x) = c\, e^{3x} - \frac{1}{3} \, , \ c\epsilon \mathbf{R} \, .$$

Somit ergibt sich als allgemeine Lösung für (A):

$$(A^*) \qquad v(x) = \frac{3}{\gamma \cdot e^{3x} - 1} \;, \quad \gamma \epsilon \mathbb{R}\;,$$

und schließlich als Lösung der Ausgangsgleichung:

$$y(x) = 2 + \frac{3}{\gamma \cdot e^{3x} - 1} \;, \quad \gamma \epsilon \mathbb{R}\;.$$

Hinzu kommt noch die bereits geratene Lösung $y(x) = 2$, die wegen der in der Rechnung gemachten Voraussetzung $v(x) \neq 0$ in der obigen Schar nicht enthalten ist.

Anmerkung: Natürlich kann man Beispiel 8 auch durch Trennung der Veränderlichen lösen (Übung!), da hier zufällig konstante Koeffizienten vor den Potenzen von y stehen.

VI. Gegeben sei eine Dgl., die in der folgenden, bezüglich der Variablen x und y symmetrischen Form zu schreiben ist:

$$(15) \qquad f(x,y)dx + g(x,y)dy = 0.$$

Eine solche Form ist dann zweckmäßig, wenn die Lösungen der Dgl. nicht explizit nach y (bzw. nach x) auflösbar sind. Man kann sich ja z.B. auch eine Lösungskurve in Parameterdarstellung

$$x = x(t), \; y = y(t)$$

gegeben denken. (15) wäre dann gleichbedeutend mit der Dgl.:

$$(15^*) \qquad f(x(t),y(t)) \cdot \dot{x} + g(x(t), y(t)) \cdot \dot{y} = 0.$$

Def. 3.1.: Die Dgl. (15) heißt eine <u>exakte Dgl.</u>, wenn eine Funktion $u(x,y)$ existiert mit:

$$(16) \qquad u_x(x,y) = f(x,y), \; u_y(x,y) = g(x,y).$$

Ist (15) exakt, dann läuft die Lösung von (15) darauf hinaus, eine Funktion $u(x,y)$ so zu bestimmen, daß (16) gilt. Es folgt dann:

$$du = u_x dx + u_y dy = 0,$$

und die allgemeine Lösung von (15) erhält man in impliziter Form durch die Gleichungen:

$$(17) \quad u(x,y) = c, \quad c\epsilon\mathbb{R} \text{ konstant.}$$

Nun gilt folgender

Satz 3.2: Die Dgl. (15) ist genau dann exakt, wenn die folgende Integrabilitätsbedingung gilt:

$$(18) \quad f_y(x,y) = g_x(x,y).$$

In diesem Falle erhält man alle Lösungen von (15) durch die Gleichungen (17), wobei $u(x,y)$ gegeben ist durch:

$$(19) \quad u(x,y) = \int_{x_0}^{x} f(\xi,y)d\xi + \int_{y_0}^{y} g(x_0,\eta)d\eta.$$

Beweis: Übung.

Beispiel:

9. $y' = \dfrac{x+y^2}{1-2xy}$. $\Longrightarrow$

$$(x+y^2)dx + (2xy-1)dy = 0.$$

Also: $f(x,y) = x+y^2$, $g(x,y) = 2xy - 1$.

$$\Rightarrow f_y = 2y, \quad g_x = 2y \Rightarrow f_y = g_x,$$

also ist (18) erfüllt und die Dgl. exakt.

Mit (19) folgt, wenn wir $x_0 = y_0 = 0$ setzen:

$$u(x,y) = \int_0^x (\xi+y^2)d\xi - \int_0^y d\eta = \left(\tfrac{1}{2}\xi^2 + \xi y^2\right)\Big|_0^x - \eta\Big|_0^y = \tfrac{1}{2}\cdot x^2 + xy^2 - y,$$

also:

$$u(x,y) = \tfrac{1}{2}\cdot x^2 + xy^2 - y.$$

Wegen (17) erhält man die allgemeine Lösung in der folgenden impliziten Form:

$$\frac{1}{2} \cdot x^2 + xy^2 - y = c, \quad c \in \mathbf{R}.$$

Ist die Dgl. (15) nicht exakt, dann gelingt es zuweilen, durch Multiplikation mit einer geeigneten Funktion $\mu(x,y)$ eine exakte Dgl. herzustellen.
Eine solche Funktion heißt <u>integrierender Faktor.</u>
Die Bedingung dafür, daß $\mu(x,y)$ integrierender Faktor ist, lautet wegen (18):

$$\frac{\partial}{\partial y} (\mu \cdot f) = \frac{\partial}{\partial x} (\mu \cdot g)$$

oder:

$$(20) \quad g \cdot \mu_x - f \cdot \mu_y = (f_y - g_x) \cdot \mu.$$

Im allgemeinen ist das Auffinden der Lösungen zu (20) nicht ganz einfach. Andererseits genügt es uns ja, wenn wir nur eine Lösung finden ($\mu \neq 0$), und dieses erleichtert die Aufgabe wesentlich.
<u>Beispiel:</u>

$$10. \quad y' = - \frac{xy^3}{1+2x^2y^2} \quad . \qquad \Longrightarrow$$

$$xy^3 dx + (1+2x^2y^2)dy = 0.$$
Also: $f(x,y) = xy^3$, $g(x,y) = 1+2x^2y^2$

$$\Rightarrow f_y = 3xy^2, \quad g_x = 4xy^2 \Rightarrow f_y \neq g_x,$$

also ist die Dgl. nicht exakt.
Die partielle Dgl. (20) für $\mu(x,y)$ lautet:

$$(1+2x^2y^2) \cdot \mu_x - xy^3 \cdot \mu_y = -xy^2 \cdot \mu.$$

Wir versuchen einmal, eine nur von y abhängige Lösung zu finden, denn das genügt uns ja. Aus $\mu_x = 0$ folgt:

$$\mu_y = \mu'(y) = \frac{\mu(y)}{y}, \quad y \neq 0.$$

Diese Dgl. aber kennen wir (vgl. II.) Eine Lösung ist: $\mu(x,y) = y$.
Also ist:

$$\mu \cdot f = x \cdot y^4, \quad \mu \cdot g = y + 2x^2y^3.$$

Nun ist auch (18) erfüllt: $(\mu f)_y = (\mu \cdot g)_x = 4xy^3$.
Nun können wir die Dgl.:

$$xy^4 dx + (y + 2x^2 y^3) dy = 0 \text{ wie in Beispiel 9 lösen.}$$

VII. Ist eine Dgl.:

$$(21) \quad y' = \frac{dy}{dx} = f(x,y)$$

gegeben, dann ist es oft zweckmäßig, die Variablen zu vertauschen, d.h.,
die Dgl. für die Umkehrfunktion von $y(x)$, also für $x(y)$ aufzustellen.
Aus (21) folgt:

$$(21^*) \quad x' = \frac{dx}{dy} = \frac{1}{f(x,y)} \; .$$

(21^*) ist u.U. leichter zu lösen, als (21).

Beispiel:

11. $\quad y' = \dfrac{xy}{x^2 + 3y^3} \quad .$

Übergang zur Umkehrfunktion $x = x(y)$ liefert:

$$x' = \frac{1}{y} \cdot x + 3y^2 \cdot x^{-1}.$$

Dies ist eine Bernoulli'sche Dgl. mit $n = -1$. Sie kann daher nach IV. gelöst
werden (Übung).

15.4. Existenz- und Eindeutigkeitsfragen

In diesem Abschnitt behandeln wir die Frage nach der Existenz und Eindeutigkeit von Lösungen eines vorgelegten Anfangswertproblems:

$$(1) \quad y' = f(x,y), \; y(x_0) = y_0.$$

Auf Grund der geometrischen Betrachtungen mit Hilfe der Richtungsfelder
hatten sich folgende Fälle ergeben:

a) (1) besitzt genau eine Lösung,

b) (1) besitzt mehr als eine Lösung,

c) (1) besitzt keine Lösung.

Zur Beantwortung der Frage, wie man nun einem Anfangswertproblem (1) von vornherein ansehen kann, welcher der Fälle a), b), c) zutrifft, zitieren wir ohne Beweis die wichtigsten Existenz- und Eindeutigkeitssätze. In diesen werden gewisse Voraussetzungen an die rechte Seite $f(x,y)$ von (1) gemacht.

<u>Satz 4.1. (Peano 1890):</u> Ist $f(x,y): D \subset \mathbb{R}^2 \to \mathbb{R}$ stetig in D und $(x_0,y_0) \in D$ ein beliebiger Punkt, so besitzt (1) mindestens eine Lösung, die sich bis zum Rande von D nach links und rechts fortsetzen läßt.

Die beiden folgenden Sätze garantieren die Eindeutigkeit der Lösung:

<u>Satz 4.2.:</u> Es sei $S := \{(x,y): x_0 \leq x \leq x_0+a, \ y \in \mathbb{R}\} \subset \mathbb{R}^2$, und $f(x,y)$ sei stetig in S. Ferner existiere eine feste Zahl $L>0$, so daß gilt:

$$(2) \qquad |f(x,y)-f(x,\tilde{y})| \leq L \cdot |y-\tilde{y}| \quad \text{für alle } x \in [x_0,x_0+a] \text{ und alle } y,\tilde{y} \in \mathbb{R} .$$

Dann besitzt (1) für jedes $y_0 \in \mathbb{R}$ genau eine Lösung in dem ganzen Intervall $[x_0,x_0+a]$.

Man nennt (2) eine <u>Lipschitzbedingung</u>. $f(x,y)$ heißt <u>in S global lipschitz-stetig</u> bezüglich y.

Die Voraussetzung im Satz 4.2. läßt sich noch abschwächen:

<u>Satz 4.3.:</u> Es sei $R := \{(x,y): x_0 \leq x \leq x_0+a, \ |y-y_0| \leq b\} \subset \mathbb{R}^2$, $f(x,y)$ sei stetig in R und genüge in R einer Lipschitzbedingung, also (2) mit $y,\tilde{y} \in [y_0-b,y_0+b]$. Ist $A := \max_{R} |f|$, dann besitzt (1) genau eine Lösung mindestens in dem Intervall $x_0 \leq x \leq x_0+\min(a, \frac{b}{A})$.

Die Lipschitzbedingung (2) ist etwas unhandlich und läßt sich für die rechte Seite $f(x,y)$ von (1) oft schwer nachprüfen.

Für praktische Untersuchungen ist daher der folgende Satz sehr nützlich:

<u>Satz 4.4.:</u> Ist die rechte Seite $f(x,y)$ der Dgl. (1) partiell nach y stetig differenzierbar in S (vgl. Satz 4.2.) bzw. in R (vgl. Satz 4.3.), und ist dort $f_y(x,y)$ außerdem noch beschränkt (in R ist dies ohnehin immer der Fall), dann ist die Lipschitzbedingung in S bzw. R stets erfüllt.

Daß (2) tatsächlich eine i.a. schwächere Bedingung darstellt als die in Satz 4.4. angegebene Eigenschaft, zeigt das Beispiel: $f(x,y) = |y|$. Diese Funktion ist für $y=0$ nicht nach y differenzierbar, jedoch für alle $y, \tilde{y} \in \mathbb{R}$

lipschitzstetig mit $L = 1$.

Anmerkung: Die Beweise der Sätze 4.1. bis 4.4. können in jedem Lehrbuch über gewöhnliche Dgln. nachgelesen werden.

Beispiele:

1. $y' = y$, $y(0) = 1$. $\Rightarrow x_0 = 0$, $y_0 = 1$.

a) Es sei $D = \{(x,y): -1 \leqq x \leqq 1, 0 \leqq y \leqq 2\} \subset \mathbb{R}^2$.

   $f(x,y) = y$ ist in D stetig. Also existiert nach Satz 4.1 mindestens eine Lösung, die sich bis zum Rande von D fortsetzen läßt.

b) Es gilt für $y,\tilde{y}$ beliebig:

$$|f(x,y)-f(x,\tilde{y})| = |y-\tilde{y}| \leqq 1 \cdot |y-\tilde{y}| .$$

Also gilt (2) mit $L = 1$ in jedem (noch so breiten) Streifen S. Also existiert nach Satz 4.2. genau eine Lösung in dem Intervall $-\infty < x < \infty$ (nach links von $x_0 = 0$ aus sind die Schlüsse ja genauso durchführbar).

c) Es sei $R = \{(x,y): 0 \leqq x \leqq 1, 0 \leqq y \leqq 2\} \subset \mathbb{R}^2$.

   Dann sind mit $a=1$, $b=1$, $A=2$ die Voraussetzungen von Satz 4.3. erfüllt. Also ist $\min(a, \frac{b}{A}) = \min(1, \frac{1}{2}) = \frac{1}{2}$ und die eindeutig bestimmte Lösung existiert im Intervall $0 \leqq x \leqq \frac{1}{2}$.

2. $y' = 3 \cdot y^{2/3}$.

Wir betrachten hierzu folgende Anfangsbedingungen:

a) $y(0) = 0 \implies x_0 = 0$, $y_0 = 0$.

   Die rechte Seite dieser Dgl.: $f(x,y) = 3 \cdot y^{2/3}$ ist zwar überall stetig in $\mathbb{R}^2$, erfüllt aber in keiner (noch so kleinen Umgebung) von $(x_0,y_0) = (0,0)$ die Lipschitzbedingung (2), denn es gilt:

$$f_y(x,y) = \frac{2}{\sqrt[3]{y}} \implies \lim_{y \to 0} |f_y(x,y)| = \infty,$$

d.h. (2) kann nicht gelten.

Tatsächlich existieren auch viele Lösungen dieses Anfangswertproblems, nämlich

$$y(x) = \begin{cases} (x+c)^3 & \text{für } -\infty < x \leqq -c \\ 0 & " \quad -c \leqq x \leqq c \\ (x-c)^3 & " \quad c \leqq x < \infty \end{cases} \quad \text{für beliebige } c > 0$$

Diese Lösungen sind auch alle stetig differenzierbar.

b) $y(0) = 2 \Rightarrow x_0=0$, $y_0=2$.

Wir wählen $R := \{(x,y): 0\leq x\leq a, \ |y-2|\leq 1\}$, $a>0$ beliebig.

Wegen $|f_y(x,y)| = \dfrac{2}{|\sqrt[3]{y}|} \leq 2$ in R sind die Voraussetzungen von Satz 4.3.
und 4.4. erfüllt. Das Problem hat also genau eine Lösung. Sie lautet:
$y(x) = (x+\sqrt[3]{2}\,)^3$. Diese Lösung ist sogar für alle $x\epsilon\mathbb{R}$ definiert.

3. $y' = y^2$, $y(0) = 1 \quad\Rightarrow\ x_0=0$, $y_0=1$.

Die eindeutig bestimmte Lösung lautet:

$$y(x) = \frac{1}{1-x} \quad.$$

Wir betrachten den Streifen $S := \{(x,y): 0\leq x \leq \frac{1}{2}, \ y\epsilon\mathbb{R}\,\}$.
Es folgt:

$$|f(x,y)-f(x,\tilde{y})| = |y^2-\tilde{y}^2| = |y+\tilde{y}|\cdot|y-\tilde{y}|.$$

Man sieht: (2) ist in S nicht erfüllt!

Trotzdem existiert genau eine Lösung in $[0,\frac{1}{2}]$.
Dieses Beispiel zeigt also, daß die Voraussetzungen von Satz 4.2. nicht
notwendig für eindeutige Lösbarkeit sind.

15.5. Approximative Lösungsverfahren

Viele Dgln. sind nicht mehr elementar lösbar, d.h. es ist nicht möglich,
die Lösungen durch elementare Funktionen (z.B. sin x, e^x, ln x usw.) auszu-
drücken, obwohl erstere sehr wohl existieren. Ein Beispiel hierfür ist die
Dgl.:

$$y'(x) = x^2 + y^2(x).$$

In solchen Fällen ist man auf die näherungsweise Lösung von Dgln. angewiesen.
Oft sind solche Näherungslösungen für den Praktiker voll ausreichend. Wir
geben in diesem Abschnitt die wichtigsten Methoden kurz an.

I. Lösung durch Potenzreihenansatz

Es sei das Anfangswertproblem:

(1) $y' = f(x,y)$, $y(x_0) = y_0$

zu lösen. Man weiß nun: Falls $f(x,y)$ in einer Umgebung von (x_0,y_0) in eine konvergente Potenzreihe in x,y entwickelbar ist, dann ist auch die (eindeutig bestimmte) Lösung $y(x)$ von (1) in einer Umgebung von x_0 in eine konvergente Potenzreihe entwickelbar.

Man setzt dann die Lösung in einer Potenzreihe an:

(2) $y(x) = \sum\limits_{\nu=0}^{\infty} a_\nu \cdot (x-x_0)^\nu$,

differenziert diese (gliedweise) nach x:

(2*) $y'(x) = \sum\limits_{\nu=1}^{\infty} \nu \cdot a_\nu \cdot (x-x_0)^{\nu-1}$,

setzt die Reihen (2), (2*) in die Dgl. (1) ein, ordnet auf der rechten Seite nach Potenzen von $x-x_0$ und berechnet die Koeffizienten a_ν bis zu einer gewünschten Ordnung durch Koeffizientenvergleich. Dabei liefert die Anfangsbedingung in (1) den ersten Koeffizienten a_0. Oft gelingt dann anschließend noch eine Fehlerabschätzung.

<u>Beispiele:</u>

1. $y' = x^2+y^2$, $y(0) = 0$. Hier ist $x_0=y_0=0$.

<u>Ansatz:</u> $y(x) = a_0+a_1x+a_2x^2+a_3x^3+a_4x^4+a_5x^5+a_6x^6+a_7x^7+ \ldots\ldots$

$\Rightarrow$ $y' = a_1+2a_2x+3a_3x^2+4a_4x^3+5a_5x^4+6a_6x^5+7a_7x^6+\ldots\ldots$

Einsetzen in die rechte Seite ergibt:

$$x^2+y^2 = a_0^2+2a_0a_1x+(1+2a_0a_2+a_1^2)x^2+\ldots+ \sum\limits_{\nu=0}^{k} a_\nu a_{k-\nu} \cdot x^k+\ldots$$

Wegen $y(0) = 0 \Rightarrow a_0=0$.

<u>Koeffizientenvergleich:</u>

1. $a_1 = a_0^2 = 0 \Rightarrow a_1=0$
2. $2a_2 = 2a_0a_1 \Rightarrow a_2=0$
3. $3a_3 = 1+2a_0a_2+a_1^2 = 1 \qquad \Rightarrow a_3 = \dfrac{1}{3}$
4. $4a_4 = 2a_0a_3+2a_1a_2 \qquad \Rightarrow a_4 = 0$

5. $5a_5 = 2a_0a_4 + 2a_1a_3 + a_2^2$ $\Rightarrow a_5 = 0$

6. $6a_6 = 2a_0a_5 + 2a_1a_4 + 2a_2a_3$ $\Rightarrow a_6 = 0$

7. $7a_7 = 2a_0a_6 + 2a_1a_5 + 2a_2a_4 + a_3^2 = \frac{1}{9}$ $\Rightarrow a_7 = \frac{1}{63}$.

Also beginnt die Potenzreihe für die Lösung:

$$y(x) = \frac{1}{3} x^3 + \frac{1}{63} x^7 + ..$$

2. $y' = 1 + y^2$, $y(0) = 0$. Wieder ist $x_0 = y_0 = 0$.

Es folgt wieder:

$$y' = a_1 + 2a_2 x + 3a_3 x^2 + 4a_4 x^3 + 5a_5 x^4 + ...$$

$$1 + y^2 = 1 + a_0^2 + 2a_0a_1 x + (2a_0a_2 + a_1^2)x^2 + (2a_0a_3 + 2a_1a_2)x^3 +$$

$$+ (2a_0a_4 + 2a_1a_3 + a_2^2) \cdot x^4 + ...$$

Wegen $y(0) = 0$ $\Rightarrow a_0 = 0$.

<u>Koeffizientenvergleich:</u>

1. $a_1 = 1 + a_0^2$ $\Rightarrow a_1 = 1$

2. $2a_2 = 2a_0a_1$ $\Rightarrow a_2 = 0$

3. $3a_3 = 2a_0a_2 + a_1^2 = 1$ $\Rightarrow a_3 = \frac{1}{3}$

4. $4a_4 = 2a_0a_3 + 2a_1a_2$ $\Rightarrow a_4 = 0$

5. $5a_5 = 2a_0a_4 + 2a_1a_3 + a_2^2 = \frac{2}{3}$ $\Rightarrow a_5 = \frac{2}{15}$.

Also haben wir für die Lösung:

$$y(x) = x + \frac{1}{3} x^3 + \frac{2}{15} x^5 + ...$$

Dies ist der Anfang der Reihe für tg x. Tatsächlich ist auch $y(x) = $ tg x
die Lösung des Problems.

II. Verfahren der schrittweisen Näherung

Durch Integration erhalten wir die folgende zu (1) äquivalente Integral-
gleichung:

$$(1^*) \quad y(x) = y_0 + \int_{x_0}^{x} f(t, y(t)) dt.$$

Wir bilden nun die folgende Funktionenfolge:

$$(3) \quad \begin{cases} y_0(x) \equiv y_0 \\[2em] y_{k+1}(x) = y_0 + \int\limits_{x_0}^{x} f(t,y_k(t))dt, \, k=0,1,2,\ldots \end{cases}$$

Unter den Voraussetzungen der Sätze 4.2., 4.3., Abschn. 15.4. konvergiert diese Folge $\{y_k(x)\}$ gegen die gesuchte Lösung $y(x)$, allerdings oft recht langsam.

<u>Beispiel:</u>

3. $y' = x^2 + y^2$, $y(0) = 0$.　　　　(Vgl. Beispiel 1)

Anwendung von (3) ergibt:

$$y_0(x) = 0$$

$$y_1(x) = \int\limits_{0}^{x} t^2 dt = \frac{1}{3} x^3$$

$$y_2(x) = \int\limits_{0}^{x} (t^2 + \frac{1}{9} t^6)dt = \frac{1}{3} x^3 + \frac{1}{63} x^7$$

$$y_3(x) = \int\limits_{0}^{x} (t^2 + (\frac{1}{3} t^3 + \frac{1}{63} t^7)^2)dt = \int\limits_{0}^{x} (t^2 + \frac{1}{9} t^6 + \frac{2}{3 \cdot 63} t^{10} + \frac{1}{(63)^2} t^{14})dt$$

$$= \frac{1}{3} \cdot x^3 + \frac{1}{63} \cdot x^7 + \frac{2}{2079} \cdot x^{11} + \frac{1}{59535} \cdot x^{15}.$$

In diesem Beispiel allerdings ist die Konvergenz sehr gut; $y_3(x)$ ist schon eine sehr gute Näherung an die Lösung in einer Umgebung von $x_0 = 0$.

<u>III. Numerische Lösung durch Differenzenverfahren</u>

Das Anfangswertproblem (1) soll in einem Intervall $[x_0,b]$ gelöst werden. Dazu wird das Intervall in N Teilintervalle der Länge h zerlegt durch die Punkte:

$$(4) \quad x_j = x_0 + j \cdot h, \, j = 0,1,\ldots,N; \, h = \frac{b-x_0}{N}.$$

Sodann wird der Differentialquotient $y'(x)$ in (1) ersetzt durch die Differenzenquotienten:

$$y'(x_j) \approx \frac{1}{h} \cdot (y(x_j+h) - y(x_j)), \, j=0,\ldots,N.$$

Nun berechnet man rekursiv die Werte:

$$(5) \quad \begin{cases} u_0 = y_0 \\[2ex] u_{j+1} = u_j + h \cdot f(x_j, u_j), \quad j=0,1,\ldots,N-1. \end{cases}$$

Dieses Verfahren heißt gemäß seiner geometrischen Bedeutung das <u>Polygonzug-verfahren</u> und ist das einfachste Differenzenverfahren zur numerischen Lösung von (1). Für genügend kleines h (genannt die <u>Schrittweite</u>) liefern die Werte $u_0, \ldots, u_N$ gute Näherungswerte an die gesuchten Funktionswerte $y(x_0), \ldots, y(x_N)$, falls f(x,y) lipschitzstetig ist (vgl. Bedingung (2), Abschn. 15.4.).
Beispiel:

4. $y' = c \cdot y$, $y(0) = 1$. $\Rightarrow x_0 = 0$

(5) liefert: $u_0 = 1$, $u_{j+1} = (1+c \cdot h) \cdot u_j$, $j=0,1,\ldots,N-1$.

$$\Rightarrow \quad u_{j+1} = (1+c \cdot h)^{j+1}, \quad j=0,1,\ldots,N-1 \,,$$

insbesondere für $j+1 = N$ wegen $h = \frac{b}{N}$:

$$u_N = (1+c \cdot h)^N = (1+ \frac{b \cdot c}{N})^N \xrightarrow[N \to \infty]{} e^{c \cdot b} \,,$$

wie es auch sein soll.

Kapitel 16: Gewöhnliche Differentialgleichungen höherer Ordnung und Systeme

16.1. Umformung von Dgln. höherer Ordnung in Systeme erster Ordnung

Das Lösen von Dgln höherer Ordnung erweist sich als komplizierter, als die Lösung von Dgln erster Ordnung, wie sich denken läßt. Da aber erstere für die Praxis eher noch wichtiger sind als letztere, kommt man um eine intensive Untersuchung der Dgln höherer Ordnung nicht herum; insbesondere werden wir uns im nächsten Abschnitt mit Dgln. 2. Ordnung beschäftigen.
In diesem Abschnitt soll gezeigt werden, daß man jede Dgl. n-ter Ordnung der Gestalt:

$$(1) \quad y^{(n)} = f(x,y,y',y'',\ldots,y^{(n-1)}) \quad (y=y(x))$$

in ein äquivalentes System von n Dgln. erster Ordnung umformen kann. "Äquivalent" soll dabei heißen, daß die Lösungen von (1) umkehrbar eindeutig
denen des Systems entsprechen.
Wir machen folgende Substitutionen:

(2) $z_\nu(x) := y^{(\nu-1)}(x)$ für $\nu = 1,\ldots,n$.

Hieraus ergibt sich mit (1):

$$(3) \quad \begin{cases} z_\nu'(x) = y^{(\nu)}(x) = z_{\nu+1}(x) \text{ für } \nu = 1,\ldots,n-1 \\[2mm] z_n'(x) = y^{(n)}(x) = f(x,z_1(x),\ldots,z_n(x)). \end{cases}$$

Dies ist bereits das gesuchte System 1. Ordnung mit den unbekannten
Funktionen $z_1,\ldots,z_n$. Es folgt unmittelbar, daß man aus jeder Lösung $y(x)$
von (1) durch die Definition (2) eine Lösung zu (3) erhält. Bilden umgekehrt
die Funktionen $z_1(x),\ldots,z_n(x)$ eine Lösung von (3), dann liest man aus den
Dgln. (3) sofort ab, daß $z_1(x)$ auch eine Lösung zu (1) ist.
Mit der Vektorschreibweise läßt sich (3) noch sehr viel einprägsamer schreiben.
Wir setzen:

$$z := \begin{pmatrix} z_1 \\ \cdot \\ \cdot \\ \cdot \\ z_n \end{pmatrix}, \quad \varphi := \begin{pmatrix} \varphi_1 \\ \cdot \\ \cdot \\ \cdot \\ \varphi_n \end{pmatrix} \quad \text{mit:} \begin{cases} \varphi_\nu := z_{\nu+1}, \ \nu=1,\ldots,n-1 \\[2mm] \varphi_n := f(x,z_1,\ldots,z_n) \end{cases}$$

Dann folgt aus (3) sofort:

(3a) $z'(x) = \varphi(x,z(x))$.

Dies hat genau das Aussehen einer expliziten Dgl. 1. Ordnung. Nur sind hier
jetzt $z(x)$ und $\varphi(x,z)$ Vektorfunktionen.
Im allgemeinen ist es nun so, daß zur eindeutigen Bestimmung einer Lösung
von (1) n Anfangsbedingungen erforderlich sind:

(1*) $y(x_0) = a_1$, $y'(x_0) = a_2,\ldots,y^{(n-1)}(x_0) = a_n$.

(<u>Merke:</u> Anzahl der Anfangsbedingungen = Ordnung der Dgl.)

Faßt man die $a_1,\ldots,a_n$ zu einem Vektor a zusammen, dann folgt aus (1*) und (2):

(3*) $z(x_0) = a$.

Aufgrund unserer Überlegungen sind also die beiden Anfangswertprobleme (1),(1*) und (3a),(3*) völlig gleichbedeutend.

Die Bedeutung dieser Umformung liegt erstens darin, daß die Existenz- und Eindeutigkeitssätze von Abschn. 15.4. auf (3a), (3*) leicht übertragbar sind; hieraus aber ergeben sich <u>Existenz- und Eindeutigkeitsaussagen für das Problem n-ter Ordnung (1), (1*)</u>. Zweitens aber <u>lassen sich die numerischen Lösungsverfahren</u>, die man für einzelne explizite Dgln. 1. Ordnung kennt, ohne weiteres auch <u>auf Systeme (3a) übertragen</u>. Wir kommen im letzten Abschnitt dieses Kapitels darauf zu sprechen.

<u>Beispiele:</u>

1. Wir betrachten die Dgl. für die Durchbiegung eines belasteten Stabes (vgl. Abschn. 15.1.):

$$y'' = K(x) \cdot (1+y'^2)^{3/2}. \text{ Mit } z_1 := y,\ z_2 := y'$$

erhält man das äquivalente System:

$$z_1' = z_2$$

$$z_2' = K(x) \cdot (1+z_2^2)^{3/2}.$$

2. Gegeben sei eine lineare Dgl. n-ter Ordnung:

$$y^{(n)} = a_1(x) \cdot y + a_2(x) \cdot y' + \ldots + a_n(x) \cdot y^{(n-1)} + b(x).$$

Mit dem Ansatz (2) erhalten wir, wenn wir setzen:

$$z := \begin{pmatrix} z_1 \\ \cdot \\ \cdot \\ \cdot \\ z_n \end{pmatrix}, \quad A := \begin{pmatrix} 0 & 1 & & & O \\ & \ddots & \ddots & & \\ & & \ddots & \ddots & \\ O & & \ddots & 0 & 1 \\ a_1 & a_2 & \cdots & & a_n \end{pmatrix}, \quad B := \begin{pmatrix} 0 \\ \cdot \\ \cdot \\ 0 \\ b \end{pmatrix},$$

das folgende System in Matrix-Vektor-Schreibweise:

$$z'(x) = A(x) \cdot z(x) + \beta(x).$$

<u>Anmerkung:</u> Ist in einem Intervall I $a_1(x) \neq 0$, dann ist $A(x)$ für jedes $x \in I$ nichtsingulär (Beweis!).

16.2. Spezielle Dgln. zweiter Ordnung

In diesem Abschnitt betrachten wir einige wichtige Typen von Dgln. 2. Ordnung, die sich vollständig integrieren oder auf einfachere Dgln. zurückführen lassen. I. Die gesuchte Lösung $y(x)$ tritt nicht direkt auf:

$$(1) \qquad y'' = f(x,y').$$

Hier substituiert man:

$$(1^*) \qquad z(x) := y'(x)$$

und kann so durch Einsetzen die Dgl. (1) auf eine Dgl. 1. Ordnung reduzieren:

$$(1^{**}) \qquad z' = f(x,z) \text{ mit } y(x) = y_0 + \int_{x_0}^{x} z(t)dt.$$

Lautet die Anfangsbedingung in (1):

$$(2) \qquad y(x_0) = y_0, \ y'(x_0) = y_1,$$

dann bestimmt man die Lösung $z(x)$ mit $z(x_0) = y_1$ und erhält $y(x)$ durch Integration nach (1^{**}).

<u>Beispiel:</u>
1. $y'' = x^2 + y'$, $y(0) = 3$, $y'(0) = 1$.

Es ist also: $f(x,y') = x^2 + y'$, $x_0 = 0$, $y_0 = 3$, $y_1 = 1$.

Mit $z(x) := y'(x)$ folgt:

$$z' = x^2 + z.$$

Dies ist eine lineare Dgl. 1. Ordnung; die allgemeine homogene Lösung $z_h(x)$ lautet:

$$z_h(x) = c \cdot e^x, \quad c \varepsilon \mathbb{R}.$$

Variation der Konstanten: $z(x) = c(x) \cdot e^x$ liefert:

$$c'(x) \cdot e^x = x^2 \Rightarrow c(x) = \int_0^x \xi^2 \cdot e^{-\xi} d\xi + \tilde{c}_1 = -e^{-x}(2+2x+x^2)+c_1$$

$$\Rightarrow z(x) = c_1 \cdot e^x - 2(1+x + \tfrac{1}{2} x^2).$$

Durch Integration erhält man als allgemeine Lösung der obigen Dgl.:

$$y(x) = c_1 \cdot e^x - 2(x + \tfrac{1}{2} x^2 + \tfrac{1}{6} x^3) + c_2, \quad c_1, c_2 \varepsilon \mathbb{R}.$$

Nun ist:
a) $y(0) = c_1 + c_2 = 3$
b) $z(0) = c_1 - 2 = 1$ $\Big\} \Rightarrow c_1 = 3, \; c_2 = 0.$

Also lautet die Lösung des Anfangswertproblems:

$$y^*(x) = 3e^x - 2(x + \tfrac{1}{2} x^2 + \tfrac{1}{6} x^3).$$

II. Die unabhängige Variable x tritt nicht direkt auf:

$$(3) \qquad y'' = f(y,y').$$

Hier ist es zweckmäßig, die Variablen x und y zu vertauschen und aus (3) eine Dgl. für die Umkehrfunktion $x(y)$ herzuleiten: Ist φ die Umkehrfunktion von ψ, dann gilt ja:

$$\varphi(\psi(t)) = t.$$

Differentiation ergibt:
a) $\varphi' \cdot \psi' = 1 \qquad \Rightarrow \varphi' = \dfrac{1}{\psi'},$

b) $\varphi'' \cdot (\psi')^2 + \varphi' \cdot \psi'' = 0 \qquad \Rightarrow \varphi'' = - \dfrac{\psi''}{(\psi')^3}.$

Also erhalten wir aus (3) eine äquivalente Dgl. für die Umkehrfunktion (natürlich nur, falls diese existiert!):

$$(3^*) \qquad x'' = -(x')^3 \cdot f(y, \tfrac{1}{x'}) =: \tilde{f}(y,x').$$

Diese Dgl. aber ist vom Typ (1) und kann daher nach I. gelöst werden. Hat man die Lösungen $x(y)$ aus (3^*) ermittelt, kann man - wenn explizit durchführbar - wieder die Umkehrfunktion $y(x)$ bilden, die dann (3) löst.

<u>Beispiel:</u>

2. $y'' = -\dfrac{(y')^2}{y}$, $y(0) = 3$, $y'(0) = 1$, $x \geq 0$.

Es ist also: $f(y,y') = -(y')^2 \cdot y^{-1}$.

Aus (3^*) folgt:

$$x'' = -(x')^3 \cdot \left(-\dfrac{\tfrac{1}{(x')^2}}{y}\right) = \dfrac{x'}{y} \ .$$

Substitution nach I: $z = x' \Rightarrow z'(y) = \dfrac{z(y)}{y}$.

Hierzu lautet die allgemeine Lösung (vgl. Abschn. 15.3.):

$$z(y) = c \cdot y, \ c \varepsilon \mathbf{R} \ .$$

Also: $x(y) = \int c \cdot y \, dy + \hat{c} = \dfrac{c}{2} y^2 + \hat{c}$; $c, \hat{c} \varepsilon \mathbf{R}$,

d.h. $\qquad y(x) = \pm\sqrt{\gamma x + \beta}$; $\gamma, \beta \varepsilon \mathbf{R}$.

Dies ist die allgemeine Lösung der Dgl. (Man mache die Probe!). Ferner ergibt Differentiation:

$$y'(x) = \pm\dfrac{\gamma}{2\sqrt{\gamma x + \beta}} \ .$$

Wegen der Anfangsbedingungen ist:

$$3 = y(0) = \pm \sqrt{\beta} \Rightarrow 3 = +\sqrt{\beta} \Rightarrow \beta = 9,$$

$$1 = y'(0) = \dfrac{\gamma}{2 \cdot \sqrt{\beta}} \Rightarrow \gamma = +2\sqrt{\beta} \Rightarrow \gamma = 6.$$

Also lautet die Lösung des Anfangswertproblems:
$$y^*(x) = +\sqrt{6x + 9} \ .$$

III. Es treten x und y' nicht auf:

(4) $y'' = f(y)$.

Hier handelt es sich um einen Spezialfall von (3), bei dem aber der Übergang zur Umkehrfunktion nicht nötig ist. Aus (4) folgt durch Multiplikation mit y':

$$y'y'' = (\tfrac{1}{2}(y')^2)' = f(y)\cdot y',$$

oder:

$$(y')^2 = 2\cdot\int f(y)dy+c,$$

$\Rightarrow$

(4*) $y' = \pm\sqrt{2\cdot F(y)+c}$ mit $F(y) = \int f(y)dy$.

Hierbei ist also $F(y)$ eine Stammfunktion zu $f(y)$.

(4*) ist eine Dgl. erster Ordnung und kann durch Trennung der Veränderlichen gelöst werden. Dabei tritt dann noch eine zweite Integrationskonstante $\hat{c}$ auf.
<u>Anmerkung:</u> Dgln. der Form (4) treten häufig in der Mechanik auf, wobei y'' die Beschleunigung und f(y) im wesentlichen die Kraft bedeutet. Die obige Umformung ist dann nichts anderes als der naheliegende Übergang zur Energie.

<u>Beispiel:</u>
3. Freier "Fall" aus großer Höhe (vgl. Beispiel in Abschn. 15.1.):
Gegeben sei das Anfangswertproblem:

$$m\cdot\ddot{r}(t) = -\gamma\cdot\frac{M\cdot m}{(r(t))^2}\ ,\ r(0) = R,\ \dot{r}(0) = v_0,$$

welches den Fall (allgemeiner: die Bewegung) eines Körpers der Masse m beschreibt, dessen Abstand r(t) vom Erdmittelpunkt zur Zeit t=0 gleich R ist und dessen Geschwindigkeit zur Zeit t=0 v_0 beträgt. γ ist die Gravitationskonstante und M die Erdmasse.
Es folgt:

$$\frac{d}{dt}(\dot{r}^2) = -2\gamma M\cdot r^{-2}\cdot\dot{r},$$

woraus sich durch Integration ergibt:

$$\dot{r} = \pm\sqrt{2\gamma M \cdot r^{-1} + b}.$$

Wegen der Anfangsbedingungen ergibt sich: $b = v_0^2 - \frac{2\gamma M}{R}$, so daß gilt:

$$(*) \qquad \dot{r} = \pm\sqrt{2\gamma M \cdot (\frac{1}{r} - \frac{1}{R}) + v_0^2}.$$

Hieraus läßt sich die minimale Startgeschwindigkeit (die sog. <u>Fluchtge-</u>
<u>schwindigkeit</u>) einer Rakete berechnen, die nicht wieder zur Erde zurückkehren
soll. Dazu setzen wir R = Erdradius und fordern, daß $\dot{r}(t)$ in (*) stets ≥ 0
sein muß ($\dot{r}>0$ bedeutet: der Körper steigt, $\dot{r}<0$ bedeutet: der Körper fällt).
Damit der Radikand in (*) für alle r>0 stets positiv ist, muß gelten:

$$v_0 = \sqrt{\frac{2\gamma M}{R}} \approx 11{,}297 \text{ km/sec.}$$

($\gamma \approx 6{,}7 \cdot 10^{-23} \text{km}^3 \text{g}^{-1} \text{sec}^{-2}$, $M \approx 6 \cdot 10^{27}\text{g}$, $R \approx 6{,}3 \cdot 10^3 \text{km}$).

Um (*) zu lösen, setzen wir a $:= 2\gamma M$, b $:= v_0^2 - \frac{2\gamma M}{R}$ und erhalten:

$$\int \frac{dr}{\sqrt{\frac{a}{r} + b}} = t + c.$$

Die Berechnung dieses Integrals ist als Übung gedacht. Insbesondere ergibt
sich für b=0 (d.h. v_0 = Fluchtgeschwindigkeit, R = Erdradius):

$$r(t) = (\tfrac{3}{2}\sqrt{2\gamma M} \cdot t + R^{3/2})^{2/3}.$$

IV. Gegeben sei die lineare Dgl. 2. Ordnung:

$$(5) \qquad y'' = a(x) \cdot y' + b(x) \cdot y + c(x).$$

Da die linearen Dgln. höherer Ordnung besonders wichtig sind, werden sie in
den nächsten Abschnitten noch gesondert behandelt werden. Hier zeigen wir,
wie man (5) auf eine Dgl. 1. Ordnung reduzieren kann, wenn man eine spezielle
(nichttriviale) Lösung $y_1(x)$ des <u>homogenen Anteils</u> von (5):

$$(5a) \qquad y'' = a(x) \cdot y' + b(x) \cdot y$$

bereits kennt (also etwa durch Raten ermittelt hat).

Auch hier gilt nun der folgende, leicht zu beweisende

Satz 2.1.: Die allgemeine Lösung von (5) hat die Form:

$$(6) \qquad y(x) = y_h(x) + y^*(x),$$

wobei $y_h(x)$ die allgemeine Lösung von (5a) und $y^*(x)$ eine partikuläre Lösung von (5) ist.

Zur vollständigen Lösung von (5) werden wir so vorgehen:

a) Aus der Kenntnis einer Lösung $y_1(x) \neq 0$ von (5a) werden wir die allgemeine Lösung $y_h(x)$ von (5a) bestimmen.

b) Durch <u>Variation der Konstanten</u> wird die allgemeine Lösung zu (5) berechnet, <u>oder</u> aber man ermittelt auf andere Weise eine spezielle Lösung zu (5) und erhält dann durch (6) die allgemeine Lösung zu (5).

1. Es sei also $y_1(x)$ eine bekannte Lösung zu (5a) ($y_1 \neq 0$).
Wir machen den Ansatz:

$$(7) \qquad y_h(x) = v(x) \cdot y_1(x).$$

Es folgt: $y_h' = v'y_1 + vy_1'$, $y_h'' = v''y_1 + 2v'y_1' + vy_1''$.
Einsetzen in (5a) liefert wegen $y_h'' = ay_h' + by_h$:

$$v''y_1 + 2v'y_1' = a \cdot v' \cdot y_1.$$

Mit $z(x) := v'(x)$, also

$$(8) \qquad v(x) = \int z(x)dx + c_1.$$

folgt:

$$(8a) \qquad z' = \left(a - 2 \cdot \frac{y_1'}{y_1}\right) \cdot z = f(x) \cdot z.$$

Die allgemeine Lösung zu (8a) lautet:

$$z(x) = c_2 \cdot e^{\int f(x)dx}, \text{ also folgt aus (8):}$$

$$v(x) = c_2 \cdot \int_{x_0}^{x} e^{\int_{x_1}^{\xi} f(\eta)d\eta}\, d\xi \; + \; c_1 \, ,$$

und daher wegen (7):

$$(9) \begin{cases} y_h(x) = y_1(x) \cdot \left[c_2 \cdot \int_{x_0}^{x} e^{\int_{x_1}^{\xi} f(\eta)d\eta}\, d\xi + c_1 \right] \\[4ex] \text{mit: } f(x) = a(x) - 2 \cdot \dfrac{y_1'(x)}{y_1(x)} \, , \; c_1, c_2 \in \mathbb{R} \, . \end{cases}$$

Damit ist die allgemeine Lösung zu (5a) bestimmt.

Beispiel:

4. $y'' = \dfrac{2}{x} \cdot y' - \dfrac{2}{x^2} \cdot y \qquad (x \neq 0)$.

Man rät die Lösung: $y_1(x) = x$.

Ansatz: $y_h(x) = v(x) \cdot x$.

$\Rightarrow y_h' = v' \cdot x + v, \; y_h'' = v'' \cdot x + 2v'$.

Einsetzen liefert für $x \neq 0$:

$$v'' \cdot x + 2v' = 2v' + \frac{2}{x} \cdot v - \frac{2}{x}\, v.$$

Für $x \neq 0 \Rightarrow v'' = 0 \;\rightarrow\; v(x) = c_2 x + c_1$.

Also erhält man als allgemeine Lösung:

$$y_h(x) = c_2 x^2 + c_1 x, \; c_1, c_2 \in \mathbb{R} \, .$$

(Man mache die Probe!)

Anmerkung: Natürlich hätte man die Lösung auch durch direktes Einsetzen in (9) erhalten ($x_0 = x_1 = 0$).

2. Wir kommen nun zur Lösung der inhomogenen Dgl. (5) durch <u>Variation der Konstanten</u> (vgl.Abschn. 15.3.). Dazu wähle man aus der zu (5a) gehörigen Lösungsmenge (9) zwei Lösungen $y_1(x)$, $y_2(x)$ aus und zwar so, <u>daß $y_1(x) \ddagger 0$, $y_2(x) \ddagger 0$ gilt und daß für keine konstante Zahl $\hat{c}$ gilt:</u> $y_1(x) = \hat{c} \cdot y_2(x)$. Die genauere Begründung hierfür geben wir im nächsten Abschnitt. Sodann machen wir den Ansatz:

$$(10) \quad y(x) = v_1(x) \cdot y_1(x) + v_2(x) \cdot y_2(x).$$

Es folgt durch Differenzieren:

$$y' = (v_1' y_1 + v_2' y_2) + (v_1 y_1' + v_2 y_2'),$$

$$y'' = (v_1' y_1 + v_2' y_2)' + (v_1' y_1' + v_2' y_2') + (v_1 y_1'' + v_2 y_2'').$$

Einsetzen in (5) liefert, da $y(x)$ (5) lösen soll und y_1,y_2 nach Voraussetzung Lösungen von (5a) sind:

$$(11) \quad (v_1' y_1 + v_2' y_2)' + (v_1' y_1' + v_2' y_2') = a \cdot (v_1' y_1 + v_2' y_2) + c(x).$$

Um nun (11) zu befriedigen, suchen wir Funktionen $v_1(x)$, $v_2(x)$, welche die folgenden Dgln. <u>gleichzeitig</u> erfüllen:

$$(12) \quad \begin{cases} y_1 \cdot v_1' + y_2 \cdot v_2' = 0 \\[2mm] y_1' \cdot v_1' + y_2' \cdot v_2' = c(x) \, . \end{cases}$$

<u>(12) besitzt nun tatsächlich genau ein Lösungspaar</u> $v_1'(x)$, $v_2'(x)$, wie sich im nächsten Abschnitt zeigen wird. Nun wird durch Integration $v_1(x)$, $v_2(x)$ berechnet, wobei natürlich zwei Integrationskonstanten c_1, c_2 auftreten. Einsetzen in (10) liefert dann die allgemeine Lösung von (5). Auch dieses wird im nächsten Abschnitt noch klar werden.

<u>Beispiele:</u>
5. $y'' = \dfrac{2}{x} y' - \dfrac{2}{x^2} y + x$, $x \ddagger 0$ (vgl. Beispiel 4).

Wir wählen die beiden Lösungen des homogenen Anteiles:

$$y_1(x) = x, \ y_2(x) = x^2.$$

Wegen $c(x) = x$ (vgl. (5)) erhalten wir mit (12):

$$\begin{pmatrix} x & x^2 \\ 1 & 2x \end{pmatrix} \cdot \begin{pmatrix} v_1' \\ v_2' \end{pmatrix} = \begin{pmatrix} 0 \\ x \end{pmatrix} \qquad (x \neq 0).$$

Die eindeutige Lösung v_1', v_2' lautet:

$$v_1'(x) = -x, \quad v_2'(x) = 1 \qquad (x \neq 0).$$

Integration liefert:

$$v_1(x) = -\frac{1}{2} x^2 + c_1, \quad v_2(x) = x + c_2, \quad c_1, c_2 \varepsilon \mathbf{R}.$$

Aus (10) erhalten wir daher als allgemeine Lösung:

$$y(x) = c_1 x + c_2 x^2 + \frac{1}{2} x^3, \quad x \neq 0, \quad c_1, c_2 \varepsilon \mathbf{R}.$$

6. $y'' = -y + \dfrac{1}{\cos x}$, $y(0) = 0$, $y'(0) = 1$ $(-\frac{\pi}{2} < x < \frac{\pi}{2})$.

Die allgemeine Lösung von $y'' = -y$ lautet:

$$y_h(x) = c_1 \cdot \cos x + c_2 \cdot \sin x, \quad c_1, c_2 \varepsilon \mathbf{R}.$$

Wir wählen: $y_1(x) = \cos x$, $y_2(x) = \sin x$.

Mit (12) erhalten wir:

$$\begin{pmatrix} \cos x & \sin x \\ -\sin x & \cos x \end{pmatrix} \cdot \begin{pmatrix} v_1' \\ v_2' \end{pmatrix} = \begin{pmatrix} 0 \\ \cos^{-1} x \end{pmatrix} .$$

Die Lösung lautet:

$$v_1'(x) = -\operatorname{tg} x, \quad v_2'(x) = 1.$$

$$\Rightarrow v_1(x) = \ln(\cos x) + c_1, \quad v_2(x) = x + c_2, \quad c_1, c_2 \varepsilon \mathbf{R}.$$

Mit (10) erhalten wir die allgemeine Lösung:

$$y(x) = (\ln(\cos x) + c_1) \cdot \cos x + (x + c_2) \cdot \sin x \,; \quad c_1, c_2 \varepsilon \mathbf{R}.$$

Nun ist: $y'(x) = -(\ln(\cos x) + c_1) \cdot \sin x + (x + c_2) \cdot \cos x$.

Die Anfangsbedingungen ergeben: $c_1 = 0$, $c_2 = 1$, so daß die Lösung des Anfangs-wertproblems lautet:

$$y^*(x) = \ln(\cos x) \cdot \cos x + (x+1) \cdot \sin x .$$

16.3. Lineare Dgln.

Dieser Abschnitt behandelt kurz die Theorie der Lösung von linearen Dgln. höherer Ordnung. Das praktische Lösen solcher Dgln erweist sich im Falle variabler Koeffizienten und hoher Ordnung als etwas mühsam. Bei konstanten Koeffizienten dagegen - diese werden im nächsten Abschnitt behandelt - lassen sich die Lösungen recht gut bestimmen.

<u>Def. 3.1.:</u> Es sei $I \subset \mathbb{R}$ ein Intervall und $y_k(x)$, $k=1,\ldots,n$, ein System von n Funktionen über I. Die $y_1(x),\ldots,y_n(x)$ heißen über I <u>linear unabhängig</u>, wenn aus der Beziehung:

$$(1) \quad \begin{cases} c_1 \cdot y_1(x) + \ldots + c_n \cdot y_n(x) \equiv 0, \; x \varepsilon I \quad , \\[2ex] \text{stets folgt:} \\[2ex] c_1 = c_2 = \ldots = c_n = 0. \end{cases}$$

Andernfalls heißt das Funktionensystem <u>linear abhängig</u> über I.

<u>Def. 3.2.:</u> Es seien $y_k(x) \varepsilon C^{n-1}(I)$ für $k=1,\ldots,n$.

Die Matrix:

$$(2) \qquad W(x) := \begin{pmatrix} y_1(x), & \ldots\ldots, & y_n(x) \\ y_1'(x), & \ldots\ldots, & y_n'(x) \\ \vdots & & \vdots \\ y_1^{(n-1)}(x), & \ldots, & y_n^{(n-1)}(x) \end{pmatrix} , \; x \varepsilon I$$

heißt die zu den $y_1(x),\ldots,y_n(x)$ gehörige <u>Wronski'sche Matrix</u>.

Ferner heißt $\mathrm{Det}(W(x))$ die <u>Wronski'sche Determinante</u>.

<u>Satz 3.1.:</u> Sei das Funktionensystem $y_1(x),\ldots,y_n(x)$ über I linear abhängig und gelte $y_k(x) \varepsilon C^{n-1}(I)$. Dann folgt:

(3) $\text{Det}(W(x)) \equiv 0$ für alle $x \varepsilon I$.

<u>Beweis:</u> Nach Voraussetzung existieren n Zahlen $(c_1,\ldots,c_n) \neq (0,\ldots,0)$, so
daß gilt:

$$c_1 \cdot y_1(x)+\ldots+c_n \cdot y_n(x) = 0 \text{ für alle } x \varepsilon I.$$

Wird diese Gleichung n-1 mal differenziert, dann erhält man ein lineares
Gleichungssystem der Form:

$$W(x) \cdot c = 0 \text{ für alle } x \varepsilon I,$$

mit $c := (c_1,\ldots,c_n)^T$. Wegen $c \neq 0 \varepsilon \mathbb{R}^n$ muß also $W(x)$ für alle $x \varepsilon I$ singulär
sein.

Nun betrachten wir eine Dgl. n-ter Ordnung:

$$(4) \quad L(y) \equiv a_0(x) \cdot y + a_1(x) \cdot y' + \ldots + a_n(x) \cdot y^{(n)} = b(x),$$

wobei die $a_\nu(x)$, $b(x)$ stetig in I seien mit $a_n(x) \neq 0$ in I.
Wir nennen die Dgl.:

$$(4^*) \quad L(y) = 0,$$

die zu (4) gehörige <u>homogene</u> Dgl.,(4) heißt <u>inhomogen</u>, wenn $b(x) \not\equiv 0$ in I
ist.
<u>Def. 3.3.:</u> Es sei $\{u_1(x),\ldots,u_n(x)\} \subset C^n(I)$ ein System von n linear unabhängigen
Lösungen der linearen homogenen Dgl. (4^*). Dann heißt dieses System ein
<u>Fundamentalsystem</u> (oder <u>Integralbasis</u>) zu (4^*).

Die Fundamentalsysteme sind sehr wichtig zur Konstruktion der allgemeinen
Lösung von (4^*) bzw. (4), wie wir später sehen werden.
In der Praxis treten Dgln. der Form (4) sehr oft als <u>Anfangswertprobleme</u> auf:

$$(5) \quad L(y) = b(x), \quad y^{(\nu)}(x_0) = \alpha_{\nu+1} \text{ für } \nu = 0,1,\ldots,n-1,$$

wobei $x_0 \varepsilon I$ fest ist und die $\alpha_1,\ldots,\alpha_n \varepsilon \mathbb{R}$ vorgegeben sind.
Man kann nun, wie in Abschnitt 16.1. gezeigt wurde, das Anfangswertproblem (5)
umformen in ein vektorielles Anfangswertproblem 1. Ordnung, welches zu (5)

völlig äquivalent ist. Ferner sind die Existenz- und Eindeutigkeitssätze von Abschnitt 15.4 leicht auf Dgl.-Systeme 1. Ordnung übertragbar. Es gilt daher:

Satz 3.2.: Das Anfangswertproblem (5) besitzt in jedem abgeschlossenen Intervall $I \subset \mathbb{R}$, in dem die Koeffizienten $a_0(x),\ldots,a_n(x)$, $b(x)$ stetig sind, genau eine Lösung $y^*(x) \in C^n(I)$.

Nun gilt der folgende interessante

Satz 3.3.: Es sei $\{y_1(x),\ldots,y_n(x)\} \subset C^n(I)$ ein System von n Lösungen der linearen, homogenen Dgl. (4*). Die $y_1(x),\ldots,y_n(x)$ bilden genau dann ein Fundamentalsystem, wenn gilt:

$$(6) \quad \mathrm{Det}(W(x)) \neq 0 \text{ für alle } x \in I.$$

Beweis: Es gelte für ein $x_0 \in I$: $\mathrm{Det}(W(x_0)) = 0$.

Dann aber hat das Gleichungssystem:

$$(7) \quad W(x_0) \cdot c = 0$$

eine nichttriviale Lösung: $c := (c_1,\ldots,c_n)^T \neq (0,\ldots,0)^T$.

Nun ist aber die Funktion:

$$(8) \quad \varphi(x) := \sum_{k=1}^{n} c_k \cdot y_k(x), \quad x \in I$$

ebenfalls eine Lösung von (4*) (Beweis!). n-1-maliges Differenzieren dieser Gleichung und Einsetzen von x_0 liefert wegen (7):

$$\varphi(x_0) = \varphi'(x_0) = \varphi''(x_0) = \ldots = \varphi^{(n-1)}(x_0) = 0.$$

Also muß wegen Satz 3.2. (Eindeutigkeit des Anfangswertproblems) $\varphi(x) \equiv 0$ in I sein, d.h., aus (8) ergibt sich die lineare Abhängigkeit der $y_1(x),\ldots,y_n(x)$.

Mit Satz 3.1. folgt der Rest des Beweises.

Die Bedeutung dieses Satzes für die Praxis liegt darin, daß man bei n gegebenen Lösungen von (4*) leicht entscheiden kann, ob es sich um ein Fundamentalsystem (abgekürzt F.S.) handelt: Man braucht nur in einem einzigen Punkt $x_0 \in I$ nachzuprüfen, ob $\mathrm{Det}(W(x_0)) = 0$ ist oder nicht. Denn $\mathrm{Det}(W(x))$ ist entweder $\equiv 0$ in I oder $\neq 0$ in ganz I.

Wir bringen noch zwei Folgerungen:

<u>Folgerung 1</u>: (4*) besitzt stets (mindestens) ein Fundamentalsystem.

<u>Beweis</u>: Sei $x_0 \varepsilon I$ beliebig. Nach Satz 3.2. gibt es eindeutig bestimmte Lösungen $u_1(x),\ldots,u_n(x)\varepsilon C^n(I)$ von (4*), die die folgenden Anfangsbedingungen befriedigen:

$$(9) \qquad u_i^{(k-1)}(x_0) = \delta_{ik} := \begin{cases} 1 \ \text{für } i=k \\ 0 \ \text{sonst} \end{cases} \qquad \text{für } i,k=1,\ldots,n.$$

Man prüft sofort nach: $W(x_0) = I$, also $\text{Det}(W(x_0)) = 1$.

Also ist (6) erfüllt und die $u_1(x),\ldots,u_n(x)$ bilden ein F.S., das sog. <u>Ein-heits-F.S.</u>

<u>Folgerung 2</u>: Die allgemeine Lösung von (4*) hat die Form:

$$(10) \qquad y_H(x) = \sum_{k=1}^{n} c_k \cdot y_k(x), \quad c_1,\ldots,c_n \varepsilon \mathbb{R} \,,$$

wobei die $y_1(y),\ldots,y_n(x)$ ein (beliebiges) Fundamentalsystem von (4*) sind.

<u>Beweis</u>: Übung.

Wir kommen nun auf die inhomogene Dgl. (4) zurück. Analog zu Satz 2.1., Abschn. 16.2 (vgl. auch Abschn. 15.3.) gilt:

<u>Satz 3.4.</u>: Die allgemeine Lösung der inhomogenen linearen Dgl. (4) hat die Form:

$$(11) \quad y(x) = y_H(x) + y^*(x),$$

wobei $y_H(x)$ die allgemeine Lösung der homogenen Dgl. (4*) und $y^*(x)$ eine partikuläre Lösung von (4) ist.

<u>Beweis</u>: Übung.

Hat man ein F.S. $y_1(x),\ldots,y_n(x)$ zu (4*) ermittelt und ist die Bestimmung einer partikulären Lösung $y^*(x)$ auf einfache Weise nicht möglich, macht man den Ansatz der <u>Variation der Konstanten</u>, wie wir es im Falle n=2 ja schon im vorigen Abschnitt (vgl. die Formeln (10)-(12), Abschn. 16.2.) durchgeführt hatten. Wir setzen an:

$$(12) \qquad y(x) = \sum_{\nu=1}^{n} v_\nu(x) \cdot y_\nu(x).$$

Zur Bestimmung der $v_\nu(x)$ löst man zunächst das wegen (6) eindeutig lösbare Gleichungssystem:

$$(13) \quad W(x) \cdot v'(x) = \gamma(x)$$

mit $v'(x) := (v_1'(x),\ldots,v_n'(x))^T$, $\gamma(x) := (0,\ldots,0,\frac{b(x)}{a_n(x)})^T$
und integriert anschließend die $v_1'(x),\ldots,v_n'(x)$. Daß die so erhaltenen Funktionen (12) die allgemeine Lösung von (4) bilden, bestätigt man leicht durch n-maliges Differenzieren und Einsetzen in (4); es ergibt sich nämlich mit (12) und (13):

$$y^{(k)}(x) = \sum_{\nu=1}^{n} v_\nu(x) \cdot y_\nu^{(k)}(x) \text{ für } k=0,1,\ldots,n-1,$$

$$y^{(n)}(x) = \sum_{\nu=1}^{n} v_\nu(x) \cdot y_\nu^{(n)}(x) + \frac{b(x)}{a_n(x)} \, .$$

Wegen $L(y_\nu) = 0$ für $\nu = 1,\ldots,n$ folgt damit $L(y) = b(x)$, d.h. (12) löst die Dgl. (4). Andererseits ist (12) auch von der Gestalt (11).

<u>Beispiele:</u>

1. Man bestätigt bei den Beispielen 5. bzw. 6., Abschn. 16.2., daß die Funktionen $y_1=x$, $y_2=x^2$ ($x\neq 0$) bzw. die Funktionen $y_1 = \cos x$, $y_2 = \sin x$ Fundamentalsysteme zu den jeweiligen homogenen Dgln. sind. Ferner erkennt man an den erhaltenen Lösungen dieser Beispiele, daß sie von der Form (11) sind.

2. $x^3 \cdot y''' - 3x^2 \cdot y'' + 6x \cdot y' - 6y = 2$, $x>0$.

   a) Wir raten die spezielle Lösung $y^*(x) = -\frac{1}{3}$.

   b) Wir raten für die zugehörige homogene Dgl. die Lösung: $y_1(x) = x$.

   c) Ansatz: $y_H(x) = v(x) \cdot y_1(x) = v(x) \cdot x$.

   Es folgt: $y_H' = v' \cdot x + v$, $y_H'' = v'' \cdot x + 2v'$, $y_H''' = v''' \cdot x + 3v''$.
   Einsetzen in die homogene Dgl. liefert:
   $v''' \cdot x^4 + 3v'' \cdot x^3 - 3v'' \cdot x^3 - 6v' \cdot x^2 + 6v' \cdot x^2 + 6v \cdot x - 6v \cdot x = 0$.
   Wegen $x>0$ folgt: $v''' = 0$, also:

   $$v(x) = c_1 + c_2 x + c_3 x^2, \quad c_1, c_2, c_3 \in \mathbf{R} \, .$$

   d) Wir zeigen, daß $y_1(x) = x$, $y_2(x) = x^2$, $y_3(x) = x^3$ ein F.S. bilden:

$$Det(W(x)) = Det \begin{pmatrix} x & x^2 & x^3 \\ 1 & 2x & 3x^2 \\ 0 & 2 & 6x \end{pmatrix} = 2x^3 \neq 0 \text{ für } x > 0.$$

Also ist $y_H(x) = c_1 x + c_2 x^2 + c_3 x^3$, $\quad c_1, c_2, c_3 \in \mathbb{R}$

die allgemeine Lösung der homogenen Dgl.

e) Nach (11) lautet also die allgemeine Lösung der vorgelegten Dgl.:

$$y(x) = c_1 x + c_2 x^2 + c_3 x^3 - \frac{1}{3} , \; c_1, c_2, c_3 \in \mathbb{R} .$$

3. $x^3 \cdot y''' - 3x^2 \cdot y'' + 6x \cdot y' - 6 \cdot y = 2x^3$, $x > 0$.

Hier ist das Raten einer speziellen Lösung schwierig. Wir machen daher
Variation der Konstanten gemäß (12), wobei wir das im 2. Beispiel berechnete
F.S. $y_1(x) = x$, $y_2(x) = x^2$, $y_3(x) = x^3$ benutzen.
Mit (13) folgt:

$$\begin{pmatrix} x & x^2 & x^3 \\ 1 & 2x & 3x^2 \\ 0 & 2 & 6x \end{pmatrix} \cdot \begin{pmatrix} v_1' \\ v_2' \\ v_3' \end{pmatrix} = \begin{pmatrix} 0 \\ 0 \\ 2 \end{pmatrix} \Rightarrow \begin{pmatrix} v_1'(x) \\ v_2'(x) \\ v_3'(x) \end{pmatrix} = \begin{pmatrix} x \\ -2 \\ x^{-1} \end{pmatrix} .$$

Integration ergibt:

$$v_1(x) = \frac{1}{2} x^2 + c_1, \; v_2(x) = -2x + c_2, \; v_3(x) = \ln x + c_3 .$$

Einsetzen in (12) liefert nun die allgemeine Lösung der vorgelegten Dgl.:

$$y(x) = c_1 \cdot x + c_2 \cdot x^2 + (c_3 - \frac{3}{2}) \cdot x^3 + x^3 \cdot \ln x , \; x > 0, \; c_1, c_2, c_3 \in \mathbb{R} .$$

16.4. Lineare Dgln. mit konstanten Koeffizienten

Es soll nun auf den wichtigen Spezialfall eingegangen werden, daß die Koeffizienten in (4), Abschn. 16.3., konstant sind. Wir betrachten also Dgln der
Form:

(1) $L(y) \equiv y^{(n)} + a_{n-1} y^{(n-1)} + \ldots + a_1 y' + a_0 y = b(x)$ mit $a_0, \ldots, a_{n-1} \in \mathbb{R}$.

Die rechte Seite $b(x)$ soll weiterhin eine stetige Funktion von x sein. $b(x)$ wird oft als <u>Störfunktion</u> bezeichnet, da Dgln. der Form (1) bei Schwingungsproblemen auftreten; dort beschreibt die rechte Seite $b(x)$ eine äußere Störung, die der durch $L(y) = 0$ beschriebenen freien Schwingung aufgezwungen wird.

Zur vollständigen Lösung von (1) gehen wir wieder den üblichen Weg, indem wir zunächst den homogenen Anteil:

(1*) $L(y) = 0$

lösen, d.h. ein F.S. zu (1*) bestimmen. Hierzu machen wir den Ansatz:

(2) $y(x) = e^{\lambda x}$,

differenzieren n-mal und setzen in (1*) ein. Es folgt:

(3) $L(e^{\lambda x}) \equiv (\lambda^n + a_{n-1}\lambda^{n-1} + \ldots + a_1\lambda + a_0) \cdot e^{\lambda x} = 0.$

Das hier auftretende Polynom $P(\lambda) := \lambda^n + a_{n-1}\lambda^{n-1} + \ldots + a_1\lambda + a_0$ wird das <u>charakteristische Polynom</u> der Dgl. (1*) (bzw. des Dgl.-Operators L) genannt.
Wegen $e^{\lambda x} \neq 0$ folgt aus (3) sofort:

(3*) $P(\lambda) = 0.$

Also: <u>$y(x) = e^{\lambda_\nu x}$ ist genau dann Lösung von (1*), wenn λ_ν Nullstelle von $P(\lambda)$ ist.</u>
Nun seien $\lambda_1, \ldots, \lambda_n \in \mathbb{C}$ die n Nullstellen von $P(\lambda)$.
Wir unterscheiden zwei Fälle:

a) $\lambda_\nu \neq \lambda_\mu$ für $\nu \neq \mu$, $\nu, \mu = 1, \ldots, n$.

Dann stellen die n Funktionen:

(4a) $e^{\lambda_1 x}, e^{\lambda_2 x}, \ldots, e^{\lambda_n x}$

bereits ein F.S. zu (1*) dar. Um dies einzusehen, bilden wir die Wronski'sche Determinante:

$$\mathrm{Det}(W(x)) = \mathrm{Det} \begin{pmatrix} e^{\lambda_1 x} & \cdots\cdots & e^{\lambda_n x} \\ \lambda_1 e^{\lambda_1 x} & \cdots\cdots & \lambda_n e^{\lambda_n x} \\ \vdots & & \vdots \\ \lambda_1^{n-1} e^{\lambda_1 x} & \cdots & \lambda_n^{n-1} e^{\lambda_n x} \end{pmatrix} = e^{\sum\limits_{1}^{n} \lambda_\nu x} \cdot \boldsymbol{Det} \begin{pmatrix} 1 & \cdots\cdots & 1 \\ \lambda_1 & \cdots\cdots & \lambda_n \\ \vdots & & \vdots \\ \lambda_1^{n-1} & \cdots & \lambda_n^{n-1} \end{pmatrix}.$$

Nun kann man zeigen, daß die Determinante der ganz rechts stehenden <u>Vandermonde'schen Matrix</u> den Wert: $\prod\limits_{\nu > \mu} (\lambda_\nu - \lambda_\mu)$ besitzt (vgl. z.B. Zurmühl: Matrizen, §13), also wegen unserer Voraussetzung nicht Null ist. Also ist (4a) ein F.S. zu (1*).

b) Die Nullstellen $\lambda_1,\ldots,\lambda_n$ seien <u>nicht</u> paarweise verschieden. Es gelte (nach einer eventuellen Umnumerierung):

λ_ν sei m_ν-fache Nullstelle von $P(\lambda)$, $\nu = 1,\ldots,s$

$$\text{mit:} \quad \sum\limits_{\nu=1}^{s} m_\nu = n, \quad \lambda_1,\ldots,\lambda_s \text{ paarweise verschieden.}$$

(Ist $s=n$, dann sind alle $m_\nu = 1$ und der Fall a) liegt vor.)
Dann stellen die n Funktionen:

$$(4b) \quad e^{\lambda_1 x}, x \cdot e^{\lambda_1 x}, \ldots, x^{m_1-1} e^{\lambda_1 x}; \ldots; e^{\lambda_s x}, x \cdot e^{\lambda_s x}, \ldots, x^{m_s-1} \cdot e^{\lambda_s x}$$

ein F.S. zu (1*) dar.
Den Beweis, daß die Funktionen (4b) linear unabhängig sind, übergehen wir (vgl. z.B. Collatz: Seite 78, Differentialgleichungen, Kap. II, §4).
Wir zeigen noch, daß die Funktionen (4b) wirklich Lösungen zu (1*) sind.
Nun rechnet man leicht nach, daß gilt:

$$(5) \quad \frac{\partial^k}{\partial \lambda^k} \left(\frac{\partial^j}{\partial x^j} \cdot e^{\lambda x} \right) = \frac{\partial^j}{\partial x^j} \left(\frac{\partial^k}{\partial \lambda^k} e^{\lambda x} \right) = \frac{\partial^j}{\partial x^j} (x^k \cdot e^{\lambda x}).$$

Mit Hilfe von (5) folgt z.B. für λ_1:

$$(6) \quad L(x^k \cdot e^{\lambda_1 x}) = \sum\limits_{\nu=0}^{k} \binom{k}{\nu} \cdot x^{k-\nu} \cdot P^{(\nu)}(\lambda_1) \cdot e^{\lambda_1 x}, \quad k=0,1,\ldots,m_1-1.$$

Da nun λ_1 eine m_1-fache Nullstelle von $P(\lambda)$ ist, folgt (Beweis!):

$$P(\lambda_1) = P'(\lambda_1) = P''(\lambda_1) = \ldots = P^{(m_1-1)}(\lambda_1) = 0.$$

Hieraus folgt, daß alle Ausdrücke in (6) Null sind. Dasselbe führen wir nun für $\lambda_2,\ldots,\lambda_s$ durch und haben so gezeigt, daß die Funktionen (4b) wirklich (1*) lösen.

Beispiele:

1. $y''+y = 0$. Ansatz: $y = e^{\lambda x} \implies$

   $(\lambda^2+1)\cdot e^{\lambda x} = 0 \Rightarrow P(\lambda) = \lambda^2+1$.

   Nullstellen von $P(\lambda)$: $\lambda_1 = i$, $\lambda_2 = -i$. $\implies$
   F.S.: e^{ix}, e^{-ix}.

Hieraus können wir nun ein reelles F.S. konstruieren.
Es gilt ja: $e^{ix} = \cos x + i\cdot\sin x$, $e^{-ix} = \cos x - i\cdot\sin x$.

Wir bilden nun die Linearkombinationen

$$\frac{1}{2}\cdot(e^{ix}+e^{-ix}) = \cos x, \quad \frac{1}{2i}\cdot(e^{ix}-e^{-ix}) = \sin x,$$

die natürlich wieder Lösungen der Dgl. sind. Durch Aufstellen der Wronski'-schen Matrix zeigt sich, daß sie auch ein F.S. bilden. Nach (10), Abschn. 16.3. lautet also die allgemeine Lösung:

$$y(x) = c_1\cdot\cos x + c_2\cdot\sin x.$$

2. $y^{(4)}-y = 0. \implies P(\lambda) = \lambda^4-1$.

   Nullstellen von $P(\lambda)$: $\lambda_1 = 1$, $\lambda_2 = -1$, $\lambda_3 = i$, $\lambda_4 = -i$.
   F.S.: e^x, e^{-x}, e^{ix}, e^{-ix} oder (vgl. Beispiel 1.)):

   $$e^x,\ e^{-x},\ \cos x,\ \sin x.$$

Die allgemeine Lösung lautet:

$$y(x) = c_1\cdot e^x + c_2\cdot e^{-x} + c_3\cdot\cos x + c_4\cdot\sin x.$$

3. $y^{(4)}+2\cdot y''' -2\cdot y'-y = 0 \Rightarrow P(\lambda) = \lambda^4+2\lambda^3-2\lambda-1$.

Nullstellen von $P(\lambda) = (\lambda+1)^3 \cdot (\lambda-1)$:

$\lambda_1 = -1$ (3-fache Nullstelle), $\lambda_2 = +1$ (einfache Nullstelle).

F.S.: e^{-x}, $x \cdot e^{-x}$, $x^2 \cdot e^{-x}$, e^x.

Allgemeine Lösung: $y(x) = (c_1 + c_2 x + c_3 x^2) \cdot e^{-x} + c_4 \cdot e^x$.

Kommen noch die Anfangsbedingungen:

$$y(0) = y'(0) = y''(0) = y'''(0) = 1$$

hinzu, ergibt sich: $c_1 = c_2 = c_3 = 0$, $c_4 = 1$, also die Lösung:

$$y_1(x) = e^x.$$

Wir kommen nun zur Lösung der inhomogenen Dgl. (1). Hat man ein F.S. zu (1*)
ermittelt, dann kann man durch Variation der Konstanten (vgl. Abschn. 16.3.)
eine spezielle Lösung $y^*(x)$ zu (1) bestimmen und erhält mit (11), Abschn. 16.3.
die allgemeine Lösung zu (1). Es gibt aber <u>im Falle konstanter Koeffizienten</u>
sehr viel einfachere Methoden, die oft zum Ziele führen.
Hier gilt nun die folgende
<u>Faustregel</u>: In vielen Fällen ist der Funktionstyp einer speziellen Lösung
$y^*(x)$ der inhomogenen Dgl. (1) derselbe, wie der der Störfunktion $b(x)$. Man
mache daher einen entsprechenden Ansatz für $y^*(x)$. Einige Beispiele sind in
folgender Tabelle angeführt:

Störfunktion $b(x) =$	Zugehöriger Ansatz $y^*(x) =$
$\sum\limits_{i=0}^{n} a_i x^i$, $i \geq 0$	$\sum\limits_{i=0}^{n} A_i x^i$, falls $P(0) \neq 0$ ist $x^k \cdot \sum\limits_{i=0}^{n} A_i x^i$, falls $\lambda = 0$ k-fache Nullstelle von $P(\lambda)$ ist
$a \cdot e^{\mu x}$	$A \cdot e^{\mu x}$, falls $P(\mu) \neq 0$ ist $A \cdot x^k \cdot e^{\mu x}$, falls μ k-fache Nullstelle von $P(\lambda)$ ist
$a_0 \cos(mx) + a_1 \sin(mx)$	$A_0 \cos(mx) + A_1 \sin(mx)$, falls $P(im) \neq 0$ ist $A_0 x^k \cdot \cos(mx) + A_1 x^k \cdot \sin(mx)$, falls $\pm i \cdot m$ k-fache Nullstelle von $P(\lambda)$ ist
$a_0 \cdot e^{\mu x} \cdot \cos(mx) +$ $+ a_1 \cdot e^{\mu x} \cdot \sin(mx)$	$e^{\mu x} \cdot [A_0 \cos(mx) + A_1 \sin(mx)]$, falls $P(\mu \pm im) \neq 0$ ist $x^k \cdot e^{\mu x} \cdot [A_0 \cdot \cos(mx) + A_1 \sin(mx)]$, falls $\mu \pm im$ k-fache Nullstelle von $P(\lambda)$ ist.

(7)

Ist die Störfunktion eine Linearkombination dieser in der Tabelle angeführten Funktionen, dann mache man auch einen entsprechenden Ansatz. Sind <u>in b(x)</u> <u>einige der Koeffizienten a_ν gleich Null, so mache man trotzdem den vollen auf</u> <u>der rechten Seite angegebenen Ansatz.</u>

<u>Anmerkung</u>: Es sei betont, daß die Anwendung dieser Faustregel nicht immer zum Ziele führt! In diesem Falle muß man dann Variation der Konstanten machen.

<u>Beispiel</u>:
4. Wir betrachten die Schwingung eines Federpendels unter Einwirkung einer äußeren Kraft (erzwungene Schwingung). Vgl. dazu Beispiel 4), Abschn. 15.1.:

$$(8) \quad m\cdot\ddot{x} + r\cdot\dot{x} + k\cdot x = \cos \mu t, \ \mu > 0.$$

Hier ist also $x = x(t)$ die gesuchte Funktion (physikalisch die Auslenkung). Ferner bedeutet

m = Pendelmasse, $r\cdot\dot{x}$ = Reibungskraft, $k\cdot x$ = Rückstellkraft.

a) <u>Lösung der homogenen Dgl.</u>
Ansatz: $x(t) = e^{\lambda t}$. Einsetzen liefert:
$$(m\lambda^2 + r\lambda + k)\cdot e^{\lambda t} = 0 \Longrightarrow \lambda^2 + \frac{r}{m}\lambda + \frac{k}{m} = 0.$$

Nullstellen:

$$(9) \quad \lambda_{1,2} = -\frac{r}{2m} \pm \sqrt{\frac{r^2}{4m^2} - \frac{k}{m}}\,.$$

=> allgemeine Lösung des homogenen Anteils von (8):

$$(10) \quad x(t) = c_1\cdot e^{\lambda_1 t} + c_2\cdot e^{\lambda_2 t}, \ c_1, c_2 \in \mathbb{C},$$

falls $\lambda_1 \neq \lambda_2$.

Wir wollen jetzt die folgenden Fälle diskutieren:
<u>Fall 1</u>: $r^2 < 4k\cdot m$. Die Nullstellen sind also konjugiert komplex:

$$\lambda_1 = -\rho + i\omega, \ \lambda_2 = -\rho - i\omega,$$

mit: $\rho = \dfrac{r}{2m}$, $\omega = (\omega_0^2 - \rho^2)^{1/2}$, $\omega_0 = \sqrt{\dfrac{k}{m}}$.

Also folgt aus (10):

$$x(t) = e^{-\rho t} \cdot (c_1 \cdot e^{i\omega t} + c_2 \cdot e^{-i\omega t}),$$

(10a)

$$x(t) = e^{-\rho t} \cdot (\tilde{c}_1 \cdot \cos\omega t + \tilde{c}_2 \cdot \sin\omega t), \qquad \tilde{c}_1, \tilde{c}_2 \in \mathbb{C}.$$

Aus vorgegebenen Anfangsbedingungen: $x(0) = x_0$, $\dot{x}(0) = v_0$ errechnen sich $\tilde{c}_1$, $\tilde{c}_2$ eindeutig.

(10a) stellt eine <u>gedämpfte Schwingung</u> dar. Für $\rho=0$ (keine Reibung) nennt man (10a) eine <u>harmonische Schwingung</u>. ω heißt die <u>Frequenz</u> der Schwingung. Für $\rho = 0$ ist $\omega = \omega_0 =$ Frequenz der ungedämpften Schwingung. Sonst gilt $\omega < \omega_0$.

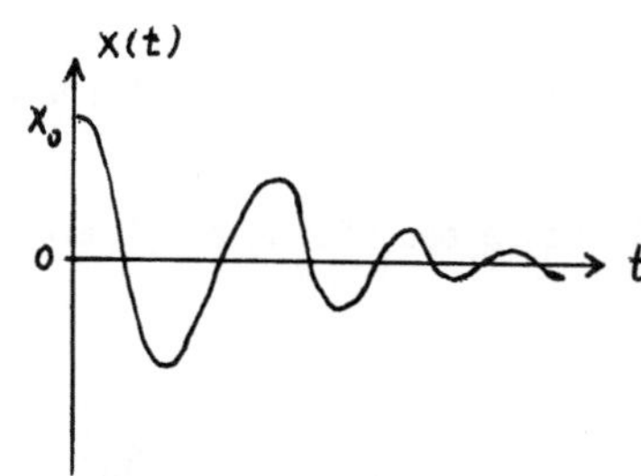

<u>Fall 2:</u> $r^2 > 4 k \cdot m$. Die Nullstellen (9) sind beide reell, negativ und $\lambda_1 \neq \lambda_2$. Ferner sei $c_1 > 0$, $c_2 > 0$. Die Lösungen:

$$(10b) \quad x(t) = c_1 \cdot e^{-|\lambda_1| \cdot t} + c_2 \cdot e^{-|\lambda_2| \cdot t}$$

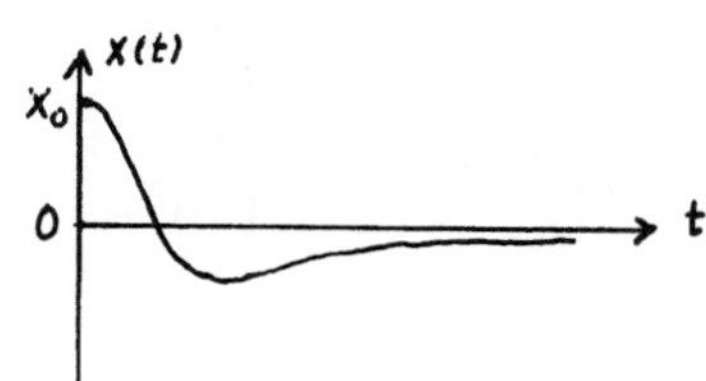

klingen ohne Schwingungen, d.h. <u>aperiodisch</u> ab.

<u>Fall 3:</u> $r^2 = 4 k \cdot m$. Hier gilt für die Nullstellen (9): $\lambda_1 = \lambda_2 < 0$. (10) liefert also noch nicht die allgemeine Lösung; vielmehr lautet diese:

$$(10c) \quad x(t) = (c_1 + c_2 \cdot t) \cdot e^{-|\lambda_1| \cdot t}.$$

In diesem Grenzfall zwischen periodischem und aperiodischem Verlauf hat man bei gewissen Anfangsbedingungen ein Abklingen der Lösungen laut nebenstehender Skizze:

Das Pendel schwingt noch einmal durch die Ruhelage hindurch, um dann langsam endgültig in die Ruhelage zurückzukehren.

b) <u>Lösung der inhomogenen Dgl.</u>

Hier ist es zweckmäßig, statt (8) die Dgl.:

$$(8^*) \qquad m\ddot{x} + r\dot{x} + kx = e^{i\mu t} = \cos\mu t + i\cdot\sin\mu t$$

zu lösen und nachher den Imaginärteil abzusondern.
Ansatz nach der Faustregel: $x^*(t) = B\cdot e^{i\mu t}$.
Es folgt durch Differenzieren und Einsetzen in (8^*):

$$B = \frac{1}{(k-m\cdot\mu^2)+i\cdot r\cdot\mu} \neq 0 \text{ für } r>0,\ \mu>0.$$

Wir schreiben: $B = A\cdot e^{-i\varphi_0}$ mit: $A = \left[(k-m\mu^2)^2+r^2\mu^2\right]^{-\frac{1}{2}}$,

$$\varphi_0 = \arctg \frac{r\mu}{k-m\mu^2} .$$

Also ist $x^*(t) = A\cdot e^{i(\mu t-\varphi_0)}$ eine spezielle Lösung von (8^*).
Durch Trennung von Real- und Imaginärteil in (8^*) folgt, daß
$\hat{x}(t) = A\cdot\cos(\mu t-\varphi_0)$ eine spezielle Lösung zu (8) ist.
Im Falle $r=0$, $\mu = \pm\sqrt{\frac{k}{m}}$ sind A bzw. B nicht definiert. Man spricht dann von
der <u>Resonanzkatastrophe.</u>

<u>16.5. Lineare Systeme von Dgln.</u>

Die linearen Systeme von Dgln. sollen hier nur kurz behandelt werden; auch
werden wir uns auf <u>homogene Systeme mit konstanten Koeffizienten</u> beschränken.
Es sei $\vec{y}(x) = (y_1(x),\ldots,y_n(x))^T$ und $A = (a_{ik})_{n,n}$ eine konstante Matrix.
Wir suchen die allgemeine Lösung des Dgl.-Systems:

$$(1) \qquad \vec{y}'(x) = A\cdot\vec{y}(x),$$

wobei wir nun noch zusätzlich annehmen wollen, daß A diagonal-ähnlich ist
(den allgemeineren Fall behandeln wir hier nicht), d.h. es existiert eine
nichtsinguläre $n\times n$-Matrix V mit:

$$(2) \qquad V^{-1}\cdot A\cdot V = D = \begin{pmatrix} \lambda_1 & & O \\ & \lambda_2 & \\ & & \ddots \\ O & & \lambda_n \end{pmatrix} .$$

Die $\lambda_1,\ldots,\lambda_n \in \mathbb{C}$ sind also die Eigenwerte von A und die Spalten von V, die mit $\vec{v}_1,\ldots,\vec{v}_n$ bezeichnet seien, sind die zugehörigen Eigenvektoren. Ferner sind die speziellen Vektorfunktionen:

$$(3) \qquad \vec{y}_\nu(x) := e^{\lambda_\nu \cdot x} \cdot \vec{v}_\nu, \quad \nu = 1,\ldots,n$$

Lösungen von (1), denn es gilt ja für $\nu = 1,\ldots,n$:

$$\vec{y}\,'(x) = \lambda_\nu \cdot e^{\lambda_\nu x} \cdot \vec{v}_\nu = e^{\lambda_\nu x} \cdot (\lambda_\nu \vec{v}_\nu) = e^{\lambda_\nu x} \cdot A\vec{v}_\nu = A \cdot \vec{y}_\nu(x).$$

<u>Satz 5.1.</u>: Die allgemeine Lösung von (1) ist gegeben durch:

$$(4) \qquad \vec{y}(x) = \sum_{\nu=1}^{n} c_\nu \cdot e^{\lambda_\nu x} \cdot \vec{v}_\nu, \quad c_1,\ldots,c_n \in \mathbb{C},$$

wobei die λ_ν die Eigenwerte und die $\vec{v}_\nu$ die zugehörigen Eigenvektoren der diagonalähnlichen Matrix A sind.

<u>Beweis</u>: Übung.

Aufgrund dieses Satzes nennen wir (3) auch ein Fundamentalsystem zu (1).

<u>Anmerkung</u>: Man kann übrigens zeigen, daß die Lösungen von (1) auch folgendermaßen geschrieben werden können:

$$\vec{y}(x) = e^{Ax} \cdot \vec{y}_0 = \left(\sum_{\nu=0}^{\infty} \frac{x^\nu}{\nu!} A^\nu \right) \cdot \vec{y}_0, \quad \vec{y}_0 \in \mathbb{C}^n.$$

<u>Beispiele</u>:

1. Eine lineare Dgl. n-ter Ordnung:

$$y^{(n)} + a_{n-1} \cdot y^{(n-1)} + \ldots + a_1 y' + a_0 \cdot y = 0$$

läßt sich nach Abschnitt 16.1. in ein System der Form (1) umschreiben. Dabei sind die Eigenwerte von A genau die Nullstellen des char. Polynoms

$$P(\lambda) = \lambda^n + \sum_{\nu=0}^{n-1} a_\nu \cdot \lambda^\nu.$$

2. Schwingungen zweier gekoppelter Pendel:

$$(5) \quad \begin{cases} \ddot{x}_1(t) = ax_1(t) + bx_2(t) \\ \ddot{x}_2(t) = cx_1(t) + dx_2(t) \end{cases} \qquad a,b,c,d \text{ konstant.}$$

Wir führen zwei Hilfsfunktionen: $x_3 := \dot{x}_1$, $x_4 := \dot{x}_2$ ein und erhalten aus (5) das System:

$$(5^*) \quad \begin{pmatrix} \dot{x}_1 \\ \dot{x}_2 \\ \dot{x}_3 \\ \dot{x}_4 \end{pmatrix} = \begin{pmatrix} 0 & 0 & 1 & 0 \\ 0 & 0 & 0 & 1 \\ a & b & 0 & 0 \\ c & d & 0 & 0 \end{pmatrix} \cdot \begin{pmatrix} x_1 \\ x_2 \\ x_3 \\ x_4 \end{pmatrix} \quad .$$

Wir wollen gleich ein Zahlenbeispiel rechnen:

$$(*) \quad a=7,\ b=1,\ c=4,\ d=7.$$

Man berechnet für A in (5*) die folgenden Eigenwerte und Eigenvektoren:

$$\lambda_1 = 3, \quad \lambda_2 = -3, \quad \lambda_3 = \sqrt{5}, \quad \lambda_4 = -\sqrt{5},$$

$$\vec{v}_1 = \begin{pmatrix} 1 \\ 2 \\ 3 \\ 6 \end{pmatrix},\ \vec{v}_2 = \begin{pmatrix} 1 \\ 2 \\ -3 \\ -6 \end{pmatrix},\ \vec{v}_3 = \begin{pmatrix} 1 \\ -2 \\ \sqrt{5} \\ -2\sqrt{5} \end{pmatrix},\ \vec{v}_4 = \begin{pmatrix} 1 \\ -2 \\ -\sqrt{5} \\ 2\sqrt{5} \end{pmatrix} \quad .$$

Also lautet die allgemeine Lösung von (5*):

$$\vec{x}(t) = \begin{pmatrix} x_1 \\ x_2 \\ x_3 \\ x_4 \end{pmatrix} = c_1 \cdot e^{3t} \cdot \begin{pmatrix} 1 \\ 2 \\ 3 \\ 6 \end{pmatrix} + c_2 \cdot e^{-3t} \cdot \begin{pmatrix} 1 \\ 2 \\ -3 \\ -6 \end{pmatrix} + c_3 \cdot e^{\sqrt{5}t} \cdot \begin{pmatrix} 1 \\ -2 \\ \sqrt{5} \\ -2\sqrt{5} \end{pmatrix} + c_4 \cdot e^{-\sqrt{5}t} \cdot \begin{pmatrix} 1 \\ -2 \\ -\sqrt{5} \\ 2\sqrt{5} \end{pmatrix} \quad .$$

Also haben wir als allg. Lösungen zu (5):

$$(6) \quad \begin{cases} x_1(t) = c_1 \cdot e^{3t} + c_2 \cdot e^{-3t} + c_3\, e^{\sqrt{5}t} + c_4 e^{-\sqrt{5}t}, \\ x_2(t) = 2c_1 e^{3t} + 2c_2 e^{-3t} - 2c_3 e^{\sqrt{5}t} - 2c_4 e^{-\sqrt{5}t} \quad . \end{cases}$$

Eine andere - oft sehr viel einfachere Methode, ein solches Dgl.-System zu lösen, besteht im Eliminationsverfahren. Wir wollen dies am Beispiel (5) demonstrieren:

Differentiation der ersten Gleichung liefert:

$$(7) \qquad x_1^{(4)} = a\ddot{x}_1 + b\ddot{x}_2.$$

Auflösen der ersten Gleichung von (5) nach $x_2(t)$ liefert:

$$(8) \qquad x_2 = b^{-1}(\ddot{x}_1 - ax_1) \qquad (b \neq 0).$$

Einsetzen der 2. Gl. von (5) und der Gl. (8) in die Gl. (7):

$$(9) \qquad x_1^{(4)} = (a+d)\ddot{x}_1 + (bc - ad)x_1.$$

(9) ist eine Dgl. 4. Ordnung allein für x_1. Hat man diese gelöst, bestimmt man x_2 nach (8).

Übung: Man bestimme $x_1(t), x_2(t)$ nach (9) und (8) mit dem Zahlenbeispiel (*). Natürlich muß auch wieder die Lösung (6) herauskommen.

Das F.S. (3) enthält komplexwertige Funktionen, wenn nichtreelle Eigenwerte der Matrix A auftreten. Ist A reell, dann ist es wünschenswert, auch ein reelles F.S. zu konstruieren. Wie das geschehen kann, soll kurz erläutert werden.

Es sei $\lambda \in \mathbb{C}$ ein Eigenwert zu A und $\vec{v} \in \mathbb{C}^n$ ein zugehöriger Eigenvektor; es gilt daher:

$$(10) \qquad A \cdot \vec{v} = \lambda \cdot \vec{v} \;\Rightarrow\; A \cdot \overline{\vec{v}} = \overline{\lambda} \cdot \overline{\vec{v}} \qquad (A \text{ reell}).$$

Also ist auch $\overline{\lambda}$ ein Eigenwert und $\overline{\vec{v}}$ ein zugehöriger Eigenvektor. Setzen wir: $\lambda = \alpha + i\beta$, $\vec{v} = \vec{a} + i\vec{b}$ mit $\alpha, \beta \in \mathbb{R}$, $\vec{a}, \vec{b} \in \mathbb{R}^n$, dann folgt aus (10) durch eine leichte Rechnung:

$$(10^*) \qquad A \cdot \vec{a} = \alpha \cdot \vec{a} - \beta \cdot \vec{b}, \quad A \cdot \vec{b} = \beta \cdot \vec{a} + \alpha \cdot \vec{b}.$$

Nun sind $\vec{y}(x) := e^{\lambda x} \cdot \vec{v}$, $\overline{\vec{y}}(x) := e^{\overline{\lambda} x} \cdot \overline{\vec{v}}$ zwei nichtreelle Lösungen von (1) in dem F.S. (3). Man erhält nun in:

$$(11)\begin{cases} \vec{z}(x) := \frac{1}{2}(\vec{y}(x)+\overline{\vec{y}}(x)) = e^{\alpha x}\cdot(\cos\beta x\cdot\vec{a} - \sin\beta x\cdot\vec{b}) \\[2ex] \hat{\vec{z}}(x) := \frac{1}{2i}(\vec{y}(x)-\overline{\vec{y}}(x)) = e^{\alpha x}\cdot(\sin\beta x\cdot\vec{a} + \cos\beta x\cdot\vec{b}) \end{cases}$$

zwei reelle Lösungen zu (1). Man prüft dieses sofort mit Hilfe von (10*) nach. Man ersetze nun in (3) die Funktionen $\vec{y}(x)$, $\overline{\vec{y}}(x)$ durch $\vec{z}(x)$, $\hat{\vec{z}}(x)$ und führe dieses für alle konjugiert komplexen Eigenwerte von A durch. Man erhält dann aus (3) ein reelles F.S. zu (1).

<u>Beispiel</u>:

3.
$$(12)\begin{cases} y_1' = 2y_2 \\[2ex] y_2' = -y_1 + 2y_2 \ . \end{cases}$$

Es ist: $A = \begin{pmatrix} 0 & 2 \\ -1 & 2 \end{pmatrix} \Rightarrow \lambda = 1+i$, $\overline{\lambda} = 1-i$ sind die Eigenwerte. $\Rightarrow \alpha = 1$, $\beta = 1$.

Als Eigenvektor zu λ rechnet man aus:

$$\vec{v} = \begin{pmatrix} 2 \\ 1+i \end{pmatrix} = \begin{pmatrix} 2 \\ 1 \end{pmatrix} + i \begin{pmatrix} 0 \\ 1 \end{pmatrix} \Rightarrow \vec{a} = \begin{pmatrix} 2 \\ 1 \end{pmatrix}, \ \vec{b} = \begin{pmatrix} 0 \\ 1 \end{pmatrix} \ .$$

Mit (11) ergibt sich:

$$\vec{z}(x) = e^x\cdot\left\{\cos x\cdot\begin{pmatrix} 2 \\ 1 \end{pmatrix} - \sin x\cdot\begin{pmatrix} 0 \\ 1 \end{pmatrix}\right\} \Rightarrow \begin{cases} z_1(x) = 2\cdot e^x\cdot\cos x \\[2ex] z_2(x) = e^x\cdot(\cos x - \sin x) \end{cases}$$

$$\hat{\vec{z}}(x) = e^x\cdot\left\{\sin x\cdot\begin{pmatrix} 2 \\ 1 \end{pmatrix} + \cos x\cdot\begin{pmatrix} 0 \\ 1 \end{pmatrix}\right\} \Rightarrow \begin{cases} \hat{z}_1(x) = 2\cdot e^x\cdot\sin x \\[2ex] \hat{z}_2(x) = e^x\cdot(\sin x + \cos x) \ . \end{cases}$$

Eine leichte Nachprüfung zeigt:

$$\vec{z}'(x) = A\cdot\vec{z}(x), \ \hat{\vec{z}}'(x) = A\cdot\hat{\vec{z}}(x).$$

Die allgemeine reelle Lösung von (12) lautet also wegen (4):

$$\begin{pmatrix} y_1(x) \\ y_2(x) \end{pmatrix} = e^x\cdot\begin{pmatrix} 2[c_1\cdot\cos x + c_2\cdot\sin x] \\ c_1\cdot[\cos x - \sin x] + c_2\cdot[\cos x + \sin x] \end{pmatrix}, \ c_1, c_2 \in \mathbf{R} \ .$$

16.6. Approximative Lösungsverfahren

Bei den Dgln. höherer Ordnung spielen die Näherungsverfahren eine noch
größere Rolle, als bei den Dgln. 1. Ordnung. Entsprechend dem Abschnitt 15.5.
geben wir hier die beiden wichtigsten Klassen von Näherungsverfahren an.

I. Lösung durch Potenzreihenansatz

Zu dem Anfangswertproblem:

$$(1) \qquad F(x,y,y',\ldots,y^{(n)}) = 0, \quad y^{(\nu)}(x_0) = y_\nu, \quad \nu = 0,\ldots,n-1$$

macht man den Ansatz:

$$(2) \qquad y(x) = \sum_{\nu=0}^{\infty} a_\nu \cdot (x-x_0)^\nu,$$

und geht nach n-maliger Differentiation in (1) ein.
Mit Hilfe der Anfangsbedingungen werden die $a_0, a_1, \ldots$ durch Koeffizientenvergleich bestimmt.

Beispiele:

1. $xy'' + y' + xy = 0$ (Bessel'sche Dgl.), $y(0) = 1$.

   Aus dieser Dgl. folgt durch Einsetzen von $x = 0$ die Beziehung: $y'(0) = 0$.

Ansatz: $y(x) = a_0 + a_1 x + a_2 x^2 + \ldots + a_{\nu-1} \cdot x^{\nu-1} + \ldots$

$\Longrightarrow$

$y'(x) = a_1 + 2a_2 x + 3a_3 x^2 + \ldots + (\nu+1) \cdot a_{\nu+1} \cdot x^\nu + \ldots$

$y''(x) = 2a_2 + 2 \cdot 3a_3 x + \ldots + \nu \cdot (\nu+1) a_{\nu+1} \cdot x^{\nu-1} + \ldots$

$\Longrightarrow$

$0 = xy'' + y' + xy = a_1 + (a_0 + 4a_2)x + (a_1 + 9a_3)x^2 + \ldots + (a_{\nu-1} + (\nu+1)^2 \cdot a_{\nu+1})x^\nu + \ldots$.

Wegen der Anfangsbedingung erhält man:

$$a_0 = 1, \; a_1 = 0, \; a_{\nu+1} = -\frac{a_{\nu-1}}{(\nu+1)^2}, \quad \nu = 1,2,3,\ldots .$$

$$\Longrightarrow$$

$$y(x) = \sum_{\nu=0}^{\infty} \frac{(-1)^\nu}{2^{2\nu} \cdot (\nu!)^2} \cdot x^{2\nu}$$

bzw. $y(x) = 1 - \frac{1}{4} x^2 + \frac{1}{64} x^4 - \frac{1}{2304} \cdot x^6 + \cdots$.

Diese Potenzreihe konvergiert für alle x (Beweis!).

2. $y'' + xy' + y = 0$, $y(0) = 1$, $y'(0) = 0$.

Ansatz wie in Beispiel 1, da auch hier $x_0 = 0$ ist.
$\Longrightarrow$
$0 = y'' + xy' + y = (a_0 + 2a_2) + (2a_1 + 3 \cdot 2a_3)x + \ldots + \left[(\nu+2) \cdot (\nu+1)a_{\nu+2} + (\nu+1)a_\nu \right] \cdot x^\nu + \ldots$

$\Longrightarrow$ wegen der Anfangsbedingung:

$a_0 = 1$, $a_1 = 0$, $a_{\nu+2} = - \frac{a_\nu}{\nu+2}$, $\nu = 0,1,2,\ldots$.

$\Longrightarrow$
$$y(x) = \sum_{\nu=0}^{\infty} \frac{(-1)^\nu}{2^\nu \cdot \nu!} \cdot x^{2\nu} = e^{-\frac{x^2}{2}} .$$

II. Numerische Lösung durch Differenzenverfahren

Wir gehen von einer expliziten Dgl. der Gestalt (1), Abschn. 16.1. aus und
formen diese in ein System 1. Ordnung um (vgl. Abschn. 16.1., (3b)).
Sodann gehen wir genau so vor, wie in Abschn. 15.5., III.

Für ein Anfangswertproblem 2. Ordnung:

(3) $\qquad y'' = f(x,y,y')$, $y(x_0) = y_0$, $y'(x_0) = y_1$, $x \in [x_0, b]$

lautet dann das <u>Polygonzugverfahren</u> mit der Schrittweite $h = \frac{b-x_0}{N}$:

$$
(4) \quad
\begin{cases}
u_0 = y_0, \ v_0 = y_1, \\[2mm]
u_{j+1} = u_j + h \cdot v_j \\[2mm]
v_{j+1} = v_j + h \cdot f(x_j, u_j, v_j)
\end{cases}
\Bigg\} \quad j = 0, \ldots, N-1.
$$

Die Werte u_j ($j = 0,\ldots,N$) liefern dann Näherungswerte an die gesuchten
Funktionswerte $y(x_0),\ldots,y(x_N)$ mit $x_j = x_0 + j \cdot h$.

Beispiel:

3. $y''-y' + \frac{1}{x}\cdot y = \frac{2-x^2}{(1+x)^2}$, $0\leq x\leq 1$

$$\left.\begin{array}{l} \\ \\ y(0) = y'(0) = 0. \end{array}\right\} \quad (*)$$

Es folgt hieraus: $\lim\limits_{x\to 0} \frac{y(x)-y(0)}{x-0} = 0.$

Es ist also: $x_0=0$, $b=1$, $y_0=y_1=0$, $f(x,y,y') = y' - \frac{1}{x} y + \frac{2-x^2}{(1+x)^2}$.

Damit folgt aus (4) mit $x_j = j\cdot h$:

$$u_0 = v_0 = 0$$

$$\left.\begin{array}{l} u_{j+1} = u_j + h\cdot v_j \\[2mm] v_{j+1} = v_j+h\cdot\left[v_j - \frac{u_j}{j\cdot h} + \frac{2-j^2h^2}{(1+jh)^2}\right] \end{array}\right\} \quad \begin{array}{l} j=0,\ldots,N-1 \\[2mm] \text{mit } \left.\frac{u_j}{j\cdot h}\right|_{j=0} = 0. \end{array}$$

Wir wählen $h = \frac{1}{3}$, also N=3. Ausrechnen ergibt:

$j=0$: $u_1=0$

$\qquad v_1=\frac{2}{3}$.

$j=1$: $u_2 = \frac{1}{3}\cdot\frac{2}{3} = \frac{2}{9}$

$\qquad v_2 = \frac{2}{3} + \frac{1}{3}\cdot\left[\frac{2 - \frac{1}{9}}{(1 + \frac{1}{3})^2} + \frac{2}{3}\right] = \frac{179}{144}$.

$j=2$: $u_3 = \frac{2}{9} + \frac{1}{3}\cdot\frac{179}{144} = \frac{275}{432}$,

also: $u_3 \approx 0.637$.

Die wahre Lösung von $(*)$ ist: $y(x) = x\cdot\ln(1+x)$.

Es ist also $u_3 \approx y(3\cdot h) = y(1) = \ln 2$.

Der wahre Wert ist $\ln 2 = 0.693\ldots$. Dies ist also ein relativer Fehler von weniger als 10%, für eine so grobe Schrittweite ein gutes Ergebnis.

Übung: Man führe die Rechnung für $h = \frac{1}{10}$ mit einem Taschenrechner durch und vergleiche u_{10} mit dem wahren Wert für $\ln 2$.

Kapitel 17: Rand- und Eigenwertprobleme gewöhnlicher Differentialgleichungen

17.1 Beispiele von Randwertaufgaben

Neben den in den vorigen beiden Kapiteln behandelten Anfangswertaufgaben treten
in der Praxis sehr oft auch sogenannte Randwertaufgaben auf. Sie unterscheiden
sich von den ersteren dadurch, daß in den zu der Differentialgleichung hinzu-
kommenden Bedingungen mindestens zwei Stellen des x-Intervalles auftreten, etwa
die Stellen a und b. Dementsprechend kommen Randwertprobleme im allgemeinen
erst bei Differentialgleichungen wenigstens 2. Ordnung vor. Ist z.B. eine solche
Differentialgleichung 2. Ordnung gegeben

$$(1) \qquad F(x,y,y',y'') = 0 \ , \quad x\varepsilon[a,b] \ ,$$

dann können folgende Randbedingungen hinzukommen:

$$(1a) \qquad y(a) = \alpha \ , \quad y(b) = \beta \qquad \text{(Randwertaufgabe erster Art)}$$
$$\text{oder}$$
$$(1b) \qquad y'(a) = \tilde{\alpha} \ , \quad y'(b) = \tilde{\beta} \qquad \text{(Randwertaufgabe zweiter Art)}$$
$$\text{oder}$$
$$(1c) \quad \begin{cases} c_1 \cdot y(a) + c_2 \cdot y'(a) = d_1 \\ c_3 \cdot y(b) + c_4 \cdot y'(b) = d_2 \end{cases} \quad \begin{array}{l}\text{(Randwertaufgabe dritter Art, oder Sturm'-} \\ \text{sche Randwertaufgabe)}\end{array}$$

Die Lösung von Randwertproblemen gestaltet sich als viel verwickelter, als die
von Anfangswertproblemen, wie das folgende Beispiel zeigt.

Beispiel:

1.
$$(2) \quad \begin{cases} y''+y = 0 \quad \text{hat die allgemeine Lösung} \\ \\ y(x) = c_1 \cdot \cos x + c_2 \cdot \sin x \ , \quad c_1, c_2 \varepsilon \mathbb{R} \ . \end{cases}$$

Wir stellen nun verschiedene Randbedingungen:

a) $x\varepsilon[0,1]$, $y(0) = 0$, $y(1) = 1$.

$$0 = y(0) = c_1 \cdot \cos 0 + c_2 \cdot \sin 0 \ \Rightarrow \ c_1 = 0$$
$$1 = y(1) = c_2 \cdot \sin 1 \qquad \Rightarrow c_2 = \frac{1}{\sin 1}$$

$\Rightarrow$ Es existiert die <u>eindeutige</u> Lösung: $y(x) = \dfrac{\sin x}{\sin 1}$.

b) $x \in [0,\pi]$, $y(0) = 1$, $y(\pi) = -1$.

   $1 = y(0) = c_1 \cdot \cos 0 + c_2 \cdot \sin 0 \Rightarrow c_1 = 1$

   $-1 = y(\pi) = \cos\pi + c_2 \cdot \sin\pi$ ist für beliebige c_2 erfüllt.

$\Rightarrow$ Es existieren <u>unendlich viele</u> Lösungen: $y(x) = \cos x + c \cdot \sin x$, $c \in \mathbb{R}$.

c) $x \in [0,\pi]$, $y(0) = 1$, $y(\pi) = 0$.

   $1 = y(0) = c_1 \cdot \cos 0 + c_2 \cdot \sin 0 \Rightarrow c_1 = 1$

   $0 = y(\pi) = \cos\pi + c_2 \cdot \sin\pi = -1 \Rightarrow$ Widerspruch

$\Rightarrow$ Es existiert <u>keine</u> Lösung.

Wir bringen noch einige weitere Beispiele von Randwertproblemen.

2. Durchbiegung eines belasteten Stabes (vgl. Beispiel 5., Abschnitt 15.1): Für die gesuchte Durchbiegung erhält man folgendes Randwertproblem:

$$(3) \quad \begin{cases} \dfrac{y''}{(1+y'^2)^{3/2}} = m(x) \ , \quad x \in [0,L] \\[2mm] y(0) = y(L) = 0 \ . \end{cases}$$

Dabei ist $m(x) \overset{\geq}{=} 0$ eine bekannte Funktion (bis auf einen Proportionalitätsfaktor des Biegemoment). Für kleine Durchbiegungen kann man y'^2 gegenüber 1 vernachlässigen, so daß man das stark vereinfachte Problem

$$(3^*) \quad y'' = m(x) \ , \quad x \in [0,L] \ , \quad y(0) = y(L) = 0$$

erhält, das man durch zweimaliges Integrieren leicht lösen kann. Man erhält:

$$y'(x) = \int_0^x m(\xi)d\xi + c_1 \ , \quad y(x) = \int_0^x \left(\int_0^\xi m(\eta)d\eta\right)d\xi + c_1 x + c_2 \ .$$

Die Randbedingungen ergeben:

$$y(0) = 0 \Rightarrow c_2 = 0$$

$$y(L) = 0 \Rightarrow c_1 = -\frac{1}{L} \cdot \int_0^L \int_0^\xi m(\eta)d\eta d\xi \ .$$

Damit folgt für die Lösung von (3^*):

$$(4) \qquad y(x) = \int_0^x \left(\int_0^\xi m(\eta)d\eta \right)d\xi - \frac{x}{L}\cdot \int_0^L \left(\int_0^\xi m(\eta)d\eta \right)d\xi \ .$$

Die rechte Seite von (3*) erhält man (bis auf einen konstanten Faktor) durch zweimalige Integration der Belastungsdichte $p(x)$:

$$m''(x) \sim p(x) \ , \quad 0 \leqq x \leqq L \ , \quad m(0) = m(L) = 0 \ .$$

Zahlenbeispiel:

In diesem Beispiel wird von konstanten Faktoren abgesehen.

Ein Balken von 4 Längeneinheiten wird durch eine homogene Last von einer Längeneinheit und einer Gewichtseinheit laut nebenstehender Skizze belastet. Gesucht ist die Durchbiegung $y(x)$ für $x\in[0,4]$. Es ist also $L = 4$ und

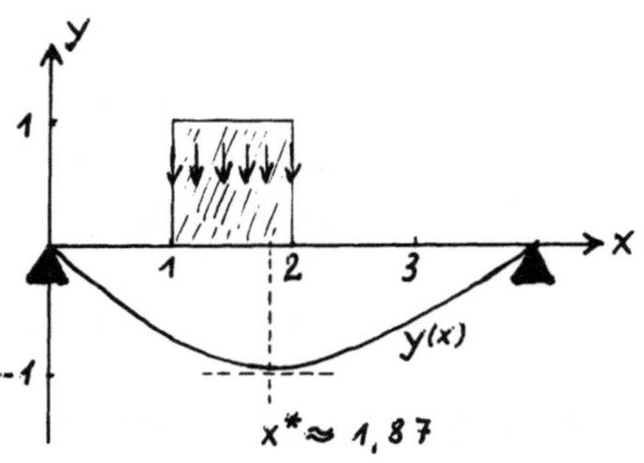

$$p(x) = \begin{cases} 0 & \text{für } 0 \leqq x < 1 \\ -1 & \text{für } 1 \leqq x \leqq 2 \\ 0 & \text{für } 2 < x \leqq 4 \end{cases} \ .$$

Hieraus erhält man durch 2-malige Integration und aus den Randwerten $m(0) = m(4) = 0$:

$$m(x) = \begin{cases} \frac{5}{8}x & \text{für } 0 \leqq x \leqq 1 \\ \frac{5}{8}x - \frac{1}{2}(x-1)^2 & \text{für } 1 \leqq x \leqq 2 \\ \frac{3}{8}(4-x) & \text{für } 2 \leqq x \leqq 4 \end{cases} \ .$$

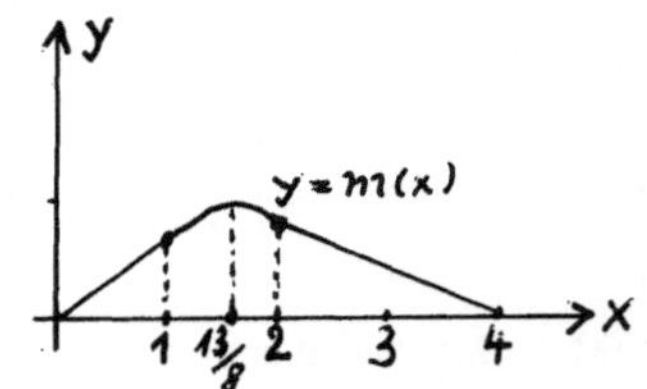

$m(x)$ ist aus zwei linearen und einer quadratischen Funktion zusammengesetzt. Für die gesuchte Lösung $y(x)$ erhält man nach (4)

$$y(x) = \begin{cases} \frac{5}{96}\cdot(2x^3 - 19x) & \text{für } 0 \leqq x \leqq 1 \\ \frac{5}{96}\cdot(2x^3 - 19x) - \frac{1}{24}(x-1)^4 & \text{für } 1 \leqq x \leqq 2 \\ \frac{1}{32}\cdot(4-x)\cdot(2x^2 - 16x + 5) & \text{für } 2 \leqq x \leqq 4 \end{cases} \ .$$

(es ist $\frac{x}{L}\cdot\int_0^L\left(\int_0^\xi m(\eta)d\eta\right)d\xi = \frac{95}{96}x$ für $L = 4$).

y(x) ist in der obigen Skizze dargestellt. Die maximale Durchbiegung liegt etwa bei $x^* \approx 1{,}87$, und es ist $y(x^*) \approx -1$.

3. Berechnung der Kettenlinie: Gesucht ist die
Kurve $y(x)$, die ein an zwei Punkten
(x_1, y_1), (x_2, y_2) aufgehängtes durch-
hängendes Seil bildet.
Das zugehörige Randwertproblem lautet

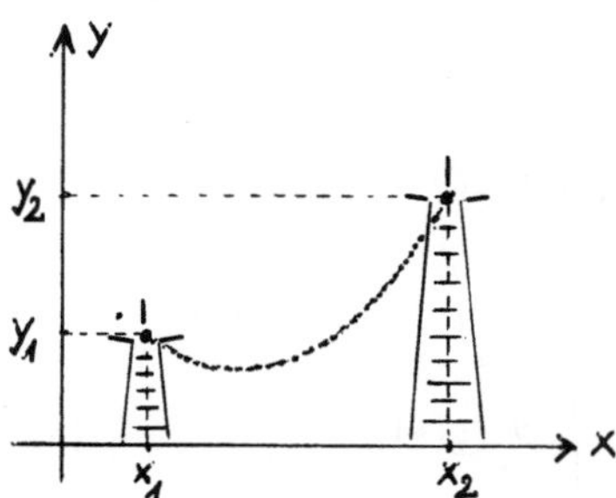

$$(5) \quad \begin{cases} y'' = a \cdot \sqrt{1+y'^2} \;, & x \in [x_1, x_2] \\[2mm] y(x_1) = y_1 \;, & y(x_2) = y_2 \;. \end{cases}$$

Hierbei ist $a > 0$ eine von der Länge und den Materialeigenschaften des Seiles abhängige Konstante.

Lösung von (5):
Man substituiert $z(x) := y'(x) \implies$

$$z' = a \cdot \sqrt{1+z^2} \implies \int \frac{dz}{\sqrt{1+z^2}} = a(x+c_1)$$

$\implies \operatorname{arsinh} z = a(x+c_1) \implies z(x) = \sinh a(x+c_1)$. Nochmalige Integration ergibt

$$(6) \quad y(x) = \frac{1}{a} \cdot \cosh a(x+c_1) + c_2 \;.$$

Die Konstanten c_1, c_2 müssen dann noch mit Hilfe der Randbedingungen berechnet werden:

$$\frac{1}{a} \cdot \cosh a(x_1+c_1) + c_2 = y_1 \;,$$

$$\frac{1}{a} \cdot \cosh a(x_2+c_1) + c_2 = y_2 \;.$$

Dieses Gleichungssystem kann i.a. nur numerisch gelöst werden. Sind die Aufhängepunkte gleich hoch, also $y_1 = y_2$, dann folgt:

$$\cosh a(x_1+c_1) = \cosh a(x_2+c_1) \text{ mit } x_1 < x_2 \;.$$

$\implies x_1+c_1 = -(x_2+c_1)$ (Beweis!) $\implies c_1 = -\dfrac{x_1+x_2}{2} \implies c_2 = y_2 - \dfrac{1}{a} \cdot \cosh(a\dfrac{x_2-x_1}{2})$.

17.2 Lineare Randwertprobleme

Im Gegensatz zu nichtlinearen Randwertaufgaben kann man bei linearen Randwertproblemen die Frage der Lösbarkeit relativ leicht entscheiden.

Definition 2.1:
Ein Randwertproblem der Form

$$(1a) \qquad L(y) \equiv \sum_{\nu=0}^{n} p_\nu(x) \cdot y^{(\nu)} = q(x) \ , \quad x\varepsilon[a,b]$$

$$(1b) \quad \left\{ \begin{array}{l} R_\mu(y(a)) \equiv \sum_{\nu=0}^{n-1} \alpha_{\nu\mu} \cdot y^{(\nu)}(a) = \alpha_\mu \ , \quad \mu = 1,\ldots,s \\[2em] R_\mu(y(b)) \equiv \sum_{\nu=0}^{n-1} \beta_{\nu\mu} \cdot y^{(\nu)}(b) = \beta_\mu \ , \quad \mu = s+1,\ldots,n \end{array} \right.$$

mit $0 < s < n$ heißt ein <u>lineares Randwertproblem n-ter Ordnung</u>. Dabei sind die
$p_\nu(x)$, $q(x)$ bekannte stetige Funktionen in $[a,b]$ und die $\alpha_{\nu\mu}$, $\beta_{\nu\mu}$, α_μ, β_μ bekannte Zahlen. Das lineare Randwertproblem (1a), (1b) heißt <u>halbhomogen</u>, wenn
<u>entweder</u> $q(x) \equiv 0$ <u>oder</u> alle α_μ, $\beta_\mu = 0$ sind. Es heißt <u>vollhomogen</u>, wenn $q(x) \equiv 0$
<u>und</u> $\alpha_\mu = 0$, $\beta_\mu = 0$ für alle μ gilt. Andernfalls heißt (1a), (1b) <u>inhomogen</u>.
Man kann jedes inhomogene lineare Randwertproblem umformen in ein halbhomogenes
lineares Randwertproblem, und zwar folgendermaßen:
a) Sei $\psi(x)$ eine spezielle Lösung von (1a): $L(\psi) = q$. Mit dem Ansatz: $y = \psi+z$
folgt durch Einsetzen in (1a), (1b)

$$(2) \quad \left\{ \begin{array}{l} L(z) = 0 \ , \\[1.5em] R_\mu(z(a)) = \tilde{\alpha}_\mu \ , \quad \mu = 1,\ldots,s \ ; \quad R_\mu(z(b)) = \tilde{\beta}_\mu \ , \quad \mu = s+1,\ldots,n \end{array} \right.$$

mit $\tilde{\alpha}_\mu := \alpha_\mu - R_\mu(\psi(a))$, $\tilde{\beta}_\mu := \beta_\mu - R_\mu(\psi(b))$. (2) ist ein halbhomogenes lineares
Randwertproblem.
b) Sei $\psi^*(x)$ eine spezielle Lösung von (1b):

$$R_\mu(\psi^*(a)) = \alpha_\mu \ , \quad R_\mu(\psi^*(b)) = \beta_\mu \ .$$

Mit dem Ansatz: $y = \psi^*+w$ folgt durch Einsetzen in (1a), (1b)

$$
(3) \quad \left\{ \begin{array}{l} L(w) = \tilde{q} \quad \text{mit} \quad \tilde{q} := q - L(\psi^*) \ , \\[2ex] R_\mu(w(a)) = 0 \ , \quad \mu = 1,\ldots,s \ ; \quad R_\mu(w(b)) = 0 \ , \quad \mu = s+1,\ldots,n \end{array} \right.
$$

(3) ist ebenfalls halbhomogen.

<u>Beispiel:</u>
1.

$$
y''+y = 1 \ , \quad x \in [0,1]
$$
$$
y(0) = 1 \ , \quad y(1) = 2 \ .
$$

a) $\psi(x) \equiv 1$ löst die Differentialgleichung. Ansatz: $y = 1+z$. $\implies$

$$
z''+z = 0
$$
$$
z(0) = 0 \ , \quad z(1) = 1 \ .
$$

Dieses Randwertproblem ist halbhomogen von der Gestalt (2).

b) $\psi^*(x) = 1+x$ löst die Randbedingungen. Ansatz: $y = 1+x+w$. $\implies$

$$
w''+w = -x
$$
$$
w(0) = 0 \ , \quad w(1) = 0 \ .
$$

Dieses Randwertproblem ist halbhomogen von der Gestalt (3).

Zur Betrachtung der Lösbarkeit von (1a), (1b) können wir ohne Einschränkung von dem hierzu äquivalenten halbhomogenen Randwertproblem (2) ausgehen. Nun gilt

<u>Satz 2.1 (allgemeiner Alternativsatz):</u>
In (1a) sei $q(x) \equiv 0$, und $y_1(x),\ldots,y_n(x)$ sei ein Fundamentalsystem zu (1a). Ferner setzen wir

$$
(4) \quad \Delta := \text{Det} R := \text{Det} \begin{pmatrix} R_1(y_1(a)) \ ,\ldots\ldots, \ R_1(y_n(a)) \\ \vdots \qquad\qquad\qquad \vdots \\ R_s(y_1(a)) \ ,\ldots\ldots, \ R_s(y_n(a)) \\ R_{s+1}(y_1(b)) \ ,\ldots\ldots, \ R_{s+1}(y_n(b)) \\ \vdots \qquad\qquad\qquad \vdots \\ R_n(y_1(b)) \ ,\ldots\ldots, \ R_n(y_n(b)) \end{pmatrix} \ ,
$$

sowie $\gamma := (\alpha_1,\ldots,\alpha_s,\beta_{s+1},\ldots,\beta_n)^T$. Nun gilt

(5a)   a) Ist $\Delta \neq 0$, dann ist das Randwertproblem (1a), (1b) eindeutig lösbar

(5b) $\Bigl\{$ b) Ist $\Delta = 0$ und gilt: $rgR = rg(R,\gamma)$, dann hat das Randwertproblem (1a), (1b) unendlich viele Lösungen.

(5c) $\Bigl\{$ c) Ist $\Delta = 0$ und gilt: $rgR < rg(R,\gamma)$, dann ist das Randwertproblem (1a), (1b) unlösbar.

<u>Beweis:</u>
Die allgemeine Lösung von $L(y) = 0$ lautet

(6) $y(x) = c_1 \cdot y_1(x)+\ldots+c_n \cdot y_n(x)$, $c_\nu \in \mathbb{R}$.

Wir setzen: $c := (c_1,\ldots,c_n)^T$. Damit nun $y(x)$ auch noch die Randbedingungen (1b) befriedigt, ist notwendig und hinreichend, daß das lineare Gleichungssystem:

(7) $R \cdot c = \gamma$

lösbar ist. Der Rest des Beweises folgt unmittelbar aus Satz 5.1, Satz 5.2, Corollar 5.3, Abschnitt 10.5. ∎

<u>Folgerung:</u> Ist das Randwertproblem (1) vollhomogen (d.h. $\gamma = 0$), dann existiert im Falle (5a) nur die triviale Lösung $y(x) \equiv 0$. Der Fall (5c) tritt nicht auf.

<u>Beispiel:</u>
2.

(8) $L(y) \equiv y'''-4y''+5y'-2y = 0$, $x \in [0,1]$.

Wir berechnen zunächst ein Fundamentalsystem; das charakteristische Polynom lautet: $P(\lambda) = \lambda^3-4\lambda^2+5\lambda-2 = (\lambda-1)^2 \cdot (\lambda-2)$ $\Rightarrow$ Nullstellen: $\lambda_1 = 1$ (doppelte Nullstelle), $\lambda_2 = 2$. Also ist

(9) $y_1 = e^x$, $y_2 = x \cdot e^x$, $y_3 = e^{2x}$

ein Fundamentalsystem zu (8). Also lautet die allgemeine Lösung:

(10) $y(x) = c_1 \cdot e^x+c_2 x \cdot e^x+c_3 \cdot e^{2x}$.

Nun seien zu (8) die folgenden drei Randwertprobleme betrachtet:

(8a)   a) $y(0) = \alpha_1$; $y'(0) = \alpha_2$; $y(1) = \beta_1$.

Zur Aufstellung der Matrix R (vgl. (4)) benötigen wir die Ableitungen von (9)

$$y_1' = e^x \; , \quad y_2' = (x+1) \cdot e^x \; , \quad y_3' = 2 \cdot e^{2x} \; . \quad \Longrightarrow$$

$$R = \begin{pmatrix} 1 & 0 & 1 \\ 1 & 1 & 2 \\ e & e & e^2 \end{pmatrix} \quad \Longrightarrow \quad \Delta = e \cdot (e-2) \neq 0 \; .$$

Also ist (8), (8a) für jedes Tripel $(\alpha_1, \alpha_2, \beta_1)$ eindeutig lösbar.

$$(8b) \quad \left\{ \begin{array}{l} \text{b) } y(0)-y'(0) = -1 \\ \quad\; y'(0)-y''(0) = -1 \\ \quad\; y(1)-y'(1) = -e \end{array} \right. \Longrightarrow \gamma = \begin{pmatrix} -1 \\ -1 \\ -e \end{pmatrix} .$$

Wir brauchen noch die zweiten Ableitungen von (9):

$$y_1'' = e^x \; , \quad y_2'' = (x+2) \cdot e^x \; , \quad y_3'' = 4 \cdot e^{2x} \; . \quad \Longrightarrow$$

$$R = \begin{pmatrix} 0 & -1 & -1 \\ 0 & -1 & -2 \\ 0 & -e & -e^2 \end{pmatrix} \Longrightarrow \Delta = 0 \; , \quad \mathrm{rg}R = 2 \; , \quad \mathrm{rg}(R,\gamma) = 2 \; .$$

Die Lösungen von $R \cdot c = \gamma$ sind

$$c = \begin{pmatrix} c_1 \\ c_2 \\ c_3 \end{pmatrix} = \begin{pmatrix} c_1 \\ 1 \\ 0 \end{pmatrix} , \; c_1 \in \mathbb{R} \; .$$

Also besitzt (8), (8b) unendlich viele Lösungen, und zwar:

$$y(x) = (c_1 + x) \cdot e^x \; , \quad c_1 \in \mathbb{R} \; .$$

$$(8c) \quad \begin{cases} c)\ y(0)-y'(0) = 0 \\ \quad\ y'(0)-y''(0) = 0 \quad \Rightarrow \quad \gamma = \begin{pmatrix} 0 \\ 0 \\ 1 \end{pmatrix} . \\ \quad\ y(1)-y'(1) = 1 \end{cases}$$

Hier ist R die gleiche Matrix, wie bei (8b). $\Rightarrow$

$$\text{rgR} = 2\ , \quad \text{aber } \text{rg}(R,\gamma) = \text{rg} \begin{pmatrix} 0 & -1 & -1 & 0 \\ 0 & -1 & -2 & 0 \\ 0 & -e & -e^2 & 1 \end{pmatrix} = 3 .$$

$$\Rightarrow \quad \text{rgR} < \text{rg}(R,\gamma) .$$

Also besitzt (8), (8c) keine Lösung.

17.3 Eigenwertprobleme

Ist ein lineares Randwertproblem der Form (1a), (1b), Abschnitt 17.2 vollhomo-
gen, dann existiert entweder nur die triviale Lösung $y(x) \equiv 0$ (wenn $\Delta \neq 0$ ist),
oder es gibt unendlich viele Lösungen (im Falle $\Delta = 0$). In den Anwendungen tritt
nun oft ein solches vollhomogenes lineares Randwertproblem noch in Verbindung
mit einem (unbekannten, freien) Parameter λ auf, so z.B. in folgender Form:

$$(1a) \qquad L(y,\lambda) \equiv \sum_{\nu=0}^{n} p_\nu(x) \cdot y^{(\nu)} + \lambda \cdot y = 0\ , \quad x\epsilon[a,b]$$

$$(1b) \quad \begin{cases} R_\mu(y(a)) = 0\ , \quad \mu = 1,\ldots,s\ , \\ \qquad\qquad\qquad\qquad\qquad\qquad 0 < s < n\ . \\ R_\mu(y(b)) = 0\ , \quad \mu = s+1,\ldots,n\ . \end{cases}$$

Man nennt solche vollhomogenen Randwertprobleme mit einem Parameter λ Eigenwertprobleme. Von $\lambda\epsilon\mathbb{C}$ wird es abhängen, ob (1a), (1b) nur die triviale Lösung besitzt, oder ob es nichttriviale Lösungen gibt. Alle diejenigen $\lambda\epsilon\mathbb{C}$, für die der
letztere Fall vorliegt, heißen Eigenwerte der Randwertaufgabe (1a), (1b) und
die zugehörigen nichttrivialen Lösungen heißen Eigenfunktionen zu dem Eigenwert
λ. Wir werden im nächsten Abschnitt noch sehen, in welchem Zusammenhang diese
Eigenwertprobleme mit den Matrix-Eigenwertproblemen von Abschnitt 10.6 stehen.

Zu einem Eigenwertproblem wird man durch das folgende wichtige Beispiel aus der
Physik geführt:

Gesucht ist die von der Zeit t und dem Ort x abhängige senkrechte Auslenkung einer schwingenden Saite: u = u(x,t). Die zugehörige Differentialgleichung ist eine partielle Differentialgleichung und soll hier nicht hergeleitet werden; sie lautet:

$$(2) \qquad u_{tt} = c^2 \cdot u_{xx}$$

mit einer durch das Material und die Spannung bestimmten Konstanten c > 0. Wir wollen annehmen, daß die Saite die Länge L > 0 habe und bei x = 0, x = L fest eingespannt sei:

$$(2a) \qquad u(0,t) = u(L,t) = 0 \ .$$

Zur Bestimmung der Lösungen von (2) wird folgender Produkt-Ansatz versucht

$$(3) \qquad u(x,t) = f(x) \cdot g(t) \ .$$

Differentiation und Einsetzen in (2) liefert

$$\frac{\ddot{g}(t)}{g(t)} = c^2 \cdot \frac{f''(x)}{f(x)} \ .$$

Da die linke Seite nur von t und die rechte Seite nur von x abhängt, müssen beide Seiten gleich derselben Konstanten K sein, d.h. es muß gelten:

$$(4) \qquad \ddot{g} = K \cdot g \ , \quad f'' = c^{-2} \cdot K \cdot f \ .$$

Wir setzen $\lambda := -c^{-2} \cdot K$ und betrachten nun das Eigenwertproblem:

$$(5) \qquad \begin{cases} -f''(x) = \lambda \cdot f(x) \ , \quad x \in [0,L] \ , \\[2mm] f(0) = f(L) = 0 \ . \end{cases}$$

Hier sind also alle $\lambda \in \mathbb{C}$ zu bestimmen, für die (5) nichttriviale Lösungen besitzt, und ferner sollen auch die zugehörigen Lösungen f(x), also die Eigenfunktionen, berechnet werden.

Wir berechnen zunächst ein Fundamentalsystem zu (5). Das charakteristische Polynom lautet:

$$P(\mu) = \mu^2 + \lambda \ . \implies \mu = \pm i\sqrt{\lambda}$$

sind die Nullstellen (es kommt nur $\lambda \neq 0$ in Frage, da $\lambda = 0$ auf die triviale Lösung $f(x) \equiv 0$ führt). Also ist $y_1(x) := \cos\sqrt{\lambda}x$, $y_2(x) := \sin\sqrt{\lambda}x$ ein Fundamentalsystem, und die allgemeine Lösung lautet:

$$(6) \qquad f(x) = c_1 \cdot \cos\sqrt{\lambda}x + c_2 \cdot \sin\sqrt{\lambda}x \ .$$

Aus den Randbedingungen folgt:

$$\begin{pmatrix} 1 & 0 \\ \cos(\sqrt{\lambda}\cdot L) & \sin(\sqrt{\lambda}\cdot L) \end{pmatrix} \cdot \begin{pmatrix} c_1 \\ c_2 \end{pmatrix} = \begin{pmatrix} 0 \\ 0 \end{pmatrix} \ .$$

Dieses Gleichungssystem ist genau dann nichttrivial lösbar, wenn

$$(7) \qquad \Delta = \sin(\sqrt{\lambda}L) = 0$$

gilt. Da $\lambda \neq 0$ vorausgesetzt ist, folgt aus (7):

$$\sqrt{\lambda}\cdot L = j\cdot\pi \ , \quad j = \pm 1, \pm 2, \pm 3, \ldots \implies$$

$$\frac{-K}{c^2}\cdot L^2 = (j\cdot\pi)^2 \implies K = -(\frac{cj\cdot\pi}{L})^2 \quad \text{für} \quad j = 1, 2, 3, \ldots \ , \quad \text{bzw.}$$

$$(8) \qquad \lambda_j = (\frac{j\cdot\pi}{L})^2 \ , \quad j \in \mathbb{N} \ .$$

Dieses sind die gesuchten Eigenwerte unseres Problems (5). Ferner ergibt sich: $c_1 = 0$, so daß sich aus (6) für die zugehörigen Eigenfunktionen ergibt:

$$(8^*) \qquad f_j(x) = C_j \cdot \sin(\frac{j\pi}{L} \cdot x), \quad j \in \mathbb{N} \ .$$

Für die Funktion $g(t)$ erhält man ganz analog die allgemeine Lösung:

$$(9) \qquad g_j(t) = A_j \cdot \cos(\frac{j\pi}{L} ct) + B_j \cdot \sin(\frac{j\pi}{L} ct) \ .$$

Mit $a_j := C_j \cdot A_j$, $b_j := C_j B_j$, $j \in \mathbb{N}$, erhält man nun aus dem Produktansatz (3) die folgende Schar von Lösungen des Randwertproblems (2), (2a)

$$(10) \qquad u_j(x,t) = f_j(x) \cdot g_j(t) = \sin(\frac{j\pi}{L} x) \cdot (a_j \cdot \cos(\frac{j\pi c}{L}t) + b_j \cdot \sin(\frac{j\pi c}{L} t)) \ .$$

Es folgt nun leicht, daß auch endliche Summen von Funktionen der Form (10) Lösungen von (2), (2a) sind. Ferner gilt dasselbe auch für Reihen

$$(11) \qquad u(x,t) = \sum_{j=1}^{\infty} \left[\sin\left(\frac{j\pi}{L}\, x\right)\cdot\left(a_j\cos\left(\frac{j\pi c}{L}t\right) + b_j\sin\left(\frac{j\pi c}{L}\, t\right)\right)\right] ,$$

falls die abgeleiteten Reihen für $0 \leqq x \leqq L$ gleichmäßig konvergieren. Es kann dann nämlich die Differentiation mit der Summation vertauscht werden. Man vergleiche hierzu den Satz 3.5, Abschnitt 7.3, der gerade diese Aussage für Potenzreihen beinhaltet. Es wird sich im nächsten Kapitel zeigen, daß auch für trigonometrische Reihen, sogenannte Fourier-Reihen, der Form (11) im Falle der gleichmäßigen Konvergenz der gliedweise abgeleiteten Reihe diese die Ableitung der ursprünglichen Reihe darstellt.

Damit das Randwertproblem (2), (2a) eindeutig lösbar ist, benötigt man noch die folgenden beiden Anfangsbedingungen:

$$(2b) \qquad u(x,0) = \varphi(x) , \quad u_t(x,0) = \psi(x) \quad \text{für} \quad x\in[0,L] .$$

Es müssen also die vertikale Auslenkung und die vertikale Geschwindigkeit für jeden Punkt x der schwingenden Saite zur Anfangszeit t = 0 vorgegeben werden. Wenn wir annehmen, daß die gesuchte Lösung u(x,t) die Form (11) besitzt, müßte sich aus (2b) ergeben

$$(12) \qquad \varphi(x) = \sum_{j=1}^{\infty} a_j\sin\left(\frac{j\pi}{L}\, x\right), \quad \psi(x) = \sum_{j=1}^{\infty} b_j\cdot\frac{j\pi c}{L}\cdot\sin\left(\frac{j\pi}{L}\, x\right).$$

Sind nun $\varphi(x)$ und $\psi(x)$ hinreichend vernünftige, aber sonst willkürlich gewählte Funktionen, dann können, wie wir im nächsten Kapitel über Fourier-Reihen sehen werden, Koeffizienten a_j, b_j so bestimmt werden, daß beide Gleichungen in (12) gelten. Wir haben somit in (11) eine Reihendarstellung der (eindeutig bestimmten) Lösung u(x,t) des Anfangsrandwertproblems (2), (2a), (2b) vorliegen.

17.4 Numerische Lösungsverfahren

Ist eine Randwertaufgabe der Form (1), Abschnitt 17.1 vorgelegt, dann ist es in vielen Fällen nicht möglich, diese durch elementare Integration zu lösen, d.h., auch im Falle der Lösbarkeit kann man nicht immer die Lösung durch elementare Funktionen ausdrücken. In solchen Fällen ist man auf numerische Lösungsverfahren angewiesen. Diese bestehen im wesentlichen darin, Näherungswerte für die gesuchte Lösung in endlich vielen Punkten des Intervalles $a \leqq x \leqq b$, in den sogenannten Gitterpunkten zu berechnen. Hierzu teilt man das Intervall $[a,b]$ in $N+1$ gleichlange Teilintervalle durch die Punkte:

$$(1) \qquad x_\nu = a+\nu\cdot h \ , \ \nu = 0,1,\ldots,N+1 \ , \quad h = \frac{b-a}{N+1} \ .$$

Nun werden die Differentialquotienten der gesuchten Funktion $y(x)$ durch die folgenden Differenzenquotienten ersetzt:

$$(2a) \qquad y'(x_\nu) \approx \frac{y(x_{\nu+1})-y(x_{\nu-1})}{2h} \ ,$$

$$(2b) \qquad y''(x_\nu) \approx \frac{y(x_{\nu+1})-2y(x_\nu)+y(x_{\nu-1})}{h^2} \ .$$

Für die höheren Ableitungen gibt es entsprechende Näherungsformeln.
Ist die Schrittweite h, d.h. der Abstand zwischen den Gitterpunkten x_ν klein, dann liefern diese Differenzenquotienten gute Näherungen an die Ableitungen.
Übung: Man zeige durch Taylor-Entwicklung, daß die Fehler in (2a) bzw. (2b) folgende Form haben:

$$\frac{h^2}{6}\cdot y'''(\xi_\nu) \ \text{bzw.} \ \frac{h^2}{12}\cdot y^{(4)}(\eta_\nu) \ \text{mit} \ \xi_\nu,\eta_\nu e(x_{\nu-1},x_{\nu+1}) \ .$$

Ist nun das Randwertproblem

$$(3) \qquad F(x,y,y',y'') = 0 \ , \quad y(a) = \alpha \ , \quad y(b) = \beta$$

gegeben, dann ersetzt man dieses durch das folgende Gleichungssystem:

$$(3\!\ast) \quad \left\{ \begin{array}{l} F(x_\nu,u_\nu,\dfrac{u_{\nu+1}-u_{\nu-1}}{2h},\dfrac{u_{\nu+1}-2u_\nu+u_{\nu-1}}{h^2}) = 0 \ , \ \nu = 1,\ldots,N \\[2ex] u_0 = \alpha \ , \ u_{N+1} = \beta \ . \end{array} \right.$$

Dies sind N i.a. nichtlineare Gleichungen mit den N Unbekannten $(u_1,\ldots,u_N)$.
Wie man ein solches Gleichungssystem löst, können wir hier nicht in voller Allgemeinheit erörtern. Dies ist eine Aufgabe der Numerischen Mathematik. Wir wollen hier lediglich ein lineares Beispiel behandeln.

Beispiel:
1. Gegeben sei das lineare halbhomogene Randwertproblem:

$$(4) \quad \begin{cases} F(x,y,y',y'') \equiv (1+x)\cdot y''+y'+2y+2x^2 = 0 \quad , \quad x\epsilon[0,2] \\[2em] y(0) = y(2) = 0 \; . \end{cases}$$

Nach (3*) ergibt dieses:

$$(1+\nu\cdot h)\cdot \frac{u_{\nu+1}-2u_\nu+u_{\nu-1}}{h^2} + \frac{u_{\nu+1}-u_{\nu-1}}{2h} +2u_\nu+2\nu^2 h^2 = 0$$

$$u_0 = u_{N+1} = 0 \qquad \nu = 1,\ldots,N$$

oder umgeformt:

$$(4^*) \quad \begin{cases} -[1+(\nu-\tfrac{1}{2})h\,]\cdot u_{\nu-1}+2[1+\nu h-h^2]\cdot u_\nu-[1+(\nu+\tfrac{1}{2})h]\cdot u_{\nu+1} = 2\nu^2\cdot h^4 \\[2em] u_0 = u_{N+1} = 0 \qquad \nu = 1,\ldots,N \; . \end{cases}$$

(4*) ist ein lineares Gleichungssystem:

$$(4^{**}) \quad \begin{pmatrix} \alpha_1 & -\beta_2 & & & \\ -\beta_2 & \alpha_2 & \ddots & & 0 \\ & \ddots & \ddots & \ddots & \\ & & \ddots & \ddots & -\beta_N \\ 0 & & & -\beta_N & \alpha_N \end{pmatrix} \cdot \begin{pmatrix} u_1 \\ \vdots \\ \vdots \\ \vdots \\ u_N \end{pmatrix} = \begin{pmatrix} \gamma_1 \\ \vdots \\ \vdots \\ \vdots \\ \gamma_N \end{pmatrix}$$

mit:

$$\alpha_\nu := 2[1+\nu h-h^2] \; , \quad \beta_\nu = [1+(\nu-\tfrac{1}{2})\cdot h] \; , \quad \gamma_\nu = 2\nu^2\cdot h^4 \; .$$

Wir sehen ferner, daß die Matrix symmetrisch ist (dieses muß natürlich nicht immer der Fall sein!). Die nächste Aufgabe besteht darin, (4**) zu lösen (etwa mit Gauß-Elimination). Die Lösungswerte $u_1,\ldots,u_N$ werden dann Näherungswerte der gesuchten Funktionswerte $y(x_1),\ldots,y(x_N)$ sein. Die Näherungen werden umso besser sein, je kleiner $h = \frac{2}{N+1}$, also je größer N gewählt wird. In diesem Beispiel allerdings zeigt sich etwas Überraschendes: Setzen wir etwa N = 3. Es folgt: $h = \frac{b-a}{N+1} = \frac{2}{4} = \frac{1}{2}$. (4**) ergibt dann folgendes Gleichungssystem:

$$\begin{pmatrix} \frac{5}{2} & -\frac{7}{4} & 0 \\ -\frac{7}{4} & \frac{7}{2} & -\frac{9}{4} \\ 0 & -\frac{9}{4} & \frac{9}{2} \end{pmatrix} \cdot \begin{pmatrix} u_1 \\ u_2 \\ u_3 \end{pmatrix} = \begin{pmatrix} \frac{1}{8} \\ \frac{1}{2} \\ \frac{9}{8} \end{pmatrix} .$$

Man rechnet als Lösung aus:

$$(5) \qquad (u_1,u_2,u_3)^T = (\frac{3}{4},1,\frac{3}{4})^T .$$

Nun lautet aber die exakte Lösung unseres Randwertproblems (4):

$$y(x) = -x^2+2x . \qquad \text{(Man mache die Probe!)}$$

Wir wollen die exakten Lösungswerte an den drei Gitterpunkten: $x_1 = \frac{1}{2}$, $x_2 = 1$, $x_3 = \frac{3}{2}$ berechnen. Es ergibt sich:

$$(6) \qquad y(x_1) = y(\frac{1}{2}) = \frac{3}{4} , \quad y(x_2) = y(1) = 1 , \quad y(x_3) = y(\frac{3}{2}) = \frac{3}{4} .$$

Hieraus sehen wir, daß die exakten Lösungswerte mit den numerisch errechneten Werten (5) übereinstimmen. Dies liegt daran, daß die Lösung $y(x)$ ein quadratisches Polynom ist und die Formeln (2a), (2b) in diesem Falle exakt sind. Im allgemeinen jedoch werden die Näherungswerte $u_1,\ldots,u_N$ nicht mit den gesuchten Funktionswerten $y(x_1),\ldots,y(x_N)$ genau übereinstimmen. Sie werden lediglich umso bessere Näherungen sein, je kleiner h gewählt wird.

Treten in dem Randwertproblem noch höhere Ableitungen von $y(x)$ auf, dann muß man diese durch entsprechende höhere Differenzenquotienten approximieren und diese Differenzenquotienten dann in die Dgl. einsetzen. Wir gehen hier nicht mehr darauf ein.

Will man ein Eigenwertproblem der Gestalt (1a), (1b), Abschnitt 17.3, numerisch lösen, dann geht man genauso vor, wie bei den Randwertproblemen: Man ersetzt die Ableitungen von $y(x)$ durch Differenzenquotienten und setzt diese in die Eigenwertgleichung ein. Unter Zuhilfenahme der Randbedingungen erhält man dann ein Eigenwertproblem von der Form (1), Abschnitt 10.6. Wie man dieses dann numerisch löst, ist für große Gleichungssysteme eine Aufgabe der Numerischen Mathematik. Wir wollen als Beispiel das Eigenwertproblem (5), Abschnitt 17.3 (schwingende Saite) betrachten.

<u>Beispiel:</u>

2.

(7) $\qquad -y''(x) = \lambda \cdot y(x)$, $x \in [0,L]$, $y(0) = y(L) = 0$.

Schreiben wir für die Näherungswerte der $y(x_\nu)$ wieder u_ν ($\nu = 1,\ldots,N$) und statt λ den Buchstaben μ (um anzudeuten, daß man ja nur Näherungen zu den Eigenwerten λ berechnet), dann ergibt sich aus (2b) durch Einsetzen in (7) das algebraische Eigenwertproblem

$$(7^*) \qquad h^{-2} \cdot \begin{pmatrix} 2 & -1 & & & & \\ -1 & 2 & -1 & & & \\ & \ddots & \ddots & \ddots & & 0 \\ & & \ddots & \ddots & \ddots & \\ 0 & & & \ddots & \ddots & -1 \\ & & & & -1 & 2 \end{pmatrix} \cdot \begin{pmatrix} u_1 \\ \vdots \\ \vdots \\ \vdots \\ u_N \end{pmatrix} = \mu \cdot \begin{pmatrix} u_1 \\ \vdots \\ \vdots \\ \vdots \\ u_N \end{pmatrix} .$$

Gesucht sind also hier die Eigenwerte $\mu_1,\ldots,\mu_N$ und die zugehörigen Eigenvektoren

$$u^{(j)} := (u_1^{(j)},\ldots,u_N^{(j)}) , \quad j = 1,\ldots,N .$$

Nun sind die Eigenwerte und Eigenvektoren zu (7^*) bekannt. Sie lauten (es ist $h = \frac{L}{N+1}$):

(8) $\qquad \mu_j = (\frac{N+1}{L})^2 \cdot 4\sin^2(\frac{\pi}{2} \cdot \frac{j}{N+1})$ $\quad$ für $\quad j = 1,\ldots,N$,

(8^*) $\qquad u^{(j)} = (\sin(\frac{j\pi}{N+1}),\sin(\frac{2j\pi}{N+1}),\ldots,\sin(\frac{Nj\pi}{N+1}))^T$ $\quad$ für $\quad j = 1,\ldots,N$.

Wir wollen diese Näherungswerte jetzt mit den exakten Eigenwerten bzw. Eigenvektoren (vgl. (8), (8^*) von Abschnitt 17.3) vergleichen.
Wegen $x_\nu = \frac{\nu \cdot L}{N+1}$, $\nu = 0,\ldots,N+1$, sehen wir, daß die Komponenten von $u^{(j)}$ mit den Funktionswerten von $f_j(x)$ an den Stellen x_ν exakt übereinstimmen. Dies ist ein besonders glücklicher Zufall und wird nicht allgemein zu erwarten sein. Etwas ungünstiger sieht es mit den Approximationen der Eigenwerte aus. Wir unterscheiden zwei Fälle, wobei wir N als eine große Zahl voraussetzen:

a) $j \ll N+1$. In diesem Falle kann man mit guter Näherung den Sinus durch sein Argument ersetzen, und man erhält aus (8) und aus (8), Abschnitt 17.3:

$$(9) \qquad \mu_j \approx (\frac{N+1}{L})^2 \cdot 4(\frac{\pi}{2} \cdot \frac{j}{N+1})^2 = (\frac{j \cdot \pi}{L})^2 = \lambda_j \ .$$

Die ersten Eigenwerte werden also gut approximiert.

b) $j \gtrsim N+1$. In diesem Falle hat der Sinus etwa den Wert 1 und man erhält:

$$(10) \qquad \mu_j \approx (\frac{2j}{L})^2 \ ,$$

also eine sehr schlechte Näherung an λ_j.

In der Praxis interessiert man sich oft nur für die ersten (endlich vielen) Eigenwerte. Je kleiner man in seiner Approximation die Schrittweite h wählt, umso mehr der ersten Eigenwerte λ_j werden durch die μ_j gut approximiert.

Zahlenbeispiel:

$N = 3$, $L = 1$, also $h = \frac{1}{4}$.

Die Eigenwerte der Matrix (7*) sind nach (8) die Zahlen

$$h^2 \mu_1 = 2 - \sqrt{2} \ , \quad h^2 \mu_2 = 2 \ , \quad h^2 \mu_3 = 2 + \sqrt{2} \ , \qquad \Longrightarrow$$

$$\mu_1 = 9{,}372 \ldots \ , \quad \mu_2 = 32 \ , \quad \mu_3 = 54{,}627 \ldots \ .$$

Die ersten drei exakten Eigenwerte sind nach (8), Abschnitt 17.3 die Zahlen

$$\lambda_1 = \pi^2 = 9{,}869 \ldots \ , \quad \lambda_2 = 4\pi^2 = 39{,}478 \ldots \ ,$$

$$\lambda_3 = 9\pi^2 = 88{,}826 \ldots \ .$$

Für $N = 9$ und $L = 1$ erhalten wir

j	1	2	3	9
λ_j	9,8696...	39,478...	88,826...	799,43...
μ_j	9.7886...	38,196...	82,442...	390,21...

Kapitel 18: Fourier-Reihen

18.1.Approximation von Funktionen durch trigonometrische Polynome

In Abschnitt 17.3. waren wir auf die Frage gestoßen, ob es möglich ist, weit-
gehend willkürlich gewählte Funktionen durch trigonometrische Reihen darzu-
stellen. Insbesondere soll es sich hierbei um periodische Funktionen handeln,
also solche, für die für eine Zahl $p > 0$

$$(1) \qquad f(x+p) = f(x) , \quad x \in \mathbb{R} ,$$

gilt. Solche periodischen Funktionen treten in den Anwendungen immer dort auf,
wo es sich um Vorgänge handelt, die sich nach festen Zeit-Intervallen immer
wiederholen, also etwa bei Schwingungsvorgängen.

Einfache Beispiele von periodischen Funktionen sind die trigonometrischen
Funktionen, z.B.:

$$(2) \qquad f(x) := a \cdot \sin \omega(x-\eta) , \quad g(x) := a \cdot \cos \omega(x-\eta) .$$

Hier heißt a die Amplitude, ω die Frequenz und $\omega \cdot \eta$ die Phasenverschie-
bung. Die Zahl $\frac{2\pi}{\omega}$ ist das Periodenintervall der Funktionen (2) .

Hat eine Funktion $f(x)$ die Periode p , d.h. gilt (1), dann gilt stets
folgende Formel:

$$(3) \qquad \int_0^p f(x)dx = \int_\alpha^{p+\alpha} f(x)dx \quad \text{für alle } \alpha \in \mathbb{R} .$$

(Man mache sich diese Beziehung anschaulich klar!).

Wir wollen im folgenden von den auftretenden Funktionen $f(x) : \mathbb{R} \to \mathbb{R}$
stets annehmen, daß sie quadratintegrierbar sind (d.h. $\int_\alpha^\beta f^2(x)dx < \infty$ für
$\alpha,\beta \in \mathbb{R}$),und daß sie 2π-periodisch sind. Dies ist keine wesentliche Einschränkung, denn nehmen wir an, $f(x)$ habe die Periode p , dann erhalten wir mit der
Substitution

$$(4) \qquad \xi := \frac{2\pi x}{p}$$

die Funktion $g(\xi) := f(\frac{p\xi}{2\pi})$ mit der Periode 2π .

Definition 1.1:

Eine Funktion der Form

$$(5) \qquad S_n(x) = \frac{1}{2} a_0 + \sum_{k=1}^{n} (a_k \cdot \cos kx + b_k \cdot \sin kx) \ , \ (a_n,b_n) \neq (0,0)$$

mit reellen Koeffizienten $a_0,\ldots,a_n,b_1,\ldots,b_n$ heißt ein <u>trigonometrisches Polynom</u> (oder auch <u>Fourier-Polynom</u>) vom Grade n .

Mit $c_0 := \frac{1}{2} a_0$, $c_k := \frac{1}{2}(a_k - ib_k)$, $c_{-k} := \overline{c}_k$ für $k = 1,\ldots,n$ kann man (5) auch schreiben:

$$(5^\star) \qquad S_n(x) = \sum_{k=-n}^{n} c_k \cdot e^{ikx} \ .$$

Die trigonometrischen Funktionen $\cos kx$, $\sin kx$ in (5) erfüllen die folgenden wichtigen <u>Orthogonalitätseigenschaften</u>, die wir für die weiteren Untersuchungen benötigen $(j,k \in \mathbb{N})$:

$$(6a) \qquad a) \ \int_{-\pi}^{\pi} \sin jx \cdot \cos kx \ dx = 0 \quad \text{für alle} \ j,k \in \mathbb{N} \ ,$$

$$(6b) \qquad b) \ \int_{-\pi}^{\pi} \cos jx \cdot \cos kx \ dx = \begin{cases} 0 & \text{für} \ j \neq k \\ \pi & \text{für} \ j = k \end{cases} \qquad j,k \in \mathbb{N} \ ,$$

$$(6c) \qquad c) \ \int_{-\pi}^{\pi} \sin jx \cdot \sin kx \ dx = \begin{cases} 0 & \text{für} \ j \neq k \\ \pi & \text{für} \ j = k \end{cases} \qquad j,k \in \mathbb{N} \ .$$

Nun sei $f(x) : \mathbb{R} \to \mathbb{R}$ eine 2π-periodische Funktion. Wir wollen $f(x)$ "möglichst gut" durch ein Fourier-Polynom vom Grade n der Form (5) annähern. "Möglichst gut" soll heißen:
Die Koeffizienten $a_0,a_1,\ldots,a_n,b_1,\ldots,b_n$ von $S_n(x)$ sind so zu bestimmen, daß der mittlere quadratische Fehler

$$(7) \qquad \Delta_n := \int_{-\pi}^{\pi} (f(x) - S_n(x))^2 \ dx$$

minimal wird. Mit der Darstellung (5) erhalten wir unter Verwendung von (6)

$$\Delta_n = \int_{-\pi}^{\pi} f^2(x)dx - 2[\frac{a_0}{2} \cdot \int_{-\pi}^{\pi} f(x)dx + \sum_{k=1}^{n} a_k \cdot \int_{-\pi}^{\pi} \cos kx \cdot f(x)dx +$$

$$+ \sum_{k=1}^{n} b_k \cdot \int_{-\pi}^{\pi} \sin kx \cdot f(x)dx] + \pi \cdot [\frac{1}{2} a_0^2 + \sum_{k=1}^{n} (a_k^2 + b_k^2)] \ .$$

Mit Hilfe quadratischer Ergänzungen ergibt sich hieraus

$$\Delta_n = \int_{-\pi}^{\pi} f^2(x)dx + \pi \cdot [\frac{1}{2} (a_0 - \frac{1}{\pi} \int_{-\pi}^{\pi} f(x)dx)^2 +$$

$$+ \sum_{k=1}^{n} (a_k - \frac{1}{\pi} \int_{-\pi}^{\pi} \cos kx \cdot f(x)dx)^2 + \sum_{k=1}^{n} (b_k - \frac{1}{\pi} \int_{-\pi}^{\pi} \sin kx \cdot f(x)dx)^2] -$$

$$- \frac{1}{\pi} \cdot [\frac{1}{2} \cdot (\int_{-\pi}^{\pi} f(x)dx)^2 + \sum_{k=1}^{n} (\int_{-\pi}^{\pi} \cos kx \cdot f(x)dx)^2 +$$

$$+ \sum_{k=1}^{n} (\int_{-\pi}^{\pi} \sin kx \cdot f(x)dx)^2] \ .$$

Dieser Ausdruck wird minimal, wenn die Koeffizienten a_k und b_k so gewählt werden, daß die quadratischen Terme, in denen sie auftreten, alle verschwinden, also wenn

$$(8) \qquad a_k = \frac{1}{\pi} \cdot \int_{-\pi}^{\pi} \cos kx \cdot f(x)dx \ , \quad k = 0,1,\ldots,n \qquad \text{und}$$

$$b_k = \frac{1}{\pi} \cdot \int_{-\pi}^{\pi} \sin kx \cdot f(x)dx \ , \quad k = 1,2,\ldots,n$$

gewählt wird. Der minimale mittlere quadratische Fehler ist demnach

$$(9) \qquad \delta_n := \min \Delta_n = \int_{-\pi}^{\pi} f^2(x)dx - \pi \cdot [\frac{1}{2} a_0^2 + \sum_{k=1}^{n} (a_k^2 + b_k^2)] \ ,$$

wobei für die Koeffizienten a_k, b_k die durch (8) gegebenen Werte einzusetzen sind. Sie werden die <u>Fourier-Koeffizienten</u> der Funktion $f(x)$ genannt.

<u>Anmerkung:</u> Der mittlere quadratische Fehler (7) ist eine quadratische Funktion der $2n+1$ Variablen $a_0,\ldots,a_n,b_1,\ldots,b_n$. Die Bestimmung der Fourier-Koeffizienten (8) kann auch durch Lösung des linearen Gleichungssystems $\text{grad } \Delta_n = 0$ erfolgen. Sodann zeigt man, daß die Hesse'sche Matrix konstant und positiv definit ist, womit folgt, daß Δ_n für die Koeffizienten (8) und nur für diese minimal wird (vgl. Abschnitt 12.4.).

<u>18.2 Beispiele</u>

Wir wollen das Ergebnis des vorigen Abschnitts auf einige Beispiele anwenden. In allen nun folgenden Beispielen soll die zu approximierende Funktion $f(x)$ die Periode 2π haben; sie braucht also nur in dem Intervall $-\pi < x \leq \pi$ definiert zu werden. Sodann werden die Fourier-Koeffizienten nach (8), Abschnitt 18.1. berechnet.

1. $f(x) = x$.

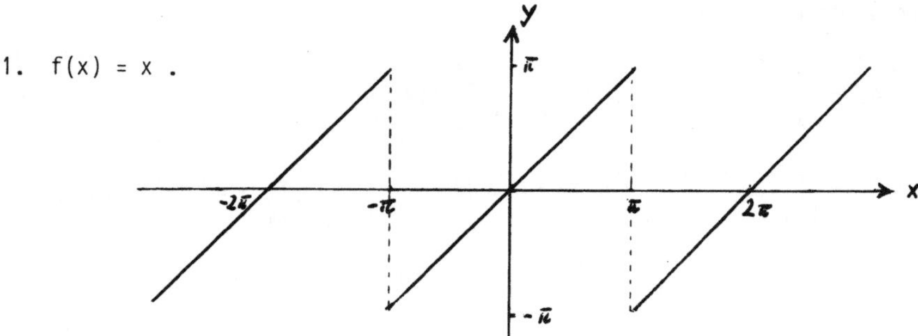

$f(x)$ ist auf $(-\pi,\pi)$ eine ungerade Funktion (vgl. Abschnitt 8.5.) und an den Stellen $k\pi$, $k \in \mathbb{Z}$ unstetig. Da auch $\cos kx \cdot f(x)$ ungerade ist, sind alle Koeffizienten $a_0,\ldots,a_n$ Null. Es ergibt sich für $k = 1,2,\ldots,n$

$$b_k = \frac{1}{\pi} \cdot \int_{-\pi}^{\pi} \sin kx \cdot f(x)dx = \frac{2}{\pi} \cdot \int_0^{\pi} x \cdot \sin kx \; dx = (-1)^{k+1} \cdot \frac{2}{k} \; .$$

Also folgt aus (5), Abschnitt 18.1.:

$$S_n(x) = 2 \cdot \left(\frac{\sin x}{1} - \frac{\sin 2x}{2} + \frac{\sin 3x}{3} - \ldots + (-1)^{n+1} \frac{\sin nx}{n}\right) \; .$$

2. $f(x) = x^2$.

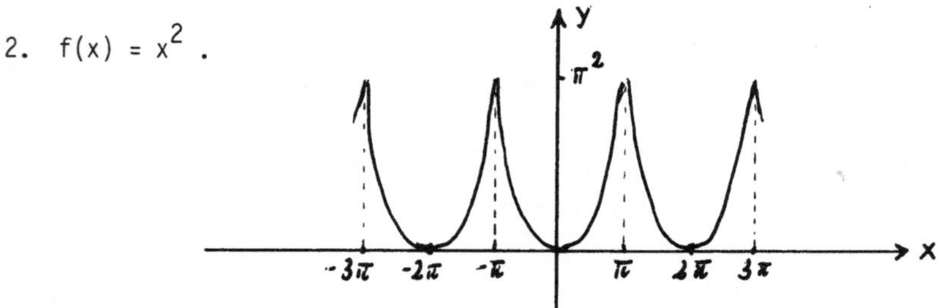

$f(x)$ ist eine stetige, gerade Funktion. Also ist $\sin kx \cdot f(x)$ ungerade, und daher sind alle Koeffizienten $b_1,\ldots,b_n$ Null. Man berechnet:

$$a_0 = \frac{1}{\pi} \cdot \int_{-\pi}^{\pi} f(x)dx = \frac{1}{\pi} \cdot \int_{-\pi}^{\pi} x^2 \; dx = \frac{1}{\pi} \cdot \frac{1}{3} x^3 \Big|_{-\pi}^{\pi} = \frac{2}{3} \pi^2 \; ,$$

$$a_k = \frac{1}{\pi} \cdot \int_{-\pi}^{\pi} \cos kx \cdot f(x)dx = \frac{1}{\pi} \cdot \int_{-\pi}^{\pi} x^2 \cdot \cos kx \, dx$$

$$= \frac{2}{\pi} \int_{0}^{\pi} x^2 \cdot \cos kx \, dx = (-1)^k \cdot \frac{4}{k^2} \, .$$

Damit erhalten wir

$$S_n(x) = \frac{\pi^2}{3} - 4 \cdot \left(\frac{\cos x}{1^2} - \frac{\cos 2x}{2^2} + \frac{\cos 3x}{3^2} - \dots + (-1)^{n+1} \cdot \frac{\cos nx}{n^2} \right) \, .$$

3. $f(x) = |x|$.

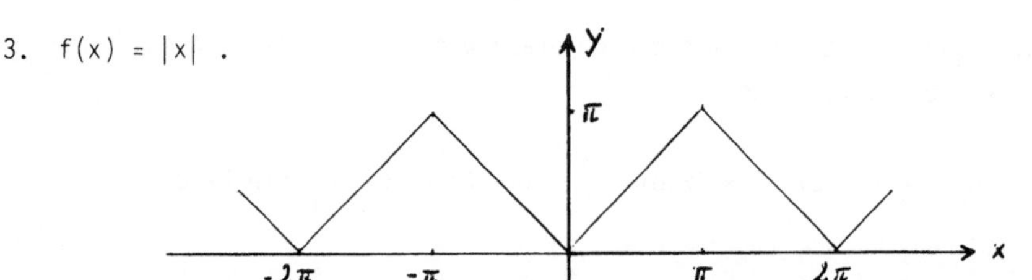

f(x) ist eine stetige, gerade Funktion. Es gilt also wie in Beispiel 2
$b_k = 0$ sowie

$$a_0 = \frac{1}{\pi} \cdot \int_{-\pi}^{\pi} f(x)dx = \frac{1}{\pi} \cdot \int_{-\pi}^{\pi} |x|dx = \frac{2}{\pi} \int_{0}^{\pi} x \, dx = \pi \, ,$$

$$a_k = \frac{1}{\pi} \int_{-\pi}^{\pi} \cos kx \cdot f(x)dx = \frac{1}{\pi} \cdot \int_{-\pi}^{\pi} |x| \cdot \cos kx \, dx = \frac{2}{\pi} \int_{0}^{\pi} x \cdot \cos kx \, dx =$$

$$= \frac{2}{\pi} \cdot \frac{1}{k^2} (\cos k\pi - 1) \, . \Rightarrow$$

$$a_k = \begin{cases} - \dfrac{4}{\pi} \cdot \dfrac{1}{k^2} & \text{für } k \text{ ungerade} \\[2ex] 0 & \text{für } k \text{ gerade.} \end{cases}$$

Damit erhalten wir

$$S_n(x) = \begin{cases} \dfrac{\pi}{2} - \dfrac{4}{\pi} \left(\dfrac{\cos x}{1^2} + \dfrac{\cos 3x}{3^2} + \dots + \dfrac{\cos nx}{n^2} \right) & \text{für } n \text{ ungerade} , \\[3ex] \dfrac{\pi}{2} - \dfrac{4}{\pi} \left(\dfrac{\cos x}{1^2} + \dfrac{\cos 3x}{3^2} + \dots + \dfrac{\cos(n-1)x}{(n-1)^2} \right) & \text{für } n \text{ gerade.} \end{cases}$$

$$4. \quad f(x) = \begin{cases} -1 & \text{für} \quad -\pi < x < 0 \\ 0 & \text{für} \quad x = 0 \,,\, x = \pi \\ 1 & \text{für} \quad 0 < x < \pi \end{cases} .$$

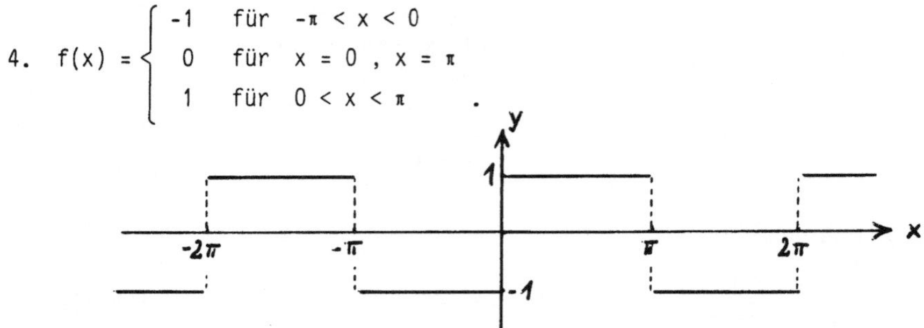

Hier ist f(x) wieder unstetig und ungerade wie in Beispiel 1. Also folgt:
$a_k = 0$, $k = 0,1,\ldots,n$ und

$$b_k = \frac{1}{\pi} \cdot \int_{-\pi}^{\pi} \sin kx \cdot f(x)dx = \frac{1}{\pi} \cdot \{\int_{-\pi}^{0} -\sin kx \; dx + \int_{0}^{\pi} \sin kx \; dx\} =$$

$$= \frac{2}{\pi} \cdot \int_{0}^{\pi} \sin kx \; dx \qquad = \frac{2}{k \cdot \pi} (1 - \cos k\pi) .$$

$$\Rightarrow \qquad b_k = \begin{cases} \dfrac{4}{\pi} \cdot \dfrac{1}{k} & \text{für} \quad k \quad \text{ungerade} \\[2mm] 0 & \text{für} \quad k \quad \text{gerade.} \end{cases}$$

Damit erhalten wir

$$S_n(x) = \begin{cases} \dfrac{4}{\pi} (\dfrac{\sin x}{1} + \dfrac{\sin 3x}{3} + \ldots + \dfrac{\sin nx}{n}) & \text{für} \quad n \quad \text{ungerade} \\[3mm] \dfrac{4}{\pi} (\dfrac{\sin x}{1} + \dfrac{\sin 3x}{3} + \ldots + \dfrac{\sin(n-1)x}{n-1}) & \text{für} \quad n \quad \text{gerade.} \end{cases}$$

5. $f(x) = |\sin x|$.

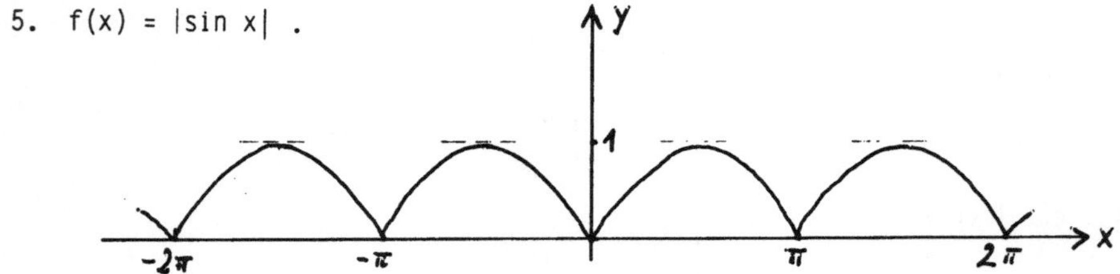

f(x) ist stetig und gerade wie in den Beispielen 2 und 3. Folglich ist $b_k = 0$
für $k = 1,\ldots,n$.

Für die übrigen Fourierkoeffizienten a_k erhält man für $k = 0,1,\ldots,n$

$$a_k = \frac{1}{\pi} \cdot \int_{-\pi}^{\pi} |\sin x| \cdot \cos kx \, dx = \frac{2}{\pi} \cdot \int_0^{\pi} \sin x \cdot \cos kx \, dx =$$

$$= \frac{1}{\pi} \cdot \int_0^{\pi} (\sin(k+1)x - \sin(k-1)x) dx \; .$$

Hieraus errechnet man leicht

$$a_k = \begin{cases} 0 & \text{für } k \text{ ungerade} \\ -\dfrac{4}{\pi(k^2-1)} & \text{für } k \text{ gerade} \; . \end{cases}$$

Also erhalten wir $(k =: 2\nu)$

$$S_n(x) = \frac{2}{\pi} - \frac{4}{\pi} \cdot \sum_{\nu=1}^{m} \frac{\cos 2\nu x}{4\nu^2 - 1}$$

$$\text{mit } m = \begin{cases} \dfrac{n-1}{2} & \text{für } n \text{ ungerade} \\ \dfrac{n}{2} & \text{für } n \text{ gerade} \; . \end{cases}$$

18.3. Darstellung von Funktionen durch Fourier-Reihen

Die Betrachtungen des vorigen Abschnitts legen die Frage nahe, ob die Folge der zu $f(x)$ gehörigen Fourier-Polynome $S_n(x)$ für $n \to \infty$ gegen $f(x)$ konvergiert. Dazu betrachten wir zunächst den mittleren quadratischen Fehler $\delta_n = \int_{-\pi}^{\pi} (f(x) - S_n(x))^2 dx$, den wir in (9) , 18.1. berechnet haben. Da $\delta_n \geqq 0$ ist, erhalten wir aus (9), 18.1. die Besselsche Ungleichung

$$(1) \qquad \frac{1}{2} a_0^2 + \sum_{k=1}^{n} (a_k^2 + b_k^2) \leqq \frac{1}{\pi} \cdot \int_{-\pi}^{\pi} f^2(x) dx \; .$$

Außerdem ergibt sich unmittelbar, daß $\delta_n \to 0$ genau dann gilt, wenn die Parsevalsche Gleichung

$$(2) \qquad \frac{1}{2} a_0^2 + \sum_{k=1}^{\infty} (a_k^2 + b_k^2) = \frac{1}{\pi} \int_{-\pi}^{\pi} f^2(x) dx$$

erfüllt ist. In diesem Falle sagen wir, daß die unendliche Reihe

$$(3) \qquad S_\infty(x) = \frac{1}{2} a_0 + \sum_{k=1}^{\infty} (a_k \cdot \cos kx + b_k \cdot \sin kx) \; ,$$

die wir die <u>Fourier-Reihe</u> von $f(x)$ nennen wollen, <u>im Mittel</u> gegen die Funktion $f(x)$ <u>konvergiert</u>. Man kann beweisen, daß für jede Funktion $f(x)$ mit $\int_{-\pi}^{\pi} f^2(x)dx < \infty$ ihre Fourier-Reihe im Mittel gegen $f(x)$ konvergiert, daß also für solche Funktionen die Parsevalsche Gleichung (2) immer gültig ist. Aus diesem Ergebnis darf man allerdings nicht schließen, daß für alle $x \in \mathbb{R}$ $\lim_{n \to \infty} S_n(x) = f(x)$ gilt, d.h. daß die Fourier-Reihe (3) punktweise gegen $f(x)$ konvergiert. Es kann vorkommen, daß der mittlere quadratische Fehler δ_n für $n \to \infty$ gegen Null konvergiert und trotzdem für gewisse Punkte $x \in \mathbb{R}$ der Grenzwert $\lim_{n \to \infty} S_n(x) \neq f(x)$ ist oder sogar überhaupt nicht existiert. Zum Beispiel hat die Funktion $f(x)$ in Beispiel 1, Abschnitt 18.2. die Fourier-Reihe

$$2 \cdot \left(\frac{\sin x}{1} - \frac{\sin 2x}{2} + \frac{\sin 3x}{3} - + \ldots\ldots\right) \, ,$$

die bei $x = \pi$ den Grenzwert 0 besitzt, während $f(\pi) = \pi$ ist. Obwohl es für manche Anwendungen ausreicht zu wissen, daß die Fourier-Reihe im Mittel konvergiert, wollen wir auch die Frage beantworten, unter welchen Voraussetzungen die Fourier-Reihe für alle $x \in \mathbb{R}$ den Grenzwert $f(x)$ besitzt. In einem solchen Fall sagen wir, daß $f(x)$ <u>durch seine Fourier-Reihe dargestellt</u> wird.

<u>Definition 3.1:</u>
Eine Funktion $f(x)$ heißt im Intervall $[a,b]$ <u>glatt</u>, wenn es eine auf $[a,b]$ stetig differenzierbare Funktion $g(x)$ gibt, so daß $f(x) = g(x)$ für alle $x \in (a,b)$ gilt. Sie heißt auf $[a,b]$ <u>stückweise glatt</u>, wenn es endlich viele Stellen $c_0, c_1, \ldots, c_n$ mit

$$a = c_0 < c_1 < \ldots\ldots < c_n = b$$

so gibt, daß $f(x)$ auf jedem Teilintervall $[c_i, c_{i+1}]$, $i = 0, \ldots, n-1$ glatt ist.

<u>Folgerung:</u> Ist $f(x)$ auf $[a,b]$ glatt, so sind $f(x)$ und $f'(x)$ stetig auf dem offenen Intervall (a,b) , und es existieren die einseitigen Grenzwerte

$$f^{(\nu)}(a+) := \lim_{\substack{x \to a \\ x > a}} f^{(\nu)}(x) , \quad f^{(\nu)}(b-) := \lim_{\substack{x \to b \\ x < b}} f^{(\nu)}(x) , \quad \nu = 0,1 \, .$$

Ist $f(x)$ auf $[a,b]$ stückweise glatt, so ist $f(x)$ höchstens an den end-lich vielen Ausnahmestellen $c_0, \ldots, c_n$ unstetig, aber es existieren dort die einseitigen Grenzwerte

$$f(c_i+), \quad i = 0,\ldots,n-1 \quad \text{und} \quad f(c_i-) \; , \quad i = 1,\ldots,n \; .$$

<u>Beispiele:</u>
1.) Die Funktionen der Beispiele 1 - 5 in 18.2. sind auf $[-\pi,+\pi]$ stückweise glatt.
2.) Die Funktion $f(x) = \sqrt{x}$ ist nicht stückweise glatt auf $[0,1]$, da die Ab leitung $f'(x)$ auf $(0,1)$ nicht beschränkt ist.

Die Fourier-Reihen stückweise glatter Funktionen konvergieren immer; sie können allerdings an Unstetigkeitsstellen gegen einen anderen Grenzwert als $f(x)$ konvergieren. Dies folgt aus

<u>Satz 3.1.</u>
$f(x)$ habe die Periode 2π und sei stückweise glatt auf $[-\pi,\pi]$. Dann konvergiert die Fourier-Reihe von $f(x)$ für alle $x \in \mathbb{R}$ und hat den Grenzwert $f(x)$, falls $f(x)$ in x stetig ist und den Grenzwert $\frac{1}{2}(f(x-) + f(x+))$, falls $f(x)$ in x unstetig ist. Die Konvergenz ist gleichmäßig in jedem abgeschlossenen Stetigkeitsintervall. ■

<u>Folgerung:</u> Definieren wir für eine stückweise glatte Funktion $f(x)$ die Funktionswerte an den Unstetigkeitsstellen x durch

$$(4) \qquad f(x) := \frac{1}{2} (f(x+) + f(x-)) \; ,$$

also durch das arithmetische Mittel der einseitigen Grenzwerte, so wird diese Funktion durch ihre Fourier-Reihe dargestellt.

<u>Anmerkung 1:</u> In Intervallen, in denen Sprungstellen liegen, kann die Konvergenz der Fourier-Reihe natürlich nicht gleichmäßig sein, da die Grenzfunktion einer gleichmäßig konvergenten Folge stetiger Funktionen wieder stetig ist.

<u>Anmerkung 2:</u> Ein dem Satz 3.1. entsprechender Satz gilt auch für Funktionen einer beliebigen Periode $p > 0$. Man vergleiche die Überlegungen und Formel (4), Abschnitt 18.1. .

<u>Anmerkung 3:</u> Ist $f(x)$ nur in einem endlichen Intervall (α,β) definiert, dann kann man sich $f(x)$ nach links und rechts <u>periodisch fortgesetzt</u> denken

und Satz 3.1. auf die so definierte Funktion anwenden.

Beispiele:

Die Funktionen der Beispiele 1.) bis 5.), Abschnitt 18.2. erfüllen die Voraussetzungen von Satz 3.1. . Es gilt also:

$$(5) \quad 1. \quad 2 \cdot \sum_{k=1}^{\infty} \frac{(-1)^{k+1}}{k} \cdot \sin kx = \begin{cases} x & \text{für } -\pi < x < \pi \\ 0 & \text{für } x = \pm\pi \end{cases}$$

Setzt man hier $x = \frac{\pi}{2}$ ein, dann werden alle Glieder mit geradem k Null, und man erhält:

$$(5^*) \qquad \frac{\pi}{4} = 1 - \frac{1}{3} + \frac{1}{5} - \frac{1}{7} + \dots$$

Wendet man die Parseval'sche Gleichung (2) an, dann erhält man aus (5):

$$4 \cdot \sum_{k=1}^{\infty} \frac{1}{k^2} = \frac{1}{\pi} \cdot \int_{-\pi}^{\pi} x^2 dx = \frac{2}{3} \pi^2 , \qquad =>$$

$$(5^{**}) \qquad \sum_{k=1}^{\infty} \frac{1}{k^2} = 1 + \frac{1}{4} + \frac{1}{9} + \frac{1}{16} + \dots = \frac{\pi^2}{6} .$$

$$(6) \quad 2. \quad \frac{\pi^2}{3} + 4 \cdot \sum_{k=1}^{\infty} \frac{(-1)^k}{k^2} \cdot \cos kx = x^2 \quad \text{für } -\pi \leq x \leq \pi .$$

Anwendung von (2) liefert hier:

$$\frac{2}{9} \pi^4 + 16 \cdot \sum_{1}^{\infty} \frac{1}{k^4} = \frac{1}{\pi} \int_{-\pi}^{\pi} x^4 dx = \frac{2}{5} \pi^4 , \qquad =>$$

$$(6^*) \qquad \sum_{k=1}^{\infty} \frac{1}{k^4} = 1 + \frac{1}{16} + \frac{1}{81} + \dots = \frac{\pi^4}{90} .$$

$$(7) \quad 3. \quad \frac{\pi}{2} - \frac{4}{\pi} \sum_{k=1}^{\infty} \frac{1}{(2k-1)^2} \cdot \cos(2k-1)x = |x| \quad \text{für } -\pi \leq x \leq \pi .$$

Aus (2) folgt:

$$\frac{\pi^2}{2} + \frac{16}{\pi^2} \cdot \sum_{k=1}^{\infty} \frac{1}{(2k-1)^4} = \frac{1}{\pi} \int_{-\pi}^{\pi} x^2 dx = \frac{2}{3} \pi^2 , \qquad =>$$

$$(7^*) \qquad \sum_{k=1}^{\infty} \frac{1}{(2k-1)^4} = 1 + \frac{1}{3^4} + \frac{1}{5^4} + \dots = \frac{\pi^4}{96} .$$

$$(8) \quad 4. \quad \frac{4}{\pi} \cdot \sum_{k=1}^{\infty} \frac{1}{2k-1} \cdot \sin(2k-1)x = \begin{cases} -1 & \text{für} \quad -\pi < x < 0 \\ 0 & \text{für} \quad x = 0; \pi \\ 1 & \text{für} \quad 0 < x < \pi \ . \end{cases}$$

$$(9) \quad 5. \quad \frac{2}{\pi} - \frac{4}{\pi} \cdot \sum_{k=1}^{\infty} \frac{1}{4k^2-1} \cdot \cos 2kx = |\sin x| \qquad \text{für} \quad -\pi \leq x \leq \pi \ .$$

Setzt man hier $x = \pi$ ein, dann erhält man:

$$(9^\star) \quad \sum_{k=1}^{\infty} \frac{1}{4k^2-1} = \frac{1}{3} + \frac{1}{15} + \frac{1}{35} + \frac{1}{63} + \ldots = \frac{1}{2} \ .$$

Kapitel 19: Partielle Differentialgleichungen

19.1. Klassifizierung und Beispiele partieller Differentialgleichungen zweiter Ordnung

Viele Sachverhalte in Naturwissenschaft und Technik lassen sich nicht durch gewöhnliche Differentialgleichungen beschreiben. Dieses leuchtet unmittelbar ein, da hierbei oft Funktionen eine Rolle spielen, die von mehreren Ortsvariablen und unter Umständen auch noch von der Zeit abhängen. So wird zum Beispiel die Temperatur in einem Zimmer im allgemeinen von den drei Ortsvariablen x,y,z sowie von der Zeitvariablen t abhängig sein. Zur Beschreibung solcher Sachverhalte dienen oft partielle Differentialgleichungen. In diesem und den folgenden drei Abschnitten wollen wir uns mit einer besonders wichtigen Klasse partieller Differentialgleichungen, nämlich denen der Ordnung 2, befassen. Wir betrachten partielle Differentialgleichungen der Form

$$(1) \quad \sum_{i,k=1}^{n} a_{ik} \frac{\partial^2 u}{\partial x_i \partial x_k} = f \ ,$$

wobei a_{ik} (mit $a_{ik} = a_{ki}$) , $i,k = 1,\ldots,n$ und f gegebene Funktionen von $x_1,\ldots,x_n$ sowie von u und seinen partiellen Ableitungen $u_{x_1},\ldots,u_{x_n}$ sind. Gesucht ist eine partiell differenzierbare Funktion

$$u = u(x_1,\ldots,x_n) \ ,$$

für die diese Gleichung erfüllt ist. Solche Differentialgleichungen nennt man quasilineare partielle Differentialgleichungen 2. Ordnung.

Sind die Koeffizientenfunktionen a_{ik} , $i,k = 1,\ldots,n$, nur von $x_1,\ldots,x_n$ und nicht von u und seinen partiellen Ableitungen abhängig, so heißt die Differentialgleichung (1) halblinear. Ist darüber hinaus die rechte Seite f eine lineare Funktion von $u, u_{x_1},\ldots u_{x_n}$, so spricht man von einer linearen partiellen Differentialgleichung 2. Ordnung.

Die linke Seite der Differentialgleichung (1) ist durch die Koeffizientenfunktionen $a_{ik}(z)$ mit $z := (x_1,\ldots,x_n,u,u_{x_1},\ldots,u_{x_n}) \in \mathbb{R}^{2n+1}$ gegeben, die wir zu der symmetrischen Matrix

$$(2) \qquad A(z) := (a_{ik}(z))_{i,k=1,\ldots,n}$$

zusammenfassen.

Definition 1.1.:

Die partielle Differentialgleichung (1) heißt im Punkte $z \in \mathbb{R}^{2n+1}$

a) elliptisch, wenn $A(z)$ positiv oder negativ definit ist,

b) hyperbolisch, wenn $\text{Det } A(z) \neq 0$ ist und genau n-1 Eigenwerte von $A(z)$ gleiches Vorzeichen haben,

c) parabolisch, wenn $\text{Det } A(z) = 0$ ist,

d) ultrahyperbolisch sonst (dies kann nur für $n \geq 4$ vorkommen).

Wir werden uns in diesem Kapitel nur mit den drei Typen a), b), c) beschäftigen, die physikalisch gesehen drei wesentlich verschiedene Sachverhalte beschreiben: Elliptische Gleichungen beschreiben Gleichgewichtszustände (Temperaturverteilung, elektrisches Potential u.s.w.). Hyperbolische Gleichungen beschreiben Ausbreitungsvorgänge (Schwingungen, Wellen u.s.w.). Durch parabolische Gleichungen schließlich werden Diffusionsvorgänge (Wärmeleitung, Diffusion von Konzentrationen in Flüssigkeiten u.s.w.) beschrieben.

Beispiele:

Sei $n = 2$.

$$(3a) \qquad 1. \quad u_{xx} + u_{yy} = f(x,y) \qquad \text{(Poisson-Gleichung)} .$$

Wegen $A(z) = \begin{pmatrix} 1 & 0 \\ 0 & 1 \end{pmatrix}$ ist diese Differentialgleichung in ganz $\mathbb{R}^2$ elliptisch.

(3b) 2. $u_{tt} - c^2 u_{xx} = f(x,t)$ (Wellengleichung) .

Wegen $A(z) = \begin{pmatrix} -c^2 & 0 \\ 0 & 1 \end{pmatrix}$ ist diese Differentialgleichung in ganz $\mathbb{R}^2$ hyperbolisch ($c^2 > 0$ konstant),

(3c) 3. $u_t - a^2 \cdot u_{xx} = f(x,t)$ (Wärmeleitungsgleichung).

Wegen $A(z) = \begin{pmatrix} -a^2 & 0 \\ 0 & 0 \end{pmatrix}$ ist diese Differentialgleichung in ganz $\mathbb{R}^2$ parabolisch ($a^2 > 0$ konstant).

(3d) 4. $y \cdot u_{xx} + u_{yy} = 0$ (Tricomi-Gleichung).

Wegen $A(z) = \begin{pmatrix} y & 0 \\ 0 & 1 \end{pmatrix}$ ist diese Differentialgleichung elliptisch für $y > 0$,
hyperbolisch für $y < 0$, parablisch für $y = 0$. Ferner sind die Differentialgleichungen (3a) - (3d) alle linear.

Es soll nun für die drei wichtigen Grundtypen (3a), (3b), (3c) eine physikalische Herleitung gegeben werden.

1. Herleitung der Poisson-Gleichung.
Eine dünne Platte G der Stärke h
liege in der x,y-Ebene und sei durch
eine geschlossene Kurve ∂G berandet.
Gesucht ist die stationäre (d.h. zeitunabhängige) Temperaturverteilung $u(x,y)$
auf der Platte, wenn gewisse stationäre
thermale Randbedingungen auf ∂G vorgegeben sind. Die obere und untere Plattenfläche seien völlig wärmeisoliert. Ferner soll angenommen werden, daß in der Platte Wärmequellen (bzw. -senken) vorhanden sind, gegeben durch eine Quellendichte $\tilde{f}(x,y) : G \to \mathbb{R}$.

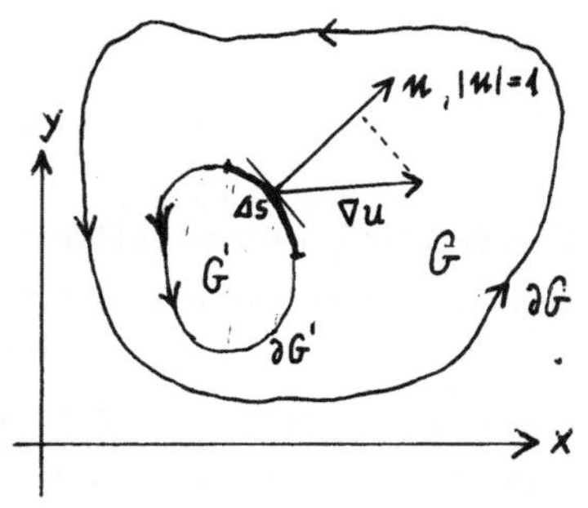

Wir betrachten ein beliebiges (kleines) Teilgebiet $G' \subset G$ mit Rand ∂G'
(vgl. Skizze). Ist Δs ein kleines Kurvenstück von ∂G' , dann wird der Wärmefluß durch das Flächenelement h · Δs gegeben durch:

(4) $k \cdot (\nabla u \cdot n) \cdot h \Delta s$,

wobei $\mathcal{N}$ der in das Äußere von G' weisende Einheits-Normalvektor und k
die Wärmeleitfähigkeit der Platte ist (i.a. ist k vom Ort auf der Platte abhängig). Da der ganze Zustand stationär ist, muß gelten:

$$(5) \qquad \int_{\partial G'} k\cdot(\nabla u\cdot\mathcal{N})\cdot h \; ds = h\cdot \iint_{G'} \tilde{f}(x,y)dxdy \; ,$$

d.h. der gesamte Wärmefluß durch $\partial G'$ muß mit der durch die Quellen in G' erzeugten Wärmemenge übereinstimmen. Nach dem Satz von Gauss (vgl. 14.3, (6))
folgt aus (5):

$$(5^\star) \qquad h\cdot\iint_{G'} (\mathrm{div}(k\cdot\mathrm{grad}\; u) - \tilde{f})dxdy = 0 \; .$$

Da nun diese Gleichung für beliebiges $G' \subset G$ gelten muß, folgt notwendig das
Verschwinden des Integranden:

$$(6) \qquad (k\cdot u_x)_x + (k\cdot u_y)_y - \tilde{f} = 0 \; .$$

In vielen Fällen ist k eine Konstante. Mit $f(x,y) := \dfrac{\tilde{f}(x,y)}{k}$ erhält man dann
aus (6):

$$(6^\star) \qquad \Delta u \equiv u_{xx} + u_{yy} = f(x,y) \; .$$

Sind keine zusätzlichen Wärmequellen vorhanden, dann ist $f(x,y) \equiv 0$ in G
und (6*) geht in die Potentialgleichung $\Delta u = 0$ über.

In den Anwendungen sucht man Lösungen von (6*), die noch zusätzlichen Randbedingungen genügen. So kann man zum Beispiel auf ∂G die Temperatur vorgeben:
$u(x,y) = g(x,y)$ auf ∂G (Dirichlet'sche Randbedingung), oder den Wärmefluß:
$\nabla u\cdot\mathcal{N} = g(x,y)$ auf ∂G (Neumann'sche Randbedingung). Ferner treten auch
gemischte Randbedingungen auf: $\alpha\cdot u + \beta\cdot(\nabla u\cdot\mathcal{N}) = g(x,y)$ auf ∂G . Auf solche
Randwertprobleme gehen wir später noch genauer ein.

2. Herleitung der Wellengleichung.

Eine in der x-Achse befindliche gespan-
nte Saite der Länge L werde in Schwingungen versetzt. Gesucht ist die vom Ort
x und der Zeit t abhängige vertikale
Auslenkung u(x,t). Ferner soll angenommen werden, daß noch gewisse äußere

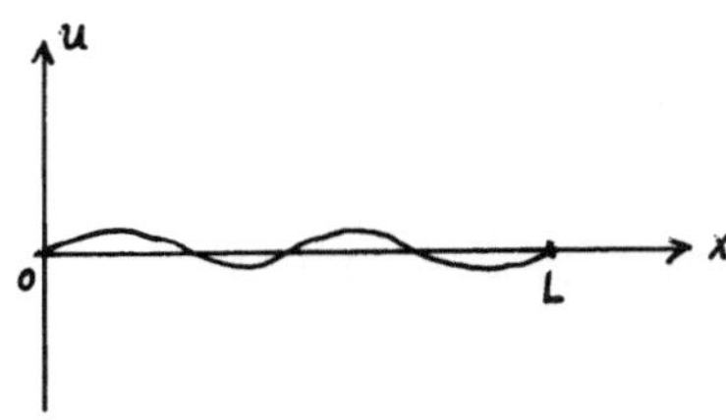

vertikale Kräfte auf die Saite einwir-
ken. Wir beschränken uns bei den Betrachtungen auf kleine Auslenkungen in
dem Sinne, daß

a) Abszissenänderungen eines Massenpunktes der Saite während der Schwingungen vernachlässigbar sind,

b) $|\frac{\partial u}{\partial x}| \ll 1$, $|u| \ll L$ angenommen werden kann,

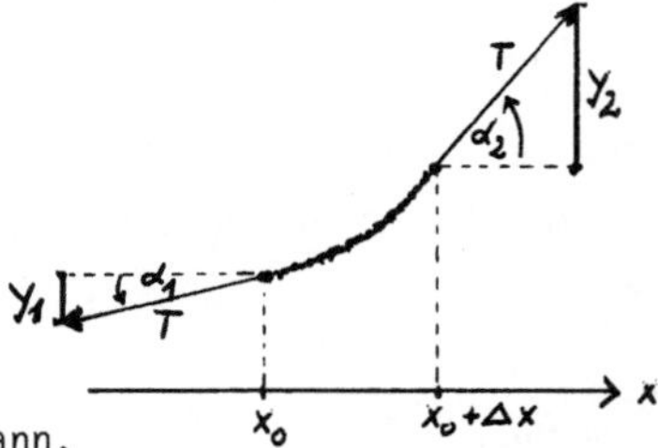

c) die an den Saitenteilen tangential angreifende Dehnungskraft $T > 0$ stets
eine Konstante ist.

Wir betrachten nun ein kleines Stück der Saite von der Länge Δx (vgl. Skizze).
Die an den Enden des Saitenstückes in vertikaler Richtung angreifenden Kräfte
sind:

$$y_1 = T \cdot \sin \alpha_1 \approx T \cdot \frac{\partial u}{\partial x} \Big|_{x=x_0}$$

$$y_2 = T \cdot \sin \alpha_2 \approx T \cdot \frac{\partial u}{\partial x} \Big|_{x=x_0+\Delta x}$$

(hier können wir wegen b) $\sin \alpha_i \approx tg \alpha_i$ setzen).

Es sei nun

$$\rho(x) = \text{Masse am Ort } x \text{ pro Einheitslänge,}$$

$$\tilde{f}(x,t) = \text{äußere vertikale Kraft am Ort } x \text{ zur Zeit } t$$
$$\text{pro Einheitslänge.}$$

Die Gesamtkraft, die zur Zeit t auf das kleine Saitenstück in vertikaler
Richtung wirkt, ist daher:

$$(7a) \qquad K := T \cdot u_x(x_0 + \Delta x, t) - T \cdot u_x(x_0, t) + \int_{x_0}^{x_0+\Delta x} \tilde{f}(\xi, t) d\xi \ .$$

Nach dem Newton'schen Kraftgesetz: Kraft = Masse $\cdot$ Beschleunigung muß dieser
Ausdruck übereinstimmen mit:

$$(7b) \qquad \tilde{K} := \int_{x_0}^{x_0+\Delta x} \rho(\xi) \cdot u_{tt}(\xi, t) d\xi \ ,$$

so daß sich ergibt:

(8)
$$\int_{x_0}^{x_0+\Delta x} [\frac{\partial}{\partial x} (T \cdot u_x(\xi,t)) + \tilde{f}(\xi,t) - \rho(\xi) \cdot u_{tt}(\xi,t)]d\xi = 0 \ .$$

Da aber nun das kleine Intervall $(x_0,x_0+\Delta x) \subset (0,L)$ ganz beliebig wählbar ist, muß notwendig der Integrand in (8) für alle $x \in (0,L)$ und für alle t verschwinden:

(9)
$$\rho \cdot u_{tt} = T \cdot u_{xx} + \tilde{f} \ .$$

In vielen Fällen ist $\rho = \rho(x)$ konstant (homogener Draht). Mit $f(x,y) := \rho^{-1} \cdot \tilde{f}(x,y)$ und $c^2 := \rho^{-1} \cdot T$ erhält man dann aus (9):

(9*)
$$u_{tt} - c^2 \cdot u_{xx} = f(x,t) \ .$$

Man überlegt sich leicht, daß der Koeffizient $c = \sqrt{T/\rho}$ die physikalische Dimension einer Geschwindigkeit hat. Sind keine zusätzlichen äußeren Vertikalkräfte vorhanden, dann ist $f(x,t) \equiv 0$.

Zur partiellen Differentialgleichung (9*) gehören in der Regel Anfangs- und Randbedingungen. Die Randbedingungen sind in unserem physikalischen Modell unmittelbar klar: Die Saite ist an den Enden fest eingespannt, d.h. es gilt:

(10a) $u(0,t) = u(L,t) = 0$ für $t \geqq 0$.

Ferner ist es physikalisch sinnvoll, zur Zeit $t = 0$ die vertikale Auslenkung sowie die vertikale Momentangeschwindigkeit vorzugeben:

(10b) $u(x,0) = u_0(x)$, $u_t(x,0) = u_1(x)$ für $x \in 0,L$.

Mit den Bedingungen (10a), (10b) ist der Schwingungsvorgang eindeutig bestimmt, d.h. (9*) besitzt eine eindeutig bestimmte Lösung.

3. Herleitung der Wärmeleitungsgleichung:

Von einem dünnen, homogenen Stab der Länge L und dem konstanten Querschnitt A wird die von Ort und Zeit abhängige Temperatur $u(x,t)$ gesucht. Es seien folgende vom Material des Stabes abhängige konstante Größen definiert:

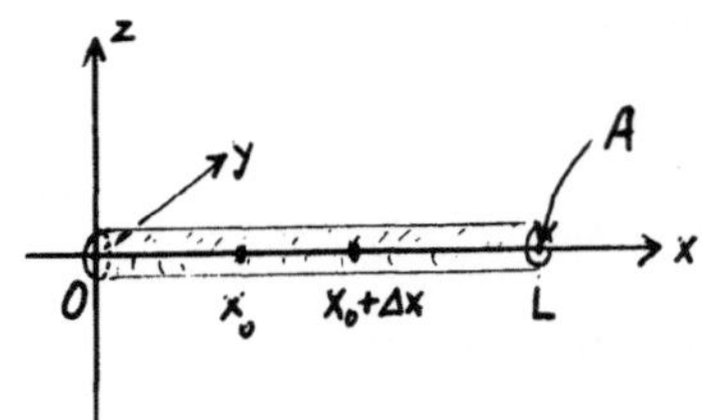

ρ := Dichte, c := spezifische Wärme, k:= Wärmeleitfähigkeit.

Wir nehmen ferner an, daß die Oberfläche des Stabes völlig wärmeisoliert sei, daß aber im Stabe (von Ort und Zeit abhängige) <u>Wärmequellen</u> vorhanden sind; diese seien gegeben durch eine <u>Dichtefunktion</u>:

$$\tilde{f}(x,t) = \frac{\text{Wärmemenge}}{\text{Zeiteinheit} \cdot \text{Volumeneinheit}} \quad .$$

Wir betrachten ein beliebiges (kleines) Stück des Stabes der Länge Δx (vgl. Skizze) und den dort sich ergebenden Wärmemenge-Zuwachs in einem kleinen Zeit-abschnitt Δt : $\displaystyle\int_{x_0}^{x_0+\Delta x} [u(\xi,t+\Delta t) - u(\xi,t)] \cdot c \cdot \rho \cdot A d\xi$.

Division durch Δt mit Grenzübergang $\Delta t \to 0$ ergibt die Wärmezuwachs-Rate pro Zeiteinheit zur Zeit t in dem Stabteilchen:

$$(11a) \qquad R = \int_{x_0}^{x_0+\Delta x} u_t(\xi,t) \cdot c \cdot \rho \cdot A \cdot d\xi \ .$$

Andererseits betrachten wir die Wärmefluß-Differenz an den beiden Enden des kleinen Stabteils zur Zeit t :

$$(11b) \qquad \tilde{R}_1 = k \cdot A \cdot u_x(x_0 + \Delta x,t) - k \cdot A \cdot u_x(x_0,t) \ ,$$

welche ebenfalls die Wärmezuwachs-Rate pro Zeiteinheit angibt abgesehen von zusätzlichen Wärmequellen in dem Stabteilchen. Letztere nun werden gegeben durch:

$$(11c) \qquad \tilde{R}_2 = \int_{x_0}^{x_0+\Delta x} \tilde{f}(\xi,t) \cdot A \cdot d\xi \ .$$

Nun gilt natürlich: $R = \tilde{R}_1 + \tilde{R}_2$, d.h.:

$$(12) \qquad \int_{x_0}^{x_0+\Delta x} [u_t(\xi,t) \cdot c \cdot \rho \cdot A - (k \cdot A \cdot u_x(\xi,t))_x - A\tilde{f}(\xi,t)]d\xi = 0 \ .$$

Da nun das Intervall $[x_0, x_0+\Delta x]$ beliebig gewählt war, muß der Integrand in (12) verschwinden. Da A,ρ,c,k als konstant vorausgesetzt sind, folgt also:

$$(13) \qquad c \cdot \rho \cdot u_t(x,t) - k \cdot u_{xx}(x,t) = \tilde{f}(x,t) \quad \text{für } x \in [0,L] \ , \ t > 0 \ .$$

Mit: $a^2 := \dfrac{k}{c \cdot \rho}$, $f(x,t) := \dfrac{\tilde{f}(x,t)}{c \cdot \rho}$ folgt hieraus:

$$(13^*) \qquad u_t - a^2 \cdot u_{xx} = f(x,t) \ .$$

$a^2 > 0$ heißt <u>Diffusionskoeffizient</u>. Für Kupfer bei Zimmertemperatur zum Beispiel sind die Konstanten etwa:

$$\rho = \frac{8,9 \ g}{cm^3} \ , \quad c = \frac{0.09 \ cal}{g \cdot °Cels.} \ , \quad k = \frac{0.93 \ cal}{cm \cdot sec \cdot °Cels.} \ ,$$

so daß sich etwa ergibt: $a^2 \approx 1,1 \cdot \dfrac{cm^2}{sec.}$.

Zur Wärmeleitungsgleichung (13^*) gehören in der Regel Anfangs- und Randbedingungen: Zur Zeit $t = 0$ werde die Anfangs-Temperatur-Verteilung im Stabe vorgegeben:

$$(14a) \qquad u(x,0) = u_o(x) \qquad \text{für} \ x \in [0,L] \ .$$

An den beiden Stabenden kann man zum Beispiel die Temperaturen für alle Zeiten vorgeben:

$$(14b) \qquad u(0,t) = v(t) \ , \ u(L,t) = \tilde{v}(t) \qquad \text{für} \ t \geq 0 \ .$$

Mit diesen Bedingungen ist (13^*) eindeutig lösbar.

19.2. Die Poisson-Gleichung

In diesem Abschnitt wollen wir uns mit der Lösung des <u>Dirichlet-Problems</u> der Poisson-Gleichung beschäftigen. Dabei werden wir uns zunächst auf zwei unabhängige Veränderliche beschränken und auch nur spezielle Gebiete $G \subset \mathbb{R}^2$ in Betracht ziehen.

Allgemein lautet das Dirichlet-Problem folgendermaßen:

Es sei $G \subset \mathbb{R}^2$ ein beschränktes Gebiet mit stückweise glattem Rand ∂G , der als positiv orientiert vorausgesetzt sei. Im folgenden sei stets G das Gebiet ohne den Rand ∂G und $\overline{G} := G \cup \partial G$. Gesucht ist eine in $\overline{G}$ stetige Funktion $u(x,y)$ mit:

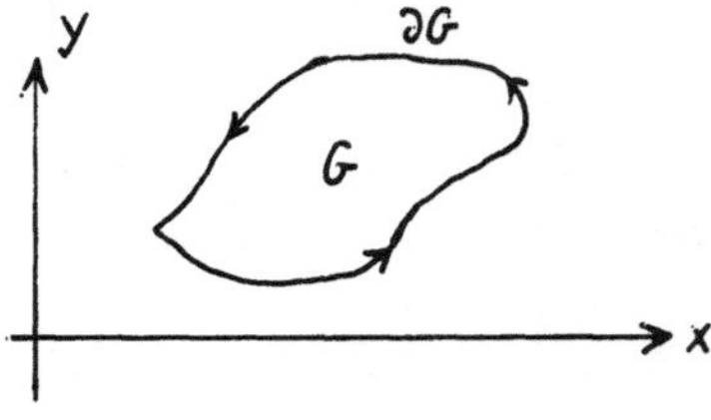

$$(1a) \qquad \Delta u \equiv u_{xx} + u_{yy} = f(x,y) \qquad \text{für alle} \ (x,y) \in G$$

und:

(1b) $u(x,y) = g(x,y)$ für alle $(x,y) \in \partial G$,

wobei $f(x,y) : G \to \mathrm{IR}$, $g(x,y) : \partial G \to \mathrm{IR}$ gegebene stetige Funktionen seien. Ferner wollen wir $g(x,y)$ als stückweise glatt auf ∂G voraussetzen.

Zunächst sehen wir von der Randbedingung (1b) ab und betrachten die zu (1a) gehörige <u>homogene</u> Differentialgleichung:

(2) $\Delta u = 0$,

die <u>Potential-</u> oder <u>Laplace-Gleichung</u> genannt wird. Ganz analog wie bei den gewöhnlichen linearen Differentialgleichungen gilt nun der leicht zu beweisende Satz:

<u>Satz 2.1:</u>
Es sei $u_0(x,y)$ eine (beliebige) spezielle Lösung von (1a) und $u_h(x,y)$ die allgemeine Lösung von (2). Dann wird die allgemeine Lösung $u(x,y)$ von (1a) gegeben durch:

(3) $u(x,y) = u_0(x,y) + u_h(x,y)$.   ∎

Um das Randwertproblem (1a), (1b) zu lösen, kann man prinzipiell so vorgehen:
a) Man bestimmt eine partikuläre Lösung $u_0(x,y)$ der Poisson-Gleichung (1a) (notfalls durch Raten).
b) Man bestimmt eine Lösung $u_h(x,y)$ der Potential-Gleichung (2), die gleichzeitig folgende Randbedingung erfüllt:

(4) $u_h(x,y) = g(x,y) - u_0(x,y)$ für alle $(x,y) \in \partial G$.

c) Die Funktion $u(x,y) := u_0(x,y) + u_h(x,y)$ ist dann die gesuchte Lösung von (1a), (1b) .

Neben dem Aufsuchen einer partikulären Lösung der Poisson-Gleichung besteht also die Hauptaufgabe darin, das Dirichlet-Problem für die Potentialgleichung zu lösen.

Dies wollen wir jetzt für den Spezialfall tun, daß das Gebiet $G \subset \mathrm{IR}^2$ ein Kreis vom Radius ρ ist:

(5) $\qquad G = \mathcal{R} := \{(x,y) : 0 \leq x^2 + y^2 < \rho\}$.

Damit ist dann schon sehr viel geschafft, denn wir werden im nächsten Kapitel
zeigen, wie man mit funktionentheoretischen Methoden die Untersuchungen auf
allgemeine, einfach zusammenhängende Gebiete $G \subset \mathbb{R}^2$ übertragen kann.
Unser Problem lautet jetzt also:

(6) $\qquad \begin{cases} \Delta u = 0 & \text{auf } \mathcal{R} , \\ u(x,y) = g(x,y) & \text{auf } \partial\mathcal{R} . \end{cases}$

Hier ist es naheliegend, Polarkoordinaten einzuführen; wir setzen:

(7) $\qquad \begin{cases} x = r \cdot \cos \varphi \\ y = r \cdot \sin \varphi \end{cases} \Rightarrow \quad \begin{array}{l} r = (x^2 + y^2)^{\frac{1}{2}} \\ \varphi = \text{arctg } y/x \end{array}$

und: $F(r,\varphi) := u(x,y)$ für $0 < r \leq \rho$, $0 \leq \varphi < 2\pi$.
Mit Hilfe von (7) lassen sich die partiellen Ableitungen von $u(x,y)$ durch
solche von $F(r,\varphi)$ ausdrücken. In Abschnitt 12.2 ist die Herleitung der folgenden Beziehung zu finden:

(8) $\qquad \Delta u = F_{rr} + \dfrac{1}{r} \cdot F_r + \dfrac{1}{r^2} \cdot F_{\varphi\varphi} = 0 \qquad$ für $0 < r < \rho$.

Wir suchen nun Lösungen von (8) durch den <u>Produktansatz</u> (<u>Ansatz von Bernoulli</u>):

(9) $\qquad F(r,\varphi) = R(r) \cdot \Phi(\varphi)$.

Differentiation und Einsetzen in (8) ergibt:

(10) $\qquad R'' \cdot \Phi + \dfrac{1}{r} \cdot R' \cdot \Phi + \dfrac{1}{r^2} \cdot R \cdot \Phi'' = 0$.

Durch Trennung der Variablen r,φ erhält man hieraus:

(10*) $\qquad \dfrac{r^2 \cdot R'' + r \cdot R'}{R} = -\dfrac{\Phi''}{\Phi}$.

Die linke Seite von (10*) hängt nur von r , die rechte Seite nur von φ ab.
Also müssen beide Seiten gleich derselben Konstanten K sein:

(11a) $\qquad \Phi''(\varphi) + K \cdot \Phi(\varphi) = 0$,

(11b) $\quad r^2 \cdot R''(r) + r \cdot R'(r) - K \cdot R(r) = 0$.

Wir betrachten zunächst (11a); die allgemeine Lösung lautet

$$\Phi(\varphi) = c_1 \cdot \cos \sqrt{K}\varphi + c_2 \cdot \sin \sqrt{K}\varphi \ , \quad c_1, c_2 \in \mathbb{C} \ .$$

Nun ist auf Grund unserer Aufgabenstellung $\Phi(\varphi)$ eine reelle Funktion, die periodisch in 2π ist. Es folgt daher

$$K = n^2 \ , \quad n = 0,1,2,\ldots \ , \quad \text{sowie:} \quad c_1, c_2 \in \mathbb{R} \ .$$

Wir erhalten daher folgende Lösungen:

$$(12) \quad \begin{cases} \Phi_0(\varphi) = \dfrac{1}{2} \tilde{a}_0 \ , \\[2mm] \Phi_n(\varphi) = \tilde{a}_n \cdot \cos n\varphi + \tilde{b}_n \cdot \sin n\varphi \ , \quad n = 1,2,3,\ldots \end{cases}$$

mit $\tilde{a}_\nu, \tilde{b}_\nu \in \mathbb{R}$.

Wir betrachten nun (11b) für $K = n^2$, $n = 0,1,2,\ldots$. Dies ist eine Euler'sche Differentialgleichung 2. Ordnung. Mit der Substitution: $r := e^t \Leftrightarrow t = \ln r$, $P(t) := R(r) = R(e^t)$ folgt

$$R'(r) = P'(t) \cdot \frac{dt}{dr} = \frac{1}{r} \cdot P'(t) \ ,$$

$$R''(r) = \frac{d}{dr}(R'(r)) = \frac{d}{dr}\left(\frac{1}{r} \cdot P'(t)\right) = \frac{d}{dt}(e^{-t} \cdot P'(t)) \cdot \frac{dt}{dr} =$$

$$= e^{-t} \cdot (P''(t) - P'(t)) \cdot \frac{1}{r} \quad = \frac{1}{r^2} \cdot (P''(t) - P'(t)) \ ,$$

also durch Einsetzen von (11b) für $K = n^2$

$$P''(t) - n^2 \cdot P(t) = 0 \ .$$

Die allgemeinen Lösungen lauten

a) für $n = 0$: $\quad P_0(t) = \rho_1 + \rho_2 \cdot t \Rightarrow R_0(r) = \rho_1 + \rho_2 \cdot \ln r$,

b) für $n > 0$: $\quad P_n(t) = \rho_1 \cdot e^{nt} + \rho_2 \cdot e^{-nt} \Rightarrow R_n(r) = \rho_1 \cdot r^n + \rho_2 \cdot r^{-n}$.

Wegen der in der Aufgabenstellung geforderten Stetigkeit der Lösung muß nun $R(r)$ bei $r = 0$ stetig sein, d.h. die Konstanten ρ_2 in den beiden Ausdrücken müssen verschwinden. Wir erhalten daher folgende Lösungen

$$(13) \qquad R_0(r) = C_0 \ , \ R_n(r) = C_n \cdot r^n \ , \quad n = 1,2,3,\ldots, \quad C_\nu \in \mathbb{R} \ .$$

Mit $a_n := C_n \cdot \tilde{a}_n$, $b_n := C_n \cdot \tilde{b}_n$ erhalten wir also aus (9), (12), (13) die folgenden speziellen Lösungen der Differentialgleichung (8)

$$(14) \qquad F_0(r, \varphi) = \frac{1}{2} a_0 \ , \quad F_n(r,\varphi) = r^n \cdot [a_n \cdot \cos n\varphi + b_n \cdot \sin n\varphi]$$
$$\text{für} \quad n = 1,2,3,\ldots \ .$$

Da (8) eine lineare, homogene Differentialgleichung ist, sind auch beliebige endliche Summen von den Lösungen (14) wieder Lösungen von (8). Ferner betrachten wir die Reihe:

$$(15) \qquad F(r,\varphi) := \frac{1}{2} a_0 + \sum_{\nu=1}^{\infty} r^\nu \cdot [a_\nu \cdot \cos \nu\varphi + b_\nu \cdot \sin \nu\varphi] \ .$$

Ist bei dieser Reihe gliedweises Differenzieren erlaubt, dann liefert sie ebenfalls eine Lösung zu (8).

Wir kehren nun zu unserem Randwertproblem (6) zurück. Dort sind die Randwerte auf ∂R vorgegeben; wir können $g(x,y)$ als Funktion von φ allein auffassen:

$$\gamma(\varphi) := g(x,y) \quad \text{für} \ (x,y) \in \partial R \ , \ \text{d.h. für} \ 0 \leq \varphi \leq 2\pi \ .$$

Es folgt dann die Randbedingung:

$$(8^*) \qquad F(\rho, \varphi) = \gamma(\varphi) \ , \qquad \varphi \in [0,2\pi] \ .$$

$\gamma(\varphi)$ ist stetig, stückweise glatt und besitzt daher eine gleichmäßig konvergente Fourier-Reihe, durch die $\gamma(\varphi)$ dargestellt wird. Wegen (15) und (8*) folgt:

$$F(\rho, \varphi) = \gamma(\varphi) = \frac{1}{2} a_0 + \sum_{\nu=1}^{\infty} \rho^\nu [a_\nu \cdot \cos \nu\varphi + b_\nu \cdot \sin \nu\varphi] \ ,$$

mit:

$$(16) \quad \begin{cases} a_\nu = \dfrac{1}{\pi \rho^\nu} \cdot \displaystyle\int_0^{2\pi} \gamma(\alpha) \cdot \cos \nu\alpha \; d\alpha & \text{für} \quad \nu = 0,1,2,\dots \\[4mm] b_\nu = \dfrac{1}{\pi \rho^\nu} \cdot \displaystyle\int_0^{2\pi} \gamma(\alpha) \cdot \sin \nu\alpha \; d\alpha & \text{für} \quad \nu = 1,2,\dots \end{cases}$$

Man kann nun zeigen, daß die Fourier-Reihe (15) für alle $r < \rho$ nebst ihrer sämtlichen Ableitungen nach r und φ gleichmäßig konvergiert. Damit ist (15) mit den Koeffizienten (16) die Lösung des Randwertproblems (6).

Beispiele:

1. Gesucht ist die Lösung $u(x,y)$ des RWP (6) mit $\rho = 1$ und der auf ∂R vorgegebenen Randfunktion $g(x,y) = 2x^2$.

Wegen $x = r \cdot \cos \varphi$ und $r = 1$ folgt: $\gamma(\varphi) = F(1,\varphi) = 2 \cdot \cos^2 \varphi$. Wir müssen nun $\gamma(\varphi)$ in eine Fourier-Reihe entwickeln. Nun gilt:

$$2 \cdot \cos^2 \varphi = \cos^2 \varphi - (1 - \cos^2 \varphi) + 1 = 1 + (\cos^2 \varphi - \sin^2 \varphi) = 1 + \cos 2\varphi$$

$$\Rightarrow \quad F(1,\varphi) = 1 + \cos 2\varphi \; .$$

Dies ergibt wegen (15):

$$F(r,\varphi) = 1 + r^2 \cdot \cos 2\varphi \; .$$

Dies schreiben wir wieder in x,y um:

$$F(r,\varphi) = 1 + r^2 \cdot (\cos^2 \varphi - \sin^2 \varphi) = 1 + x^2 - y^2 \; ,$$

also ist $u(x,y) = 1 + x^2 - y^2$ die gesuchte Lösung.

2. Es sei $G = R = \{0 \leqq x^2 + y^2 < 1\}$. Gesucht ist die Lösung $u(x,y) : \tilde{G} \to \mathbb{R}$ von:

$$\begin{aligned} \Delta u &= 1 \quad \text{auf} \quad G \\ u &= 0 \quad \text{auf} \quad \partial G \; . \quad \text{(Es ist } g(x,y) = 0 \text{ in (1b)).} \end{aligned}$$

a) Wir raten die spezielle Lösung u_0 von $\Delta u = 1$:

$$u_0(x,y) = \frac{1}{2} x^2 \; .$$

b) Wir lösen

$$\Delta u_h = 0 \qquad\qquad \text{auf} \quad G$$

$$u_h = g - u_0 = -\frac{1}{2}x^2 \quad \text{auf} \quad \partial G \quad (\text{vgl. (4)}).$$

$$\Rightarrow \quad \gamma(\varphi) = F(1,\varphi) = -\frac{1}{2}\cos^2\varphi = -\frac{1}{4} - \frac{1}{4}\cdot\cos 2\varphi$$

$$\Rightarrow \quad F(r,\varphi) = -\frac{1}{4} - \frac{1}{4}r^2\cdot\cos 2\varphi = -\frac{1}{4}(1 + r^2\cdot[\cos^2\varphi - \sin^2\varphi]) =$$

$$= \frac{1}{4}(y^2 - x^2 - 1) \quad = u_h(x,y) \ .$$

c) Die gesuchte Lösung ist $u(x,y) = u_0(x,y) + u_h(x,y)$, also

$$u(x,y) = \frac{1}{4}(x^2 + y^2 - 1) \ .$$

Außer der Fourier-Reihe (15), (16) existiert noch eine weitere geschlossene
Darstellung der Lösung des Randwertproblems (6), die jetzt hergeleitet werden
soll. Setzen wir die Koeffizienten (16) in (15) ein, dann ergibt sich nach
Vertauschen von Summation und Integration mit $\sigma := r\cdot\rho^{-1}$

$$F(r,\varphi) = \frac{1}{2\pi}\cdot\int_0^{2\pi}\gamma(\alpha)d\alpha + \frac{1}{\pi}\cdot\int_0^{2\pi}\gamma(\alpha)\cdot\sum_1^\infty \sigma^\nu\cdot\cos\nu(\alpha-\varphi)d\alpha.$$

Nun definieren wir $z := \sigma\cdot e^{i(\alpha-\varphi)}$. Wegen $r < \rho$ gilt $|z| = \sigma < 1$ sowie
$|\mathrm{Re}\, z| = \sigma\cdot|\cos(\alpha-\varphi)|<1.$ \quad Es folgt

$$\sum_1^\infty\sigma^\nu\cdot\cos \nu(\alpha-\varphi) = \sum_1^\infty \mathrm{Re}(z^\nu) = \mathrm{Re}\ \frac{z}{1-z} = \frac{\sigma\cdot\cos(\alpha-\varphi)-\sigma^2}{1+\sigma^2-2\sigma\cdot\cos(\alpha-\varphi)} \ .$$

Dieses oben eingesetzt ergibt

$$F(r,\varphi) = \frac{1}{2\pi}\cdot\int_0^{2\pi}\gamma(\alpha)\cdot[1+2\cdot\frac{\sigma\cdot\cos(\alpha-\varphi)-\sigma^2}{1+\sigma^2-2\sigma\cdot\cos(\alpha-\varphi)}]d\alpha.$$

Mit $\gamma(\alpha) = F(\rho,\alpha)$ ergibt dies die <u>Poisson'sche Integralformel</u>:

$$(17) \qquad F(r,\varphi) = \frac{1}{2\pi}\cdot\int_0^{2\pi}\frac{F(\rho,\alpha)\cdot(\rho^2-r^2)}{\rho^2+r^2-2r\rho\cdot\cos(\alpha-\varphi)}\,d\alpha \ , \ 0 \leqq r < \rho \ .$$

Man sieht: Allein die Randwerte $\gamma(\alpha)$ $(0 \leqq \alpha < 2\pi)$ bestimmen die Lösung $F(r,\varphi)$
im Inneren von R vollständig. Für $r = 0$ folgt aus (17):

$$(17^*) \qquad u(0,0) = F(0,\varphi) = \frac{1}{2\pi}\cdot\int_0^{2\pi}F(\rho,\alpha)d\alpha \ .$$

Diese Formel liefert den Ausgangspunkt für das bekannte Randmaximumprinzip:

<u>Satz 2.2:</u>

Jede Lösung $u(x,y)$ des Dirichlet-Problems (1a), (1b) mit $f(x,y) \equiv 0$ nimmt ihr Maximum (und ihr Minimum) stets auf dem Rande von G, ∂G, an.

Ist nämlich $P \in G$ ein beliebiger Punkt und $K_\rho \subset G$ der Kreis mit Radius ρ und Mittelpunkt P, dann erhält man analog zu (17^*) die Beziehung

$$(17^{**}) \qquad u(P) = F(0,\varphi) = \frac{1}{2\pi} \int_{K_\rho} F(\rho,\alpha)\,d\alpha \ .$$

Mit dieser Formel leitet man leicht einen Widerspruch her, wenn man das Gegenteil der Behauptung annimmt (Übung!).

<u>Beispiel:</u>

3. Wir betrachten das RWP in Beispiel 1: dort ist $g(x,y) = 2x^2$, also $\gamma(\varphi) = F(1,\varphi) = 2 \cdot \cos^2\varphi = 1 + \cos 2\varphi$. Mit (17^*) folgt:

$$u(0,0) = \frac{1}{2\pi} \cdot \int_0^{2\pi} (1 + \cos 2\alpha)\,d\alpha = \frac{1}{2\pi} \cdot \left(\alpha + \frac{1}{2} \sin 2\alpha\right)\Big|_0^{2\pi} = 1 \ .$$

Dies steht mit der oben gefundenen Lösung im Einklang.

19.3. Die Wellengleichung

Der zweite wichtige Grundtyp von partiellen Differentialgleichungen 2. Ordnung wird durch die Wellengleichung repräsentiert, mit deren Lösung wir uns jetzt beschäftigen wollen. Um einen Einblick in den Charakter der Lösung zu bekommen, wollen wir zunächst von den Randbedingungen absehen und das <u>reine Anfangswertproblem der Wellengleichung</u> betrachten (man denke dabei z.B. an eine schwingende Saite von unendlicher Länge), welches folgendermaßen aussieht:

$$(1) \quad \begin{cases} u_{tt} = c^2 \cdot u_{xx} \ , \quad c > 0 \ , \quad -\infty < x < \infty, \ t > 0 \\[2ex] u(x,0) = f(x) \ , \quad u_t(x,0) = g(x) \ , \quad -\infty < x < \infty \ . \end{cases}$$

Wir benutzen nun die folgende Koordinatentransformation

$$(2a) \qquad \xi := x + ct \ , \quad \eta := x - ct$$

und definieren

(2b) $\qquad \Phi(\xi,\eta) := u(\frac{\xi+\eta}{2} , \frac{\xi-\eta}{2c})$.

Wegen $\xi_x = \eta_x = 1$, $\xi_t = -\eta_t = c$ rechnet man mit der Kettenregel leicht aus

$$u_{xx} = \Phi_{\xi\xi} + 2\Phi_{\xi\eta} + \Phi_{\eta\eta} , \quad u_{tt} = c^2 \cdot [\Phi_{\xi\xi} - 2\Phi_{\xi\eta} + \Phi_{\eta\eta}] ,$$

so daß sich wegen der Differentialgleichung (1) ergibt

(3) $\qquad \Phi_{\xi\eta} = 0$.

Die allgemeine Lösung von (3) hat die Form $\Phi(\xi,\eta) = \alpha(\xi) + \beta(\eta)$, wobei α, β beliebige (hinreichend oft differenzierbare) Funktionen sind. Mit (2a), (2b) folgt nun für die allgemeine Lösung der Wellengleichung

(4) $\qquad u(x,t) = \alpha(x + ct) + \beta(x - ct)$.

Aus den Anfangsbedingungen in (1) ergibt sich

$$f(x) = \alpha(x) + \beta(x) , \quad g(x) = c \cdot (\alpha'(x) - \beta'(x)) .$$

Ist nun $G(x)$ irgendeine Stammfunktion zu $g(x)$, dann liefert Integration der zweiten Gleichung: $\frac{1}{c} \cdot G(x) + 2K = \alpha(x) - \beta(x)$, wobei K eine Konstante ist. Daraus ergibt sich

$$\alpha(x) = \frac{1}{2}(f(x) + \frac{1}{c} \cdot G(x)) + K ,$$

$$\beta(x) = \frac{1}{2}(f(x) - \frac{1}{c} \cdot G(x)) - K ,$$

so daß mit (4) folgt

(5) $\qquad u(x,t) = \frac{1}{2} (f(x+ct) + f(x-ct)) + \frac{1}{2c} \cdot \int_{x-ct}^{x+ct} g(\tau)d\tau ,$

welches nun endgültig die Lösung des Anfangswertproblems (1) ist. Dies ist auch die einzige Lösung, wie man zeigen kann. Aus der Form (4) der Lösung läßt sich der folgende physikalische Sachverhalt ablesen: $u(x,t)$ besteht aus zwei Anteilen, deren Niveau-Linien je eine Schar paralleler Geraden sind, nämlich die Scharen

$$(6) \qquad t = -\frac{1}{c} \cdot x + \text{const} , \quad t = +\frac{1}{c} \cdot x + \text{const} .$$

Diese Geradenscharen heißen die <u>Charakteristiken</u> der Wellengleichung (1). Sie sind Informationsträger, entlang denen sich physikalische Ausbreitungsvorgänge vollziehen. Dabei ist die Steigung $\pm\frac{1}{c}$ ein Maß für die Richtung bzw. für die Geschwindigkeit der Wellenausbreitung (großes c bedeutet hohe Ausbreitungsgeschwindigkeit). Die Lösungsanteile $\alpha(x+ct)$, $\beta(x-ct)$ können als <u>Signale</u> gedeutet werden, die sich mit der Geschwindigkeit $-c$ bzw. c fortpflanzen. Wählt man einen beliebigen Punkt (x^*,t^*) (mit $t^* > 0$) in der x,t-Ebene und zeichnet durch diesen die beiden Charakteristiken, dann schneiden diese aus der x-Achse das Intervall $I := [x^*-ct^*, x^*+ct^*]$ aus. Aus der Darstellung (5) ist unmittelbar ersichtlich, daß der Wert der Lösung $u(x,t)$ im Punkte (x^*,t^*) nur abhängt von den Anfangsfunktionen $f(x)$, $g(x)$ im Intervall I .
I heißt das zu (x^*,t^*) gehörige <u>Abhängigkeitsintervall</u>.

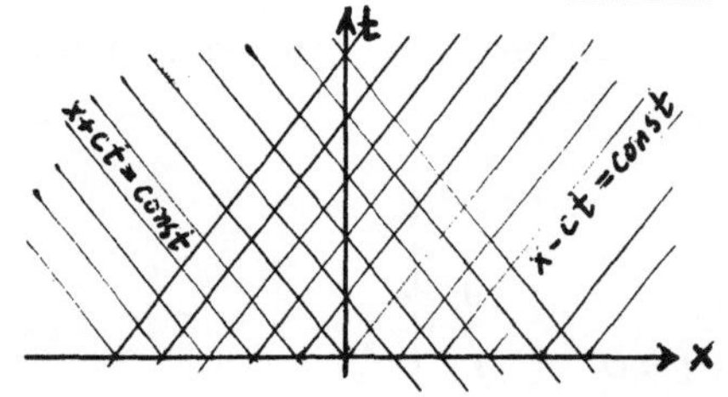

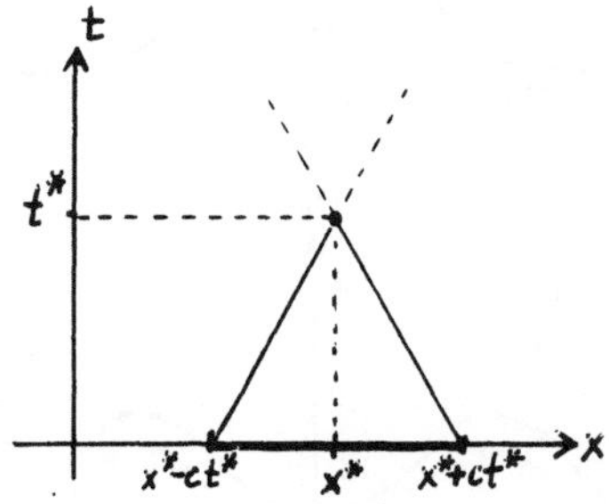

Zeichnet man durch einen Punkt P der x-Achse die beiden Charakteristiken, dann schließen diese in der oberen Halbebene $(t > 0)$ einen Bereich $B(P)$ ein, der <u>Bestimmtheitsbereich</u> des Punktes P genannt wird. $B(P)$ besteht genau aus denjenigen Punkten, deren Abhängigkeitsintervall den Punkt P enthält.

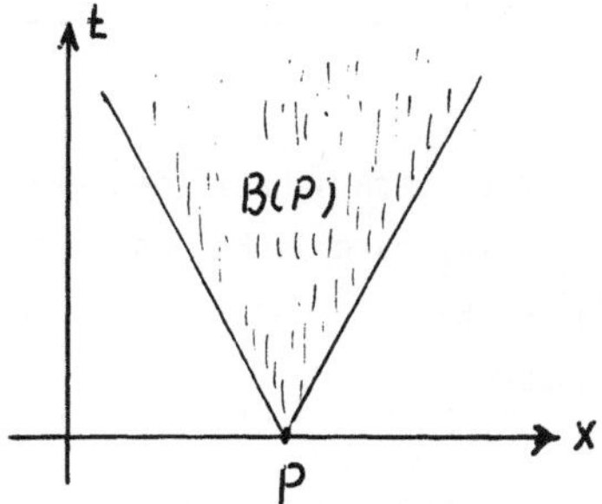

<u>Beispiele:</u>

1. Gesucht ist die Lösung $u(x,t)$ von (1) mit den Anfangsbedingungen:
$$u(x,0) = \frac{1}{1 + x^2} , \quad u_t(x,0) = 0 .$$

Nach (5) lautet die Lösung

$$(*) \qquad u(x,t) = \frac{1}{2} \cdot \left(\frac{1}{1 + (x+ct)^2} + \frac{1}{1 + (x-ct)^2} \right) , \qquad x \in \mathbb{R} , \ t \geq 0 .$$

Wir wollen $u(x,t)$ für verschiedene Zeitpunkte t skizzieren. Die beiden
Anteile $\frac{1}{2}f(x+ct)$, $\frac{1}{2}f(x-ct)$ sind stets positiv, gehen für $x \rightarrow \pm\infty$ gegen
Null und haben je ein relatives (und absolutes) Maximum bei $x^* = -ct$ bzw.
bei $\hat{x} = +ct$.

Für verschiedene t_ν ergeben sich folgende Darstellungen für $u(x,t)$
$(t_\nu > t_{\nu-1})$:

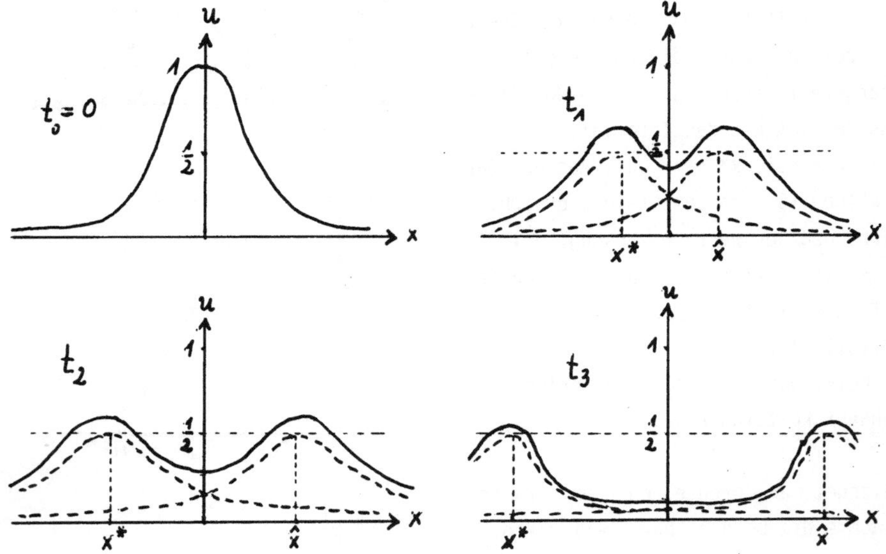

Die Skizzen veranschaulichen sehr schön die Wellennatur der Lösung: Es handelt
sich um zwei nach links und rechts laufende "Signale", deren Maxima von oben
gegen den Wert $\frac{1}{2}$ gehen. Je größer c ist, desto schneller laufen die beiden
Wellenzüge.

Anmerkung: Man rechnet übrigens leicht aus: $\int_{-\infty}^{+\infty} u(x,t)dx = \pi$ für alle $t \geq 0$,
d.h. die Gesamtauslenkung bleibt zeitlich konstant. Dieses Ergebnis beinhaltet
im wesentlichen den Energiesatz.

2. <u>Peitschen-Knallen:</u> Gesucht ist die Lösung u des folgenden Anfangs-Rand-
wertproblems:

$$(7) \quad \begin{cases} u_{tt} = c^2 \cdot u_{xx} \ , & 0 < x < \infty \ , \ t > 0 \\[2mm] u(x,0) = u_t(x,0) = 0 \ , & 0 < x < \infty \\[2mm] u(0,t) = \gamma(t) \ , & t > 0 \ \text{mit} \ \gamma(0) = 0 \ . \end{cases}$$

Dabei sind $c > 0$ und $\gamma(t)$ vorgegeben.

Aus (4) ergibt sich

a) $\qquad 0 = u(x,0) = \alpha(x) + \beta(x) \qquad \Rightarrow \alpha(\xi) = -\beta(\xi) \quad$ für $\quad \xi > 0$.

b) $\qquad 0 = u_t(x,0) = c \cdot [\alpha'(x) - \beta'(x)] \Rightarrow \alpha'(\xi) = \beta'(\xi) \quad$ für $\quad \xi > 0$.

Also müssen $\alpha(\xi)$ und $\beta(\xi)$ für $\xi > 0$ konstant sein:

$$(8) \qquad \alpha(\xi) = -\beta(\xi) = K \qquad \text{für} \quad \xi > 0 \ .$$

In dem Bereich $B_1 := \{(x,t) : x-ct > 0 \ , \ x > 0 \ , \ t > 0\}$ gilt $x+ct > 0$,
$x-ct > 0$. Dies ergibt für alle $(x,t) \in B_1$

$$u(x,t) = \alpha(x+ct) + \beta(x-ct) = K-K = 0 \ .$$

Nun sei $B_2 := \{(x,t) : x-ct \leq 0 \ , \ x > 0 \ , \ t > 0\}$. In B_2 ist $\alpha(x+ct) = K$
(vgl. (8)). Ferner ergibt sich

c) $\qquad \gamma(t) = u(0,t) = \alpha(ct) + \beta(-ct) = K + \beta(-ct) \ ,$

also

$$(9) \qquad \beta(-\xi) = \gamma(\tfrac{\xi}{c}) - K \qquad \text{für} \quad \xi > 0 \ .$$

Für $-\xi = x-ct$ ($\xi \geq 0$ in B_2) erhält man also aus (4), (8) und (9) für alle
$(x,t) \in B_2$

$$u(x,t) = K + (\gamma(t - \tfrac{x}{c}) - K) = \gamma(t - \tfrac{x}{c}) \ .$$

Damit lautet die Lösung von (7)

$$(10) \qquad u(x,t) = \begin{cases} 0 & \text{für } x-ct > 0 \, , \; x,t > 0 \\ \gamma(t-\frac{x}{c}) & \text{für } x-ct \leq 0 \, , \; x,t > 0 \, . \end{cases}$$

<u>Zahlenbeispiel:</u> $\quad c = 1 \, , \; \gamma(t) = \begin{cases} \sin t & \text{für } 0 \leq t \leq \pi \\ 0 & \text{für } t \geq \pi \, . \end{cases}$

Dann folgt mit (10) für alle $x \geq 0 \, , \; t \geq 0$

$$u(x,t) = \begin{cases} 0 & \text{für } x \leq t-\pi \\ \sin(t-x) & \text{für } t-\pi \leq x \leq t \\ 0 & \text{für } x \geq t \end{cases}$$

Wir skizzieren die Lösung für einige Zeitpunkte t:

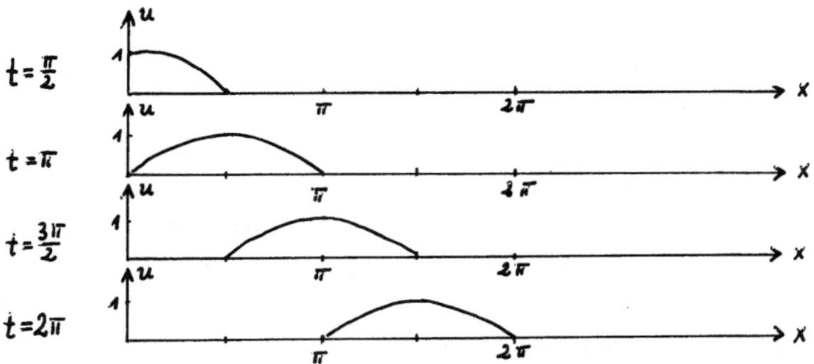

Auch hier sieht man deutlich die Wellen-Natur der Lösung (10).

Wir kommen nun zu dem Anfangs-Randwert-Problem der Wellengleichung

$$(11) \qquad \begin{cases} u_{tt} = c^2 \cdot u_{xx} \, , & x \in (0,L) \, , \; t > 0 \\ \left. \begin{array}{l} u(x,0) = f(x) \\ u_t(x,0) = g(x) \end{array} \right\} & x \in (0,L) \\ u(0,t) = u(L,t) = 0 \, , & t > 0 \, . \end{cases}$$

Dieses ist bereits in Abschnitt 17.3. durch Fourier-Reihen gelöst worden (vgl. dort die Formeln (11), (12)). Haben die Anfangs-Funktionen die Fourier-Reihen-Darstellungen

$$(12a) \qquad f(x) = \sum_{j=1}^{\infty} a_j \cdot \sin \frac{j\pi}{L} x \, , \quad g(x) = \sum_{j=1}^{\infty} b_j \, \frac{j\pi c}{L} \cdot \sin \frac{j\pi}{L} x \, ,$$

dann lautet die Lösung von (11)

$$(12b) \qquad u(x,t) = \sum_{j=1}^{\infty} \sin \frac{j\pi}{L} x \cdot (a_j \cos \frac{j\pi c}{L} t + b_j \sin \frac{j\pi c}{L} t) \ .$$

<u>Beispiel:</u>

3. $L = \pi$, $c = 1$, $f(x) = \frac{1}{10} \sin 3x$, $g(x) = 0$. Aus (12a) folgt

$$a_3 = \frac{1}{10} \ , \qquad a_j = 0 \ \text{für} \ j \in \mathbb{N} \setminus \{3\} \ , \ b_j = 0 \ \text{für} \ j \in \mathbb{N} \ .$$

Daraus folgt mit (12b)

$$u(x,t) = \frac{1}{10} \sin 3x \cdot \cos 3t = \frac{1}{20} (\sin 3(x+t) + \sin 3(x-t)) \ .$$

Die Lösung hat also wieder die Gestalt (4).

Die folgenden Skizzen veranschaulichen den Schwingungsvorgang

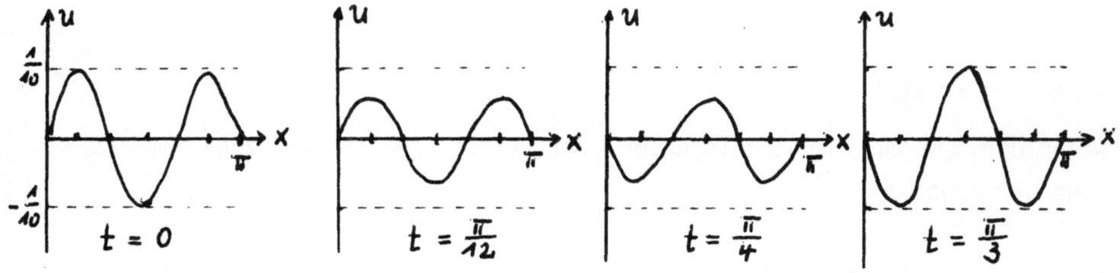

Die beiden stets in Ruhe befindlichen Punkte $\frac{\pi}{3}$, $\frac{2\pi}{3}$ der schwingenden Saite heißen <u>Knotenpunkte</u>.

19.4. Die Wärmeleitungsgleichung

Wir behandeln nun als dritten wichtigen Typ die Lösung der Wärmeleitungsgleichung mit den folgenden Anfangs- und Randbedingungen

$$(1) \quad \begin{cases} u_t = a^2 \cdot u_{xx} + f(x,t) \ , & 0 < x < L \ , \ t > 0 \\[2mm] u(x,0) = F(x) \ , & 0 < x < L \\[2mm] u(0,t) = g(t) \ , \ u(L,t) = h(t) \ , & t > 0 \ . \end{cases}$$

Hier bedeutet $F(x)$ die vorgegebene Anfangstemperatur und $g(t)$, $h(t)$ die vorgegebenen Temperaturen an den Stabenden. Die Funktion $f(x,t)$ definiert Wärmequellen im Stabe.

Bevor die allgemeine Aufgabe (1) gelöst wird, sollen erst zwei Spezialfälle behandelt werden.

1. Spezialfall

$$(1*) \qquad f(x,t) \equiv 0 \ , \quad g(t) \equiv 0 \ , \quad h(t) \equiv 0 \ .$$

Wir verwenden den uns schon bekannten Produktansatz

$$(2) \qquad u(x,t) = \varphi(x) \cdot \psi(t)$$

und erhalten durch Differenzieren und Einsetzen in (1)

$$\dot{\psi} \cdot \varphi = a^2 \cdot \varphi'' \cdot \psi \ , \quad \text{bzw.}$$

$$(3) \qquad \frac{\dot{\psi}}{a^2 \psi} = \frac{\varphi''}{\varphi} = K \ ,$$

wobei K konstant ist.

Wegen der homogenen Randbedingungen (vgl. (1*)) erhalten wir zunächst das Eigenwertproblem

$$(4) \qquad \varphi''(x) = K \cdot \varphi(x) \ , \quad x \in (0,L) \ , \quad \varphi(0) = \varphi(L) = 0 \ .$$

Aus der allgemeinen Form der Lösung

$$\varphi(x) = \tilde{c}_1 \cdot e^{\sqrt{K} \cdot x} + \tilde{c}_2 \cdot e^{-\sqrt{K} \cdot x}$$

und den Randbedingungen

$$\begin{bmatrix} 1 & 1 \\ e^{\sqrt{K} \cdot L} & e^{-\sqrt{K} \cdot L} \end{bmatrix} \cdot \begin{bmatrix} \tilde{c}_1 \\ \tilde{c}_2 \end{bmatrix} = \begin{bmatrix} 0 \\ 0 \end{bmatrix}$$

erhält man für nichttriviale Lösungen die Bedingung

$$e^{-\sqrt{K} \cdot L} - e^{\sqrt{K} \cdot L} = -2i \cdot \sin \sqrt{-K} \cdot L = 0 \ ,$$

$$(5) \qquad \Rightarrow \qquad \sqrt{-K} \cdot L = n \cdot \pi \ , \quad n \in \mathbb{Z} \ , \qquad \text{bzw.}$$

$$-K = \left(\frac{n\pi}{L}\right)^2 =: \lambda_n^2 \ , \quad n \in \mathbb{Z} \ .$$

Wegen $\tilde{c}_1 = -\tilde{c}_2$ lauten die zugehörigen Eigenfunktionen

$$\varphi_n(x) = a_n \cdot \sin \frac{n\pi}{L} x \ , \qquad a_n \in \mathbb{R} \ , \ a \neq 0 \ .$$

Nunmehr wird die zweite Differentialgleichung in (3) mit den in (5) festgelegten Konstanten K betrachtet

$$(7) \qquad \dot{\psi}(t) = -\left(\frac{n\pi a}{L}\right)^2 \cdot \psi(t) = -(a \cdot \lambda_n)^2 \cdot \psi(t) \ .$$

Ihre Lösung lautet

$$(8) \qquad \psi_n(t) = b_n \cdot e^{-(a\lambda_n)^2 \cdot t} \ , \qquad b_n \in \mathbb{R} \ , \ b_n \neq 0 \ ,$$

so daß aus (6) und (8) die folgenden Partikulär-Lösungen nach (2) zusammengesetzt werden können

$$(9) \qquad u_n(x,t) = c_n \cdot e^{-\left(\frac{n\pi a}{L}\right)^2 \cdot t} \cdot \sin \frac{n\pi}{L} x \ .$$

Falls nun die Reihe

$$(10) \qquad u(x,t) = \sum_{n=1}^{\infty} c_n \cdot e^{-\left(\frac{n\pi a}{L}\right)^2 \cdot t} \cdot \sin \frac{n\pi}{L} x$$

samt ihren Ableitungen gleichmäßig konvergiert, stellt auch sie eine Lösung von (1) dar mit den zusätzlichen speziellen Bedingungen (1*). Die Koeffizienten c_n in (10) lassen sich nun aus der Anfangsbedingung in (1) berechnen. Aus (10) folgt für $t = 0$

$$(11) \qquad u(x,0) = F(x) = \sum_{n=1}^{\infty} c_n \cdot \sin \frac{n\pi}{L} x \ .$$

Dies ist eine Fourier-Reihe der Periode $2L$. Wir denken uns nun $F(x)$ in das Intervall $[-L,0]$ ungerade fortgesetzt. Sodann ergibt sich für die Fourier-Koeffizienten c_n für $n \in \mathbb{N}$

$$(12) \qquad c_n = \frac{1}{L} \int_{-L}^{L} F(x) \cdot \sin\left(\frac{n\pi}{L}x\right) dx = \frac{2}{L} \int_{0}^{L} F(x) \cdot \sin \frac{n\pi}{L}x \ dx \ .$$

Somit ist (10) zusammen mit (12) die Lösung von (1), (1*).

<u>Beispiel:</u>

1.

$$(13) \quad \begin{cases} u_t = u_{xx}\ , \quad 0 < x < \pi \\[2mm] u(x,0) = F(x) := \begin{cases} x & \text{für } 0 < x \leq \frac{\pi}{2} \\[2mm] \pi-x & \text{für } \frac{\pi}{2} \leq x < \pi \end{cases} \\[2mm] u(0,t) = u(\pi,t) = 0 \quad \text{für } t > 0\ . \end{cases}$$

Es ist also $L = \pi$, $a = 1$. Aus (10) folgt für die Lösung

$$u(x,t) = \sum_{n=1}^{\infty} c_n \cdot e^{-n^2 t} \cdot \sin nx \ .$$

Die c_n berechnen wir nach (12)

$$c_n = \frac{2}{\pi} \cdot \int_0^{\pi} F(x) \cdot \sin nx\, dx = \frac{2}{\pi} \cdot \left(\int_0^{\pi/2} x \cdot \sin nx\, dx + \int_{\pi/2}^{\pi} (\pi-x)\, \sin nx\, dx \right) =$$

$$= \frac{4}{n^2 \pi} \cdot \sin \frac{n\pi}{2} \ = \begin{cases} (-1)^{\frac{n-1}{2}} \cdot \dfrac{4}{n^2 \pi} & \text{für } n \text{ ungerade} \\[4mm] 0 & \text{für } n \text{ gerade,} \end{cases}$$

so daß wir erhalten

$$(14) \qquad u(x,t) = \frac{4}{\pi} \cdot \sum_{\nu=1}^{\infty} (-1)^{\nu-1} \cdot e^{-(2\nu-1)^2 t} \cdot \frac{\sin(2\nu-1)x}{(2\nu-1)^2} \ .$$

In nebenstehender Skizze sind einige Lösungskurven für einige feste t-Werte gezeichnet. Wir wollen noch kurz das asymptotische Verhalten von $u(x,t)$ für $t \to \infty$ untersuchen. Eine leichte Abschätzung ergibt

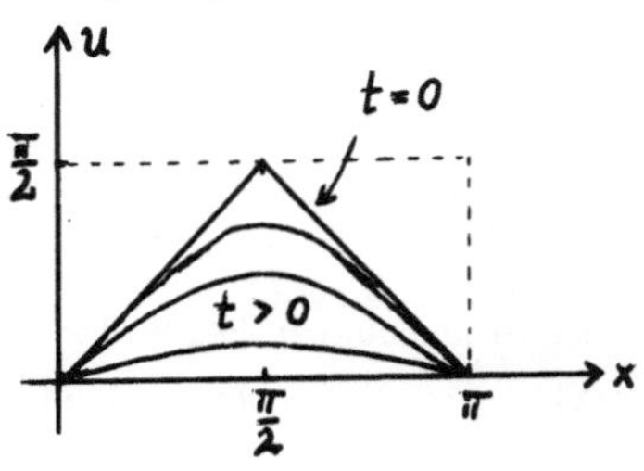

$$|u(x,t)| \leq \frac{4}{\pi} \cdot \sum_1^{\infty} e^{-\nu t} = \frac{4}{\pi} \cdot e^{-t} \cdot \frac{1}{1-e^{-t}} \xrightarrow[t \to \infty]{} 0 \quad \text{für alle } x \in [0,\pi] \ .$$

<u>2. Spezialfall</u>

$$(1^{**}) \qquad g(t) \equiv h(t) \equiv 0 \ .$$

Hier haben wir also nur noch homogene Randbedingungen, und die Differentialgleichung besitzt einen Quellterm.

Da sich im ersten Spezialfall eine Sinus-Fourier-Reihe ergeben hat, machen wir
den folgenden Ansatz

$$(15) \qquad u(x,t) = \sum_{n=1}^{\infty} u_n(t) \cdot \sin \frac{n\pi}{L} \cdot x \; .$$

Sodann denken wir uns die Funktionen $f(x,t)$ bzw. $F(x)$ (für jedes feste
$t > 0$) nach $[-L,0]$ ungerade fortgesetzt und entwickeln diese dann in Sinus-
Fourier-Reihen:

$$(16) \qquad f(x,t) = \sum_{n=1}^{\infty} f_n(t) \cdot \sin \frac{n\pi}{L} x \; , \qquad F(x) = \sum_{n=1}^{\infty} c_n \cdot \sin \frac{n\pi}{L} x \; .$$

Differentiation von (15) und Einsetzen in (1) ergibt

$$\sum_{n=1}^{\infty} \dot{u}_n(t) \cdot \sin \frac{n\pi}{L} x = \sum_{n=1}^{\infty} (f_n(t) - a^2 \cdot (\frac{n\pi}{L})^2 \cdot u_n(t)) \cdot \sin \frac{n\pi}{L} x \; ,$$

so daß Koeffizientenvergleich zusammen mit der Anfangsbedingung in (1) für
$n \in \mathbb{N}$ die folgende Schar linearer gewöhnlicher Anfangswertprobleme 1. Ordnung
ergibt

$$(17) \qquad \left\{ \begin{array}{l} \dot{u}_n(t) = - (\frac{n\pi a}{L})^2 \cdot u_n(t) + f_n(t) \; , \quad t > 0 \\[2ex] u_n(0) = c_n \; . \end{array} \right.$$

Diese sind leicht durch Variation der Konstanten zu lösen. Es ergibt sich als
Lösung von (17) für $n \in \mathbb{N}$

$$(17^\star) \qquad u_n(t) = e^{-(\frac{n\pi a}{L})^2 \cdot t} \cdot [\int_0^t e^{(\frac{n\pi a}{L})^2 \cdot \tau} \cdot f_n(\tau) d\tau + c_n] \; .$$

Dieses in (15) eingesetzt ergibt die gesuchte Lösung von (1), (1**). Für
$f_n(t) \equiv 0$ für $t \geq 0$ und $n = 1,2,3,\ldots$ erhält man wieder (10) als Lösung
des ersten Spezialfalles.

Um nun die allgemeine Anfangs-Randwertaufgabe (1) zu lösen, definieren wir die
lineare Funktion:

$$(18) \qquad u_0(x,t) := \frac{L-x}{L} \cdot g(t) + \frac{x}{L} \cdot h(t) \ .$$

Es gilt $u_0(0,t) = g(t)$, $u_0(L,t) = h(t)$ für $t \geq 0$. Sodann setzen wir

$$(19) \qquad \tilde{u}(x,t) := u(x,t) - u_0(x,t) \ ,$$

wobei $u(x,t)$ die Lösung von (1) sei.
Mit (1) folgt sofort, daß $\tilde{u}(x,t)$ das folgende Anfangs-Randwertproblem erfüllt:

$$(20) \quad \begin{cases} \tilde{u}_t = a^2 \cdot \tilde{u}_{xx} + \tilde{f}(x,t) \ , & 0 < x < L \ , \ t > 0 \\[2mm] \tilde{u}(x,0) = \tilde{F}(x) \ , & 0 < x < L \\[2mm] \tilde{u}(0,t) = \tilde{u}(L,t) = 0 \ , & t > 0 \end{cases}$$

mit $\tilde{f}(x,t) := f(x,t) - \frac{\partial}{\partial t} u_0(x,t)$, $\tilde{F}(x) := F(x) - u_0(x,0)$.

Damit ist das Problem auf den 2. Spezialfall (1), (1**) reduziert. Nach Lösung
von (20) berechnet man durch Verwendung von (19) die ursprüngliche Lösung
$u(x,t)$.

<u>Beispiel:</u>
2.

$$(21) \quad \begin{cases} u_t = u_{xx} \ ; & 0 < x < \pi \ , \ t > 0 \\[2mm] u(x,0) = 1 \ ; & 0 < x < \pi \\[2mm] u(0,t) = 1 \ , & u(\pi,t) = 0 \ ; \quad t > 0 \end{cases}$$

Es ist also: $a^2 = 1$, $f(x,t) \equiv 0$, $F(x) \equiv 1$, $g(t) \equiv 1$, $h(t) \equiv 0$.
$\Rightarrow u_0(x,t) = 1 - \frac{x}{\pi}$, $\frac{\partial}{\partial t} u_0(x,t) \equiv 0$.
also: $\tilde{f}(x,t) \equiv 0$, $\tilde{F}(x) = \frac{x}{\pi}$. Nach Abschnitt 18.3., Beispiel 1, gilt
$\tilde{F}(x) = \tilde{u}(x,0) = \frac{x}{\pi} = \frac{2}{\pi} \cdot \sum_{n=1}^{\infty} (-1)^{n+1} \cdot \frac{\sin nx}{n}$.

Mit (15) und (17*) folgt daher:

$$\tilde{u}(x,t) = \sum_{n=1}^{\infty} \tilde{u}_n(t) \cdot \sin nx = \frac{2}{\pi} \cdot \sum_{n=1}^{\infty} (-1)^{n+1} \cdot e^{-n^2 t} \cdot \frac{\sin nx}{n} \ ,$$

so daß mit (19) schließlich folgt

$$u(x,t) = 1 - \frac{x}{\pi} + \frac{2}{\pi} \cdot \sum_{n=1}^{\infty} \frac{(-1)^{n+1}}{n} \cdot e^{-n^2 t} \cdot \sin nx$$

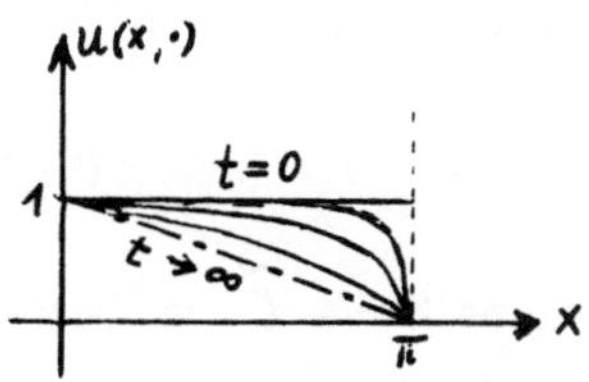

19.5. Partielle Differentialgleichungen erster Ordnung

Die vorigen Abschnitte befaßten sich mit speziellen partiellen Differentialgleichungen 2. Ordnung. Bei manchen Anwendungsproblemen - vor allem bei
Strömungsvorgängen - treten aber auch Gleichungen erster Ordnung auf. Wir
wollen in diesem Abschnitt ein Lösungsverfahren für quasilineare Differentialgleichungen erster Ordnung behandeln, das Charakteristikenverfahren. Der
Begriff der Charakteristiken spielt bei Differentialgleichungen erster Ordnung
eine wichtige Rolle, auch über die hier beschriebenen Anwendungen hinaus.

Eine quasilineare Differentialgleichung erster Ordnung hat die Form

$$(1) \qquad f(x,y,u) \cdot u_x + g(x,y,u) \cdot u_y = h(x,y,u) \ .$$

Bei gegebenen Funktionen f, g und h ist eine Funktion $u = u(x,y)$ gesucht,
die diese Gleichung befriedigt. Hinzu kommen Randbedingungen: Gesucht ist eine
Lösung u , die auf einer Kurve Γ in der Ebene mit einer vorgegebenen
Funktion $u_0(x,y)$ übereinstimmt:

$$(2) \qquad u(x,y) = u_0(x,y) \ , \qquad (x,y) \in \Gamma \ .$$

Zur Herleitung des Charakteristikenverfahrens betrachten wir zunächst eine
Lösung u von (1) und die Parameterdarstellung

$$r(t) = (x(t),y(t))^T, \qquad t \in \mathbb{R}$$

einer ebenen Kurve $\mathcal{L}$. Dann beschreibt
die Funktion

$$z(t) := u(x(t),y(t))$$

den Funktionsverlauf von u entlang

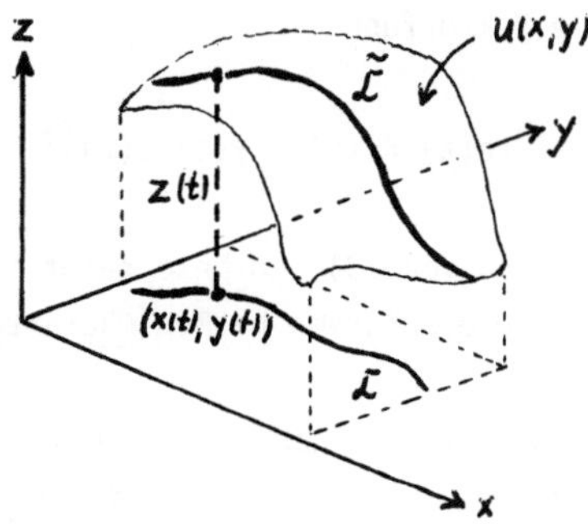

der Kurve $\mathcal{L}$, und durch

$$\tilde{r}(t) = (x(t), y(t), z(t))^{\mathsf{T}} , \qquad t \in \mathbb{R}$$

wird eine Kurve $\tilde{\mathcal{L}}$ im Raum beschrieben, die oberhalb (oder unterhalb) von $\mathcal{L}$ auf dem Graphen von u verläuft. Für die Funktion $z(t)$ gilt nach der Kettenregel

$$\dot{x}(t) \cdot u_x + \dot{y}(t) \cdot u_y = \dot{z}(t) .$$

Andererseits gilt, da u die Differentialgleichung (1) erfüllt, für $x = x(t)$, $y = y(t)$ und $u(x(t), y(t)) = z(t)$ die Beziehung

$$f(x, y, z) \cdot u_x + g(x, y, z) \cdot u_y = h(x, y, z) .$$

Haben wir also eine ebene Kurve $\mathcal{L}$ mit

$$\dot{x}(t) = f(x, y, z) \quad \text{und} \quad \dot{y}(t) = g(x, y, z)$$

vorliegen, so befriedigt $z(t)$ die Differentialgleichung

$$\dot{z}(t) = h(x, y, z) .$$

Dieser Zusammenhang legt folgendes Lösungsverfahren für das Randwertproblem (1), (2) nahe.

<u>Schritt 1:</u> Man löse das System gewöhnlicher Differentialgleichungen

$$(3) \qquad \dot{x} = f(x, y, z) , \quad \dot{y} = g(x, y, z) , \quad \dot{z} = h(x, y, z) .$$

Ist die Vektorfunktion

$$(4) \qquad r(t) = (x(t), y(t), z(t))^{\mathsf{T}}$$

eine Lösung von (3), so beschreibt sie eine Kurve auf dem Graphen einer Lösung von (1). Diese Kurven heißen <u>Charakteristiken</u> der Differentialgleichung (1).

<u>Schritt 2:</u> Um die Randbedingung (2) zu befriedigen, wählen wir diejenigen Charakteristiken (4) aus, für die im Falle $(x(t_0), y(t_0)) \in \Gamma$ immer

(5) $\qquad z(t_0) = u_0(x(t_0),y(t_0))$

gilt. Es verbleiben nur solche Charakteristiken, die auf dem Graphen der gesuchten Lösung u von (1) und (2) verlaufen.

<u>Schritt 3:</u> Um die Lösung $u(x,y)$ selbst zu bestimmen, suchen wir zu vorgegebenem Punkt (x,y) diejenige Charakteristik und den Parameterwert t_1 aus, für die

(6) $\qquad x(t_1) = x$ und $y(t_1) = y$

gilt. Dann ist

(7) $\qquad z(t_1) = u(x(t_1),y(t_1)) = u(x,y)$.

Das soeben skizzierte Verfahren ist nicht immer durchführbar, weil die in den einzelnen Schritten zu lösenden Gleichungssysteme nicht immer lösbar sind. Auch kann es vorkommen, daß mehrere Lösungen gefunden werden. Auf die Existenz-, Lösbarkeits- und Eindeutigkeitsfragen wollen wir hier jedoch nicht eingehen. Wir beschränken uns auf <u>Beispiele</u>:

1. Das Randwertproblem

$$u_x + 2x \cdot u_y = y$$
$$u(0,y) = 1 + y^2$$

ist zu lösen.

Schritt 1: Die Charakteristiken sind durch die Lösungen des Systems

$$\dot{x} = 1 \ , \ \dot{y} = 2x \ , \ \dot{z} = y \ ,$$

also durch

$$x(t) = t + c_1 \ , \ y(t) = t^2 + 2c_1 t + c_2 \ , \ z(t) = \tfrac{1}{3}t^3 + c_1 t^2 + c_2 t + c_3$$

gegeben.

Schritt 2: Um die Randbedingungen zu erfüllen, fordern wir

$$z(t_0) = 1 + y_0^{\ 2} \quad \text{für} \quad x(t_0) = 0 \quad \text{und} \quad y(t_0) = y_0 \ .$$

Dies erreichen wir z.B. durch

$$t_0 = 0 \ , \ c_1 = 0 \ , \ c_2 = y_0 \ , \ c_3 = 1 + y_0^2 \ .$$

Die Charakteristiken, die die Randbedingung befriedigen, sind also

$$r(t) = (t, \ t^2 + y_0, \ \tfrac{1}{3} t^3 + y_0 t + 1 + y_0^2)^\mathsf{T} \ .$$

Schritt 3: Wir erhalten

$$x(t) = t = x \quad \text{und} \quad y(t) = t^2 + y_0 = y$$

für $t_1 = x$ und $y_0 = y - x^2$. Also ist

$$u(x,y) = \tfrac{1}{3} t_1^3 + y_0 t_1 + 1 + y_0^2 = \tfrac{1}{3} x^3 + (y-x^2) \cdot x + 1 + (y-x^2)^2 \ .$$

Dies ist die Lösung des obigen Randwertproblems. Die Probe zeigt, daß wir eine Lösung für alle $(x,y) \in \mathbb{R}^2$ gefunden haben.

2. Zu lösen ist das Randwertproblem

$$x \cdot u_x + y \cdot u_y = 1 + y^2$$
$$u(x,1) = 1 + x \ .$$

Schritt 1: $\dot{x} = x \ , \ \dot{y} = y \ , \ \dot{z} = 1 + y^2 \ .$

Als Lösungen erhalten wir

$$x(t) = c_1 \cdot e^t \ , \ y(t) = c_2 \cdot e^t \ , \ z(t) = t + \tfrac{1}{2} c_2^2 \cdot e^{2t} + c_3 \ .$$

Schritt 2: $c_1 \cdot e^t = x_0 \ , \ c_2 \cdot e^t = 1 \ , \ t + \tfrac{1}{2} c_2^2 e^{2t} + c_3 = 1 + c_1 \cdot e^t$

z.B. für $t_0 = 0 \ , \ c_1 = x_0 \ , \ c_2 = 1 \ , \ c_3 = 1 + x_0 - \tfrac{1}{2} = x_0 + \tfrac{1}{2} \ .$

Die Charakteristiken, die die Randbedingungen befriedigen, sind also gegeben durch

$$r(t) = (x_0 e^t, \ e^t, \ t + \tfrac{1}{2} e^{2t} + x_0 + \tfrac{1}{2})^\mathsf{T} \ .$$

Schritt 3: $x_0 \cdot e^t = x$, $e^t = y$ für $t_1 = \ln y$ und $x_0 = \frac{x}{y}$.

Also gilt

$$u(x,y) = t_1 + \frac{1}{2} e^{2t_1} + x_0 + \frac{1}{2} = \ln y + \frac{1}{2} \cdot y^2 + \frac{x}{y} + \frac{1}{2} .$$

Die Probe zeigt, daß dies eine Lösung in der Halbebene $y > 0$ ist.

3. Zu lösen ist das Randwertproblem

$$x^2 \cdot u_x + u \cdot u_y = 1$$

$$u(x,1-x) = 0 .$$

Schritt 1: $\dot{x} = x^2$, $\dot{y} = z$, $\dot{z} = 1$ $\qquad$ =>

$$z(t) = t + c_1 , \quad y(t) = \frac{1}{2} t^2 + c_1 t + c_2 , \quad x(t) = \frac{1}{c_3 - t} .$$

Schritt 2. $\frac{1}{c_3 - t} = x_0$, $\frac{1}{2} t^2 + c_1 t + c_2 = 1 - x_0$, $t + c_1 = 0$

ist z.B. erfüllt für

$$t_0 = 0 , \ c_1 = 0 , \ c_2 = 1 - x_0 , \ c_3 = \frac{1}{x_0} .$$

Also sind die Charakteristiken, die die Randbedingungen efüllen, gegeben durch

$$r(t) = (\frac{x_0}{1 - x_0 \cdot t} , \frac{1}{2} t^2 + 1 - x_0 , t)^T .$$

Schritt 3: $\frac{x_0}{1 - x_0 t} = x$, $\frac{1}{2} t^2 + 1 - x_0 = y$.

Es folgt durch Elimination von x_0

$$\frac{1}{2} xt^3 + \frac{1}{2} t^2 + (x - xy)t + (1 - x - y) = 0 .$$

Die Lösungen t_1 dieser Gleichung 3. Grades kommen als Funktionswerte $u(x,y)$ in Frage. Wir verzichten auf eine explizite Lösung und eine Probe.

Anmerkung: Die Projektionen der Kurven (4) auf die x,y-Ebene, d.h. die Kurven $r(t) = (x(t), y(t), 0)^T$, heißen die <u>Grundcharakteristiken</u> der Differentialglei-

chung (1). Zur eindeutigen Lösbarkeit des Randwertproblems (1), (2) ist i.a.
zu fordern, daß

a) sich die Grundcharakteristiken nicht schneiden und

b) die Kurve Γ in jedem Punkte P eine Richtung besitzt, die verschieden ist
   von der Richtung der durch P verlaufenden Grundcharakteristik.

19.6. Die Gleichungen der Hydrodynamik

In diesem Abschnitt wird noch ein wichtiges Beispiel aus den Anwendungen hergeleitet: Es handelt sich um die Beschreibung der Bewegung einer kompressiblen
Flüssigkeit (oder auch eines idealen Gases), wobei allerdings gewisse Sachverhalte vernachlässigt werden sollen (z.B. die Wärmeleitung). Wir führen zunächst
folgende Bezeichnungen ein:

1.) x,y,z = Ortsvariable, t = Zeit ,

2.) $u(x,y,z,t) := (u_1(..),u_2(..),u_3(..))^T$ = Geschwindigkeitsvektor

3.) $\boldsymbol{\mathcal{u}} := (n_1,n_2,n_3)^T$ = Einheits-Normalenvektor (siehe Skizze),

4.) $\rho(x,y,z,t)$ = Dichte der Flüssigkeit bzw. des Gases,

5.) $p(\rho) = p(\rho(x,y,z,t))$ = Druck.

Wir betrachten nun eine beliebige geschlossene, ein Volumen V umschließen-
de Fläche S , die fest im (x,y,z)-Raum
liegt,und die von der Flüssigkeit durch-
strömt wird. Nach dem Prinzip der Mas-
senerhaltung (Die Strömung soll keine Quellen und Senken in V haben) muß
gelten:

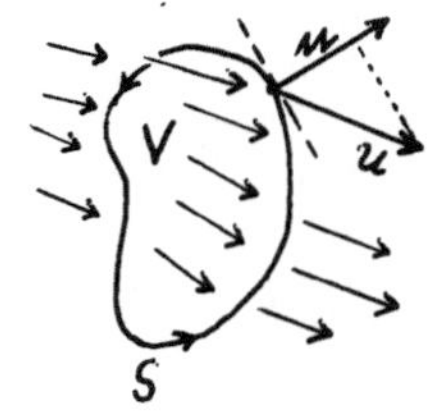

(1) $\qquad \iint\limits_{S} \rho \cdot u \cdot \boldsymbol{\mathcal{u}}\, dS = - \iiint\limits_{V} \frac{\partial \rho}{\partial t}\, dV$.

Mit dem Integralsatz von Gauß (vgl. Abschn. 14.3., Formel (9)) folgt hieraus:

(1*) $\qquad \iiint\limits_{V} \left(\frac{\partial \rho}{\partial t} + \operatorname{div}(\rho \cdot u)\right) dV = 0$.

Da V beliebig gewählt war, muß der Integrand verschwinden, d.h. es folgt
(ausführlich geschrieben):

(2) $\quad \dfrac{\partial \rho}{\partial t} + \dfrac{\partial}{\partial x}(\rho \cdot u_1) + \dfrac{\partial}{\partial y}(\rho \cdot u_2) + \dfrac{\partial}{\partial z}(\rho \cdot u_3) = 0$.

Dies ist die sogenannte <u>Kontinuitätsgleichung</u>.

Wir betrachten nun wieder ein beliebiges Volumen V mit geschlossener Oberfläche S , dieses Mal aber mit der Strömung mitwandernd (und u.U. sich deformierend), so daß stets die gleichen Flüssigkeitsteilchen durch S eingeschlossen werden. Es müssen dann für die drei Achsenrichtungen die folgenden Kraft-Beziehungen gelten:

(3) $\quad \displaystyle\iiint\limits_V \rho \cdot \dfrac{du_i}{dt}\, dV = -\iint\limits_S p \cdot n_i\, dS , \qquad i = 1,2,3$.

Nun gilt die Green'sche Integralformel (vgl. Absch. 14.3., (8a)):

$$\iiint\limits_V (f \cdot \Delta g + \nabla f \cdot \nabla g)\, dV = \oiint\limits_S f \cdot \nabla g \cdot \boldsymbol{n}\, dS \ .$$

Setzen wir hier $f = p$ und nacheinander: $g = x$, $g = y$, $g = z$, dann erhält man aus (3):

(3*) $\quad \displaystyle\iiint\limits_V \left(\rho \cdot \dfrac{du_1}{dt} + p' \cdot \rho_x\right) dV = 0$

und analoge Formeln für y und z .

Da V beliebig war, folgt wieder das Verschwinden der Integranden:

(4) $\quad \rho \cdot \dfrac{du_1}{dt} = -p' \cdot \dfrac{\partial \rho}{\partial x} , \quad \rho \cdot \dfrac{du_2}{dt} = -p' \cdot \dfrac{\partial \rho}{\partial y} , \quad \rho \cdot \dfrac{du_3}{dt} = -p' \cdot \dfrac{\partial \rho}{\partial z}$.

Wir schreiben nun noch die totalen Zeitableitungen in (4) um:

$$\dfrac{du_i}{dt} = (u_i)_x \cdot \dot{x} + (u_i)_y \cdot \dot{y} + (u_i)_z \cdot \dot{z} + (u_i)_t , \qquad i = 1,2,3 ,$$

so daß sich (4) so schreiben läßt:

(5) $\quad \begin{cases} \rho\left(\dfrac{\partial u_1}{\partial t} + \dfrac{\partial u_1}{\partial x} \cdot u_1 + \dfrac{\partial u_1}{\partial y} \cdot u_2 + \dfrac{\partial u_1}{\partial z} \cdot u_3\right) + p' \cdot \dfrac{\partial \rho}{\partial x} = 0 \\[3mm] \rho\left(\dfrac{\partial u_2}{\partial t} + \dfrac{\partial u_2}{\partial x} \cdot u_1 + \dfrac{\partial u_2}{\partial y} \cdot u_2 + \dfrac{\partial u_2}{\partial z} \cdot u_3\right) + p' \cdot \dfrac{\partial \rho}{\partial y} = 0 \\[3mm] \rho\left(\dfrac{\partial u_3}{\partial t} + \dfrac{\partial u_3}{\partial x} \cdot u_1 + \dfrac{\partial u_3}{\partial y} \cdot u_2 + \dfrac{\partial u_3}{\partial z} \cdot u_3\right) + p' \cdot \dfrac{\partial \rho}{\partial z} = 0 \end{cases}$.

(2) und (5) zusammen ergeben die 4 hydrodynamischen Grundgleichungen in den
4 gesuchten Funktionen ρ, u_1, u_2, u_3 . Sie bilden ein quasilineares gekoppel-
tes System 1. Ordnung. Ihre Lösung geschieht häufig auf numerischem Wege.

Kapitel 20: Funktionen einer komplexen Veränderlichen

20.1. Differentiation, holomorphe Funktionen

Die Theorie der Funktionen komplexer Veränderlicher - im üblichen Sprachgebrauch
Funktionentheorie oder komplexe Analysis genannt - bildet sozusagen eine Ver-
vollständigung der reellen Analysis. Es handelt sich um eine Theorie, die sich
in den Anwendungen der Natur- und der technischen Wissenschaften als sehr
fruchtbar erwiesen hat. So lassen sich z.B. viele Probleme der Strömungsmechanik
und der Elektrizitätslehre elegant formulieren und lösen. Ferner lassen sich
gewisse bestimmte Integrale, deren Berechnung im Reellen große Schwierigkeiten
bereitet, mit der Funktionentheorie verhältnismäßig leicht lösen.

Im folgenden sei erinnert an das Kapitel 4 über komplexe Zahlen und an die
Formeln (3a) bis (4b) von Abschnitt 8.4. .

Es sei $\mathbb{C}$ die komplexe Zahlenebene. Unter einem <u>Gebiet</u> $G \subset \mathbb{C}$ werde stets
eine <u>offene</u>, <u>zusammenhängende</u> Punktmenge verstanden. Ist ∂G der Rand von G ,
dann heißt $\overline{G} := G \cup \partial G$ ein <u>abgeschlossenes</u> Gebiet. Das Gebiet G heißt
einfach zusammenhängend, wenn jede einfach geschlossene Kurve in G die Eigenschaft hat, daß alle ihre Innenpunkte zu G gehören.

<u>Definition 1.1.:</u>
Die Funktion $w = f(z) : G \subset \mathbb{C} \to \mathbb{C}$ heißt in $z_0 \in G$ differenzierbar, wenn der
Grenzwert

$$(1) \qquad f'(z_0) := \lim_{z \to z_0} \frac{f(z) - f(z_0)}{z - z_0}$$

existiert. Für $f'(z_0)$ schreibt man auch $\frac{df}{dz}(z_0)$.

<u>Bemerkung:</u> Wir verwenden den folgenden Grenzwertbegriff.
Es gilt $\lim\limits_{z \to z_0} g(z) = a$ genau dann, wenn für <u>jede</u> <u>Folge</u> komplexer Zahlen z_n

aus dem Definitionsbereich von g mit $|z_n - z_0| \to 0$ immer $|g(z_n) - a| \to 0$ gilt. Die Folge $\{z_n\}$ kann sich dabei aus beliebigen Richtungen dem Punkt z_0 nähern. Darum ist die Voraussetzung der Existenz eines Grenzwertes eine recht einschneidende Voraussetzung. Aus diesem Grunde bedeutet Differenzierbarkeit bei komplexen Funktionen eine starke Forderung, und anders als im Reellen haben differenzierbare Funktionen im Komplexen zahlreiche weitere (z.T. überraschende) Eigenschaften, auf die wir in diesem Kapitel eingehen werden.

Mit $z = x + iy$ läßt sich jede komplexe Funktion $f(z)$ schreiben

$$(2) \qquad f(z) = u(x,y) + iv(x,y) \ .$$

Die von den zwei rellen Variablen x,y abhängigen reellen Funktionen u, v heißen <u>Real-</u> und <u>Imaginärteil</u> von f. Wir nennen $f(z)$ <u>stetig in $z_0 = x_0 + iy_0$,</u> wenn sowohl $u(x,y)$, als auch $v(x,y)$ in (x_0,y_0) stetig sind. $f(z)$ heißt <u>stetig in $G \subset \mathbb{C}$,</u> wenn $f(z)$ stetig in jedem Punkt $z_0 \in G$ ist. Man mache sich klar, daß aus der Differenzierbarkeit von $f(z)$ die Stetigkeit folgt.

<u>Satz 1.1.:</u>
Die Funktion $f(z) = u(x,y) + iv(x,y)$ besitzt in G (d.h. in jedem Punkt $z \in G$) genau dann eine stetige Ableitung $f'(z)$, wenn in G die Cauchy-Riemann'schen Differentialgleichungen

$$(3) \qquad u_x = v_y \ , \qquad v_x = - u_y$$

erfüllt sind, und wenn die partiellen Ableitungen von u und v in G stetig sind. Insbesondere gilt dann in G

$$(3^*) \qquad f'(z) = u_x + iv_x = v_y - iu_y \ .$$

<u>Beweis:</u> a) Sei $f(z)$ in z_0 differenzierbar. Setzen wir zum einen $\Delta z := \Delta x$ und zum anderen $\Delta z := i\Delta y$, dann erhalten wir mit $z := z_0 + \Delta z$ durch Bildung der Differenzenquotienten und Grenzübergang $z \to z_0$:

$$(4) \qquad f'(z_0) = u_x(x_0,y_0) + iv_x(x_0,y_0) = -iu_y(x_0,y_0) + v_y(x_0,y_0),$$

was sofort (3) bzw. (3^*) ergibt.

b) Umgekehrt seien die partiellen Ableitungen von u und v stetig, und es sei (3) erfüllt. Mit $z = z_0 + \Delta z = x_0 + \Delta x + i(y_0 + \Delta y)$ erhalten wir nach dem Mittelwertsatz (vgl. Abschnitt 12.3.)

$$\frac{f(z) - f(z_0)}{z - z_0} = \frac{u(x_0 + \Delta x, y_0 + \Delta y) - u(x_0, y_0)}{\Delta x + i\Delta y} + i \; \frac{v(x_0 + \Delta x, y_0 + \Delta y) - v(x_0, y_0)}{\Delta x + i\Delta y} =$$

$$= \frac{\Delta x \cdot u_x(\xi, \eta) + \Delta y \cdot u_y(\xi, \eta)}{\Delta x + i\Delta y} + i \; \frac{\Delta x v_x(\tilde{\xi}, \tilde{\eta}) + \Delta y \cdot v_y(\tilde{\xi}, \tilde{\eta})}{\Delta x + i\Delta y} \quad ,$$

wobei (ξ, η), $(\tilde{\xi}, \tilde{\eta})$ Punkte auf der Verbindungsstrecke von (x_0, y_0), (x, y) sind. Mit (3) folgt durch eine leichte Rechnung

$$\frac{f(z) - f(z_0)}{z - z_0} = u_x(\xi, \eta) + iv_x(\xi, \eta) + \frac{i\Delta y}{\Delta x + i\Delta y} \cdot (u_x(\tilde{\xi}, \tilde{\eta}) - u_x(\xi, \eta)) +$$

$$+ \frac{i\Delta x}{\Delta x + i\Delta y} \cdot (v_x(\tilde{\xi}, \tilde{\eta}) - v_x(\xi, \eta)) \; .$$

Wegen der Stetigkeit von u_x, v_x und wegen

$$\left| \frac{i \cdot \Delta x}{\Delta x + i\Delta y} \right| \leq 1 \; , \quad \left| \frac{i \cdot \Delta y}{\Delta x + i\Delta y} \right| \leq 1$$

ergibt Grenzübergang $z \to z_0$

$$(5) \qquad \lim_{z \to z_0} \frac{f(z) - f(z_0)}{z - z_0} = u_x(x_0, y_0) + i \cdot v_x(x_0, y_0) \; .$$

Dieses aber bedeutet die Existenz und Stetigkeit von f' an der Stelle z_0 . ∎

Anmerkung: Man kann beweisen, daß eine in G differenzierbare Funktion sogar stetig differenzierbar sein muß, mehr noch, daß sie in G unendlich oft differenzierbar ist.

Definition 1.2.:
Die Funktion $f(z) : G \subset \mathbb{C} \to \mathbb{C}$ heißt holomorph in G , wenn sie in jedem Punkte $z \in G$ differenzierbar ist. G heißt dann ein Holomorphiegebiet von f(z) . f(z) heißt holomorph in z_0 , wenn es eine (offene) Umgebung $U(z_0)$ gibt, in der f(z) holomorph ist.

Ganz ähnlich wie Satz 1.1. wird der folgende Satz bewiesen.

<u>Satz 1.2.:</u>

Die Funktion $f(z) = u(x,y) + iv(x,y)$ mit $z = x + iy$ ist genau dann holomorph in G , wenn $u(x,y)$ und $v(x,y)$ in G total differenzierbar sind und die Cauchy-Riemann'schen Differentialgleichungen (3) erfüllen. ∎

Genau wie im Reellen gelten die folgenden leicht zu beweisenden Differentiationsregeln.

$$(6) \begin{cases} \text{a)} \quad (f(z) + g(z))' = f'(z) + g'(z) \\[2ex] \text{b)} \quad (f(z) \cdot g(z))' = f'(z) \cdot g(z) + f(z) \cdot g'(z) \\[2ex] \text{c)} \quad \left(\dfrac{f(z)}{g(z)}\right)' = \dfrac{f'(z) \cdot g(z) - f(z) \cdot g'(z)}{(g(z))^2} \quad , \quad g(z) \neq 0 \\[2ex] \text{d)} \quad \dfrac{d}{dz} f(g(z)) = f'(w) \cdot g'(z) \quad \text{mit} \quad w = g(z) \, . \end{cases}$$

<u>Beispiele:</u>

1. $f(z) \equiv c$, $c \in \mathbb{C}$ konstant ist holomorph in $\mathbb{C}$, und es ist $f'(z) \equiv 0$.

2. $f(z) = z^n$, $n \in \mathbb{N}$ ist holomorph in $\mathbb{C}$. Wie im Reellen zeigt man leicht $f'(z) = n \cdot z^{n-1}$.

3. $f(z) = \sum\limits_{\nu=0}^{n} a_\nu \cdot z^\nu$, $a_\nu \in \mathbb{C}$. $f(z)$ heißt komplexes Polynom. Wegen Beispiel 2 und (6a) ist $f'(z) = \sum\limits_{\nu=1}^{n} \nu \cdot a_\nu \cdot z^{\nu-1}$. Also ist $f(z)$ holomorph in $\mathbb{C}$.

4. Seien $P(z)$ und $Q(z)$ komplexe Polynome. Wegen Beispiel 3 und (6c) ist die rationale Funktion $f(z) = \dfrac{P(z)}{Q(z)}$ in allen Punkten von $\mathbb{C}$ holomorph, in denen $Q(z)$ nicht verschwindet. Dieses sind aber nur endlich viele Punkte.

5. $f(z) = \overline{z}$ ist nirgends in $\mathbb{C}$ holomorph, da $1 \equiv u_x \neq v_y \equiv -1$ gilt.

6. $f(z) = \dfrac{z}{|z|}$, $z \neq 0$ ist nirgends holomorph (Beweis).

7. $f(z) = |z|^2$ ist im Punkte $z_0 = 0$ zwar komplex differenzierbar, aber dort nicht holomorph (Beweis).

Aus den Cauchy-Riemann'schen Differentialgleichungen (3) läßt sich eine Folgerung ziehen, die einen engen Zusammenhang zwischen den Lösungen der Potentialgleichung $\Delta u = 0$ und den holomorphen Funktionen erkennen läßt.

<u>Satz 1.3.:</u>

$u(x,y) : G \subset \mathbb{R}^2 \to \mathbb{R}$ besitze in G stetige partielle Ableitungen bis zur Ordnung 2. Dann ist u genau dann der Realteil (bzw. Imaginärteil) einer in G holomorphen Funktion $f(z)$, wenn u harmonisch in G ist, d.h. wenn in G die Potentialgleichung $\Delta u = 0$ erfüllt ist.

<u>Beweis:</u>

a) Existiert eine holomorphe Funktion $f = u + iv$, dann ist (3) erfüllt, und es folgt durch Differentiation der Gleichungen (3) unmittelbar $\Delta u = 0$.

b) Gelte $\Delta u = 0$ in G . Wir suchen eine Funktion $v(x,y) : G \subset \mathbb{R}^2 \to \mathbb{R}$ mit

$$(7) \qquad \operatorname{grad} v(x,y) = (-u_y(x,y),\ u_x(x,y))^T .$$

Wegen Satz 1.1 wäre damit $f := u + iv$ holomorph in G . Nun ist aber $\Delta u = 0$ äquivalent mit der Integrabilitätsbedingung für v (vgl. Satz 4.1, Abschnitt 13.4.). Also besitzt $(-u_y, u_x)^T$ ein Potential v , das bis auf eine additive Konstante eindeutig bestimmt ist. Man erhält ein Potential durch das Kurvenintegral

$$(8) \qquad v(x,y) = \int_C (-u_y, u_x)\,dr = \int_C -u_y\,dx + u_x\,dy ,$$

wobei C eine Kurve in G ist, die den fest gewählten Punkt (x_0, y_0) mit (x,y) verbindet. ∎

<u>Beispiele:</u>

8. Zu $u(x,y) = y^2 - x^2$ finde man alle in $\mathbb{C}$ holomorphen Funktionen $f(z)$ mit dem Realteil $u(x,y)$. Wegen

$$u_x = -2x , \quad u_y = 2y , \quad u_{xx} = -2 , \quad u_{yy} = 2$$

ist $\Delta u = 0$. Wir wählen den nebenstehend skizzierten Weg C ; dann folgt wegen (8)

$$v(x,y) = \int_{x_0}^{x} -u_y(\xi, y_0)\,d\xi + \int_{y_0}^{y} u_x(x, \eta)\,d\eta = -2 \int_{x_0}^{x} y_0\,d\xi - 2 \int_{y_0}^{y} x\,d\eta = -2xy + a$$

$$\text{mit}\ a := 2x_0 y_0 \in \mathbb{R} .$$

Mit $z = x + iy$ folgt

$$f(z) = u + iv = y^2 - x^2 + i \cdot (-2xy + a) , \quad \text{also}$$

$$f(z) = -z^2 + i \cdot a , \quad a \in \mathbb{R} .$$

9. Wir betrachten eine stationäre, ebene Strömung

$$(9) \qquad \vec{w}(x,y) := (u(x,y), v(x,y))^\top$$

($\vec{w}$ ist der Geschwindigkeitsvektor). Das betrachtete Feld soll keine Quellen und Wirbel haben (Potentialströmung):

$$(10) \quad \begin{cases} \text{div } \vec{w} = 0 \quad <=> \quad u_x + v_y = 0 . \\ \text{rot } \vec{w} = 0 \quad <=> \quad v_x - u_y = 0 . \end{cases}$$

Mit $z = x + iy$ definieren wir die Funktion

$$f(z) := u - iv ,$$

die wegen (10) holomorph ist. Nun sei $F(z) := \varphi + i\psi$ eine weitere Funktion mit $F'(z) = f(z)$. Dann ist auch $F(z)$ holomorph.

Man nennt $\varphi(x,y)$ das <u>Geschwindigkeitspotential</u> und
$\psi(x,y)$ die <u>Stromfunktion</u>.

Es gilt nämlich wegen $F' = u - iv = \varphi_x + i\psi_x = \varphi_x - i\varphi_y$:

$$(11) \qquad \vec{w} = \text{grad } \varphi .$$

Man rechnet aus: $\text{grad } \varphi \cdot \text{grad } \psi = \psi_x \varphi_x + \psi_y \varphi_y = \psi_x \psi_y + \psi_y(-\psi_x)$, also

$$\text{grad } \varphi \cdot \text{grad } \psi = 0 .$$

Also haben die Linien $\psi = \text{const.}$
die Geschwindigkeitsvektoren $\vec{w}$ als
Tangentenvektoren, d.h. sie sind die
Stromlinien.

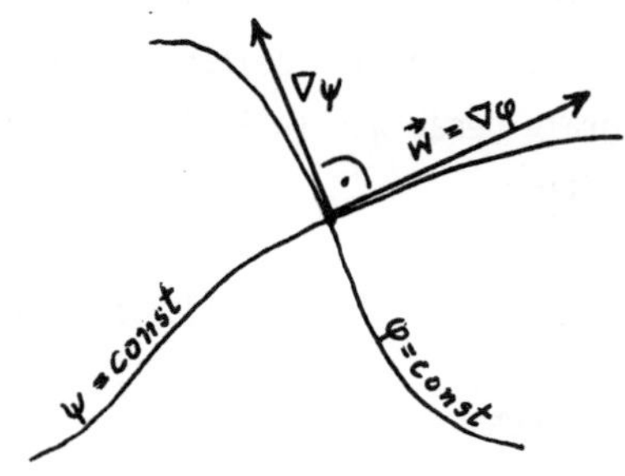

20.2. Integration der holomorphen Funktionen.

Die Einführung komplexer Kurvenintegrale geschieht ganz ähnlich wie im Reellen:
Es sei $G \subset \mathbb{C}$ ein Gebiet und $C \subset G$
ein Weg mit Anfangspunkt z_A und
Endpunkt z_E , etwa dargestellt durch
eine Parameterdarstellung

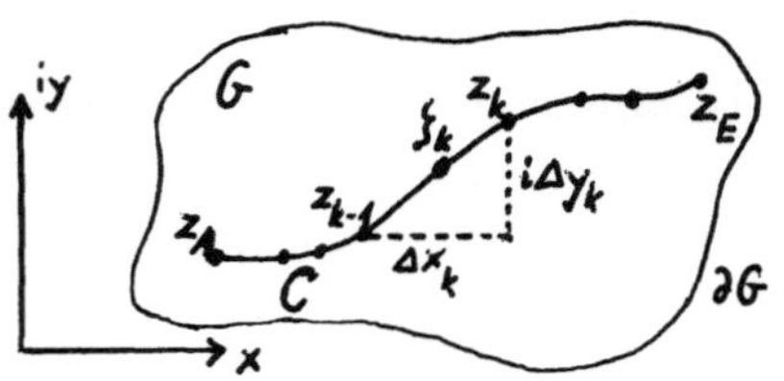

$$(1) \qquad C = \{z(t) = x(t) + iy(t) , \quad t \in [a,b] \subset \mathbb{R}\} .$$

Ferner sei $f(z) = u(x,y) + iv(x,y) : G \subset \mathbb{C} \to \mathbb{C}$ eine in G stetige Funktion
(vgl. die Bem. vor Satz 1.1., 20.1.). Die Kurve C werde zerlegt in kleine
Teilstücke durch Teilpunkte $z_0 = z_A, z_1, z_2, \ldots, z_n = z_E$ (vgl. Skizze). Ferner
sei für $k = 1, \ldots, n$ ζ_k ein Kurvenpunkt zwischen z_{k-1} und z_k . Außerdem
setzen wir: $z_k - z_{k-1} =: \Delta x_k + i \Delta y_k$, $u_k := u(\xi_k, \eta_k)$ mit $\zeta_k := \xi_k + i \eta_k$.
Nun bilden wir die Summe

$$(2) \qquad I_n := \sum_{k=1}^{n} f(\zeta_k) \cdot [z_k - z_{k-1}] = \sum_{k=1}^{n} (u_k + iv_k) \cdot (\Delta x_k + i \Delta y_k) .$$

Wegen der Stetigkeit von $f(z)$ konvergiert diese Summe bei laufender Verfeinerung der Zerlegung von C , so daß die maximale Länge der Teilstücke gegen
Null strebt, gegen einen Grenzwert J , der das <u>Integral von $f(z)$ über C</u>
heißt: $J = \int_C f(z)dz$. Multipliziert man die Klammern auf der rechten Seite
von (2) aus und läßt die 4 Summen einzeln gegen ihre Grenzwerte gehen, dann
erhält man

$$(3) \qquad \int_C f(z)dz = \int_C (udx - vdy) + i \int_C (vdx + udy) .$$

Ein komplexes Integral ist also zerlegbar in Real- und Imaginärteil, wobei diese
reelle Kurvenintegrale sind, wie sie uns aus Abschnitt 13.4 bereits vertraut
sind. Selbstverständlich gelten auch für (3) wieder die üblichen Rechenregeln
für Integrale genau wie im Reellen. Insbesondere erhält man aus (2) zunächst
die Abschätzung

$$\left| \sum_{1}^{n} f(\zeta_k) \cdot (z_k - z_{k-1}) \right| \leq \sum_{1}^{n} |f(\zeta_k)| \cdot |z_k - z_{k-1}|$$

und damit durch Grenzübergang

(4)
$$\left| \int_C f(z)dz \right| \; \leqq \; \max_{z \in C} |f(z)| \cdot L(C) \; ,$$

wobei $L(C)$ die Länge der Kurve C ist.

<u>Beispiele:</u>

Es sei $K_0 \subset \mathbb{C}$ der positiv durchlaufene Einheitskreis.

1.
$$\oint_{K_0} z^n dz = \int_0^{2\pi} (\cos n\varphi + i \cdot \sin n\varphi) \cdot (-\sin \varphi + i \cdot \cos \varphi)d\varphi =$$

$$= \int_0^{2\pi} - (\sin(n+1)\varphi)d\varphi + i \int_0^{2\pi} \cos(n+1)\varphi d\varphi = 0 \quad \text{für} \quad n = 0,1,2,\ldots$$

<u>Anmerkung:</u> Es ist $dz = d(\cos \varphi + i \cdot \sin \varphi) = -\sin \varphi\, d\varphi + i \cdot \cos \varphi\, d\varphi$.

2. Für $n = 2,3,4\ldots$ ergibt sich

$$\oint_{K_0} \frac{dz}{z^n} = \int_0^{2\pi} \frac{-\sin \varphi + i \cdot \cos \varphi}{\cos n\varphi + i \cdot \sin n\varphi} d\varphi = \int_0^{2\pi} (-\sin \varphi + i \cdot \cos \varphi) \cdot (\cos n\varphi - i \cdot \sin n\varphi)d\varphi =$$

$$= \int_0^{2\pi} \sin(n-1)\varphi d\varphi + i \cdot \int_0^{2\pi} \cos(n-1)\varphi d\varphi = 0 \; .$$

3. Setzen wir in Beispiel 2. $n = 1$, dann ergibt sich

$$\oint_{K_0} \frac{dz}{z} = \int_0^{2\pi} \sin 0 \, d\varphi + i \cdot \int_0^{2\pi} \cos 0 \, d\varphi = i \cdot \int_0^{2\pi} d\varphi = 2\pi i \; .$$

4. Es sei $z_0 \in \mathbb{C}$ beliebig fest und K_{z_0} der Kreis mit Radius 1 und Mittelpunkt z_0 , durchlaufen im positiven Drehsinn. Mit der Substitution $z = \zeta + z_0$ folgt wegen $dz = d\zeta$

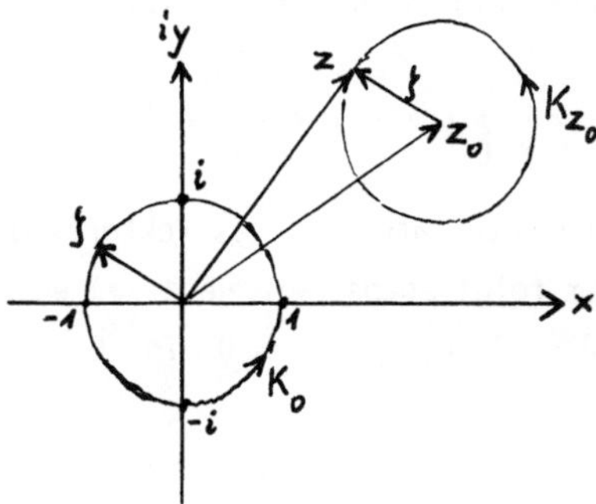

$$\int_{K_{z_0}} (z-z_0)^n dz = \int_{K_0} \zeta^n d\zeta \quad \text{für} \quad n \in \mathbb{Z} \; .$$

Aus den Beispielen 1. bis 4. erhalten wir die folgenden wichtigen Formeln

(5)
$$\int_{K_{z_0}} (z-z_0)^n dz = \begin{cases} 2\pi i & \text{für} \quad n = -1 \\ 0 & \text{für} \quad n \in \mathbb{Z} \setminus \{-1\} \end{cases} \; .$$

Wir beweisen jetzt einen Satz, der für die gesamte Funktionentheorie von fundamentaler Bedeutung ist.

Satz 2.1. (Cauchy'scher Integralsatz):
Es sei $G \subset \mathbb{C}$ ein einfach zusammenhängendes Gebiet und $f(z) : G \subset \mathbb{C} \to \mathbb{C}$ sei holomorph in G. Dann gilt für jede geschlossene Kurve $C \subset G$:

$$(6) \qquad \oint_C f(z)dz = 0 .$$

Beweis:
Wegen (3) muß gezeigt werden $(f(z) = u + iv)$:

$$(7) \quad a) \oint_C udx - vdy = 0 , \quad b) \oint_C vdx + udy = 0 .$$

a) Wir betrachten das (dreidimensionale) Vektorfeld

$$\vec{V} := (u(x,y), -v(x,y), 0)^T .$$

($\vec{V}$ hängt nur von zwei Variablen ab und hat als dritte Komponente Null). Wegen der Cauchy-Riemann'schen Differentialgleichungen (3), Abschnitt 20.1., folgt

$$\text{rot } \vec{V} = (0, 0, -v_x-u_y)^T = 0 \quad \text{in } G .$$

Hieraus folgt wegen Satz 1.1., Abschnitt 14.1.,

$$\oint_C udx - vdy = \oint_C \vec{V}\, dr = 0 . \qquad \text{Daraus folgt (7a) .}$$

b) Nun betrachten wir das Vektorfeld: $\vec{W} := (v(x,y), u(x,y), 0)^T$.
Wieder folgt ebenso wie unter a) wegen (3), Abschnitt 20.1.,
$$\text{rot } \vec{W} = (0, 0, u_x-v_y) = 0 \quad \text{in } G .$$

Wieder ergibt Satz 1.1., Abschnitt 14.1

$$\oint_C vdx + udy = \oint_C \vec{W}\, dr = 0 . \qquad \text{Daraus folgt (7b) .} \qquad \blacksquare$$

Als unmittelbare Folgerung erhalten wir

<u>Corollar 2.2.:</u>

Das komplexe Integral: $\int_C f(z)dz$ hängt nur von Anfangs- und Endpunkt der Kurve C ab, sofern C ganz in einem Holomorphiegebiet von $f(z)$ verläuft, das einfach zusammenhängend ist. ∎

<u>Anwendungsbeispiel</u>

5. Wir zeigen die Gültigkeit des <u>Fundamentalsatzes</u> für holomorphe Funktionen:

$$(8) \qquad \frac{d}{dz} \int_{z_0}^{z} f(\xi)d\xi = f(z) \, ,$$

wobei das Integral zu erstrecken ist über eine beliebige Kurve C (mit Anfangspunkt z_0 und Endpunkt z'), die ganz in einem einfach zusammenhängenden Holomorphiegebiet von $f(z)$ verläuft. Es gilt:

$$D := \left| \frac{1}{\Delta z} \left(\int_{z_0}^{z+\Delta z} f(\xi)d\xi - \int_{z_0}^{z} f(\xi)d\xi \right) - f(z) \right| = \frac{1}{|\Delta z|} \cdot \left| \int_{z}^{z+\Delta z} [f(\xi) - f(z)]d\xi \right| \, .$$

Hierbei ist von der Gültigkeit der Formel: $\int_{z}^{z+\Delta z} d\xi = \Delta z$ Gebrauch gemacht (Beweis!).

Nun genügt es wegen Satz 2.1., als Integrationsweg die Verbindungsstrecke von z nach $z+\Delta z$ zu verwenden (für hinreichend kleine Δz wird diese im Holomorphiegebiet von $f(z)$ verlaufen). Daher erhalten wir wegen (4)

$$D \leq \frac{1}{|\Delta z|} \cdot \max_{|\xi-z| \leq |\Delta z|} |f(\xi) - f(z)| \cdot |\Delta z| = \max_{|\xi-z| \leq |\Delta z|} |f(\xi) - f(z)| \, .$$

Wegen der Stetigkeit von $f(\xi)$ in der Umgebung von z folgt $\lim_{\Delta z \to 0} D = 0$, also die behauptete Formel (8). ∎

Der Satz 2.1. kann noch etwas verallgemeinert werden: Dazu nehmen wir an, daß G ein mehrfach zusammenhängendes Gebiet ist, das ganz in einem Holomorphiegebiet von $f(z)$ enthalten ist. Der Rand ∂G von G zerfällt dann in mehrere geschlossene Kurven $C_1,\ldots,C_n$, deren eine (etwa C_1) die äußere umrandende Kurve ist. Man spricht dann von n-fachem Zusammenhang des

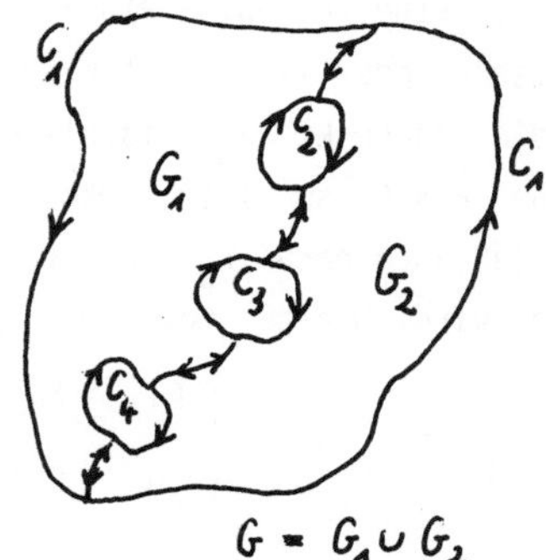

Gebietes G . Man kann nun Verbindungs-Kurven zwischen den $C_1,\ldots,C_n$ so ziehen, daß G in mehrere einfach zusammenhängende Gebiete zerfällt (vgl. Skizze). Orientiert man die Ränder $C_1,\ldots,C_n$ so, daß beim Durchlaufen G stets am linken Ufer liegt, dann kann man die Teilgebiete alle im positiven Sinn umlaufen, wobei die Verbindungskurven zweimal in entgegengesetzen Richtungen durchlaufen werden und sich bei der Integration wegheben. Damit ist die folgende Verallgemeinerung des Cauchy'schen Integralsatzes gezeigt:

Satz 2.3.:

Sei $G \subset \mathbb{C}$ n-fach zusammenhängend mit den Randkurven $C_1,\ldots,C_n$ (also $\partial G = \bigcup_1^n C_k$). G liege ganz in einem Holomorphiegebiet von $f(z)$. Die Randkurven seien so orientiert, daß beim Durchlaufen G stets am linken Ufer liegt. Dann gilt:

$$(9) \qquad \int_{\partial G} f(z)dz = \sum_{k=1}^{n} \oint_{C_k} f(z)dz = 0 \; .$$

Beweis: folgt unmittelbar aus Satz 2.1. .

Beispiel

6. Es sei K_{z_0} der positiv orientierte Einheitskreis um z_0 und K_ε der negativ orientierte Kreis um z_0 mit Radius $\varepsilon > 0$. Ferner sei $f(z) := (z - z_0)^n$ $(n \in \mathbb{Z})$. Dann folgt nach (9)

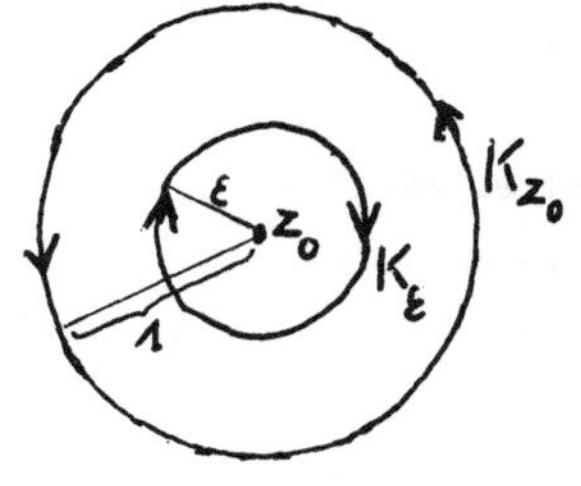

$$(10) \qquad \oint_{K_{z_0}} (z-z_0)^n dz = - \oint_{K_\varepsilon} (z-z_0)^n dz \qquad (\varepsilon > 0 \text{ beliebig}).$$

Ist nun C eine beliebige einfach geschlossene, positiv orientierte Kurve, die den Punkt z_0 umschließt, dann kann $\varepsilon > 0$ so klein gewählt werden, daß auch noch K_ε von C umschlossen wird. Hieraus folgt nun mit (5), (9) und (10)

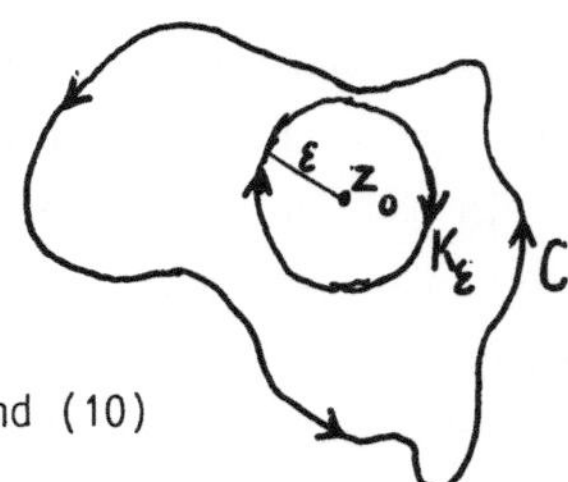

$$(11) \qquad \oint_C (z-z_0)^n dz = \begin{cases} 2\pi i & \text{für } n = -1 \\ 0 & \text{für } n \in \mathbb{Z}, \, n \neq -1 \end{cases}$$

Diese Formel werden wir noch oft benötigen.

20.3. Der Residuensatz mit Anwendungen

Häufig ist es nötig, Integrale über geschlossene Kurven zu betrachten, in deren Innengebiet der Integrand nicht durchweg holomorph ist. Ein Beispiel ist die Funktion $f(z) = \dfrac{1}{z-z_0}$ im Beispiel 6 des vorigen Abschnitts (vgl. dort Formel (11)). Man wird dann im allgemeinen nicht erwarten können, daß das Integral $\oint_C f(z)dz$ gleich Null ist. Wir wollen die Fälle untersuchen, bei denen in einem solchen Innengebiet <u>endlich viele singuläre Stellen</u> von $f(z)$ vorhanden sind; es sei also $f(z)$ holomorph in dem ganzen Innengebiet bis auf endlich viele Punkte $z_1,\dots,z_n$. Da diese Singularitäten alle isoliert liegen, kann man kleine Kreise $K_1,\dots,K_n$ konstruieren, die paarweise punktfremd sind und die

$z_1,\dots,z_n$ als Mittelpunkte haben.
(vgl. Skizze).

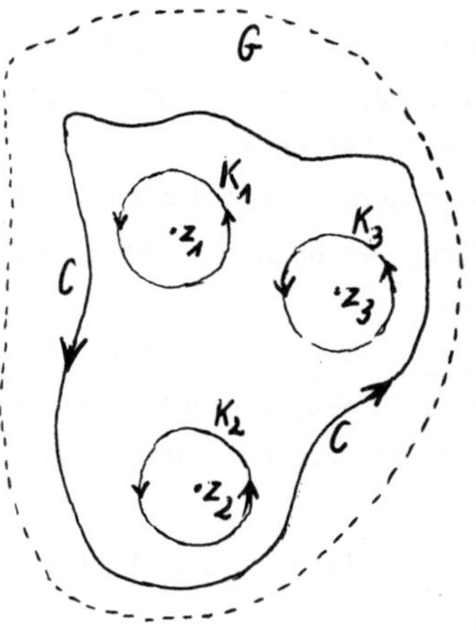

<u>Definition 3.1.:</u>
Sei $f(z)$ in $U(z_0)\backslash\{z_0\}$ holomorph, wobei $U(z_0)$ eine Umgebung des Punktes $z_0 \in \mathbb{C}$ sei. $K_0 \subset U(z_0)$ sei eine positiv orientierte Kreislinie um z_0 .
Dann heißt das Integral

$$(1) \qquad \operatorname*{Res}_{z_0} f(z) := \frac{1}{2\pi i} \oint_{K_0} f(z)dz$$

das <u>Residuum</u> von $f(z)$ an der Stelle z_0 .

<u>Anmerkung:</u> Aus den Ergebnissen des vorigen Abschnitts, insbesondere Satz 2.1. und (11),können wir folgern

a) Ist $f(z)$ holomorph in z_0 , so ist $\operatorname*{Res}_{z_0} f(z) = 0$.

b) Es gilt: $\operatorname*{Res}_{z_0} a \cdot (z-z_0)^n = \begin{cases} 0 & \text{für } n \in \mathbb{Z}\backslash\{-1\} \\ a & \text{für } n = -1 \end{cases}$.

c) Ist $f(z) = \sum_{\nu=1}^{n} a_\nu \cdot (z-z_0)^{-\nu} + h(z)$ mit einer in z_0 holomorphen

Funktion $h(z)$, so gilt: $\operatorname*{Res}_{z_0} f(z) = a_1$.

Nun gilt:

<u>Satz 3.1. (Residuensatz):</u>

Sei $f(z) : G \subset \mathbb{C} \to \mathbb{C}$ in G holomorph mit (eventueller) Ausnahme endlich vieler Punkte. Sei $C \subset G$ eine einfach geschlossene (d.h. doppelpunktfreie) Kurve mit den Singularitäten $z_1,\ldots,z_n$ in ihrem Inneren. Dann gilt:

$$(2) \qquad \oint_C f(z)dz = 2\pi i \cdot \sum_{\nu=1}^{n} \operatorname*{Res}_{z_\nu} f(z) \ .$$

<u>Beweis:</u> Wegen (1) ist die Formel (2) äquivalent mit

$$\oint_C f(z)dz = \sum_{\nu=1}^{n} \oint_{K_\nu} f(z)dz \ .$$

Dies aber ist genau die Aussage des Satzes 2.3., Abschnitt 20.2. . ∎

Der Satz gestattet die Berechnung von Kurvenintegralen (und, wie wir gleich sehen werden, auch die von reellen Integralen), wenn es möglich ist, die Residuen zu berechnen. Hierzu werden in den nächsten Abschnitten noch Methoden angegeben werden. Für den folgenden Spezialfall können wir bereits jetzt eine Formel zur Residuen-Berechnung herleiten. Es gilt:

<u>Satz 3.2.:</u>

Sei $z_1 \in \mathbb{C}$ eine einfache Nullstelle des Polynoms $P(z)$, sei $g(z)$ in einer Umgebung von z_1 holomorph, und es sei $f(z) := \dfrac{g(z)}{P(z)}$. Dann folgt

$$(3) \qquad \operatorname*{Res}_{z_1} f(z) = \lim_{z \to z_1} (z-z_1) \cdot f(z) \ .$$

<u>Beweis:</u>

Es existiert ein Polynom $Q(z)$ mit $P(z) = (z-z_1) \cdot Q(z)$ und $Q(z_1) \neq 0$. Mit den Bezeichnungen

$$A := \frac{1}{Q(z_1)} \ , \quad h(z) := \frac{1}{Q(z_1) \cdot Q(z)} \cdot \frac{Q(z) - Q(z_1)}{z - z_1}$$

folgt

$$(4) \qquad f(z) = \frac{A \cdot g(z)}{z - z_1} - g(z) \cdot h(z) \ .$$

Da $h(z)$ holomorph ist in einer Umgebung von z_1 , folgt

$$(*) \quad 2\pi i \cdot \operatorname*{Res}_{z_1} f(z) = \oint_{K_1} \frac{A \cdot g(z)}{z - z_1} dz = A \cdot \left[g(z_1) \cdot \oint_{K_1} \frac{dz}{z - z_1} + g'(z_1) \cdot \oint_{K_1} dz + \oint_{K_1} \varepsilon(z) dz \right]$$

mit: $\varepsilon(z) := \dfrac{g(z) - g(z_1)}{z - z_1} - g'(z_1)$. $\varepsilon(z)$ ist stetig in einer Umgebung von z_1

mit $\varepsilon(z) \xrightarrow[z \to z_1]{} 0$. Ist ρ der Radius von K_1 , dann gilt:

$$(4a) \qquad \left| \oint_{K_1} \varepsilon(z) dz \right| \leqq 2\pi\rho \cdot \max_{z \in K_1} |\varepsilon(z)| .$$

Ferner folgt aus früheren Ergebnissen

$$(4b) \qquad \oint_{K_1} \frac{dz}{z - z_1} = 2\pi i \ , \qquad \oint_{K_1} dz = 0 \ .$$

Da nun K_1 beliebig klein wählbar ist, folgt mit (*), (4a) und (4b)

$$\operatorname*{Res}_{z_1} f(z) = A \cdot g(z_1) \ .$$

Wegen (4) ist dies aber dasselbe wie $\lim\limits_{z \to z_1} (z - z_1) \cdot f(z)$.

Beispiele

1. Zu berechnen ist $I_2 = \displaystyle\int_{-\infty}^{\infty} \frac{dx}{1 + x^2}$.

Wir setzen $f(z) := \dfrac{1}{1 + z^2}$,

wählen eine Zahl $R > 1$ und definieren
die geschlossene Kurve C_R nach nebenstehender Skizze. Wegen

$f(z) = \dfrac{1}{(z+i) \cdot (z-i)}$ ist $z_1 = i$ eine

Singularität von $f(z)$ (und zwar die

einzige) in dem von C_R umschlossenen

Gebiet. Wegen (3) gilt

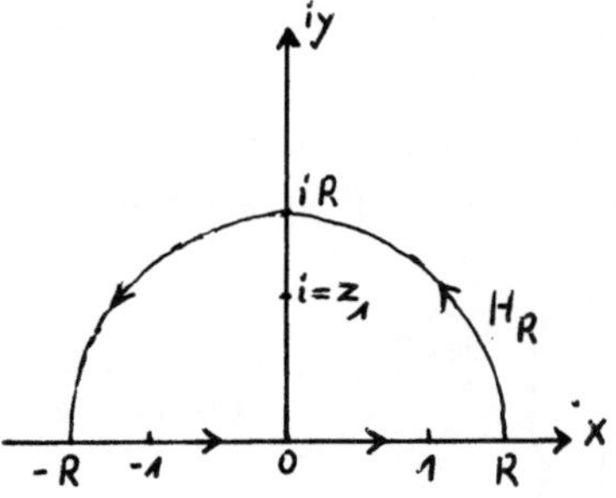

$$(5a) \qquad \operatorname*{Res}_{z_1 = i} f(z) = \lim_{z \to i} (z-i) \cdot f(z) = \lim_{z \to i} \frac{1}{z+i} = \frac{1}{2i} \ .$$

Mit (2) folgt wegen $y = 0$, $dy = 0$ auf $[-R, R]$

$$(5b) \qquad \oint_{C_R} \frac{dz}{1 + z^2} = \int_{-R}^{R} \frac{dx}{1 + x^2} + \int_{H_R} \frac{dz}{1 + z^2} = 2\pi i \cdot \operatorname*{Res}_{z_1} f(z) = \pi \ .$$

Da nun für $z \in H_R$ gilt: $|1 + z^2| \geq R^2 - 1$, folgt mit der Abschätzungsformel
(4), Abschnitt 20.2.,

$$\left| \int_{H_R} \frac{dz}{1 + z^2} \right| \leq R \cdot \pi \cdot \frac{1}{R^2 - 1} \quad .$$

Mit (5b) ergibt sich nun

$$\int_{-\infty}^{\infty} \frac{dx}{1+x^2} = \lim_{R \to \infty} \int_{-R}^{R} \frac{dx}{1 + x^2} = \lim_{R \to \infty} \left(\pi - \int_{H_R} \frac{dz}{1 + z^2} \right) = \pi \quad ,$$

da $\lim\limits_{R \to \infty} \dfrac{R\pi}{R^2 - 1} = 0$ ist, und eine Folge komplexer Zahlen genau dann gegen 0

konvergiert, wenn die Folge ihrer Beträge dieses tut. Somit haben wir

$I_2 = \int\limits_{-\infty}^{\infty} \dfrac{dx}{1 + x^2} = \pi$, ein Ergebnis, das uns allerdings schon bekannt war.

2. Man berechne: $I_4 = \int\limits_{-\infty}^{\infty} \dfrac{dx}{1 + x^4}$.

Wir setzen $f(z) := \dfrac{1}{1 + z^4}$ und wählen die Kurve C_R mit $R > 1$ genau wie

im ersten Beispiel. Man rechnet aus

$$1 + z^4 = (z-z_1) \cdot (z-z_2) \cdot (z-\overline{z_1}) \cdot (z-\overline{z_2}) \quad \text{mit}$$

$$(6a) \qquad z_1 = \frac{1}{2} \sqrt{2} \, (1+i) \; , \qquad z_2 = \frac{1}{2} \sqrt{2} \, (-1+i) \; .$$

Die Punkte (6a) sind die einzigen Singularitäten von $f(z)$ im Innengebiet

von C_R . Mit (3) erhält man

$$(6b) \quad \begin{cases} \operatorname*{Res}\limits_{z_1} f(z) = \left[\dfrac{1}{(z-z_2) \cdot (z-\overline{z_1}) \cdot (z-\overline{z_2})} \right]_{z = z_1} = \dfrac{1}{2\sqrt{2} \, (i-1)} \quad , \\[3ex] \operatorname*{Res}\limits_{z_2} f(z) = \left[\dfrac{1}{(z-z_1) \cdot (z-\overline{z_1}) \cdot (z-\overline{z_2})} \right]_{z = z_2} = \dfrac{1}{2\sqrt{2} \, (i+1)} \quad . \end{cases}$$

$\Rightarrow$

$$(6c) \qquad \sum_{\nu=1}^{2} \operatorname*{Res}\limits_{z_\nu} f(z) = \frac{1}{2\sqrt{2} \, (i-1)} + \frac{1}{2\sqrt{2} \, (i+1)} = \frac{1}{2\sqrt{2} \, i} \quad .$$

Wieder folgt mit dem Residuensatz

$$(6d) \qquad \int_{-R}^{R} \frac{dx}{1+x^4} + \int_{H_R} \frac{dz}{1+z^4} = 2\pi i \sum_{1}^{2} \operatorname*{Res}\limits_{z_\nu} f(z) = \frac{\pi}{\sqrt{2}} \quad .$$

Weiter zeigt man $\left| \int\limits_{H_R} \frac{dz}{1+z^4} \right| \leqq \frac{R \cdot \pi}{R^4-1} \xrightarrow[R \to \infty]{} 0$,

so daß man aus (6d) durch Grenzübergang $R \to \infty$ erhält

$$I_4 = \int\limits_{-\infty}^{+\infty} \frac{dx}{1+x^4} = \frac{1}{2} \sqrt{2}\,\pi \ .$$

3. Man berechne $I_6 = \int\limits_{-\infty}^{\infty} \frac{dx}{1+x^6}$.

Wir setzen $f(z) := \frac{1}{1+z^6}$ und gehen genau so vor wie in den vorigen Beispielen.
Es ist $1+z^6 = \prod\limits_1^3 (z-z_\nu) \cdot (z-\bar{z}_\nu)$ mit

(7a) $\qquad z_1 = \frac{1}{2} (\sqrt{3} + i) \ , \quad z_2 = i \ , \quad z_3 = \frac{1}{2} (-\sqrt{3} + i) \ .$

Man rechnet aus (vgl. Formel (3))

(7b) $\qquad \operatorname*{Res}_{z_1} f(z) = \frac{1}{3(i-\sqrt{3})} \ , \quad \operatorname*{Res}_{z_2} f(z) = \frac{1}{6i} \ , \quad \operatorname*{Res}_{z_3} f(z) = \frac{1}{3(i+\sqrt{3})} \ .$

$\Rightarrow$

(7c) $\qquad \sum\limits_{\nu=1}^{3} \operatorname*{Res}_{z_\nu} f(z) = \frac{1}{3i} \ .$

Da wieder gilt $\lim\limits_{R \to \infty} \left| \int\limits_{H_R} \frac{dz}{1+z^6} \right| \leqq \lim\limits_{R \to \infty} \frac{R \cdot \pi}{R^6-1} = 0$, erhalten wir mit $R \to \infty$
wegen (7c)

$$I_6 = \int\limits_{-\infty}^{\infty} \frac{dx}{1+x^6} = 2\pi i \cdot \sum\limits_1^3 \operatorname*{Res}_{z_\nu} f(z) = \frac{2}{3} \pi \ .$$

20.4 Potenzreihen und Laurent-Reihen

Ebenso, wie in der reellen Analysis, spielen die Potenzreihen auch in der
komplexen Analysis eine fundamentale Rolle. Eine komplexe Potenzreihe hat die
Gestalt

(1) $\qquad \sum\limits_{k=0}^{\infty} a_k \cdot z^k \ .$

Dabei sind a_k , $k = 0,1,2,\ldots$ komplexe Koeffizienten und z eine komplexe
Variable. Nun lassen sich alle Aussagen über Konvergenz, Konvergenzradius
u.s.w., wie wir sie für reelle Potenzreihen hergeleitet hatten, wörtlich auch
auf komplexe Potenzreihen übertragen. Man vergleiche hierzu die Abschnitte 7.2.

und 7.3. . Ferner zeigt sich, daß die reellen Potenzreihen nichts anderes sind als Spezialfälle der komplexen Potenzreihen. Die Zahl

$$(2) \qquad \rho := \frac{1}{\overline{\lim} \sqrt[k]{|a_k|}}$$

heißt <u>Konvergenzradius</u> der Potenzreihe (1). Die Menge aller $z \in \mathbb{C}$ mit $|z| < \rho$ wird <u>Konvergenzkreis</u> von (1) genannt.

Falls $\lim\limits_{k \to \infty} |\frac{a_{k+1}}{a_k}|$ existiert, gilt

$$(2^*) \qquad \rho = \frac{1}{\lim\limits_{k \to \infty} |\frac{a_{k+1}}{a_k}|} \quad .$$

Wir erinnern noch daran, daß die Potenzreihe (1) <u>absolut konvergent</u> heißt, wenn die Reihe der Absolutbeträge, also $\sum\limits_{k=0}^{\infty} |a_k| \cdot |z|^k$,konvergiert. Es gilt nun

<u>Satz 4.1.:</u>
Die Potenzreihe (1) ist in jedem abgeschlossenen Kreis $\{z \in \mathbb{C} : |z| \leqq r\}$, $r < \rho$ innerhalb ihres Konvergenzkreises absolut und gleichmäßig konvergent. Sie stellt also dort eine beschränkte und stetige Funktion dar.

<u>Beweis:</u> siehe Satz 2.3., Abschnitt 7.2. ∎

<u>Beispiele</u>

1. $f(z) := \sum\limits_{k=0}^{\infty} k \cdot z^k$. Es ist $\overline{\lim} \sqrt[k]{|a_k|} = \lim\limits_{k \to \infty} \sqrt[k]{k} = 1$.

Wegen (2) folgt $\rho = 1$. Also ist $f(z)$ für $|z| \leqq r$ und für jedes $r < 1$ beschränkt und stetig.

2. $f(z) := \sum\limits_{k=0}^{\infty} \binom{k+p}{k} \cdot z^k$, $p \in \mathbb{N}$, fest .

Es ist: $|\frac{a_{k+1}}{a_k}| = \frac{k+1+p}{k+1} = \frac{1 + \frac{1+p}{k}}{1 + \frac{1}{k}} \xrightarrow[k \to \infty]{} 1$.

Wegen (2^*) ist also wieder $\rho = 1$.

3. $f(z) := \sum\limits_{k=1}^{\infty} \frac{i \cdot k!}{k^k} \cdot z^k$. Man rechnet aus

$$\left|\frac{a_{k+1}}{a_k}\right| = \left(\frac{k}{k+1}\right)^k = \left(\left(1 + \frac{1}{k}\right)^k\right)^{-1} \xrightarrow[k \to \infty]{} e^{-1} . \Rightarrow \rho = e .$$

<u>Anmerkung:</u> Für alle z mit $|z| > \rho$ ist die Potenzreihe (1) divergent. Für $|z| = \rho$ ist allgemein nichts auszusagen.

<u>Satz 4.2.:</u>

Jede Potenzreihe (1) ist im Inneren ihres Konvergenzkreises holomorph.

<u>Beweis-Skizze:</u>

Mit $\quad f(z) = \sum\limits_{0}^{\infty} a_k z^k \quad$ zeigt man zunächst, daß für $|z| < r < \rho$ die Reihe $\sum\limits_{1}^{\infty} k\, a_k \cdot r^{k-1}$ eine Majorante der Reihe

$$(3) \qquad \frac{f(z + \Delta z) - f(z)}{\Delta z} = \sum_{0}^{\infty} a_k \cdot \frac{(z + \Delta z)^k - z^k}{\Delta z}$$

ist. Da diese Majorante ebenso wie $f(z)$ den Konvergenzradius ρ hat, folgt für $|z| < r < \rho$

$$(4) \qquad \lim_{\Delta z \to 0} \frac{f(z + \Delta z) - f(z)}{\Delta z} = \lim_{\Delta z \to 0} \sum_{0}^{\infty} a_k \cdot \frac{(z + \Delta z)^k - z^k}{\Delta z} = \sum_{1}^{\infty} k\, a_k\, z^{k-1} .$$

Die Reihe rechts in (4) ist für $|z| \le r < \rho$ absolut und gleichmäßig konvergent, stellt also eine stetige Funktion dar. Also existiert $f'(z)$ und ist stetig für $|z| < \rho$. ∎

<u>Folgerung 4.3.:</u> Eine Potenzreihe (1) darf im Inneren ihres Konvergenzkreises gliedweise differenziert und integriert werden. Diese beiden Reihen haben den gleichen Konvergenzradius wie (1) und stellen im Inneren ihres Konvergenzkreises ebenfalls holomorphe Funktionen dar.

<u>Folgerung 4.4.:</u> Jede Potenzreihe (1) ist für $|z| < \rho$ beliebig oft differenzierbar, und ihre sämtlichen Ableitungen sind für $|z| < \rho$ wieder holomorph. Weiter gilt:

<u>Satz 4.5. (Identitätssatz):</u>

Sind zwei Potenzreihen $\sum\limits_{0}^{\infty} a_k z^k$, $\sum\limits_{0}^{\infty} b_k z^k$ für $|z| < r$ konvergent und gilt dort

$$(5a) \qquad \sum_{0}^{\infty} a_k z^k = \sum_{0}^{\infty} b_k z^k =: f(z) ,$$

dann folgt

$$(5b) \qquad a_k = b_k = \frac{1}{k!}\, f^{(k)}(0) \;, \qquad k = 0,1,2,\dots \;.$$

<u>Beweis:</u> Übung. ∎

<u>Beispiele:</u>
4. Wir definieren

$$(6) \qquad e^z := \sum_0^\infty \frac{z^k}{k!} \;.$$

e^z ist holomorph für alle $z \in \mathbb{C}$. Ferner gelten alle Rechenregeln genau wie
im Reellen.

5. Wir definieren

$$(7) \qquad \sin z := \sum_0^\infty \frac{(-1)^k \cdot z^{2k+1}}{(2k+1)!} \;, \qquad \cos z := \sum_0^\infty \frac{(-1)^k \cdot z^{2k}}{(2k)!} \;.$$

Auch $\sin z$, $\cos z$ sind für alle $z \in \mathbb{C}$ holomorph. Ferner gelten alle Rechenregeln genau wie im Reellen.

6. Man berechnet nun ganz leicht die folgenden Formeln

$$(8a) \qquad e^{iz} = \cos z + i \cdot \sin z \quad \text{für alle } z \in \mathbb{C} \;.$$

$$(8b) \qquad z = |z| \cdot e^{i\varphi} \qquad\qquad \text{mit } \varphi = \arg z \quad \text{für alle } z \in \mathbb{C} \;.$$

$$(8c) \qquad |e^{ix}| = 1 \qquad\qquad \text{für alle } x \in \mathbb{R} \;.$$

Wir gehen noch kurz auf eine Verallgemeinerung der Potenzreihen ein; eine Reihe
der Form

$$(9) \qquad f(z) = \sum_{k=-\infty}^\infty a_k \cdot z^k = \sum_{k=1}^\infty a_{-k} \cdot z^{-k} + \sum_{k=0}^\infty a_k \cdot z^k \;, \qquad a_{-k}, a_k \in \mathbb{C}$$

wird <u>Laurent-Reihe</u> genannt.

Ist nun $\tilde{\rho} := \overline{\lim}\; \sqrt[k]{|a_{-k}|}$,

$\rho := \dfrac{1}{\overline{\lim}\; \sqrt[k]{|a_k|}}$, und gilt: $\tilde{\rho} < \rho$,

dann konvergiert (9) in dem Ringgebiet
$\tilde{\rho} < |z| < \rho$ und stellt dort eine

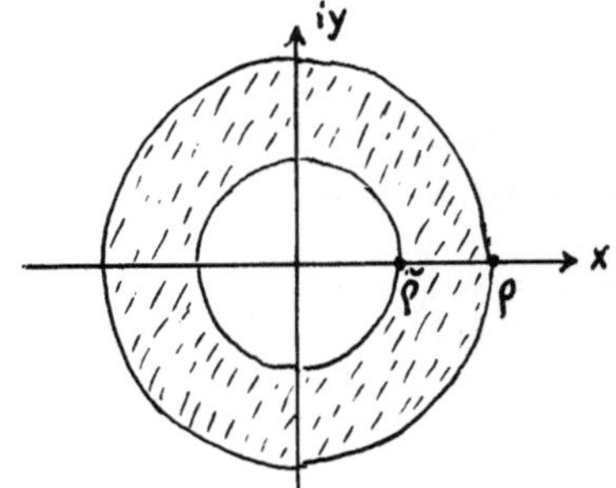

holomorphe Funktion dar. (Man überzeugt sich sofort davon, indem man im ersten Teil der Reihe (9) z durch $\frac{1}{\xi}$ ersetzt; jede der beiden Reihen ist dann für sich in dem Ringgebiet konvergent).

Man nennt den Anteil $\sum\limits_{k=1}^{\infty} a_{-k} \cdot z^{-k}$ den <u>Hauptteil</u> der durch die Laurentreihe dargestellten Funktion $f(z)$. Er ist dafür verantwortlich, daß $f(z)$ jedenfalls bei $z = 0$ eine Singularität besitzt. Hat der Hauptteil nur n Summanden, dann nennt man die Singularität bei $z = 0$ einen <u>Pol der Ordnung</u> n

$$\text{(Hauptteil} = \sum\limits_{k=1}^{n} a_{-k} \cdot z^{-k} \implies \tilde{\rho} = 0) .$$

<u>Beispiel</u>

7. $f(z) := \frac{1}{z^2} + e^z$ hat bei $z = 0$ einen Pol 2. Ordnung.

<u>Anmerkung:</u> Alle Überlegungen dieses Abschnittes sind für den Entwicklungspunkt $z_0 = 0$ durchgeführt. Alles geht völlig analog für Potenz- bzw. Laurent-Reihen der Form

$$\sum\limits_{0}^{\infty} a_k \cdot (z-z_0)^k \quad \text{bzw.} \quad \sum\limits_{-\infty}^{\infty} a_k \cdot (z-z_0)^k , \quad z_0 \in \mathbb{C} .$$

20.5. Die Integralformeln von Cauchy

In diesem Abschnitt werden wichtige Folgerungen aus dem Cauchy'schen Integralsatz (vgl. Satz 2.1., Abschnitt 20.2.) hergeleitet. Insbesondere wird sich ergeben, daß jede holomorphe Funktion beliebig oft differenzierbar und sogar in eine konvergente Potenzreihe entwickelbar ist. Hierzu beweisen wir zunächst

<u>Satz 5.1.:</u>

Sei $f(z)$ in einer Umgebung des Punktes z_0 beschränkt und - möglicherweise mit Ausnahme des Punktes z_0 selbst - dort holomorph. Dann ist

$$(1) \qquad \underset{z_0}{\text{Res}} \, f(z) = 0 .$$

<u>Beweis:</u>

Seien M und ε_0 feste positive Zahlen mit $|f(z)| \leq M$ für $|z-z_0| \leq \varepsilon_0$. Dann ist für alle $\varepsilon \in (0, \varepsilon_0]$

(2) $\qquad \left| \operatorname*{Res}_{z_0} f(z) \right| = \left| \frac{1}{2\pi i} \oint_{|z-z_0|=\varepsilon} f(z)dz \right| \leq \frac{1}{2\pi} \cdot 2\pi\varepsilon \cdot M = \varepsilon \cdot M \; .$

Also gilt (1). ∎

Nun können wir beweisen

Satz 5.2. (Cauchy'sche Integralfomeln):

Es sei $G \subset \mathbb{C}$ ein einfach zusammenhängendes Holomorphiegebiet von $f(z)$ und $C \subset G$ eine geschlossene doppelpunktfreie Kurve, orientiert im positiven Sinne. Dann gilt für jeden Punkt z_0 im Innenbereich der Kurve C

(3) $\qquad f^{(k)}(z_0) = \frac{k!}{2\pi i} \oint_C \frac{f(z)}{(z-z_0)^{k+1}} \, dz \quad , \; k = 0,1,2,\ldots \; .$

Anmerkung: Aus diesem Satz folgen überraschende Eigenschaften holomorpher Funktionen: Um die Kurvenintegrale (3) berechnen zu können, benötigt man nur die Werte von $f(z)$ auf der Kurve C . Die Formel besagt im Falle $k = 0$, daß die Werte von $f(z)$ im Innenbereich bereits durch die Werte auf C eindeutig bestimmt sind. Für $k \geq 1$ besagen sie, daß eine holomorphe Funktion unendlich oft differenzierbar ist, und daß die Werte aller Ableitungen $f^{(k)}(z)$ im Innenbereich von C durch die Werte von $f(z)$ auf der Kurve C eindeutig bestimmt sind.

Beweis von Satz 5.2.:
Die Funktion

$$\varphi(z) := \begin{cases} \dfrac{f(z) - f(z_0)}{z - z_0} & \text{für } z \neq z_0 \\[2mm] f'(z_0) & \text{für } z = z_0 \end{cases}$$

erfüllt die Voraussetzungen von Satz 5.1., sodaß wegen (1) gilt

$$0 = 2\pi i \cdot \operatorname*{Res}_{z_0} \varphi(z) = \oint_C \varphi(z)dz = \oint_C \frac{f(z) - f(z_0)}{z - z_0} \, dz =$$

$$= \oint_C \frac{f(z)}{z-z_0} \, dz - f(z_0) \cdot \oint_C \frac{dz}{z-z_0} = \oint_C \frac{f(z)}{z-z_0} \, dz - f(z_0) \cdot 2\pi i \; .$$

Daraus folgt (3) für $k = 0$. Der Rest des Beweises folgt durch Induktion über k ; mit

(4)
$$f^{(k-1)}(z_0) = \frac{(k-1)!}{2\pi i} \oint_C \frac{f(z)}{(z-z_0)^k}\, dz$$

ergibt eine kleine Rechnung für $|\Delta z|$ hinreichend klein

(5)
$$\frac{f^{(k-1)}(z_0+\Delta z) - f^{(k-1)}(z_0)}{\Delta z} - \frac{k!}{2\pi i} \oint_C \frac{f(z)}{(z-z_0)^{k+1}}\, dz =$$

$$= \frac{(k-1)!}{2\pi i} \cdot \Delta z \cdot \oint_C \frac{f(z) \cdot \psi(z,z_0,\Delta z)}{(z-z_0-\Delta z)^k \cdot (z-z_0)^{k+1}}\, dz \ ,$$

wobei $\psi(z,z_0,\Delta z)$ ein Polynom in $z,z_0,\Delta z$ ist.
Sei K ein Kreis um z_0 innerhalb C und $m > 0$ der minimale Abstand von K und C . Es folgt, daß der Integrand des Kurvenintegrals auf der rechten Seite von (5) auf C beschränkt ist. Also strebt die rechte Seite von (5) gegen Null für $\Delta z \to 0$. $\blacksquare$

Als unmittelbare Folgerung dieses Satzes erhalten wir

Satz 5.3. (Liouville):
Jede in $\mathbb{C}$ holomorphe und beschränkte Funktion $f(z)$ ist konstant.

Beweis:
Sei $|f(z)| \leq M$ für $z \in \mathbb{C}$ und K_R ein Kreis um z_0 mit Radius R . Aus (3) für $k = 1$ und (4), Abschnitt 20.2., folgt

$$|f'(z_0)| = \left|\frac{1}{2\pi i} \oint_{K_R} \frac{f(z)dz}{(z-z_0)^2}\right| \leq \frac{M}{2\pi} \cdot \frac{2\pi R}{R^2} = \frac{M}{R} \xrightarrow[R \to \infty]{} 0 \ .$$

Also ist $f'(z) = 0$ für alle $z \in \mathbb{C}$. $\blacksquare$

Mit Hilfe der Formeln (3) zeigt man jetzt das folgende zentrale Ergebnis

Satz 5.4.:
Ist $f(z)$ in $G \subset \mathbb{C}$ holomorph, dann läßt sich $f(z)$ um jeden Punkt $z_0 \in G$ in eine konvergente Potenzreihe entwickeln, die in dem größten Kreis um z_0 konvergiert, welcher noch ganz in G enthalten ist.

Beweis:
Sei $z_0 \in G$, und der Kreis $K := \{|z-z_0| \leq r\}$ liege ganz in G . Die Variable ξ laufe auf der Kreislinie

$\partial K := \{|\xi - z_0| = r\}$. Es folgt wegen

$|\dfrac{z - z_0}{\xi - z_0}| < 1$, daß die Reihe

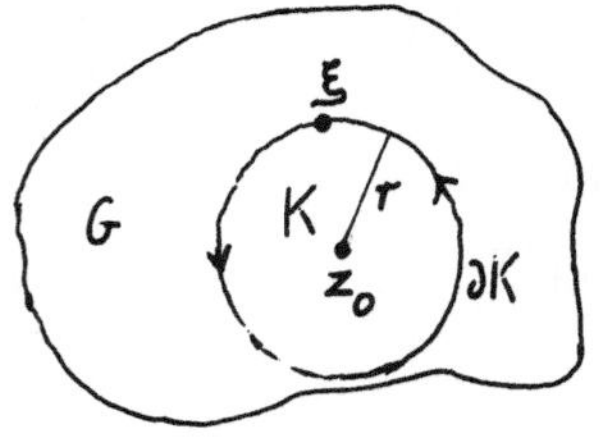

$$(6) \qquad \frac{f(\xi)}{\xi - z} = \sum_{k=0}^{\infty} \frac{f(\xi)}{(\xi - z_0)^{k+1}} \cdot (z - z_0)^k$$

für festes z, z_0 im Inneren des Kreises K bezüglich ξ gleichmäßig konvergiert, also gliedweise integriert werden darf. Daher erhalten wir aus (6) wegen (3)

$$(7) \qquad f(z) = \sum_{k=0}^{\infty} a_k \cdot (z - z_0)^k \quad \text{mit} \quad a_k := \frac{1}{2\pi i} \oint_{\partial K} \frac{f(\xi)}{(\xi - z_0)^{k+1}} \, d\xi = \frac{f^{(k)}(z_0)}{k!} \; .$$

Damit ist der Satz 5.4. bewiesen.

Man kann übrigens eine zu (7) ganz analoge Darstellung auch für Laurent-Reihen beweisen:

$$(7^*) \qquad f(z) = \sum_{k=-\infty}^{\infty} a_k (z - z_0)^k \quad \text{mit} \quad a_k = \frac{1}{2\pi i} \oint_{C} \frac{f(\xi) d\xi}{(\xi - z_0)^{k+1}} \; , \quad k \in \mathbb{Z} \; .$$

Dabei ist C eine beliebige einfach geschlossene, positiv orientierte Kurve, die ganz im Ringgebiet verläuft.

Wir bringen noch zwei Folgerungen, die sich zur Berechnung von Residuen eignen.

<u>Folgerung 1:</u> Besitzt $f(z)$ eine Laurent-Entwicklung um z_0 der Form (7^*), dann gilt:

$$(8) \qquad \operatorname*{Res}_{z_0} f(z) = a_{-1} \; .$$

<u>Beweis:</u> folgt unmittelbar aus (7^*), indem man $k = -1$ setzt.

<u>Folgerung 2:</u> Besitzt $f(z)$ bei z_0 einen Pol der Ordnung n , dann gilt

$$(9) \qquad \operatorname*{Res}_{z_0} f(z) = \frac{1}{(n-1)!} \cdot \lim_{z \to z_0} \left[\frac{d^{n-1}}{dz^{n-1}} \left((z - z_0)^n \cdot f(z) \right) \right] \; .$$

<u>Beweis:</u> Man differenziere $n-1$ mal und verwende (8) .

<u>Beispiel:</u>

Gesucht ist der Wert des Integrals $\displaystyle\int_{-\infty}^{\infty} \frac{\cos x \; dx}{(1+x^2)^2}$.

Wir setzen $f(z) := \dfrac{e^{iz}}{(1+z^2)^2}$ und wählen für $R > 1$ genau den gleichen Integrationsweg wie in den Beispielen 1. - 3., Abschnitt 20.3. . Es ist dann

$$\int_{-R}^{R} \left[\frac{\cos x}{(1+x^2)^2} + \frac{i \cdot \sin x}{(1+x^2)^2} \right] dx + \int_{H_R} \frac{e^{iz} \; dz}{(1+z^2)^2} = 2\pi i \sum \text{Res } f(z) \ .$$

Die in Frage kommende Singularität von $f(z)$ liegt bei $z_0 = i$. Dort hat $f(z)$ einen Pol 2. Ordnung. Mit (9) folgt für $\cdot n = 2$

$$\underset{i}{\text{Res}} \ \frac{e^{iz}}{(1+z^2)^2} = \lim_{z \to i} \left(\frac{d}{dz} \ \frac{e^{iz}}{(z+i)^2} \right) = \lim_{z \to i} e^{iz} \cdot \frac{iz - 3}{(z+i)^3} = e^{-1} \cdot \frac{1}{2i} \ .$$

Da $\displaystyle\int_{H_R} \star \xrightarrow{R \to \infty} 0$ und $\displaystyle i \cdot \int_{-R}^{R} \frac{\sin x}{(1+x^2)^2} \, dx = 0$ ist, folgt

$$(10) \qquad \int_{-\infty}^{\infty} \frac{\cos x \; dx}{(1+x^2)^2} = \frac{\pi}{e}$$

20.6. Konforme Abbildungen

Eine reelle Funktion von einer (bzw. zwei) reellen Veränderlichen läßt sich bekanntlich durch eine Kurve im $\mathbb{R}^2$ (bzw. eine Fläche im $\mathbb{R}^3$) veranschaulichen. Bei einer komplexen Funktion ist diese Art der Anschauung nicht möglich. Man erhält jedoch eine anschauliche Vorstellung, wenn man die komplexe Funktion $f(z) : G \subset \mathbb{C} \to \mathbb{C}$ als Abbildung eines Teiles der z-Ebene in die ζ-Ebene deutet. Man bedient sich dabei also zweier Exemplare von komplexen Zahlenebenen, deren Punkte durch $\zeta = f(z)$ einander zugeordnet werden. Ist $\zeta = f(z)$ holomorph, und ist außerdem $f'(z) \neq 0$, dann hat die durch $f(z)$ definierte Abbildung interessante geometrische Eigenschaften, die jetzt untersucht werden sollen.

1. Die Eineindeutigkeit.

Es sei $\zeta = f(z)$ holomorph , z_0 ein fester Punkt mit $\zeta_0 := f(z_0)$ und
$f'(z_0) \neq 0$. Wir wollen zeigen, daß die durch $f(z)$ definierte Abbildung in
einer Umgebung U des Punktes $z_0 = x_0 + iy_0$ umkehrbar eindeutig ist (d.h.
zwei verschiedene Punkte $z, z + \Delta z \in U$ haben auch zwei verschiedene Bildpunkte
$f(z), f(z + \Delta z)$. Mit $f(z) = u(x,y) + iv(x,y)$ folgt nach Voraussetzung

$$(1) \qquad \mathrm{Det} \begin{bmatrix} u_x(x_0,y_0) & u_y(x_0,y_0) \\ v_x(x_0,y_0) & v_y(x_0,y_0) \end{bmatrix} = u_x^2(..) + v_x^2(..) = |f'(z_0)|^2 \neq 0 \ .$$

Dann existiert aber wegen der Stetigkeit der Funktionen u_x, u_y, v_x, v_y eine
Kreis-Umgebung $U = U(z_0)$ derart, daß
auch noch

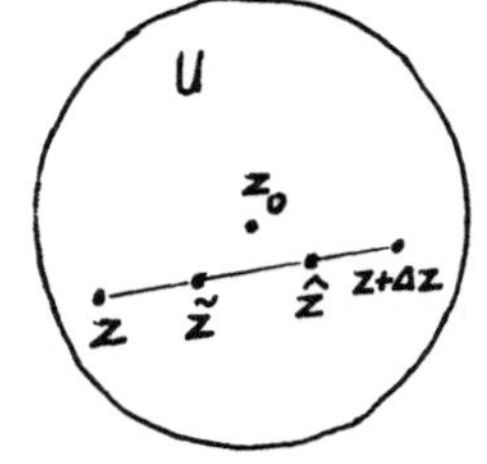

$$(1^*) \qquad \mathrm{Det} \begin{bmatrix} u_x(\tilde{x},\tilde{y}) \ , & u_y(\tilde{x},\tilde{y}) \\ v_x(\hat{x},\hat{y}) \ , & v_y(\hat{x},\hat{y}) \end{bmatrix} \neq 0$$

ist <u>für alle</u> Punktepaare $\tilde{z} = \tilde{x} + i\tilde{y}$, $\hat{z} = \hat{x} + i\hat{y}$ aus U .

Nun seien $z = x + iy$, $z + \Delta z = (x+h) + i(y+k)$ zwei beliebige Punkte aus U .
Nach dem Mittelwertsatz für Funktionen mehrerer reeller Variabler (vgl. Satz
3.1, Abschnitt 12.3) ergibt sich

$$(2) \qquad \begin{bmatrix} u(x+h,y+k) - u(x,y) \\ v(x+h,y+k) - v(x,y) \end{bmatrix} = \begin{bmatrix} u_x(\tilde{x},\tilde{y}) \ , & u_y(\tilde{x},\tilde{y}) \\ v_x(\hat{x},\hat{y}) \ , & v_y(\hat{x},\hat{y}) \end{bmatrix} \cdot \begin{bmatrix} h \\ k \end{bmatrix} \ ,$$

wobei $(\tilde{x},\tilde{y})$, $(\hat{x},\hat{y})$ Zwischenpunkte auf der Verbindungsstrecke zwischen
(x,y) und $(x+h,y+k)$ sind. Da diese in U liegen, folgt wegen (1^*) , daß die
linke Seite von (2) nicht verschwinden kann, da ja $(h,k) \neq (0,0)$ vorausgesetzt war. Also ist die Abbildung $f(z)$ um z_0 lokal eineindeutig.

2.) Die Winkel- und Maßstabstreue (= Konformität) .

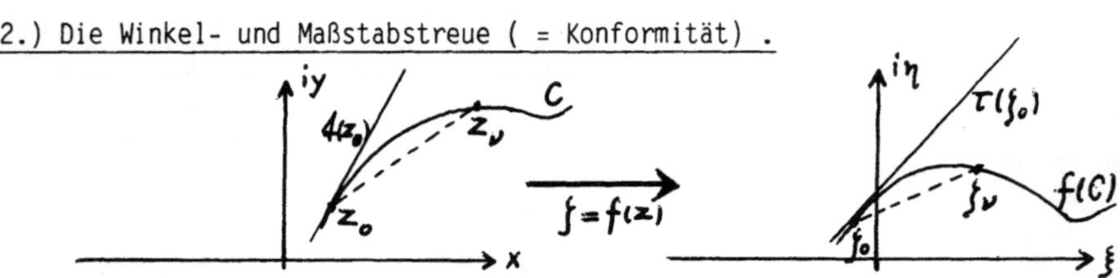

Wir betrachten eine Kurve C in der z-Ebene durch den festen Punkt z_0. $\mathfrak{t}(z_0)$ sei die Tangente in z_0 an C. Ferner sei $\{z_\nu, \nu = 1,2,3...\}$ eine Punktfolge auf C mit $\lim\limits_{\nu \to \infty} z_\nu = z_0$. Entsprechend sei $f(C)$ die Bildkurve von C in der ζ-Ebene, $\zeta_0 = f(z_0)$ (mit $f'(z_0) \neq 0$) und $\tau(\zeta_0)$ die Tangent in ζ_0 an $f(C)$. Ferner sei $\zeta_\nu = f(z_\nu)$ für $\nu = 1,2,3...$ die entsprechend Bildfolge (vgl. Skizze). Es folgt nun

$$(3a) \qquad f'(z_0) = \lim\limits_{z_\nu \to z_0} \frac{f(z_\nu) - f(z_0)}{z_\nu - z_0} = \lim\limits_{\nu \to \infty} \frac{\zeta_\nu - \zeta_0}{z_\nu - z_0} \, ,$$

woraus sich für den Grenzwert des durch die entsprechenden Sehnen eingeschlossenen Winkels ergibt (vgl. Absch. 4.1., (5)):

$$(3b) \qquad \lim\limits_{z_\nu \to z_0} (\arg(\zeta_\nu - \zeta_0) - \arg(z_\nu - z_0)) = \arg f'(z_0) \, .$$

Also: Die Tangente $\tau(\zeta_0)$ an die Kurve $f(C)$ erscheint gegen die Tangente $\mathfrak{t}(z_0)$ an die Kurve C im positiven Sinne um den Winkel $\arg f'(z_0)$ gedreht.

Schließlich folgt noch aus (3a)

$$(3c) \qquad \lim\limits_{z_\nu \to z_0} \frac{|\zeta_\nu - \zeta_0|}{|z_\nu - z_0|} = |f'(z_0)| \, ,$$

welches besagt, daß sich die Längen entsprechender von z_0 bzw. von ζ_0 ausgehender Vektoren nahezu wie $1 : |f'(z_0)|$ verhalten, sofern die beiden Längen nur klein sind.

So werden z.B. kleine Dreiecke in der Nähe von z_0 nahezu ähnlich im Maßstabverhältnis $|f'(z_0)|$ in die ζ-Ebene abgebildet. Man nennt daher konforme Abbildungen auch <u>im Kleinen ähnlich</u>.
Wir fassen zusammen:

<u>Satz 6.1.:</u>
Eine holomorphe Funktion $\zeta = f(z)$ mit $f'(z_0) \neq 0$ vermittelt in einer Umgebung von z_0 eine umkehrbar eindeutige, in beiden Richtungen stetige, sowie eine im Kleinen winkel- und maßstabstreue Abbildung. Diese Abbildung wird kurz <u>konforme Abbildung</u> genannt. ■

Beispiele:

1. Eine wichtige Klasse konformer Abbildungen wird durch die <u>gebrochen</u>
<u>linearen Transformationen</u> geliefert. Sie haben die Form

$$f(z) = \frac{az + b}{cz + d} \quad , \quad z \in \mathbb{C} \, , \quad cz + d \neq 0 \, ,$$

wobei $a,b,c,d \in \mathbb{C}$ mit $ad - bc \neq 0$ gilt.

Wegen $f'(z) = \dfrac{ad - bc}{(cz+d)^2} \neq 0$ ist $f(z)$ konform für alle Punkte $z \in \mathbb{C}$ mit
$cz + d \neq 0$.

Spezielle Fälle der in Beispiel 1 angegebenen Transformationen sind die
<u>Drehstreckungen</u> (b = c = 0 , d = 1) , die <u>Translationen</u> (a = d = 1 , c = 0)
und die <u>äquiformen Abbildungen</u> (c = 0 , d = 1) .

2. $f(z) = z^2$ bildet die obere komplexe Halbebene für $z \neq 0$ konform auf die
ganze komplexe Ebene $\mathbb{C}$ ab. Wegen $f(z) = f(-z)$ existiert aber keine globale
eindeutige Umkehrfunktion. Dieses Beispiel zeigt, daß die Eineindeutigkeit im
allgemeinen nur eine lokale Eigenschaft ist.

Eine wichtige Anwendung der konformen Abbildungen besteht in der Transformation
von Potentialfunktionen. Dabei erinnern wir an Satz 1.3., in dem gezeigt
wurde, daß sowohl der Realteil als auch der Imaginärteil einer holomorphen
Funktion eine Potentialfunktion ist, an Beispiel 9 in 20.1., in dem das
Geschwindigkeitspotential und die Stromfunktion einer Potentialströmung
bestimmt wurden, und das Dirichlet-Problem (6) in 19.2., bei dem in einem
Gebiet R eine Potentialfunktion gesucht wurde, die auf dem Rand ∂R vorgegebene Werte hatte. Ist $\zeta = \xi + i\eta$, und ist. $f(\zeta) = u(\xi,\eta) + iv(\xi,\eta)$ eine
holomorphe Funktion in einem Gebiet R^* der komplexen ζ-Ebene, und wird durch
$h(z) = s(x,y) + it(x,y)$ (z = x + iy) eine eineindeutige und in jedem Punkt
von R konforme Abbildung des Gebietes R der z-Ebene auf R^* vermittelt,
so ist die zusammengesetzte Funktion $f(h(z))$ holomorph auf R . Da $f(\zeta)$
holomorph auf R^* ist, muß der Realteil $u(\xi,\eta)$ eine Potentialfunktion auf
R^* sein, und wegen der Holomorphie von $f(h(z))$ gilt für deren Realteil
$u(s(x,y), t(x,y)) =: \hat{u}(x,y)$ natürlich

$$(4) \qquad \Delta u(s(x,y), t(x,y)) \equiv \Delta \hat{u}(x,y) = 0 \quad \text{auf } R \, .$$

Die Äquipotentiallinien von $\hat{u}(x,y)$, also die Kurven $\mathcal{L}$, die durch

$$\mathcal{L} = \{z \in \mathbb{C} : \hat{u}(x,y) = c\}$$

gegeben sind, gehen durch die Abbildung h in die Mengen

$$\mathcal{L}^* = \{\zeta \in \mathbb{C} : u(\xi,\eta) = c\} \; ,$$

also die Äquipotentiallinien von $u(\xi,\eta)$ über. Umgekehrt erhält man die Äquipotentiallinien von $\hat{u}(x,y)$ aus denen von $u(\xi,\eta)$ vermittels der Umkehrabbildung $h^{-1}(\zeta)$. Diese Möglichkeit, mit Hilfe einer konformen Abbildung Potentialfunktionen zu transformieren, machen wir uns in den folgenden beiden Beispielen zunutze.

In den folgenden Beispielen wollen wir Potentialfunktionen mit Hilfe der durch $z = e^{\zeta}$ gegebenen konformen Abbildung transformieren. Wegen

$$(5) \qquad e^{\zeta} = e^{\xi+i\eta} = e^{\xi} \cdot (\cos \eta + i \cdot \sin \eta)$$

ist *diese* Funktion jedoch nicht umkehrbar eindeutig. Sie ist periodisch mit der Periode $2\pi i$. Beschränken wir uns jedoch in der ζ-Ebene auf einen Streifen

$$R^* = \{\zeta = \xi + i\eta \in \mathbb{C} : 0 \leq \eta < 2\pi\} \; ,$$

so vermittelt $z = e^{\zeta}$ eine umkehrbar eindeutige konforme Abbildung von R^* auf $R = \mathbb{C} \setminus \{0\}$. Die Umkehrabbildung von R auf R^* heißt der (Hauptwert des komplexen) <u>Logarithmus</u> und ist durch

$$(6) \qquad \text{Ln}\, z := \ln|z| + i \cdot \arg z \quad \text{mit} \quad 0 \leq \arg z < 2\pi$$

definiert.

<u>Beispiele:</u>
3. Wir betrachten in der ζ-Ebene die stationäre Parallelströmung

$$(7) \qquad w := (0,1)^{\text{T}} \; .$$

Wegen $\text{div}\, w = \text{rot}\, w = 0$ stellt (7) eine Potentialströmung dar (vgl. Beispiel 7, Abschnitt 20.1). Mit $u \equiv 0$, $v \equiv 1$ ist $f(\zeta) := u - iv = -i$

holomorph. Die Funktion

(8) $\qquad F(\zeta) := \eta - i\xi = -i \cdot \zeta$

ist holomorph mit $F'(\zeta) = f(\zeta)$. Also ist $\varphi(\xi,\eta) := \eta$ das Geschwindigkeitspotential zu (7), $\psi(\xi,\eta) := -\xi$ die Stromfunktion zu (7).

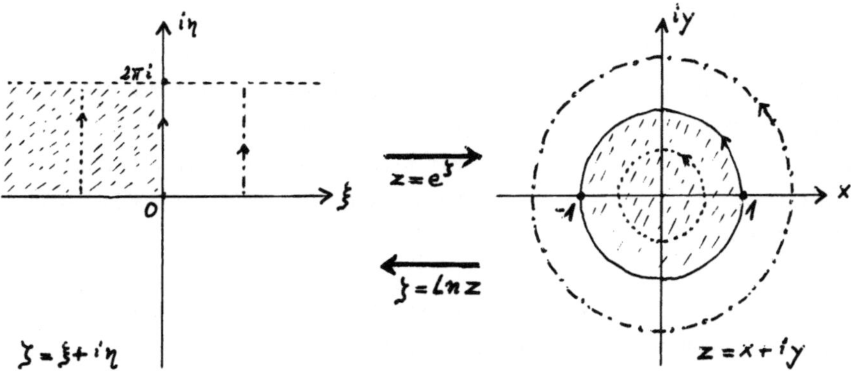

Nun betrachten wir die konforme Abbildung

(9) $\qquad z = x + iy = e^\zeta = e^\xi \cdot \cos\eta + i \cdot e^\xi \cdot \sin\eta$,

die den Streifen $\{\zeta = \xi + i\eta : 0 \leq \eta < 2\pi , \xi \in \mathbb{R}\}$ in der ζ-Ebene auf die
z-Ebene ($z = 0$ ausgeschlossen) abbildet. Hierbei werden die Potentiallinien
η = const. auf die Halbgeraden durch 0 und die Stromlinien $-\xi$ = const. auf
die konzentrischen Kreise abgebildet.

Wir transformieren jetzt die komplexe Potentialfunktion $F(\zeta)$ durch die
Umkehrabbildung von (9), $\zeta = Ln\, z$, auf die z-Ebene mit $z \neq 0$:

$$G(z) := F(\zeta) = F(Ln\, z) = -i \cdot Ln\, z = -i\,[\,\ln|z| + i \cdot \arg z\,] =$$

$$= \arg z - i \cdot \ln|z| \quad \text{für} \quad z \neq 0 ,$$

also

(10) $\qquad G(z) = \text{arctg}\,\dfrac{y}{x} - i \cdot \ln\sqrt{x^2 + y^2} , \quad (x,y) \neq (0,0)$.

$G(z)$ ist die zu der transformierten Strömung gehörige komplexe Potentialfunktion, d.h. es ist

$$\tilde{\varphi}(x,y) := \text{arctg } \frac{y}{x} \qquad \text{das Geschwindigkeitspotential,}$$

$$\tilde{\psi}(x,y) := -\ln\sqrt{x^2+y^2} \quad \text{die Stromfunktion}$$

der transformierten Strömung. Diese berechnet sich durch Differentiation von (10):

$$g(z) = \tilde{u} - i\tilde{v} = G'(z) = \frac{d}{dx}\left(\text{arctg }\frac{y}{x}\right) - i \cdot \frac{d}{dx}\left(\ln\sqrt{x^2+y^2}\right) =$$

$$= \frac{-y}{x^2+y^2} - i \cdot \frac{x}{x^2+y^2} \quad .$$

Also ist

$$(11) \qquad \tilde{w} = (\tilde{u},\tilde{v})^T = \left(\frac{-y}{x^2+y^2}, \frac{x}{x^2+y^2}\right)^T$$

die transformierte Strömung. Sie ist die uns schon von Abschnitt 14.2., Beispiel 2, her bekannte Zirkularströmung.

4. Wir wollen das Dirichlet'sche Randwertproblem

$$(12) \quad \begin{cases} \Delta g(\xi,\eta) = 0 \quad \text{in } \Gamma \quad, \\[2mm] g(\xi,\eta) = \begin{cases} 2 \cdot \sin\eta & \text{auf } \partial_1\Gamma \\ \sin\eta & \text{auf } \partial_3\Gamma \\ 0 & \text{auf } \partial_2\Gamma \cup \partial_4\Gamma \end{cases} \end{cases}$$

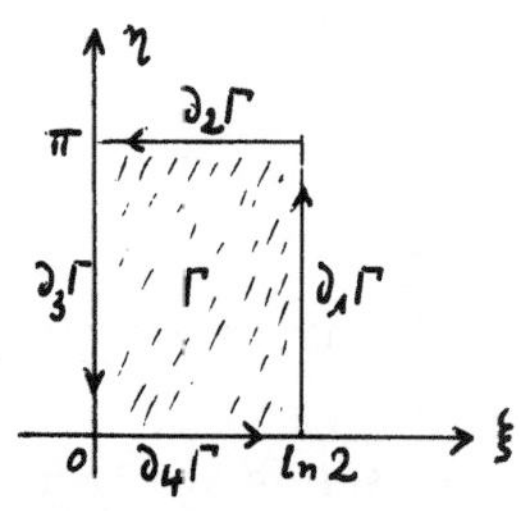

mit Hilfe konformer Abbildungen lösen.

Die konforme Abbildung $z = e^\zeta$ transformiert das Gebiet Γ der ζ-Ebene auf das nebenstehende Gebiet G der z-Ebene (vgl. Skizze). Durch die Umkehrabbildung

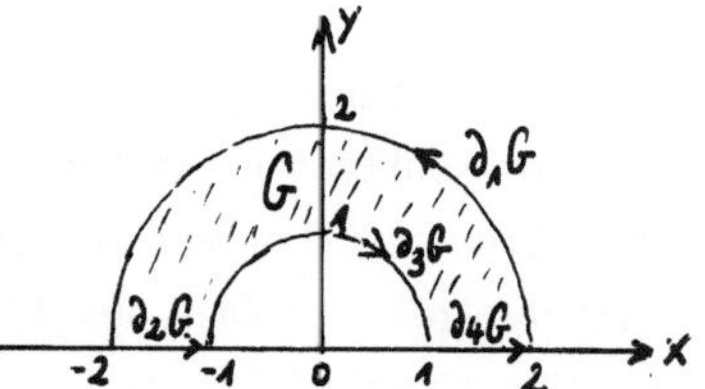

$$(13) \qquad \zeta = \xi + i\eta = \text{Ln } z = \ln\sqrt{x^2+y^2} + i \cdot \text{arctg }\frac{y}{x}$$

werden nun die Randbedingungen in (12) transformiert: Die transformierte Potentialfunktion ist

$$\text{auf } \partial_1 G \text{ gleich } \quad 2\cdot\sin\eta = 2\cdot\sin\left(\text{arctg }\frac{y}{x}\right) = \frac{y}{\frac{1}{2}\sqrt{x^2+y^2}} \quad,$$

$$\text{auf } \partial_3 G \text{ gleich } \quad \sin\eta = \sin\left(\text{arctg }\frac{y}{x}\right) = \frac{y}{\sqrt{x^2+y^2}} \quad,$$

$$\text{auf } \partial_2 G \cup \partial_4 G \text{ gleich } 0 \quad .$$

Da nun $\sqrt{x^2+y^2} = 2$ auf $\partial_1 G$ und $\sqrt{x^2+y^2} = 1$ auf $\partial_3 G$ gilt, lautet das transformierte Dirichletproblem wegen obiger Überlegungen

$$(12\star) \quad \begin{cases} \Delta f(x,y) = 0 \quad \text{in} \quad G \\[2mm] f(x,y) \;\; = y \quad \text{auf} \quad \partial G = \overset{4}{\underset{1}{\bigcup}} \, \partial_\nu G \; . \end{cases}$$

Die Lösung ist sofort angebbar: $f(x,y) = y$.

Die gesuchte Potentialfunktion $g(\xi,\eta)$, also die Lösung von (12), erhalten wir durch Rücktransformation. Wegen $f = \operatorname{Im} z$ folgt

$$g(\xi,\eta) = \operatorname{Im} z = \operatorname{Im}(e^\zeta) = \operatorname{Im}(e^\xi \cdot (\cos \eta + i \cdot \sin \eta)) = e^\xi \cdot \sin \eta \; .$$

Also lautet die Lösung von (12)

$$(14) \qquad g(\xi,\eta) = e^\xi \cdot \sin \eta \quad .$$

Kapitel 21: Grundbegriffe der Variationsrechnung

21.1. Beispiele von Variationsaufgaben

In den Abschnitten 6.4 und 12.4. hatten wir uns mit der Bestimmung von Extremstellen von Funktionen beschäftigt. Die Variationsrechnung bildet eine Verallgemeinerung solcher Extremalaufgaben; einige klassiche Beispiele, von denen die ältesten bereits Ende des 17. Jahrhunderts formuliert und gelöst wurden, sollen dies näher erläutern:

1. Das Problem der Brachystochrone (Joh. Bernoulli, 1696):
Welche Kurve, die zwei gegebene Punkte $A,B \in \mathbb{R}^2$, welche nicht vertikal übereinanderliegen, verbindet, hat die Eigenschaft, daß ein längs dieser Kurve von A nach B gleitender Massenpunkt in kürzest möglicher Zeit in B eintrifft? Der Massenpunkt bewege sich reibungsfrei unter dem Einfluß der Schwerkraft (vgl. Skizze).

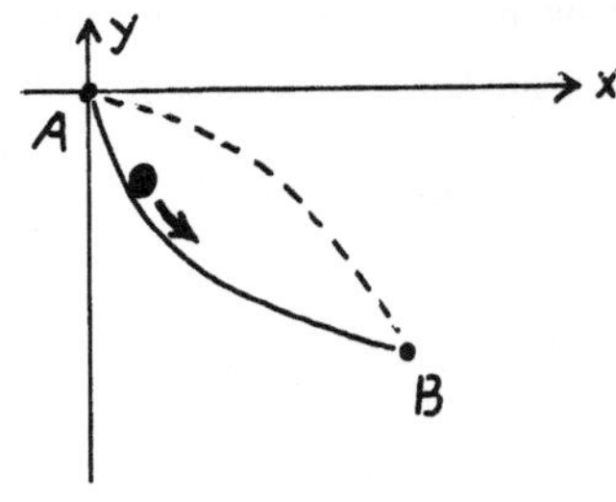

2. <u>Das Problem der Geodätischen</u> (Joh. Bernoulli, 1697):
Welche Kurve kleinster Länge, die ganz
in einer gegebenen Fläche $\varphi(x,y,z) = 0$
im $\mathbb{R}^3$ verläuft, verbindet zwei gegebene
Punkte A und B auf dieser Fläche?
(solche Kurven nennt man "Geodätische").

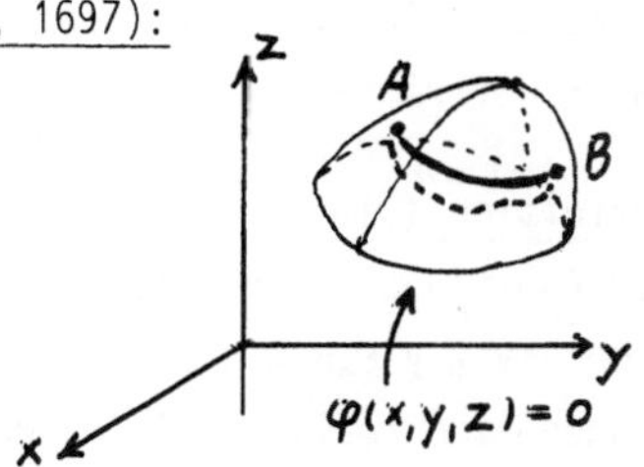

3. Als <u>Spezialfall von Beispiel 2</u> haben wir das folgende Variationsproblem:
Welche Kurve in der Ebene $\mathbb{R}^2$, die
zwei gegebene Punkte $A,B \in \mathbb{R}^2$ verbindet, hat die kürzeste Länge?
(Die Antwort ist natürlich jedem
sofort klar).

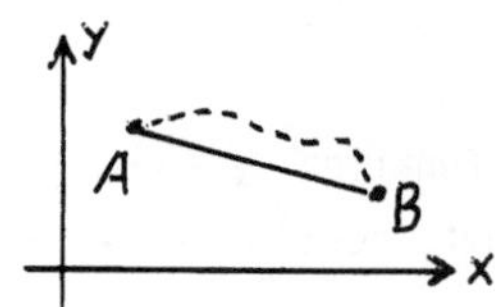

4. <u>Das isoperimetrische Problem:</u>
Gesucht ist diejenige einfach geschlossene ebene Kurve $C \subset \mathbb{R}^2$ von
gegebener Länge ℓ , die einen maximalen Flächeninhalt F umschließt.
Von der speziellen Lage dieser Kurve in
der Ebene wird hier natürlich abgesehen.

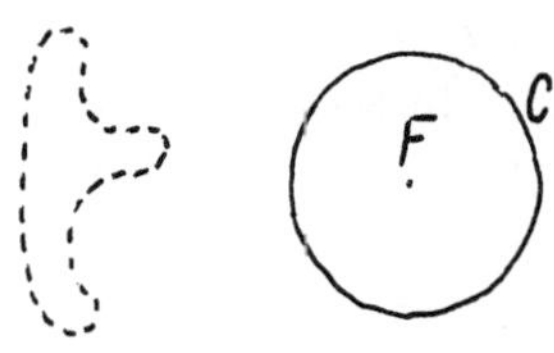

Die Lösung dieser Aufgabe (die gesuchte Kurve ist eine <u>Kreislinie</u>) war bereits
den alten Griechen bekannt. Allgemeine Lösungsmethoden solcher isoperimetri-
scher Probleme wurden erst von L. Euler (1707-1783) entwickelt.

5. <u>Das Minimalflächenproblem:</u>
Ein dünner, geschlossener Drahtbügel,
dessen Kontur nicht in einer Ebene
liegen möge, werde in eine Seifen-
lösung getaucht und wieder herausge-
zogen. Die Seifenhaut, die im Bügel
"eingespannt" ist, wird sich unter dem
Einfluß der Oberflächenspannung "soweit
wie möglich" zusammenziehen, d.h. die von der Seifenhaut gebildete Fläche

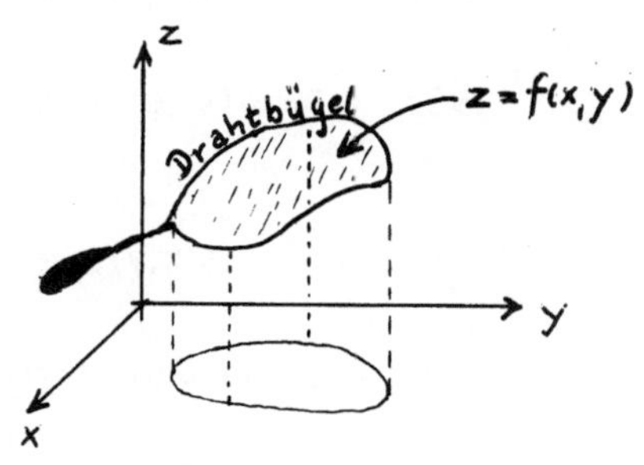

wird minimalen Inhalt haben. Gesucht ist diese Minimalfläche, etwa in Form
einer Funktion $z = f(x,y)$ (vgl. Skizze).

Diese Beispiele lassen erkennen, daß wir zu ihrer Lösung einen verallgemeinerten Funktionsbegriff einführen müssen: Die Argumentbereiche sind jetzt selbst

Funktionen (Kurven oder Flächen), während die Wertebereiche Zahlen sind.
Daher definieren wir:

Definition 1.1.:
Ein _Funktional_ F[y] ist eine Zuordnung, die jeder Funktion $y = y(x)$
(oder $y = y(\xi,\eta,\zeta,...)$) aus einer gewissen (zulässigen) Menge $\mathscr{Z}$ von Funktionen eine reelle Zahl zuordnet:

(1) $F[y] : \mathscr{Z} \rightarrow \mathbb{R}$.

Eine Funktion $y \in \mathscr{Z}$, für die F[y] einen maximalen oder minimalen Wert
annimmt, heißt eine _Extremale_ des Funktionals F[y] .

So wird z.B. in Beispiel 1. jeder Kurve $y(x)$ von A nach B mit negativer
Steigung die Gleitzeit des Massenpunktes zugeordnet. In Beispiel 2. wird jeder
auf $\varphi(x,y,z) = 0$ und von A nach B verlaufenden Kurve $z(x,y)$ ihre Länge
zugeordnet. In Beispiel 4. wird jeder geschlossenen Kurve
$C := \{x(t),y(t) : t \in [a,b]\}$ der Zahlenwert des eingeschlossenen Flächeninhaltes zugeordnet.

21.2. Erste Variation und Euler'sche Gleichung

In diesem Abschnitt wird ein wichtiges Hilfsmittel zur Lösung von Variations-
problemen hergeleitet. Dabei werden wir uns auf eine besonders wichtige Klasse
von Funktionalen beschränken, nämlich die bestimmten Integrale:

(1) $I[\varphi] := \int\limits_a^b F(x,\varphi(x),\varphi'(x))dx$,

und

(2) $I[\psi] := \iint\limits_G F(x,y,\psi(x,y),\psi_x(x,y),\psi_y(x,y))dxdy$.

Hierbei sind $a,b \in \mathbb{R}$ $(a < b)$ feste Grenzen und $G \subset \mathbb{R}^2$ ein Gebiet. $\varphi(x)$
bzw. $\psi(x,y)$ sind Funktionen, die in einer gewissen Funktionenmenge variieren.
Von der Funktion F(...) unter dem Integralzeichen nehmen wir an, daß sie
nach jeder ihrer Variablen zweimal stetig differenzierbar ist.

a) Behandlung des Funktionals (1) :

Es sei $\mathscr{Z} := \{\varphi \in C^2[a,b] : \varphi(a) = y_0, \varphi(b) = y_1\}$ der Definitionsbereich des
Funktionals $I[\varphi]$ ($\mathscr{Z}$ nennt man _zulässige_ Funktionen). Dabei seien $y_0, y_1 \in \mathbb{R}$

fest. Es werde angenommen, daß $I[\varphi]$ bei $y = y(x) \in \mathcal{L}$ ein (relatives) Extremum besitzt, daß also y eine Extremale von $I[\varphi]$ ist.

Wir betrachten für eine Funktion $\eta \in C^2[a,b]$ mit $\eta(a) = \eta(b) = 0$ die Funktionen $y + \varepsilon\eta$, $\varepsilon \in \mathbb{R}$, und bilden

$$(3) \qquad I(\varepsilon) := I[y+\varepsilon\eta] = \int_a^b F(x, y + \varepsilon\eta, y' + \varepsilon\eta')dx .$$

Da nun die Funktion $\hat{I}(\varepsilon) : \mathbb{R} \to \mathbb{R}$ nach Voraussetzung bei $\varepsilon = 0$ ein relatives Extremum, also insbesondere eine stationäre Stelle hat, folgt (vgl. Abschnitt 6.4.):

$$(4) \qquad \frac{d}{d\varepsilon} I(\varepsilon)\Big|_{\varepsilon=0} = 0 .$$

Nun ist wegen (3) (Differentiation unter dem Integral ist erlaubt)

$$\frac{d\hat{I}}{d\varepsilon} = \int_a^b \left(\frac{\partial F}{\partial\varphi}\cdot\eta + \frac{\partial F}{\partial\varphi'}\cdot\eta'\right)dx = \int_a^b F_\varphi\,\eta\,dx + F_{\varphi'}\cdot\eta\Big|_a^b - \int_a^b \frac{d}{dx}(F_{\varphi'})\cdot\eta\,dx =$$

$$= \int_a^b [F_\varphi - \frac{d}{dx}(F_{\varphi'})]\cdot\eta\,dx . \quad \text{(Man beachte: } \eta(a) = \eta(b) = 0 \text{)}.$$

Setzen wir hier $\varepsilon = 0$ ein und benutzen (4), dann ergibt sich für die Extremale $y = y(x)$:

$$(5) \qquad \int_a^b (F_y(x,y,y') - \frac{d}{dx}[F_{y'}(x,y,y')])\cdot\eta(x)dx = 0 ,$$

wobei wir hier jetzt (der Deutlichkeit halber) die partiellen Ableitungen von F nach der zweiten bzw. der dritten Variablen mit F_y bzw. $F_{y'}$ bezeichnet haben.

Wir beweisen nun zunächst das folgende Lemma

<u>Satz 2.1.</u> (Fundamentallemma der Variationsrechnung):
Ist $f(x)$ stetig in $[a,b]$ und gilt

$$(6a) \qquad \int_a^b f(x)\cdot\eta(x)dx = 0$$

für alle $\eta(x) \in C^2[a,b]$ mit $\eta(a) = \eta(b) = 0$, dann folgt

$$(6b) \qquad f(x) \equiv 0 \quad \text{in } [a,b] .$$

Beweis:

Annahme, das Lemma sei falsch. Dann gibt es ein $\zeta \in [a,b]$ mit $f(\zeta) \neq 0$.

Da $f(x)$ stetig ist, existiert ein
ganzes Intervall $[\alpha,\beta] \subset [a,b]$
um ζ mit $f(x) \neq 0$ für $x \in [\alpha,\beta]$.
Wir nehmen ohne Einschränkung an:
$f(x) > 0$ für alle $x \in [\alpha,\beta]$. Nun
wählen wir das folgende spezielle $\hat{\eta}(x)$:

$$\hat{\eta}(x) := \begin{cases} (x-\alpha)^3 \cdot (\beta-x)^3 & \text{für } x \in [\alpha,\beta] \\ 0 & \text{sonst.} \end{cases}$$

Dann gilt $\hat{\eta}(x) \in C^2[a,b]$ mit $\hat{\eta}(a) = \hat{\eta}(b) = 0$, und es folgt

$$\int_a^b f(x) \cdot \hat{\eta}(x)dx = \int_\alpha^\beta f(x) \cdot \hat{\eta}(x)dx > 0 ,$$

dies aber ist ein Widerspruch zu (6a) .

Da nun (5) für alle $\eta \in C^2[a,b]$ mit $\eta(a) = \eta(b) = 0$ richtig sein soll,
folgt aus diesem Satz (vgl. (6b)):

$$(7) \qquad F_y(x,y,y') - \frac{d}{dx}[F_{y'}(x,y,y')] = 0 .$$

Dies ist die zu dem Integral (1a) gehörige __Eulersche Gleichung__. (7) ist
im allgemeinen eine gewöhnliche Differentialgleichung 2. Ordnung, unter
deren Lösungen die gesuchte Extremale von (1) ist. Differenziert man (7) aus,
dann erhält man folgende Form der __Eulerschen Gleichung__ (Euler, 1744):

$$(7^*) \qquad F_{y'y'} \cdot y'' + F_{yy'} \cdot y' + F_{xy'} - F_y = 0 .$$

Die beiden Randbedingungen

$$(7^{**}) \qquad y(a) = y_0 , \quad y(b) = y_1$$

legen dann eine Lösung von (7^*) eindeutig fest.

__Anmerkung:__ Besitzt das Funktional $I[\varphi]$ bei $\varphi = y$ einen Extremwert,
dann ist y notwendig auch Lösung von (7). Man beachte aber, daß das Umgekehrte
i.a. nicht gilt! Oft kann man aber auf Grund der konkreten Problemstellung

schließen, daß bei der Lösung y von (7) tatsächlich ein Extremum vorliegt.
(Man vergleiche die Rechenbeispiele in Abschnitt 21.3 .)
Wir betrachten noch den Fall, daß F nicht explizit von x abhängt:
$F = F(y,y')$. Aus (7*) folgt dann wegen $F_{xy'} = 0$ durch eine leichte Rechnung

$$\frac{d}{dx} [F - F_{y'} \cdot y'] = 0 .$$

Daraus ergibt sich für eine Konstante c

$$(8) \qquad F - F_{y'} \cdot y' = c .$$

Diese sehr viel einfachere Form der Eulerschen Gleichung erweist sich bei praktischen Problemen als recht nützlich.

b) <u>Behandlung des Funktionals (2) :</u>
Hier gehen wir ähnlich wie im Falle (1) vor. Sei $u = u(x,y)$ eine Extremale
von $I[\psi]$. Wir bilden

$$(9) \qquad \hat{I}(\varepsilon) := \iint_G F(x,y,u + \varepsilon\eta, \ u_x + \varepsilon\eta_x, \ u_y + \varepsilon\eta_y)dxdy ,$$

wobei $\eta(x,y) \in C^2(G)$ ist mit $\eta = 0$ auf ∂G . Durch Differentiation nach ε
folgt mit $\hat{I}'(\varepsilon) = 0$ bei $\varepsilon = 0$

$$\iint_G (F_u \cdot \eta + F_{u_x} \cdot \eta_x + F_{u_y} \cdot \eta_y)dxdy = \iint_G (F_u - \frac{\partial}{\partial x} F_{u_x} - \frac{\partial}{\partial y} F_{u_y}) \cdot \eta \, dxdy =$$
$$= 0 .$$

Dabei haben wir den Gauß'schen Integralsatz

$$\iint_G \text{div } \boldsymbol{\alpha} \, dG = \int_{\partial G} \boldsymbol{\alpha} \cdot \boldsymbol{\mathcal{u}} \, ds \quad \text{mit } \boldsymbol{\alpha} := (F_{u_x} \cdot \eta, \ F_{u_y} \cdot \eta)^T$$

benutzt; das Randintegral verschwindet dabei wegen $\eta|_{\partial G} = 0$.
Wegen eines entsprechenden Fundamentallemmas für zwei Variable (vgl. Satz 2.1.)
folgt hieraus

$$(10) \qquad F_u - \frac{\partial}{\partial x} F_{u_x} - \frac{\partial}{\partial y} F_{u_y} = 0 ,$$

also die entsprechende <u>Euler'sche Gleichung</u>, die auch <u>Ostrogradski-Gleichung</u>
(Ostrogradski, 1834) genannt wird.

Wir fassen zusammen:

<u>Satz 2.2.:</u>

Notwendig für die Existenz eines Extremalwertes des Integrals (1) bzw. (2) an der "Stelle" $\varphi(x) = y(x)$ bzw. $\psi(x,y) = u(x,y)$ ist, daß y bzw. u die Eulersche Gleichung (7) bzw. (10) löst. ∎

<u>21.3.: Lösung von Variationsaufgaben</u>

Zum Abschluß sollen nun durch Anwendung der Eulerschen Gleichung einige Variationsprobleme glöst werden.

<u>Beispiel 1:</u> Lösung des Brachystochronen-Problems
(vgl. 1. Beispiel, Abschnitt 21.1.) .

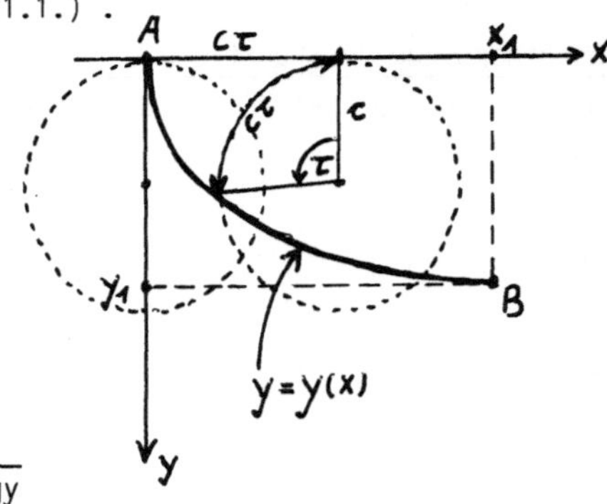

Die gesuchte Kurve $y = y(x)$ soll durch die beiden gegebenen Punkte $A = (0,0)$, $B = (x_1,y_1)$ laufen. Das Achsenkreuz werde so gelegt, daß die y-Achse nach unten weist.

Nach dem Newton'schen Kraftgesetz gilt:

$$(1) \qquad \frac{1}{2} \cdot m \cdot v^2 = m \cdot g \cdot y , \qquad v = \frac{ds}{dt} = \sqrt{2gy}$$

(m = Masse des gleitenden Massenpunktes, g = Erdbeschleunigung,

$v = \frac{ds}{dt}$ = Geschwindigkeit des Massenpunktes, s = Bogenlänge des durchlaufenen

Kurvenstückes entlang $y(x)$).

Wegen $ds = \sqrt{1 + y'^2}\, dx$ (vgl. Abschnitt 11.1.) folgt aus (1)

$$dt = (2g\,y)^{-\frac{1}{2}} ds ,$$

woraus sich durch Integration ergibt

$$(2) \qquad I[y] = t(y(x)) = \frac{1}{\sqrt{2g}} \cdot \int_0^{x_1} \frac{\sqrt{1+y'^2}}{\sqrt{y}} \cdot dx , \quad y(0) = 0 , \ y(x_1) = y_1 .$$

Das Integral (2) ist zu minimieren. Da der Integrand nicht explizit von x abhängt, verwenden wir die Form (8), Abschnitt 21.2., der Eulerschen Gleichung.

Es folgt

$$(3) \qquad \frac{\sqrt{1+y'^2}}{\sqrt{y}} - \frac{y'^2}{\sqrt{y}\cdot\sqrt{1+y'^2}} = \hat{c}$$

$$\Rightarrow \quad \frac{1}{\sqrt{y(1+y'^2)}} = \hat{c} \qquad\qquad (\hat{c} \neq 0) \ .$$

Mit $c_1 := \hat{c}^{-2}$ folgt durch Quadrieren $y(1+y'^2) = c_1$. Wir substituieren jetzt $y' := \operatorname{ctg}\sigma$ und erhalten

$$(4a) \qquad y = \frac{c_1}{1+y'^2} = \frac{c_1}{1+\operatorname{ctg}^2\sigma} = c_1\cdot\sin^2\sigma = \tfrac{1}{2}c_1\cdot(1-\cos 2\sigma) \ .$$

Hieraus ergibt sich

$$dx = \frac{dy}{y'} = \frac{2c_1\cdot\sin\sigma\cdot\cos\sigma\ d\sigma}{\operatorname{ctg}\sigma} = 2\cdot c_1\cdot\sin^2\sigma\ d\sigma = c_1(1-\cos 2\sigma)d\sigma \quad .$$

Integration ergibt

$$(4b) \qquad x = c_1\cdot[\sigma-\tfrac{1}{2}\sin 2\sigma] + c_2 = \tfrac{1}{2}c_1(2\sigma-\sin 2\sigma) + c_2 \quad .$$

Wegen $y(0) = 0$ muß für die Konstante c_2 in (4b) gelten: $c_2 = 0$.
Mit $\tau := 2\sigma$, $c := \tfrac{1}{2}c_1$ erhalten wir aus (4a), (4b)

$$(5) \qquad x = c\cdot(\tau - \sin\tau) \ , \ y = c\cdot(1 - \cos\tau) \ .$$

Dies ist eine Parameterdarstellung der gesuchten Kurve $y(x)$; Es handelt sich um eine <u>Zykloide</u> (vgl. Skizze). Die Konstante c (Radius des abrollenden Kreises) bestimmt sich aus der zweiten Randbedingung $y(x_1) = y_1$.

Beispiel 2:

Welche ebene, zwei feste Punkte A,B verbindende Kurve hat minimale Länge (vgl. Beispiel 3, Abschnitt 21.1.) ?

Wir nehmen ohne Einschränkung an, daß
A und B nicht vertikal übereinander liegen
$(x_1 \neq x_2)$. Ist s die Bogenlänge,
dann ist also das Integral

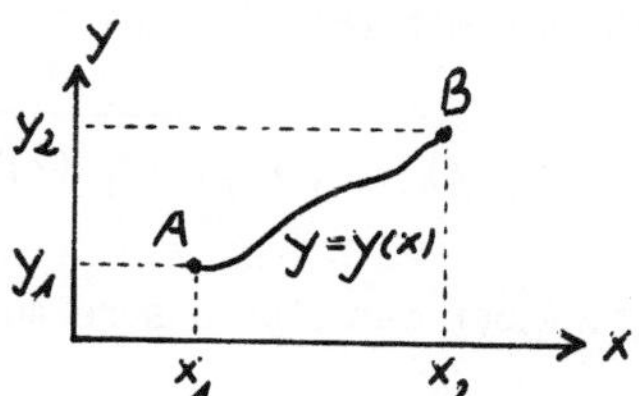

(6) $\qquad I[y] = \ell(y(x)) = \int_{x_1}^{x_2} ds = \int_{x_1}^{x_2} \sqrt{1 + y'^2}\, dx$

zu minimieren. Mit (8), Abschnitt 21.2., folgt für eine Konstante $\hat{c}$

$$\sqrt{1 + y'^2} - \frac{y'^2}{\sqrt{1 + y'^2}} = \hat{c} \ .$$

Wir bringen die linke Seite auf einen Nenner, quadrieren und lösen nach y' auf; für eine geeignete Konstante c folgt

(7) $\qquad y' = \sqrt{c-1} =: a$

(8) $\qquad \Rightarrow \ y(x) = ax + b \qquad .$

Dies ist die gesuchte Kurve, <u>eine Gerade</u>, wie zu erwarten war. Die Konstanten a,b bestimmen sich durch die Randbedingungen $y_\nu = ax_\nu + b$, $\nu = 1,2$.

<u>Beispiel 3:</u>
Gesucht ist die Verbindungslinie $y(x)$
zwischen zwei Punkten A,B der x,y-
Ebene, die bei einer Drehung der
x,y-Ebene um die x-Achse eine Drehfläche
mit minimalem Flächeninhalt erzeugt.
Mit $A = (x_1, y_1)$, $B = (x_2, y_2)$ nehmen wir
an:

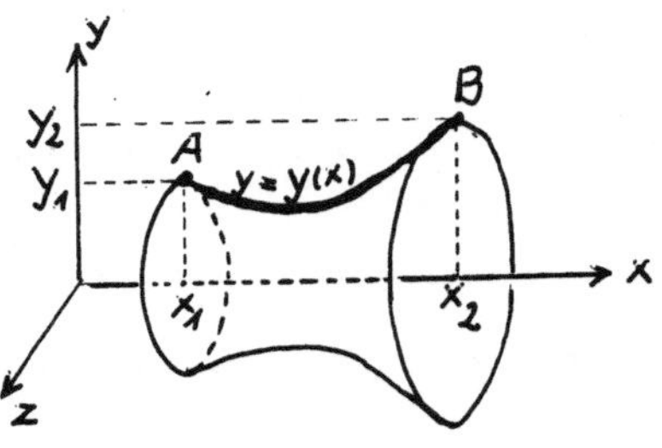

$$x_1 < x_2 \quad \text{sowie} \quad y_1 > 0 \ , \ y_2 > 0 \ .$$

Das zu minimierende Funktional ist

(9) $\qquad I[y] = 2\pi \cdot \int_{x_1}^{x_2} y(x) \cdot \sqrt{1 + y'(x)^2}\, dx \ ,$

aus dem man mit (8), Abschnitt 21.2., die Euler'sche Gleichung

(10) $\qquad y(x) = c_1 \cdot \sqrt{1 + y'(x)^2} \ , \qquad c_1 > 0$

erhält. Außer der (für unsere Aufgabe nicht wichtigen) konstanten Lösung

(11) $\qquad y(x) \equiv c_1$

erhält man durch eine kleine Rechnung (man substituiere z.B. $\frac{d}{dx}y(x(t)) = \sinh t$)
für die Gesamtheit aller Lösungen zu (10):

(12) $\qquad y(x) = c_1 \cdot \cosh \dfrac{x-c_2}{c_1}$, $\quad c_1 > 0$, $c_2 \in \mathbb{R}$.

Die Kurven (12) heißen <u>Kettenlinien</u>. Wir können die Lösung der gestellten
Aufgabe hier nicht im Detail ausdiskutieren, sondern wollen nur erwähnen, daß
man folgendes beweisen kann: Falls es genau eine Kettenlinie der Form (12)
gibt, die durch die Punkte A und B verläuft (dieses hängt wesentlich von
der Lage der Punkte ab), dann liefert diese die Lösung des oben gestellten
Variationsproblems.

Beispiel 4:
Es soll das Funktional

(13) $\qquad I[u] := \iint\limits_{G} (u_x{}^2 + u_y{}^2 + 2fu)\,dxdy$

mit der Randbedingung $u(x,y)\big|_{\partial G} = g(x,y)$ minimiert werden. Dabei sei $G \subset \mathbb{R}^2$
ein Gebiet mit stückweise glattem Rand ∂G , und $f(x,y) : G \to \mathbb{R}$,
$g(x,y) : \partial G \to \mathbb{R}$ seien gegebene stetige Funktionen. Mit (10), Abschnitt 21.2.,
erhalten wir die zugehörige Eulersche Gleichung

$$2 \cdot f - 2 \cdot u_{xx} - 2 \cdot u_{yy} = 0 , \qquad \text{also}$$

(14) $\qquad \begin{cases} \Delta u(x,y) = f(x,y) & \text{in } G \\[4pt] u(x,y) = g(x,y) & \text{auf } \partial G . \end{cases}$

Das ist das uns wohlbekannte <u>Dirichlet-Problem der Poisson-Gleichung</u>.

Wir zeigen noch, daß (13) bei der Lösung $u(x,y)$ von (14) auch tatsächlich
ein globales Minimum besitzt.

Es sei $\eta(x,y) \in C^2(G)$ beliebig mit $\eta(x,y)\big|_{\partial G} \equiv 0$. Dann ist $v = u + \eta$ die
allgemeine Form der zulässigen Funktionen. Unter Anwendung der Green'schen
Integralformel (8a), Abschnitt 14.3., und unter Benutzung von (14) erhält man
nun für <u>jede zulässige</u> Funktion $v(x,y) \neq u(x,y)$ auf G durch Ausrechnen

$$I[v] = I[u+\eta] = \iint_G [(u_x + \eta_x)^2 + (u_y + \eta_y)^2 + 2f \cdot (u+\eta)]dxdy =$$

$$= I[u] + 2 \cdot \iint_G (\nabla u \cdot \nabla \eta + f \cdot \eta)dxdy + \iint_G (\nabla \eta)^2 dxdy =$$

$$= I[u] + 2 \cdot \iint_G (f - \Delta u) \cdot \eta \; dxdy + \iint_G (\nabla \eta)^2 dxdy > I[u] \; .$$

Also liefert die Lösung des Dirichlet-Problems (14) ein globales, echtes Minimum für das Funktional (13). Dieses hat in vielen Anwendungen die Bedeutung einer Energie, die auf Grund eines physikalischen Extremalprinzips ein Minimum annimmt. Die zugehörige Extremale ist gleichzeitig die Lösung des Randwertproblems (14). In der Numerischen Mathematik macht man sich diesen Sachverhalt zunutze, indem man zur numerischen Lösung des Dirichlet-Problems (14) das Funktional (13) näherungsweise minimiert. Die Methode ist bekannt unter dem Namen <u>Ritz-Verfahren</u> (bzw. <u>Methode der Finiten Elemente</u>) und hat sich vor allem für unregelmäßige Gebiete $G \subset \mathbb{R}^2$ als besonders wirkungsvoll erwiesen. Wegen ihrer Wichtigkeit soll diese Methode zum Abschluß kurz erläutert werden.

Zur einfacheren Beschreibung des Verfahrens soll angenommen werden, daß der Rand ∂G des Gebietes G stückweise gradlinig ist, also einen Polygonzug bildet. Wir wollen aber an dieser Stelle ausdrücklich betonen, daß das Verfahren auch ohne diese Einschränkung wirkungsvoll angewandt werden kann. Ferner wollen wir uns in unserem Beispiel auf

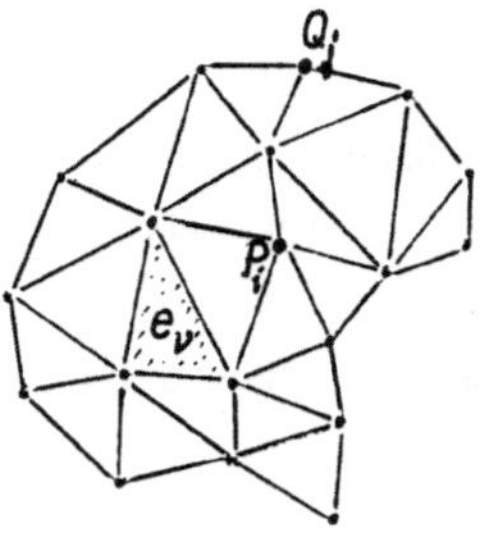

<u>lineare Elemente</u> über <u>triangulierten</u> Gebieten beschränken, was folgendes bedeuten soll: Eine Triangulierung von G besteht aus einer Schar von endlich vielen Dreiecken:

$$G_\Delta = \{\bar{e}_1, \ldots, \bar{e}_M\}$$

derart, daß gilt: $G \cup \partial G = \bigcup_1^M \bar{e}_\nu$, und daß je zwei Dreiecke aus G_Δ entweder disjunkt sind oder genau eine Ecke oder genau eine Kante gemeinsam haben. Es soll e_ν das Dreieck <u>ohne</u> seine Kanten und Ecken und $\bar{e}_\nu$ das Dreieck <u>mit</u> seinen Kanten und Ecken bezeichnen. Die im <u>Innern</u> von G liegenden Eckpunkte der Dreiecke bezeichnen wir mit $P_1, \ldots, P_N$, während die auf dem <u>Rande</u> ∂G auftretenden Eckpunkte mit $Q_1, \ldots, Q_S$ bezeichnet seien.

Wir ordnen nun jedem inneren Punkt P_i eine über G stetige und stückweise lineare Funktion $\varphi_i(x,y) : G \cup \partial G \to \mathbb{R}$ nach folgender Vorschrift zu:

(15a) $\qquad \varphi_i(P_i) = 1, \quad \varphi_i(P_j) = 0$ für $j \neq i$, $j = 1,\ldots,N$,

(15b) $\qquad \varphi_i(Q_j) = 0 \qquad\qquad$ für $j = 1,\ldots,N$,

$\varphi_i(x,y)$ ist über jedem Dreieck der Triangulierung eine lineare Funktion, d.h.

(15c) $\qquad \varphi_i(x,y) = a_i^{(\nu)} \cdot x + b_i^{(\nu)} \cdot y + c_i^{(\nu)}$ für $(x,y) \epsilon e_\nu$,
$$i = 1,\ldots,N; \ \nu = 1,\ldots,M .$$

Ferner definieren wir eine stetige und stückweise lineare Funktion $\psi(x,y)$: $G \cup \partial G \to \mathbb{R}$ durch die Vorschrift:

(16a) $\qquad \psi(Q_i) = g(Q_i)$ für $i = 1,\ldots,S$,

(16b) $\qquad \psi(P_i) = 0 \qquad$ für $i = 1,\ldots,N$,

(16c) $\qquad \psi(x,y) = \tilde{a}^{(\nu)} \cdot x + \tilde{b}^{(\nu)} \cdot y + \tilde{c}^{(\nu)}$ für $(x,y) \epsilon e_\nu$, $\ \nu = 1,\ldots,M$.

Die Funktionen $\varphi_1(x,y),\ldots,\varphi_N(x,y)$, $\psi(x,y)$ sind durch die Bedingungen (15) bzw. (16) eindeutig festgelegt. Ferner bilden sie ein linear unabhängiges Funktionensystem über $G \cup \partial G$, wie man leicht überlegt (vgl. Def. 3.1. in Abschn. 16.3.). Jede über $G \cup \partial G$ stetige und bezügl. der Zerlegung G_Δ stückweise lineare Funktion, die auf den Zerlegungspunkten $Q_1,\ldots,Q_S \epsilon \partial G$ die vorgeschriebenen Randwerte $g(Q_i)$, $i = 1,\ldots,S$ annimmt, läßt sich auf eindeutige Weise darstellen in der Form:

(17) $\qquad v(x,y) = \psi(x,y) + \sum_{i=1}^{N} \alpha_i \cdot \varphi_i(x,y) \ , \quad \alpha_i \epsilon \mathbb{R} \ .$

Wir werden nun unser Variationsproblem näherungsweise lösen, indem wir das Funktional (13) über der Gesamtheit der Funktionen der Gestalt (17) minimieren. Dazu setzen wir (17) in (13) ein und erhalten:

(18)
$$\begin{aligned}
I[v] &= \iint_G (v_x^2 + v_y^2 + 2f \cdot v)\,dxdy = \\
&= \sum_{i,j=1}^{N} \alpha_i \alpha_j \cdot \iint_G \nabla\varphi_i \nabla\varphi_j\,dxdy \ + \ 2 \cdot \sum_{i=1}^{N} \alpha_i \iint_G \nabla\psi \cdot \nabla\varphi_i\,dxdy + \\
&\quad + \iint_G (\nabla\psi)^2\,dxdy \ + \ 2 \cdot \sum_{i=1}^{N} \alpha_i \iint_G f \cdot \varphi_i \cdot dxdy \ + \ 2 \iint_G f \cdot \psi\,dxdy = \\
&=: \tilde{I}(\alpha_1,\alpha_2,\ldots,\alpha_N) \ .
\end{aligned}$$

Wir sehen: Das Funktional $I[v]$ kann als quadratische Funktion der N Variablen $\alpha_1,\ldots,\alpha_N \epsilon \mathbb{R}$ aufgefaßt werden. Zum Aufsuchen des Minimums von $\tilde{I}$ gehen wir analog vor, wie in Abschnitt 12.4: Die Gleichungen $\nabla\tilde{I} = 0$ liefern uns die (eindeutig bestimmte) stationäre Stelle, bei der auch tatsächlich ein Minimum von $\tilde{I}$ vorliegt, da die Matrix der zweiten Ableitungen positiv definit ist; diese Aussage gilt für N Veränderliche genau so, wie im Falle von zwei Variablen (man vgl. hierzu den Satz 4.2., Abschn. 12.4). Wir wollen diese angedeuteten Schritte jetzt durchführen.

Setzen wir für $i,j = 1,\ldots,N$ zur Abkürzung

$$(19a) \qquad a_{ij} := \iint_G \nabla\varphi_i \cdot \nabla\varphi_j \, dxdy \qquad\qquad (a_{ij} = a_{ji}) \; ,$$

$$(19b) \qquad c_i := - \iint_G (\nabla\Psi \cdot \nabla\varphi_i + f \cdot \varphi_i) \, dxdy \; ,$$

dann erhalten wir aus (18) durch Differentiation:

$$(20a) \qquad \frac{\partial\tilde{I}}{\partial\alpha_i} = 2 \cdot \left(\sum_{j=1}^{N} \alpha_j \cdot a_{ij} - c_i \right) \, , \quad i = 1,\ldots,N$$

$$(20b) \qquad \frac{\partial^2\tilde{I}}{\partial\alpha_i \partial\alpha_j} = 2 \cdot a_{ij} \, , \quad i,j = 1,\ldots,N \; .$$

Betrachten wir zunächst die symmetrische Matrix $A = (a_{ij})_{N,N}$: Ist $\gamma = (\gamma_1,\ldots\ldots,\gamma_N)^T$ ein beliebiger Vektor und $w(x,y) = \sum_{i=1}^{N} \gamma_i \cdot \varphi_i(x,y)$, dann gilt (Beweis als Übung):

$$(21) \qquad \gamma^T A\gamma = \iint_G (\nabla w)^2 dxdy > 0 \quad \text{für alle} \quad \gamma \neq 0 \; ,$$

d.h. A ist positiv definit und insbesondere nichtsingulär. Setzen wir nun zur Abkürzung $\alpha := (\alpha_1,\ldots,\alpha_N)^T$, $c := (c_1,\ldots,c_N)^T$, dann ist das Gleichungssystem $\nabla\tilde{I}(\alpha) = 0$ wegen (20a) äquivalent mit dem linearen Gleichungssystem

$$(22) \qquad A \cdot \alpha = c \; ,$$

dessen (eindeutig bestimmte) Lösung mit $\hat{\alpha} = (\hat{\alpha}_1,\ldots,\hat{\alpha}_N)^T$ bezeichnet sei. Wir wenden nun die Taylor'sche Formel für N Veränderliche an (für $N = 2$ vgl. Formel (2), Abschn. 12.3) und erhalten mit (21) und (22) für Vektoren $\alpha \epsilon \mathbb{R}^N$ mit $\alpha \neq \hat{\alpha}$:

$$\tilde{I}(\alpha) = \tilde{I}(\hat{\alpha}) + (\alpha-\hat{\alpha})^T \cdot \nabla\tilde{I}(\hat{\alpha}) + \frac{1}{2} \cdot (\alpha-\hat{\alpha})^T \cdot A \cdot (\alpha-\hat{\alpha}) =$$

$$= \tilde{I}(\hat{\alpha}) + \frac{1}{2} \cdot (\alpha-\hat{\alpha})^T \cdot A \cdot (\alpha-\hat{\alpha}) > \tilde{I}(\hat{\alpha}) \; ,$$

d.h. Die Funktion $\tilde{I}(\alpha)$ wird bei $\hat{\alpha}$, und nur dort minimal. Damit ist gezeigt:

Das Funktional (13) nimmt auf der Menge aller über G stetigen und bezüglich der Triangulierung G_Δ stückweise linearen Funktionen der Gestalt (17) sein eindeutig bestimmtes Minimum für die Funktion

$$(23) \qquad \hat{v}(x,y) := \Psi(x,y) + \sum_{i=1}^{N} \hat{\alpha}_i \cdot \varphi_i(x,y)$$

an, wobei die Koeffizienten $\hat{\alpha}_1, \ldots, \hat{\alpha}_N$ durch die Lösung von (22) gegeben sind.

Anmerkung:

Unter gewissen Voraussetzungen an die Triangulierungen G_Δ des Gebietes G läßt sich zeigen, daß die Näherungslösungen (23) die exakte Lösung des Dirichlet-Problems (14) umso besser approximieren, je feiner die Zerlegungen gewählt werden.

Anhang
über numerische Methoden.

A1: Interpolatorische Quadratur

In diesem ersten Abschnitt sollen die Ausführungen des Abschnittes 9.6. über
numerische Integration ergänzt und vertieft werden. Eine prinzipielle Methode,
numerische Integrationsverfahren zu konstruieren, besteht darin, den Integranden
(stückweise) durch geeignete Polynome zu ersetzen, diese zu integrieren und
das Resultat als Näherung für das gesuchte Integral zu nehmen. Um dies genauer
zu beschreiben, befassen wir uns zunächst mit der Polynom-Interpolation.

Es seien $t_0, t_1, \ldots, t_m \in [\alpha, \beta] \subset \mathbb{R}$ sogenannte <u>Stützstellen</u> in einem Intervall $[\alpha, \beta]$.
Ferner sei $f(x) : [\alpha, \beta] \to \mathbb{R}$ eine gegebene Funktion. Gesucht ist ein Polynom
$P_m(x)$ von maximalem Grade m, welches an den m+1 Stützstellen die zugehörigen
Funktionswerte (<u>Stützwerte</u>) annimmt:

$$(1) \qquad P_m(t_i) = f(t_i) =: f_i \ , \quad i = 0, \ldots, m.$$

Nun gilt folgender Satz:

Satz A1.1:

Es existiert genau ein Polynom $P_m(x)$ von maximalem Grade m, das die Interpola-
tionsaufgabe (1) löst. Ist ferner $f(x) \in C^{m+1}[\alpha, \beta]$, dann existiert zu jedem
$x \in [\alpha, \beta]$ eine Stelle $\xi(x) \in [\alpha, \beta]$ mit

$$(2) \qquad f(x) - P_m(x) = \frac{\prod\limits_{k=0}^{m} (x - t_k)}{(m+1)!} \cdot f^{(m+1)}(\xi(x)) \ .$$

Beweis:

Wir geben ein Polynom an, das (1) erfüllt:

$$(3) \qquad P_m(x) := \sum_{j=0}^{m} f_j \cdot \prod_{\substack{k=0 \\ k \neq j}}^{m} \frac{x - t_k}{t_j - t_k} \ .$$

Sei $Q_m(x)$ ein weiteres Polynom mit maximalem Grade m, das (1) erfüllt. Dann hat
das Polynom $R_m(x) := P_m(x) - Q_m(x)$ ebenfalls höchstens den Grad m, besitzt aber
die m+1 Nullstellen $t_0, \ldots, t_m$. Also ist $P_m(x) \equiv Q_m(x)$. Es bleibt noch (2) zu
zeigen: Für $x = t_k$, $k = 0, \ldots, m$ ist (2) trivialerweise erfüllt. Nun sei $x \neq t_k$

(k = 0,...,m) beliebig, fest gewählt. Wir definieren die Zahl

$$c := (f(x)-P_m(x))\cdot(\prod_0^m(x-t_k))^{-1}$$ sowie die Funktion

$$F(t) := f(t)-P_m(t)-c\cdot\prod_0^m(t-t_k) \ .$$

Es ist $F(t)\epsilon C^{m+1}[\alpha,\beta]$, und $F(t)$ besitzt die m+2 Nullstellen $x,t_0,\ldots,t_m$. Also hat $F^{(m+1)}(t)$ mindestens eine Nullstelle $\xi(x)\epsilon\ [\alpha,\beta]$. Dies folgt durch mehrfache Anwendung des Mittelwertsatzes (vgl. (1), Abschn. 6.3). Differenziert man nun den Ausdruck für $F(t)$ m+1 mal und setzt dann $t = \xi(x)$ ein, so ergibt sich (2).

Das Polynom (3) heißt <u>Interpolationspolynom</u> von $f(x)$ zu den Stützstellen $t_0,\ldots,t_m$.

Wir wenden uns nun den Integrationsverfahren zu, mit denen man Integrale der Form

$$(4) \qquad \int_\alpha^\beta f(x)dx =: I(f)$$

näherungsweise berechnet. Wählt man die Stützstellen äquidistant, spricht man von den <u>Newton-Cotes-Formeln</u>, die jetzt hergeleitet werden sollen. Es sei

$$(5a) \qquad t_k = \alpha+k\cdot h, \ k = 0,1,\ldots,m \ ; \ \ h = \frac{\beta-\alpha}{m} \ .$$

Für das Interpolationspolynom ergibt sich wegen (3):

$$(5b) \qquad P_m(x) = \sum_{j=0}^m f_j\cdot L_j(x) \quad \text{mit} \quad L_j(x) = \prod_{\substack{k=0\\k\neq j}}^m \frac{x-t_k}{t_j-t_k} \ .$$

Nun wird (4) approximiert durch die Quadraturformel

$$(6) \qquad I_m(f) := \int_\alpha^\beta P_m(x)dx = \sum_{j=0}^m f_j\cdot\int_\alpha^\beta L_j(x)dx =: h\cdot\sum_{j=0}^m \gamma_j f_j \ .$$

Zur Berechnung der Gewichte γ_j benutzen wir die Substitution

$$x = \alpha+h\cdot s \ , \ \ 0 \leq s \leq m$$

und erhalten

$$(7) \qquad \Upsilon_j = \frac{1}{h} \cdot \int_\alpha^\beta L_j(x)dx = \int_0^m \prod_{\substack{k=0\\k\neq j}}^m \frac{s-k}{j-k} \, ds \ , \quad j = 0,\ldots,m \ .$$

Hieraus sieht man: Die Gewichte $\Upsilon_0,\ldots,\Upsilon_m$ sind von $f(x)$ und $[\alpha,\beta]$ <u>unabhängige</u> rationale Zahlen; sie sind daher in einschlägigen Formelsammlungen tabelliert. Ohne Beweis geben wir eine Formel für den Quadraturfehler

$$E_m(f) := I(f)-I_m(f)$$

an: Für $f(x)\epsilon C^{m+2}[\alpha,\beta]$ und geeignete Zwischenstellen $\xi\epsilon(\alpha,\beta)$ gilt:

$$(8) \qquad E_m(f) = \begin{cases} \dfrac{h^{m+3}}{(m+2)!} \cdot \int_0^m t\cdot\prod_0^m(t-j)dt\cdot f^{(m+2)}(\xi) & \text{für m gerade ,} \\[2em] \dfrac{h^{m+2}}{(m+1)!} \cdot \int_0^m \prod_0^m (t-j)dt\cdot f^{(m+1)}(\xi) & \text{für m ungerade .} \end{cases}$$

Die Gewichte sowie die Fehler sind für einige m in folgender Tabelle angegeben:

m \ Υ_j	0	1	2	3	4	$-E_m(f)$	Name
1	$\frac{1}{2}$	$\frac{1}{2}$				$\frac{1}{12}f^{(2)}(\xi)\cdot h^3$	Trapez-Regel
2	$\frac{1}{3}$	$\frac{4}{3}$	$\frac{1}{3}$			$\frac{1}{90}f^{(4)}(\xi)\cdot h^5$	Simpson-Regel
3	$\frac{3}{8}$	$\frac{9}{8}$	$\frac{9}{8}$	$\frac{3}{8}$		$\frac{3}{80}f^{(4)}(\xi)\cdot h^5$	$\frac{3}{8}$-Regel
4	$\frac{14}{45}$	$\frac{64}{45}$	$\frac{24}{45}$	$\frac{64}{45}$	$\frac{14}{45}$	$\frac{8}{945}f^{(6)}(\xi)\cdot h^7$	Milne-Regel

Bei kleinen Intervall-Breiten $\beta-\alpha$ und nicht zu großem m führen die Newton-Cotes-Formeln i.a. zu brauchbaren Ergebnissen, liefern aber leider für größere Integrationsintervalle oft schlechte Näherungen, die bei einer Steigerung des Interpolationsgrades m häufig noch schlechter werden. Bei äquidistanten Stützstellen ist also eine Steigerung von m nicht der richtige Weg, und es liegt daher folgende Vorgehensweise nahe:

Sei $[a,b]$ das Integrationsintervall. Man zerlegt nun $[a,b]$ in n Teilintervalle der Länge $H = \frac{b-a}{n}$, wendet die Newton-Cotes-Formeln einzeln auf diese Teilintervalle an und summiert anschließend die Näherungsformeln auf; man setzt also

$$N := m \cdot n, \quad h := \frac{b-a}{N} , \quad \text{sowie}$$

$$x_k := a + h \cdot k , \quad k = 0, \ldots, N ; \quad y_j := a + H \cdot j , \quad j = 0, \ldots, n$$

$$m = 3 , \quad n = 5 .$$

Wegen $I(f) = \int_a^b f(x)dx = \sum_{j=0}^{n-1} \int_{y_j}^{y_{j+1}} f(x)dx$ erhalten wir jetzt die summierten Newton-Cotes-Formeln in folgender Form:

$$(9) \quad \begin{cases} S_N^{(m)}(f) = h \cdot \sum_{j=0}^{n-1} \sum_{k=jm}^{(j+1)m} \Upsilon_k \cdot f(x_k) \\[2mm] \text{mit } \Upsilon_k = \Upsilon_{k+jm}, \quad k = 0, \ldots, m ; \quad j = 0, \ldots, n-1 . \end{cases}$$

<u>Übung:</u> Mit Hilfe von Formel (8) leite man die folgende Darstellung für den (summierten) Fehler

$$R_N^{(m)}(f) := I(f) - S_N^{(m)}(f)$$

her:

$$R_N^{(m)}(f) = \begin{cases} \frac{h^{m+2} \cdot (b-a)}{m \cdot (m+2)!} \int_0^m t \cdot \prod_0^m (t-j)dt \cdot f^{(m+2)}(\xi) & \text{für m gerade} , \\[3mm] \frac{h^{m+1} \cdot (b-a)}{m \cdot (m+1)!} \int_0^m \prod_0^m (t-j)dt \cdot f^{(m+1)}(\xi) & \text{für m ungerade} . \end{cases}$$

Wir geben zum Abschluß die summierte Trapezregel (m = 1) sowie die summierte Simpson-Regel (m = 2) mit ihren Fehlerdarstellungen an:

$$(10a) \quad \int_a^b f(x)dx = \frac{h}{2} \cdot \sum_{k=0}^{n-1} (f(x_k) + f(x_{k+1})) - \frac{h^2 \cdot (b-a)}{12} \cdot f^{(2)}(\xi) ,$$

$$(10b) \quad \int_a^b f(x)dx = \frac{h}{3} \cdot \sum_{k=0}^{n-1} (f(x_{2k}) + 4f(x_{2k+1}) + f(x_{2k+2})) - \frac{h^4 \cdot (b-a)}{180} \cdot f^{(4)}(\xi) .$$

<u>Übungen:</u>

1. Mit der Formel (7) berechne man die in der Tabelle angegebenen Gewichte $\Upsilon_0, \ldots, \Upsilon_m$ für $m = 1, 2, 3, 4$.

2. Man leite die Fehlerdarstellung für die Trapezregel (also (8) für m = 1) her,
   indem man (2) sowie den Mittelwertsatz der Integralrechnung (Satz 2.1. Abschn.
   9.2) verwendet.

A2: Iterative Lösung linearer Gleichungssysteme

Als Ergänzung zu Kapitel 10 sollen hier kurz Iterationsverfahren zur Lösung linearer Gleichungssysteme behandelt werden; sie sind in speziellen Fällen den
direkten Verfahren (vgl. Gauß-Elimination in Abschnitt 10.5) vorzuziehen, z.B.
bei sehr großen Systemen mit schwach besetzten Koeffizientenmatrizen, möglicherweise noch mit unregelmäßiger Struktur. In solchen Fällen nämlich hat man bei
Iterationsverfahren wesentlich weniger Schwierigkeiten mit Speicherplatzpro-
blemen in den elektronischen Rechenanlagen. Ein Iterationsverfahren besteht in
der Wahl eines Startvektors $x^{(0)}$ und der rekursiven Erzeugung einer Folge von
Vektoren $x^{(\nu)}$, $\nu = 1,2,3,\ldots$, die (komponentenweise) gegen die gesuchte Lösung
x^* konvergiert:

$$(1) \qquad \begin{cases} \lim_{\nu\to\infty} x_i^{(\nu)} = x_i^* \quad \text{für } i = 1,\ldots,n \\[2mm] \text{mit } x^{(\nu)} = (x_1^{(\nu)},\ldots,x_n^{(\nu)})^T, \quad x^* = (x_1^*,\ldots,x_n^*)^T. \end{cases}$$

Mit $A = (a_{ik})_{n,n}$, $b = (b_1,\ldots,b_n)^T$ sei das folgende lineare Gleichungssystem
gegeben:

$$(2) \qquad A\cdot x = b \ , \quad \text{Det}A \neq 0 \ ,$$

dessen (eindeutig bestimmte) Lösung mit x^* bezeichnet sei. Wir spalten A auf:

$$(3) \qquad A = N-P \ , \quad N,P\in \mathbb{R}^{(n,n)}, \ \text{Det}N \neq 0 \ ,$$

wobei wir anstreben wollen, daß N eine möglichst einfache Struktur hat. Wir definieren nun $M := N^{-1}\cdot P$, $d := N^{-1}\cdot b$ und können dann (2) in der äquivalenten
Form schreiben:

$$(2^*) \qquad x = M\cdot x+d \ .$$

Ausgehend von einem Startvektor $x^{(0)}$ bilden wir nun die Vektorfolge:

(4) $\qquad x^{(\nu)} = M \cdot x^{(\nu-1)} + d$, $\nu = 1,2,\ldots$.

Konvergiert die Vektorfolge (4) komponentenweise, dann ist der Grenzvektor die gesuchte Lösung von (2); in diesem Falle schreiben wir:

(5) $\qquad \lim_{\nu \to \infty} x^{(\nu)} = x^{*} = A^{-1} \cdot b$.

Die Matrix M in (2^{*}) bzw. (4) wird die <u>Iterationsmatrix</u> des Verfahrens genannt. Wir wollen jetzt die Frage untersuchen, unter welchen Bedingungen die Iteration (4) konvergiert. Sind λ_1, $\lambda_2,\ldots,\lambda_n \in \mathbb{C}$ die Eigenwerte von M, dann nennen wir die Zahl

(6) $\qquad \rho(M) := \max_{1 \leq i \leq n} |\lambda_i|$

den <u>Spektralradius</u> der Matrix M. Man kann nun beweisen, daß die Folge der Potenzen M^{ν}, $\nu = 1,2,3,\ldots$ (elementweise) gegen die Nullmatrix konvergiert genau dann wenn $\rho(M) < 1$ ist:

(7) $\qquad \rho(M) < 1 \quad \Leftrightarrow \quad \lim_{\nu \to \infty} M^{\nu} = 0$.

Den Beweis von (7) müssen wir hier übergehen. Nun gilt

<u>Satz A2.1:</u>
Das Iterationsverfahren (4) zur Lösung von (2) konvergiert für jeden Startvektor $x^{(0)} \in \mathbb{R}^n$ genau dann, wenn $\rho(M) < 1$ ist.

<u>Beweis:</u>
Es sei $e^{(\nu)} := x^{(\nu)} - x^{*}$, $\nu = 1,2,\ldots$ die Folge der Fehlervektoren. Setzen wir in (2^{*}) den Lösungsvektor x^{*} ein und subtrahieren diese Gleichung von (4), dann folgt:

(8a) $\qquad e^{(\nu)} = M \cdot e^{(\nu-1)}$, $\nu = 1,2,\ldots$

$\qquad$ bzw.

(8b) $\qquad e^{(\nu)} = M^{\nu} \cdot e^{(0)}$, $\nu = 1,2,\ldots$.

Grenzübergang $\nu \to \infty$ und Benutzung von (7) liefert die eine Richtung der Aussage. - Ist andererseits $e^{(0)}$ ein Eigenvektor zum betragsmäßig größten Eigenwert von M, dann kann im Falle $\rho(M) \geq 1$ die Folge $e^{(\nu)}$ nicht gegen Null konvergieren. $\blacksquare$

Die Bestimmung des Spektralradius ist in der Praxis oft mühsam; wir wollen daher eine sogenannte <u>Norm</u> der Iterationsmatrix M einführen (i.Z. $||M||$), die leicht auszurechnen ist, und die uns ein hinreichendes Konvergenzkriterium liefert. Mit $M = (m_{ik})_{n,n}$ setzen wir:

$$(9a) \qquad ||M|| := \max_{1 \leq i \leq n} \sum_{k=1}^{n} |m_{ik}| \; .$$

Ferner wollen wir auch für Vektoren $x = (x_1, \ldots, x_n)^T$ schreiben:

$$(9b) \qquad ||x|| := \max_{1 \leq i \leq n} |x_i| \; .$$

Der Leser beweise als Übung die folgenden Ungleichungen:

$$(10) \qquad ||Mx|| \leq ||M|| \cdot ||x|| \; ,$$

$$(11) \qquad \rho(M) \leq ||M|| , \; \rho(M) \leq ||M^T|| \; .$$

<u>Hinweis zu (11):</u> Man gehe aus von einer Eigenwertgleichung $Mx = \lambda x$ mit $||x|| = 1$ und benutze außerdem, daß M und M^T die gleichen Eigenwerte haben. Nun folgt

<u>Satz A2.2:</u>
Das Iterationsverfahren (4) zur Lösung von (2) konvergiert für jeden Startvektor $x^{(o)} \in \mathbb{R}^n$, falls $||M|| < 1$ oder $||M^T|| < 1$ gilt. Ferner gelten für die Fehlervektoren die Ungleichungen:

$$(12) \qquad ||e^{(\nu)}|| \leq ||M||^\nu \cdot ||e^{(o)}|| \; , \quad \nu = 0,1,2,\ldots \; .$$

<u>Beweis:</u> ergibt sich unmittelbar aus (8a) und (10). ∎

Wir betrachten nun zwei wichtige Iterationsverfahren, die man aus dem Ansatz (3) gewinnen kann. Dazu nehmen wir an, daß alle Diagonalelemente von A von Null verschieden sind: $a_{ii} \neq 0$, $i = 1,\ldots,n$.

<u>a) Das Gesamtschritt- oder Jacobi-Verfahren:</u>
Wir wählen

$$(13a) \qquad N = N_G := \begin{pmatrix} a_{11} & & 0 \\ & \ddots & \\ 0 & & a_{nn} \end{pmatrix} \quad ,$$

also die Diagonale von A.
Es gilt also für die Iterationsmatrix

$$(13b) \qquad M = M_G = N_G^{-1} \cdot (N_G - A) \ ,$$

und für die Komponenten der Iterationsvektoren $x^{(\nu)}$ erhalten wir aus (4):

$$(13c) \qquad x_i^{(\nu)} = \frac{1}{a_{ii}} \cdot (b_i - \sum_{\substack{j=1 \\ j \neq i}}^{n} a_{ij} \cdot x_j^{(\nu-1)}) \qquad \begin{array}{l} \text{für } i = 1,\ldots,n \\ \nu = 1,2,\ldots \ . \end{array}$$

<u>b) Das Einzelschritt- oder Gauß-Seidel-Verfahren:</u>
Wir wählen

$$(14a) \qquad N = N_E := \begin{pmatrix} a_{11} & & 0 \\ \vdots & \ddots & \\ a_{n1} & \cdots & a_{nn} \end{pmatrix} \quad .$$

Hieraus erhalten wir für die Iterationsmatrix:

$$(14b) \qquad M = M_E = N_E^{-1} \cdot (N_E - A) \ ,$$

und für die Komponenten der Iterationsvektoren $x^{(\nu)}$ ergibt sich aus (4):

$$(14c) \qquad x_i^{(\nu)} = \frac{1}{a_{ii}} (b_i - \sum_{j=1}^{i-1} a_{ij} x_j^{(\nu)} - \sum_{j=i+1}^{n} a_{ij} x_j^{(\nu-1)}) \qquad \begin{array}{l} \text{für } i = 1,\ldots,n \\ \nu = 1,2,\ldots \ . \end{array}$$

<u>Beispiel:</u>

$$A = \begin{pmatrix} 3 & -1 & 0 \\ -1 & 4 & -1 \\ 0 & -1 & 3 \end{pmatrix} , \quad b = \begin{pmatrix} 1 \\ 4 \\ 7 \end{pmatrix} \ .$$

Die Lösung von (2) ist $x^* = (1,2,3)^T$.

Die Iterationen sollen mit $x^{(0)} = (0,0,0)^T$ gestartet werden, und es soll viermal iteriert werden.

a) Anwendung des Gesamtschrittverfahrens.

Mit (13c) ergibt sich:

$$x^{(1)} = \begin{pmatrix} 0,\overline{3}... \\ 1 \\ 2,\overline{3}... \end{pmatrix}, \quad x^{(2)} = \begin{pmatrix} 0,\overline{6}... \\ 1,\overline{6}... \\ 2,\overline{6}... \end{pmatrix}, \quad x^{(3)} = \begin{pmatrix} 0,\overline{8}\ ... \\ 1,8\overline{3}... \\ 2,\overline{8}\ ... \end{pmatrix}, \quad x^{(4)} = \begin{pmatrix} 0,9\overline{4}... \\ 1,9\overline{4}... \\ 2,9\overline{4}... \end{pmatrix}.$$

Ferner rechnet man aus:

$$M_G = \begin{pmatrix} 3 & 0 & 0 \\ 0 & 4 & 0 \\ 0 & 0 & 3 \end{pmatrix}^{-1} \cdot \begin{pmatrix} 0 & 1 & 0 \\ 1 & 0 & 1 \\ 0 & 1 & 0 \end{pmatrix} = \begin{pmatrix} 0 & \frac{1}{3} & 0 \\ \frac{1}{4} & 0 & \frac{1}{4} \\ 0 & \frac{1}{3} & 0 \end{pmatrix}, \quad ||M_G|| = \frac{1}{2}.$$

Es ergibt sich also $||e^{(\nu)}|| \leq \frac{1}{2} \cdot ||e^{(\nu-1)}||$.

Wir geben zur Kontrolle die Fehler und deren Quotienten in einer kleinen Tabelle an:

ν	$||e^{(\nu)}||$	$||e^{(\nu)}|| \cdot ||e^{(\nu-1)}||^{-1}$
0	3	
1	1	$0,\overline{3}...$
2	$0,\overline{3}...$	$0,\overline{3}...$
3	$0,1\overline{6}...$	$0,5$
4	$0,0\overline{5}...$	$0,\overline{3}...$

b) Anwendung des Einzelschrittverfahrens.

Mit (14c) ergibt sich:

$$x^{(1)} = \begin{pmatrix} 0,\overline{3}... \\ 1.08\overline{3}... \\ 2.69\overline{4}... \end{pmatrix}, \quad x^{(2)} = \begin{pmatrix} 0,69\overline{4}... \\ 1.847\overline{2}... \\ 2.949... \end{pmatrix}, \quad x^{(3)} = \begin{pmatrix} 0.9490... \\ 1.9745... \\ 2.9915... \end{pmatrix}, \quad x^{(4)} = \begin{pmatrix} 0.9915... \\ 1.9957... \\ 2.9985... \end{pmatrix}$$

Ferner rechnet man aus:

$$M_E = \begin{pmatrix} 3 & 0 & 0 \\ -1 & 4 & 0 \\ 0 & -1 & 3 \end{pmatrix}^{-1} \cdot \begin{pmatrix} 0 & 1 & 0 \\ 0 & 0 & 1 \\ 0 & 0 & 0 \end{pmatrix} = \begin{pmatrix} 0 & \frac{1}{3} & 0 \\ 0 & \frac{1}{12} & \frac{1}{4} \\ 0 & \frac{1}{36} & \frac{1}{12} \end{pmatrix},$$

so daß man erhält:

$$||M_E|| = \frac{1}{3} \quad \text{sowie} \quad ||e^{(\nu)}|| \leq \frac{1}{3} \cdot ||e^{(\nu-1)}||.$$

Die Tabelle der Fehler und deren Quotienten sieht jetzt so aus:

ν	$||e^{(\nu)}||$	$||e^{(\nu)}|| \cdot ||e^{(\nu-1)}||^{-1}$
0	3	
1	$0,91\overline{6}\ldots$	$0,305\ldots$
2	$0,30\overline{5}\ldots$	$0,\overline{3}\ldots$
3	$0,0509\ldots$	$0,166\ldots$
4	$0,0085\ldots$	$0,166\ldots$

In diesem Beispiel konvergiert also das Einzelschrittverfahren etwas schneller, als das Gesamtschrittverfahren.

A3: Iterative Berechnung von Eigenwerten und Eigenvektoren

Die einfachste iterative Methode zur Berechnung eines betragsgrößten Eigenwertes mit zugehörigem Eigenvektor ist das Verfahren von v. Mises:
Für $y = (y_1,\ldots,y_n)^T \in \mathbb{R}^n$ führen wir die folgende Norm ein:

$$||y|| = \max_{1 \leq i \leq n} |y_i| \ .$$

Ist nun $A \in \mathbb{R}^{(n,n)}$ gegeben, dann lautet das Verfahren:

$$(1) \quad \begin{cases} \text{a) Man wähle } x^{(0)} \in \mathbb{R}^n \text{ mit } ||x^{(0)}|| = 1, \\ \text{b) Man bilde für } \nu = 0,1,2,\ldots \text{ die Folge:} \\ \qquad x^{(\nu+1)} = \dfrac{1}{||Ax^{(\nu)}||} \cdot Ax^{(\nu)} \ . \end{cases}$$

Man sieht, daß die Vektorfolge $\{x^{(\nu)}\}$ normiert ist, d.h. es gilt $||x^{(\nu)}|| = 1$ für $\nu = 0,1,\ldots$. Die Renormierung sollte in der Praxis unbedingt durchgeführt werden, um die Erzeugung extrem großer bzw. kleiner Komponenten zu vermeiden. Nun gilt

Satz A3.1:
Sei $A \in \mathbb{R}^{(n,n)}$ diagonalähnlich und es gebe genau einen betragsgrößten Eigenwert λ_1 von A. Falls dann der Startvektor $x^{(0)}$ geeignet gewählt wird, dann gilt für die in (1) definierte Iteration:

(2a)   a) $A \cdot x^{(\nu)} = \lambda_1 \cdot x^{(\nu)} + \varepsilon^{(\nu)}$ mit $\lim\limits_{\nu \to \infty} \varepsilon^{(\nu)} = 0$,

    b) Es existiert ein Index k so, daß gilt:

(2b)
$$\lim\limits_{\nu \to \infty} ||Ax^{(\nu)}|| \cdot \frac{x_k^{(\nu+1)}}{x_k^{(\nu)}} = \lambda_1 .$$

Hierbei ist $x_k^{(\nu)}$ die Komponente Nr. k des Vektors $x^{(\nu)}$.

Der Satz besagt also, daß die Vektorfolge $\{x^{(\nu)}\}$ eine Eigenrichtung zu λ_1 immer besser approximiert, und daß die Zahlenfolge auf der linken Seite von (2b) gegen den Eigenwert λ_1 konvergiert.

Beispiel:

Gesucht ist der größte Eigenwert λ_1 und ein zugehöriger Eigenvektor $\hat{x}$ der Matrix

$$A = \begin{pmatrix} 10 & 1 \\ -4 & 1,5 \end{pmatrix} .$$

Wir starten mit $x^{(0)} = (1,0)^T$ und erhalten für $\nu = 0$:

$$A \cdot x^{(0)} = \begin{pmatrix} 10 \\ -4 \end{pmatrix} \rightarrow ||A \cdot x^{(0)}|| = 10 , \quad \text{also nach (1):}$$

$$x^{(1)} = \frac{1}{10} \cdot \begin{pmatrix} 10 \\ -4 \end{pmatrix} = \begin{pmatrix} 1 \\ -0.4 \end{pmatrix} .$$

$\nu = 1$: $A \cdot x^{(1)} = \begin{pmatrix} 9.6 \\ -4.6 \end{pmatrix} \rightarrow ||A \cdot x^{(1)}|| = 9.6 , \quad \text{also:}$

$$x^{(2)} = \frac{1}{9,6} \cdot \begin{pmatrix} 9,6 \\ -4.6 \end{pmatrix} \approx \begin{pmatrix} 1 \\ -0.4792 \end{pmatrix} .$$

$\nu = 2$: $A \cdot x^{(2)} \approx \begin{pmatrix} 9.521 \\ -4.719 \end{pmatrix} \rightarrow ||A \cdot x^{(2)}|| \approx 9.521 , \quad \text{also:}$

$$x^{(3)} \approx \frac{1}{9.521} \cdot \begin{pmatrix} 9.521 \\ -4.719 \end{pmatrix} \approx \begin{pmatrix} 1 \\ -0.4956 \end{pmatrix} .$$

Wählen wir in (2b) k = 1, dann hat man in den Zahlen $||A \cdot x^{(\nu)}||$ Näherungen für λ_1 und in den Vektoren $x^{(\nu)}$ Näherungen für eine zu λ_1 gehörige Eigenrichtung.

Anmerkung: Es gilt exakt: $\lambda_1 = 9.5$, sowie $\hat{x} = (1, -0.5)^T$.

A4: Verfahren vom Runge-Kutta-Typ zur numerischen Lösung gewöhnlicher Differentialgleichungen

Viele in der Praxis auftretende Anfangswertprobleme sind nicht elementar integrierbar, so daß man auf Näherungsverfahren angewiesen ist. Da die Ausführungen über Differenzenverfahren in Teil III, Abschn. 15.5 nur sehr knapp gehalten sind, sollen hier einige wichtige Ergänzungen gebracht werden.

Wir gehen aus von einem Anfangswertproblem der Form

$$(1) \qquad \begin{cases} y'(x) = f(x,y(x)) \ , \quad x\in[a,b] \\[2ex] y(a) = y_0 \ , \end{cases}$$

zerlegen das Intervall $[a,b]$ in N Teilintervalle der Länge Δx durch die Stützstellen

$$(2) \qquad x_j = a+j\cdot\Delta x \ , \quad j = 0,1,\ldots,N \ ; \quad \Delta x = \frac{b-a}{N}$$

und erhalten durch Integration von (1) das folgende System von Integralgleichungen:

$$(1^*) \qquad \begin{cases} y(x_0) = y_0 \\[2ex] y(x_{j+1}) = y(x_j)+\int\limits_{x_j}^{x_{j+1}}f(x,y(x))dx \ , \quad j = 0,1,\ldots,N-1 \ . \end{cases}$$

Der Grundgedanke ist nun der, das Integral auf der rechten Seite in geeigneter Weise durch interpolatorische Quadratur zu approximieren (vgl. A1). Man erhält so einen <u>numerischen Algorithmus</u> zur näherungsweisen Berechnung der Lösung $y(x)$ in den Stützstellen $x_0,\ldots,x_N$. Dabei wird die Näherung i.a. umso besser sein, je kleiner Δx gewählt wird.

Wählt man den Interpolationsgrad m und setzt $h := \frac{\Delta x}{m}$, dann erhält man als Approximation der Gleichung Nr. j in (1^*) mittels der Formel (6), Abschnitt A1 die folgende Beziehung

$$(3) \qquad y(x_{j+1}) \approx y(x_j)+h\cdot\sum_{i=0}^{m}\gamma_i\cdot f(x_j+ih, \ y(x_j+ih)) \ .$$

Unser Ziel ist es, _explizite_ Formeln herzuleiten. Da aber nun die Werte von $f(\cdot,\cdot)$ nur für $i = 0$ bekannt sind, muß man $y(x_j+i\cdot h)$ für $i > 0$ in geeigneter Weise entwickeln. Eine Ausnahme bildet das bereits in Abschn. 15.5 behandelte Polygonzugverfahren:

$$(4a) \quad \begin{cases} u_0 = y_0 \\ \\ u_{j+1} = u_j + \Delta x \cdot f(x_j, u_j) \ , \quad j = 0,\ldots,N-1 \ , \end{cases}$$

das darauf beruht, daß man den Integranden durch eine Konstante (Interpolationsgrad $m = 0$) ersetzt. Dabei haben wir in (4a) statt $y(x_j)$ u_j gesetzt, da ja die Näherungswerte i.a. von den exakten Funktionswerten etwas abweichen werden.

Für $m = 1$ ersetzen wir $y(x_j+h)$ durch den Beginn der Taylor-Entwicklung: $y(x_j)+h\cdot f(x_j,y(x_j))$ und erhalten die Trapezregel:

$$(4b) \quad \begin{cases} u_0 = y_0 \\ u_{j+1} = u_j + \dfrac{\Delta x}{2} \cdot [f(x_j,u_j)+f(x_j+\Delta x,u_j+\Delta x\cdot f(x_j,u_j))], \\ j = 0,\ldots,N-1 \ . \end{cases}$$

Der Fall $m = 2$ (Simpson-Regel) liefert ein sehr viel genaueres und in der Praxis gern benutztes Verfahren, das sogen. klassische Runge-Kutta-Verfahren: Ausgehend von der Formel

$$\int_{x_j}^{x_{j+1}} f(x,y(x))dx \approx \frac{\Delta x}{6} \, [f(x_j,y(x_j))+4\cdot f(x_j+\tfrac{\Delta x}{2},y(x_j+\tfrac{\Delta x}{2}))+$$
$$+f(x_j+\Delta x,y(x_j+\Delta x))]$$

erhält man durch geeignete Entwicklungen den Algorithmus

$$(4c) \quad \boxed{\begin{array}{l} u_0 := y_0 \ . \\ \text{Für } j = 0,\ldots,N-1 \text{ bilde man} \\ u_{j+1} := u_j + \dfrac{\Delta x}{6} \cdot (k_1+2k_2+2k_3+k_4) \\ \text{mit} \\ k_1 := f(x_j,u_j) \ , \qquad\qquad k_2 := f(x_j+\tfrac{\Delta x}{2}, u_j+\tfrac{\Delta x}{2}k_1) \ , \\ k_3 := f(x_j+\tfrac{\Delta x}{2}, u_j+\tfrac{\Delta x}{2}k_2) \ , \quad k_4 := f(x_j+\Delta x,u_j+\Delta xk_3) \ . \end{array}}$$

Weitere Formeln für m > 2 wollen wir hier nicht mehr diskutieren.
Die eben diskutierten numerischen Verfahren (4a) bis (4c) lassen sich allgemein
schreiben in der Form:

$$u_{j+1} - u_j - \Delta x \cdot \Phi(x_j, u_j, \Delta x) = 0 \ , \quad j = 0, \ldots, N-1 \ ,$$

wobei $\Phi(\cdot)$ die <u>Verfahrensfunktion</u> heißt. Setzt man hier die exakten Lösungswerte
$y(x_j)$ ein, dann wird die rechte Seite natürlich nicht mehr exakt Null sein. Wir
nennen

$$(5) \qquad \tau_j(\Delta x) := \frac{1}{\Delta x} \cdot (y(x_{j+1}) - y(x_j)) - \Phi(x_j, y(x_j), \Delta x)$$

den <u>lokalen Abschneidefehler</u> des Verfahrens an der Stützstelle x_j. Er ist ein
Maß dafür, wie gut das numerische Verfahren das exakte Problem (1) annähert.
Falls gilt

$$\tau_j(\Delta x) = \Theta(\Delta x^p) \ , \quad j = 0, \ldots, N-1 \ ,$$

dann nennt man das Verfahren <u>konsistent von der Ordnung p.</u> Es gilt
a) Das Polygonzugverfahren (4a) ist konsistent von der Ordnung 1,
b) die Trapezregel (4b) ist konsistent von der Ordnung 2,
c) das Runge-Kutta-Verfahren (4c) ist konsistent von der Ordnung 4.

<u>Beispiel:</u>
Das Anfangswertproblem

$$y'(x) = 1 + y^2(x) \ , \quad x \in [0,1]$$
$$y(0) = 0$$

hat die Lösung $y(x) = \text{tg } x$.
Wir wollen die drei Differenzenverfahren (4a), (4b), (4c) für $\Delta x = \frac{1}{2}$, also
$N = 2$ testen. Mit $u_0 = 0$ ergeben sich für $j = 0,1$ nacheinander die Formeln:

a) $u_{j+1} = u_j + \frac{1}{2}(1 + u_j^2)$ \qquad b) $u_{j+1} = u_j + \frac{1}{4}(2 + u_j^2 + (u_j + \frac{1}{2}(1 + u_j^2))^2)$

c) $u_{j+1} = u_j + \frac{1}{12}(k_1 + 2k_2 + 2k_3 + k_4)$ \qquad mit \qquad $k_1 := 1 + u_j^2$,

$k_2 := 1 + (u_j + \frac{1}{4}k_1)^2$, \quad $k_3 := 1 + (u_j + \frac{1}{4}k_2)^2$, \quad $k_4 := 1 + (u_j + \frac{1}{2}k_3)^2$

In der folgenden kleinen Tabelle sind neben den exakten Werten bei $x_1 = \frac{1}{2}$ und $x_2 = 1$ die jeweiligen Näherungen sowie die Fehler $e_j = y(x_j) - u_j$ angegeben:

j	$y(x_j)$	Polygonzugverfahren		Trapezregel		Runge-Kutta-Verfahren	
		u_j	e_j	u_j	e_j	u_j	e_j
1	0.5463...	0.5	0.o46...	0.5625	-0.o16...	0.5460...	0.0003...
2	1.5574...	1.125...	0.43...	1.5141	0.043...	1.5546...	0.0028...

Verzeichnis der Symbole und Abkürzungen

Symbole		Symbole	
$\mathbb{N}$, $\mathbb{N}_0$, $\mathbb{Z}$, $\mathbb{Q}$, $\mathbb{R}$, $\mathbb{C}$	1, 2, 46	$\dot{x}(t)$	197
$\rightarrow$, $\leftarrow$, $\Leftrightarrow$	4	$f_x = \dfrac{\partial f}{\partial x}$	210
$|\cdot|$, $|\vec{\cdot}|$	4, 32	$\nabla f = \mathrm{grad}f$, $D_u f$	215
$\{\cdots\}$, $\in$, $\subset$, $\not\in$, $\not\subset$, $\cup$, $\cap$, $\setminus$	6	$\dfrac{\partial(x,y,\ldots)}{\partial(u,v,\ldots)}$	218
Σ	7	f_{xx}, $\dfrac{\partial^n f}{\partial x^n}$	221
$n!$, Π	9		
$\binom{\alpha}{\nu}$	10	$\Delta u = u_{xx} + u_{yy} + u_{zz}$	222
ϑ = Nullpunkt des $\mathbb{R}^n$	27	$\underset{G}{\iint}$, $\underset{G}{\iiint}$	234, 240
$\rightarrow$ (über einem Buchstaben)	30		
$\vec{e}_i$, e_i	32, 36	$\underset{C}{\int}$, $\oint$, $\rightleftharpoons$	251, 253, 275
$\vec{v}\cdot\vec{w}$, $\vec{v}\times\vec{w}$	32, 37		
$\not{\angle}(\vec{u},\vec{v})$	33	div, grad, rot	262, 263
$[\vec{u},\vec{v},\vec{w}]$	40	∇, $\nabla\cdot$, $\nabla\times$	263
$i = \sqrt{-1}$	45	$f(a+)$, $f(a-)$	362
$\mathrm{arg}z$, $\bar{z}$	47, 48	G, $\bar{G}$, ∂G	398
$[\;]$, $(\;)$, $[\;)$, $(\;]$	54	$\underset{z_0}{\mathrm{Res}}\, f(z)$	409
inf, sup	54		
$\underset{a\to b}{\lim}$	56	(p,q) bezeichnet den größten gemeinsamen Teiler von p und q für $p\in\mathbb{Z}$, $q\in\mathbb{N}$	
$\rightarrow$ (Zuordnungssymbol)	62		
$\longrightarrow$ (strebt gegen)	209		
$\underset{\mathrm{glm}}{\longrightarrow}$ (strebt gleichmäßig gegen)	97	q|p bedeutet: q teilt p für $p\in\mathbb{Z}$, $q\in\mathbb{N}$	
$f\circ g$	66		
Δx, dx, Δf, df, f', $\dfrac{df}{dx}$	69	$\mathrm{sig}\,a = \begin{cases}+1,\ \text{falls } a \gtreqqless 0 \\ -1,\ \text{falls } a < 0\end{cases}$	
f'', $f^{(n)}$	79		
$\lim\sup = \overline{\lim}$	92		
$\mathbb{R}^+$	101		
$\overset{b}{\underset{a}{\int}}$, $\int$	124, 125		
$\mathbb{R}^n$	151, 152		
$(\cdots)^T$, A^T, A^*	152, 160		
$\mathbb{R}^{(m,n)}$, $\mathbb{C}^{(m,n)}$	159		
dim	153		
$\mathrm{rg}A$, $\mathrm{Det}A = |*|$	166, 167		
$A\mathrm{adj.}$ $\mathrm{Sp}A = \mathrm{Spur}A$	171, 183		

Wir erklären noch die folgenden, im Text auftretenden Symbole und Abkürzungen:

$x := y$	x ist definitionsgemäß gleich y
$x \approx y$	x ist ungefähr gleich y
$x \sim y$	x ist proportional y
$x \ll y$	x ist sehr viel kleiner als y
$x \gg y$	x ist sehr viel größer als y
$f \equiv g$	Funktion f ist identisch gleich g
$\mathcal{n}$ bzw. $\mathcal{t}$	Normalen- bzw. Tangentenvektor
max M	supM, falls supMeM
min M	infM, falls infMeM
exp(x)	e^x
Dgl. bzw. Dgln	Differentialgleichung bzw. Differentialgleichungen
FS	Fundamentalsystem
RWP	Randwertproblem

Ein Stern unter dem Integralzeichen: $\int *$ bezeichnet einen Integranden, dessen Gestalt aus dem Zusammenhang im Text eindeutig klar hervorgeht.

Ab Kapitel 10 werden die Vektoren nicht mehr durch Pfeile gekennzeichnet. Ausnahmen werden in Abschnitt 16.5 und stellenweise in Abschnitt 20.2 gemacht.

Mit $C^n [a,b]$ bzw. $C^n(G)$ wird die Menge aller auf $[a,b]$ bzw. G definierten Funktionen bezeichnet, die dort stetige Ableitungen bzw. stetige partielle Ableitungen bis zur Ordnung n besitzen.

L I T E R A T U R

a) Allgemeine Literatur

[1] Blickensdörfer-Ehlers; Eschmann; Neunzert; Schelskes: Mathematik für Physiker und Ingenieure (2 Bde). Springer 1980/82.

[2] Brauch, W.; Dreyer, H. J.; Haacke, W.: Mathematik für Ingenieure des Maschinenbaus und der Elektrotechnik. Teubner Stuttgart 1977.

[3] Burg, K.; Haf, H.; Wille, F.: Höhere Mathematik für Ingenieure (4 Bde). Teubner Stuttgart 1985/86.

[4] Hainzl, J.: Mathematik für Naturwissenschaftler. Teubner Stuttgart 1974.

[5] Laugwitz, D.: Ingenieurmathematik (5 Bde). BI Mannheim Nr. 59-62, 93.

[6] Luh, W.: Mathematik für Naturwissenschaftler (2 Bde). Akadem. Verlagsgesellsch. Wiesbaden 1978, 1982.

[7] Tietz, H.: Einführung in die Mathematik für Ingenieure (2 Bde). Vandenhoeck u. Ruprecht Göttingen 1979/80.

b) Nachschlagewerke und Aufgabensammlungen

[8] Bronstein, I. N.; Semendjajew, K. A.: Taschenbuch der Mathematik. Harri Deutsch Frankfurt 1981.

[9] Laugwitz, D.; Schmieden, C.: Aufgaben zur Ingenieurmathematik. BI Mannheim Nr. 95.

[10] Spiegel, M. R.: Höhere Mathematik für Ingenieure und Naturwissenschaftler. Schaum's Outline, McGraw-Hill 1978.

c) Zusätzliche Literatur

[11] Carrier, G. F.; Pearson, C. E.: Partial Differential Equations. Academic Press 1976.

[12] Collatz, L.: Differentialgleichungen. Teubner Stuttgart 1973.

[13] Jänich, K.: Analysis für Physiker und Ingenieure. Springer 1983.

[14] Lingenberg,R.: Einführung in die Lineare Algebra. BI Mannheim 1976.

[15] Strang, G.: Linear Algebra and its Applications. Academic Press 1976.

[16] Wylie, C. R.: Advanced Engineering Mathematics. McGraw-Hill 1975.

SACHVERZEICHNIS